中外钢铁牌号速查手册

第4版

张永裕　李维钺　李　军　编

机 械 工 业 出 版 社

本手册是一本中外常用钢铁牌号及其化学成分的速查工具书。其主要内容是我国现行通用钢铁产品标准中的钢铁牌号、标准号及化学成分，与俄罗斯、日本、美国、国际标准化组织、欧洲标准委员会相近似钢铁牌号的对照表。一个牌号基本上用一个表格来介绍，查找方便。本手册还对钢的分类，钢的化学成分测定用试样的取样、制样和试验方法，中外钢铁牌号表示方法做了简单介绍，并将中外常用钢铁材料相关标准目录、中外钢铁牌号近似对照、钢产品分类作为附录供读者参考。本手册内容新，数据翔实可靠，实用性强。

本手册可供机械、冶金、化工、电力、航空等行业的工程技术人员、营销人员参考，也可供相关专业在校师生参考。

图书在版编目（CIP）数据

中外钢铁牌号速查手册/张永裕，李维钺，李军编. —4版. —北京：机械工业出版社，2019.3 (2025.3重印)

ISBN 978-7-111-62185-0

Ⅰ. ①中… Ⅱ. ①张… ②李… ③李… Ⅲ. ①钢－类型－世界－手册 ②铸铁－类型－世界－手册 Ⅳ. ①TG142-62 ②TG143-62

中国版本图书馆CIP数据核字（2019）第042943号

机械工业出版社（北京市百万庄大街22号 邮政编码100037）
策划编辑：陈保华 责任编辑：陈保华
责任校对：王明欣 封面设计：马精明
责任印制：邓 博
北京盛通数码印刷有限公司印刷
2025年3月第4版第4次印刷
148mm×210mm · 23印张 · 2插页 · 660千字
标准书号：ISBN 978-7-111-62185-0
定价：89.00元

前　言

《中外钢铁牌号速查手册》前三版累计发行2.6万多册，深受读者欢迎。手册第3版自2010年9月再版发行以来，至今已8年多了。随着科学技术的飞速发展和国际贸易往来的日益扩展，国内钢铁标准在不断进行修订或制定，一些旧标准已被新颁发的标准所代替。例如：修订后的GB/T 1299—2014《工模具钢》代替了GB/T 1299—2000《合金工具钢》和GB/T 1298—2008《碳素工具钢》，该标准相对于GB/T 1299—2000《合金工具钢》，增加了刃具模具用非合金钢（即原GB/T 1298—2008中的碳素工具钢）和轧钢用钢两个钢类，增加了55个牌号。据统计，本手册涉及的我国标准有66个新标准，钢铁牌号共有892个。国外相关标准也在不断修订或制定，本手册涉及的美国ASTM标准有78个新标准，如ASTM A681—2015《合金工具钢》、ASTM A959—2016《锻制不锈钢棒》等；日本JIS标准有72个新标准，如JIS G4315:2013《冷镦和冷挤压用不锈钢丝》、JIS G4404:2015《合金工具钢》等；ISO标准有72个新标准，如ISO 682－2:2018（E）《热处理钢、合金钢和易切削钢　第2部分：淬火和回火用合金钢》、ISO/TR 15510:2014（E）《不锈钢 化学成分》和ISO 4957:2018（E）《工具钢》等；欧洲EN标准有76个新标准，如EN 10028－2:2017（E）《承压扁平钢轧制品　第2部分：规定耐高温性能的非合金钢和合金钢》、EN 10222－2:2017（E）《压力容器用钢制锻件　第2部分：具有高温特性的铁素体和马氏体钢》、EN 10088－2:2014（E）《不锈钢　第2部分：一般用途耐腐蚀性不锈钢板和钢带》等。因此，为了适应国内外钢铁材料标准更新情况，满足读者需求，我们决定对手册第3版进行修订，出版第4版。

本次修订的主要工作是根据新发布或修订的相关国内外标准，更新了相应的牌号和化学成分数据，并修正了上一版中的错误和不妥之处。

本手册的主要内容是我国现行通用钢铁产品标准中的钢铁牌号、标准号及化学成分，与俄罗斯、日本、美国、国际标准化组织、欧洲标准委员会相近似钢铁牌号的对照表。一个牌号基本上用一个表格来介绍，查找方便。本手册还对钢的分类，钢的化学成分测定用试样的取样、制样和试验方法，中外钢铁牌号表示方法做了简单介绍，并将中外常用钢铁材料相关标准目录、中外钢铁牌号近似对照、钢产品分类作为附录供读者参考。本手册可供机械、冶金、化工、电力、航空等行业的工程技术人员、营销人员参考，也可供相关专业在校师生参考。

本手册第4版主要是由张永裕在李维钺、李军编写的第3版的基础上修订完成的。修订时，得到了机械工业出版社的大力支持和帮助。在此，对相关单位和人员致以衷心的感谢！

由于编者学识、精力有限，手册中不妥之处在所难免，敬请广大读者批评指正。

编　者

目　录

第1章　钢的分类

以铁为主要元素，碳的质量分数一般在2%以下，并含有其他元素的材料称为钢。碳的质量分数为2%通常是钢和铸铁的分界线。

1.1　按化学成分分类

根据GB/T 13304.1—2008，钢按化学成分可分为非合金钢、低合金钢和合金钢三大类。

1）非合金钢、低合金钢和合金钢中合金元素规定含量的界限值见表1-1。

表1-1　非合金钢、低合金钢和合金钢中合金元素规定含量的界限值

合金元素	规定含量界限值（质量分数）（%）		
	非合金钢	低合金钢	合金钢
Al	<0.10	—	≥0.10
B	<0.0005	—	≥0.0005
Bi	<0.10	—	≥0.10
Cr	<0.30	0.30～<0.50	≥0.50
Co	<0.10	—	≥0.10
Cu	<0.10	0.10～<0.50	≥0.50
Mn	<1.00	1.00～<1.40	≥1.40
Mo	<0.05	0.05～<0.10	≥0.10
Ni	<0.30	0.30～<0.50	≥0.50
Nb	<0.02	0.02～<0.06	≥0.06
Pb	<0.40	—	≥0.40
Se	<0.10	—	≥0.10
Si	<0.50	0.50～<0.90	≥0.90
Te	<0.10	—	≥0.10
Ti	<0.05	0.05～<0.13	≥0.13
W	<0.10	—	≥0.10

（续）

合金元素	规定含量界限值(质量分数)(%)		
	非合金钢	低合金钢	合金钢
V	<0.04	0.04～<0.12	≥0.12
Zr	<0.05	0.05～<0.12	≥0.12
La系(每一种元素)	<0.02	0.02～<0.05	≥0.05
其他规定元素(S、P、C、N除外)	<0.05	—	≥0.05

注：1. 因为海关关税的目的而区分非合金钢、低合金钢和合金钢时，除非合同或订单中另有协议，表中Bi、Pb、Se、Te、La系和其他规定元素（S、P、C和N除外）的规定界限值可不予考虑。

2. La系元素含量，也可作为混合稀土含量总量。

3. 表中“—”表示不规定，不作为划分依据。

2）ISO 4948－1:2007中，非合金钢与合金钢中合金元素规定含量的界限值见表1-2。

表1-2　非合金钢与合金钢中合金元素规定含量的界限值

合金元素	规定含量界限值（质量分数）(%)
Al	0.10
B	0.0008
Bi	0.10
Cr	0.30
Co	0.10
Cu	0.40
Mn	1.65①
Mo	0.08
Ni	0.30
Nb	0.06
Pb	0.40
Se	0.10
Si	0.50

（续）

合金元素	规定含量界限值(质量分数)(%)
Te	0.10
Ti	0.05
W	0.10
V	0.10
Zr	0.05
La 系（每一种元素）	0.05
其他规定元素（S、P、C、N 除外）	0.05

注：因为海关关税的目的而区分非合金钢、低合金钢和合金钢时，除非合同或订单中另有协商，表中 Bi、Pb、Se、Te、La 系和其他规定元素（S、P、C 和 N 除外）的规定界限值可不予考虑。

① 如果钢中锰含量仅规定最大值时，分类的界限值应为 1.80%（质量分数）。

1.2 按主要质量等级和主要特性分类

1.2.1 非合金钢的主要分类

根据 GB/T 13304.2—2008，非合金钢的主要分类方法如下：

1）按钢的主要质量等级分类。

2）按钢的主要特性或使用特性分类。

按钢的主要质量等级分类又可分为：①普通质量非合金钢；②优质非合金钢；③特殊质量非合金钢。

普通质量非合金钢是指生产过程中不规定需要特别控制质量要求的钢。

优质非合金钢是指在生产过程中需要特别控制质量（例如控制晶粒度，降低硫、磷含量，改善表面质量或增加工艺控制等），以达到比普通质量非合金钢特殊的质量要求（例如良好的抗脆断性能、良好的冷成形性等），但这种钢的生产控制不如特殊质量非合金钢严格（如不控制淬透性）。

特殊质量非合金钢是指在生产过程中需要特别严格控制质量和性能（例如控制淬透性和纯洁度）的非合金钢。

非合金钢的主要分类及举例见表 1-3。

表1-3　非合金钢的主要分类及举例

按主要特性分类	按主要质量等级分类		
	普通质量非合金钢	优质非合金钢	特殊质量非合金钢
以规定最高强度为主要特性的非合金钢	普通质量低碳结构钢板和钢带 GB 912中的Q195	1）冲压薄板低碳钢 GB/T 5213中的DC01 2）供镀锡、镀锌、镀铅板带和原板用碳素钢 GB/T 2518、GB/T 2520、YB/T 5364中的全部碳素钢牌号 3）不经热处理的冷顶锻和冷挤压用钢 GB/T 6478中表1的牌号	
以规定最低强度为主要特性的非合金钢	1）碳素结构钢 GB/T 700中的Q215的A、B级，Q235的A、B级，Q275的A、B级 2）碳素钢筋钢 GB 1499.1中的HPB235、HPB300 3）铁道用钢 GB/T 11264中的50Q、55Q，GB/T 11265中的Q235A 4）一般工程用不进行热处理的普通质量碳素钢 GB/T 14292中的所有普通质量碳素钢	1）碳素结构钢 GB/T 700中除普通质量A、B级钢以外的所有牌号及A、B级规定冷成形性及模锻性特殊要求者 2）优质碳素结构钢 GB/T 699中除65Mn、70Mn、70、75、80、85以外的所有牌号 3）锅炉和压力容器用钢 GB 713中的Q245R，GB 3087中的10、20，GB 6479中的10、20，GB 6653中的HP235、HP265 4）造船用钢 GB 712中的A、B、D、E，GB/T 5312中的所有牌号，GB/T 9945中的A、B、D、E	1）优质碳素结构钢 GB/T 699中的65Mn、70Mn、70、75、80、85 2）保证淬透性钢 GB/T 5216中的45H 3）保证厚度方向性能钢 GB/T 5313中的所有非合金钢，GB/T 19879中的Q235GJ 4）汽车用钢 GB/T 20564.1中的CR180BH、CR220BH、CR260BH，GB/T 20564.2中的CR260/450DP

（续）

按主要特性分类	按主要质量等级分类		
	普通质量非合金钢	优质非合金钢	特殊质量非合金钢
以规定最低强度为主要特性的非合金钢	5）锚链用钢 GB/T 18669 中的 CM 370	5）铁道用钢 GB 2585 中的 U74，GB 8601 中的 CL60B 级，GB 8602 中的 LG60B 级、LG65B 级 6）桥梁用钢 GB/T 714 中的 Q345qC、Q345qD、Q345qE 7）汽车用钢 YB/T 4151 中 330CL、380CL，YB/T 5227 中的 12LW，YB/T 5035 中的 45，YB/T 5209 中的 08Z、20Z 8）输送管线用钢 GB/T 3091 中的 Q195、Q215A、Q215B、Q235A、Q235B，GB/T 8163 中的 10、20 9）工程结构用铸造碳素钢 GB/T 11352 中的 ZG200-400、ZG230-450、ZG270-500、ZG310-570、ZG340-640，GB 7659 中的 ZG200-400H、ZG230-450H、ZG275-485H 10）预应力及混凝土钢筋用优质非合金钢	5）铁道用钢 GB 5068 中的所有牌号，GB 8601 中的 CL60A 级，GB 8602 中的 LG60A、LG65A 级 6）航空用钢 包括所有航空专用非合金结构钢牌号 7）兵器用钢 包括各种兵器用非合金结构钢牌号 8）核压力容器用非合金钢 9）输送管线用钢 GB/T 21237 中的 L245、L290、L320、L360 10）锅炉和压力容器用钢 GB 5310 中的所有非合金钢

（续）

按主要特性分类	按主要质量等级分类		
	普通质量非合金钢	优质非合金钢	特殊质量非合金钢
以碳含量为主要特性的非合金钢	1）普通碳素钢盘条 GB/T 701 中的所有牌号（C级钢除外），YB/T 170.2 中的所有牌号（C4D、C7D 除外） 2）一般用途低碳钢丝 YB/T 5294 中的所有碳钢牌号 3）热轧花纹钢板及钢带 YB/T 4159 中的普通质量碳素结构钢	1）焊条用钢（不包括成品分析S、P的质量分数不大于0.025%的钢） GB/T 14957 中的 H08A、H08MnA、H15A、H15Mn，GB/T 3429 中的 H08A、H08MnA、H15A、H15Mn 2）冷镦用钢 YB/T 4155 中的 BL1、BL2、BL3，GB/T 5953 中的 ML10 ~ ML45，YB/T 5144 中的 ML15、ML20，GB/T 6478 中的 ML08Mn、ML22Mn、ML25 ~ ML45、ML15Mn ~ ML35Mn 3）花纹钢板 YB/T 4159 优质非合金钢 4）盘条钢 GB/T 4354 中的 25 ~ 65、40Mn ~ 60Mn 5）非合金调质钢（特殊质量钢除外） 6）非合金表面硬化钢（特殊质量钢除外） 7）非合金弹簧钢（特殊质量钢除外）	1）焊条用钢（成品分析S、P的质量分数不大于0.025%的钢） GB/T 14957 中的 H08E、H08C，GB/T 3429 中的 H04E、H08E、H08C 2）碳素弹簧钢 GB/T 1222 中的 65 ~ 85、65Mn，GB/T 4357 中的所有非合金钢 3）特殊盘条钢 YB/T 5100 中的 60、60Mn、65、65Mn、70、70Mn、75、80、T8MnA、T9A（所有牌号），YB/T 146 中所有非合金钢 4）非合金调质钢 5）非合金表面硬化钢 6）火焰及感应淬火硬化钢 7）冷顶锻和冷挤压钢
非合金易切削钢		易切削结构钢 GB/T 8731 中的 Y08 ~ Y45、Y08Pb、Y12Pb、Y15Pb、Y45Ca	特殊易切削钢 要求测定热处理后冲击韧度等 GJB 1494 中的 Y75

（续）

按主要特性分类	按主要质量等级分类		
	普通质量非合金钢	优质非合金钢	特殊质量非合金钢
非合金工具钢			刃具模具用非合金钢 GB/T 1299 中的相关牌号
规定磁性能和电性能的非合金钢		1）非合金电工钢板、带 GB/T 2521 电工钢板、带 2）具有规定导电性能（<9S/m）的非合金电工钢	1）具有规定导电性能（≥9S/m）的非合金电工钢 2）具有规定磁性能的非合金软磁材料 GB/T 6983 规定的非合金钢
其他非合金钢	栅栏用钢丝 YB/T 4026 中普通质量非合金钢牌号		原料纯铁 GB/T 9971 中的 YT1、YT2、YT3

1.2.2 低合金钢的主要分类

根据 GB/T 13304.2—2008，低合金钢的主要分类方法如下：

1）按钢的主要质量等级分类。

2）按钢的主要特性或使用特性分类。

低合金钢按主要质量等级又可分为：①普通质量低合金钢；②优质低合金钢；③特殊质量低合金钢。

普通质量低合金钢是指不规定生产过程中需要特别控制质量要求的，供作一般用途的低合金钢。

优质低合金钢是指在生产过程中需要特别控制质量（例如降低硫、磷含量，控制晶粒度，改善表面质量，增加工艺控制等）以达到比普通质量低合金钢特殊的质量要求（例如良好的抗脆断性能、良好的冷成形性等），但这种钢的生产控制和质量要求不如特殊质量低合金钢严格。

特殊质量低合金钢是指在生产过程中需要特别严格控制质量和性能（特别是严格控制硫、磷等杂质含量和纯洁度）的低合金钢。

低合金钢主要分类及举例见表1-4。

表1-4　低合金钢的主要分类及举例

按主要特性分类	按主要质量等级分类		
	普通质量低合金钢	优质低合金钢	特殊质量低合金钢
可焊接合金高强度结构钢	一般用途低合金结构钢 GB/T 1591中的Q355牌号的A级钢	1）一般用途低合金结构钢 GB/T 1591中的Q355（A级钢以外）和Q390（E级钢以外） 2）锅炉和压力容器用低合金钢 GB 713除Q245以外的所有牌号，GB 6653中除HP235、HP265以外的所有牌号，GB 6479中的16Mn、15MnV 3）造船用低合金钢 GB 712中的A32、D32、E32、A36、D36、E36、A40、D40、E40，GB/T 9945中的高强度钢 4）汽车用低合金钢 GB/T 3273中所有牌号，YB/T 5209中的08Z、20Z，YB/T 4151中的440CL、490CL、540CL 5）桥梁用低合金钢 GB/T 714中的所有牌号	1）一般用途低合金结构钢 GB/T 1591中的Q390E、Q355E、Q420和Q460 2）压力容器用低合金钢 GB/T 19189中的12MnNiVR，GB 3531中的所有牌号 3）保证厚度方向性能低合金钢 GB/T 19879中除Q235GJ以外的所有牌号，GB/T 5313中所有低合金牌号 4）造船用低合金钢 GB 712中的F32、F36、F40 5）汽车用低合金钢 GB/T 20564.2中的CR300/500DP，YB/T 4151中的590CL

（续）

按主要特性分类	按主要质量等级分类		
	普通质量低合金钢	优质低合金钢	特殊质量低合金钢
可焊接合金高强度结构钢		6）输送管线用低合金钢 GB/T 3091 中的 Q295A、Q295B、Q345A、Q345B，GB/T 8163 中的 Q295、Q345 7）锚链用低合金钢 GB/T 18669 中的 CM490、CM690 8）钢板桩 GB/T 20933 中的 Q295bz、Q390bz	6）低焊接裂纹敏感性钢 YB/T 4137 中所有牌号 7）输送管线用低合金钢 GB/T 21237 中的 L390、L415、L450、L485 8）舰船兵器用低合金钢 9）核能用低合金钢
低合金耐候钢		低合金耐候性钢 GB/T 4171 中所有牌号	
低合金混凝土用钢	一般低合金钢筋钢 GB 1499.2 中的所有牌号		预应力混凝土用钢 YB/T 4160 中的 30MnSi
铁道用低合金钢	低合金轻轨钢 GB/T 11264 中的 45SiMnP、50SiMnP	1）低合金重轨钢 GB 2585 中的除 U74 以外的牌号 2）起重机用低合金钢轨钢 YB/T 5055 中的 U71Mn 3）铁路用异型钢 YB/T 5181 中的 09CuPRE，YB/T 5182 中的 09V	低合金车轮钢 GB 8601 中的 CL45MnSiV

（续）

按主要特性分类	按主要质量等级分类		
	普通质量低合金钢	优质低合金钢	特殊质量低合金钢
矿用低合金钢	矿用低合金钢 GB/T 3414 中的 M510、M540、M565 热轧钢，GB/T 4697 中的所有牌号	矿用低合金结构钢 GB/T 3414 中的 M540、M565 热处理钢	矿用低合金结构钢 GB/T 10560 中的 20Mn2A、20MnV、25MnV
其他低合金钢		1）易切削结构钢 GB/T 8731 中的 Y08MnS、Y15Mn、Y40Mn、Y45Mn、Y45MnS、Y45MnSPb 2）焊条用钢 GB/T 3429 中的 H08MnSi、H10MnSi	焊条用钢 GB/T 3429 中的 H05MnSiTiZrAlA、H11MnSi、H11MnSiA

1.2.3 合金钢的主要分类

根据 GB/T 13304.2—2008，合金钢的主要分类方法如下：

1）按钢的主要质量等级分类。

2）按钢的主要特性或使用特性分类。

合金钢按主要质量等级又可分为：①优质合金钢；②特殊质量合金钢。

优质合金钢是指在生产过程中需要特别控制质量和性能（如韧性、晶粒度或成形性）的合金钢，但其生产控制和质量要求不如特殊质量合金钢严格。

特殊质量合金钢是指需要严格控制化学成分和特定的制造及工艺条件，以保证改善综合性能，并使性能严格控制在极限范围内的合金钢。

合金钢的主要分类及举例见表1-5。

表1-5 合金钢的主要分类及举例

按主要质量等级分类	优质合金钢		特殊质量合金钢
按主要使用特性分类	工程结构用钢	其他	工程结构用钢
按其他特性（除上述特性以外）对钢进一步分类举例	11 一般工程结构用合金钢 GB/T 20933 中的Q420bz	16 电工用硅（铝）钢（无磁导率要求） GB/T 6983 中的合金钢	21 锅炉和压力容器用合金钢（4类除外） GB/T 19189 中的07MnCrMoVR、07MnNiMoVDR GB 713 中的合金钢 GB 5310 中的合金钢
	12 合金钢筋钢 GB/T 20065 中的合金钢	17 铁道用合金钢 GB/T 11264 中的45SiMnP	22 热处理合金钢筋钢
	13 凿岩钎杆用钢 GB/T 1301 中的合金钢	18 易切削钢 GB/T 8731 中的含锡钢	23 汽车用钢 GB/T 20564.2 中的 CR 340/590DP、CR420/780DP、CR550/980DP
	14 耐磨钢 GB/T 5680 中的合金钢	19 其他	24 预应力用钢 YB/T 4160 中的合金钢
			25 矿用合金钢 GB/T 10560 中的合金钢
			26 输送管线用钢 GB/T 21237 中的L555、L690
			27 高锰钢

（续）

按主要质量等级分类	特殊质量合金钢		
按主要使用特性分类	机械结构用钢①（第4、6除外）	不锈、耐蚀和耐热钢②	
按其他特性（除上述特性以外）对钢进一步分类举例	31 V、MnV、Mn（x）系钢	41 马氏体型或 42 铁素体型	411/421 Cr（x）系钢
	32 SiMn（x）系钢		412/422 CrNi（x）系钢
	33 Cr（x）系钢		413/423 CrMo（x）、CrCo（x）系钢
	34 CrMo（x）系钢		414/424 CrAl（x）、CrSi（x）系钢
			415/425 其他
	35 CrNiMo（x）系钢	43 奥氏体型或 44 奥氏体-铁素体型 或45 沉淀硬化型	431/441/451 CrNi（x）系钢
			432/442/452 CrNiMo（x）系钢
	36 Ni（x）系钢		433/443/453 CrNi + Ti或Nb钢
			434/444/454 CrNiMo + Ti或Nb钢
	37 B（x）系钢		435/445/455 CrNi + V、W、Co钢
			436/446 CrNiSi（x）系钢
	38 其他		437 CrMnSi（x）系钢
			438 其他

（续）

<table>
<tr><td>按主要质量等级分类</td><td colspan="5">特殊质量合金钢</td></tr>
<tr><td>按主要使用特性分类</td><td colspan="2">工具钢</td><td>轴承钢</td><td>特殊物理性能钢</td><td>其他</td></tr>
<tr><td rowspan="9">按其他特性（除上述特性以外）对钢进一步分类举例</td><td rowspan="6">51
合金工具钢
GB/T 1299中的合金工具钢牌号</td><td>511
Cr（x）</td><td rowspan="2">61
高碳铬轴承钢
GB/T 18254中所有牌号</td><td rowspan="2">71
软磁钢（除16外）
GB/T 14986中所有牌号</td><td rowspan="9">焊接用钢
GB/T 3429中的合金钢</td></tr>
<tr><td>512
Ni（x）、CrNi（x）</td></tr>
<tr><td>513
Mo（x）、CrMo（x）</td><td rowspan="2">62
渗碳轴承钢
GB/T 3203中所有牌号</td><td rowspan="2">72
永磁钢
GB/T 14991中所有牌号</td></tr>
<tr><td>514
V（x）、CrV（x）</td></tr>
<tr><td>515
W（x）、CrW（x）系钢</td><td>63
不锈轴承钢
GB/T 3086中所有牌号</td><td>73
无磁钢</td></tr>
<tr><td>516
其他</td><td>64
高温轴承钢</td><td rowspan="4">74
高电阻钢和合金
GB/T 1234中所有牌号</td></tr>
<tr><td rowspan="3">52
高速钢
GB/T 9943中的所有牌号</td><td>521
WMo系钢</td><td rowspan="3">65
无磁轴承钢</td></tr>
<tr><td>522
W系钢</td></tr>
<tr><td>523
Co系钢</td></tr>
</table>

注：（x）表示该合金系列中还包括有其他合金元素，如Cr（x）系，除Cr钢外，还包括CrMn钢等。

① GB/T 3077中所有牌号，GB/T 1222和GB/T 6478中的合金钢等。

② GB/T 1220、GB/T 1221、GB/T 2100、GB/T 6892和GB/T 12230中的所有牌号。

第2章 钢的化学成分测定用试样的取样、制样和试验方法

钢液、钢产品的取样和制样流程如图2-1所示。

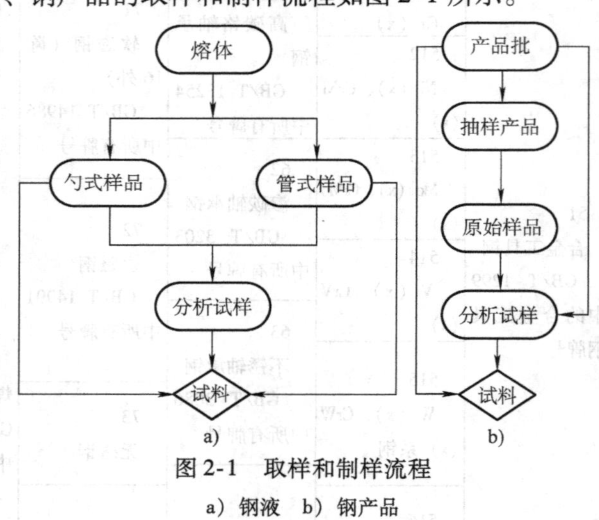

图2-1 取样和制样流程

a）钢液 b）钢产品

2.1 熔炼分析取样、制样及其试验方法

1. 简介

熔炼分析是指在钢液浇注过程中采取样锭，然后进一步制成试样并对其进行化学分析。分析结果表示同一炉（罐）液的平均化学成分。技术标准中化学成分要求值是熔炼分析值。

2. 勺式取样

从熔体中取样是将取样勺穿过炉渣插入熔体中，使钢液注满取样勺的过程。取样勺首先浸入到炉渣层中，由于急冷而覆盖上一层炉渣，这样可防止样品黏附在取样勺上。拉回取样勺，用扒渣法除去取样勺中钢液表面的炉渣。

从流体中取样是将取样勺导入从钢包流出的钢流，使钢液充满取样勺，然后抽回取样勺。

应当注意，当将取样勺导入钢流时，由于从炉口流出的钢液会产生冲击力，取样时有必要减小钢液的流速。

必要时，向取样勺内的钢液中加入已知量的脱氧剂。当钢液静止（10s）后，立即将钢液注入有一定锥度的圆柱钢模中。样品顶部直径为 ϕ25 ~ ϕ40mm，底部直径为 ϕ20 ~ ϕ35mm，长度为 40 ~ 70mm。

将样品脱模，并让样品以设计好的，能避免裂纹的方式进行冷却。冷却样品要足够慢，以保证样品容易进行机械加工。

对于不锈钢的取样，可以用耐火材料坯替代铸铁盘做模具，其杯壁厚度为 10 ~ 12mm。击碎耐火材料坯，从而使样品脱模。

3. 管式取样

在熔炼炉和钢包这类较深的熔体中取样，应将合适的取样试管迅速浸入熔体，穿过炉渣层，尽量达到熔体的中心，并尽可能成 90°角。

在中间包这类较浅的熔体中取样，从钢锭模式结晶器的顶部，导入合适的吸入式取样管，穿过炉渣层或粉末覆盖层，达到熔体，使取样管局部真空时间约 2s，让钢液充满模子。

对于流体的取样，导入合适的流体取样管到钢包的流体金属中，成 45°角，并尽可能靠近钢包的排出口。

在向流体中导入取样管时要小心，必要时要减小金属流体的流速。

在预定的时间间隔之后，拉回取样管，砸碎之后，在空气中缓慢冷却至暗红色，然后以不会导致产生裂纹的方法用水淬火。

在有些情况下，管式样品在运到实验室时仍是热的。

4. 分析试样的制备及化学成分测定

分析试样由试验者按规定进行制备。各种元素的化学成分则应按不同的国家标准或行业标准规定的方法进行测定，如 GB/T 223.11—2008《钢铁及合金 铬含量的测定 可视滴定或电位滴定法》等。

2.2 钢产品成品分析、取样及允许偏差

1. 简介

（1）成品分析 成品分析是指在经过加工的成品钢材（包括钢

坯）上采取试样，然后对其进行化学分析。成品分析主要用于验证化学成分，又称验证分析。由于钢液在结晶过程中产生元素的不均性分布（偏析），成品分析的成分值有时与熔炼分析的成分值不同，因此会产生偏差。

（2）成品化学成分允许偏差　熔炼分析的成分值虽在标定规定的范围内，但由于钢中元素偏析，成品分析的成分值可能超出标准规定的成分界限值。对超出界限值的大小规定一个允许的数值，就是成品化学成分允许偏差。

2. 钢产品的取样

由于钢产品的类型不同，对不同产品取样位置会有所不同，如对于轧制产品，应该在产品的一端沿轧制方向的垂直面上取得原始样品。下面分别予以介绍。

（1）从铸态产品上取得原始样品或分析试样　对于大型的铸态产品，从截面的外边和中心之间的中间部位的位置，沿平行于轴向钻取屑状分析试样。如果这种方法不可行，则从边上开始钻取，并收集从外边到中心的中间位置具有代表性的屑状样品作为分析试样。

另一方法是：需要制备块状试样时，则在截面的1/2或1/4处用机械加工或用气割工具切割原始样品。

（2）从压延产品中取得原始样品与分析试样

1）型材。各种型钢的取样位置如图2-2所示。

从抽样产品上切取原始样品，其形状为片状。

制备块状的分析试样，应按照分析方法需要的尺寸从原始样品上切取。

制备屑状的分析试样，应在原始样品的整个横截面区域铣取。当样品不适合于铣取时，可用钻取，但对沸腾钢不推荐采用钻取。最合适的钻取位置取决于截面的形状。

① 对称形状的型材，例如方坯、圆坯和扁坯，在横截面上平行于纵向的轴线方向钻取，位置在边缘到中心的中间部位，如图2-2a、b所示。

② 复杂形状的型材，如角钢、工字钢、槽钢和钢梁，按图2-2c～g所示位置钻取，钻孔周围至少留有1mm。

③ 钢轨的取样是在轨头的边缘和中心线的中间位置钻ϕ20～

ϕ25mm 的孔来制取屑状样品，如图 2-2h、i 所示。

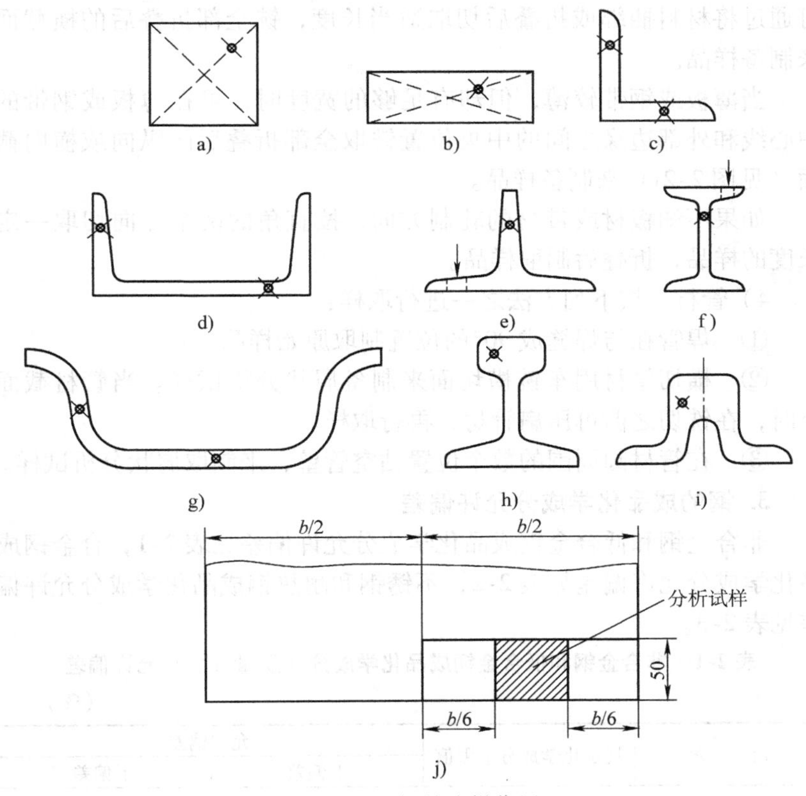

图 2-2　型钢的取样位置

注：b 为型钢的宽度。

在钻取端部或切取截面不合适的情况下，可在垂直于主轴线的平面上钻取，来制取屑状样品。

2）板材或板坯。在板材或板坯的中心线与外部边缘的中间位置，切取原始样品来制备合适尺寸的块状分析试样或屑状分析试样（图 2-2j 所示的原始样品宽度为 50mm）。如果这种取样方法不合适时，可由供需双方商定能代表板材成分的取样位置进行取样。

3）轻型材、棒材、盘条、薄板、钢带和钢丝。当抽样产品的横截面积足够充分时，横向切取一片作为原始样品，再行制备分析试样。

当抽样产品的横截面积不够充分时，例如薄板、钢带、钢丝，可通过将材料捆绑或折叠后切取适当长度，铣全部折叠后的横截面来制备样品。

当薄板或钢带较薄，但却有足够的宽度时，可在薄板或钢带的中心线和外部边缘之间的中央位置铣取全部折叠后的纵向或横向截面（见图2-2i）来制备样品。

如果不知板材或带材的轧制方向，按直角的两个方向切取一定长度的样品，折叠后制取样品。

4）管材。按下列方法之一进行取样：

① 焊管在与焊缝成90°的位置制取原始样品。

② 横切管材用车铣横切面来制备屑状分析试样。当管材截面小时，在铣切之前可压扁管材，再行取样。

③ 在管材圆周围的数个位置钻空管壁，来制取屑状分析试样。

3. 钢的成品化学成分允许偏差

非合金钢和低合金钢成品化学成分允许偏差见表2-1，合金钢成品化学成分允许偏差见表2-2，不锈钢和耐热钢成品化学成分允许偏差见表2-3。

表2-1 非合金钢和低合金钢成品化学成分（质量分数）允许偏差

（%）

元 素	规定化学成分上限值	允许偏差	
		上偏差	下偏差
C	≤0.25	0.02	0.02
	>0.25～0.55	0.03	0.03
	>0.55	0.04	0.04
Mn	≤0.80	0.03	0.03
	>0.80～1.70	0.06	0.06
Si	≤0.37	0.03	0.03
	>0.37	0.05	0.05
S	≤0.050	0.005	—
	>0.05～0.35	0.02	0.01
P	≤0.060	0.005	—
	>0.06～0.15	0.01	0.01

（续）

元　素	规定化学成分上限值	允许偏差	
		上偏差	下偏差
V	≤0.20	0.02	0.01
Ti	≤0.20	0.02	0.01
Nb	0.015~0.060	0.005	0.005
Cu	≤0.55	0.05	0.05
Cr	≤1.50	0.05	0.05
Ni	≤1.00	0.05	0.05
Pb	0.15~0.35	0.03	0.03
Al	≥0.015	0.003	0.003
N	0.010~0.020	0.005	0.005
Ca	0.002~0.006	0.002	0.005

表2-2　合金钢成品化学成分（质量分数）允许偏差　（%）

元　素	规定化学成分上限值	允许偏差	
		上偏差	下偏差
C	≤0.30	0.01	0.01
	>0.30~0.75	0.02	0.02
	>0.75	0.03	0.03
Mn	≤1.00	0.03	0.03
	>1.00~2.00	0.04	0.04
	>2.00~3.00	0.05	0.05
	>3.00	0.10	0.10
Si	≤0.37	0.02	0.02
	>0.37~1.50	0.04	0.04
	>1.50	0.05	0.05
Ni	≤1.00	0.03	0.03
	>1.00~2.00	0.05	0.05
	>2.00~5.00	0.07	0.07
	>5.00	0.10	0.10

（续）

元　素	规定化学成分上限值	允许偏差	
		上偏差	下偏差
Cr	≤0.90	0.03	0.03
	>0.90～2.10	0.05	0.05
	>2.10～5.00	0.10	0.10
	>5.00	0.15	0.15
Mo	≤0.30	0.01	0.01
	>0.30～0.60	0.02	0.02
	>0.60～1.40	0.03	0.03
	>1.40～6.00	0.05	0.05
	>6.00	0.10	0.10
V	≤0.10	0.01	—
	>0.10～0.90	0.03	0.03
	>0.90	0.05	0.05
W	≤1.00	0.04	0.04
	>1.00～4.00	0.08	0.08
	>4.00～10.00	0.10	0.10
	>10.00	0.20	0.20
Al	≤0.10	0.01	—
	>0.10～0.70	0.03	0.03
	>0.70～1.50	0.05	0.05
	>1.50	0.10	0.10
Cu	≤1.00	0.03	0.03
	>1.00	0.05	0.05
Ti	≤0.20	0.02	—
B	0.0005～0.005	0.0005	0.0001
Co	≤4.00	0.10	0.10
	>4.00	0.15	0.15
Pb	0.15～0.35	0.03	0.03
Nb	0.20～0.35	0.02	0.01
S	≤0.050	0.005	—
P	≤0.050	0.005	—

表2-3　不锈钢和耐热钢成品化学成分（质量分数）允许偏差

（%）

元　素	规定化学成分上限值	允许偏差	
		上偏差	下偏差
C	≤0.010	0.002	0.002
	>0.010～0.030	0.005	0.005
	>0.030～0.20	0.01	0.01
	>0.20～0.60	0.02	0.02
	>0.60～1.20	0.03	0.03
Mn	≤1.00	0.03	0.03
	>1.00～3.00	0.04	0.04
	>3.00～6.00	0.05	0.05
	>6.00～10.00	0.06	0.06
	>10.00～15.00	0.10	0.10
	>15.00～20.00	0.15	0.15
P	≤0.040	0.005	—
	>0.040～0.20	0.01	0.01
S	≤0.040	0.005	—
	>0.040～0.20	0.010	0.01
	>0.20～0.50	0.02	0.02
Si	≤1.00	0.05	0.05
	>1.00	0.10	0.10
Cr	>3.00～10.00	0.10	0.10
	>10.00～15.00	0.15	0.15
	>15.00～20.00	0.20	0.20
	>20.00～30.00	0.25	0.25
Ni	≤1.00	0.03	0.03
	>1.00～5.00	0.07	0.07
	>5.00～10.00	0.10	0.10
	>10.00～20.00	0.15	0.15
	>20.00～30.00	0.20	0.20
	>30.00～40.00	0.25	0.25
	>40.00	0.30	0.30

（续）

元　素	规定化学成分上限值	允许偏差	
		上偏差	下偏差
Mo	>0. 20 ~0. 60	0. 03	0. 03
	>0. 60 ~2. 00	0. 05	0. 05
	>2. 00 ~7. 00	0. 10	0. 10
	>7. 00 ~15. 00	0. 15	0. 15
	>15. 00	0. 20	0. 20
Ti	≤1. 00	0. 05	0. 05
	>1. 00 ~3. 00	0. 07	0. 07
	>3. 00	0. 10	0. 10
Co	>0. 05 ~0. 50	0. 01	0. 01
	>0. 50 ~2. 00	0. 02	0. 02
	>2. 00 ~5. 00	0. 05	0. 05
	>5. 00 ~10. 00	0. 10	0. 10
	>10. 00 ~15. 00	0. 15	0. 15
	>15. 00 ~22. 00	0. 20	0. 20
	>22. 00 ~30. 00	0. 25	0. 25
Nb、Ta	≤1. 50	0. 05	0. 05
	>1. 50 ~5. 00	0. 10	0. 10
	>5. 00	0. 15	0. 15
Ta	≤0. 10	0. 02	0. 02
Cu	≤0. 50	0. 03	0. 03
	>0. 50 ~1. 00	0. 05	0. 05
	>1. 00 ~3. 00	0. 10	0. 10
	>3. 00 ~5. 00	0. 15	0. 15
	>5. 00 ~10. 00	0. 20	0. 20
Al	≤0. 15	0. 01	0. 005
	>0. 15 ~0. 50	0. 05	0. 05
	>0. 50 ~2. 00	0. 10	0. 10

（续）

元素	规定化学成分上限值	允许偏差	
		上偏差	下偏差
Al	>2.00～5.00	0.20	0.20
	>5.00～10.00	0.35	0.35
N	≤0.02	0.005	0.005
	>0.02～0.19	0.01	0.01
	>0.19～0.25	0.02	0.02
	>0.25～0.35	0.03	0.03
	>0.35	0.04	0.04
W	≤1.00	0.03	0.03
	>1.00～2.00	0.05	0.05
	>2.00～5.00	0.07	0.07
	>5.00～10.00	0.10	0.010
	>10.00～20.00	0.15	0.15
V	≤0.50	0.03	0.03
	>0.50～1.50	0.05	0.05
	>1.50	0.07	0.07
Se	全部	0.03	0.03

第3章　中外钢铁牌号表示方法简介

3.1　中国（GB）钢铁牌号表示方法简介

3.1.1　钢铁牌号表示方法概述

关于钢铁产品牌号表示方法，我国现有两个推荐性国家标准，即GB/T 221—2008《钢铁产品牌号表示方法》和GB/T 17616—2013《钢铁及合金牌号统一数字代号体系》。前者仍采用汉语拼音、化学元素符号及阿拉伯数字相结合的原则命名钢铁牌号，后者要求凡列入国家标准和行业标准的钢铁产品，应同时列入产品牌号和统一数字代号，相互对照并列使用。

1）标准中常用化学元素符号见表3-1。

表3-1　常用化学元素符号

元素名称	化学元素符号	元素名称	化学元素符号
铁	Fe	铋	Bi
锰	Mn	铯	Cs
铬	Cr	钡	Ba
镍	Ni	镧	La
钴	Co	铈	Ce
铜	Cu	钐	Sm
钨	W	锕	Ac
钼	Mo	硼	B
钒	V	碳	C
钛	Ti	硅	Si
铝	Al	硒	Se
铌	Nb	碲	Te
钽	Ta	砷	As
锂	Li	硫	S
铍	Be	磷	P
镁	Mg	氮	N
钙	Ca	氧	O
锆	Zr	氢	H
锡	Sn	混合稀土	RE
铅	Pb		

2）牌号中采用的汉字及汉语拼音或英文单词见表3-2。

表3-2 牌号中采用的汉字及汉语拼音或英文单词

产品名称	采用的汉字及汉语拼音或英文单词			采用字母	位 置
	汉字	汉语拼音	英文单词		
热轧光圆钢筋	热轧光圆钢筋	—	Hot Rolled Plain Bars	HPB	牌号头
热轧带肋钢筋	热轧带肋钢筋	—	Hot Rolled Ribbed Bars	HRB	牌号头
细晶粒热轧带肋钢筋	热轧带肋钢筋+细	—	Hot Rolled Ribbed Bars + Fine	HRBF	牌号头
冷轧带肋钢筋	冷轧带肋钢筋	—	Cold Rolled Ribbed Bars	CRB	牌号头
预应力混凝土用螺纹钢筋	预应力、螺纹、钢筋	—	Prestressing、Screw、Bars	PSB	牌号头
焊接气瓶用钢	焊瓶	HAN PING	—	HP	牌号头
管线用钢	管线	—	Line	L	牌号头
船用锚链钢	船锚	CHUAN MAO	—	CM	牌号头
煤机用钢	煤	MEI	—	M	牌号头
锅炉和压力容器用钢	容	RONG	—	R	牌号尾
锅炉用钢（管）	锅	GUO	—	G	牌号尾
低温压力容器用钢	低容	DI RONG	—	DR	牌号尾
桥梁用钢	桥	QIAO	—	Q	牌号尾
耐候钢	耐候	NAI HOU	—	NH	牌号尾
高耐候钢	高耐候	GAO NAI HOU	—	GNH	牌号尾
汽车大梁用钢	梁	LIANG	—	L	牌号尾
高性能建筑结构用钢	高建	GAO JIAN	—	GJ	牌号尾
低焊接裂纹敏感性钢	低焊接裂纹敏感性	—	Crack Free	CF	牌号尾
保证淬透性钢	淬透性	—	Hardenability	H	牌号尾
矿用钢	矿	KUANG	—	K	牌号尾
船用钢	采用国际符号				

3.1.2　钢牌号表示方法

1. 碳素结构钢和低合金结构钢

碳素结构钢和低合金结构钢的牌号通常由以下四部分组成：

第一部分：前缀符号＋强度值（以MPa为单位），其中通用结构钢前缀符号为代表屈服强度的字母Q，专用结构钢的前缀符号用专用符号，如煤机用钢为M。

第二部分（必要时）：钢的质量等级，用英文字母A、B、C、D、E、F等表示。

第三部分（必要时）：脱氧方式表示符号，即沸腾钢、半镇静钢、镇静钢、特殊镇静钢分别用F、b、Z、TZ表示。镇静钢、特殊镇静钢表示符号通常可以省略。

第四部分（必要时）：产品用途、特性和工序方法后缀特定表示符号，如NH表示耐候钢。

根据需要，低合金结构钢牌号也可采用两位阿拉伯数字（表示碳的平均质量分数，以万分之几计）加表3-1规定的元素符号，以及必要时加代表产品用途和工艺方法的表示符号，按顺序表示，如20MnK表示该钢为矿用钢。

GB/T 700—2006《碳素结构钢》中有Q195、Q215A等11个牌号。

GB/T 4171—2008《耐候结构钢》中有Q265GNH、Q295GNH等11个牌号。

GB/T 1591—2018《低合金高强度结构钢》中有Q355B、Q390B等53个牌号。

2. 优质碳素结构钢

优质碳素结构钢牌号通常由以下五部分组成：

第一部分：以两位阿拉伯数字表示平均碳含量（质量分数，以万分之几计）。

第二部分（必要时）：较高锰含量的优质碳素结构钢，加锰元素符号Mn。

第三部分（必要时）：钢材冶金质量，即高级优质钢、特级优质钢分别以A、E表示，优质钢不用字母表示。

第四部分（必要时）：脱氧方式表示符号，即沸腾钢、半镇静钢、镇静钢分别以 F、b、Z 表示，但镇静钢表示符号 Z 通常可以省略。

第五部分（必要时）：产品用途、特性或工艺方法后缀特定表示符号，如 45H 中 H 表示该钢为保证淬透性钢。

GB/T 699—2015《优质碳素结构钢》中有 45、60Mn 等 28 个牌号。

3. 合金结构钢

合金结构钢牌号通常由以下四部分组成：

第一部分：以两位阿拉伯数字表示平均碳含量（质量分数，以万分之几计）。

第二部分：合金元素及含量，以化学元素符号及阿拉伯数字表示。具体表示方法为：平均质量分数小于 1.50% 时，牌号中仅标明元素，一般不标明含量；平均质量分数为 1.50% ~2.49%、2.50% ~3.49%、3.50% ~4.49%、4.50% ~5.49% 等时，在合金元素后相应写成 2、3、4、5 等。

第三部分：钢材冶金质量，即高级优质钢、特级优质钢分别以 A、E 表示，优质钢不用字母表示。

第四部分（必要时）：产品用途、特性或工艺方法后缀表示符号，如 18MnMoNbER 中 R 表示该钢为锅炉和压力容器用钢。

GB/T 3077—2015《合金结构钢》中有 20Mn2、40Cr 等 86 个牌号。

4. 保证淬透性结构钢

保证淬透性结构钢牌号是仅在优质碳素结构钢和合金结构钢牌号后面加英文字母 H 即可。

GB/T 5216—2014《保证淬透性结构钢》中有 45H、40CrH 等 32 个牌号。

5. 冷镦和冷挤压用钢

冷镦钢牌号通常由以下三部分组成：

第一部分：冷镦钢（铆螺钢）表示符号 ML。

第二部分：以阿拉伯数字表示平均碳含量，优质碳素结构钢同优质碳素结构钢第一部分，合金结构钢同合金结构钢第一部分。

第三部分：合金元素及含量以化学元素符号及阿拉伯数字表示，表示方法同合金结构钢第二部分。

GB/T 6478—2015《冷镦和冷挤压用钢》中有ML35、ML20MnTi等49个牌号。

6. 易切削钢

易切削钢牌号通常由以下三部分组成：

第一部分：易切削钢表示符号Y。

第二部分：以两位阿拉伯数字表示平均碳含量（质量分数，以万分之几计）。

第三部分：易切削元素符号，如含钙、铅、锡等易切削元素的易切削钢分别以Ca、Pb、Sn表示。加硫和加硫、磷易切削钢，通常不加易切削元素符号S、P。较高锰含量的加硫和加硫、磷易切钢，该部分为锰元素符号Mn。为区分牌号，对较高硫含量的易切削钢，在牌号尾部加硫元素符号S。

GB/T 8731—2008《易切削结构钢》中有Y15、Y45a等22个牌号。

7. 非调质机械结构钢

非调质机械结构钢牌号由以下四部分组成：

第一部分：非调质机械结构钢表示符号F。

第二部分：以两位阿拉伯数字表示平均碳含量（质量分数，以万分之几计）。

第三部分：合金元素含量，以化学元素符号及阿拉伯数字表示，表示方法同合金结构钢第二部分。

第四部分（必要时）：改善切削性能的非调质机械结构钢加硫元素符号S。

GB/T 15712—2016《非调质机械结构钢》中共有F35VS、F12Mn2VBS等16个牌号。

8. 弹簧钢

弹簧钢有优质碳素弹簧钢和合金弹簧钢两种。

优质碳素弹簧钢牌号的表示方法与优质碳素结构钢相同，合金弹簧钢牌号的表示方法与合金结构钢相同。

GB/T 1222—2016《弹簧钢》中有65Mn、60Si2Mn等26个牌号。

9. 轴承钢

轴承钢分为高碳铬轴承钢、渗碳轴承钢、高碳铬不锈轴承钢和高温轴承钢等四大类。

（1）高碳铬轴承钢　高碳铬轴承钢牌号通常由以下两部分组成：

第一部分：（滚珠）轴承钢表示符号G，但不标明碳含量。

第二部分：合金元素Cr符号及其含量（质量分数，以千分之几计）。其他合金元素及含量，以化学元素符号及阿拉伯数字表示，表示方法同合金结构钢第二部分。

GB/T 18254—2016《高碳铬轴承钢》中有G8Cr15、GCr15SiMn等5个牌号，2016年8月29日发布。

（2）渗碳轴承钢　在牌号头部加符号G，并采用合金结构钢的牌号表示方法。

GB/T 3203—2016《渗碳轴承钢》中有G20CrNi2Mo、G23Cr2Ni2Si1Mo等7个牌号。

（3）高碳铬不锈轴承钢和高温轴承钢　在牌号头部加符号G，并采用不锈钢和耐热钢牌号的表示方法。

GB/T 3086—2008《高碳铬不锈轴承钢》中有G95Cr18、G102Cr18Mo和G65Cr14Mo3个牌号。

10. 工模具钢

（1）刃具模具用非合金钢　刃具模具用非合金钢牌号通常由以下三部分组成：

第一部分：刃具模具用非合金钢表示符号T。

第二部分：阿拉伯数字，表示平均碳含量（质量分数，以千分之几计）。

第三部分（必要时）：较高锰含量的碳素工具钢，加锰元素符号Mn。

GB/T 1299—2014《工模具钢》标准中刃具模具用非合金钢有T8、T8Mn等8个牌号。

（2）量具刃具用钢、耐冲击工具用钢、轧辊用钢、冷作模具用钢、热作模具用钢、塑料模具用钢和特殊用途模具用钢等合金工具钢这几类工模具钢的牌号通常由以下两部分组成：

第一部分：平均碳的质量分数小于1.00%时，采用一位数字表示碳含量（以千分之几计）。平均碳的质量分数不小于1.00%时，不标明碳含量数字。

第二部分：合金元素及含量，以化学元素符号及阿拉伯数字表示，表示方法同合金结构钢第二部分。低铬（平均铬的质量分数小于1%）合金工具钢，在铬含量（以千分之几计）前加数字“0”。

GB/T 1299—2014《工模具钢》中，量具刃具用钢有9SiCr、8MnSi等6个牌号，耐冲击工具用钢有4CrW2Si、5CrW2Si等6个牌号，轧辊用钢有9Cr2V、9Cr2Mo等5个牌号，冷作模具用钢有9Mn2V、9CrWMn等19个牌号，热作模具用钢有5CrMnMo、5CrNiMo等22个牌号，塑料模具用钢有SM45、SM50等21个牌号，特殊用途模具用钢有7Mn15Cr2Al3V2WMo、2Cr25Ni20Si2等8个牌号。

（3）高速工具钢　高速工具钢牌号表示方法与合金结构钢相同，但在牌号头部一般不标明表示碳含量的阿拉伯数字。为了区别牌号，在牌号头部可以加C表示高碳高速工具钢。

GB/T 9943—2008《高速工具钢》中有W6Mo5Cr4V3、CW6Mo5Cr4V3等19个牌号。

11. 不锈钢和耐热钢

不锈钢和耐热钢牌号采用表3-1规定的化学元素符号和表示各元素含量的阿拉伯数字表示，各元素含量的阿拉伯数字表示应符合以下规定：

（1）碳含量　用两位或三位阿拉伯数字表示碳含量最佳控制值（质量分数，以万分之几或十万分之几计）。

1）只规定碳含量上限者，当碳的质量分数上限不大于0.10%时，以其上限的3/4表示碳含量；当碳的质量分数上限大于0.10%时，以其上限的4/5表示碳含量。例如：碳的质量分数上限为0.08%时，碳含量以06表示；碳的质量分数上限为0.20%，碳含量以16表示；碳的质量分数上限为0.15%，碳含量以12表示。

对超低碳不锈钢（即碳的质量分数不大于0.030%），用三位阿拉伯数字表示碳含量最佳控制值（以十万分之几计）。例如，碳的质量分数上限为0.030%时，其牌号中的碳含量以022表示；碳的质量分数上限为0.020%时，其牌号中的碳含量以015表示。

2）规定上、下限者，以平均碳的质量分数×100表示。例如：碳的质量分数为0.16%~0.25%时，其牌号中碳含量以20表示。

（2）合金元素及含量　合金元素及含量以化学元素符号及阿拉伯数字表示，表示方法同合金结构钢第二部分。钢中有意加入的铌、钛、锆、氮等合金元素，虽然含量很低，也应在牌号中标出。例如：碳的质量分数不大于0.08%，铬的质量分数为18%~20%，镍的质量分数为8.00%~11.00%的不锈钢，牌号为06Cr19Ni10；碳的质量分数不大于0.030%，铬的质量分数为16%~19%，钛的质量分数为0.10%~1.00%的不锈钢，牌号为022Cr18Ti；碳的质量分数为0.15%~0.25%，铬的质量分数为14.00%~16.00%，锰的质量分数为14.00%~16.00%，镍的质量分数为1.50%~3.00%，氮的质量分数为0.15%~0.30%的不锈钢，牌号为20Cr15Mn15Ni2Mo；碳的质量分数为不大于0.25%，铬的质量分数为24.00%~26.00%，镍的质量分数为19%~22%的耐热钢，牌号为20Cr25Ni20。

GB/T 20878—2007《不锈钢和耐热钢　牌号及化学成分》中有12Cr17Mn6Ni5N、14Cr18Ni11Si4AlTi、06Cr13Al、12Cr12、95Cr18等143个牌号。

3.1.3 铸钢牌号表示方法

GB/T 5613—2014《铸钢牌号表示方法》中对铸钢牌号规定了两种表示方法。

第一种是以屈服强度和抗拉强度为主的牌号表示方法。例如：ZG200-400，ZG是铸钢的代表符号，200和400分别是屈服强度和抗拉强度的最低值（MPa）。

第二种是以化学成分为主的牌号表示方法。例如：ZG20Cr13，Cr为铬元素符号，20为平均碳质量分数值（以万分之几计），13为铬平均质量分数值（%）。

另加有一些字符ZGH、ZGR、ZGS和ZGM分别表示焊接结构用铸钢、耐热铸钢、耐蚀铸钢和耐磨铸钢，如 ZGM30CrMnSiMo 表示耐磨铸钢，ZGH230-450 表示焊接结构用铸钢。GB/T 1503—2008《铸钢轧辊》中，轧辊材质采用代码代替了钢牌号，如 AS70 代替了 Zu70Mn。

3.1.4 铸铁牌号表示方法

GB/T 5612—2008《铸铁牌号表示方法》规定了铸铁牌号用代号、化学元素符号、名义含量及力学性能表示方法。

1. 铸铁代号

1）铸铁基本代号由表示该铸铁特征的汉语拼音字的第一个大写正体字母组成，如 HT 表示灰铸铁。某些铸铁代号则需在第一个大写正体字母之后加一小写字母和另一个大写正体字母组成，如 RuT 表示蠕墨铸铁。

2）当要表示铸铁的组织特征或特殊性能时，代表铸铁组织特征或特殊性能的汉语字的第一个大写正体字母排列在基本代号的后面，如 HTA 表示奥氏体灰铸铁，QTR 表示耐热球墨铸铁。

2. 元素符号、名义含量及力学性能

合金化元素符号用国际化学元素符号表示，混合稀土元素用 RE 表示。名义含量及力学性能用阿拉伯数字表示。例如：HTS Si15Cr4RE 表示含有硅、铬和稀土元素的耐蚀灰铸铁。

3. 以化学成分表示的铸铁牌号

1）当以化学成分表示铸铁的牌号时，合金元素符号及名义含量（质量分数）排列在铸铁代号之后。例如：QTRSi5 表示硅名义含量（质量分数）为5%的耐热球墨铸铁。

2）在牌号中常规碳、硅、锰、硫、碳元素一般不标注，有特殊作用时，才标注其元素符号及含量。

3）合金化元素的质量分数大于或等于1%时，在牌号中用整数标注，数值的修约按 GB/T 8170—2008 执行；质量分数小于1%时，一般不标注，只有该合金对铸铁特性有较大影响时，才标注其合金化元素符号。

4）合金化元素按其含量递减次序排列，含量相等时按元素符号的字母顺序排列。

4. 以力学性能表示的铸铁牌号

1）当以力学性能表示铸铁的牌号时，力学性能值排列在铸铁代号之后。当牌号中有合金元素符号时，抗拉强度值排列于元素符号及含量之后，之间用“-”隔开。

2）牌号中代号后面有一组数字时，该组数字表示抗拉强度值，单位为 MPa。当有两组数字时，第一组表示抗拉强度值，单位为 MPa；第二组表示断后伸长率值（%）；两组数字间用“-”隔开。例如：QT400-18 表示抗拉强度值等于或大于400MPa、断后伸长率等于或大于18%的球墨铸铁。

各种铸铁名称、代号及牌号表示方法实例见表3-3。

表3-3 铸铁名称、代号及牌号表示方法实例

铸铁名称	代号	牌号表示方法实例
灰铸铁	HT	HT250、HTCr-300
奥氏体灰铸铁	HTA	HTANi20Cr2
冷硬灰铸铁	HTL	HTLCr1Ni1Mo
耐磨灰铸铁	HTM	HTMCu1CrMo
耐热灰铸铁	HTR	HTRCr
耐蚀灰铸铁	HTS	HTSNi2Cr
球墨铸铁	QT	QT400-18
奥氏体球墨铸铁	QTA	QTANi30Cr3
冷硬球墨铸铁	QTL	QTLCrMo
抗磨球墨铸铁	QTM	QTMMn8-300
耐热球墨铸铁	QTR	QTRSi5
耐蚀球墨铸铁	QTS	QTSNi20Cr2
蠕墨铸铁	RuT	RuT420
可锻铸铁	KT	—
白心可锻铸铁	KTB	KTB350-04
黑心可锻铸铁	KTH	KTH350-10
珠光体可锻铸铁	KTZ	KTZ650-02
白口铸铁	BT	—
抗磨白口铸铁	BTM	BTMCr15Mo
耐热白口铸铁	BTR	BTRCr16
耐蚀白口铸铁	BTS	BTSCr28

GB/T 1504—2008《铸铁轧辊》中，增补了材质代码、推荐用途，以方便使用，如铬钼冷硬铸铁轧辊材质代码为 CC。

3.1.5 钢铁及合金牌号统一数字代号体系

GB/T 17616—2013《钢铁及合金牌号统一数字代号体系》规定

了钢铁及合金产品牌号统一数字代号的总则、结构形式、分类和编组、编码规则、编制和管理。该标准与GB/T 221—2008《钢铁产品牌号表示方法》同时并用，均有效。它统一了钢铁及合金产品牌号的表示形式，便于现代的数据处理设备进行储存和检索，对原有符号繁杂冗长的牌号可以简化，便于生产和使用。

1. 统一数字代号的结构形式

统一数字代号由固定的六位符号组成，左边首位用大写的拉丁字母作为前缀（一般不使用“I”和“O”字母），后接五位阿拉伯数字，字母和数字之间无间隙排列。统一数字代号的结构形式如下：

××××××

前缀字母：代表不同的钢铁及合金类型

第一位阿拉伯数字：代表各类型钢铁及合金细分类

第二、三、四、五位阿拉伯数字：代表不同分类的编组和同一编组内的不同牌号的区别顺序号（各类型材料组不同）

每一个统一数字代号只适用于一个产品牌号；反之，每一个产品牌号只对应于一个数字代号。当产品牌号取消后，一般情况下，原对应的统一数字代号不再分配给另一个产品牌号。

2. 钢铁及合金的类型与统一数字代号（见表3-4）

表3-4　钢铁及合金的类型与统一数字代号

钢铁及合金的类型	英文名称	前缀字母	统一数字代号（ISC）
合金结结钢	Alloy structural steel	A	A×××××
轴承钢	Bearing steel	B	B×××××
铸铁、铸钢及铸造合金	Cast iron、cast steel and cast alloy	C	C×××××
电工用钢和纯铁	Electrical steel and iron	E	E×××××
铁合金和生铁	Ferro alloy and pig iron	F	F×××××
合金结结钢	Alloy structural steel	A	A×××××
轴承钢	Bearing steel	B	B×××××
铸铁、铸钢及铸造合金	Cast iron、cast steel and cast alloy	C	C×××××
电工用钢和纯铁	Electrical steel and iron	E	E×××××
铁合金和生铁	Ferro alloy and pig iron	F	F×××××
合金结结钢	Alloy structural steel	A	A×××××
轴承钢	Bearing steel	B	B×××××
铸铁、铸钢及铸造合金	Cast iron、cast steel and cast alloy	C	C×××××
电工用钢和纯铁	Electrical steel and iron	E	E×××××
铁合金和生铁	Ferro alloy and pig iron	F	F×××××

3. 各类钢的统一数字代号表示方法

（1）合金结构钢统一数字代号表示方法　合金结构钢统一数字代号为A×××××。该类钢主要包括合金结构钢和合金弹簧钢，但不包括焊接用合金钢、合金铸钢、粉末冶金合金结构钢。合金结构钢和合金弹簧钢的统一数字代号表示方法如下：

第一位阿拉伯数字：代表合金系列分类，用0~8表示，9为空位。

第二位阿拉伯数字：代表钢组，用0~9表示。

第三、四位阿拉伯数字：代表碳含量特性值。

第五位阿拉伯数字：代表不同的质量等级和专门用途。

示例：20MnMo的统一数字代号为A02202；20SiMnVBE的统一数字代号为A77206。

（2）轴承钢统一数字代号表示方法　轴承钢统一数字代号为B×××××。该类钢主要包括高碳铬轴承钢、渗碳轴承钢、高温轴承钢（包括高温渗碳轴承钢）、不锈轴承钢、碳素轴承钢、无磁轴承钢、石墨轴承钢等。轴承钢统一数字代号表示方法如下：

第一位阿拉伯数字：代表钢分类，用0~5表示，6~9为空位。

第二位阿拉伯数字：代表钢组，用0~3表示，4~9为空位。

第三、四位阿拉伯数字：代表铬含量或碳含量的特征数值。

第五位阿拉伯数字：代表同类钢组中不同牌号的区别顺序号，一般为“0”。

示例：GCr15的统一数字代号为B00150；G95Cr18的统一数字代号为B21800。

（3）铸铁、铸钢及铸造合金统一数字代号表示方法　铸铁、铸钢及铸造合金统一数字代号为C×××××。该类材料主要包括铸铁、非合金铸钢、低合金铸钢、合金铸钢、不锈耐热铸钢、铸造永磁钢和合金、铸造高温合金和耐蚀合金等。铸铁、铸钢及铸造合金统一数字代号表示方法如下：

第一位阿拉伯数字：代表合金系列分类，用0、2、3、4、5、6、7、8表示，1、9为空位。

第二位阿拉伯数字：代表细分类，用0~7表示，8、9为空位。

第三、四位阿拉伯数字：代表抗拉强度最低值（MPa）。

第五位阿拉伯数字：代表不同牌号的区别顺序号。

示例：球墨铸铁 QT400－15 的统一数字代号为 C01401；非合金铸钢 ZG200－400 的统一数字代号为 C22040；低合金铸钢 ZGD270－480 的统一数字代号为 C32748；合金铸钢 ZG35CrMo 的统一数字代号为 C44350；不锈耐热铸钢 ZG03Cr19Ni11Mo2N 的统一数字代号为 C52193；

（4）低合金钢统一数字代号表示方法　低合金钢统一数字代号为 L×××××。该类钢主要包括低合金一般结构钢、低合金专用结构钢、低合金钢筋钢、低合金耐候钢等类。低合金钢统一数字代号表示方法如下：

第一位阿拉伯数字：代表钢分类，用 0、1、2、3、5、6 表示，4、7、8、9 为空位。

第二位阿拉伯数字：代表合金编组，用 0～9 表示。

第三、四位阿拉伯数字：代表碳含量特性值。

第五位阿拉伯数字：质量等级或专用钢用途类别。

示例：表示强度特性值的低合金结构钢 Q345QE 的统一数字代号为 L13455；表示化学成分特性值的低合金结构钢 14MnVTiRE 的统一数字代号为 L29145；高耐候钢 Q355GNH 的统一数字代号为 L53551；低合金汽车用钢 CR180BH 的统一数字代号为 L61801。

（5）不锈钢和耐热钢统一数字代号表示方法　不锈钢和耐热钢统一数字代号为 S×××××。不锈钢和耐热钢主要包括铁素体型钢、奥氏体－铁素体型钢、奥氏体型钢、马氏体型钢、沉淀硬化型钢五个分类。但不包括焊接用不锈钢、不锈钢铸钢、耐热钢铸钢、粉末冶金不锈钢和耐热钢等。不锈钢和耐热钢统一数字代号表示方法如下：

第一位阿拉伯数字：代表钢分类，用 1～5 表示，0 和 6～9 为空位。

第二、三位阿拉伯数字：代表铁素体型钢、奥氏体－铁素体型钢和沉淀硬化型钢的铬含量特征数值；奥氏体型钢和马氏体型钢用第一、二、三位数字作为钢组。

第四、五位阿拉伯数字：代表同一编组内不同牌号的区别顺序号。

示例：铁素体型钢 10Cr15 的统一数字代号为 S11510；奥氏体-铁素体型钢 12Cr21Ni5Ti 的统一数字代号为 S22160；奥氏体型钢 12Cr18Mn9Ni5N 的统一数字代号为 S35450；马氏体型钢 06Cr13 的统一数字代号为 S41008；沉淀硬化型钢 05Cr15Ni5Cu4Nb 的统一数字代号为 S51550。

（6）工模具钢统一数字代号表示方法　工模具钢的统一数字代号为 T×××××。该类钢主要包括非合金工模具钢、合金工具模钢、高速工具钢三类，但不包括粉末冶金工具钢。工模具钢统一数字代号表示方法如下：

第一位阿拉伯数字：代表钢分类，用 0、1 表示非合金工具钢，2、3、4 表示合金工具钢，5、6、7、8 表示高速工具钢，9 为空位。

第二位阿拉伯数字：代表合金编组，非合金工具钢用 0、1 表示（2~9 为空位），合金工具钢用 0、1、2、3、5、6 表示（4 和 7~9 为空位）。

第三、四位阿拉伯数字：非合金工具钢代表碳含量特性值，合金工具钢第三、四位按合金结构钢第一、二位数字表示。

第五位阿拉伯数字：表示非合金工具钢的不同质量、特性的牌号区别顺序号（通常以“0”表示一般优质钢，“3”表示高级优质钢）；表示冷作模具、热作模具、无磁模具以及量具刃具和耐冲击用合金工具钢的碳含量特征值（碳含量中间值的 1000 倍，“0”表示碳的质量分数大于 1.00%）；表示塑料模具钢的加工状态和区别顺序号（即“0”表示易切削型，“1”表示预硬化，“2”表示时效硬化，“3”表示耐腐蚀型，其他为区别顺序号）；表示钨系高速工具钢的钒含量、钨-钼系高速工具钢的区别顺序号、钨系含钴高速工具钢的钴含量和钨-钼系含钴高速工具钢的区别顺序号。

示例：非合金工具钢 T7 的统一数字代号为 T00070；合金工具钢 Cr12 的统一数字代号为 T21200；合金工具钢 5CrMnMo 的统一数字代号为 T22345，高速工具钢 W18Cr4V 的统一数字代号为 T51841；高速工具钢 W6Mo5Cr4V2Co5 的统一数字代号为 T86545。

（7）非合金钢统一数字代号表示方法　非合金钢的统一数字代号为U×××××。这类钢主要包括非合金结构钢、非合金铁道用钢、非合金易切削钢三类，但不包括非合金工具钢、电磁纯铁、原料纯铁、焊接用非合金钢、非合金铸钢等。非合金钢统一数字代号表示方法如下：

第一位阿拉伯数字：代表钢组分类，用1、2、3、4、5、6、7表示，0、8、9为空位。

第二位阿拉伯数字：代表编组。

第三、四位阿拉伯数字：代表碳含量的两位特征数字。

第五位阿拉伯数字：代表质量等级和区别顺序号。

示例：非合金一般结构钢及工程结构钢Q195F的统一数字代号为U11950；非合金机械结构钢08Al的统一数字代号为U22082；非合金特殊专用结构钢L245的统一数字代号为U32456；非合金特殊专用结构钢ML25Mn的统一数字代号为U41250；非合金特殊专用结构钢45H的统一数字代号为U59455；非合金铁道钢U74的统一数字代号为U61742；非合金易切削钢Y45MnSPb的统一数字代号为U72458。

（8）焊接用钢及合金统一数字代号表示方法　焊接用钢及合金的统一数字代号为W×××××。该类钢及合金主要包括焊接用非合金钢、焊接用低合金钢、焊接用合金钢、焊接用不锈钢、焊接用高温合金和耐蚀合金、钎焊合金等。焊接用钢及合金统一数字代号表示方法如下：

第一位阿拉伯数字：代表合金系列分类，用0~7表示，8、9为空位。

第二位阿拉伯数字：代表编组。

第三、四位阿拉伯数字：代表焊接用非合金钢、低合金钢、合金钢的碳含量，代表钎焊合金的基体元素质量分数。

第五位阿拉伯数字：代表焊接用非合金钢、低合金钢、合金钢的不同质量等级或不同牌号的区别顺序号，代表钎焊合金的不同牌号的区别顺序号；焊接用不锈钢、耐蚀合金和高温合金则分别用第二、三、四位表示为：焊接用不锈钢按相应各类型不锈钢的统一数字代号表示方法表示；焊接用耐蚀合金采用 ASTM 牌号中 USN 的编号表示，如果没有与 ASTM 牌号对应，则采用牌号中的四位特征数字；焊接用高温合金采用牌号中的四位特征数字。

示例：焊接用非合金钢 H08MnA 的统一数字代号为 W01083；焊接用低合金钢 H08MnSi 的统一数字代号为 W16082；焊接用合金钢 H08Mn2Si 的统一数字代号为 W21082；焊接用合金钢 H08CrMoA 的统一数字代号为 W31083；焊接用不锈钢 H10Cr19Ni9 的统一数字代号为 W43021；焊接用耐蚀合金 HNS1102 的统一数字代号为 W58810；焊接用高温合金 HGH3030 的统一数字代号为 W63030，焊接用钎焊合金 BMn70NiCrSe 的统一数字代号为 W70701。

3.2 俄罗斯（ГОСТ）钢铁牌号表示方法简介

3.2.1 钢铁牌号表示方法概述

俄罗斯仍沿用苏联国家标准代号 ГОСТ 作为国家标准代号。其表示方法与我国钢铁牌号表示方法极其相似，仅有少数例外，但化学元素符号是采用俄文字母，见表 3-5。

表 3-5 化学元素符号及俄文代号

元素符号及汉语名称	俄　文	代　号
N 氮	Азот	А
Nb 铌	Ниобий	Б
W 钨	Волъфрам	В
Mn 锰	Марганец	Г
Cu 铜	Медв	Д
Co 钴	Кобалът	К
Mo 钼	Молибден	М
Ni 镍	Никель	Н
P 磷	Фосфор	П
B 硼	Бор	Р
Si 硅	Кремний	С
Ti 钛	Титан	Т
C 碳	Углерод	У

（续）

元素符号及汉语名称	俄　文	代　号
V　钒	Ванадий	Ф
Cr　铬	Хром	Х
Zr　锆	Цирконий	Ц
Al　铝	Алюминий	Ю
Se　硒	Сеплн	Е

3.2.2　钢牌号表示方法

1. 普通碳素钢牌号表示方法

ГОСТ 380—1994 中，普通碳素钢的牌号表示方法为，用俄文单词钢 Сталь 缩写 Ст 为牌号之首，紧接着用 1～6 代表钢的质量保证类别。该标准仅适用于普通碳素钢的半成品。

1 类钢材要保证屈服强度、抗拉强度、断后伸长率和弯曲试验合格。

2 类钢材除 1 类钢材保证项目外，还需保证化学成分合格。

3～6 类钢材除以上保证项目外，还需分别保证不同温度下的冲击吸收功（V 形缺口）(A_{KV}，单位为 J）值。

较高锰含量的钢，牌号中要有锰的代号 Г，如 Ст3Гпс 和 Ст3Гсп 分别表示锰含量较高的半镇静钢和镇静钢。

旧标准中将普通碳素钢分为 А、Б、В 三类，同时还要考虑炼钢炉的类别。

为了与国际标准接轨，ГОСТ 27772 结构部件用钢标准中，也按屈服强度最低值表示钢的牌号，如 С235 表示屈服强度最低值为 235MPa 的钢，它与我国 Q235 钢类同。

2. 优质碳素结构钢牌号表示方法

优质碳素结构钢牌号是以钢中平均碳的质量分数 $\times10^4$ 表示的，如平均碳的质量分数为 0.50% 的钢，其牌号为 50。当钢中锰含量较高时，要标出锰的代号，如 50Г。钢中硫、磷含量较低的高级优质钢，牌号尾部加字母 А，如 50А；硫、磷含量更低的最高级优质钢，牌号尾部加字母 Ш，如 50Ш。

锰的质量分数为 2% 的钢已与 ГОСТ 4543 标准中合金钢合并，

不再称为优质碳素结构钢。

3. 低合金钢牌号表示方法

ГОСТ 19281—1989 中，仍以化学成分表示低合金钢的牌号。其牌号由表示平均碳含量的数值、合金元素代号及其含量数字表示。当钢中单个合金元素的质量分数≥1.45%时，要在合金元素代号后面加2，否则不加含量数字。如16Г2АФД表示碳的质量分数为0.14%～0.20%，锰的质量分数为1.30%～1.70%，并含有N、V、Cu的低合金高强度钢。

为与国际标准一致，ГОСТ 27772—1988 中也用屈服强度最低值（MPa）来表示牌号。现有强度等级C235、C245、C255、C275、C285、C345和C345Д、C375和C375T、C390和C390K、C440和C440Д、C590和C590KCX等10种15个牌号。

4. 冷镦钢牌号表示方法

ГОСТ 10702 中，冷镦钢仅有20Г2、12XH、16XГH、19XHT、15XTHM和38XTHM6个牌号，牌号表示方法无特殊规定。

5. 合金结构钢和弹簧钢牌号表示方法

合金结构钢和合金弹簧钢牌号，由表示平均碳含量（质量分数）的数字、表示合金元素的代号及表示合金含量的数字组成。合金元素含量少的可不标出含量数字，较高含量和高含量的，要在元素代号后面标出2、3、4等数字，高级优质钢的牌号加后缀字母A，如30XГCA。非合金弹簧钢牌号表示方法同优质碳素结构钢。

6. 易切削结构钢牌号表示方法

易切削结构钢牌号的前缀字母有两种：A表示含硫易切削钢，AC表示含铅易切削钢，随后为碳含量平均数字。锰含量较高的易切削钢，牌号尾部加代号Г。

含铅易切削钢有非合金钢和合金钢两种，合金钢除标出平均碳含量（质量分数）数值外，还标出了合金元素代号及其含量。

7. 不锈钢、耐热钢牌号表示方法

不锈钢、耐热钢牌号的表示方法基本上与合金钢牌号表示方法相一致。碳含量均以平均碳含量（质量分数）数值表示。用电渣冶炼或其他特殊冶炼方法的钢，在牌号后缀加Ш（电渣法）、BЯ（真空法）等。

旧牌号表示方法一般不标出平均碳含量。必要时则以平均碳含量值[w（C）（%）]×10^3 来表示，对于超低碳钢则以00表示，新牌号与旧牌号对照见表3-6。

表3-6　新牌号与旧牌号对照

新　牌　号	旧　牌　号
03X16H15M3	00X16H15M3
08X22H6T	0X22H5T
15X5M	X5M
30X13	3X13

8. 碳素工具钢牌号表示方法

碳素工具钢牌号首位冠以代号У，后面用碳含量平均值表示。锰含量较高的牌号中加代号Г，高级优质钢的牌号尾部还应加字母A。

9. 合金工具钢牌号表示方法

合金工具钢牌号的表示方法基本上与合金结构钢相同，仅碳含量表示方法不同。对于平均碳的质量分数≥1.00%的钢不标出平均碳含量值，平均碳的质量分数<1.00%的钢要标出数值。合金工具钢不分优质钢和高级优质钢，故所有牌号尾部均无A。

10. 高速工具钢牌号表示方法

ГОСТ 19265中共有11个高速工具钢牌号。除11Р3АМ3Ф2外，其余均不标出平均碳含量值，牌号前缀均用字母Р表示，随后数值表示钨的平均含量，钨的化学元素代号不标出。Nb元素及含量不标出，含量不高的Mo、V、Co元素也不标出元素代号及含量，含量高的要标出元素代号及含量值。

11. 高碳铬轴承钢牌号表示方法

高碳铬轴承钢牌号首位为字母Ш，随后为铬的代号X及其含量，铬含量值以平均质量分数×10^3 表示。轴承钢中如含有Si、Mn等元素，还应标出代号С和Г。用电渣炉冶炼的轴承钢在牌号最后标出“－Ш”。

3.2.3　铸钢牌号表示方法

一般情况下，各类钢均有铸钢件，故其铸钢牌号仅在用钢牌号尾部加字母Л以示区别，如45Л表示45碳素铸钢。

3.2.4 铸铁牌号表示方法

1）灰铸铁牌号前缀字母为СЧ，球墨铸铁牌号前缀字母为ВЧ，随后的一组数字表示抗拉强度（MPa）最低值。

2）可锻铸铁牌号前缀为КЧ，随后两组数字分别表示抗拉强度（MPa）和断后伸长率（%）最低值。以力学性能值高低来区分铁素体可锻铸铁和珠光体可锻铸铁。

3）抗磨铸铁牌号前缀字母为АЧ，随后С、В、К分别表示灰色片状石墨、球状石墨和展性团絮状石墨。根据元素含量的多少，各类铸铁有АЧС1～АЧС6、АЧВ1、АЧВ2、АЧК1和АЧК2共10个牌号。

4）合金铸铁牌号前缀字母为Ч，其后用代号和数字表示合金元素及其含量。这种牌号表示方法与合金钢牌号表示方法基本相同。

3.3 日本（JIS）钢铁牌号表示方法简介

3.3.1 钢铁牌号表示方法概述

大约在1949年以前，日本钢铁牌号是按JES标准规定表示的，现行钢铁牌号是按JIS标准规定表示的。

JIS（Japanese Industrial Sandard）是日本工业标准的代号。关于日本钢铁牌号表示方法，在JIS标准中没有专门的标准。在各类标准中出现的牌号表示方法的特点是：不仅能表示出钢类，同时也可表示出钢材种类，有的还可表示出用途等。

牌号一般由三部分组成。

1）第一部分为前缀字母S表示钢，F表示铁。

2）第二部分采用英文字母或假名拼音的罗马字母，表示用途、钢材种类及铸锻件制品等，如SC表示铸钢，FC表示灰铸铁，K表示工具，U表示特殊用途。有时用两个或几个字母组合起来表示钢的品种和类别，如SKS表示合金工具钢（其中的一种）、SUJ表示高碳铬轴承钢，SNCM表示Ni-Cr-Mo钢等。

3）第三部分为数字，用来表示钢类或钢材序号或抗拉强度

（MPa）最低值，如 SS400 表示碳素结构钢，其最低抗拉强度值为 400MPa。

4）在牌号组成主体之后，根据需要，有时附加表示钢材形状、制造方法及热处理等的后缀字母，以示区别。

3.3.2　钢牌号表示方法

1. 普通结构钢牌号表示方法

SS×××是普通结构钢的牌号。第一个 S 表示钢，第二个 S 表示结构的，×××表示抗拉强度（MPa）最低值。JIS G3101:2010 中有 SS330、SS400、SS490 和 SS540 四种牌号。

焊接结构用碳素钢用 SM490A 等表示牌号，M 代表中碳，后缀 A 表示质量等级。JIS G3106:2008 中有 400、490、520 和 570 四个强度等级的多个牌号。前三个等级的钢仅控制 P、S 含量，后一个强度等级的钢还需控制 C 和 Mn 的含量。Y 表示抗拉强度相同，屈服强度值略高于同类牌号的钢，除后缀 A 外，还可加后缀 B、C。

2. 机械制造用结构钢牌号表示方法

这类钢包含了我国的优质碳素结构钢和合金结构钢，下面介绍碳含量的数字代号。

结构钢牌号后面两位数字表示平均碳的质量分数 $\times 10^4$，小数点后数字全部略去取整数。当数值 <10 时，前面要加“0”，凑足两位数。如果两个牌号的主要合金元素符号、元素和碳含量的代号相同时，则对合金元素含量较高的钢牌号采取××+1 的办法来解决，以示区别。碳含量的数字代号举例见表 3-7。

表 3-7　碳含量的数字代号举例

牌　号	规定碳的质量分数（%）	平均碳的质量分数 $\times 10^4$	数字代号	备　注
S12C	0.10～0.15	12.5	12	—
S09CK	0.07～0.12	9.5	09	—
SCM420	0.18～0.23	20.5	20	—
SCM421	0.17～0.23	20	21	锰含量高，数字代号加 1
SMn433H	0.29～0.36	32.5	33	—
SMn433	0.30～0.36	33	33	—

（1）优质碳素结构钢表示方法　S45C 和 S25CK 表示两种优质碳素结构钢牌号，可将其分为三部分。牌号中 S 表示钢。45 和 25 分别

表示平均碳的质量分数×10^4的整数值，即碳含量的数字代号。C表示碳，CK表示表面硬化钢（渗碳钢）。

（2）合金结构钢牌号表示方法

1）合金结构钢牌号组成如下：

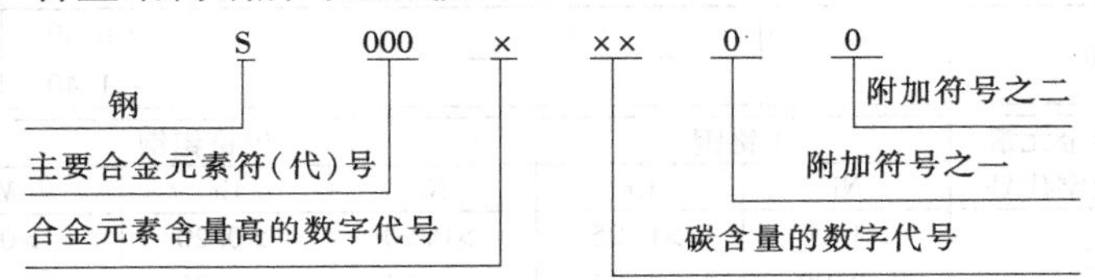

单元合金结构钢采用国际化学元素符号表示主要合金元素，如SMn、SCr等。多元合金结构钢，除Mn外均采用单个字母表示主要合金元素，国际化学元素符号简化形式为：Cr→C、Ni→N、Mo→M、Al→A等。各钢组与符号见表3-8。

表3-8 钢组与符号

钢组	符号	钢组	符号
锰钢	SMn	镍铬钢	SNC
锰铬钢	SMnC	镍铬钼钢	SNCM
铬钢	SCr	铝铬钼钢	SACM
铬钼钢	SCM		

2）主要合金元素含量数字代号：根据元素含量高低，采用表3-9中偶数字为数字代号。

附加符号分为两类，均采用英文字母。第一类是基本牌号中加入特殊元素，如易切削钢中加铅，则加注L；第二类为保持特殊性能，如保淬透性，牌号尾部加注H。

3）新旧牌号对照示例见表3-10。

表3-9 主要合金元素含量（质量分数）数字代号 （%）

主要合金元素含量数字代号	锰钢	锰铬钢		铬钢	铬钼钢	
	Mn	Mn	Cr	Cr	Cr	Mo
2	>1.00~1.30	>1.00~1.30	>0.30~0.90	>0.30~0.80	>0.30~0.80	>0.15~0.30
4	>1.30~1.60	>1.30~1.60	>0.30~0.90	>0.80~1.40	>0.80~1.40	>0.15~0.30

（续）

主要合金元素含量数字代号	锰钢	锰铬钢		铬钢	铬钼钢	
	Mn	Mn	Cr	Cr	Cr	Mo
6	>1.60	>1.60	>0.30 ~0.90	>1.40 ~2.00	>1.40	>0.15 ~0.30
8	—	—	—	—	>0.80 ~1.40	>0.30 ~0.60

主要合金元素含量数字代号	镍铬钢		镍铬钼钢		
	Ni	Cr	Ni	Cr	Mo
2	>1.00 ~2.00	>0.25 ~1.25	>0.20 ~0.70	>0.20 ~1.00	>0.15 ~0.40
4	>2.00 ~2.50	>0.25 ~1.25	>0.70 ~2.00	>0.40 ~0.50	>0.15 ~0.40
6	>2.50 ~3.00	>0.25 ~1.25	>2.00 ~3.50	>1.00	>0.15 ~0.40
8	>3.00	>0.25 ~1.25	>3.50	>0.70 ~1.50	>0.15 ~0.40

表3-10 新旧牌号对照示例

新牌号	旧牌号	新牌号	旧牌号
SMn433	SMn1	SNC631	SNC2
SMnC443	SMnC3	SNCM815	SNCM25
SCr420	SCr22	SACM645	SACM1

（3）易切削钢牌号表示方法 牌号用SUM××表示。××为两位数字，第一位数字表示钢的类别，1、2、3、4分别表示含硫易切削钢，提高硫、磷含量的易切削钢，提高碳含量的硫易切削钢和碳锰易切削钢。第二位数字为序号。含铅的易切削钢在牌号末尾加字母L。

（4）冷镦钢牌号表示方法 JIS G3507-1:2010为冷镦用碳素钢盘条标准。牌号用SWRCH00×表示。牌号中00表示碳平均含量值；×表示脱氧方法不同的钢，R表示沸腾钢，A表示铝镇静钢，K表示镇静钢。

（5）不锈钢牌号表示方法 牌号用SUS×××表示。×××为三位数字编号，相似于美国的2××、3××等数字系列。

超低碳不锈钢在牌号尾部加字母L；含有Ti、Se、N的钢，在牌号中数字后分别附加国际化学元素符号Ti、Se和N；两个化学成分相近，而个别元素含量略有差别的不锈钢，可在数字后用J1和J2加以区别。

（6）耐热钢牌号表示方法　用SUH加数字表示耐热钢牌号。在现行标准中仍有部分牌号采用原来的序号（一位或两位数字），另一部分则与不锈钢牌号表示方法相同。

（7）工具钢牌号表示方法

1）碳素工具钢用SK××表示牌号。××表示碳的质量分数的平均值，JIS 4401:2009《碳素工具钢》中共有SK140等11个牌号。

2）JIS G4404:2015《合金工具钢》中，SKS×（×）（一位或两位数字）表示刃具用钢和耐冲击工具用钢；SKD×和SKT×表示热作模具钢；冷作工具钢有SKS×（×）和SKD×（×）两种牌号。

该标准已开始有与国际标准牌号并存的情况，如SKT4（55NiCrV7）和SKD10（X153CrMoV12）等。

3）JIS G4403:2006《高速工具钢》中分钨系高速工具钢、粉末冶金高速工具钢和钨钼系高速工具钢。牌号均由SKH加一位或两位数字组成。

（8）弹簧钢牌号表示方法　JIS G4801:2005《弹簧钢》中用SUP×（×）表示弹簧钢牌号，×（×）为数字序号。序号相同的两个牌号，可在一个牌号尾部加A，以示区别。

（9）高碳铬轴承钢牌号表示方法　JIS G4805:2008《高碳铬轴承钢》中用SUJ×表示高碳铬轴承钢牌号，共有4个牌号。其中SUJ3和SUJ5牌号中Si、Mn含量较高。

3.3.3　锻钢牌号表示方法

锻钢牌号前边冠有锻件符号SF，其后字母代表类别，数字有单个或组合数字，有的牌号末尾还加一定的特殊符号。锻钢标准名称与牌号示例见表3-11。

表3-11　锻钢标准名称与牌号示例

标准号	标准名称	牌号示例
JIS G3201	碳素钢锻钢制品	SF440A
JIS G3202	压力容器用碳素钢锻钢制品	SFVC1
JIS G3203	高温压力容器用合金钢锻钢制品	SFVA-F1
JIS G3204	压力容器用调质型合金钢锻钢制品	SFVQ2A
JIS G3205	低温压力容器用锻钢制品	SFL1
JIS G3214	压力容器用耐蚀、耐热锻钢制品	SUSF304
JIS G3221	一般用途铬钼钢锻钢制品	SFCM740S
JIS G3222	一般用途镍铬钼钢锻钢制品	SFNCM780S

3.3.4　铸钢牌号表示方法

铸钢用SC表示，各种不同标准规定有不同用途的铸钢。铸钢标准名称与牌号示例见表3-12。

表3-12　铸钢标准名称与牌号示例

标准号	标准名称	牌号示例
JIS G5101	普通用途碳素铸钢	SC360
JIS G5102	焊接结构用铸钢	SCW410
JIS G5111	结构用低合金高强度铸钢	SCC3
		SCMn2
		SCMnCr2
		SCMnM3
		SCCrM3
		SCMnCrM2
		SCNCrM2
JIS G5121	不锈、耐蚀铸钢	SCS1
JIS C5122	耐热铸钢	SCH1
JIS G5131	高锰铸钢	SCMnH
JIS G5151	高温高压用铸钢	SCPH1
JIS G5152	低温高压用铸钢	SCPL1

JIS G7821:2000《一般工程用铸造碳钢》等效采用国际标准，其牌号为200-400（W）等，无后缀字母W者为不保证焊接性能用钢。

3.3.5　铸铁牌号表示方法

1）FC为铸铁代号。FC×××为铸铁牌号，×××表示抗拉强度（MPa）最低值。

2）FCD为球墨铸铁代号。FCM为可锻铸铁代号，随后B、W和P分别表示黑心、白心和珠光体。它们与两组数字组成牌号，前组数字表示抗拉强度（MPa）最低值，后组数字表示断后伸长率（%）最低值。

3）FCA和FCD分别为片状石墨型和球状石墨型奥氏体铸铁的代号，后面加不同国际化学元素符号及含量组成牌号。

3.3.6　钢牌号分类及其代号

钢牌号分类及其代号见表3-13。

表3-13 钢牌号分类及其代号

序号	类别	名称与用途	代号
1	结构钢	汽车结构用热轧钢板及钢带	SAPH
2		链条用圆钢	SBC
3		预应力钢筋用钢棒	SBPR SBPD
4		瓦楞钢板	SDP
5		银亮钢棒用一般钢材	SGD
6		焊接结构用70kg级高屈服强度钢板	SHY
7		焊接结构用轧制钢材	SM
8		焊接结构用耐大气腐蚀的轧制钢材	SMA
9		高耐大气腐蚀的轧制钢材	SPA
10		钢筋混凝土用钢棒	SR（圆形） SD（异形）
11		钢筋混凝土用改轧钢棒	SRR（圆形） SDR（异形）
12		改轧钢棒	SRB
13		一般结构用轧制钢材	SS
14		一般结构用轻量型钢	SSC
15		铆钉用圆钢	SV
16		一般结构用焊接轻量H型钢	SWH
17	压力容器用钢	锅炉用轧制钢板	SB
18		锅炉及压力容器用MnMo钢及Mn－MoNi钢钢板	SBV
19		锅炉及压力容器用CrMo钢钢板	SCMV
20		高压瓦斯容器用钢板及钢带	SGC
21		中常温压力容器用碳素钢板	SGV
22		中常温压力容器用高强度钢板	SEV
23		低温压力容器用碳素钢板	SLA
24		低温压力容器用Ni钢钢板	SL－N
25		压力容器用调质型钢板	SPV
26		MnMo钢、MnMoNi钢钢板	SQV
27	薄钢板	冷轧钢板及钢带	SPC
28		热轧钢板及钢带	SPH
29		钢管用热轧碳素钢带	SPHT
30		珐琅用低碳钢板及钢带	SPP

（续）

序号	类别	名称与用途	代号
31	镀层钢板—涂层钢板	热浸镀铝钢板及钢带	SAC（商业用）
			SAD（深冲）
			SAE（极深冲）
32		电镀锌钢板及钢带	SEHC（热轧，商业用）
			SEHD（热轧，深冲）
			SECD（冷轧，深冲）
			SEHE（热轧，极深冲）
			SECEN（冷轧，极深冲，非时效）
33		镀锡板及镀锡厚板	SPTE（电镀）
			SPTH（热浸镀）
34		镀锌钢板	SPGC（商业用）
			SPGR（屋顶）
			SPGA（建筑）
			SPGS（结构）
			SPGH（全硬的）
			SPGW（波形）
			SPGD（冲压）
			SPGDD（深冲）
35		涂色镀锌钢板	SCG
36	线材	硬钢条	SWRH
37		软钢盘条	SWRM
38		琴用钢盘条	SWRS
39		电焊条芯用盘钢	SWRY
40		冷镦用碳素钢盘条	SWRCH
41	钢丝	硬钢丝	SW
42		冷镦用碳素钢丝	SWCH
43		钢丝	SWM
44		铠装用镀锌钢丝	SWMG
45		琴钢丝	SWP
47		PC硬钢丝	SWCR（圆形）
			SWCD（异形）

（续）

序号	类别	名称与用途	代号
48	钢丝	电机转子连接用镀锡琴钢丝	SWPE
49		弹簧用油回火碳素钢丝	SWO
50		阀弹簧用油回火碳素钢丝	SWO - V
51		阀弹簧用油回火 CrV 钢钢丝	SWOCV - V
52		阀弹簧用油回火 SiCr 钢钢丝	SWOSC - V
53		弹簧用油回火 SiMn 钢钢丝	SWOSM
54		电焊条芯用钢丝	SWY
55	钢管	配管用碳素钢钢管	SGP
56		水道用镀锌钢管	SGPW
57		锅炉及热交换器用碳素钢钢管	STB
58		锅炉及热交换器用合金钢钢管	STBA
59		低温热交换器用钢管	STBL
60		加热炉（火焰加热）用钢管	STF STFA（合金） SUS - TF（不锈钢） NCF - TF（镍铬铁）
61		汽车制造用电阻焊碳素钢管	STAM××G（一般用途） STAM××H（高屈服强度）
62		气缸用碳素钢管	STC
63		高压瓦斯容器用无缝钢管	STH
64		一般结构用碳素钢钢管	STK
65		机械结构用碳素钢钢管	STKM
66		结构用合金钢钢管	STKS
67		结构用不锈钢钢管	SUS - TK
68		不锈钢清洁管	SUS - TBS
69		一般结构用矩形钢管	STKP
70		钻探用无缝钢管	STMC（芯或套） STMR（钻杆）
71		油井用无缝钢管	STO
72		配管用合金钢钢管	STPA
73		压力配管用碳素钢钢管	STPG
74		低温配管用钢管	STPL

（续）

序号	类别		名称与用途	代号
75	钢管		高温配管用碳素钢钢管	STPT
76			配管用电弧焊碳素钢钢管	STPY
77			高压配管用碳素钢钢管	STS
78			锅炉及热交换器用不锈钢钢管	SUS－TB
79			配管用电弧焊大口径不锈钢钢管	SUS－TPY
80			配管用不锈钢钢管	SUS－TP
81			一般配管用不锈钢钢管	SUS－TPD
82			波形管及波形型钢	SCP
83	机械结构用钢		机械结构用碳素钢钢材	S××C
84			CrMoAl 钢钢材	SACM
85			CrMo 钢钢材	SCM
86			Cr 钢钢材	SCr
87			NiCr 钢钢材	SNC
88			NiCrMo 钢钢材	SNCM
89			机械结构用 Mn 钢及 MnCr 钢钢材	SMn
				SMnC
90			高温螺栓用合金钢钢材	SNB
91			螺栓用特殊用途合金钢棒材	SNB
92	特殊用途钢	工具钢	碳素工具钢	SK
93			中空钢钢材	SKC
94			刃具用钢和耐冲击工具用钢	SKS
			热作模具钢	SKD
				SKT
			高速工具钢	SKH
95		易切钢	硫易切钢	SUM
96		轴承钢	高碳铬轴承钢	SUJ
97		弹簧钢	弹簧钢钢材	SUP
98		不锈钢	不锈钢棒	SUS－B
99			冷加工不锈钢棒	SUS－CB
100			热轧不锈钢板	SUS－HP
101			冷轧不锈钢板	SUS－CP
102			热轧不锈钢带	SUS－HS
103			冷轧不锈钢带	SUS－CS
104			弹簧用不锈钢带	SUS－CSP
105			不锈钢线材	SUS－WR

（续）

序号	类别		名称与用途	代号
106	特殊用途钢	不锈钢	焊接用不锈钢线材	SUS－Y
107			不锈钢钢丝	SUS－W
108			弹簧用不锈钢丝	SUS－WP
109			冷镦用不锈钢丝	SUS－WS
110			热轧不锈钢等边角钢	SUS－HA
111			冷成形不锈钢等边角钢	SUS－CA
112			不锈钢锻制品用坯	SUS－FB
113			涂层不锈钢板	SUSC SUSCD
114		耐热钢	耐热钢棒	SUHB
115			耐热钢板	SUHP
116		超级合金	耐蚀耐热超级合金棒	NCF－B
117			耐蚀耐热超级合金板	NCF－P
118			配管用 NiCrFe 合金无缝管	NCF－TP
119			热交换器用 NiCrFe 合金无缝管	NCF－TB
120	锻钢		碳素钢锻制品	SF
121			碳素钢锻制品用坯	SFB
122			压力容器用碳素钢锻制品	SFVC
123			压力容器用调质型合金钢锻制品	SFVQ
124			高温压力容器部件用合金钢锻制品	SFHA
125			高温压力容器部件用不锈钢锻制品	SUS－F
126			低温压力容器用锻制品	SFL
127			CrMo 钢锻制品	SFCM
128			NiCrMo 钢锻制品	SFNCM
129	铸钢		碳素钢铸件	SC
130			焊接结构用铸件	SCW
131			焊接结构用离心铸钢管	SCW－CF
132			结构用高强度碳素钢及低合金钢铸件	SCC SCMn SCSiMn SCMnCr SCMnM SCCrM SCMnCrM

（续）

序号	类别	名称与用途	代号
132	铸钢	结构用高强度碳素钢及低合金钢铸件	SCNCrM
133		不锈钢铸件	SCS
134		耐热钢铸件	SCH
135		高锰钢铸件	SCMnH
136		高温高压用铸钢件	SCPH
137		高温高压用离心铸钢管	SCPH－CF
138		低温高压用铸钢件	SCPL

3.4 美国（ASTM）钢铁牌号表示方法简介

3.4.1 美国钢铁标准化机构简介

美国有多家学会、协会从事钢铁标准化工作，涉及钢铁材料标准的标准化机构，主要有：

AISI——美国钢铁学会。

ACI——美国合金铸造学会。

ANSI——美国国家标准学会。

ASTM——美国材料与试验协会。

SAE——美国汽车工程师协会。

ASME——美国机械工程师协会。

AWS——美国焊接学会。

UNS是金属与合金牌号统一数字体系的简称。它是由ASTM E507和SAE J1086等技术标准推荐使用的。

ANSI标准广泛用于整个工业，但该学会本身不制定标准，只是从其他标准化机构中选取一部分标准发布为国家标准，其标准号采用双编号如ANSI/ASTM，牌号是采用另一编号标准中的牌号。

美国材料与试验协会（ASTM）标准广泛用于钢铁材料，它的特点是能够代表标准制定部门、钢铁企业和用户三方协商一致的意见，因此被广泛使用。笔者在企业工作期间，接触到最多的美国标准也是 ASTM 标准，这里用 ASTM 相关标准为代表，介绍美国钢铁牌号表示方法。

3.4.2 ASTM 钢铁牌号表示方法

1. 结构钢牌号表示方法

结构钢大多数牌号表示方法符合 SAE（美国汽车工程师协会）系统的规定，也是用四位数字表示牌号。前两位数字表示钢的类别，后两位数字表示钢中平均碳的质量分数 $\times 10^4$。

（1）碳素结构钢棒材　用 10 表示碳素结构钢。例如：1015 表示平均碳的质量分数为 0.15% 的碳素结构钢。

（2）较高锰含量碳素结构钢棒材　用 15 表示较高锰含量碳素结构钢。例如：1513 表示平均碳的质量分数为 0.13% 较高锰含量碳素结构钢。

（3）易切削结构钢　11 表示硫系易切削结构钢，12 表示硫磷复合易切削结构钢，12L 表示铅硫复合易切削结构钢，如 1108、1211、12L13 等。

（4）合金结构钢　合金结构钢有多种类别和牌号。例如：同为铬钢，但因铬含量不同却有不同的牌号，铬的质量分数为 0.27% ~ 0.65% 的铬钢牌号为 50××，铬的质量分数为 0.8% ~1.05% 的铬钢牌号为 51××。含硼合金结构钢的牌号数字间可插入字母 B，如 50B44。

（5）弹簧钢　弹簧钢可分为碳素弹簧钢和合金弹簧钢。例如：1050 为碳素弹簧钢，5160 为合金弹簧钢，51B60 为含锰合金弹簧钢等。

（6）保证淬透性结构钢（H 钢）　其牌号是在原牌号尾部加后缀字母 H，如 1038H、94B30H 等，但与原牌号化学成分略有不同。

（7）轴承钢

1）高碳铬轴承钢用五位数字表示牌号。第一位数字 5 表示铬钢；第二位数字表示平均铬的质量分数，即 0 表示 w（Cr）为 0.5%，1 表示 w（Cr）为 1.0%，2 表示 w（Cr）为 1.45%；第三、四、五位数字表示平均碳的质量分数 $\times 10^4$。例如：牌号 51100，表示平均碳的质量分数为 1.00%、平均铬的质量分数为 1.00% 的高碳中铬轴承钢。

2）耐磨高淬透性轴承钢牌号 ASTM A485：2014 用1、2、3、4表示4种不同化学成分的牌号。

2. 不锈钢和耐热钢牌号表示方法

ASTM 各标准中不锈钢和耐热钢牌号表示方法与 AISI（美国钢铁学会）系列牌号表示方法基本相同。牌号由三位数字组成，第一位数字表示钢的类型，第二、第三数字表示序号。牌号系列如下（××表示顺序号数字）：

2××——铬锰镍氮奥氏体钢。

3××——镍铬奥氏体钢。

4××——高碳马氏体和低碳高铬铁素体钢。

5××——低铬马氏体钢。

6××——耐热钢和镍基耐热合金。

另外，63×表示沉淀硬化不锈钢，还有用×M-××表示不锈钢牌号的。

3. 工具钢牌号表示方法

工具钢牌号均由表示钢类别的字母和顺序号数字组成。

（1）碳素工具钢 ASTM A686—2016 中，用 W×表示碳素工具钢牌号。

（2）合金工具钢 ASTM A681—2015 中，合金工具钢的表示方法如下：

H1×——中碳高铬型热作工具钢。

H2×——钨系热作工具钢。

H4×——钼系热作工具钢。

A×——空冷硬化冷作工具钢。

D×——高碳高铬型冷作工具钢。

O×——油淬火冷作工具钢。

S×——耐冲击工具钢。

P××——低碳型工具钢（含塑料模具钢）。

F×——碳钨合金工具钢。

L×——特殊用途工具钢。

6G 或 6F×——其他工具钢。

(3) 高速工具钢 ASTM A600—2016 中，高速工具钢的表示方法如下：

T×——钨系高速工具钢。

M×——钼系高速工具钢。

M5×——中间型高速工具钢。

以上牌号表示方法看来很简单，但不能直观地把化学成分表示出来。

4. 铸钢牌号表示方法

高强度铸钢采用抗拉强度和屈服强度的最低值组成牌号。一般工程用铸钢除用力学性能值表示牌号外，还有用字母加数字组成牌号的。

不锈铸钢、耐热铸钢则按 ACI 标准规定的用字母和数字的组合来表示牌号。C 表示 650℃以下使用的不锈铸钢，H 表示高于 650℃时使用的耐热钢，牌号中第二个字母表示镍含量，见表 3-14。

表 3-14 牌号中第二个字母与镍含量（质量分数） （%）

字母	镍含量	字母	镍含量
A	<1.0	I	14.0~18.0
B	<2.0	K	18.0~22.0
C	<4.0	N	23.0~27.0
D	4.0~7.0	T	33.0~37.0
E	8.0~11.0	U	37.0~41.0
F	9.0~12.0	W	58.0~62.0
H	11.0~14.0	X	64.0~68.0

(1) 工程与结构用铸钢

1) 不考核力学性能的工程与结构用铸钢，用 N-××表示牌号（××为顺序号）。

2) 考核力学性能的工程与结构用铸钢，用××-××（×××-×××）表示。例如：60-30（415-205），60 和 415 表示最低抗拉强度值，前者单位为 ksi，后者单位为 MPa；30 和 205 则表示最低屈服强度值，前面单位为 ksi，后面单位为 MPa。

(2) 高强度铸钢 其牌号仅用力学性能最低抗拉强度和屈服强

度值表示。例如：210-180（1450-1240），210和1450表示最低抗拉强度值，前者单位为ksi，后者单位为MPa；180和1240表示最低屈服强度值，前者单位为ksi，后者单位为MPa。

（3）不锈、耐蚀铸钢　其牌号第一个字母一般用C表示，第二个字母按表3-14中的规定表示镍含量，后面数字表示平均碳的质量分数 $\times 10^4$，数字和字母之间用连字符隔开，如CK-20。

（4）耐热铸钢　其牌号第一个字母一般用H表示，第二个字母按表3-14中的规定表示镍含量，字母后面不标出碳的质量分数平均值，如HT。

（5）高锰铸钢　用字母或字母和数字组成高锰铸钢牌号，如A或B-4。

5. 铸铁牌号表示方法

（1）灰铸铁　用最低抗拉强度值和标准试样名义尺寸符号A、B、C、S之一与No. 组成牌号。例如：No. 30C，30表示最低抗拉强度为30ksi（206.7MPa），C表示标准试样名义尺寸为1.2in（30.48mm）。

（2）球墨铸铁　用最低抗拉强度值、最低屈服强度值和断后伸长率三组数字组成牌号，中间用连字符隔开。例如：100-70-03表示最低抗拉强度为100ksi（689MPa），最低屈服强度为70ksi（483MPa），断后伸长率为3.0%的球墨铸铁。

（3）可锻铸铁牌号

1）铁素体可锻铸铁用五位数字组成牌号，其为通式为×××××。前三位数字表示最低屈服强度值，后两位数字表示最低断后伸长率值。如22010表示最低屈服强度为220MPa，最低断后伸长率为10%的铁素体可锻铸件。

2）珠光体可锻铸铁用数字和字母符号组成牌号，M表示珠光体可锻铸铁，其为通式×××M××。如280M10表示最低屈服强度为280MPa，最低断后伸长率为10%的珠光体可锻铸铁。

（4）抗磨白口铸铁　用级别代号、种类代号和元素符号及其平均含量值组成牌号，如ⅡB15% Cr-Mo。

（5）奥氏体铸铁　用型号代替牌号。奥氏体灰铸铁用×型表示，如2型；奥氏体球墨铸铁用字母符号和数字组成型号，其间用连字符隔开，如D-3。

3.4.3 UNS系统简介

UNS统一数字牌号体系，基本上是在美国各团体机构标准原有牌号系列的基础上稍加变动、调整和统一而编制出来的。采用不同的前缀字母代表钢或铁及合金，连同后面5位数字共同组成系列牌号。示例如下：

D00001～D99999——要求力学性能的钢。

F00001～F99999——铸铁。

G00001～G99999——碳素和合金结构钢（含轴承钢）。

H00001～H99999——H钢（保证淬透性钢）。

J00001～J99999——铸钢（工具钢除外）。

K00001～K99999——其他类钢（含低合金钢）。

S00001～S99999——不锈钢和耐热钢。

T00001～T99999——工具钢（含工具用锻轧材和铸钢）。

W00001～W99999——焊接材料。

此类又细分为：

W00001～W09999——碳素钢。

W10000～W19999——Mn-Mo低合金钢。

W20000～W29999——Ni低合金钢。

W30000～W39999——奥氏体不锈钢。

W40000～W49999——铁素体不锈钢。

W50000～W59999——Cr低合金钢。

与其他牌号相比，有时UNS系列牌号显得过长，如ASTM标准牌号为8822，UNS则为G88220，这可能是未被广泛采用的原因之一。

3.4.4 UNS、SAE、AISI体系

SAE和AISI原有牌号体系基本由三位、四位或五位数字组成，在大多数情况下，两个体系是一致的，只在部分牌号上有差别，其UNS、SAE、AISI数字牌号体系及牌号对照举例见表3-15。

表3-15 UNS、SAE、AISI数字牌号体系及牌号对照举例

UNS	SAE	AISI	钢组及注释	牌号对照举例		
				UNS	SAE	AISI
			碳素结构钢			
G10××0	10××	10××	一般碳素钢，非硫易切削碳素钢，锰的质量分数最大为1.00%，在体系中的“××”表示牌号中平均碳的质量分数为万分之几	G10450	1045	1045
G15××0	15××	15××	较高锰碳素钢，体系中用15表示较高锰含量，用“××”表示平均碳的质量分数为万分之几	G15520	1552	1552
			易切削结构钢			
G11××0	11××	11××	硫易切削碳素钢，用11表示硫系，用“××”表示牌号中平均碳的质量分数为万分之几	G11440	1144	1144
G12××0	12××	12××	硫磷易切削碳素钢，用12表示硫磷复合，用“××”表示牌号中平均碳的质量分数为万分之几	G12130	1213	1213
G121××	12 L××	12 L××	硫铅易切削碳素钢，用12L表示硫铅复合，用“××”表示牌号中平均碳的质量分数为万分之几	G12144	12L14	12L14
			合金结构钢			
G13××0	13××	13××	锰钢，平均锰的质量分数为1.75%，体系中用“××”表示牌号中平均碳含量为万分之几	G13300 G13350 G13450	1330 1335 1345	1330 1335 1345
G××××1	××B××	××B××	含硼钢，UNS体系的末位数字为“1”，SAE和AISI牌号的第二、三位数字中间加B，各牌号的数字含义与碳素钢和合金钢的规定相同	G10461 G50441 G50601	10B46 50B44 50B60	10B46 50B44 50B60

G××××4	××L××	××L××	含铅钢，UNS 体系的末位数字为“4”，SAE 和 AISI 牌号的第二、三位数字中间加 L，其他符号的数字含义与碳素钢和合金钢的规定相同	G10454	10L45	10L45
G23××0	23××	23××	镍钢，平均镍的质量分数为 3.50%，在体系中的“××”表示牌号中平均碳的质量分数为万分之几	—	—	—
G25××0	25××	25××	镍钢，平均镍的质量分数为 5.00%，在体系中的“××”表示牌号中平均碳的质量分数为万分之几	G25120	2512	2512
G31××0	31××	31××	镍铬钢，平均镍的质量分数为 1.25%，平均铬的质量分数为 0.65%、0.80%，在体系中的“××”表示牌号中平均碳的质量分数为万分之几	—	—	—
G32××0	32××	32××	镍铬钢，平均镍的质量分数为 1.75%，平均铬的质量分数为 1.07%，在体系中的“××”表示牌号中平均碳的质量分数为万分之几	—	—	—
G33××0	33××	33××	镍铬钢，平均镍的质量分数为 3.50%，平均铬的质量分数为 1.50%、1.57%，在体系中的“××”表示牌号中平均碳的质量分数为万分之几	—	—	—
G34××0	34××	34××	镍铬钢，平均镍的质量分数为 3.00%，平均铬的质量分数为 0.77%，在体系中的“××”表示牌号中平均碳的质量分数为万分之几	—	—	—
G40××0	40××	40××	钼钢，平均钼的质量分数为 0.20%、0.25%，在体系中的“××”表示牌号中平均碳的质量分数为万分之几	G40160 G40280	4016 4028	4016 4028

（续）

UNS	SAE	AISI	钢组及注释	牌号对照举例		
				UNS	SAE	AISI
			合金结构钢			
G41××0	41××	41××	铬钼钢，平均铬的质量分数为0.50%、0.80%、0.95%，钼的质量分数为0.12%、0.20%、0.25%、0.30%，在体系中的“××”表示牌号中平均碳的质量分数为万分之几	G41200 G41350 G41400 G41420	4120 4135 4140 4142	4120 4135 4140 4142
G43××0	43××	43××	镍铬钼钢，平均镍的质量分数为1.82%，铬的质量分数为0.50%、0.80%，钼的质量分数为0.25%，在体系中的“××”表示牌号中平均碳的质量分数为万分之几	G43400	4340	4340
G44××0	44××	44××	钼钢，平均钼的质量分数为0.40%、0.52%，在体系中的“××”表示牌号中平均碳的质量分数为万分之几	G44270	4427	—
G46××0	46××	46××	镍钼钢，平均镍的质量分数为0.85%、1.82%，钼的质量分数为0.20%、0.25%，在体系中的“××”表示牌号中平均碳的质量分数为万分之几	G46150	4615	4615
G47××0	47××	47××	镍铬钼钢，平均镍的质量分数为1.05%，铬的质量分数为0.45%，钼的质量分数为0.20%、0.35%，在体系中的“××”表示牌号中平均碳的质量分数为万分之几	G47200	4720	4720
G48××0	48××	48××	镍钼钢，平均镍的质量分数为3.50%，钼的质量分数为0.25%，在体系中的“××”表示牌号中平均碳的质量分数为万分之几	G48200	4820	4820
G50××0	50××	50××	铬钢，平均铬的质量分数为0.27%、0.40%、0.50%、0.65%，在体系中的“××”表示牌号中平均碳的质量分数为万分之几	G50460	5046	—

G51××0	51××	51××	铬钢，平均铬的质量分数为0.80%、0.87%、0.92%、0.95%、1.00%、1.05%，，在体系中用“51××”表示牌号中平均碳的质量分数为万分之几	G51150 G51200 G51300 G51350 G51400 G51450 G51500	5115 5120 5130 5135 5140 5145 5150	5115 5120 5130 5135 5140 5145 5150
G61××0	61××	61××	铬钒钢，平均铬的质量分数为0.60%、0.80%、0.95%，钒的质量分数最小为0.10%、0.15%，在体系中的“××”表示牌号中平均碳的质量分数为万分之几	G61180 G61400 G61500	6118 6140 6150	6118 6140 6150
G71××0	71××	—	钨铬钢，平均钨的质量分数为13.50%、16.50%，铬的质量分数为3.50%	—	—	—
G72××0	72××	—	钨铬钢，平均钨的质量分数为1.75%，铬的质量分数为0.75%，在体系中的“××”表示牌号中平均碳的质量分数为万分之几	—	—	—
G81××0	81××	81××	镍铬钼钢，平均镍的质量分数为0.30%，铬的质量分数为0.40%，钼的质量分数为0.12%，在体系中的“××”表示牌号中平均碳的质量分数为万分之几	G81150	8115	8115
G86××0	86××	86××	镍铬钼钢，平均镍的质量分数为0.55%，铬的质量分数为0.50%，钼的质量分数为0.20%，在体系中的“××”表示牌号中平均碳的质量分数为万分之几	G86200	8620	8620

（续）

UNS	SAE	AISI	钢组及注释	牌号对照举例		
				UNS	SAE	AISI
合金结构钢						
G87××0	87××	87××	镍铬钼钢，平均镍的质量分数为0.55%，铬的质量分数为0.50%，钼的质量分数为0.25%，在体系中的“××”表示牌号中平均碳的质量分数为万分之几	G87400	8740	8740
G88××0	88××	88××	镍铬钼钢，平均镍的质量分数为0.55%，铬的质量分数为0.50%，钼的质量分数为0.35%，在体系中的“××”表示牌号中平均碳的质量分数为万分之几	G88220	8822	8822
G93××0	93××	93××	镍铬钼钢，平均镍的质量分数为3.25%，铬的质量分数为1.20%，钼的质量分数为0.12%，在体系中的“××”表示牌号中平均碳的质量分数为万分之几	G93100	9310	9310
G94××0	94××	94××	镍铬钼钢，平均镍的质量分数为0.45%，铬的质量分数为0.40%，钼的质量分数为0.12%，在体系中的“××”表示牌号中平均碳的质量分数为万分之几	—	—	—
G97××0	97××	—	镍铬钼钢，平均镍的质量分数为0.55%，铬的质量分数为0.17%，钼的质量分数为0.20%，在体系中的“××”表示牌号中平均碳的质量分数为万分之几	—	—	—
G98××0	98××	—	镍铬钼钢，平均镍的质量分数为1.00%，铬的质量分数为0.80%，钼的质量分数为0.25%，在体系中的“××”表示牌号中平均碳的质量分数为万分之几	—	—	—

弹簧钢						
G10××0	10××	××	碳素弹簧钢，平均锰的质量分数为0.75%，在体系中的“××”表示牌号中平均碳的质量分数为万分之几	G10700	1070	1070
G15××0	15××	15××	较高锰碳素钢弹簧钢，平均锰的质量分数为1.00%，在体系中的“××”表示牌号中平均碳的质量分数为万分之几	G15660	1566	1566
G61××	61××	61××	铬钒弹簧钢，平均铬的质量分数为0.95%，钒含量不小于0.15%，锰的质量分数为0.80%，在体系中的“××”表示牌号中平均碳的质量分数为万分之几	G61500	6150	6150
G92××0	92××	92××	硅锰铬弹簧钢，平均硅的质量分数为1.40%、2.00%，锰的质量分数为0.70%、0.75%、0.82%、0.85%，铬的质量分数为0.17%、0.32%、0.70%，在体系中的“××”表示牌号中平均碳的质量分数为万分之几	G92600	9260	9260
保证淬透性结构钢						
H××××0	××××H	××××H	不含硼的保证淬透性的碳素钢和合金钢，UNS体系前缀符号为H，SAE和AISI牌号后缀符号为H，各牌号的数字含义与碳素钢和合金钢的规定相同	H10450 H41350 H41400 H43200 H43400 H86200 H86220	1045H 4135H 4140H 4320H 4340H 8620H 8622H	1045H 4135H 4140H 4320H 4340H 8620H 8622H

（续）

UNS	SAE	AISI	钢组及注释	牌号对照举例		
				UNS	SAE	AISI
			保证淬透性结构钢			
H××××1	××B××H	××B××H	含硼的保证淬透性的碳素钢和合金钢，UNS体系前缀符号为H，末位数字为“1”，SAE和AISI牌号第二、三位数字中间为B，后缀符号为H，各牌号的数字含义与碳素钢和合金钢的规定相同	H15371 H50501	15B37H 50B50H	15B37H 50B50H
			轴承钢			
G50××6	50×××	50×××	铬钢，平均铬的质量分数为0.27%、0.50%，在体系中的“××”（或×××）表示牌号中平均碳的质量分数为万分之几，UNS体系的第5位用“6”表示。此系列为高碳铬轴承钢	G50986	50100	50100
G51××6	51×××	51×××	铬钢，平均铬的质量分数为0.80%、1.02%，在体系中的“××”（或×××）表示牌号中平均碳的质量分数为万分之几，UNS体系的第5位用“6”表示。此系列为高碳铬轴承钢	G51986	51100	51100
G52××6	52×××	52×××	铬钢，铬的质量分数为1.45%，在体系中的“××”（或×××）表示牌号中平均碳的质量分数为万分之几，UNS体系的第5位用“6”表示。此系列为高碳铬轴承钢	G52986	52100	52100
G43××0	43××	43××	镍铬钼轴承钢，平均镍的质量分数为1.78%，铬的质量分数为0.50%，钼的质量分数为0.25%，在体系中的“××”表示牌号中平均碳的质量分数为万分之几	G43200	4320	4320

G93××6	93××	93××	镍铬钼钢，平均镍的质量分数为3.25%，铬的质量分数为1.23%，钼的质量分数为0.12%，在体系中的“××”表示牌号中平均碳的质量分数为万分之几。“G93××6”中的“6”为轴承钢	G93106	9310	9310
不锈钢和耐热钢						
S2××××	302××	2××	铬锰镍氮奥氏体型钢，UNS体系第二、三位数字与SAE和AISI（与ASTM相同）牌号的最后两位数字相同，在体系中，“2”为铬锰镍氮钢，“××”为顺序号数字	S20100 S20200	30201 30202	201 202
S3××××	303××	3××	铬镍奥氏体型和奥氏体－铁素体型钢，UNS体系第二、三位数字与SAE和AISI（与ASTM相同）牌号的最后两位数字相同。在体系中，“3”为铬镍钢，“××”为顺序号数字。UNS体系最后两位数字为“00”，而“03”表示超低碳钢，其他数字用来区分主要化学成分相同而个别成分稍有差别或包含有特殊元素的一组牌号。SAE和AISI牌号最后加L，表示超低碳钢，加N表示含氮钢，还有其他符号。UNS体系包含少数沉淀硬化不锈钢牌号。SAE、AISI和ASTM体系“63×”为沉淀硬化不锈钢。还有用“×M－××”表示不锈钢牌号的	S30400 S30403 S31600 S31603 S31651 S31653 S31635 S31640 S32205 S32750 S35000 S15500	30304 30304L 30316 30316L 30316N 30316LN 30316Ti 30316Nb 302205 302507 30633 —	304 304L 316 316L 316N 316LN 316Ti 316Nb 2205 2507 633 XM-12

（续）

UNS	SAE	AISI	钢组及注释	牌号对照举例		
				UNS	SAE	AISI
不锈钢和耐热钢						
S4××××	514××	4××	高铬马氏体和低碳高铬铁素体钢，UNS体系第二、三位数字与SAE和AISI牌号的最后两位数字相同。在体系中，“4”为高铬马氏体和低碳高铬铁素体钢，“××”为顺序号数字。UNS体系最后两位数字一般为“00”，其他数字用来区分主要化学成分相近而个别成分稍有差别或包含有特殊元素的同组牌号；SAE和AISI牌号后缀加拉丁字母的牌号表示与基本牌号化学成分相近，但个别成分稍有差别或包含有特殊元素的同组牌号。还有用“×M-××”表示不锈钢牌号的	S40300 S41000 S41008 S41600 S43000 S43020 S43035 S43400 S43600 S44003 S44627	51403 51410 51410S 51416 51430 51430F 51439 51434 51436 51440B —	403 410 410S 416 430 430F 439 434 436 440B XM-27
S5××××	515××	5××	低铬马氏体钢，平均铬的质量分数为5%、7%、9%	S50100 S50200	51501 51502	501 502
工具钢						
T723××	W×	W×	水淬工具钢（包含碳素工具钢和水淬合金工具钢），UNS体系后缀数字与SAE和AISI牌号的后缀数字相同。UNS体系用“T723”表示。SAE和AISI牌号的前缀符号为W	T72301 T72302 T72305	W1-8 W1-8 1/2 W1-10 W1-11 W1-11 1/2 W2；W5	W1-8 W1-8 1/2 W1-10 W1-11 W1-11 1/2 W2；W5
T208××	H××	H××	热作模具钢，UNS体系最后两位数字与SAE和AISI牌号的最后两位数字相同。SAE和AISI牌号的前缀符号为H。其中，“H1×”为中碳中铬型热作模具钢，“H2×”为钨系热作模具钢，“H4×”为钼系热作模具钢	T20810 T20813 T20821 T20822 T20841 T20843	H10 H13 H21 H22 H41 H43	H10 H13 H21 H22 H41 H43

T301××	A×	A×	空冷硬化中合金冷作工具钢，UNS 体系后缀数字与SAE 和 AISI 牌号的后缀数字相同。SAE 和 AISI 牌号的前缀符号为 A	T30102 T30103 T30104 T30108	A2 A3 A4 A8	A2 A3 A4 A8
T304××	D×	D×	高碳高铬型冷作工具钢，UNS 体系后缀数字与 SAE 和AISI 牌号的后缀数字相同。SAE 和 AISI 牌号的前缀符号为 D	T30402 T30403 T30411	D2 D3 D11	D2 D3 D11
T315××	O×	O×	油淬冷作工具钢，UNS 体系后缀数字与 SAE 和 AISI 牌号的后缀数字相同。SAE 和 AISI 牌号的前缀符号为 O	T31501 T31502 T31503 T31507	O1 O2 O3 O7	O1 O2 O3 O7
T419××	S×	S×	耐冲击工具钢，UNS 体系后缀数字与 SAE 和 AISI 牌号的后缀数字相同。SAE 和 AISI 牌号的前缀符号为 S	T41901 T41905 T41906 T41907	S1 S5 S6 S7	S1 S5 S6 S7
T516××	P×（×）	P×（×）	低碳型工具钢（含塑料模具钢），UNS 体系最后一位（或两位）数字与 SAE 和 AISI 牌号的最后一位（或两位）数字相同。SAE 和 AISI 牌号的前缀符号为 P	T51602 T51606 T51620 T51621	P2 P6 P20 P21	P2 P6 P20 P21

（续）

UNS	SAE	AISI	钢组及注释	牌号对照举例		
				UNS	SAE	AISI
			工具钢			
T606××	F×（×）	F×（×）	碳钨工具钢，UNS体系最后一位（或两位）数字与SAE和AISI牌号的最后一位（或两位）数字相同。SAE和AISI牌号的前缀符号为F	T60601 T60602 T60603	F1 F2 F3	F1 F2 F3
T612××	L×	L×	低合金特种用途工具钢，UNS体系后缀数字与SAE和AISI牌号的后缀数字相同。SAE和AISI牌号的前缀符号为L	T61202 T61203 T61205 T61206	L2 L3 L5 L6	L2 L3 L5 L6
T120××	T×	T×	钨系高速工具钢，UNS体系后缀数字与SAE和AISI牌号的后缀数字相同。SAE和AISI牌号的前缀符号为T	T12001 T12005 T12007 T12015	T1 T5 T7 T15	T1 T5 T7 T15
T113××	M×（×）	M×（×）	钼系高速工具钢，UNS体系最后两位（或一位）数字与SAE和AISI牌号的最后两位（或一位）数字相同。SAE和AISI牌号的前缀符号为M	T11301 T11302 T11333 T11342 T11348	M1 M2 M33 M42 M48	M1 M2 M33 M42 M48

3.5　国际标准化组织（ISO）钢铁牌号表示方法简介

3.5.1　国际标准化组织简介

ISO是International Organization for Standardization的缩写，是国际标准化组织的标准代号。1986年以后颁布的ISO钢铁标准，其牌号主要采用欧洲标准（EN）的牌号系统。而EN牌号系统基本上是在德国DIN标准牌号系统基础上制定的，但有一些改进，这样更有利于交流。

1989年该组织又颁发了以字母符号为基础的牌号表示方法的技术文件，它是作为建立统一的国际钢铁牌号系统的建议，该组织也率先采用这一方法。修订前后的标准会有两种牌号出现，只要是现行的标准，均可被采用。

3.5.2　钢牌号表示方法

1. 以力学性能为主表示钢牌号

（1）非合金钢牌号表示方法　非合金钢这里是指结构用非合金钢和工程用非合金钢。结构用非合金钢牌号首部为S，如S235；工程用非合金钢牌号首部为E，如E235。S235和E235中的数字表示屈服强度≥235MPa，相当于我国的Q235钢。过去，此类钢牌号最前面为化学元素符号Fe，并附有抗拉强度值，如Fe360（相当于E235），360是指抗拉强度（MPa）最低值，后来有的改为屈服强度值，选用时应注意。

牌号尾部字母A、B、C、D、E是表示以上两类钢不同的质量等级，并表示不同温度下冲击吸收能量的最低保证值。

（2）低合金高强度钢牌号表示方法　这类钢牌号表示方法与工程用非合金钢相同，在ISO 630－2:2011（E）和ISO 630－3:2002（E）中，屈服强度范围值为235～460MPa，牌号为S235～S450、S275N～S460N和S275M～S460M。

（3）耐候钢牌号的表示方法　耐候钢有时也称耐大气腐蚀钢，牌号表示方法和工程用非合金钢基本相同，为表示这类钢的特性，在牌号尾部加字母 W。

2. 以化学成分为主表示钢牌号

（1）适用于热处理的非合金钢　这类钢相当于我国的优质碳素结构钢。牌号字头为 C，其后数字为平均碳的质量分数 $\times 10^4$。例如：平均碳的质量分数为 0.45% 的热处理非合金钢，其牌号为 C45。当为优质钢和高级优质钢时，牌号尾部分别加 EX 或 MX，以示区别。

（2）合金结构钢（含弹簧钢）牌号表示方法　合金结构钢牌号是由化学元素符号和含量值组成的，表示方法与欧洲 EN 10027.1 中相关部分的规定是一致的。例如：化学成分（质量分数）为 C0.12% ~0.18%，Si0.15% ~0.40%，Mn0.35% ~0.65%，Cr0.60% ~0.90%，Ni3.00% ~3.50%，P≤0.035%，S≤0.035% 钢的牌号为 15NiCr13-3，相当于我国 12CrNi3。可查阅本手册 3.6 节中相关的内容。

但需提出的是，这类钢产品牌号后面附加的表示热处理状态的字母，与德国的含义完全不同，现列表供参考，见表 3-16。

表 3-16　附加字母及含义

附加字母	含　义	附加字母	含　义
TU	未经热处理	TQB	经等温淬火
TA	经软化退火处理	TQF	经形变热处理
TAC	经球化退火	TP	经沉淀硬化处理
TM	经热机械处理	TT	经回火
TN	经正火处理或控轧	TSR	经消除应力处理
TS	经固溶处理	TS	为改善冷剪切性能的处理
TQ	经淬火	H	保证淬透性的
TQA	经空气淬火	E	用于冷镦的（含冷挤压）
TQW	经水淬	TC	经冷加工的
TQO	经油淬	THC	经热/冷加工的
TQS	经盐浴淬火		

（3）易切削钢牌号表示方法　ISO 683/4:2014（E）按热处理的不同分为非热处理、表面硬化用和直接淬火用三大类易切削钢。按化学成分可分为硫易切削钢、硫锰易切削钢和加铅易切削钢三类，其牌

号表示方法和合金结构钢相同，如 9S20、44SMn28、44SMnPb28。

（4）冷镦和冷挤压用钢牌号表示方法 ISO 4954:2018（E）中冷镦和冷挤压钢分为非热处理和热处理两大类。非热处理的冷镦和冷挤压用钢均为非合金钢，牌号前冠以字母 C，后面数字表示平均碳含量，碳含量之后为 E2C，如 C15E2C。

经热处理的冷镦和冷挤压用钢包括非合金钢和合金钢。非合金钢牌号最后面冠以字母 CE，其余部分和高级优质非合金钢牌号表示方法相同，如 C30EC；合金钢则是牌号尾部加字母 E，E 字前面牌号表示方法和合金结构钢相同，如 42CrMo4。

（5）不锈钢牌号表示方法 ISO/TR 15510:2014 不锈钢标准中采用了与欧洲（EN）相一致的牌号表示方法，即牌号开始冠以字母 X，随后用数字表示碳含量。1、2、3、5、6、7 分别表示 w（C）≤0.020%、≤0.030%、≤0.040%、≤0.070%、≤0.080% 和 0.040%～0.080%，后面按合金元素含量排出合金元素符号，最后用组合数字标出合金元素的含量，如 X1CrNiMoCuN20-18-7、X2CrNiMoN-7-13-3、X2CrNi12、X20Cr13、X90CrMoV13-1。

旧标准中曾用 Type（1、2、8、9c）等表示铁素体不锈钢牌号，Type（3、4、5、7、9a）等表示马氏体型不锈钢牌号等。

（6）耐热钢牌号表示方法 ISO 4955：2016（E）中有两种牌号表示方法：一种是和不锈钢相同的牌号表示方法，另一种是原有的旧牌号表示方法。

旧标准是在牌号前面标注字母 H，后面加数字顺序号，如 H1～H7 表示铁素体耐热钢，H10～H20 表示奥氏体耐热钢等。

（7）非合金工具钢牌号表示方法 非合金工具钢在我国通称为碳素工具钢。ISO 4957:2017（D）中定名为冷作非合金工具钢，牌号前缀字母为 C，后缀字母为 U，中间数字表示平均碳的质量分数（以千分之几计），如 C90U。

（8）合金工具钢牌号表示方法 ISO 4957:2017（D）中合金工具钢分为冷作和热作两种合金工具钢，牌号表示方法与合金结构钢相同，如 90MnV8、55NiCrMoV7-3。对平均碳的质量分数超过 1.00% 的牌号用三位数字表示，如 163CrMo12。当有一种合金元素的质量分数超过

5%时，按高合金钢牌号表示，如 X30WCrV9-3、X100CrMoV5。

（9）高速工具钢牌号表示方法 牌号前缀字母为 HS，后面数字分别表示 W、Mo、V、Co 等元素的含量，如 HS2-9-1-8。仅含 Mo 的高速工具钢为两组数字 HS8-2，一般高速工具钢用三组数字表示，如 HS6-5-2。不含 Mo 的高速工具钢，其中一个数字用 0 表示如 HS18-0-1。不含 Co 的高速工具钢，仍用三组数字表示。尾部加字母 C 的高速工具钢，表示碳含量高于同类牌号钢的碳含量，如 HS6-5-2C。

（10）轴承钢牌号表示方法 ISO 683/17:2014（E）中，轴承钢分为整体淬火轴承钢（如 100Cr6）、表面硬化轴承钢（如 18NiCrMo14-6）、高频淬火轴承钢（如 43CrMo4H）、不锈轴承钢（如 X89CrMoV18-1）和高温轴承钢（如 80MoCrV42-16）五大类别。

整体淬火轴承钢牌号前部均标注三位数字 100，其后表示与合金结构钢相同，如 100CrMo7-4。另外也可用 B1～B8 表示不同成分的高碳铬轴承钢。

3.5.3 铸钢牌号表示方法

1）普通工程用铸钢和工程与结构用高强度铸钢，采用两组数字表示牌号。这两组数字是铸钢件应满足的力学性能值，前者表示屈服强度最低值，后者表示抗拉强度最低值。

牌号 200-400 只规定 P、S 含量上限值，其他化学成分由供需双方协商确定。如为可焊接铸钢，牌号尾部加字母 W。除规定 C、Si、Mn、P、S 含量要求外，还规定每种残余元素含量的上限值，其质量分数总和≤1.00%。

2）承压铸钢（含不锈铸钢、耐热铸钢和低温用铸钢）牌号，采用前缀字母 C 加数字和后缀字母组成，有的牌号后面不加后缀字母。后缀字母 H 表示耐热铸钢，后缀字母 L 表示低温用铸钢。

3.5.4 铸铁牌号表示方法

ISO/TR 15931:2013《铸铁和生铁牌号表示方法系列》中有如下规定（仅介绍铸铁部分）。

1. 不同铸铁的 ISO 标准

不同铸铁的 ISO 标准见表 3-17。

表3-17 不同铸铁的ISO标准

铸铁种类	标准号	铸铁种类	标准号
灰铸铁	ISO 185	可锻铸铁	ISO 5922
球墨铸铁	ISO 1083	蠕墨铸铁	ISO 16112
奥氏体球墨铸铁	ISO 17840	耐磨铸铁	ISO 21988
奥氏体铸铁	ISO 2892		

2. 不同铸铁的特定代号

不同铸铁的特定代号见表3-18。

表3-18 不同铸铁的特定代号

铸铁种类		特定代号	铸铁种类	特定代号
灰铸铁		JL	可锻铸铁	JM
球墨铸铁		JS	黑心可锻铸铁	JMB
奥氏体球墨铸铁		JS	白心可锻铸铁	JMW
奥氏体铸铁	片状石墨型	JLA	蠕墨铸铁	JV
	球状石墨型	JSA	耐磨铸铁	JN

3. 附加代号及其含义

附加代号及其含义见表3-19。

表3-19 附加代号及其含义

附加代号	含 义	附加代号	含 义
S	单铸试样	Z	其他特殊要求
U	附铸试样	LT	低温状态冲击试验
C	本体上取样	RT	室温状态冲击试验
D	铸态	HBW	布氏硬度
H	高温处理态	HV	维氏硬度
W	可焊接性	HRC	洛氏硬度（C标尺）

4. 不同铸铁牌号示例

铸铁牌号一般由铸铁归属标准号、不同铸铁的特定代号、主要考核指标的数据和附加代号组成。示例如下：

1）灰铸铁牌号：ISO 185/JL/200/SH、ISO 185/JL/HBW195/S。

2）球墨铸铁牌号：ISO 1083/JS/400-18LT/U。

3）奥氏体球墨铸铁：ISO 17804/JS/800-10RT/S。

4）黑心可锻铸铁牌号：ISO 5922/JMB/350-10。

5）白心可锻铸铁牌号：ISO 5922/JMW/360-12。

6）蠕墨铸铁牌号：ISO 16112/JV/450/S。

7）奥氏体铸铁牌号：ISO 2892/JLA/XNi15Cu6/Cr2/S。

8）耐磨（高铬）铸铁牌号：ISO 21988/JN/HBW555XCr16/SZ。

下面归纳起来做些说明：

1）灰铸铁有两种牌号表示方法，分别是以最低抗拉强度值和布氏硬度值为主的牌号。

2）以力学性能数据为主的牌号，其中，只有一组数据的牌号，该数据表示最低抗拉强度值；有两组数据的牌号，第二组数据表示最低断后伸长率值。

3）LT 表示要测试 -20℃时冲击性能；RT 表示要测试 23℃时冲击性能。

4）XNi15Cu6Cr2 表示以化学成分为主的牌号。其各元素含量（质量分数）分别为：C≤0.3%，Si0.10%～0.28%，Mn0.5%～1.5%，Ni13.5%～17.5%，Cr1.0%～3.5%，P≤0.25%，Cu5.5%～7.5%。

5）HBW555XCr16 表示最低布氏硬度值为 555HBW，Cr 的质量分数为 16%～18% 的耐磨铸铁。

6）不同的附加代号有不同的附加要求。

3.6 欧洲标准化委员会（EN）钢铁牌号表示方法简介

3.6.1 钢铁牌号表示方法概述

1992 年，在欧洲当时 18 个国家一致同意的情况下，欧洲标准化委员会发布了 EN 10027 钢的命名体系标准（Designation Systems for Steels）。标准的第 1 部分 EN 10027-1：2016（E）规定用符号（含化学元素符号）和数字组成钢的牌号。标准前言中规定：各成员国必须不加任何改变地采用本标准的规定来表示本国标准中钢的牌号。如耐热铸钢欧洲标准为 EN 10295：2002；德国标准为 DIN EN 10295：2003 和 DIN 17465：1993。该标准除用专页做文字说明外，还列表对牌号做了对照，以示区别，两种德国标准中牌号对照见表3-20。

表3-20 两种德国标准中牌号对照

DIN EN 10295：2003		DIN 17465：1993	
牌号	数字牌号	牌号	数字牌号
GX30CrSi7	1.4701	GX30CrSi6	1.4701
GX40CrSi24	1.4745	GX40CrSi23	1.4745
GX40CrSi28	1.4776	GX40CrSi29	1.4776
GX40CrNiSi22-10	1.4826	GX40CrNiSi22-9	1.4826
GX40CrNiSiNb24-24	1.4855	GX30CrNiSiNb24-24	1.4855
GX40NiCrSi38-19	1.4865	GX40NiCrSi38-18	1.4865
GX40NiCrSiNb38-19	1.4849	GX40NiCrSiNb38-18	1.4849
GX40NiCrSi35-26	1.4857	GX40NiCrSi35-25	1.4857
GX40NiCrSiNb35-26	1.4852	GX40NiCrSiNb35-25	1.4852

除此之外，其余均为EN 10295:2002标准的内容。

标准的第2部分EN 10027-2:2015（E）规定仅用阿拉伯组合数字表示钢的牌号，俗称数字牌号。在欧洲标准中必须采用此表示方法作为补充牌号表示系统，但在各成员国标准中是否采用则是随意的。

铸铁牌号表示方法是按EN 1560:2011《铸造 铸铁的命名体系 材料符号和材料编号》进行编写的。

3.6.2 钢牌号表示方法

1. 用符号和数值组成钢牌号

（1）冠于牌号首位字母（符号）的含义 在EN 10027-1:2016（E）标准中各种字母含义如下：

S——结构用钢。

P——压力容器用钢。

L——管道用钢。

E——工程用钢。

B（德文）——钢筋混凝土用钢。

Y——预应力钢筋混凝土用钢。

R——钢轨用钢或铁道用钢。

H 或 T——高强度钢供冷成形用冷轧扁平产品。

DC——冷成形用的冷轧扁平产品。

DD——直接冷成形用的热轧扁平产品。

DX——冷成形用轧制状态下不作硬性规定的扁平产品。

G（德文）——铸钢件。

（2）牌号中数值的含义　产品标准牌号中的数值一般表示最低上屈服强度（R_{eH}）值或规定塑性延伸强度值（如 $R_{p0.2}$），单位为 MPa。

B 类钢牌号中字母后面数值表示上屈服强度（R_{eH}）标准值，单位为 MPa。

Y 类和 R 类钢牌号中数值表示最低抗拉强度（R_m）值，单位为 MPa。

H 类钢牌号中数值为最低上屈服强度（R_{eH}）值。当产品标准中仅规定钢的最低抗拉强度（R_m）时，则牌号中首位字母改写为 T。

（3）牌号尾部附加符号和数字　为表示钢材的不同状态和某些特殊性能要求，在牌号尾部可附加特定符号和数字，以示区别。CR 10260 中不同试验温度下的最低冲击吸收能量的表示符号见表 3-21。

表 3-21　不同试验温度下的最低冲击吸收能量的表示符号

冲击吸收能量/J			试验温度/℃
27	40	60	
JR	KR	LR	+20
J0	K0	L0	0
J2	K2	L2	-20
J3	K3	L3	-30
J4	K4	L4	-40
J5	K5	L5	-50
J6	K6	L6	-60

牌号尾部附加符号及其含义如下：

C——冷变形。

D——电镀或热浸镀。

E——搪瓷。

F——锻造。

H——空心型钢。

L——低温。

M——热轧。

N——正火。

P——钢板桩。

Q——调质。

T——钢管。

W——耐候。

G——其他标记，必要时可带有一个或两个附加数字。

值得注意的是，有些字母在牌号中首尾位置的不同，其含义也不相同。

（4）举例说明　钢的牌号表示举例说明如下：

S185 表示上屈服强度（R_{eH}）≥185MPa 的一般用途结构钢。

S235JR 除表示上屈服强度（R_{eH}）能满足≥235MPa 外，还需满足 20℃时冲击吸收能量≥27J 的要求。

P355N 表示正火状态、上屈服强度（R_{eH}）≥355MPa 的压力容器用钢。

S235J2W 表示上屈服强度（R_{eH}）≥235MPa 和 -20℃时冲击吸收能量≥27J 的耐候钢。

P265T1 和 P265T2 除表示主要化学成分（质量分数,%）和上屈服强度（R_{eH}）值相同外，还表示铝含量要求不同，T1 表示无铝含量要求。

2. 用化学元素符号和含量值组合成牌号

（1）非合金钢（不含易切削钢）牌号表示方法　非合金钢（不含易切削钢）中平均锰的质量分数<1%时，其牌号由以下两部分组成：字母 C 和阿拉伯数字。阿拉伯数字表示平均碳的质量分数（以万分之几计）。

例如：C45 表示平均碳的质量分数为 0.45%的非合金钢，该牌号中磷和硫的质量分数分别≤0.045%。

当磷和硫的质量分数分别≤0.035%时，则牌号为 C45E。

当磷的质量分数≤0.035%、硫的质量分数为 0.020%～0.040%

时，此时牌号为C45R。

（2）合金钢牌号表示方法

1）低合金钢牌号表示方法。低合金钢指钢中平均合金元素的质量分数均<5%时，钢的牌号由以下部分组成：

牌号中碳用平均碳的质量分数（以万分之几计）表示，当碳的质量分数不规定范围值时，由标准技术委员会确定一个恰当的数值。

牌号中合金元素用化学符号表示，元素符号的顺序应以含量递减顺序排列，当两个或两个以上元素的成分含量相同时，应按化学符号字母的顺序排列；每一合金元素的平均值，应乘以表3-22中所列的系数，然后约整为整数值；各元素平均含量的整数值，按其相对应的元素符号顺序排列在牌号末尾，并用连字符号“-”隔开。

表3-22　不同化学元素的系数值

元　素	系　数
Cr、Co、Ni、W、Mn、Si	4
Al、Be、Cu、Mo、Nb、Pb、Ta、Ti、V、Zr	10
Ce、N、P、S	100
B	1 000

表3-22中系数值大小是按照钢中元素含量大小规律制定的，系数大者钢中该元素含量小，系数小者钢中该元素含量高。

低合金钢牌号表示方法示例：

牌号10CrV4中10表示平均碳的质量分数为0.1%；后缀4表示主元素铬的平均含量，按照表3-22中铬的相应系数为4，将后缀4除以铬的相应系数4，则铬的平均质量分数为1%。该牌号相当于中国合金结构钢牌号10CrV。

牌号12NiCr8-3中12表示平均碳的质量分数为0.12%；8表示主高元素镍的平均含量，按照表3-22中镍的相应系数为4，将8除以镍的相应系数4，则镍的平均质量分数为2%；3表示次高元素铬的平均含量，按照表3-22中铬的相应系数为4，将3除以铬的相应系数4，则铬的平均质量分数为0.75%。该牌号相当于中国合金结构钢牌号12CrNi2。

牌号40NiCrMo6-3中40表示平均碳的质量分数为0.40%；6表

示主高元素镍的平均含量，按照表3-22中镍的相应系数为4，将6除以镍的相应系数4，则镍的平均质量分数为1.5%；3表示次高元素铬的平均含量，按照表3-22中铬的相应系数为4，将3除以铬的相应系数4，则铬的平均质量分数为0.75%。该牌号相当于中国合金结构钢牌号40CrNiMo。

牌号32CrMoV12-28中32表示平均碳的质量分数为0.32%；12表示主高元素铬的平均含量，按照表3-22中铬的相应系数为4，将12除以铬的相应系数4，则铬的平均质量分数为3%；28表示次高元素钼的平均含量，按照表3-22中钼的相应系数为10，将28除以钼的相应系数10，则钼的平均质量分数为2.8%。该牌号相当于中国热作模具钢牌号3Cr3Mo3V。

2）高合金钢（除工具钢外）牌号表示方法。高合金钢中至少有一个合金元素的平均质量分数≥5%时，其牌号由下列几部分组成：

字母X表示高合金钢。X之后的数字为平均碳的质量分数（以万分之几计），当钢中碳含量没有规定范围值时，由标准技术委员会确定一个适当的数值。例如不锈钢牌号前缀X之后的数值与碳含量关系如下：

X1表示碳的质量分数≤0.015%或0.020%；X2表示碳的质量分数≤0.025%或0.030%；X3表示碳的质量分数≤0.040%或0.050%；X4表示碳的质量分数≤0.060%；X5表示碳的质量分数≤0.070%；

X6表示碳的质量分数≤0.080%；X7表示碳的质量分数≤0.090%；

X8表示碳的质量分数≤0.10%；X12表示碳的质量分数≤0.15%；

X15表示碳的质量分数≤0.20%；X20表示碳的质量分数≤0.25%。

牌号中合金元素用化学符号表示，元素符号的顺序应以含量递减顺序排列，当两个或两个以上元素的成分含量相同时，应按元素符号字母的顺序排列。

牌号中合金元素的平均含量，应修约成整数，不再乘以系数，各元素的含量顺序应分别与该元素符号相对应排列，并用连字符隔开。不锈钢牌号表示示例如下：

牌号 X1CrNiMoN20-18-7 中 X 表示高合金钢，1 表示碳的质量分数≤0.020%（数值1为标准技术委员会确定），20 表示铬的平均质量分数为20%，18 表示镍的平均质量分数为18%，7 表示钼的平均质量分数值为 7%。该牌号相当于中国奥氏体型不锈钢牌号 015Cr20Ni18Mo7CuN。

牌号 X2CrNiMo17-12-2 中 X 表示高合金钢，2 表示碳的质量分数≤0.030%（数值2为标准技术委员会确定），17 表示铬的平均质量分数为17%，12 表示镍的平均质量分数为12%，2 表示钼的平均质量分数为 2%。该牌号相当于中国奥氏体型不锈钢牌号 022Cr17Ni12Mo2。

牌号 X6CrNi18-10 中 X 表示高合金钢，6 表示平均碳的质量分数为0.06%，18 表示铬的平均质量分数为18%，10 表示镍的平均质量分数为 10%。该牌号相当于中国奥氏体型耐热钢牌号 06Cr18Ni10。

牌号 X5CrNiCuNb16-4 中 X 表示高合金钢，5 表示碳的质量分数≤0.07%（数值5为标准技术委员会确定），16 表示铬的平均质量分数为16%，4 表示镍的平均质量分数为4%。该牌号相当于中国沉淀硬化型不锈钢牌号 05Cr17Ni4Cu4Nb。

牌号 X30WCrV9-3 中 X 表示高合金钢，30 表示平均碳的质量分数为0.30%，9 表示钨的平均质量分数为9%，3 表示铬的平均质量分数为3%。该牌号相当于中国热作模具钢牌号 3Cr2W8V。

（3） 高速工具钢牌号表示方法　高速工具钢牌号的表示方法如下：

字母 HS 表示高速工具钢。牌号简写为代号：由于高速工具钢的主要合金元素较多，牌号表示较长、难记忆，故通常采用三组或四组数字作为简写代号，每组数字之间用半字线隔开；排列次序为 W-Mo-V，Cr 的元素符号和含量不用标出；对于不含 Mo 的高速工具钢，用数字0表示；对于含 Co（钴）的高速工具钢，则用四组数字依次排列。

合金元素的含量按顺序排列：钨、钼、钒、钴。含量以平均值并修约成整数表示，数字之间用半字线隔开。高速工具钢牌号和缩写代号的表示方法示例如下：

牌号 X100WMoCrV3-3-4-2 的缩写代号为 HS3-3-2。在牌号中，X 表示高合金钢，100 表示平均碳的质量分数为 1.00%，3 表示钨的平均质量分数为 3%，3 表示钼的平均质量分数为 3%，4 表示铬的平均质量分数为 4%，2 表示钒的平均质量分数为 2%，缩写代号中不标出铬含量的数值。该牌号相当于中国高速工具钢牌号 W3Mo3Cr4V2。

牌号 X78WCrV18-4-1 的缩写代号为 HS18-0-1。在牌号中，X 表示高合金钢，78 表示平均碳的质量分数为 0.78%，18 表示钨的平均质量分数为 18%，4 表示铬的平均质量分数为 4%，1 表示钒的平均质量分数为 1%，在缩写代号中 0 表示不含钼，铬含量的数值不用标出。该牌号相当于中国高速工具钢牌号 W18Cr4V。

牌号 X84WMoCrV6-5-4-2 的缩写代号为 HS6-5-2。在牌号中，X 表示高合金钢，84 表示平均碳的质量分数为 0.84%，6 表示钨的平均质量分数为 6%，5 表示钼的平均质量分数为 5%，4 表示铬的平均质量分数 4%，2 表示钒的平均质量分数为 2%，缩写代号中不标出铬含量的数值。该牌号相当于中国高速工具钢牌号 W6Mo5Cr4V2。

牌号 X90WMoCrV6-5-4-2 的缩写代号为 HS6-5-2C。在牌号中，X 表示高合金钢，90 表示平均碳的质量分数为 0.90%，6 表示钨的平均质量分数为 6%，5 表示钼的平均质量分数为 5%，4 表示铬的平均质量分数为 4%，2 表示钒的平均质量分数为 2%，缩写代号中不标出铬含量的数值。该牌号相当于中国高速工具钢牌号 CW6Mo5Cr4V2。

牌号 X110WMoCrVCo2-9-4-1-8 的缩写代号为 HS2-9-1-8。在牌号中 X 表示高合金钢，110 表示平均碳的质量分数为 1.10%，2 表示钨的平均质量分数为 2%，9 表示钼的平均质量分数为 9%，4 表示铬的平均质量分数为 4%，1 表示钒的平均质量分数为 1%，8 表示钴的平均质量分数为 8%，缩写代号中不标出铬含量的数值。该牌号相当于中国高速工具钢牌号 W2Mo9Cr4VCo8。

（4）易切削钢牌号表示方法　在易切削钢中，较高的硫含量是保证易切削性能的主要条件之一。因此，在易切削钢牌号中，不管是标准技术委员会确定碳含量值的非热处理钢，还是按平均碳含量值确定的渗碳钢和调质钢，元素符号 S 均在各元素符号首位，且牌号尾部仅标注平均硫含量值。举例如下：

11SMn30 属非热处理易切削钢，其碳的质量分数≤0.14%，硫的质量分数为 0.27% ~0.33%，并含有锰等元素。

44SMnPb28 属调质型易切削钢，其碳的质量分数为 0.40% ~0.48%，硫的质量分数为 0.24% ~0.30%，并含有易切削铅等元素。

（5）轴承钢牌号表示方法　该类钢的欧洲标准均采用国际标准的用钢标准，其牌号表示方法可参阅国际标准化组织（ISO）钢铁牌号表示方法简介中的相关内容。

3.6.3　铸钢牌号表示方法

牌号前冠以大写字母 G，其余部分与上述钢牌号表示方法相同，如 GB240GH 和 GX4CrNiMo16-5-1 等。

3.6.4　铸铁牌号表示方法

根据 EN 1560:2011《铸造　铸铁的命名体系　材料符号及材料编号》的有关规定，下面对各种铸铁牌号表示方法进行简介。

1. 灰铸铁牌号表示方法

用代号 EN-GJL 和单铸试样抗拉强度（R_m）最低值表示牌号，其间用半字线隔开。

例如：EN-GJL-150 表示单铸试样 R_m≥150MPa 的灰铸铁。

当仅用布氏硬度值作为订货技术条件时，也可使用硬度牌号。它是以铸件（壁厚 >40 ~80mm）的布氏硬度（HBW30）测定的最高值为标准。

例如：EN-GJL-HB175 表示布氏硬度为 100 ~175HBW 的灰铸铁。

2. 球墨铸铁牌号表示方法

用代号 EN-GJS 和单铸试样或附铸试样（壁厚≤30mm）的抗拉强度（R_m）和断后伸长率（A）的最低值组成牌号。为满足不同使用要求，可附加相关符号，如 LT（用于低温）和 RT（用于室温）等，其间用半字线隔开。

例如：EN-GJS-350-22-LT 表示 $R_m \geqslant 350$MPa、$A \geqslant 22\%$ 低温环境用的球墨铸铁。

3. 可锻铸铁牌号表示方法

1）白心可锻铸铁的牌号是由代号 EN-GJMW 和试样（公称直径为 ϕ12mm）的抗拉强度（R_m）和断后伸长率（A）的最低值组成，其间用半字线隔开，例如：EN-GJMW-450-7 等。

2）黑心可锻铸铁的牌号是由代号 EN-GJMB 和试样（公称直径为 ϕ12mm 或 ϕ15mm）的抗拉强度（R_m）和断后伸长率（A）的最低值组成，其间用半字线隔开，例如：EN-GJMB-450-6 等。

4. 耐磨铸铁牌号表示方法

铬的质量分数≤10% 耐磨铸铁的牌号是由代号 EN-GJN 和维氏硬度符号及其数值组成，其间用半字线隔开，例如：EN-GJN-HV520 等。

当铬的质量分数 >10% 时，牌号末尾还需加（XCr × ×），如 EN-GJN-HV600（XCr18）表示铬的质量分数为18% ~23%、维氏硬度为600HV 的耐磨铸铁等。

3.6.5 钢铁材料的数字牌号系统

1. 钢数字牌号表示方法

EN 10027 -2:2015（E）是钢产品数字牌号标准，该牌号作为钢的命名补充系统，主要是便于数据处理。数字牌号共有五位数字，前三位为固定数字，首位 1 表示材料类别为钢，二、三位数字表示类别组号，四、五位数字是顺序号，设有专人负责登记注册，数字牌号的注册登记单位是欧洲钢铁标准化委员会（ECISS），并负责集中管理编号。

（1）数字牌号系统的结构　数字牌号系统的结构式如下：

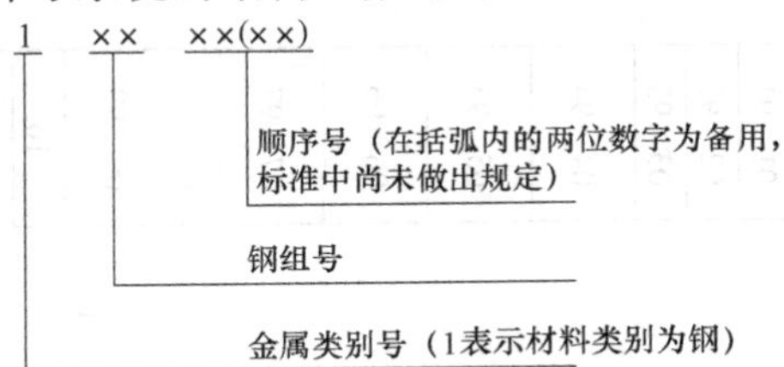

（2）数字牌号系统的钢组号　数字牌号系统的钢组号见表 3-23。

表 3-23 数字牌号系统的钢组号

序号	EN10027－2 数字牌号系统				
	第一位数字	第二、三位数字	第四、五位数字（××）	钢产品	牌号示例
	非合金钢				
1	1	00 90	××	普通非合金结构钢	S235JR/1.0037
2	1	01 91	××	R_m <500MPa 的优质非合金结构钢	$S275J_2G_3$/1.0145
3	1	02 92	××	R_m <500MPa、不进行热处理的其他优质非合金结构钢	C15C/1.0234
4	1	03 93	××	平均 w（C）<0.12% 或 R_m <400MPa 的优质非合金结构钢	C4C/1.0303；DC01/1.0330
5	1	04 94	××	0.12% ≤平均 w（C）<0.25% 或 400MPa ≤ R_m <500MPa 的优质非合金结构钢	S235N/1.0461；P265GH/1.0425
6	1	05 95	××	0.25% ≤平均 w（C）<0.55% 或 500MPa ≤ R_m <700MPa 的优质非合金结构钢	S355N/1.0545；S355NL/1.0546
7	1	06 96	××	平均 w（C）≥0.55% 或 R_m ≥700MPa 的优质非合金结构钢	C60/1.0601 GP240GR/1.0621
8	1	07 97	××	P、S 含量高的非热处理易切削钢	10S20/1.0721 36SMn14/1.0764
9	1	08 98	××	特殊物理性能钢非合金钢	DC06/1.0837；DC07/1.0898
10	1	09 99	××	合金弹簧钢	59Si7-3/1.0908 55SiMn7/1.0904
11	1	10	××	特殊物理性能非合金钢	C35RC/1.1060
12	1	11	××	w（C）<0.50% 的特殊结构钢、压力容器用钢及工程用钢	P355N12/1.1106 20Mn5/1.1133
13	1	12	××	w（C）≥0.50% 的特殊结构钢、压力容器用钢及工程用钢	C60E/1.1221
14	1	13	××	矿用高强度圆环链用钢	19MnVS6/1.1301
15	1	14	××	—	—
16	1	15	××	非合金工具钢	C80U/1.1525 C105U/1.1554

17		16		非合金工具钢	C110U/1.1654
18		17		非合金工具钢	C70U/1.1744
19		18		非合金工具钢	C85MnU/1.1830
20		19		—	—
合金钢（包括高速钢、轴承钢和杂类钢）					
21	1	20	××	Cr 工具钢	X210Cr12/1.2080 102Cr6/1.2067
22		21		Cr-Si、CrMn、Cr-Mn-Si 工具钢	90CrSi5/1.2108
23		22		Cr-V Cr-V-Si Cr-V-Mn Cr-V-Mn-Si 工具钢	51CrV4/1.2241
24		23		Cr-Mo、Cr-Mo-V、Mo-V 工具钢	X153CrMoV12/1.2379 100CrMo5/1.2303
25		24		W、CrW 工具钢	120W4/1.2414 X210CrW12/1.2426
26		25		W-V、Cr-W-V 工具钢	60WCrV8/1.2550 100WV4-2/1.2515
27		26		除 24、25 和 27 组以外的工具钢	45CrMoVW5-8/1.2603 X165CrMoV12/1.2601
28		27		Ni 工具钢	55NiCrMoV7-3/1.2713 15NiCr14/1.2735
29		28		其他工具钢	90MnCrV8/1.2842 X165CrCoMo12-3/1.2880
30		29		—	—
31		30		—	—

（续）

序号	第一位数字	第二、三位数字	第四、五位数字（××）	钢产品	牌号示例
EN10027－2 数字牌号系统					
合金钢（包括高速钢、轴承钢和杂类钢）					
32	1	31	××	—	—
33		32		含 Co 高速工具钢	HS6-5-2-5/1.3243 HS12-0-5-5/1.3202
34		33		无 Co 高速工具钢	HS6-5-2/1.3343 HS18-0-1/1.3355
35		34		—	—
36		35		轴承钢	100Cr6/1.3505 100CrMn6-4/1.3520
37		36		不含 Co 特殊磁性材料	—
38		37		含 Co 特殊磁性材料	—
39		38		无 Ni 特殊磁性材料	X40MnCr18/1.3817
40		39		含 Ni 特殊磁性材料	—
特殊钢（包括不锈钢和耐热钢、耐蚀合金和耐高温合金及专用钢）					
41	1	40	××	w（Ni）<2.5%，不含 Mo、Nb、Ti 不锈钢	X12CrNi12/1.4003 X6CrAl13/1.4002
42		41		w（Ni）<2.5%，含 Mo 不含 Nb、Ti 不锈钢	GX8CrNi12/1.4107 X105CrMo17/1.4125
43		42		—	—
44		43		w（Ni）≥2.5%，不含 Mo、Nb、Ti 不锈钢	GX4CrNi13-4/1.4317 X5CrNi25-21/1.4335
45		44		w（Ni）≥2.5%，含 Mo、不含 Nb、Ti 不锈钢	GX4CrNiMo16-5-1/1.4406 X2CrNiMoN22-5-3/1.4462

46		45		含有特殊元素不锈钢	GX5CrNiNb19-11/1.4552 X2CrNiMoCuN25-6-3/1.4507
47		46		耐腐蚀及耐高温合金	X2NiCrTiMoVB25-15-2/1.4606 X1CrNiMoCuN24-22-8/1.4652
48		47		w（Ni）<2.5%的耐热钢	GX40CrSi24-2/1.4745 X80CrSiNi20-2/1.4747
49		48		w（Ni）≥2.5%的耐热钢	X6CrNiSiNCe19-10/1.4818 GX10NiCrNb32-20/1.4859
50		49		具有高温性能的材料	X7CrNiNb18-10/1.4912 X20CrMoV12-1/1.4922
51		50		Mn、Cr、Cu结构钢、压力容器用钢及工程用钢	38Si7/1.5023 46Si7/1.5024
52		51		Mn-Si、Mn-Cr结构钢、压力容器用钢及工程用钢	8MnSi7/1.5113
53		52		Mn-Cu　Mn-V　Si-V　Mn-Si-V结构钢、压力容器用钢及工程用钢	51MnV7/1.5225
54		53		Mn-Ti、Si-Ti结构钢、压力容器用钢及工程用钢	—
55		54		含Mo、Nb、Ti、W结构钢、压力容器用钢及工程用钢	17MnMoV6-4/1.5403 16Mo5/1.5423
56		55		含B和w（Mn）<1.65%的Mn-B结构钢、压力容器用钢及工程用钢	38MnB5/1.5532 28B2/1.5510
57		56		含Ni结构钢、压力容器用钢及工程用钢	14Ni6/1.5622

（续）

序号	EN10027－2 数字牌号系统				
	第一位数字	第二、三位数字	第四、五位数字（××）	钢产品	牌号示例
	特殊钢（包括不锈钢和耐热钢、耐蚀合金和耐高温合金及专用钢）				
58	1	57	××	w（Cr）<1.0%的Cr-Ni结构钢、压力容器用钢及工程用钢	12NiCr3-2/1.5701 15NiCr13/1.5752 15NiCr13(H)/1.5752
59		58		1.0%≤w（Cr）<1.5%的Cr-Ni结构钢、压力容器用钢及工程用钢	10NiCr5-4/1.5805 18NiCr5-4/1.5810
60		59		1.5%≤w（Cr）<2.0%的Cr-Ni结构钢、压力容器用钢及工程用钢	17CrNi6-6/1.5918
61		60		2.0%≤w（Cr）<3.0%的Cr-Ni结构钢、压力容器用钢及工程用钢	—
62		61		—	—
63		62		Ni-Si、Ni-Mn、Ni-Cu结构钢、压力容器用钢及工程用钢	13MnNi6-3/1.6217
64		63		Ni-Mo、Ni-Mo-Mn、Ni-Mo-Cu、Ni-Mo-V、Ni-MnV结构钢、压力容器用钢及工程用钢	20MnMoNi4-5/1.6311
65		64		—	—
66		65		w（Mo）<0.4%、w（Si）<0.2%的Cr-Ni-Mo结构钢、压力容器用钢及工程用钢	41NiCrMo7-3-2/1.6563 20NiCrMo2-2 H)/1.6523
67		66		w（Mo）<0.4%、2.0%≤w（Ni）<3.5%的Cr-Ni-Mo结构钢、压力容器用钢及工程用钢	14NiCrMo13-4/1.6657
68		67		w（Mo）<0.4%、3.5%≤w（Ni）<5.0%或w（Mo）≥0.4%的Cr-Ni-Mo结构钢、压力容器用钢及工程用钢	—

69		68		Cr-Ni-V、Cr-Ni-W、Cr-Ni-V-W 特殊结构钢、压力容器用钢及工程用钢	—
70		69		除57和68组以外的 Cr-Ni 结构钢、压力容器用钢及工程用钢	—
71		70		Cr、Cr-B 结构钢、压力容器用钢及工程用钢	17Cr3（H）/1.7016 41Cr4（H）/1.7035
72		71		Cr-Si、Cr-Mn、Cr-Mn-B、Cr-Si-Mn 结构钢、压力容器用钢及工程用钢	16MnCr5（H）/1.7147 16MnCrB5（H）/1.7160
73		72		w（Mo）<0.35%的 Cr-Mo、Cr-Mo-B 结构钢、压力容器用钢及工程用钢	18CrMo4（H）/1.7243 42CrMo4（H）/1.7225
74		73		w（Mo）≥0.35%的 Cr-Mo 结构钢、压力容器用钢及工程用钢	13CrMo4-5/1.7335 20MoCr4/1.7321
75		74		—	—
76		75		w（Cr）<2.0%的 Cr-V 结构钢、压力容器用钢及工程用钢	—
77		76		w（Cr）≥2.0%的 Cr-V 结构钢、压力容器用钢及工程用钢	—
78		77		Cr-Mo-V 结构钢、压力容器用钢及工程用钢	24CrMoV5-5/1.7733 36CrB4/1.7707
79		78		—	—
80		79		Cr-Mn-Mo、Cr-Mn-Mo-V 结构钢、压力容器用钢及工程用钢	—

（续）

序号	EN10027－2数字牌号系统				
	第一位数字	第二、三位数字	第四、五位数字（××）	钢产品	牌号示例
	特殊钢（包括不锈钢和耐热钢、耐蚀合金和耐高温合金及专用钢）				
81	1	80	××	Cr-Si-Mo、Cr-Si-Mn-Mo、Cr-Si-Mo-V、Cr-Si-Mn-Mo-V结构钢、压力容器用钢及工程用钢	21CrMoV5-11/1.8070
82	1	81	××	Cr-Si-V、Cr-Mn-V、Cr-Si-Mn-V结构钢、压力容器用钢及工程用钢	60SiCrV7/1.8153 51CrV4/1.8159
83	1	82	××	Cr-Mo-W、Cr-Mo-W-V结构钢、压力容器用钢及工程用钢	—
84	1	83	××	—	—
85	1	84	××	Cr-Si-Ti、、Cr-Mn-Ti、Cr-Si-Mn-Ti结构钢、压力容器用钢及工程用钢	—
86	1	85	××	渗氮钢	41CrAlMo7/1.8509
87	1	86	××	—	—
88	1	87	××	用户不再进行热处理的结构钢、压力容器用钢及工程用钢	—
89	1	88	××	用户不再进行热处理的的可焊接高强度结构钢、压力容器用钢及工程用钢（含耐候钢）	S420ML/1.8836 S460ML/1.8838
90	1	89	××	用户不再进行热处理的的可焊接高强度结构钢、压力容器用钢及工程用钢（含耐候钢）	S355J0WP/1.8945 S460N/1.8901；S500QL/1.8904

2. 铸铁数字牌号表示方法

EN 1560《铸铁的命名体系　材料符号和材料编号》中规定了铸铁数字牌号的表示方法。铸铁数字牌号组成及牌号示例见表3-24。

表3-24　铸铁数字牌号组成及牌号示例

序号	铸铁名称	数字牌号组成	牌号示例
1	灰铸铁	EN-JL10××	EN-GJL-150、EN-JL1020
2	灰铸铁	EN-JL20××（对应硬度牌号）	EN-GJL-HB175、EN-JL2020
3	球墨铸铁	EN-JS10××	EN-GJS-400-15、EN-JS1030
4	球墨铸铁	EN-JS20××（对应硬度牌号）	EN-GJS-HB155、EN-JS2030
5	可锻铸铁	白心 EN-JM10××	EN-GJM-350-4、EN-JM1010
6	可锻铸铁	黑心 EN-JM11××	EN-GJMB-360-6、EN-JM1110
7	耐磨铸铁	EN-JN20××（对应硬度牌号）	EN-GJN-HV520、EN-JN2029

第4章　中外通用结构钢牌号及化学成分

4.1　碳素结构钢牌号及化学成分

碳素结构钢牌号及化学成分对照见表4-1～表4-11。

表4-1　Q195钢牌号及化学成分（质量分数）对照　（%）

标准号	牌号 统一数字代号	厚度或（直径）/mm	C	Si	Mn	P	S	Cr	Ni	Cu	As	N
			≤									
GB/T 700—2006	Q195 U11952	—	0.12	0.30	0.50	0.035	0.040	0.30	0.30	0.30	0.080	0.008
ГОСТ 380—1994	Ст1сп	—	0.06～0.12	0.15～0.30	0.25～0.50	0.040	0.050	0.30	0.30	0.30	0.08	0.008
JIS G3101:2015	SS330	—	—	—	—	0.050	0.050	—	—	—	—	—
ASTM A283/A283M—2013	Grade C	≤40	0.24	0.40	0.90	0.030	0.030	—	—	有要求时≥0.20	—	—
		>40		0.15～0.40								

表4-2　Q215A钢牌号及化学成分（质量分数）对照　（%）

标准号	牌号 统一数字代号	厚度或（直径）/mm	C	Si	Mn	P	S	Cr	Ni	Cu	As	N
						≤						
GB/T 700—2006	Q215A U12152	—	0.15	0.35	1.20	0.045	0.050	0.30	0.30	0.30	0.080	0.008
ГОСТ 380—1994	Cт2cп	—	0.09 ~ 0.15	0.15 ~ 0.30	0.25 ~ 0.50	0.040	0.050	0.30	0.30	0.30	0.08	0.008
JIS G3131:2010	SPHC	—	0.12	—	0.60	0.045	0.035	—	—	—	—	—
ASTM A573/A573M—2013	Grade 58 [400]	≤13	0.23	0.10 ~ 0.35	0.60 ~ 0.90	0.30	0.30	—	—	—	—	—
		>13 ~ 40	0.23									

表4-3　Q215B钢牌号及化学成分（质量分数）对照　（%）

标准号	牌号 统一数字代号	厚度或（直径）/mm	C	Si	Mn	P	S	Cr	Ni	Cu	As	N
						≤						
GB/T 700—2006	Q215B U12155	—	0.15	0.35	1.20	0.045	0.045	0.30	0.30	0.30	0.080	0.008
ГОСТ 380—1994	Cт2cп	—	0.09 ~ 0.15	0.15 ~ 0.30	0.25 ~ 0.50	0.040	0.050	0.30	0.30	0.30	0.08	0.008
JIS G3131:2010	SPHD	—	0.10	—	0.45	0.035	0.035	—	—	—	—	—
ASTM A573/A573M—2013	Grade 58 [400]	≤13	0.23	0.10 ~ 0.35	0.60 ~ 0.90	0.30	0.30	—	—	—	—	—
		>13 ~ 40	0.23									

表 4-4 Q235A 钢牌号及化学成分（质量分数）对照 （%）

标准号	牌号 统一数字代号	厚度或（直径）/mm	C	Si	Mn	P	S	Cr	Ni	Cu	As	N
			≤									
GB/T 700—2006	Q235A U12352	—	0.22	0.35	1.40	0.045	0.050	0.30	0.30	0.30	0.080	0.008
ГОСТ 380—1994	Ст3Гпс	—	0.14 ~ 0.22	0.05	0.80 ~ 1.10	0.040	0.050	0.30	0.30	0.20	0.08	0.008
JIS G3106:2008	SM400 A	≤50	0.23	—	≥2.5 C	0.035	0.035	—	—	—	—	—
		>50 ~200	0.25									
ASTM A573/A573M—2013	Grade 65 [450]	≤13	0.24	0.15 ~ 0.40	0.85 ~ 1.20	0.30	0.30	—	—	—	—	—
		>13 ~40	0.26									
ISO 630-2:2011（E）	S235 B	≤40	0.17	—	1.40	0.035	0.035	—	—	0.55	—	0.012
		>40	0.20									
EN 10025-2:2004	S235JR 1.0038	≤40	0.17	—	1.40	0.035	0.035	—	—	0.55	—	0.012
		>40	0.20									

表 4-5 Q235B 钢牌号及化学成分（质量分数）对照 （%）

标准号	牌号 统一数字代号	厚度或（直径）/mm	C	Si	Mn	P	S	Cr	Ni	Cu	As	N
			≤									
GB/T 700—2006	Q235B U12355	—	0.22	0.35	1.40	0.045	0.050	0.30	0.30	0.30	0.080	0.008
ГОСТ 380—1994	Ст3Гсп	—	0.14 ~ 0.20	0.15 ~ 0.30	0.80 ~ 1.10	0.040	0.050	0.30	0.30	0.20	0.08	0.008
JIS G3106:2008	SM400 A	≤50	0.20	0.35	0.60 ~ 1.50	0.035	0.035	—	—	—	—	—
		>50 ~200	0.22									

标准号	牌号 统一数字代号	厚度或（直径）/mm	C	Si	Mn	P	S	Cr	Ni	Cu	As	N
ASTM A573/A573M—2013	Grade 65 [450]	≤13	0.24	0.15～0.40	0.85～1.20	0.30	0.30	—	—	—	—	—
		>13～40	0.26									
ISO 630－2:2011（E）	S235 B	≤40	0.17	—	1.40	0.035	0.035	—	—	0.55	—	0.012
		>40	0.20									
EN 10025－2:2004	S235JR 1.0038	≤40	0.17	—	1.40	0.035	0.035	—	—	0.55	—	0.012
		>40	0.20									

表4-6　Q235C钢牌号及化学成分（质量分数）对照　（%）

标准号	牌号 统一数字代号	厚度或（直径）/mm	C	Si	Mn	P	S	Cr	Ni	Cu	As	N
			≤									
GB/T 700—2006	Q235C U12358	—	0.17	0.35	1.40	0.040	0.040	0.30	0.30	0.30	0.080	0.008
ГОСТ 380—1994	Ст3Гсп	—	0.14～0.20	0.15～0.30	0.80～1.10	0.040	0.050	0.30	0.30	0.20	0.08	0.008
JIS G3106:2008	SM400 C	≤100	0.18	0.35	0.60～1.50	0.035	0.035	—	—	—	—	—
ASTM A573/A573M—2013	Grade 65 [450]	≤13	0.24	0.15～0.40	0.85～1.20	0.30	0.30	—	—	—	—	—
		>13～40	0.26									
ISO 630－2:2011（E）	S235 C	≤40	0.17	—	1.40	0.030	0.030	—	—	0.55	—	0.012
		>40										
EN 10025－2:2004	S235J0 1.0114	≤40	0.17	—	1.40	0.030	0.030	—	—	0.55	—	0.012
		>40										

表 4-7 Q235D 钢牌号及化学成分（质量分数）对照 （%）

标准号	牌号 统一数字代号	厚度或（直径）/mm	C	Si	Mn	P	S	Cr	Ni	Cu	As	N
			≤									
GB/T 700—2006	Q235D① U12359	—	0.17	0.35	1.40	0.035	0.035	0.30	0.30	0.30	0.080	0.008
ГОСТ 380—1994	Ст3Гсп	—	0.14 ~ 0.20	0.15 ~ 0.30	0.80 ~ 1.10	0.040	0.050	0.30	0.30	0.20	0.08	0.008
ASTM A573/A573M—2013	Grade 65 [450]	≤13	0.24	0.15 ~ 0.40	0.85 ~ 1.20	0.30	0.30	—	—	—	—	—
		>13 ~ 40	0.26									
ISO 630-2:2011（E）	S235 D	≤40	0.17	—	1.40	0.025	0.025	—	—	0.55	—	—
		>40										
EN 10025-2:2004	S235J2 1.0117	≤40	0.17	—	1.40	0.025	0.025	—	—	0.55	—	—
		>40										

① 当采用铝脱氧时，钢中酸溶铝的质量分数应不小于0.015%，或铝的质量分数总和应不小于0.020%，以下同。

表 4-8 Q275A 钢牌号及化学成分（质量分数）对照 （%）

标准号	牌号 统一数字代号	厚度或（直径）/mm	C	Si	Mn	P	S	Cr	Ni	Cu	As	N
			≤									
GB/T 700—2006	Q275A U12752	—	0.24	0.35	1.50	0.045	0.050	0.30	0.30	0.30	0.080	0.008
ГОСТ 380—1994	Ст5Гпс	—	0.22 ~ 0.30	0.15	0.80 ~ 1.20	0.040	0.050	0.30	0.30	0.30	0.08	0.008
JIS G3101:2015	SS490	—	—	—	—	0.050	0.050	—	—	—	—	—
ASTM A573/A573M—2013	Grade 70 [485]	≤13	0.27	0.15 ~ 0.40	0.85 ~ 1.20	0.30	0.30	—	—	—	—	—
		>13 ~ 40	0.28									
ISO 630-2:2011（E）	S275 B	≤40	0.21	—	1.50	0.035	0.035	—	—	0.55	—	0.012
		>40	0.22									
EN 10025-2:2004	S275JR 1.0044	≤40	0.21	—	1.50	0.035	0.035	—	—	0.55	—	0.012
		>40	0.22									

表4-9 Q275B钢牌号及化学成分（质量分数）对照

（%）

标准号	牌号 统一数字代号	厚度或（直径）/mm	C	Si	Mn	P	S	Cr	Ni	Cu	As	N
			≤									
GB/T 700—2006	Q275B U12755	≤40	0.21	0.35	1.50	0.045	0.045	0.30	0.30	0.30	0.080	0.008
		>40	0.22									
ГОСТ 380—1994	Ст5Гпс	—	0.22 ~ 0.30	0.15	0.80 ~ 1.20	0.040	0.050	0.30	0.30	0.30	0.08	0.008
JIS G3106:2008	SM490A	≤50	0.20	0.55	1.65	0.035	0.035	—	—	—	—	—
		>50 ~ 200	0.22									
ASTM A573/A573M—2013	Grade 70 [485]	≤13	0.27	0.15 ~ 0.40	0.85 ~ 1.20	0.30	0.30	—	—	—	—	—
		>13 ~ 40	0.28									
ISO 630-2:2011（E）	S275 B	≤40	0.21	—	1.50	0.035	0.035	—	—	0.55	—	0.012
		>40	0.22									
EN 10025-2:2004	S275JR 1.0044	≤40	0.21	—	1.50	0.035	0.035	—	—	0.55	—	0.012
		>40	0.22									

表4-10 Q275C钢牌号及化学成分（质量分数）对照

（%）

标准号	牌号 统一数字代号	厚度或（直径）/mm	C	Si	Mn	P	S	Cr	Ni	Cu	As	N
			≤									
GB/T 700—2006	Q275C U12758	—	0.20	0.35	1.50	0.040	0.040	0.30	0.30	0.30	0.080	0.008
ГОСТ 380—1994	Ст5Гпс	—	0.22 ~ 0.30	0.15	0.80 ~ 1.20	0.040	0.050	0.30	0.30	0.30	0.08	0.008
JIS G3106:2008	SM490B	≤50	0.18	0.55	1.65	0.035	0.035	—	—	—	—	—
		>50 ~ 200	0.20									
ASTM A573/A573M—2013	Grade 70 [485]	≤13	0.27	0.15 ~ 0.40	0.85 ~ 1.20	0.30	0.30	—	—	—	—	—
		>13 ~ 40	0.28									

（续）

标准号	牌号 统一数字代号	厚度或（直径）/mm	C	Si	Mn	P	S	Cr	Ni	Cu	As	N
			≤									
ISO 630－2:2011（E）	S275 C	≤40	0.18	—	1.50	0.030	0.030	—	—	0.55	—	0.012
		>40										
EN 10025－2:2004	S275J0 1.0143	≤40	0.18	—	1.50	0.030	0.030	—	—	0.55	—	0.012
		>40										

表 4-11 Q275D 钢牌号及化学成分（质量分数）对照 （%）

标准号	牌号 统一数字代号	厚度或（直径）/mm	C	Si	Mn	P	S	Cr	Ni	Cu	As	N
			≤									
GB/T 700—2006	Q275D U12759	—	0.20	0.35	1.50	0.035	0.035	0.30	0.30	0.30	0.080	0.008
ГОСТ 380—1994	Ст5Гпс	—	0.22～0.30	0.15	0.80～1.20	0.040	0.050	0.30	0.30	0.30	0.08	0.008
JIS G3106:2008	SM490C	≤100	0.18	0.55	1.65	0.035	0.035	—	—	—	—	—
ASTM A573/A573M—2013	Grade 70 [485]	≤13	0.27	0.15～0.40	0.85～1.20	0.30	0.30	—	—	—	—	—
		>13～40	0.28									
ISO 630－2:2011（E）	S275 D	≤40	0.18	—	1.50	0.025	0.025	—	—	0.55	—	—
		>40										
EN 10025－2:2004	S275J2 1.0145	≤40	0.18	—	1.50	0.025	0.025	—	—	0.55	—	—
		>40										

4.2 优质碳素结构钢牌号及化学成分

优质碳素结构钢牌号及化学成分对照见表4-12～表4～39。其中，表4-29～表4-39为较高含锰量优质碳素结构钢牌号及化学成分对照。

表4-12 08钢牌号及化学成分（质量分数）对照 （%）

标准号	牌号 统一数字代号	C	Si	Mn	P	S	Cr	Ni	Cu[①]	Mo
					≤					
GB/T 699—2015	08[②] U20082	0.05～0.11	0.17～0.37	0.35～0.65	0.035	0.035	0.10	0.30	0.25	—
ГОСТ 1050—1988	08	0.05～0.12	0.17～0.37	0.35～0.65	0.035	0.040	0.10	0.25	0.25	—
JIS G4051:2009	S10C	0.08～0.13	0.15～0.35	0.30～0.60	0.030	0.035	0.20[③] Cr+Ni：0.35	0.20	0.25	—
ASTM A29/A29M—2015	1008	≤0.10	—	0.30～0.50	0.040	0.050	—	—	0.20	—
ISO 683-3:2019（E）	C10E	0.07～0.13	0.15～0.40	0.30～0.60	0.025	0.035	0.40	0.40	0.30	0.10
EN 10263-3:2017（E）	C10E2C 1.1122	0.08～0.12	≤0.30	0.30～0.60	0.025	0.025	—	—	0.25	—

① 热压力加工用钢铜的质量分数应不大于0.20%，以下同。

② 用铝脱氧的镇静钢，碳、锰的质量分数下限不限，锰的质量分数上限为0.45%，硅的质量分数不大于0.03%，全铝的质量分数为0.020%～0.070%，此时牌号为08Al，以下同。

③ JIS G4051:2009中铬的质量分数不超过0.20%，但根据双方协议也可小于0.30%。S09CK、S15CK和S23CK中残余元素铜的质量分数不应超过0.25%，镍不应超0.20%，镍和铬的质量分数不应超过0.30%，其他钢种中残余元素铜的质量分数不应超过0.30%，镍的质量分数不应超0.20%，以下同。

表4-13 10钢牌号及化学成分（质量分数）对照 （%）

标准号	牌号 统一数字代号	C	Si	Mn	P	S	Cr	Ni	Cu	Mo
					≤					
GB/T 699—2015	10 U20102	0.07～0.13	0.17～0.37	0.35～0.65	0.035	0.035	0.15	0.30	0.25	—
ГОСТ 1050—1988	10	0.07～0.14	0.17～0.37	0.35～0.65	0.035	0.040	0.15	0.25	0.25	—
JIS G4051:2009	S10C	0.08～0.13	0.15～0.35	0.30～0.60	0.030	0.035	0.20 Cr+Ni: 0.35	0.20	0.25	—
ASTM A29/A29M—2015	1010	0.08～0.13	—	0.30～0.60	0.040	0.050	—	—	0.20	—
ISO 683-3:2019（E）	C10E	0.07～0.13	0.15～0.40	0.30～0.60	0.025	0.035	0.40	0.40	0.30	0.10
EN 10263-3:2017（E）	C10E2C 1.1122	0.08～0.12	≤0.30	0.30～0.60	0.025	0.025	—	—	0.25	—

表4-14 15钢牌号及化学成分（质量分数）对照 （%）

标准号	牌号 统一数字代号	C	Si	Mn	P	S	Cr	Ni	Cu	Mo
					≤					
GB/T 699—2015	15 U20152	0.12～0.18	0.17～0.37	0.35～0.65	0.035	0.035	0.25	0.30	0.25	—
ГОСТ 1050—1988	15	0.12～0.19	0.17～0.37	0.35～0.65	0.035	0.040	0.25	0.25	0.25	—
JIS G4051:2009	S15C	0.13～0.18	0.15～0.35	0.30～0.60	0.030	0.035	0.20 Cr+Ni: 0.35	0.20	0.25	—
ASTM A29/A29M—2015	1015	0.13～0.18	—	0.30～0.60	0.040	0.050	—	—	0.20	—
ISO 683-3:2019（E）	C15E	0.12～0.18	0.15～0.40	0.30～0.60	0.025	0.035	0.40	0.40	0.30	0.10
EN 10263-3:2017（E）	C15E2C 1.1132	0.13～0.17	≤0.30	0.30～0.60	0.025	0.025	—	—	0.25	—

表 4-15　20 钢牌号及化学成分（质量分数）对照　（%）

<table>
<tr><th rowspan="2">标准号</th><th rowspan="2">牌　号
统一数字代号</th><th rowspan="2">C</th><th rowspan="2">Si</th><th rowspan="2">Mn</th><th>P</th><th>S</th><th>Cr</th><th>Ni</th><th>Mo</th><th>Cu</th></tr>
<tr><th colspan="6">≤</th></tr>
<tr><td>GB/T 699—2015</td><td>20
U20202</td><td>0. 17 ~0. 23</td><td>0. 17 ~0. 37</td><td>0. 35 ~0. 65</td><td>0. 035</td><td>0. 035</td><td>0. 25</td><td>0. 30</td><td>—</td><td>0. 25</td></tr>
<tr><td>ГОСТ 1050—1988</td><td>20</td><td>0. 17 ~0. 24</td><td>0. 17 ~0. 37</td><td>0. 35 ~0. 65</td><td>0. 035</td><td>0. 040</td><td>0. 25</td><td>0. 25</td><td>—</td><td>0. 25</td></tr>
<tr><td rowspan="2">JIS G4051:2009</td><td rowspan="2">S20C</td><td rowspan="2">0. 18 ~0. 23</td><td rowspan="2">0. 15 ~0. 35</td><td rowspan="2">0. 30 ~0. 60</td><td rowspan="2">0. 030</td><td rowspan="2">0. 035</td><td>0. 20</td><td>0. 20</td><td rowspan="2">—</td><td rowspan="2">0. 25</td></tr>
<tr><td colspan="2">Cr + Ni：0. 35</td></tr>
<tr><td>ASTM A29/A29M—2015</td><td>1020</td><td>0. 18 ~0. 23</td><td>—</td><td>0. 30 ~0. 60</td><td>0. 040</td><td>0. 050</td><td>—</td><td>—</td><td>—</td><td>0. 20</td></tr>
<tr><td>EN 10263 -3:2017（E）</td><td>C20E2C
1. 1152</td><td>0. 18 ~0. 22</td><td>≤0. 30</td><td>0. 30 ~0. 60</td><td>0. 020</td><td>0. 025</td><td>—</td><td>—</td><td>—</td><td>0. 25</td></tr>
</table>

表 4-16　25 钢牌号及化学成分（质量分数）对照　（%）

<table>
<tr><th rowspan="2">标准号</th><th rowspan="2">牌　号
统一数字代号</th><th rowspan="2">C</th><th rowspan="2">Si</th><th rowspan="2">Mn</th><th>P</th><th>S</th><th>Cr</th><th>Ni</th><th>Mo</th><th>Cu</th></tr>
<tr><th colspan="6">≤</th></tr>
<tr><td>GB/T 699—2015</td><td>25
U20252</td><td>0. 22 ~0. 29</td><td>0. 17 ~0. 37</td><td>0. 50 ~0. 80</td><td>0. 035</td><td>0. 035</td><td>0. 25</td><td>0. 30</td><td>—</td><td>0. 25</td></tr>
<tr><td>ГОСТ 1050—1988</td><td>25</td><td>0. 22 ~0. 30</td><td>0. 17 ~0. 37</td><td>0. 50 ~0. 80</td><td>0. 035</td><td>0. 040</td><td>0. 25</td><td>0. 25</td><td>—</td><td>0. 25</td></tr>
<tr><td rowspan="2">JIS G4051:2009</td><td rowspan="2">S25C</td><td rowspan="2">0. 22 ~0. 28</td><td rowspan="2">0. 15 ~0. 35</td><td rowspan="2">0. 30 ~0. 60</td><td rowspan="2">0. 030</td><td rowspan="2">0. 035</td><td>0. 20</td><td>0. 20</td><td rowspan="2">—</td><td rowspan="2">0. 25</td></tr>
<tr><td colspan="2">Cr + Ni：0. 35</td></tr>
<tr><td>ASTM A29/A29M—2015</td><td>1025</td><td>0. 22 ~0. 28</td><td>—</td><td>0. 30 ~0. 60</td><td>0. 040</td><td>0. 050</td><td>—</td><td>—</td><td>—</td><td>0. 20</td></tr>
<tr><td rowspan="2">ISO 683 -1:2016</td><td rowspan="2">C25E</td><td rowspan="2">0. 22 ~0. 29</td><td rowspan="2">0. 10 ~0. 40</td><td rowspan="2">0. 40 ~0. 70</td><td rowspan="2">0. 025</td><td rowspan="2">0. 035</td><td>0. 40</td><td>0. 40</td><td>0. 10</td><td rowspan="2">0. 30</td></tr>
<tr><td colspan="3">Cr + Mo + Ni：0. 63</td></tr>
<tr><td rowspan="2">EN 10016 -2:1994</td><td rowspan="2">C26D
1. 0415</td><td rowspan="2">0. 24 ~0. 29</td><td rowspan="2">0. 10 ~0. 30</td><td rowspan="2">0. 50 ~0. 80</td><td rowspan="2">0. 035</td><td rowspan="2">0. 035</td><td rowspan="2">0. 20</td><td>0. 25</td><td>0. 05</td><td rowspan="2">0. 30</td></tr>
<tr><td colspan="2">Al：0. 01</td></tr>
</table>

表4-17 30钢牌号及化学成分（质量分数）对照

（%）

标准号	牌号 统一数字代号	C	Si	Mn	P	S	Cr	Ni	Mo	Cu
					≤					
GB/T 699—2015	30 U20302	0.27～0.34	0.17～0.37	0.50～0.80	0.035	0.035	0.25	0.30	—	0.25
ГОСТ 1050—1988	30	0.27～0.35	0.17～0.37	0.50～0.80	0.035	0.040	0.25	0.25	—	0.25
JIS G4051:2009	S30C	0.27～0.33	0.15～0.35	0.60～0.90	0.030	0.035	0.20 Cr + Ni：0.35	0.20	—	0.25
ASTM A29/A29M—2015	1030	0.28～0.34	—	0.60～0.90	0.040	0.050	—	—	—	0.20
ISO 683-1:2016	C30E	0.27～0.34	0.10～0.40	0.50～0.80	0.025	0.035	0.40 Cr + Mo + Ni：0.63	0.40	0.10	0.30

表4-18 35钢牌号及化学成分（质量分数）对照

（%）

标准号	牌号 统一数字代号	C	Si	Mn	P	S	Cr	Ni	Mo	Cu
					≤					
GB/T 699—2015	35 U20352	0.32～0.39	0.17～0.37	0.50～0.80	0.035	0.035	0.25	0.30	—	0.25
ГОСТ 1050—1988	35	0.32～0.40	0.17～0.37	0.50～0.80	0.035	0.040	0.25	0.25	—	0.25
JIS G4051:2009	S35C	0.32～0.38	0.15～0.35	0.60～0.90	0.030	0.035	0.20 Cr + Ni：0.35	0.20	—	0.25
ASTM A29/A29M—2015	1034	0.32～0.38	—	0.50～0.80	0.040	0.050	—	—	—	0.20
ISO 683-1:2016	C35E	0.32～0.39	0.10～0.40	0.50～0.80	0.025	0.035	0.40 Cr + Mo + Ni：0.63	0.40	0.10	0.30
EN 10263-4:2017（E）	C35EC 1.1172	0.32～0.39	≤0.30	0.50～0.80	0.025	0.025	—	—	—	0.25

表 4-19 40 钢牌号及化学成分（质量分数）对照 （%）

<table>
<tr><th rowspan="2">标准号</th><th rowspan="2">牌 号
统一数字代号</th><th rowspan="2">C</th><th rowspan="2">Si</th><th rowspan="2">Mn</th><th>P</th><th>S</th><th>Cr</th><th>Ni</th><th>Mo</th><th>Cu</th></tr>
<tr><th colspan="6">≤</th></tr>
<tr><td>GB/T 699—2015</td><td>40
U20402</td><td>0.37～0.44</td><td>0.17～0.37</td><td>0.50～0.80</td><td>0.035</td><td>0.035</td><td>0.25</td><td>0.30</td><td>—</td><td>0.25</td></tr>
<tr><td>ГОСТ 1050—1988</td><td>40</td><td>0.37～0.45</td><td>0.17～0.37</td><td>0.50～0.80</td><td>0.035</td><td>0.040</td><td>0.25</td><td>0.25</td><td>—</td><td>0.25</td></tr>
<tr><td rowspan="2">JIS G4051:2009</td><td rowspan="2">S40C</td><td rowspan="2">0.37～0.43</td><td rowspan="2">0.15～0.35</td><td rowspan="2">0.60～0.90</td><td rowspan="2">0.030</td><td rowspan="2">0.035</td><td>0.20</td><td>0.20</td><td rowspan="2">—</td><td rowspan="2">0.25</td></tr>
<tr><td colspan="2">Cr + Ni：0.35</td></tr>
<tr><td>ASTM A29/A29M—2015</td><td>1040</td><td>0.37～0.44</td><td>—</td><td>0.60～0.90</td><td>0.040</td><td>0.050</td><td>—</td><td>—</td><td>—</td><td>0.20</td></tr>
<tr><td rowspan="2">ISO 683-1:2016</td><td rowspan="2">C40E</td><td rowspan="2">0.37～0.44</td><td rowspan="2">0.10～0.40</td><td rowspan="2">0.50～0.80</td><td rowspan="2">0.025</td><td rowspan="2">0.035</td><td>0.40</td><td>0.40</td><td>0.10</td><td rowspan="2">0.30</td></tr>
<tr><td colspan="3">Cr + Mo + Ni：0.63</td></tr>
<tr><td rowspan="2">EN 10083-2:2006（E）</td><td rowspan="2">C40E
1.1186</td><td rowspan="2">0.37～0.44</td><td rowspan="2">≤0.40</td><td rowspan="2">0.50～0.80</td><td rowspan="2">0.030</td><td rowspan="2">0.035</td><td>0.40</td><td>0.40</td><td>0.10</td><td rowspan="2">—</td></tr>
<tr><td colspan="3">Cr + Mo + Ni：0.63</td></tr>
</table>

表 4-20 45 钢牌号及化学成分（质量分数）对照 （%）

<table>
<tr><th rowspan="2">标准号</th><th rowspan="2">牌 号
统一数字代号</th><th rowspan="2">C</th><th rowspan="2">Si</th><th rowspan="2">Mn</th><th>P</th><th>S</th><th>Cr</th><th>Ni</th><th>Mo</th><th>Cu</th></tr>
<tr><th colspan="6">≤</th></tr>
<tr><td>GB/T 699—2015</td><td>45
U20452</td><td>0.42～0.50</td><td>0.17～0.37</td><td>0.50～0.80</td><td>0.035</td><td>0.035</td><td>0.25</td><td>0.30</td><td>—</td><td>0.25</td></tr>
<tr><td>ГОСТ 1050—1988</td><td>45</td><td>0.42～0.50</td><td>0.17～0.37</td><td>0.50～0.80</td><td>0.035</td><td>0.040</td><td>0.25</td><td>0.25</td><td>—</td><td>0.25</td></tr>
<tr><td rowspan="2">JIS G4051:2009</td><td rowspan="2">S45C</td><td rowspan="2">0.42～0.48</td><td rowspan="2">0.15～0.35</td><td rowspan="2">0.60～0.90</td><td rowspan="2">0.030</td><td rowspan="2">0.035</td><td>0.20</td><td>0.20</td><td rowspan="2">—</td><td rowspan="2">0.25</td></tr>
<tr><td colspan="2">Cr + Ni：0.35</td></tr>
<tr><td>ASTM A29/A29M—2015</td><td>1045</td><td>0.43～0.50</td><td>—</td><td>0.60～0.90</td><td>0.040</td><td>0.050</td><td>—</td><td>—</td><td>—</td><td>0.20</td></tr>
<tr><td rowspan="2">ISO 683-1:2016</td><td rowspan="2">C45E</td><td rowspan="2">0.42～0.50</td><td rowspan="2">0.10～0.40</td><td rowspan="2">0.50～0.80</td><td rowspan="2">0.025</td><td rowspan="2">0.035</td><td>0.40</td><td>0.40</td><td>0.10</td><td rowspan="2">0.30</td></tr>
<tr><td colspan="3">Cr + Mo + Ni：0.63</td></tr>
<tr><td>EN 10263-4:2017（E）</td><td>C45EC
1.1192</td><td>0.42～0.50</td><td>≤0.30</td><td>0.50～0.80</td><td>0.025</td><td>0.055</td><td>0.40</td><td>0.40</td><td>0.10</td><td>0.25</td></tr>
</table>

表4-21 50钢牌号及化学成分（质量分数）对照 （%）

标准号	牌号 统一数字代号	C	Si	Mn	P	S	Cr	Ni	Mo	Cu
					≤					
GB/T 699—2015	50 U20502	0.47~0.55	0.17~0.37	0.50~0.80	0.035	0.035	0.25	0.30	—	0.25
ГОСТ 1050—1988	50	0.47~0.55	0.17~0.37	0.50~0.80	0.035	0.040	0.25	0.25	—	0.25
JIS G4051:2009	S50C	0.47~0.53	0.15~0.35	0.60~0.90	0.030	0.035	0.20 Cr + Ni: 0.35	0.20	—	0.25
ASTM A29/A29M—2015	1050	0.48~0.55	—	0.60~0.90	0.040	0.050	—	—	—	0.20
ISO 683-1:2016	C50E	0.47~0.55	0.10~0.40	0.60~0.90	0.025	0.035	0.40 Cr + Mo + Ni: 0.63	0.40	0.10	0.30
EN 10083-2:2006 (E)	C50E 1.1206	0.47~0.55	≤0.40	0.60~0.90	0.030	0.035	0.40 Cr + Mo + Ni: 0.63	0.40	0.10	—

表4-22 55钢牌号及化学成分（质量分数）对照 （%）

标准号	牌号 统一数字代号	C	Si	Mn	P	S	Cr	Ni	Mo	Cu
					≤					
GB/T 699—2015	55 U20552	0.52~0.60	0.17~0.37	0.50~0.80	0.035	0.035	0.25	0.30	—	0.25
ГОСТ 1050—1988	55	0.52~0.60	0.17~0.37	0.50~0.80	0.035	0.040	0.25	0.25	—	0.25
JIS G4051:2009	S55C	0.52~0.58	0.15~0.35	0.60~0.90	0.030	0.035	0.20 Cr + Ni: 0.35	0.20	—	0.25
ASTM A29/A29M—2015	1055	0.50~0.60	—	0.60~0.90	0.040	0.050	—	—	—	0.20
ISO 683-1:2016	C55E	0.52~0.60	0.10~0.40	0.60~0.90	0.025	0.035	0.40 Cr + Mo + Ni: 0.63	0.40	0.10	0.30
EN 10083-2:2006 (E)	C55E 1.1203	0.52~0.60	≤0.40	0.60~0.90	0.030	0.035	0.40 Cr + Mo + Ni: 0.63	0.40	0.10	—

表 4-23 60 钢牌号及化学成分（质量分数）对照 （%）

<table>
<tr><th rowspan="2">标准号</th><th rowspan="2">牌 号
统一数字
代号</th><th rowspan="2">C</th><th rowspan="2">Si</th><th rowspan="2">Mn</th><th>P</th><th>S</th><th>Cr</th><th>Ni</th><th>Mo</th><th>Cu</th></tr>
<tr><th colspan="6">≤</th></tr>
<tr><td>GB/T 699—2015</td><td>60
U20602</td><td>0.57~0.65</td><td>0.17~0.37</td><td>0.50~0.80</td><td>0.035</td><td>0.035</td><td>0.25</td><td>0.30</td><td>—</td><td>0.25</td></tr>
<tr><td>ГОСТ 1050—1988</td><td>60</td><td>0.57~0.65</td><td>0.17~0.37</td><td>0.50~0.80</td><td>0.035</td><td>0.040</td><td>0.25</td><td>0.25</td><td>—</td><td>0.25</td></tr>
<tr><td>JIS G4802:2005</td><td>S60C-CSP</td><td>0.55~0.65</td><td>0.15~0.35</td><td>0.60~0.90</td><td>0.030</td><td>0.035</td><td>0.20</td><td>0.20</td><td>—</td><td>0.30</td></tr>
<tr><td>ASTM A29/A29M—2015</td><td>1059</td><td>0.55~0.65</td><td>—</td><td>0.50~0.80</td><td>0.040</td><td>0.050</td><td>—</td><td>—</td><td>—</td><td>0.20</td></tr>
<tr><td rowspan="2">ISO 683-1:2016</td><td rowspan="2">C60E</td><td rowspan="2">0.57~0.65</td><td rowspan="2">0.10~0.40</td><td rowspan="2">0.60~0.90</td><td rowspan="2">0.025</td><td rowspan="2">0.035</td><td>0.40</td><td>0.40</td><td>0.10</td><td rowspan="2">0.30</td></tr>
<tr><td colspan="3">Cr+Mo+Ni：0.63</td></tr>
<tr><td rowspan="2">EN 10083-2:2006（E）</td><td rowspan="2">C60E
1.1221</td><td rowspan="2">0.57~0.65</td><td rowspan="2">≤0.40</td><td rowspan="2">0.60~0.90</td><td rowspan="2">0.030</td><td rowspan="2">0.035</td><td>0.40</td><td>0.40</td><td>0.10</td><td rowspan="2">—</td></tr>
<tr><td colspan="3">Cr+Mo+Ni：0.63</td></tr>
</table>

表 4-24 65 钢牌号及化学成分（质量分数）对照 （%）

<table>
<tr><th rowspan="2">标准号</th><th rowspan="2">牌 号
统一数字
代号</th><th rowspan="2">C</th><th rowspan="2">Si</th><th rowspan="2">Mn</th><th>P</th><th>S</th><th>Cr</th><th>Ni</th><th>Mo</th><th>Cu</th></tr>
<tr><th colspan="6">≤</th></tr>
<tr><td>GB/T 699—2015</td><td>65
U20652</td><td>0.62~0.70</td><td>0.17~0.37</td><td>0.50~0.80</td><td>0.035</td><td>0.035</td><td>0.25</td><td>0.30</td><td>—</td><td>0.25</td></tr>
<tr><td>ГОСТ 1050—1988</td><td>65</td><td>0.60~0.70</td><td>0.17~0.37</td><td>0.50~0.80</td><td>0.035</td><td>0.040</td><td>0.25</td><td>0.25</td><td>—</td><td>0.25</td></tr>
<tr><td>JIS G4802:2005</td><td>S65C-CSP</td><td>0.60~0.70</td><td>0.15~0.35</td><td>0.60~0.90</td><td>0.030</td><td>0.035</td><td>0.20</td><td>0.20</td><td>—</td><td>0.30</td></tr>
<tr><td>ASTM A29/A29M—2015</td><td>1064</td><td>0.60~0.70</td><td>—</td><td>0.50~0.80</td><td>0.040</td><td>0.050</td><td>—</td><td>—</td><td>—</td><td>0.20</td></tr>
<tr><td rowspan="2">EN 10016-2:1994</td><td rowspan="2">C66D
1.0612</td><td rowspan="2">0.63~0.68</td><td rowspan="2">0.10~0.30</td><td rowspan="2">0.50~0.80</td><td rowspan="2">0.035</td><td rowspan="2">0.035</td><td rowspan="2">0.15</td><td>0.20</td><td>0.05</td><td rowspan="2">0.25</td></tr>
<tr><td colspan="2">Al：0.01</td></tr>
</table>

表4-25 70钢牌号及化学成分（质量分数）对照 （%）

标准号	牌号 统一数字代号	C	Si	Mn	P	S	Cr	Ni	Mo	Cu
					≤					
GB/T 699—2015	70 U20702	0.67~0.75	0.17~0.37	0.50~0.80	0.035	0.035	0.25	0.30	—	0.25
ГОСТ 1050—1988	70	0.67~0.75	0.17~0.37	0.50~0.80	0.035	0.040	0.25	0.25	—	0.25
JIS G4802:2005	S70C-CSP	0.65~0.75	0.15~0.35	0.60~0.90	0.030	0.035	0.20	0.20	—	0.30
ASTM A29/A29M—2015	1069	0.65~0.75	—	0.40~0.70	0.040	0.050	—	—	—	0.20
ISO 4957:2018	C70U	0.65~0.75	0.10~0.30	0.10~0.40	0.030	0.030	—	—	—	—
EN 10016-2:1994	C70D 1.0615	0.68~0.73	0.10~0.30	0.50~0.80	0.035	0.035	0.15	0.20 Al: 0.01	0.05	0.25

表4-26 75钢牌号及化学成分（质量分数）对照 （%）

标准号	牌号 统一数字代号	C	Si	Mn	P	S	Cr	Ni	Mo	Cu
					≤					
GB/T 699—2015	75 U20752	0.72~0.80	0.17~0.37	0.50~0.80	0.035	0.035	0.25	0.30	—	0.25
ГОСТ 1050—1988	75	0.72~0.80	0.17~0.37	0.50~0.80	0.035	0.040	0.25	0.25	—	0.25
ASTM A29/A29M—2015	1074	0.70~0.80	—	0.50~0.80	0.040	0.050	—	—	—	0.20
EN 10016-2:1994	C76D 1.0614	0.73~0.78	0.10~0.30	0.50~0.80	0.035	0.035	0.15	0.20 Al: 0.01	0.05	0.25

表 4-27 80 钢牌号及化学成分（质量分数）对照

（%）

标准号	牌号 统一数字代号	C	Si	Mn	P	S	Cr	Ni	Mo	Cu
					≤					
GB/T 699—2015	80 U20802	0.77～0.85	0.17～0.37	0.50～0.80	0.035	0.035	0.25	0.30	—	0.25
ГОСТ 1050—1988	80	0.77～0.85	0.17～0.37	0.50～0.80	0.035	0.040	0.25	0.25	—	0.25
ASTM A29/A29M—2015	1080	0.75～0.88	—	0.60～0.90	0.040	0.050	—	—	—	0.20
ISO 4957:2018	C80U	0.75～0.85	0.10～0.30	0.10～0.40	0.030	0.030	—	—	—	—
EN 10016-2:1994	C80D 1.0622	0.78～0.83	0.10～0.30	0.50～0.80	0.035	0.035	0.15	0.20	0.05	0.25
								Al：0.01		

表 4-28 85 钢牌号及化学成分（质量分数）对照

（%）

标准号	牌号 统一数字代号	C	Si	Mn	P	S	Cr	Ni	Mo	Cu
					≤					
GB/T 699—2015	85 U20852	0.82～0.90	0.17～0.37	0.50～0.80	0.035	0.035	0.25	0.30	—	0.25
ГОСТ 1050—1988	85	0.82～0.90	0.17～0.37	0.50～0.80	0.035	0.040	0.25	0.25	—	0.25
ASTM A29/A29M—2015	1084	0.80～0.93	—	0.60～0.90	0.040	0.050	—	—	—	0.20
EN 10016-2:1994	C86D 1.0616	0.83～0.88	0.10～0.30	0.50～0.80	0.035	0.035	0.15	0.20	0.05	0.25
								Al：0.01		

表 4-29 15Mn 钢牌号及化学成分（质量分数）对照 （%）

标准号	牌号 统一数字代号	C	Si	Mn	P	S	Cr	Ni	Mo	Cu
					≤					
GB/T 699—2015	15Mn U21152	0.12～0.18	0.17～0.37	0.70～1.00	0.035	0.035	0.25	0.30	—	0.25
ГОСТ 4543—1971	15Г	0.12～0.19	0.17～0.37	0.70～1.00	0.035	0.035	0.30	0.30	0.15	0.30
							V：0.05，W：0.20，Ti：0.03			
JIS G3507－1:2010	SWRCH16A	0.13～0.18	≤0.10	0.60～0.90	0.030	0.035	—	—	Al：0.02 以上	
ASTM A29/A29M—2015	1016	0.13～0.18	—	0.60～0.90	0.040	0.050	—	—	—	0.20
ISO 683－18:2014（E）	C16E	0.12～0.18	0.15～0.40	0.60～0.90	0.025	0.035	0.40	0.40	0.10	0.30
EN 10084－2:2008（E）	C16E 1.1148	0.12～0.18	≤0.40	0.60～0.90	0.035	0.035	—	—	—	—

表 4-30 20Mn 钢牌号及化学成分（质量分数）对照 （%）

标准号	牌号 统一数字代号	C	Si	Mn	P	S	Cr	Ni	Mo	Cu
					≤					
GB/T 699—2015	20Mn U21202	0.17～0.23	0.17～0.37	0.70～1.00	0.035	0.035	0.25	0.30	—	0.25
ГОСТ 4543—1971	20Г	0.17～0.24	0.17～0.37	0.70～1.00	0.035	0.035	0.30	0.30	0.15	0.30
							V：0.05，W：0.20，Ti：0.03			
JIS G3507－1:2010	SWRCH22A	0.18～0.23	≤0.10	0.70～1.00	0.030	0.035	—	—	Al：0.02 以上	
ASTM A29/A29M—2015	1022	0.18～0.23	—	0.70～1.00	0.040	0.050	—	—	—	0.20
ISO 683－18:2014（E）	22Mn6	0.18～0.25	0.10～0.40	1.30～1.65	0.025	0.035	0.40	0.40	0.10	0.30
EN 10263－2:2001	C20C 1.0411	0.18～0.22	≤0.10	0.70～0.90	0.025	0.025	—	Al：0.020～0.060		

表 4-31 25Mn 钢牌号及化学成分（质量分数）对照 （%）

标准号	牌号 统一数字代号	C	Si	Mn	P	S	Cr	Ni	Mo	Cu
					≤					
GB/T 699—2015	25Mn U21252	0. 22 ~0. 29	0. 17 ~0. 37	0. 70 ~1. 00	0. 035	0. 035	0. 25	0. 30	—	0. 25
ГОСТ 4543—1971	25Г	0. 22 ~0. 30	0. 17 ~0. 37	0. 70 ~1. 00	0. 035	0. 035	0. 30	0. 30	0. 15	0. 30
							V：0. 05，W：0. 20，Ti：0. 03			
JIS G3508 -1:2005	SWRCHB323	0. 20 ~0. 26	0. 10 ~0. 35	0. 70 ~1. 00	0. 030	0. 030	—	—	B：0. 0008	
ASTM A29/A29M—2015	1026	0. 22 ~0. 26	—	0. 60 ~0. 90	0. 040	0. 050	—	—	—	0. 20
ISO 683 -18:2014（E）	C25E	0. 22 ~0. 29	0. 10 ~0. 40	0. 40 ~0. 70	0. 025	0. 035	0. 40	0. 40	0. 10	0. 30
							Cr + Mo + Ni：0. 63			
EN 10016 -2:1994	C26D 1. 0415	0. 24 ~0. 29	0. 10 ~0. 30	0. 50 ~0. 80	0. 035	0. 035	0. 20	0. 25	0. 05	0. 30
									Al：0. 01	

表 4-32 30Mn 钢牌号及化学成分（质量分数）对照 （%）

标准号	牌号 统一数字代号	C	Si	Mn	P	S	Cr	Ni	Mo	Cu
					≤					
GB/T 699—2015	30Mn U21302	0. 27 ~0. 34	0. 17 ~0. 37	0. 70 ~1. 00	0. 035	0. 035	0. 25	0. 30	—	0. 25
ГОСТ 4543—1971	30Г	0. 27 ~0. 35	0. 17 ~0. 37	0. 70 ~1. 00	0. 035	0. 035	0. 30	0. 30	0. 15	0. 30
							V：0. 05，W：0. 20，Ti：0. 03			
JIS G3507 -1:2010	SWRCH30K	0. 27 ~0. 33	0. 10 ~0. 35	0. 60 ~0. 90	0. 030	0. 036	—	—	—	—
ASTM A29/A29M—2015	1030	0. 28 ~0. 34	—	0. 60 ~0. 90	0. 040	0. 050	—	—	—	0. 20
ISO 683 -18:2014（E）	C30E	0. 27 ~0. 34	0. 10 ~0. 40	0. 50 ~0. 80	0. 025	0. 035	0. 40	0. 40	0. 10	0. 30
							Cr + Mo + Ni：0. 63			

表 4-33 35Mn 钢牌号及化学成分（质量分数）对照（%）

标准号	牌号 统一数字代号	C	Si	Mn	P	S	Cr	Ni	Mo	Cu
					≤					
GB/T 699—2015	35Mn U21352	0. 32 ~0. 39	0. 17 ~0. 37	0. 70 ~1. 00	0. 035	0. 035	0. 25	0. 30	—	0. 25
ГОСТ 4543—1971	35Г	0. 32 ~0. 40	0. 17 ~0. 37	0. 70 ~1. 00	0. 035	0. 035	0. 30	0. 30	0. 15	0. 30
							V：0. 05，W：0. 20，Ti：0. 03			
JIS G3507 -1:2010	SWRCH35K	0. 32 ~0. 38	0. 10 ~0. 35	0. 60 ~0. 90	0. 030	0. 035	—	—	—	—
ASTM A29/A29M—2015	1037	0. 32 ~0. 38	—	0. 70 ~1. 00	0. 040	0. 050	—	—	—	0. 20
ISO 683 -18:2014（E）	C35E	0. 32 ~0. 39	0. 10 ~0. 40	0. 50 ~0. 80	0. 025	0. 035	0. 40	0. 40	0. 10	0. 30
							Cr + Mo + Ni：0. 63			
EN 10263 -4:2017（E）	C35EC 1. 1172	0. 32 ~0. 39	≤0. 30	0. 50 ~0. 80	0. 025	0. 025	—	—	—	0. 25

表 4-34 40Mn 钢牌号及化学成分（质量分数）对照（%）

标准号	牌号 统一数字代号	C	Si	Mn	P	S	Cr	Ni	Mo	Cu
					≤					
GB/T 699—2015	40Mn U21402	0. 37 ~0. 44	0. 17 ~0. 37	0. 70 ~1. 00	0. 035	0. 035	0. 25	0. 30	—	0. 25
ГОСТ 4543—1971	40Г	0. 37 ~0. 45	0. 17 ~0. 37	0. 70 ~1. 00	0. 035	0. 035	0. 30	0. 30	0. 15	0. 30
							V：0. 05，W：0. 20，Ti：0. 03			
JIS G3507 -1:2010	SWRCH40K	0. 37 ~0. 43	0. 10 ~0. 35	0. 60 ~0. 90	0. 030	0. 035	—	—	—	—
ASTM A29/A29M—2015	1039	0. 37 ~0. 44	—	0. 70 ~1. 00	0. 040	0. 050	—	—	—	0. 20
ISO 683 -18:2014（E）	C40E	0. 37 ~0. 44	0. 10 ~0. 40	0. 50 ~0. 80	0. 025	0. 035	0. 40	0. 40	0. 10	0. 30
							Cr + Mo + Ni：0. 63			
EN 10083 -2:2006	C40E 1. 1186	0. 37 ~0. 44	≤0. 40	0. 50 ~0. 80	0. 030	0. 035	0. 40	0. 40	0. 10	—
							Cr + Mo + Ni：0. 63			

表 4-35　45Mn 钢牌号及化学成分（质量分数）对照　（%）

标准号	牌号 统一数字代号	C	Si	Mn	P	S	Cr	Ni	Mo	Cu
					≤					
GB/T 699—2015	45Mn U21452	0.42～0.50	0.17～0.37	0.70～1.00	0.035	0.035	0.25	0.30	—	0.25
ГОСТ 4543—1971	45Г	0.42～0.50	0.17～0.37	0.70～1.00	0.035	0.035	0.30	0.30	0.15	0.30
							V：0.05，W：0.20，Ti：0.03			
JIS G3507-1:2010	SWRCH45K	0.42～0.48	0.10～0.35	0.60～0.90	0.030	0.035	—	—	—	—
ASTM A29/A29M—2015	1046	0.43～0.50	—	0.70～1.00	0.040	0.050	—	—	—	0.20
ISO 683-18:2014（E）	C45E	0.42～0.50	0.10～0.40	0.50～0.80	0.025	0.035	0.40	0.40	0.10	0.30
							Cr+Mo+Ni：0.63			
EN 10263-4:2017（E）	C45EC 1.1192	0.42～0.50	≤0.30	0.50～0.80	0.025	0.025	—	—	—	0.25

表 4-36　50Mn 钢牌号及化学成分（质量分数）对照　（%）

标准号	牌号 统一数字代号	C	Si	Mn	P	S	Cr	Ni	Mo	Cu
					≤					
GB/T 699—2015	50Mn U21502	0.48～0.56	0.17～0.37	0.70～1.00	0.035	0.035	0.25	0.30	—	0.25
ГОСТ 4543—1971	50Г	0.48～0.56	0.17～0.37	0.70～1.00	0.035	0.035	0.30	0.30	0.15	0.30
							V：0.05，W：0.20，Ti：0.03			
JIS G3507-1:2010	SWRCH50K	0.47～0.53	0.10～0.35	0.60～0.90	0.030	0.035	—	—	—	—
ASTM A29/A29M—2015	1053	0.48～0.55	—	0.70～1.00	0.040	0.050	—	—	—	0.20
ISO 683-18:2014（E）	C50E	0.47～0.55	0.10～0.40	0.60～0.90	0.025	0.035	0.40	0.40	0.10	0.30
							Cr+Mo+Ni：0.63			
EN 10083-2:2006	C50E 1.1206	0.47～0.55	≤0.40	0.60～0.90	0.030	0.035	0.40	0.40	0.10	—
							Cr+Mo+Ni：0.63			

表 4-37 **60Mn** 钢牌号及化学成分（质量分数）对照 （%）

标准号	牌 号 统一数字代号	C	Si	Mn	P	S	Cr	Ni	Mo	Cu
					≤					
GB/T 699—2015	60Mn U21602	0.57～0.65	0.17～0.37	0.70～1.00	0.035	0.035	0.25	0.30	—	0.25
ГОСТ 4543—1971	60Г	0.57～0.65	0.17～0.37	0.70～1.00	0.035	0.035	0.25	0.25	—	0.25
JIS G4802:2005	S60C-CSP	0.55～0.65	0.10～0.35	0.60～0.90	0.030	0.035	0.20	0.20	—	0.30
ASTM A29/A29M—2015	1060	0.55～0.65	—	0.60～0.90	0.040	0.050	—	—	—	0.20
ISO 683-18:2014（E）	C60E	0.57～0.65	0.10～0.40	0.60～0.90	0.025	0.035	0.40	0.40	0.10	0.30
							Cr+Mo+Ni：0.63			
EN 10083-2:2006	C60E 1.1221	0.57～0.65	≤0.40	0.60～0.90	0.030	0.035	0.40	0.40	0.10	—
							Cr+Mo+Ni：0.63			

表 4-38 **65Mn** 钢牌号及化学成分（质量分数）对照 （%）

标准号	牌 号 统一数字代号	C	Si	Mn	P	S	Cr	Ni	Mo	Cu
					≤					
GB/T 699—2015	65Mn U21652	0.62～0.70	0.17～0.37	0.90～1.20	0.035	0.035	0.25	0.30	—	0.25
ГОСТ 4543—1971	65Г	0.62～0.70	0.17～0.37	0.90～1.20	0.035	0.035	0.25	0.25	—	0.25
JIS G4802:2005	S65C-CSP	0.60～0.70	0.10～0.35	0.60～0.90	0.030	0.035	0.20	0.20	—	0.30
ASTM A29/A29M—2015	1065	0.60～0.70	—	0.60～0.90	0.040	0.050	—	—	—	0.20
ISO 8458-3:2002	FDC	0.60～0.75	0.10～0.35	0.50～1.20	0.030	0.030	—	—	—	0.20

表4-39 70Mn钢牌号及化学成分（质量分数）对照 （%）

标准号	牌号 统一数字代号	C	Si	Mn	P	S	Cr	Ni	Mo	Cu
					≤					
GB/T 699—2015	70Mn U21702	0.67～0.75	0.17～0.37	0.90～1.20	0.035	0.035	0.25	0.30	—	0.25
ГОСТ 4543—1971	70Г	0.67～0.75	0.17～0.37	0.90～1.20	0.035	0.035	0.25	0.25	—	0.25
JIS G4802:2005	S70C－CSP	0.65～0.75	0.10～0.35	0.60～0.90	0.030	0.035	0.20	0.20	—	0.30
ASTM A29/A29M—2015	1572	0.65～0.76	—	1.00～1.30	0.040	0.050	—	—	—	0.20
ISO 8458－3:2002	FDC	0.60～0.75	0.10～0.35	0.50～1.20	0.030	0.030	—	—	—	0.20

4.3 低合金高强度结构钢牌号及化学成分

低合金高强度结构钢牌号及化学成分对照见表4-40～表4-92。其中，表4-40～表4-48为热轧低合金高强度结构钢牌号及化学成分对照；表4-49～表4-64为正火、正火轧制低合金高强度结构钢牌号及化学成分对照；表4-65～表4-92为热机械轧制低合金高强度结构钢牌号及化学成分对照。

表4-40 热轧Q355B钢牌号及化学成分（质量分数）对照 （%）

标准号	牌号 统一数字代号	C 厚度或直径mm		Si	Mn	P	S	Nb	V	Ti	Cr	Ni	Cu	Mo	N	B
		≤40	>40	≤												
GB/T 1591—2018	Q355B	≤0.24		0.55	1.60	0.035	0.035	—	—	—	0.30	0.30	0.40	—	0.012	—
ASTM A709/A709M—2017	Grade 50S[345S]	≤0.25		0.40	0.80～1.20	0.030	0.030	—	—	—	—	—	0.20	—	—	—

（续）

标准号	牌号 统一数字代号	C 厚度或直径 mm ≤40	C 厚度或直径 mm >40	Si	Mn	P	S	Nb	V	Ti	Cr	Ni	Cu	Mo	N	B
				≤												
ISO 630-2:2011(E)	S355B	≤0.24		0.55	1.60	0.035	0.035	—	—	—	—	—	0.55	—	0.012	—
EN 10025-2:2004	S355JR 1.0045	≤0.24		0.55	1.60	0.035	0.035	—	—	—	—	—	0.55	—	0.012	—

表 4-41 热轧 Q355C 钢牌号及化学成分（质量分数）对照 （%）

标准号	牌号 统一数字代号	C 厚度或直径 mm ≤40	C 厚度或直径 mm >40	Si	Mn	P	S	Nb	V	Ti	Cr	Ni	Cu	Mo	N	B
				≤												
GB/T 1591—2018	Q355C	≤0.20	≤0.22	0.55	1.60	0.030	0.030	—	—	—	0.30	0.30	0.40	—	0.012	—
ASTM A709/A709M—2017	Grade 50W[345W]	≤0.25		0.40	0.80~1.20	0.030	0.030	—	—	—	—	—	0.20	—	—	—
ISO 630-2:2011(E)	S355C	≤0.20	≤0.22	0.55	1.60	0.030	0.030	—	—	—	—	—	0.55	—	0.012	—
EN 10025-2:2004	S355J0 1.0553	≤0.20	≤0.22	0.55	1.60	0.030	0.030	—	—	—	—	—	0.55	—	0.012	—

表4-42　热轧Q355D钢牌号及化学成分（质量分数）对照　（%）

标准号	牌号 统一数字代号	C		Si	Mn	P	S	Nb	V	Ti	Cr	Ni	Cu	Mo	N	B
		厚度或直径 mm		≤												
		≤40	>40													
GB/T 1591—2018	Q355D	≤0.20	≤0.22	0.55	1.60	0.025	0.025	—	—	—	0.30	0.30	0.40	—	—	—
ASTM A709/A709M—2017	Grade HPS 50W [HPS 345W]	≤0.25		0.40	0.80 ~ 1.20	0.030	0.030	—	—	—	—	—	0.20	—	—	—
ISO 630-2:2011（E）	S355D	≤0.20	≤0.22	0.55	1.60	0.025	0.025	—	—	—	—	—	0.55	—	—	—
EN 10025-2:2004	S355J2 1.0577	≤0.20	≤0.22	0.55	1.60	0.025	0.025	—	—	—	—	—	0.55	—	—	—

表4-43　热轧Q390B钢牌号及化学成分（质量分数）对照　（%）

标准号	牌号 统一数字代号	C		Si	Mn	P	S	Nb	V	Ti	Cr	Ni	Cu	Mo	N	B
		厚度或直径 mm		≤												
		≤40	>40													
GB/T 1591—2018	Q390B	≤0.20		0.55	1.70	0.035	0.035	0.05	0.13	0.05	0.30	0.50	0.40	0.10	0.015	—
JIS G3106:2008	SM400B	≤0.20		0.35	0.60 ~ 1.50	0.035	0.035	—	—	—	—	—	—	—	—	—
ASTM A572/A572M—2018	Grade 55[380]	≤0.25		—	1.35	0.030	0.030	—	0.01 ~ 0.15	—	—	—	—	—	—	—
ISO 9328-3:2018(E)	PT400N	≤0.18		0.40	1.40	0.020	0.020	0.05	0.05	0.03	0.30	0.50	0.40	0.12	Al: 0.020	0.0010
				Cr + C + Mo + Ni:1.00												

表 4-44 热轧 Q390C 钢牌号及化学成分（质量分数）对照 （%）

标准号	牌号 统一数字代号	C 厚度或直径 mm ≤40	C 厚度或直径 mm >40	Si	Mn	P	S	Nb	V	Ti	Cr	Ni	Cu	Mo	N	B
				≤												
GB/T 1591—2018	Q390C	≤0.20		0.55	1.70	0.030	0.030	0.05	0.13	0.05	0.30	0.50	0.40	0.10	0.015	—
JIS G3106:2008	SM400C	≤0.18		0.35	0.60~1.50	0.035	0.035	—	—	—	—	—	—	—	—	—
ASTM A572/A572M—2018	Grade 55[380]	≤0.25		—	1.35	0.030	0.030	—	0.01~0.15	—	—	—	—	—	—	—
ISO 9328-3:2018(E)	PT400NH	≤0.18		0.40	1.40	0.020	0.020	0.05	0.05	0.03	0.30	0.50	0.40	0.12	Al:0.020	0.0010
				Cr+C+Mo+Ni:1.00												

表 4-45 热轧 Q390D 钢牌号及化学成分（质量分数）对照 （%）

标准号	牌号 统一数字代号	C 厚度或直径 mm ≤40	C 厚度或直径 mm >40	Si	Mn	P	S	Nb	V	Ti	Cr	Ni	Cu	Mo	N	B
				≤												
GB/T 1591—2018	Q390D	≤0.20		0.55	1.70	0.025	0.025	0.05	0.13	0.05	0.30	0.50	0.40	0.10	0.015	—
ASTM A572/A572M—2018	Grade 55[380]	≤0.25		—	1.35	0.030	0.030	—	0.01~0.15	—	—	—	—	—	—	—
ISO 9328-3:2018(E)	PT400NL1	≤0.15		0.40	0.70~1.50	0.015	0.010	0.05	0.05	0.03	0.30	0.50	0.40	0.12	Al:0.020	0.0010
				Cr+C+Mo+Ni:1.00												

表 4-46 热轧 Q420B 钢牌号及化学成分（质量分数）对照 （%）

标准号	牌号 统一数字代号	C 厚度或直径 mm ≤40	C 厚度或直径 mm >40	Si	Mn	P	S	Nb	V	Ti	Cr	Ni	Cu	Mo	N	Als
				≤												
GB/T 1591—2018	Q420B	≤0.20		0.55	1.70	0.035	0.035	0.05	0.13	0.05	0.30	0.80	0.40	0.20	0.015	—
JIS G3115:2010	SPV410	≤0.18		0.75	1.60	0.030	0.030	—	—	—	—	—	—	—	—	—
ASTM A656/A656M—2018	Grade 60[415]	≤0.18		0.60	1.65	0.025	0.030	0.10	0.15	—	—	—	—	—	0.030	—
EN 10028-3:2017(E)	P420NH 1.8932	≤0.20		0.60	1.10~1.70	0.025	0.010	0.05	0.20	0.03	0.30	0.80	0.30	0.10	0.020	0.020
				Nb+Ti+V:0.22												
ISO 9328-3:2018(E)	P420NH 1.8932	≤0.20		0.60	1.10~1.70	0.025	0.010	0.05	0.20	0.03	0.30	0.80	0.30	0.10	0.020	0.020
				Nb+Ti+V:0.22												

表 4-47 热轧 Q420C 钢牌号及化学成分（质量分数）对照 （%）

标准号	牌号 统一数字代号	C 厚度或直径 mm ≤40	C 厚度或直径 mm >40	Si	Mn	P	S	Nb	V	Ti	Cr	Ni	Cu	Mo	N	Als
				≤												
GB/T 1591—2018	Q420C	≤0.20		0.55	1.70	0.030	0.030	0.05	0.13	0.05	0.30	0.80	0.40	0.20	0.015	—
JIS G3115:2010	SPV410	≤0.18		0.75	1.60	0.030	0.030	—	—	—	—	—	—	—	—	—
ASTM A656/A656M—2018	Grade 60[415]	≤0.18		0.60	1.65	0.025	0.030	0.10	0.15	—	—	—	—	—	0.030	—

（续）

标准号	牌号 统一数字代号	C 厚度或直径 mm ≤40	C 厚度或直径 mm >40	Si	Mn	P	S	Nb	V	Ti	Cr	Ni	Cu	Mo	N	Als
				≤												
EN 10028－3:2017(E)	P420NL1 1.8912	≤0.20		0.60	1.10~1.70	0.025	0.008	0.05	0.20	0.03	0.30	0.80	0.30	0.10	0.020	0.020
				Nb＋Ti＋V:0.22												
ISO 9328－3:2018(E)	P420NL1 1.8912	≤0.20		0.60	1.10~1.70	0.025	0.008	0.05	0.20	0.03	0.30	0.80	0.30	0.10	0.020	0.020
				Nb＋Ti＋V:0.22												

表4-48 热轧Q460C钢牌号及化学成分（质量分数）对照　（%）

标准号	牌号 统一数字代号	C 厚度或直径 mm ≤40	C 厚度或直径 mm >40	Si	Mn	P	S	Nb	V	Ti	Cr	Ni	Cu	Mo	N	B
				≤												
GB/T 1591—2018	Q460C	≤0.20		0.55	1.80	0.030	0.030	0.05	0.13	0.05	0.30	0.80	0.40	0.20	0.015	0.004
JIS G3115:2010	SPV450	≤0.18		0.75	1.60	0.030	0.030	—	—	—	—	—	—	—	—	—
ASTM A572/A572M—2018	Grade 65[450]	≤0.23		—	1.65	0.030	0.030	—	0.06	0.006~0.04	—	—	—	—	0.003~0.015	—
EN 10025－2:2004	S450J0 1.0590	≤0.20	≤0.22	0.55	1.70	0.030	0.030	—	—	—	—	—	0.55	—	0.025	—
ISO 630－2:2011(E)	S450C	≤0.20	≤0.22	0.55	1.70	0.030	0.030	—	—	—	—	—	0.55	—	0.025	—

表 4-49 正火、正火轧制 Q355NB 钢牌号及化学成分（质量分数）对照 （%）

标准号	牌号 统一数字代号	C	Si	Mn	P	S	Nb	V	Ti	Cr	Ni	Cu	Mo	N	Als
		≤			≤					≤					≥
GB/T 1591—2018	Q355NB	0.20	0.50	0.90 ~ 1.65	0.035	0.035	0.005 ~ 0.05	0.01 ~ 0.12	0.006 ~ 0.05	0.30	0.50	0.40	0.10	0.015	0.015
JIS G3124:2017	SEV345	0.19	0.15 ~ 0.60	0.80 ~ 1.70	0.020	0.020	≤0.05	≤0.10	—	—	—	0.70	0.15 ~ 0.50	—	—
ASTM A633/A633M—2018	Grade C 50［345］	0.20	0.15 ~ 0.50	1.15 ~ 1.50	0.030	0.030	0.01 ~ 0.05	—	—	—	—	—	—	—	—
EN 10028-3:2017（E）	P355N 1.0562	0.18	0.50	1.10 ~ 1.70	0.025	0.010	≤0.05 Nb + Ti + V≤0.12	≤0.10	≤0.03	0.30	0.50	0.30	0.08	0.012	0.020
ISO 9328-3:2018（E）	P355N 1.0562	0.18	0.50	1.10 ~ 1.70	0.025	0.010	≤0.05 Nb + Ti + V≤0.12	≤0.10	≤0.03	0.30	0.50	0.30	0.08	0.012	0.020

表 4-50 正火、正火轧制 Q355NC 钢牌号及化学成分（质量分数）对照 （%）

标准号	牌号 统一数字代号	C	Si	Mn	P	S	Nb	V	Ti	Cr	Ni	Cu	Mo	N	Als
		≤			≤					≤					≥
GB/T 1591—2018	Q355NC	0.20	0.50	0.90 ~ 1.65	0.030	0.030	0.005 ~ 0.05	0.01 ~ 0.12	0.006 ~ 0.05	0.30	0.50	0.40	0.10	0.015	0.015
JIS G3124:2017	SEV345	0.19	0.15 ~ 0.60	0.80 ~ 1.70	0.020	0.020	≤0.05	≤0.10	—	—	—	0.70	0.15 ~ 0.50	—	—
ASTM A633/A633M—2018	Grade C 50［345］	0.20	0.15 ~ 0.50	1.15 ~ 1.50	0.030	0.030	0.01 ~ 0.05	—	—	—	—	—	—	—	—

（续）

标准号	牌号 统一数字代号	C	Si	Mn	P	S	Nb	V	Ti	Cr	Ni	Cu	Mo	N	Als
		≤			≤					≤					≥
EN 10028 - 3:2017（E）	P355NH 1.0565	0.18	0.50	1.10～1.70	0.025	0.010	≤0.05 Nb + Ti + V≤0.12	≤0.10	≤0.03	0.30	0.50	0.30	0.08	0.012	0.020
ISO 9328 - 3:2018（E）	P355NH 1.0565	0.18	0.50	1.10～1.70	0.025	0.010	≤0.05 Nb + Ti + V≤0.12	≤0.10	≤0.03	0.30	0.50	0.30	0.08	0.012	0.020

表4-51 正火、正火轧制Q355ND钢牌号及化学成分（质量分数）对照 （%）

标准号	牌号 统一数字代号	C	Si	Mn	P	S	Nb	V	Ti	Cr	Ni	Cu	Mo	N	Als
		≤			≤					≤					≥
GB/T 1591—2018	Q355ND	0.20	0.50	0.90～1.65	0.030	0.025	0.005～0.05	0.01～0.12	0.006～0.05	0.30	0.50	0.40	0.10	0.015	0.015
JIS G3124:2017	SEV345	0.19	0.15～0.60	0.80～1.70	0.020	0.020	≤0.05	≤0.10	—	—	—	0.70	0.15～0.50	—	—
ASTM A633/A633M—2018	Grade C 50［345］	0.20	0.15～0.50	1.15～1.50	0.030	0.030	0.01～0.05	—	—	—	—	—	—	—	—
EN 10025 - 3:2004	S355N 1.0545	0.20	0.50	0.90～1.65	0.030	0.025	≤0.05	≤0.12	≤0.05	0.30	0.50	0.55	0.10	0.015	Alt: 0.02
ISO 630 - 3:2012（E）	S355ND	0.20	0.50	0.90～1.65	0.030	0.025	≤0.05	≤0.12	≤0.05	0.30	0.50	0.55	0.10	0.015	Alt: 0.02

表4-52 正火、正火轧制 Q355NE 钢牌号及化学成分（质量分数）对照 （%）

标准号	牌号 统一数字代号	C	Si	Mn	P	S	Nb	V	Ti	Cr	Ni	Cu	Mo	N	Als
		≤			≤					≤					≥
GB/T 1591—2018	Q355NE	0.18	0.50	0.90~1.65	0.025	0.020	0.005~0.05	0.01~0.12	0.006~0.05	0.30	0.50	0.40	0.10	0.015	0.015
JIS G3124:2017	SEV345	0.19	0.15~0.60	0.80~1.70	0.020	0.020	≤0.05	≤0.10	—	—	—	0.70	0.15~0.50	—	—
ASTM A633/A633M—2018	Grade C 50［345］	0.20	0.15~0.50	1.15~1.50	0.030	0.030	0.01~0.05	—	—	—	—	—	—	—	—
EN 10025-3:2004	S355NL 1.0546	0.18	0.50	0.90~1.65	0.025	0.020	≤0.05	≤0.12	≤0.05	0.30	0.50	0.55	0.10	0.015	Alt: 0.02
ISO 630-3:2012（E）	S355NE	0.18	0.50	0.90~1.65	0.025	0.020	≤0.05	≤0.12	≤0.05	0.30	0.50	0.55	0.10	0.015	Alt: 0.02

表4-53 正火、正火轧制 Q355NF 钢牌号及化学成分（质量分数）对照 （%）

标准号	牌号 统一数字代号	C	Si	Mn	P	S	Nb	V	Ti	Cr	Ni	Cu	Mo	N	Als
		≤			≤					≤					≥
GB/T 1591—2018	Q355NF	0.16	0.50	0.90~1.65	0.020	0.010	0.005~0.05	0.01~0.12	0.006~0.05	0.30	0.50	0.40	0.10	0.015	0.015
JIS G3124:2017	SEV345	0.19	0.15~0.60	0.80~1.70	0.020	0.020	0.05	0.10	—	—	—	0.70	0.15~0.50	—	—
ASTM A633/A633M—2018	Grade C 50［345］	0.20	0.15~0.50	1.15~1.50	0.030	0.030	0.01~0.05	—	—	—	—	—	—	—	—

（续）

标准号	牌号 统一数字代号	C	Si	Mn	P	S	Nb	V	Ti	Cr	Ni	Cu	Mo	N	Als
		≤			≤					≤					≥
EN 10028-3:2017（E）	S355NL2 1.1106	0.18	0.50	1.10~1.70	0.020	0.005	0.05	0.10	0.03	0.30	0.50	0.30	0.08	0.012	Alt: 0.020
							Nb+Ti+V: 0.12								
ISO 9328-3:2018（E）	S355NL2 1.1106	0.18	0.50	1.10~1.70	0.020	0.005	0.05	0.10	0.03	0.30	0.50	0.30	0.08	0.012	Alt: 0.020
							Nb+Ti+V: 0.12								

表 4-54 正火、正火轧制 Q390NB 钢牌号及化学成分（质量分数） （%）

标准号	牌号 统一数字代号	C	Si	Mn	P	S	Nb	V	Ti	Cr	Ni	Cu	Mo	N	Als
		≤			≤					≤					≥
GB/T 1591—2018	Q390NB	0.20	0.50	0.90~1.70	0.035	0.035	0.01~0.05	0.01~0.20	0.006~0.05	0.30	0.50	0.40	0.10	0.015	0.015
JIS G3106:2008	SM400B	0.20	0.35	0.60~1.50	0.035	0.035	—	—	—	—	—	—	—	—	—
ASTM A633/A633M—2018	Grade E 55［380］	0.22	0.15~0.50	1.15~1.50	0.030	0.030	—	0.04~0.11	—	—	—	—	—	0.03	—
ISO 9328-3:2018（E）	PT400N	0.18	0.40	≤1.40	0.020	0.020	≤0.05	≤0.05	≤0.03	0.30	0.50	0.40	0.12	B: 0.0010	Alt: 0.020
		Cr+C+Mo+Ni≤1.00													

表 4-55 正火、正火轧制 Q390NC 钢牌号及化学成分（质量分数）对照 （%）

标准号	牌号 统一数字代号	C	Si	Mn	P	S	Nb	V	Ti	Cr	Ni	Cu	Mo	N	Als
		≤			≤					≤					≥
GB/T 1591—2018	Q390NC	0.20	0.50	0.90~1.70	0.030	0.030	0.01~0.05	0.01~0.20	0.006~0.05	0.30	0.50	0.40	0.10	0.015	0.015

标准号	牌号 统一数字代号	C	Si	Mn	P	S	Nb	V	Ti	Cr	Ni	Cu	Mo	N	Als
JIS G3106:2008	SM400C	0.18	0.35	0.60~1.50	0.035	0.035	—	—	—	—	—	—	—	—	—
ASTM A633/A633M—2018	Grade E 55［380］	0.22	0.15~0.50	1.15~1.50	0.030	0.030	—	0.04~0.11	—	—	—	—	—	0.03	—
ISO 9328-3:2018（E）	PT400NH	0.18	0.40	≤1.40	0.020	0.020	≤0.05	≤0.05	≤0.03	0.30	0.50	0.40	0.12	B: 0.0010	Alt: 0.020
		Cr+C+Mo+Ni≤1.00													

表4-56 正火、正火轧制Q390ND钢牌号及化学成分（质量分数）对照 （%）

标准号	牌号 统一数字代号	C	Si	Mn	P	S	Nb	V	Ti	Cr	Ni	Cu	Mo	N	Als
		≤			≤					≤					≥
GB/T 1591—2018	Q390ND	0.20	0.50	0.90~1.70	0.030	0.025	0.01~0.05	0.01~0.20	0.006~0.05	0.30	0.50	0.40	0.10	0.015	0.015
ASTM A633/A633M—2018	Grade E 55［380］	0.22	0.15~0.50	1.15~1.50	0.030	0.030	—	0.04~0.11	—	—	—	—	—	0.03	—
ISO 9328-3:2018（E）	PT400NHL1	0.15	0.40	0.70~1.50	0.015	0.010	≤0.05	≤0.05	≤0.03	0.30	0.50	0.40	0.12	B: 0.0010	Alt: 0.020
		Cr+C+Mo+Ni≤1.00													

表 4-57 正火、正火轧制 Q390NE 钢牌号及化学成分（质量分数）对照 （%）

标准号	牌号 统一数字代号	C	Si	Mn	P	S	Nb	V	Ti	Cr	Ni	Cu	Mo	N	Als
		≤			≤					≤					≥
GB/T 1591—2018	Q390NE	0.20	0.50	0.90 ~ 1.70	0.025	0.020	0.01 ~ 0.05	0.01 ~ 0.20	0.006 ~ 0.05	0.30	0.50	0.40	0.10	0.015	0.015
ASTM A633/A633M—2018	Grade E 55［380］	0.22	0.15 ~ 0.50	1.15 ~ 1.50	0.030	0.030	—	0.04 ~ 0.11	—	—	—	—	—	0.03	—

表 4-58 正火、正火轧制 Q420NB 钢牌号及化学成分（质量分数）对照 （%）

标准号	牌号 统一数字代号	C	Si	Mn	P	S	Nb	V	Ti	Cr	Ni	Cu	Mo	N	Als
		≤			≤					≤					≥
GB/T 1591—2018	Q420NB	0.20	0.60	1.00 ~ 1.70	0.035	0.035	0.01 ~ 0.05	0.01 ~ 0.20	0.006 ~ 0.05	0.30	0.80	0.40	0.10	0.015	0.015
ASTM A633/A633M—2018	Grade E 60［415］	0.22	0.15 ~ 0.50	1.15 ~ 1.50	0.030	0.030	—	0.04 ~ 0.11	—	—	—	—	—	0.03	—
EN 10028-3:2017（E）	P420NH 1.8932	0.20	0.60	1.10 ~ 1.70	0.025	0.010	≤0.05 Nb+Ti+V≤0.22	≤0.20	≤0.03	0.30	0.80	0.30	0.10	0.020	Alt: 0.020
ISO 9328-3:2018（E）	P420NH 1.8932	0.20	0.60	1.10 ~ 1.70	0.025	0.010	≤0.05 Nb+Ti+V≤0.22	≤0.20	≤0.03	0.30	0.80	0.30	0.10	0.020	Alt: 0.020

表 4-59 正火、正火轧制 Q420NC 钢牌号及化学成分（质量分数）对照 （%）

标准号	牌号 统一数字代号	C	Si	Mn	P	S	Nb	V	Ti	Cr	Ni	Cu	Mo	N	Als
		≤			≤					≤					≥
GB/T 1591—2018	Q420NC	0.20	0.60	1.00 ~ 1.70	0.030	0.030	0.01 ~ 0.05	0.01 ~ 0.20	0.006 ~ 0.05	0.30	0.80	0.40	0.10	0.015	0.015
ASTM A633/A633M—2018	Grade E 60［415］	0.22	0.15 ~ 0.50	1.15 ~ 1.50	0.030	0.030	—	0.04 ~ 0.11	—	—	—	—	—	0.03	—
EN 10028－3：2017（E）	P420NHL1 1.8912	0.20	0.60	1.10 ~ 1.70	0.025	0.008	≤0.05 Nb + Ti + V≤0.22	≤0.20	≤0.03	0.30	0.80	0.30	0.10	0.020	Alt：0.020
ISO 9328－3：2018（E）	P420NHL1 1.8912	0.20	0.60	1.10 ~ 1.70	0.025	0.008	≤0.05 Nb + Ti + V≤0.22	≤0.20	≤0.03	0.30	0.80	0.30	0.10	0.020	Alt：0.020

表 4-60 正火、正火轧制 Q420ND 钢牌号及化学成分（质量分数）对照 （%）

标准号	牌号 统一数字代号	C	Si	Mn	P	S	Nb	V	Ti	Cr	Ni	Cu	Mo	N	Als
		≤			≤					≤					≥
GB/T 1591—2018	Q420ND	0.20	0.60	1.00 ~ 1.70	0.030	0.025	0.01 ~ 0.05	0.01 ~ 0.20	0.006 ~ 0.05	0.30	0.80	0.40	0.10	0.025	0.015
ASTM A633/A633M—2018	Grade E 60［415］	0.22	0.15 ~ 0.50	1.15 ~ 1.50	0.030	0.030	—	0.04 ~ 0.11	—	—	—	—	—	0.03	—
EN 10025－3：2004	S420N 1.8902	0.20	0.60	1.00 ~ 1.70	0.030	0.025	≤0.05	≤0.20	≤0.05	0.30	0.80	0.55	0.10	0.025	Alt：0.02
ISO 630－3：2012（E）	S420ND	0.20	0.60	1.00 ~ 1.70	0.030	0.025	≤0.05	≤0.20	≤0.05	0.30	0.80	0.55	0.10	0.025	Alt：0.02

表 4-61 正火、正火轧制 Q420NE 钢牌号及化学成分（质量分数）对照 （%）

标准号	牌号 统一数字代号	C	Si	Mn	P	S	Nb	V	Ti	Cr	Ni	Cu	Mo	N	Als
		≤			≤					≤					≥
GB/T 1591—2018	Q420NE	0. 20	0. 60	1. 00 ~ 1. 70	0. 025	0. 020	0. 01 ~ 0. 05	0. 01 ~ 0. 20	0. 006 ~ 0. 05	0. 30	0. 80	0. 40	0. 10	0. 025	0. 015
ASTM A633/A633M—2018	Grade E 60［415］	0. 22	0. 15 ~ 0. 50	1. 15 ~ 1. 50	0. 030	0. 030	—	0. 04 ~ 0. 11	—	—	—	—	—	0. 03	—
EN 10025 - 3:2004	S420NL 1. 8912	0. 20	0. 60	1. 00 ~ 1. 70	0. 025	0. 020	≤0. 05	≤0. 20	≤0. 05	0. 30	0. 80	0. 55	0. 10	0. 025	Alt: 0. 02
ISO 630 - 3:2012（E）	S420NE	0. 20	0. 60	1. 00 ~ 1. 70	0. 025	0. 020	≤0. 05	≤0. 20	≤0. 05	0. 30	0. 80	0. 55	0. 10	0. 025	Alt: 0. 02

表 4-62 正火、正火轧制 Q460NC 钢牌号及化学成分（质量分数）对照 （%）

标准号	牌号 统一数字代号	C	Si	Mn	P	S	Nb	V	Ti	Cr	Ni	Cu	Mo	N	Als
		≤			≤					≤					≥
GB/T 1591—2018	Q460NC	0. 20	0. 60	1. 00 ~ 1. 70	0. 030	0. 030	0. 01 ~ 0. 05	0. 01 ~ 0. 20	0. 006 ~ 0. 05	0. 30	0. 80	0. 40	0. 10	0. 015	0. 015
ASTM A572/A572M—2018	Grade 65［450］	0. 23	—	≤1. 65	0. 030	0. 030	—	≤0. 06	0. 006 ~ 0. 04	—	—	—	—	0. 003 ~ 0. 015	—
EN 10028 - 3:2017（E）	P460NH 1. 8935	0. 20	0. 60	1. 10 ~ 1. 70	0. 025	0. 010	≤0. 05 Nb + Ti + V ≤0. 22	≤0. 20	≤0. 03	0. 30	0. 80	0. 70	0. 10	0. 025	Alt: 0. 020
ISO 9328 - 3:2018（E）	P460NH 1. 8935	0. 20	0. 60	1. 10 ~ 1. 70	0. 025	0. 010	≤0. 05 Nb + Ti + V ≤0. 22	≤0. 20	≤0. 03	0. 30	0. 80	0. 70	0. 10	0. 025	Alt: 0. 020

表4-63 正火、正火轧制 Q460ND 钢牌号及化学成分（质量分数）对照 （%）

标准号	牌号 统一数字代号	C	Si	Mn	P	S	Nb	V	Ti	Cr	Ni	Cu	Mo	N	Als
		≤			≤					≤					≥
GB/T 1591—2018	Q460ND	0.20	0.60	1.00~1.70	0.030	0.025	0.01~0.05	0.01~0.20	0.006~0.05	0.30	0.80	0.40	0.10	0.025	0.015
ASTM A572/A572M—2018	Grade 65［450］	0.23	—	≤1.65	0.030	0.030	—	≤0.06	0.006~0.04	—	—	—	—	0.003~0.015	—
EN 10025－3:2004	S460N 1.8901	0.20	0.60	1.00~1.70	0.030	0.025	≤0.05	≤0.20	≤0.05	0.30	0.80	0.55	0.10	0.025	Alt: 0.02
ISO 630－3:2012（E）	S460ND	0.20	0.60	1.00~1.70	0.030	0.025	≤0.05	≤0.20	≤0.05	0.30	0.80	0.55	0.10	0.025	Alt: 0.02

表4-64 正火、正火轧制 Q460NE 钢牌号及化学成分（质量分数）对照 （%）

标准号	牌号 统一数字代号	C	Si	Mn	P	S	Nb	V	Ti	Cr	Ni	Cu	Mo	N	Als
		≤			≤					≤					≥
GB/T 1591—2018	Q460NE	0.20	0.60	1.00~1.70	0.025	0.020	0.01~0.05	0.01~0.20	0.006~0.05	0.30	0.80	0.40	0.10	0.025	0.015
ASTM A572/A572M—2018	Grade 65［450］	0.23	—	≤1.65	0.030	0.030	—	≤0.06	0.006~0.04	—	—	—	—	0.003~0.015	—
EN 10025－3:2004	S460NL 1.8903	0.20	0.60	1.00~1.70	0.025	0.020	≤0.05	≤0.20	≤0.05	0.30	0.80	0.55	0.10	0.025	Alt: 0.02
ISO 630－3:2012（E）	S460NE	0.20	0.60	1.00~1.70	0.025	0.020	≤0.05	≤0.20	≤0.05	0.30	0.80	0.55	0.10	0.025	Alt: 0.02

表4-65 热机械轧制Q355MB钢牌号及化学成分（质量分数）对照 （%）

标准号	牌号 统一数字代号	C	Si	Mn	P	S	Nb	V	Ti	Cr	Ni	Cu	Mo	N	Als
		≤													≥
GB/T 1591—2018	Q355MB	0.14	0.50	1.60	0.035	0.035	0.01~0.05	0.01~0.10	0.006~0.05	0.30	0.50	0.40	0.10	0.015	0.015
JIS G3115:2010	SPV355	0.20	0.55	1.60	0.030	0.030	—	—	—	—	—	—	—	—	—
ASTM A1011/A1011M—2017a	SS Grade50［340］	0.25	—	1.35	0.035	0.04	0.008	0.006	0.025	0.15	0.20	0.20	0.06	—	—
EN 10028-5:2017（E）	P355M 1.8821	0.14	0.50	1.60	0.025	0.010	0.05	0.10	0.05	— Cr+Cu+Mo：0.60	0.50	—	0.20	0.015	Alt：0.020
ISO 9328-5:2018（E）	P355M	0.14	0.50	1.60	0.025	0.010	0.05	0.10	0.05	— Cr+Cu+Mo：0.60	0.50	—	0.20	0.015	Alt：0.020

表4-66 热机械轧制Q355MC钢牌号及化学成分（质量分数）对照 （%）

标准号	牌号 统一数字代号	C	Si	Mn	P	S	Nb	V	Ti	Cr	Ni	Cu	Mo	N	Als
		≤													≥
GB/T 1591—2018	Q355MC	0.14	0.50	1.60	0.030	0.030	0.01~0.05	0.01~0.10	0.006~0.05	0.30	0.50	0.40	0.10	0.015	0.015
JIS G3115:2010	SPV355	0.20	0.55	1.60	0.030	0.030	—	—	—	—	—	—	—	—	—
ASTM A1011/A1011M—2017a	SS Grade 50［340］	0.25	—	1.35	0.035	0.04	0.008	0.006	0.025	0.15	0.20	0.20	0.06	—	—

EN 10028 -5:2017（E）	P355M 1. 8832	0. 14	0. 50	1. 60	0. 020	0. 008	0. 05	0. 10	0. 05	— Cr + Cu + Mo：0. 60	0. 50	—	0. 20	0. 015	Alt：0. 020
ISO 9328 -5:2018（E）	P355M	0. 14	0. 50	1. 60	0. 020	0. 008	0. 05	0. 10	0. 05	— Cr + Cu + Mo：0. 60	0. 50	—	0. 20	0. 015	Alt：0. 020

表 4-67　热机械轧制 Q355MD 钢牌号及化学成分（质量分数）对照　（%）

标准号	牌　号 统一数字代号	C	Si	Mn	P	S	Nb	V	Ti	Cr	Ni	Cu	Mo	N	Als
		≤													≥
GB/T 1591—2018	Q355MD	0. 14	0. 50	1. 60	0. 030	0. 025	0. 01 ~ 0. 05	0. 01 ~ 0. 10	0. 006 ~ 0. 05	0. 30	0. 50	0. 40	0. 10	0. 015	0. 015
JIS G3115:2010	SPV355	0. 20	0. 55	1. 60	0. 030	0. 030	—	—	—	—	—	—	—	—	—
ASTM A1011/A1011M—2017a	HSLAS Grade50［340］	0. 23	—	1. 35	0. 04	0. 04	0. 005	0. 005	0. 005	0. 15	0. 20	0. 20	0. 06	—	—
EN 10025 -4:2004（E）	S355M 1. 8823	0. 14	0. 50	1. 60	0. 030	0. 025	0. 05	0. 10	0. 05	0. 30	0. 50	0. 55	0. 10	0. 015	Alt：0. 02
ISO 630 -3:2012（E）	P355MD	0. 14	0. 50	1. 60	0. 030	0. 025	0. 05	0. 10	0. 05	0. 30	0. 50	0. 55	0. 10	0. 015	Alt：0. 02

表4-68 热机械轧制Q355ME钢牌号及化学成分（质量分数）对照 （%）

标准号	牌号 统一数字代号	C	Si	Mn	P	S	Nb	V	Ti	Cr	Ni	Cu	Mo	N	Als
		≤													≥
GB/T 1591—2018	Q355ME	0.14	0.50	1.60	0.025	0.020	0.01~0.05	0.01~0.10	0.006~0.05	0.30	0.50	0.40	0.10	0.015	—
JIS G3115:2010	SPV355	0.20	0.55	1.60	0.030	0.030	—	—	—	—	—	—	—	—	—
ASTM A1011/A1011M—2017a	HSLAS Grade50 [340]	0.15	—	1.35	0.04	0.04	0.005	0.005	0.005	0.15	0.20	0.20	0.06	—	—
EN 10025-4:2004 (E)	S355ML 1.8834	0.14	0.50	1.60	0.025	0.020	0.05	0.10	0.05	0.30	0.50	0.55	0.10	0.015	Alt: 0.02
ISO 630-3:2012 (E)	P355ME	0.14	0.50	1.60	0.025	0.020	0.05	0.10	0.05	0.30	0.50	0.55	0.10	0.015	Alt: 0.02

表4-69 热机械轧制Q355MF钢牌号及化学成分（质量分数）对照 （%）

标准号	牌号 统一数字代号	C	Si	Mn	P	S	Nb	V	Ti	Cr	Ni	Cu	Mo	N	Als
		≤													≥
GB/T 1591—2018	Q355MF	0.14	0.50	1.60	0.020	0.010	0.01~0.05	0.01~0.10	0.006~0.05	0.30	0.50	0.40	0.10	0.015	0.015
JIS G3115:2010	SPV355	0.20	0.55	1.60	0.030	0.030	—	—	—	—	—	—	—	—	—
ASTM A1011/A1011M—2017a	HSLAS-F Grade50 [340]	0.15	—	1.35	0.020	0.025	0.005	0.005	0.005	0.15	0.20	0.20	0.06	—	—
EN 10028-5:2017 (E)	S355ML2 1.8833	0.14	0.50	1.60	0.020	0.005	0.05	0.10	0.05	— Cr+Cu+Mo: 0.60	0.50	—	0.20	0.015	Alt: 0.02
ISO 9328-5:2018 (E)	P355ML2	0.14	0.50	1.60	0.020	0.005	0.05	0.10	0.05	— Cr+Cu+Mo: 0.60	0.50	—	0.20	0.015	Alt: 0.020

表 4-70 热机械轧制 Q390MB 钢牌号及化学成分（质量分数）对照 （%）

标准号	牌 号 统一数字代号	C	Si	Mn	P	S	Nb	V	Ti	Cr	Ni	Cu	Mo	N	Als
		≤													≥
GB/T 1591—2018	Q390MB	0.15	0.50	1.70	0.035	0.035	0.01~0.05	0.01~0.12	0.006~0.05	0.30	0.50	0.40	0.10	0.015	0.015
JIS G3114:2016	SMA 400BP	0.18	0.55	1.25	0.035	0.035	—	—	—	0.30~0.55	—	0.20~0.35	—	—	—
ASTM A1011/A1011M—2017a	SS Grade 55［380］	0.25	—	1.35	0.035	0.04	0.008	0.006	0.025	0.15	0.20	0.20	0.06	—	—
ISO 630-5:2014（E）	SG400WB	0.15	0.15~0.55	2.00	0.020	0.006	0.015~0.060	0.02~0.15	0.02~0.10	0.45~0.75	0.05~0.30	0.30~0.50	—	0.006	Alt: 0.020

表 4-71 热机械轧制 Q390MC 钢牌号及化学成分（质量分数）对照 （%）

标准号	牌 号 统一数字代号	C	Si	Mn	P	S	Nb	V	Ti	Cr	Ni	Cu	Mo	N	Als
		≤													≥
GB/T 1591—2018	Q390MC	0.15	0.50	1.70	0.030	0.030	0.01~0.05	0.01~0.12	0.006~0.05	0.30	0.50	0.40	0.10	0.015	0.015
JIS G3114:2016	SMA 400CP	0.18	0.55	1.25	0.035	0.035	—	—	—	0.30~0.55	—	0.20~0.35	—	—	—
ASTM A1011/A1011M—2017a	SS Grade 55［380］	0.25	—	1.35	0.035	0.04	0.008	0.006	0.025	0.15	0.20	0.20	0.06	—	—

表 4-72 热机械轧制 Q390MD 钢牌号及化学成分（质量分数）对照 （%）

标准号	牌号 统一数字代号	C	Si	Mn	P	S	Nb	V	Ti	Cr	Ni	Cu	Mo	N	Als
		≤													≥
GB/T 1591—2018	Q390MD	0.15	0.50	1.70	0.030	0.025	0.01~0.05	0.01~0.12	0.006~0.05	0.30	0.50	0.40	0.10	0.015	0.015
ASTM A1011/A1011M—2017a	HSLAS Grade55 [380]	0.23	—	1.35	0.04	0.04	0.005	0.005	0.005	0.15	0.20	0.20	0.06	—	—

表 4-73 热机械轧制 Q390ME 钢牌号及化学成分（质量分数）对照 （%）

标准号	牌号 统一数字代号	C	Si	Mn	P	S	Nb	V	Ti	Cr	Ni	Cu	Mo	N	Als
		≤													≥
GB/T 1591—2018	Q390ME	0.15	0.50	1.70	0.025	0.020	0.01~0.05	0.01~0.12	0.006~0.05	0.30	0.50	0.40	0.10	0.015	0.015
ASTM A1011/A1011M—2017a	HSLAS Grade55 [380]	0.15	—	1.35	0.04	0.04	0.005	0.005	0.005	0.15	0.20	0.20	0.06	—	—

表 4-74 热机械轧制 Q420MB 钢牌号及化学成分（质量分数）对照 （%）

标准号	牌号 统一数字代号	C	Si	Mn	P	S	Nb	V	Ti	Cr	Ni	Cu	Mo	N	Als
		≤													≥
GB/T 1591—2018	Q420MB	0.16	0.50	1.70	0.035	0.035	0.01~0.05	0.01~0.12	0.006~0.05	0.30	0.80	0.40	0.20	0.015	0.015
JIS G3115:2010	SPV410	0.18	0.75	1.60	0.030	0.030	—	—	—	—	—	—	—	—	—
ASTM A1011/A1011M—2017a	SS Grade60 [410]	0.25	—	1.35	0.035	0.04	0.008	0.006	0.025	0.15	0.20	0.20	0.06	—	—

EN 10028－5:2017（E）	P420M 1.8824	0.16	0.50	1.70	0.025	0.010	0.05	0.10	0.05	— Cr＋Cu＋Mo：0.60	0.50	—	0.20	0.020	Alt：0.020
ISO 9328－5:2018（E）	P420M	0.16	0.50	1.70	0.025	0.010	0.05	0.10	0.05	— Cr＋Cu＋Mo：0.60	0.50	—	0.20	0.020	Alt：0.020

表4-75 热机械轧制Q420MC钢牌号及化学成分（质量分数）对照 （%）

标准号	牌号 统一数字代号	C	Si	Mn	P	S	Nb	V	Ti	Cr	Ni	Cu	Mo	N	Als
		≤													≥
GB/T 1591—2018	Q420MC	0.16	0.50	1.70	0.030	0.030	0.01~0.05	0.01~0.12	0.006~0.05	0.30	0.80	0.40	0.20	0.015	0.015
JIS G3115:2010	SPV410	0.18	0.75	1.60	0.030	0.030	—	—	—	—	—	—	—	—	—
ASTM A1011/A1011M—2017a	SS Grade60［410］	0.25	—	1.35	0.035	0.04	0.008	0.006	0.025	0.15	0.20	0.20	0.06	—	—
EN 10028－5:2017（E）	P420ML1 1.8835	0.16	0.50	1.70	0.020	0.008	0.05	0.10	0.05	— Cr＋Cu＋Mo：0.60	0.50	—	0.20	0.020	Alt：0.020
ISO 9328－5:2018（E）	P420ML1	0.16	0.50	1.70	0.020	0.008	0.05	0.10	0.05	— Cr＋Cu＋Mo：0.60	0.50	—	0.20	0.020	Alt：0.020

表 4-76 热机械轧制 Q420MD 钢牌号及化学成分（质量分数）对照 （%）

标准号	牌 号 统一数字代号	C	Si	Mn	P	S	Nb	V	Ti	Cr	Ni	Cu	Mo	N	Als
		≤													≥
GB/T 1591—2018	Q420MD	0.16	0.50	1.70	0.030	0.025	0.01 ~ 0.05	0.01 ~ 0.12	0.006 ~ 0.05	0.30	0.80	0.40	0.20	0.025	0.015
JIS G3115:2010	SPV410	0.18	0.75	1.60	0.030	0.030	—	—	—	—	—	—	—	—	—
ASTM A1011/A1011M—2017a	HSLAS Grade60［410］	0.26	—	1.50	0.04	0.04	0.005	0.005	0.005	0.15	0.20	0.20	0.06	—	—
EN 10025－4:2004（E）	S420M 1.8825	0.16	0.50	1.70	0.030	0.025	0.05	0.12	0.05	0.30	0.80	0.55	0.20	0.025	Alt: 0.02
ISO 630－3:2012（E）	S420MD	0.16	0.50	1.70	0.030	0.025	0.05	0.12	0.05	0.30	0.80	0.55	0.20	0.025	Alt: 0.02

表 4-77 热机械轧制 Q420ME 钢牌号及化学成分（质量分数）对照 （%）

标准号	牌 号 统一数字代号	C	Si	Mn	P	S	Nb	V	Ti	Cr	Ni	Cu	Mo	N	Als
		≤													≥
GB/T 1591—2018	Q420ME	0.16	0.50	1.70	0.025	0.020	0.01 ~ 0.05	0.01 ~ 0.12	0.006 ~ 0.05	0.30	0.80	0.40	0.20	0.025	0.015
JIS G3115:2010	SPV410	0.18	0.75	1.60	0.030	0.030	—	—	—	—	—	—	—	—	—
ASTM A1011/A1011M—2017a	HSLAS Grade60［410］	0.15	—	1.50	0.04	0.04	0.005	0.005	0.005	0.15	0.20	0.20	0.06	—	—
EN 10025－4:2004（E）	S420ML 1.8836	0.16	0.50	1.70	0.025	0.020	0.05	0.12	0.05	0.30	0.80	0.55	0.20	0.025	Alt: 0.02
ISO 630－3:2012（E）	S420ME	0.16	0.50	1.70	0.025	0.020	0.05	0.12	0.05	0.30	0.80	0.55	0.20	0.025	Alt: 0.02

表 4-78 热机械轧制 Q460MC 钢牌号及化学成分（质量分数）对照 （%）

标准号	牌号 统一数字代号	C	Si	Mn	P	S	Nb	V	Ti	Cr	Ni	Cu	Mo	N	Als
		≤													≥
GB/T 1591—2018	Q460MC	0.16	0.60	1.70	0.030	0.030	0.01 ~ 0.05	0.01 ~ 0.12	0.006 ~ 0.05	0.30	0.80	0.40	0.20	0.015	0.015
JIS G3115:2010	SPV450	0.18	0.75	1.60	0.030	0.030	—	—	—	—	—	—	—	—	—
ASTM A1011/A1011M—2017a	HSLAS Grade65［450］	0.26	—	1.50	0.04	0.04	0.005	0.005	0.005	0.15	0.20	0.20	0.06	—	—
EN 10028-5:2017（E）	P460M 1.8826	0.16	0.60	1.70	0.025	0.010	0.05	0.10	0.05	— Cr + Cu + Mo：0.60	0.50	—	0.20	0.020	Alt：0.020
ISO 9328-5:2018（E）	P460M	0.16	0.60	1.70	0.025	0.010	0.05	0.10	0.05	— Cr + Cu + Mo：0.60	0.50	—	0.20	0.020	Alt：0.020

表 4-79 热机械轧制 Q460MD 钢牌号及化学成分（质量分数）对照 （%）

标准号	牌号 统一数字代号	C	Si	Mn	P	S	Nb	V	Ti	Cr	Ni	Cu	Mo	N	Als
		≤													≥
GB/T 1591—2018	Q460MD	0.16	0.60	1.70	0.030	0.025	0.01 ~ 0.05	0.01 ~ 0.12	0.006 ~ 0.05	0.30	0.80	0.40	0.20	0.025	0.015
JIS G3115:2010	SPV450	0.18	0.75	1.60	0.030	0.030	—	—	—	—	—	—	—	—	—
ASTM A1011/A1011M—2017a	HSLAS Grade65［450］	0.26	—	1.50	0.04	0.04	0.005	0.005	0.005	0.15	0.20	0.20	0.06	—	—
EN 10025-4:2004（E）	S460M 1.8827	0.16	0.60	1.70	0.030	0.025	0.05	0.12	0.05	0.30	0.80	0.55	0.20	0.025	Alt：0.02
ISO 630-3:2012（E）	S460MD	0.16	0.60	1.70	0.030	0.025	0.05	0.12	0.05	0.30	0.80	0.55	0.20	0.025	Alt：0.02

表 4-80 热机械轧制 Q460ME 钢牌号及化学成分（质量分数）对照 （%）

标准号	牌号 统一数字代号	C	Si	Mn	P	S	Nb	V	Ti	Cr	Ni	Cu	Mo	N	Als
		≤													≥
GB/T 1591—2018	Q460ME	0.16	0.60	1.70	0.025	0.020	0.01 ~ 0.05	0.01 ~ 0.12	0.006 ~ 0.05	0.30	0.80	0.40	0.20	0.025	0.015
JIS G3115:2010	SPV450	0.18	0.75	1.60	0.030	0.030	—	—	—	—	—	—	—	—	—
ASTM A1011/A1011M—2017a	HSLAS Grade65［450］	0.15	—	1.50	0.04	0.04	0.005	0.005	0.005	0.15	0.20	0.20	0.06	—	—
EN 10025－4:2004（E）	S460ML 1.8838	0.16	0.60	1.70	0.025	0.020	0.05	0.12	0.05	0.30	0.80	0.55	0.20	0.025	Alt: 0.02
ISO 630－3:2012（E）	S460ME	0.16	0.60	1.70	0.025	0.020	0.05	0.12	0.05	0.30	0.80	0.55	0.20	0.025	Alt: 0.02

表 4-81 热机械轧制 Q500MC 钢牌号及化学成分（质量分数）对照 （%）

标准号	牌号 统一数字代号	C	Si	Mn	P	S	Nb	V	Ti	Cr	Ni	Cu	Mo	N	Als
		≤													≥
GB/T 1591—2018	Q500MC	0.18	0.60	1.80	0.030	0.030	0.01 ~ 0.11	0.01 ~ 0.12	0.006 ~ 0.05	0.60	0.80	0.55	0.20 B: 0.004	0.015	0.015
JIS G3115:2010	SPV490	0.18	0.75	1.60	0.030	0.030	—	—	—	—	—	—	—	—	—
ASTM A1011/A1011M—2017a	HSLAS Grade70［480］	0.26	—	1.65	0.04	0.04	0.005	0.005	0.005	0.15	0.20	0.20	0.16	—	—
EN 10028－6:2017（E）	P500Q 1.8873	0.18	0.60	1.70	0.025	0.010	0.05	0.08	0.05	1.00	1.50 Zr: 0.15	0.30	0.70 B: 0.005	0.015	—
ISO 9328－5:2018（E）	PT490M	0.18	0.55	1.60	0.020	0.020	0.05	0.10	0.05	0.30	0.50	0.40	0.20 B: 0.0010	—	Alt: 0.020

表4-82 热机械轧制 Q500MD 钢牌号及化学成分（质量分数）对照 （%）

标准号	牌号 统一数字代号	C	Si	Mn	P	S	Nb	V	Ti	Cr	Ni	Cu	Mo	N	Als
		≤													≥
GB/T 1591—2018	Q500MD	0.18	0.60	1.80	0.030	0.025	0.01 ~ 0.11	0.01 ~ 0.12	0.006 ~ 0.05	0.60	0.80	0.55	0.20 B：0.004	0.025	0.015
JIS G3115:2010	SPV490	0.18	0.75	1.60	0.030	0.030	—	—	—	—	—	—	—	—	—
ASTM A1011/A1011M—2017a	HSLAS Grade70［480］	0.15	—	1.65	0.04	0.04	0.005	0.005	0.005	0.15	0.20	0.20	0.16	—	—
EN 10028 -6:2017（E）	P500QH 1.8874	0.18	0.60	1.70	0.025	0.010	0.05	0.08	0.05	1.00	1.50 Zr：0.15	0.30	0.70 B：0.005	0.015	—
ISO 9328 -5:2018（E）	PT490ML1	0.16	0.55	0.70 ~ 1.60	0.015	0.010	0.05	0.10	0.05	0.30	0.50	0.40	0.20 B：0.0010	—	Alt： 0.020

表4-83 热机械轧制 Q500ME 钢牌号及化学成分（质量分数）对照 （%）

标准号	牌号 统一数字代号	C	Si	Mn	P	S	Nb	V	Ti	Cr	Ni	Cu	Mo	N	Als
		≤													≥
GB/T 1591—2018	Q500ME	0.18	0.60	1.80	0.025	0.020	0.01 ~ 0.11	0.01 ~ 0.12	0.006 ~ 0.05	0.60	0.80	0.55	0.20 B：0.004	0.025	0.015
JIS G3115:2010	SPV490	0.18	0.75	1.60	0.030	0.030	—	—	—	—	—	—	—	—	—
ASTM A1011/A1011M—2017a	HSLAS - F Grade70［480］	0.15	—	1.65	0.020	0.025	0.005	0.005	0.005	0.15	0.20	0.20	0.16	—	—
EN 10028 -6:2017（E）	P500QL1 1.8875	0.18	0.60	1.70	0.020	0.008	0.05	0.08	0.05	1.00	1.50 Zr：0.15	0.30	0.70 B：0.005	0.015	—
ISO 9328 -5:2018（E）	PT490ML3	0.16	0.55	0.70 ~ 1.60	0.015	0.010	0.05	0.10	0.05	0.30	0.50	0.40	0.20 B：0.0010	—	Alt： 0.020

表 4-84 热机械轧制 Q550MC 钢牌号及化学成分（质量分数）对照 （%）

标准号	牌号 统一数字代号	C	Si	Mn	P	S	Nb	V	Ti	Cr	Ni	Cu	Mo	N	Als
		≤													≥
GB/T 1591—2018	Q550MC	0.18	0.60	2.00	0.030	0.030	0.01 ~ 0.11	0.01 ~ 0.12	0.006 ~ 0.05	0.80	0.80	0.80	0.30 B：0.004	0.015	0.015
JIS G3101:2015	SS540	0.30	—	1.60	0.040	0.040	—	—	—	—	—	—	—	—	—
ASTM A1011/A1011M—2017a	HSLAS-F Grade80［550］	0.15	—	1.65	0.020	0.025	0.005	0.005	0.005	0.15	0.20	0.20	0.16	—	—
EN 10025-6:2009（D）	S550Q 1.8904	0.20	0.80	1.70	0.025	0.015	0.06	0.12	0.05	1.50	2.0 Zr：0.15	0.50	0.70 B：0.0050	0.015	—
ISO 9328-5:2018（E）	PT550M	0.18	0.55	1.60	0.020	0.020	0.05	0.10	0.05	0.30	0.50	0.40	0.20 B：0.0010	—	Alt： 0.020

表 4-85 热机械轧制 Q550MD 钢牌号及化学成分（质量分数）对照 （%）

标准号	牌号 统一数字代号	C	Si	Mn	P	S	Nb	V	Ti	Cr	Ni	Cu	Mo	N	Als
		≤													≥
GB/T 1591—2018	Q550MD	0.18	0.60	2.00	0.030	0.025	0.01 ~ 0.11	0.01 ~ 0.12	0.006 ~ 0.05	0.80	0.80	0.80	0.30 B：0.004	0.025	0.015
JIS G3101:2015	SS540	0.30	—	1.60	0.040	0.040	—	—	—	—	—	—	—	—	—
ASTM A1011/A1011M—2017a	HSLAS-F Grade80［550］	0.15	—	1.65	0.020	0.025	0.005	0.005	0.005	0.15	0.20	0.20	0.16	—	—
EN 10025-6:2009（D）	S550QL 1.8926	0.20	0.80	1.70	0.020	0.010	0.06	0.12	0.05	1.50	2.0 Zr：0.15	0.50	0.70 B：0.0050	0.015	—
ISO 9328-5:2018（E）	PT550ML1	0.18	0.55	0.70 ~ 1.60	0.015	0.010	0.05	0.10	0.05	0.30	0.50	0.40	0.20 B：0.0010	—	Alt： 0.020

表 4-86　热机械轧制 Q550ME 钢牌号及化学成分（质量分数）对照　（%）

标准号	牌　号 统一数字代号	C	Si	Mn	P	S	Nb	V	Ti	Cr	Ni	Cu	Mo	N	Als
		≤													≥
GB/T 1591—2018	Q550ME	0.18	0.60	2.00	0.025	0.020	0.01~0.11	0.01~0.12	0.006~0.05	0.80	0.80	0.80	0.30	0.025	0.015
													B：0.004		
JIS G3101:2015	SS540	0.30	—	1.60	0.040	0.040	—	—	—	—	—	—	—	—	—
ASTM A1011/A1011M—2017a	HSLAS－F Grade80［550］	0.15	—	1.65	0.020	0.025	0.005	0.005	0.005	0.15	0.20	0.20	0.16	—	—
EN 10025－6:2009（D）	S550QL1 1.8986	0.20	0.80	1.70	0.020	0.010	0.06	0.12	0.05	1.50	2.0	0.50	0.70	0.015	—
											Zr：0.15		B：0.0050		
ISO 9328－5:2018（E）	PT550ML1	0.18	0.55	0.70~1.60	0.015	0.010	0.05	0.10	0.05	0.30	0.50	0.40	0.20	—	Alt：0.020
													B：0.0010		

表 4-87　热机械轧制 Q620MC 钢牌号及化学成分钢（质量分数）对照　（%）

标准号	牌　号 统一数字代号	C	Si	Mn	P	S	Nb	V	Ti	Cr	Ni	Cu	Mo	N	Als
		≤													≥
GB/T 1591—2018	Q620MC	0.18	0.60	2.60	0.030	0.030	0.01~0.11	0.01~0.12	0.006~0.05	1.00	0.80	0.80	0.30	0.015	0.015
													B：0.004		
JIS G3474:2008	STKT590	0.12	0.40	2.00	0.030	0.030	Nb＋V：0.15		—	—	—	—	—	—	—
ASTM A1011/A1011M—2017a	UHSS Grade 90［620］Type1	0.15	—	2.00	0.020	0.025	0.005		0.005	0.005	0.15	0.20	0.20	0.40	—
EN 10025－6:2009（D）	S620Q 1.8914	0.22	0.86	1.80	0.030	0.017	0.07	0.14	0.07	1.60	2.1	0.55	0.74	0.016	—
											Zr：0.17		B：0.0060		
ISO 9328－6:2018（E）	PT610Q	0.18	0.75	1.60	0.030	0.030	0.05	0.08	0.03	0.30	1.00	0.40	0.50	—	Alt：0.020
													B：0.005		

表4-88 热机械轧制Q620MD钢牌号及化学成分（质量分数）对照 （%）

标准号	牌号 统一数字代号	C	Si	Mn	P	S	Nb	V	Ti	Cr	Ni	Cu	Mo	N	Als
		≤													≥
GB/T 1591—2018	Q620MD	0.18	0.60	2.60	0.030	0.025	0.01~0.11	0.01~0.12	0.006~0.05	1.00	0.80	0.80	0.30 B：0.004	0.025	0.015
JIS G3474:2008	STKT590	0.12	0.40	2.00	0.030	0.030	Nb+V：0.15		—	—	—	—	—	—	—
ASTM A1011/A1011M—2017a	UHSS Grade 90［620］Type2	0.15	—	2.00	0.020	0.025	0.005	0.005	0.005	0.30	0.50	0.60	0.40	—	—
EN 10025-6:2009（D）	S620QL 1.8927	0.22	0.86	1.80	0.025	0.012	0.07	0.14	0.07	1.60	2.1 Zr：0.17	0.55	0.74 B：0.0060	0.016	—
ISO 9328-6:2018（E）	PT610QH	0.18	0.75	1.60	0.030	0.030	0.05	0.08	0.03	0.30	1.00	0.40	0.50 B：0.005	—	Alt：0.020

表4-89 热机械轧制Q620ME钢牌号及化学成分（质量分数）对照 （%）

标准号	牌号 统一数字代号	C	Si	Mn	P	S	Nb	V	Ti	Cr	Ni	Cu	Mo	N	Als
		≤													≥
GB/T 1591—2018	Q620ME	0.18	0.60	2.60	0.025	0.020	0.01~0.11	0.01~0.12	0.006~0.05	1.00	0.80	0.80	0.30 B：0.004	0.025	0.015
JIS G3474:2008	STKT590	0.12	0.40	2.00	0.030	0.030	Nb+V：0.15		—	—	—	—	—	—	—
ASTM A1011/A1011M—2017a	UHSS Grade 90［620］Type2	0.15	—	2.00	0.020	0.025	0.005	0.005	0.005	0.30	0.50	0.60	0.40	—	—
EN 10025-6:2009（D）	S620QL1 1.8987	0.22	0.86	1.80	0.025	0.012	0.07	0.14	0.07	1.60	2.1 Zr：0.17	0.55	0.74 B：0.0060	0.016	—
ISO 9328-6:2018（E）	PT610QH	0.18	0.75	1.60	0.030	0.030	0.05	0.08	0.03	0.30	1.00	0.40	0.50 B：0.005	—	Alt：0.020

表 4-90 热机械轧制 Q690MC 钢牌号及化学成分（质量分数）对照 （%）

标准号	牌号 统一数字代号	C	Si	Mn	P	S	Nb	V	Ti	Cr	Ni	Cu	Mo	N	Als
		≤													≥
GB/T 1591—2018	Q690MC	0.18	0.60	2.00	0.030	0.030	0.01~0.11	0.01~0.12	0.006~0.05	1.00	0.80	0.80	0.30	0.015	0.015
													B：0.004		
JIS G3128:2009	SHY685	0.18	0.55	1.50	0.030	0.025	—	0.10	—	1.20	—	0.50	0.60	—	—
													B：0.005		
ASTM A1011/A1011M—2017a	UHSS Grade 100［690］Type1	0.15	—	2.00	0.020	0.025	0.005	0.005	0.005	0.15	0.20	0.20	0.40	—	—
EN 10025-6:2009（D）	S690Q 1.8931	0.22	0.86	1.80	0.030	0.017	0.07	0.14	0.07	1.60	2.1	0.55	0.74	0.016	—
											Zr：0.17		B：0.0060		
ISO 9328-6:2018（E）	P690Q	0.20	0.80	1.70	0.025	0.010	0.06	0.12	0.05	1.50	2.50	0.30	0.70	0.015	—
											Zr：0.15		B：0.005		

表 4-91 热机械轧制 Q690MD 钢牌号及化学成分（质量分数）对照 （%）

标准号	牌号 统一数字代号	C	Si	Mn	P	S	Nb	V	Ti	Cr	Ni	Cu	Mo	N	Als
		≤													≥
GB/T 1591—2018	Q690MD	0.18	0.60	2.00	0.030	0.025	0.01~0.11	0.01~0.12	0.006~0.05	1.00	0.80	0.80	0.30	0.025	0.015
													B：0.004		
JIS G3128:2009	SHY685N	0.18	0.55	1.50	0.030	0.025	—	0.10	—	0.80	0.30~1.50	0.50	0.60	—	—
													B：0.005		
ASTM A1011/A1011M—2017a	UHSS Grade 100［690］Type2	0.15	—	2.00	0.020	0.025	0.005	0.005	0.005	0.30	0.50	0.60	0.40	—	—

（续）

标准号	牌号 统一数字代号	C	Si	Mn	P	S	Nb	V	Ti	Cr	Ni	Cu	Mo	N	Als
		≤													≥
EN 10025 -6:2009（D）	S690QL 1.8928	0.22	0.86	1.80	0.025	0.012	0.07	0.14	0.07	1.60	2.1	0.55	0.74	0.016	—
											Zr：0.17		B：0.0060		
ISO 9328 -6:2018（E）	P690QL1	0.20	0.80	1.70	0.020	0.008	0.06	0.12	0.05	1.50	2.50	0.30	0.70	0.015	—
											Zr：0.15		B：0.005		

表 4-92 热机械轧制 Q690ME 钢牌号及化学成分（质量分数）对照 （%）

标准号	牌号 统一数字代号	C	Si	Mn	P	S	Nb	V	Ti	Cr	Ni	Cu	Mo	N	Als
		≤													≥
GB/T 1591—2018	Q690ME	0.18	0.60	2.00	0.025	0.020	0.01~0.11	0.01~0.12	0.006~0.05	1.00	0.80	0.80	0.30	0.025	0.015
													B：0.004		
JIS G3128:2009	SHY685NS	0.14	0.55	1.50	0.015	0.015	—	0.05	—	0.80	0.30~1.50	0.50	0.60	—	—
													B：0.005		
ASTM A1011/A1011M—2017a	UHSS Grade 100［690］Type2	0.15	—	2.00	0.020	0.025	0.005	0.005	0.005	0.30	0.50	0.60	0.40	—	—
EN 10025 -6:2009（D）	S690QL1 1.8988	0.22	0.86	1.80	0.025	0.012	0.07	0.14	0.07	1.60	2.1	0.55	0.74	0.016	—
											Zr：0.17		B：0.0060		
ISO 9328 -6:2018（E）	P690QL2	0.20	0.80	1.70	0.020	0.005	0.06	0.12	0.05	1.50	2.50	0.30	0.70	0.015	—
											Zr：0.15		B：0.005		

4.4　合金结构钢牌号及化学成分

合金结构钢牌号及化学成分对照见表4-93～表4-178。其中，表4-93～表4-98为锰合金结构钢牌号及化学成分对照；表4-99为锰钒合金结构钢牌号及化学成分对照；表4-100～表4-102为硅锰合金结构钢牌号及化学成分对照；表4-103～表4-105为硅锰钼钒合金结构钢牌号及化学成分对照；表4-106～表4-108为硼合金结构钢牌号及化学成分对照；表4-109～表4-112为锰硼合金结构钢牌号及化学成分对照；表4-113为锰钼硼合金结构钢牌号及化学成分对照；表4-114～表4-116为锰钒硼合金结构钢牌号及化学成分对照；表4-117、表4-118为锰钛硼合金结构钢牌号及化学成分对照；表4-119～表4-125为铬合金结构钢牌号及化学成分对照；表4-126为铬硅合金结构钢牌号及化学成分对照；表4-127～表4-134为铬钼合金结构钢牌号及化学成分对照；表4-135～表4-139为铬钼钒合金结构钢牌号及化学成分对照；表4-140为铬钼铝合金结构钢牌号及化学成分对照；表4-141、表4-142为铬钒合金结构钢牌号及化学成分对照；表4-143～表4-145为铬锰合金结构钢牌号及化学成分对照；表4-146～表4-149为铬锰硅合金结构钢牌号及化学成分对照；表4-150、表4-151为铬锰钼合金结构钢牌号及化学成分对照；表4-152、表4-153为铬锰钛合金结构钢牌号及化学成分对照；表4-154～表4-165为铬镍合金结构钢牌号及化学成分对照；表4-166～表4-174为铬镍钼合金结构钢牌号及化学成分对照；表4-175为铬锰镍钼合金结构钢牌号及化学成分对照；表4-176为铬镍钼钒合金结构钢牌号及化学成分对照；表4-177、表4-178为铬镍钨合金结构钢牌号及化学成分对照。

表4-93 20Mn2钢牌号及化学成分（质量分数）对照 （%）

标准号	牌号 统一数字代号	C	Si	Mn	Cr	Ni	Mo	P	S	Cu	其他
								≤			
GB/T 3077—2015	20Mn2 A00202	0.17~0.24	0.17~0.37	1.40~1.80	≤0.30	≤0.30	≤0.10	0.030	0.030	0.30	—
ГОСТ 4543—1971	20Г	0.17~0.24	0.17~0.37	0.70~1.00	≤0.30	≤0.30	—	0.035	0.035	0.30	W：0.20 V：0.05 Ti：0.03
JIS G4053:2016	SMn420	0.17~0.23	0.15~0.35	1.20~1.50	≤0.35	≤0.25	—	0.030	0.030	0.30	—
ASTM A29/A29M—2015	1524	0.19~0.25	0.15~0.30	1.35~1.65	—	—	—	0.040	0.050	0.20	—
ISO 683-3:2019	22Mn6	0.18~0.25	0.10~0.40	1.30~1.65	≤0.40	≤0.40	≤0.10	0.025	0.035	0.30	—
EN 10222-2:2017（E）	18Mn5 1.0436	0.15~0.20	≤0.40	0.90~1.60	≤0.30 Cr+Cu+Mo+Ni≤0.70	≤0.30	≤0.08	0.025	0.015	0.30	V：0.02 Ti：0.03 Nb0.01

表4-94 30Mn2钢牌号及化学成分（质量分数）对照 （%）

标准号	牌号 统一数字代号	C	Si	Mn	Cr	Ni	Mo	P	S	Cu	其他
								≤			
GB/T 3077—2015	30Mn2 A00302	0.27~0.34	0.17~0.37	1.40~1.80	≤0.30	≤0.30	≤0.10	0.030	0.030	0.30	—
ГОСТ 4543—1971	30Г2	0.26~0.35	0.17~0.37	1.40~1.80	≤0.30	≤0.30	—	0.035	0.035	0.30	W：0.20 V：0.05 Ti：0.03
JIS G4053:2016	SMn433	0.30~0.36	0.15~0.35	1.20~1.50	≤0.35	≤0.25	—	0.030	0.030	0.30	—
ASTM A29/A29M—2015	1330	0.28~0.33	0.15~0.35	1.60~1.90	≤0.20	≤0.25	≤0.06	0.035	0.040	0.35	—
ISO 683-1:2016	28Mn6	0.25~0.32	0.10~0.40	1.30~1.65	≤0.40	≤0.40	≤0.10	0.025	0.035	0.30	Cr+Mo+Ni：0.63
EN 10083-2:2006（E）	28Mn6 1.1170	0.25~0.32	≤0.40	1.30~1.65	≤0.40	≤0.40	≤0.10	0.030	0.035	0.30	Cr+Mo+Ni：0.63

表4-95　35Mn2钢牌号及化学成分（质量分数）对照　（%）

标准号	牌号 统一数字代号	C	Si	Mn	Cr	Ni	Mo	P	S	Cu	其他
								≤			
GB/T 3077—2015	35Mn2 A00352	0.32～0.39	0.17～0.37	1.40～1.80	≤0.30	≤0.30	≤0.10	0.030	0.030	0.30	—
ГОСТ 4543—1971	35Г2	0.31～0.39	0.17～0.37	1.40～1.80	≤0.30	≤0.30	—	0.035	0.035	0.30	W：0.20 V：0.05 Ti：0.03
JIS G4053:2016	SMn438	0.35～0.41	0.15～0.35	1.35～1.65	≤0.35	≤0.25	—	0.030	0.030	0.30	—
ASTM A29/A29M—2015	1335	0.33～0.38	0.15～0.35	1.60～1.90	≤0.20	≤0.25	≤0.06	0.035	0.040	0.35	—
ISO 683-1:2016	36Mn6	0.33～0.40	0.10～0.40	1.30～1.65	≤0.40	≤0.40	≤0.10	0.025	0.035	0.30	Cr+Mo+Ni：0.63

表4-96　40Mn2钢牌号及化学成分（质量分数）对照　（%）

标准号	牌号 统一数字代号	C	Si	Mn	Cr	Ni	Mo	P	S	Cu	其他
								≤			
GB/T 3077—2015	40Mn2 A00402	0.37～0.44	0.17～0.37	1.40～1.80	≤0.30	≤0.30	≤0.10	0.030	0.030	0.30	—
ГОСТ 4543—1971	35Г2	0.36～0.44	0.17～0.37	1.40～1.80	≤0.30	≤0.30	—	0.035	0.035	0.30	W：0.20 V：0.05 Ti：0.03
JIS G4053:2016	SMn443	0.40～0.46	0.15～0.35	1.35～1.65	≤0.35	≤0.25	—	0.030	0.030	0.30	—
ASTM A29/A29M—2015	1340	0.38～0.43	0.15～0.35	1.60～1.90	≤0.20	≤0.25	≤0.06	0.035	0.040	0.35	—
ISO 683-1:2016	42Mn6	0.39～0.46	0.10～0.40	1.30～1.65	≤0.40	≤0.40	≤0.10	0.025	0.035	0.30	Cr+Mo+Ni：0.63

表 4-97 45Mn2 钢牌号及化学成分（质量分数）对照 （%）

标准号	牌号 统一数字代号	C	Si	Mn	Cr	Ni	Mo	P	S	Cu	其他
								≤			
GB/T 3077—2015	45Mn2 A00452	0.42～0.49	0.17～0.37	1.40～1.80	≤0.30	≤0.30	≤0.10	0.030	0.030	0.30	—
ГОСТ 4543—1971	45Г2	0.42～0.49	0.17～0.37	1.40～1.80	≤0.30	≤0.30	—	0.035	0.035	0.30	W：0.20 V：0.05 Ti：0.03
JIS G4053：2016	SMn443	0.40～0.46	0.15～0.35	1.35～1.65	≤0.35	≤0.25	—	0.030	0.030	0.30	—
ASTM A29/A29M—2015	1345	0.43～0.48	0.15～0.35	1.60～1.90	≤0.20	≤0.25	≤0.06	0.035	0.040	0.35	—
ISO 683-1：2016	42Mn6	0.39～0.46	0.10～0.40	1.30～1.65	≤0.40	≤0.40	≤0.10	0.025	0.035	0.30	Cr+Mo+Ni：0.63

表 4-98 50Mn2 钢牌号及化学成分（质量分数）对照 （%）

标准号	牌号 统一数字代号	C	Si	Mn	Cr	Ni	Mo	P	S	Cu	其他
								≤			
GB/T 3077—2015	50Mn2 A00502	0.47～0.55	0.17～0.37	1.40～1.80	≤0.30	≤0.30	≤0.10	0.030	0.030	0.30	—
ГОСТ 4543—1971	50Г2	0.46～0.55	0.17～0.37	1.40～1.80	≤0.30	≤0.30	—	0.035	0.035	0.30	W：0.20 V：0.05 Ti：0.03

表 4-99 20MnV 钢牌号及化学成分（质量分数）对照 （%）

标准号	牌号 统一数字代号	C	Si	Mn	Cr	Ni	Mo	P	S	Cu	其他
								≤			
GB/T 3077—2015	20MnV A01202	0.17～0.24	0.17～0.37	1.30～1.60	≤0.30	≤0.30	≤0.10	0.030	0.030	0.30	V：0.07～0.12
ГОСТ 19281—1989	18Г2Фпс	0.14～0.22	≤0.17	1.30～1.70	≤0.30	≤0.30	V0.08～0.15	0.035	0.035	0.30	N：0.015～0.03
ASTM A588/A588M—2015	Grade A	≤0.19	0.30～0.65	0.80～1.25	0.40～0.65	≤0.40	V0.02～0.10	0.030	0.030	0.25～0.40	—

ISO 11692：2014（E）	19MnVS6	0.15～0.22	≤0.80	1.20～1.60	V0.08～0.20	—	≤0.10	0.035	0.020～0.060	—	—
EN 10267:1998	19MnVS6 1.1301	0.15～0.22	0.15～0.80	1.20～1.60	V0.08 ≤0.30	～0.20	≤0.08	0.025	0.020～0.060	—	N：0.010～0.020

表4-100　27SiMn钢牌号及化学成分（质量分数）对照　（%）

标准号	牌号 统一数字代号	C	Si	Mn	Cr	Ni	Mo	P	S	Cu	其他
								≤			
GB/T 3077—2015	27SiMn A10272	0.24～0.32	1.10～1.40	1.10～1.40	≤0.30	≤0.30	≤0.10	0.030	0.030	0.30	—
ГОСТ 5781—1982	27СГ	0.24～0.30	1.00～1.50	0.90～1.30	≤0.30	≤0.30	—	0.045	0.045	0.30	As：0.08

表4-101　35SiMn钢牌号及化学成分（质量分数）对照　（%）

标准号	牌号 统一数字代号	C	Si	Mn	Cr	Ni	Mo	P	S	Cu	其他
								≤			
GB/T 3077—2015	35SiMn A10352	0.32～0.40	1.10～1.40	1.10～1.40	≤0.30	≤0.30	≤0.10	0.030	0.030	0.30	—
ГОСТ 10884—1981	35СГ	0.30～0.37	0.60～0.90	0.80～1.20	≤0.30	≤0.30	—	0.040	0.045	0.30	—
ISO 683-14：2004（E）	38Si7	0.35～0.42	1.50～1.80	0.50～0.80	—	—	—	0.030	0.030	—	Cu+10Sn≤0.60
EN 10089:2002	38Si7 1.5023	0.35～0.42	1.50～1.80	0.50～0.80	—	—	—	0.025	0.025	—	Cu+10Sn≤0.60

表 4-102 42SiMn 钢牌号及化学成分（质量分数）对照 （%）

标准号	牌号 统一数字代号	C	Si	Mn	Cr	Ni	Mo	P	S	Cu	其他
								≤			
GB/T 3077—2015	42SiMn A10422	0.39～0.45	1.10～1.40	1.10～1.40	≤0.30	≤0.30	≤0.10	0.030	0.030	0.30	—
ISO 683-14:2004（E）	46Si7	0.42～0.50	1.50～2.00	0.50～0.80	—	—	—	0.030	0.030	—	Cu+10Sn ≤0.60
EN 10089:2002	46Si7 1.5024	0.42～0.50	1.50～2.00	0.50～0.80	—	—	—	0.025	0.025	—	Cu+10Sn ≤0.60

表 4-103 20SiMn2MoV 钢牌号及化学成分（质量分数） （%）

标准号	牌号 统一数字代号	C	Si	Mn	Cr	Ni	Mo	P	S	Cu	其他
								≤			
GB/T 3077—2015	20SiMn2MoV A14202	0.17～0.23	0.90～1.20	2.20～2.60	≤0.30	≤0.30	0.30～0.40	0.030	0.030	0.30	V：0.05～0.12

表 4-104 25SiMn2MoV 钢牌号及化学成分（质量分数） （%）

标准号	牌号 统一数字代号	C	Si	Mn	Cr	Ni	Mo	P	S	Cu	其他
								≤			
GB/T 3077—2015	25SiMn2MoV A14262	0.22～0.28	0.90～1.20	2.20～2.60	≤0.30	≤0.30	0.30～0.40	0.030	0.030	0.30	V：0.05～0.12

表 4-105 37SiMn2MoV 钢牌号及化学成分（质量分数） （%）

标准号	牌号 统一数字代号	C	Si	Mn	Cr	Ni	Mo	P	S	Cu	其他
								≤			
GB/T 3077—2015	37SiMn2MoV A14372	0.33～0.39	0.60～0.90	1.60～1.90	≤0.30	≤0.30	0.40～0.50	0.030	0.030	0.30	V：0.05～0.12

表 4-106 40B 钢牌号及化学成分（质量分数）对照 （%）

标准号	牌号 统一数字代号	C	Si	Mn	Cr	Ni	Mo	P	S	Cu	其他
								≤			
GB/T 3077—2015	40B A70402	0.37～0.44	0.17～0.37	0.60～0.90	≤0.30	≤0.30	≤0.10	0.030	0.030	0.30	B：0.0008～0.0035
JIS G3508－1:2005	SWRCHB 237	0.34～0.40	0.10～0.35	0.60～0.90	—	—	—	0.030	0.030	—	B：0.0008
ASTM A519/A519M—2017	50B40	0.38～0.42	0.15～0.35	0.75～1.00	0.40～0.60	—	—	0.040	0.040	—	B：0.0005
EN 10263－4：2017（E）	38B 1.5515	0.35～0.40	≤0.30	0.60～0.90	≤0.30	—	—	0.025	0.025	0.25	B：0.0008～0.0050

表 4-107 45B 钢牌号及化学成分（质量分数）对照 （%）

标准号	牌号 统一数字代号	C	Si	Mn	Cr	Ni	Mo	P	S	Cu	其他
								≤			
GB/T 3077—2015	45B A70452	0.42～0.49	0.17～0.37	0.60～0.90	≤0.30	≤0.30	≤0.10	0.030	0.030	0.30	B：0.0008～0.0035
ASTM A519/A519M—2017	50B44	0.43～0.48	0.15～0.35	0.75～1.00	0.40～0.60	—	—	0.040	0.040	—	B：0.0005

表 4-108 50B 钢牌号及化学成分（质量分数）对照 （%）

标准号	牌号 统一数字代号	C	Si	Mn	Cr	Ni	Mo	P	S	Cu	其他
								≤			
GB/T 3077—2015	50B A70502	0.47～0.55	0.17～0.37	0.60～0.90	≤0.30	≤0.30	≤0.10	0.030	0.030	0.30	B：0.0008～0.0035
ASTM A519/A519M—2017	50B50	0.48～0.53	0.15～0.35	0.74～1.00	0.40～0.60	—	—	0.040	0.040	—	B：0.0005

表 4-109 25MnB 钢牌号及化学成分（质量分数）对照 （%）

标准号	牌号 统一数字代号	C	Si	Mn	Cr	Ni	Mo	P	S	Cu	其他
								≤			
GB/T 3077—2015	25MnB A712502	0.23 ~ 0.28	0.17 ~ 0.37	1.00 ~ 1.40	≤0.30	≤0.30	≤0.10	0.030	0.030	0.30	B：0.0008 ~ 0.0035
ISO 683 - 2:2016	20MnB5	0.17 ~ 0.23	≤0.40	1.10 ~ 1.40	—	—	—	0.025	0.035	0.40	B：0.0008 ~ 0.0050
EN 10263 - 4:2017（E）	23MnB4 1.5535	0.20 ~ 0.25	≤0.30	0.90 ~ 1.20	≤0.30	—	—	0.025	0.025	0.25	B：0.0008 ~ 0.0050

表 4-110 35MnB 钢牌号及化学成分（质量分数）对照 （%）

标准号	牌号 统一数字代号	C	Si	Mn	Cr	Ni	Mo	P	S	Cu	其他
								≤			
GB/T 3077—2015	35MnB A713502	0.32 ~ 0.38	0.17 ~ 0.37	1.00 ~ 1.40	≤0.30	≤0.30	≤0.10	0.030	0.030	0.30	B：0.0008 ~ 0.0035
ISO 683 - 2:2016	30MnB5	0.27 ~ 0.33	≤0.40	1.10 ~ 1.40	—	—	—	0.025	0.035	0.40	B：0.0008 ~ 0.0050
EN 10263 - 4:2017（E）	37MnB5 1.5538	0.35 ~ 0.40	≤0.30	1.15 ~ 1.45	≤0.30	—	—	0.025	0.025	0.25	B：0.0008 ~ 0.0050

表 4-111 40MnB 钢牌号及化学成分（质量分数）对照 （%）

标准号	牌号 统一数字代号	C	Si	Mn	Cr	Ni	Mo	P	S	Cu	其他
								≤			
GB/T 3077—2015	40MnB A71402	0.37 ~ 0.44	0.17 ~ 0.37	1.00 ~ 1.40	≤0.30	≤0.30	≤0.10	0.030	0.030	0.30	B：0.0008 ~ 0.0035
ISO 683 - 2:2016	39MnB5	0.36 ~ 0.42	≤0.40	1.15 ~ 1.45	—	—	—	0.025	0.035	0.40	B：0.0008 ~ 0.0050
EN 10083 - 3:2006（E）	38MnB5 1.5532	0.36 ~ 0.42	≤0.40	1.15 ~ 1.45	—	—	—	0.025	0.035	—	B：0.0008 ~ 0.0050

表 4-112　45MnB 钢牌号及化学成分（质量分数）　（%）

标准号	牌号 统一数字代号	C	Si	Mn	Cr	Ni	Mo	P	S	Cu	其他
								≤			
GB/T 3077—2015	45MnB A71452	0.42~0.49	0.17~0.37	1.00~1.40	≤0.30	≤0.30	≤0.10	0.030	0.030	0.30	B：0.0008~0.0035

表 4-113　20MnMoB 钢牌号及化学成分（质量分数）对照　（%）

标准号	牌号 统一数字代号	C	Si	Mn	Cr	Ni	Mo	P	S	Cu	其他
								≤			
GB/T 3077—2015	20MnMoB A72202	0.16~0.22	0.17~0.37	0.90~1.20	≤0.30	≤0.30	0.20~0.30	0.030	0.030	0.30	B：0.0008~0.0035
ASTM A519/A519M—2017	94B17	0.15~0.20	0.15~0.35	0.75~1.00	0.30~0.50	0.30~0.60	0.08~0.15	0.040	0.040	—	B：0.0005

表 4-114　15MnVB 钢牌号及化学成分（质量分数）　（%）

标准号	牌号 统一数字代号	C	Si	Mn	Cr	Ni	Mo	P	S	Cu	其他
								≤			
GB/T 3077—2015	15MnVB A73152	0.12~0.18	0.17~0.37	1.20~1.60	≤0.30	≤0.30	≤0.10	0.030	0.030	0.30	V：0.07~0.12 B：0.0008~0.0035

表 4-115　20MnVB 钢牌号及化学成分（质量分数）　（%）

标准号	牌号 统一数字代号	C	Si	Mn	Cr	Ni	Mo	P	S	Cu	其他
								≤			
GB/T 3077—2015	20MnVB A73202	0.17~0.23	0.17~0.37	1.20~1.60	≤0.30	≤0.30	≤0.10	0.030	0.030	0.30	V：0.07~0.12 B：0.0008~0.0035

表 4-116 40MnVB 钢牌号及化学成分（质量分数） （%）

标准号	牌号 统一数字代号	C	Si	Mn	Cr	Ni	Mo	P	S	Cu	其他
								≤			
GB/T 3077—2015	40MnVB A73402	0.37～0.44	0.17～0.37	1.10～1.40	≤0.30	≤0.30	≤0.10	0.030	0.030	0.30	V：0.05～0.10 B：0.0008～0.0035

表 4-117 20MnTiB 钢牌号及化学成分（质量分数）对照 （%）

标准号	牌号 统一数字代号	C	Si	Mn	Cr	Ni	Mo	P	S	Cu	其他
								≤			
GB/T 3077—2015	20MnTiB A74202	0.17～0.24	0.17～0.37	1.30～1.60	≤0.30	≤0.30	≤0.10	0.030	0.030	0.30	Ti：0.04～0.10 B：0.0008～0.0035
ГОСТ 4543—1971	20ГТР	0.17～0.23	0.17～0.37	0.80～1.10	≤0.30	≤0.30	≤0.15	0.035	0.035	0.30	Ti：0.03～0.09 B≥0.001

表 4-118 25MnTiBRE 钢牌号及化学成分（质量分数） （%）

标准号	牌号 统一数字代号	C	Si	Mn	Cr	Ni	Mo	P	S	Cu	其他
								≤			
GB/T 3077—2015	25MnTiBRE① A74252	0.22～0.28	0.20～0.45	1.30～1.60	≤0.30	≤0.30	≤0.10	0.030	0.030	0.30	Ti：0.04～0.10 B：0.0008～0.0035

① 稀土按0.05%计算量加入，成品分析结果供参考。

表 4-119　15Cr 钢牌号及化学成分（质量分数）对照　（%）

标准号	牌号 统一数字代号	C	Si	Mn	Cr	Ni	Mo	P	S	Cu	其他
								≤			
GB/T 3077—2015	15Cr A20152	0.12~0.17	0.17~0.37	0.40~0.70	0.70~1.00	≤0.30	≤0.10	0.030	0.030	0.30	—
ГОСТ 4543—1971	15X	0.12~0.18	0.17~0.37	0.40~0.70	0.70~1.00	≤0.30	V≤0.05	0.035	0.035	0.30	W：0.20 Ti：0.03
JIS G4053:2016	SCr415	0.13~0.18	0.15~0.35	0.60~0.90	0.90~1.20	≤0.25	—	0.030	0.030	0.30	—
ASTM A519/A519M—2017	5115	0.13~0.18	0.15~0.35	0.70~0.90	0.70~0.90	—	—	0.040	0.040	—	—
ISO 683-3:2019	17Cr3	0.14~0.20	0.15~0.40	0.60~0.90	0.70~1.00	—	—	0.025	0.035	0.40	—
EN 10263-3:2017（E）	17Cr3 1.7016	0.14~0.20	≤0.30	0.60~0.90	0.70~1.00	—	—	0.025	0.025	0.25	—

表 4-120　20Cr 钢牌号及化学成分（质量分数）对照　（%）

标准号	牌号 统一数字代号	C	Si	Mn	Cr	Ni	Mo	P	S	Cu	其他
								≤			
GB/T 3077—2015	20Cr A20202	0.18~0.24	0.17~0.37	0.50~0.80	0.70~1.00	≤0.30	≤0.10	0.030	0.030	0.30	—
ГОСТ 4543—1971	20X	0.17~0.23	0.17~0.37	0.50~0.80	0.70~1.00	≤0.30	V≤0.05	0.035	0.035	0.30	W：0.20 Ti：0.03
JIS G4053:2016	SCr420	0.18~0.23	0.15~0.35	0.60~0.90	0.90~1.20	≤0.25	—	0.030	0.030	0.30	—
ASTM A519/A519M—2017	5120	0.17~0.22	0.15~0.35	0.70~0.90	0.70~0.90	—	—	0.040	0.040	—	—
ISO 683-3:2019	20Cr4	0.17~0.23	0.15~0.40	0.60~0.90	0.90~1.20	—	—	0.025	0.035	0.40	—

表 4-121 30Cr 钢牌号及化学成分（质量分数）对照 （%）

标准号	牌号 统一数字代号	C	Si	Mn	Cr	Ni	Mo	P	S	Cu	其他
								≤			
GB/T 3077—2015	30Cr A20302	0.27~0.34	0.17~0.37	0.50~0.80	0.80~1.10	≤0.30	≤0.10	0.030	0.030	0.30	—
ГОСТ 4543—1971	30X	0.27~0.33	0.17~0.37	0.50~0.80	0.80~1.10	≤0.30	V≤0.05	0.035	0.035	0.30	W：0.20 Ti：0.03
JIS G4053:2016	SCr430	0.28~0.33	0.15~0.35	0.60~0.90	0.90~1.20	≤0.25	—	0.030	0.030	0.30	—
ASTM A519/A519M—2017	5130	0.28~0.33	0.15~0.35	0.70~0.90	0.80~1.10	—	—	0.040	0.040	—	—
ISO 683-3:2019	28Cr4	0.24~0.31	≤0.40	0.60~0.90	0.90~1.20	—	—	0.025	0.035	0.40	—
EN 10263-4:2017（E）	34Cr4 1.7033	0.30~0.37	≤0.40	0.60~0.90	0.90~1.20	—	—	0.025	0.035	—	—

表 4-122 35Cr 钢牌号及化学成分（质量分数）对照 （%）

标准号	牌号 统一数字代号	C	Si	Mn	Cr	Ni	Mo	P	S	Cu	其他
								≤			
GB/T 3077—2015	35Cr A20352	0.32~0.39	0.17~0.37	0.50~0.80	0.80~1.10	≤0.30	≤0.10	0.030	0.030	0.30	—
ГОСТ 4543—1971	35X	0.31~0.39	0.17~0.37	0.50~0.80	0.80~1.10	≤0.30	V≤0.05	0.035	0.035	0.30	W：0.20 Ti：0.03
JIS G4053:2016	SCr435	0.33~0.38	0.15~0.35	0.60~0.90	0.90~1.20	≤0.25	—	0.030	0.030	0.30	—
ASTM A519/A519M—2017	5135	0.33~0.38	0.15~0.35	0.60~0.80	0.80~1.05	—	—	0.040	0.040	—	—
ISO 683-2:2016	37Cr4	0.34~0.41	0.10~0.40	0.60~0.90	0.90~1.20	—	—	0.025	0.035	0.40	—
EN 10263-4:2017（E）	37Cr4 1.7034	0.34~0.41	≤0.30	0.60~0.90	0.90~1.20	—	—	0.025	0.025	0.25	—

表 4-123　40Cr 钢牌号及化学成分（质量分数）对照　（%）

标准号	牌号 统一数字代号	C	Si	Mn	Cr	Ni	Mo	P	S	Cu	其他
								≤			
GB/T 3077—2015	40Cr A20402	0.37～0.44	0.17～0.37	0.50～0.80	0.80～1.10	≤0.30	≤0.10	0.030	0.030	0.30	—
ГОСТ 4543—1971	40X	0.36～0.44	0.17～0.37	0.50～0.80	0.80～1.10	≤0.30	V≤0.05	0.035	0.035	0.30	W：0.20 Ti：0.03
JIS G4053:2016	SCr440	0.38～0.43	0.15～0.35	0.60～0.90	0.90～1.20	≤0.25	—	0.030	0.030	0.30	—
ASTM A519/A519M—2017	5140	0.38～0.43	0.15～0.35	0.70～0.90	0.70～0.90	—	—	0.040	0.040	—	—
ISO 683-2:2016	41Cr4	0.38～0.45	0.10～0.40	0.60～0.90	0.90～1.20	—	—	0.025	0.035	0.40	—
EN 10263-4:2017（E）	41Cr4 1.7035	0.38～0.45	≤0.30	0.60～0.90	0.90～1.20	—	—	0.025	0.025	0.25	—

表 4-124　45Cr 钢牌号及化学成分（质量分数）对照　（%）

标准号	牌号 统一数字代号	C	Si	Mn	Cr	Ni	Mo	P	S	Cu	其他
								≤			
GB/T 3077—2015	45Cr A20452	0.42～0.49	0.17～0.37	0.50～0.80	0.80～1.10	≤0.30	≤0.10	0.030	0.030	0.30	—
ГОСТ 4543—1971	45X	0.41～0.49	0.17～0.37	0.50～0.80	0.80～1.10	≤0.30	V≤0.05	0.035	0.035	0.30	W：0.20 Ti：0.03
JIS G4053:2016	SCr445	0.43～0.48	0.15～0.35	0.60～0.90	0.90～1.20	≤0.25	—	0.030	0.030	0.30	—
ASTM A519/A519M—2017	5145	0.43～0.48	0.15～0.35	0.70～0.90	0.70～0.90	—	—	0.040	0.040	—	—

表 4-125 50Cr 钢牌号及化学成分（质量分数）对照 （%）

标准号	牌号 统一数字代号	C	Si	Mn	Cr	Ni	Mo	P	S	Cu	其他
								≤			
GB/T 3077—2015	50Cr A20502	0. 47 ~0. 54	0. 17 ~0. 37	0. 50 ~0. 80	0. 80 ~1. 10	≤0. 30	≤0. 10	0. 030	0. 030	0. 30	—
ГОСТ 4543—1971	50X	0. 46 ~0. 54	0. 17 ~0. 37	0. 50 ~0. 80	0. 80 ~1. 10	≤0. 30	V≤0. 05	0. 035	0. 035	0. 30	W：0. 20 Ti：0. 03
ASTM A519/A519M—2017	5150	0. 48 ~0. 53	0. 15 ~0. 35	0. 70 ~0. 90	0. 70 ~0. 90	—	—	0. 040	0. 040	—	—

表 4-126 38CrSi 钢牌号及化学成分（质量分数）对照 （%）

标准号	牌号 统一数字代号	C	Si	Mn	Cr	Ni	Mo	P	S	Cu	其他
								≤			
GB/T 3077—2015	38CrSi A21382	0. 35 ~0. 43	1. 00 ~1. 30	0. 30 ~0. 60	1. 30 ~1. 60	≤0. 30	≤0. 10	0. 030	0. 030	0. 30	—
ГОСТ 4543—1971	38XC	0. 34 ~0. 42	1. 00 ~1. 40	0. 30 ~0. 60	1. 30 ~1. 60	≤0. 30	V≤0. 05	0. 035	0. 035	0. 30	W：0. 20 Ti：0. 03

表 4-127 12CrMo 钢牌号及化学成分（质量分数）对照 （%）

标准号	牌号 统一数字代号	C	Si	Mn	Cr	Ni	Mo	P	S	Cu	其他
								≤			
GB/T 3077—2015	12CrMo A30122	0. 08 ~0. 15	0. 17 ~0. 37	0. 40 ~0. 70	0. 40 ~0. 70	≤0. 30	0. 40 ~0. 55	0. 030	0. 030	0. 30	—
ГОСТ 20072—1994	12XM	0. 09 ~0. 16	0. 17 ~0. 37	0. 40 ~0. 70	0. 40 ~0. 70	≤0. 30	0. 40 ~0. 60	0. 030	0. 025	0. 20	V：0. 05 W：0. 20 Ti：0. 03
ISO 9328 -2：2018（E）	13CrMo4 -5	0. 08 ~0. 18	≤0. 35	0. 40 ~1. 00	0. 70 ~1. 15	—	0. 40 ~0. 60	0. 025	0. 010	0. 30	N：0. 012
EN 10222 -2：2017（E）	13CrMo4 -5 1. 7335	0. 08 ~0. 18	≤0. 35	0. 40 ~1. 00	0. 70 ~1. 15	≤0. 30	0. 40 ~0. 60	0. 025	0. 010	0. 30	—

表 4-128　15CrMo 钢牌号及化学成分（质量分数）对照　（%）

标准号	牌号 统一数字代号	C	Si	Mn	Cr	Ni	Mo	P	S	Cu	其他
								≤			
GB/T 3077—2015	15CrMo A30152	0.12～0.18	0.17～0.37	0.40～0.70	0.80～1.10	≤0.30	0.40～0.55	0.030	0.030	0.30	—
ГОСТ 4543—1971	15XM	0.11～0.18	0.17～0.37	0.40～0.70	0.80～1.10	≤0.30	0.40～0.55	0.035	0.055	0.30	V：0.05 W：0.20 Ti：0.03
JIS G 4053:2016	SCM415	0.13～0.18	0.15～0.35	0.60～0.90	0.90～1.20	≤0.25	0.15～0.25	0.030	0.030	0.30	—
ASTM A519/ A519M—2017	4118	0.18～0.23	0.15～0.35	0.70～0.90	0.40～0.60	—	0.08～0.15	0.040	0.040	—	—
ISO 9328-2: 2018（E）	14CrMo4-5	≤0.17	≤0.40	0.40～0.65	0.80～1.15	≤0.40	0.45～0.65	0.020	0.020	0.40	Ti：0.03 V：0.03 Nb：0.02
EN 10263-3: 2017（E）	18CrMo4 1.7243	0.15～0.21	≤0.30	0.60～0.90	0.90～1.20	—	0.15～0.25	0.025	0.025	0.25	—

表 4-129　20CrMo 钢牌号及化学成分（质量分数）对照　（%）

标准号	牌号 统一数字代号	C	Si	Mn	Cr	Ni	Mo	P	S	Cu	其他
								≤			
GB/T 3077—2015	20CrMo A30202	0.17～0.24	0.17～0.37	0.40～0.70	0.80～1.10	≤0.30	0.15～0.25	0.030	0.030	0.30	—
ГОСТ 4543—1971	20XM	0.15～0.25	0.17～0.37	0.40～0.70	0.80～1.10	≤0.30	0.15～0.25	0.035	0.055	0.30	V：0.05 W：0.20 Ti：0.03
JIS G 4053:2016	SCM420	0.18～0.23	0.15～0.35	0.60～0.90	0.90～1.20	≤0.25	0.15～0.25	0.030	0.030	0.30	—
ASTM A29/ A29M—2015	4120	0.18～0.23	0.15～0.35	0.90～1.20	0.40～0.60	—	0.13～0.20	0.035	0.040	—	—
ISO 683-3:2019	20MoCr4	0.17～0.23	0.10～0.40	0.70～1.00	0.30～0.60	—	0.40～0.50	0.025	0.035	0.40	—
EN 10263-3: 2017（E）	20MoCr4 1.7321	0.17～0.23	≤0.30	0.70～1.00	0.30～0.60	—	0.40～0.50	0.025	0.025	0.25	—

表 4-130 25CrMo 钢牌号及化学成分（质量分数）对照 （%）

标准号	牌号 统一数字代号	C	Si	Mn	Cr	Ni	Mo	P	S	Cu	其他
								≤			
GB/T 3077—2015	25CrMo A30252	0.22～0.29	0.17～0.37	0.60～0.90	0.90～1.20	≤0.30	0.15～0.30	0.030	0.030	0.30	—
JIS G 4053:2016	SCM425	0.23～0.28	0.15～0.35	0.60～0.90	0.90～1.20	≤0.25	0.15～0.30	0.030	0.030	0.30	—
ISO 683-3:2019	24CrMo4	0.20～0.27	0.10～0.40	0.60～0.90	0.90～1.20	—	0.15～0.30	0.025	0.035	0.40	—
EN 10263-4:2017（E）	25CrMo4 1.7218	0.22～0.29	≤0.30	0.60～0.90	0.90～1.20	—	0.15～0.30	0.025	0.025	0.25	—

表 4-131 30CrMo 钢牌号及化学成分（质量分数）对照 （%）

标准号	牌号 统一数字代号	C	Si	Mn	Cr	Ni	Mo	P	S	Cu	其他
								≤			
GB/T 3077—2015	30CrMo A30302	0.26～0.33	0.17～0.37	0.40～0.70	0.80～1.10	≤0.30	0.15～0.25	0.030	0.030	0.30	—
ГОСТ 4543—1971	30XM	0.25～0.34	0.17～0.37	0.40～0.70	0.80～1.10	≤0.30	0.15～0.25	0.035	0.035	0.30	V：0.05 W：0.20 Ti：0.03
JIS G 4053:2016	SCM430	0.28～0.33	0.15～0.35	0.60～0.90	0.90～1.20	≤0.25	0.15～0.30	0.030	0.030	0.30	—
ASTM A519/A519M—2017	4130	0.28～0.33	0.15～0.35	0.40～0.60	0.80～1.10	—	0.15～0.25	0.040	0.040	—	—

表 4-132 35CrMo 钢牌号及化学成分（质量分数）对照 （%）

标准号	牌号 统一数字代号	C	Si	Mn	Cr	Ni	Mo	P	S	Cu	其他
								≤			
GB/T 3077—2015	35CrMo A30352	0.32～0.40	0.17～0.37	0.40～0.70	0.80～1.10	≤0.30	0.15～0.25	0.030	0.030	0.30	—

ГОСТ 4543—1971	35XM	0.32～0.40	0.17～0.37	0.40～0.70	0.80～1.10	≤0.30	0.15～0.25	0.035	0.035	0.30	V：0.05 W：0.20 Ti：0.03
JIS G 4053:2016	SCM435	0.33～0.38	0.15～0.35	0.60～0.90	0.90～1.20	≤0.25	0.15～0.30	0.030	0.030	0.30	—
ASTM A519/A519M—2017	4135	0.32～0.39	0.15～0.35	0.65～0.95	0.80～1.10	—	0.15～0.25	0.040	0.040	—	—
ISO 683-2:2016	34CrMo4	0.30～0.37	0.10～0.40	0.60～0.90	0.90～1.20	—	0.15～0.30	0.025	0.035	0.40	—
EN 10263-4:2017（E）	34CrMo4 1.7220	0.30～0.37	≤0.40	0.60～0.90	0.90～1.20	—	0.15～0.30	0.025	0.025	0.25	—

表4-133 42CrMo钢牌号及化学成分（质量分数）对照 （%）

标准号	牌号 统一数字代号	C	Si	Mn	Cr	Ni	Mo	P	S	Cu	其他
								≤			
GB/T 3077—2015	42CrMo A30422	0.38～0.45	0.17～0.37	0.50～0.80	0.90～1.20	≤0.30	0.15～0.25	0.030	0.030	0.30	—
ГОСТ 4543—1971	38XM	0.35～0.42	0.17～0.37	0.35～0.65	0.90～1.30	≤0.30	0.20～0.30	0.035	0.035	0.30	V：0.05 W：0.20 Ti：0.03
JIS G 4053:2016	SCM440	0.38～0.43	0.15～0.35	0.60～0.90	0.90～1.20	≤0.25	0.15～0.30	0.030	0.030	0.30	—
ASTM A519/A519M—2017	4142	0.40～0.45	0.15～0.35	0.75～1.00	0.80～1.10	—	0.15～0.25	0.040	0.040	—	—
ISO 683-2:2016	42CrMo4	0.38～0.45	0.10～0.40	0.60～0.90	0.90～1.20	—	0.15～0.30	0.025	0.035	0.40	—
EN 10263-4:2017（E）	42CrMo4 1.7225	0.38～0.45	≤0.30	0.60～0.90	0.90～1.20	—	0.15～0.30	0.025	0.025	0.25	—

表 4-134 50CrMo 钢牌号及化学成分（质量分数）对照 （%）

标准号	牌号 统一数字代号	C	Si	Mn	Cr	Ni	Mo	P	S	Cu	其他
								≤			
GB/T 3077—2015	50CrMo A30502	0.46～0.54	0.17～0.37	0.50～0.80	0.90～1.20	≤0.30	0.15～0.30	0.030	0.030	0.30	—
JIS G 4053:2016	SCM445	0.43～0.48	0.15～0.35	0.60～0.90	0.90～1.20	≤0.25	0.15～0.30	0.030	0.030	0.30	—
ASTM A519/ A519M—2017	4150	0.48～0.53	0.15～0.35	0.75～1.00	0.80～1.10	—	0.15～0.25	0.040	0.040	—	—
ISO 683-2:2016	50CrMo4	0.46～0.54	0.10～0.40	0.50～0.80	0.90～1.20	—	0.15～0.30	0.025	0.035	0.40	—
EN 10083-3: 2006（E）	50CrMo4 1.7228	0.46～0.54	≤0.40	0.50～0.80	0.90～1.20	—	0.15～0.30	0.025	0.035	—	—

表 4-135 12CrMoV 钢牌号及化学成分（质量分数）对照 （%）

标准号	牌号 统一数字代号	C	Si	Mn	Cr	Ni	Mo	P	S	Cu	其他
								≤			
GB/T 3077—2015	12CrMoV A31122	0.08～0.15	0.17～0.37	0.40～0.70	0.30～0.60	≤0.30	0.25～0.35	0.030	0.030	0.30	V：0.15～0.30
ГОСТ 5520—1979	12ХМФ	0.08～0.15	0.17～0.37	0.40～0.70	0.30～0.60	≤0.30	0.25～0.35	0.025	0.025	0.30	V：0.15～0.30 Al：0.02
EN 10222-2: 2017（E）	14MoV6-3 1.7715	0.10～0.18	≤0.40	0.40～0.70	0.30～0.60	Al≤0.020	0.50～0.70	0.025	0.010	Sn： 0.025	V：0.22～0.28

表 4-136 35CrMoV 钢牌号及化学成分（质量分数）对照 （%）

标准号	牌号 统一数字代号	C	Si	Mn	Cr	Ni	Mo	P	S	Cu	其他
								≤			
GB/T 3077—2015	35CrMoV A31352	0.30～0.38	0.17～0.37	0.40～0.70	1.00～1.30	≤0.30	0.20～0.30	0.030	0.030	0.30	V：0.10～0.20

ГОСТ 4543—1971	40XMФ	0. 37 ~ 0. 44	0. 17 ~ 0. 37	0. 40 ~ 0. 70	0. 80 ~ 1. 10	≤0. 30	0. 20 ~ 0. 30	0. 025	0. 025	0. 30	V：0. 10 ~ 0. 18 W：0. 20 Ti：0. 03
ISO 683 -5：2017（E）	31CrMoV9	0. 27 ~ 0. 34	≤0. 40	0. 40 ~ 0. 70	2. 30 ~ 2. 70	—	0. 15 ~ 0. 25	0. 025	0. 035	—	V：0. 10 ~ 0. 20
EN 10085：2001（E）	31CrMoV9 1. 8519	0. 27 ~ 0. 34	≤0. 40	0. 40 ~ 0. 70	2. 30 ~ 2. 70	—	0. 15 ~ 0. 25	0. 025	0. 035	—	V：0. 10 ~ 0. 20

表 4-137 12Cr1MoV 钢牌号及化学成分（质量分数）对照 （%）

标准号	牌号 统一数字代号	C	Si	Mn	Cr	Ni	Mo	P	S	Cu	其他
								≤			
GB/T 3077—2015	12Cr1MoV A31132	0. 08 ~ 0. 15	0. 17 ~ 0. 37	0. 40 ~ 0. 70	0. 90 ~ 1. 20	≤0. 30	0. 25 ~ 0. 35	0. 030	0. 030	0. 30	V：0. 15 ~ 0. 30
ГОСТ 5520—1979	12X1MФ	0. 08 ~ 0. 15	0. 17 ~ 0. 37	0. 40 ~ 0. 70	0. 90 ~ 1. 20	≤0. 30	0. 25 ~ 0. 35	0. 025	0. 025	0. 30	V：0. 15 ~ 0. 30 Al：0. 02

表 4-138 25Cr2MoV 钢牌号及化学成分（质量分数）对照 （%）

标准号	牌号 统一数字代号	C	Si	Mn	Cr	Ni	Mo	P	S	Cu	其他
								≤			
GB/T 3077—2015	25Cr2MoV A31252	0. 22 ~ 0. 29	0. 17 ~ 0. 37	0. 40 ~ 0. 70	1. 50 ~ 1. 80	≤0. 30	0. 25 ~ 0. 35	0. 030	0. 030	0. 30	V：0. 15 ~ 0. 30
ГОСТ 20072—1994	25X1MФA	0. 22 ~ 0. 29	0. 17 ~ 0. 37	0. 40 ~ 0. 70	1. 50 ~ 1. 80	≤0. 30	0. 25 ~ 0. 35	0. 030	0. 025	0. 20	V：0. 15 ~ 0. 60 W：0. 20 Ti：0. 05

（续）

标准号	牌号 统一数字代号	C	Si	Mn	Cr	Ni	Mo	P	S	Cu	其他
								≤			
ISO 683－5：2017（E）	31CrMoV9	0.27～0.34	≤0.40	0.40～0.70	2.30～2.70	—	0.15～0.25	0.025	0.035	—	V：0.10～0.20
EN 10085：2001（E）	31CrMoV9 1.8519	0.27～0.34	≤0.40	0.40～0.70	2.30～2.70	—	0.15～0.25	0.025	0.035	—	V：0.10～0.20

表4-139　25Cr2MoV钢牌号及化学成分（质量分数）对照　（%）

标准号	牌号 统一数字代号	C	Si	Mn	Cr	Ni	Mo	P	S	Cu	其他
								≤			
GB/T 3077—2015	25Cr2Mo1V A31262	0.22～0.29	0.17～0.37	0.50～0.80	2.10～2.50	≤0.30	0.90～1.10	0.030	0.030	0.30	V：0.30～0.50
ГОСТ 20072—1994	25Х1М1ФА	0.22～0.29	0.17～0.37	0.40～0.70	1.50～1.80	≤0.30	0.60～0.80	0.030	0.025	0.20	V：0.15～0.30 W：0.20 Ti：0.05
ISO 683－5：2017（E）	33CrMoV12－9	0.29～0.36	≤0.40	0.40～0.70	2.80～3.30	—	0.70～1.00	0.025	0.035	—	V：0.15～0.25
EN 10085：2001（E）	33CrMoV12－9 1.8572	0.29～0.36	≤0.40	0.40～0.70	2.80～3.30	—	0.70～1.00	0.025	0.035	—	V：0.15～0.25

表4-140　38CrMoAl钢牌号及化学成分（质量分数）对照　（%）

标准号	牌号 统一数字代号	C	Si	Mn	Cr	Ni	Mo	P	S	Cu	其他
								≤			
GB/T 3077—2015	38CrMoAl A33382	0.35～0.42	0.20～0.45	0.30～0.60	1.35～1.65	≤0.30	0.15～0.25	0.030	0.030	0.30	Al：0.70～1.10

ГОСТ 4543—1971	38Х1МЮА	0.35~0.43	0.20~0.45	0.30~0.60	1.35~1.65	≤0.30	0.15~0.25	0.025	0.025	0.20	Al：0.70~1.10 W：0.20V：0.05 Ti：0.05
JIS G4202:2005	SACM 645	0.40~0.50	0.15~0.50	≤0.60	1.30~1.70	≤0.25	0.15~0.30	0.030	0.030	0.30	Al：0.70~1.20
ASTM A519/A519M—2017	E7140	0.38~0.43	0.15~0.40	0.50~0.70	1.40~1.80	—	0.30~0.40	0.025	0.025	—	Al：0.95~1.30
ISO 683-5:2017（E）	41CrAlMo7-10	0.38~0.45	≤0.40	0.40~0.70	1.50~1.80	—	0.20~0.35	0.025	0.035	—	Al：0.80~1.20
EN 10085:2001（E）	41CrAlMo7-10 1.8509	0.38~0.45	≤0.40	0.40~0.70	1.50~1.80	—	0.20~0.35	0.025	0.035	—	Al：0.80~1.20

表4-141 40CrV钢牌号及化学成分（质量分数）对照 （%）

标准号	牌号 统一数字代号	C	Si	Mn	Cr	Ni	Mo	P	S	Cu	其他
									≤		
GB/T 3077—2015	40CrV A23402	0.37~0.44	0.17~0.37	0.50~0.80	0.80~1.10	≤0.30	≤0.10	0.030	0.030	0.30	V：0.10~0.20
ГОСТ 4543—1971	40ХФА	0.37~0.44	0.17~0.37	0.50~0.80	0.80~1.10	≤0.30	≤0.05	0.025	0.025	0.30	V：0.10~0.18 W：0.20 Ti：0.03

表 4-142 50CrV 钢牌号及化学成分（质量分数）对照 （%）

标准号	牌号 统一数字代号	C	Si	Mn	Cr	Ni	Mo	P	S	Cu	其他
								≤			
GB/T 3077—2015	50CrV A23502	0.47～0.54	0.17～0.37	0.50～0.80	0.80～1.10	≤0.30	≤0.10	0.030	0.030	0.30	V：0.10～0.20
ГОСТ 14959—1979	50ХФА	0.46～0.54	0.17～0.37	0.50～0.80	0.80～1.10	≤0.25	—	0.025	0.025	0.20	V：0.10～0.20 W：0.20 Ti：0.03
JIS G 4801:2011	SUP 10	0.47～0.55	0.15～0.35	0.65～0.95	0.80～1.10	—	—	0.030	0.030	—	V：0.15～0.25
ASTM A519/A519M—2017	6150	0.48～0.53	0.15～0.35	0.70～0.90	0.80～1.10	—	—	0.040	0.040	—	V≥0.15
ISO 683-2:2016	51CrV4	0.47～0.55	0.10～0.40	0.60～1.00	0.80～1.10	—	—	0.025	0.025	0.40	V：0.10～0.25
EN 10083-3:2006（E）	51CrV4 1.8159	0.47～0.55	≤0.40	0.70～1.10	0.90～1.20	—	—	0.025	0.025	—	V：0.10～0.25

表 4-143 15CrMn 钢牌号及化学成分（质量分数）对照 （%）

标准号	牌号 统一数字代号	C	Si	Mn	Cr	Ni	Mo	P	S	Cu	其他
								≤			
GB/T 3077—2015	15CrMn A22152	0.12～0.18	0.17～0.37	1.10～1.40	0.40～0.70	≤0.30	≤0.10	0.030	0.030	0.30	—
ГОСТ 4543—1971	18ХГ	0.15～0.21	0.17～0.37	0.90～1.20	0.90～1.20	≤0.30	—	0.035	0.035	0.30	V：0.05 W：0.20 Ti：0.03
ASTM A519/A519M—2017	5115	0.13～0.18	0.15～0.35	0.70～0.90	0.70～0.90	—	—	0.040	0.040	—	—
ISO 683-3:2019	16MnCr5	0.14～0.19	0.15～0.40	1.00～1.30	0.80～1.10	—	—	0.025	0.035	0.40	—
EN 10084:2008（E）	16MnCr5 1.7131	0.14～0.19	≤0.40	1.00～1.30	0.80～1.10	—	—	0.025	0.035	—	—

表 4-144 20CrMn 钢牌号及化学成分（质量分数）对照 （%）

标准号	牌号 统一数字代号	C	Si	Mn	Cr	Ni	Mo	P	S	Cu	其他
								≤			
GB/T 3077—2015	20CrMn A22202	0. 17 ~0. 23	0. 17 ~0. 37	0. 90 ~1. 20	0. 90 ~1. 20	≤0. 30	≤0. 10	0. 030	0. 030	0. 30	—
ГОСТ 4543—1971	18ХГ	0. 15 ~0. 21	0. 17 ~0. 37	0. 90 ~1. 20	0. 90 ~1. 20	≤0. 30	—	0. 035	0. 035	0. 30	V：0. 05 W：0. 20 Ti：0. 03
JIS G 4053:2016	SMnC420	0. 17 ~0. 23	0. 15 ~0. 35	1. 20 ~1. 50	0. 35 ~0. 70	≤0. 25	—	0. 030	0. 030	0. 30	—
ASTM A519/ A519M—2017	5120	0. 17 ~0. 22	0. 15 ~0. 35	0. 70 ~0. 90	0. 70 ~0. 90	—	—	0. 040	0. 040	—	—
ISO 683 -3:2019	20MnCr5	0. 17 ~0. 22	0. 15 ~0. 40	1. 10 ~1. 40	1. 00 ~1. 30	—	—	0. 025	0. 035	0. 40	—
EN 10084: 2008（E）	20MnCr5 1. 7147	0. 17 ~0. 22	≤0. 40	1. 10 ~1. 40	1. 00 ~1. 30	—	—	0. 025	0. 035	—	—

表 4-145 40CrMn 钢牌号及化学成分（质量分数）对照 （%）

标准号	牌号 统一数字代号	C	Si	Mn	Cr	Ni	Mo	P	S	Cu	其他
								≤			
GB/T 3077—2015	40CrMn A22402	0. 37 ~0. 45	0. 17 ~0. 37	0. 90 ~1. 20	0. 90 ~1. 20	≤0. 30	≤0. 10	0. 030	0. 030	0. 30	—
JIS G 4053:2016	SMnC443	0. 40 ~0. 46	0. 15 ~0. 35	1. 35 ~1. 65	0. 35 ~0. 70	≤0. 25	—	0. 030	0. 030	0. 30	—
ASTM A519/ A519M—2017	5140	0. 38 ~0. 43	0. 15 ~0. 35	0. 70 ~0. 90	0. 70 ~0. 90	—	—	0. 040	0. 040	—	—
ISO 683 -18: 2014（E）	41Cr4	0. 38 ~0. 45	0. 10 ~0. 40	0. 60 ~0. 90	0. 90 ~1. 20	—	—	0. 025	0. 035	0. 40	—
EN 10083 -2: 2006（E）	41Cr4 1. 7035	0. 38 ~0. 45	≤0. 40	0. 60 ~0. 90	0. 90 ~1. 20	—	—	0. 025	0. 035	—	—

表 4-146 20CrMnSi 钢牌号及化学成分（质量分数）对照 （%）

标准号	牌号 统一数字代号	C	Si	Mn	Cr	Ni	Mo	P	S	Cu	其他
								≤			
GB/T 3077—2015	20CrMnSi A24202	0.17~0.23	0.90~1.20	0.80~1.10	0.80~1.10	≤0.30	≤0.10	0.030	0.030	0.30	—
ГОСТ 4543—1971	20ХГСА	0.17~0.23	0.90~1.20	0.80~1.10	0.80~1.10	≤0.30	—	0.025	0.025	0.30	V：0.05 W：0.20 Ti：0.03

表 4-147 25CrMnSi 钢牌号及化学成分（质量分数）对照 （%）

标准号	牌号 统一数字代号	C	Si	Mn	Cr	Ni	Mo	P	S	Cu	其他
								≤			
GB/T 3077—2015	25CrMnSi A24252	0.22~0.28	0.90~1.20	0.80~1.10	0.80~1.10	≤0.30	≤0.10	0.030	0.030	0.30	—
ГОСТ 4543—1971	25ХГСА	0.22~0.28	0.90~1.20	0.80~1.10	0.80~1.10	≤0.30	—	0.025	0.025	0.30	V：0.05 W：0.20 Ti：0.03

表 4-148 30CrMnSi 钢牌号及化学成分（质量分数）对照 （%）

标准号	牌号 统一数字代号	C	Si	Mn	Cr	Ni	Mo	P	S	Cu	其他
								≤			
GB/T 3077—2015	30CrMnSi A24302	0.28~0.34	0.90~1.20	0.80~1.10	0.80~1.10	≤0.30	≤0.10	0.030	0.030	0.30	—
ГОСТ 4543—1971	30ХГСА	0.28~0.35	0.90~1.20	0.80~1.10	0.80~1.10	≤0.30	—	0.035	0.035	0.30	V：0.05 W：0.20 Ti：0.03

表4-149　35CrMnSi钢牌号及化学成分（质量分数）对照　（%）

标准号	牌号 统一数字代号	C	Si	Mn	Cr	Ni	Mo	P	S	Cu	其他
								≤			
GB/T 3077—2015	35CrMnSi A24352	0.32~0.39	1.10~1.40	0.80~1.10	1.10~1.40	≤0.30	≤0.10	0.030	0.030	0.30	—
ГОСТ 4543—1971	35ХГСА	0.32~0.39	1.10~1.40	0.80~1.10	1.10~1.40	≤0.30	—	0.025	0.025	0.30	V：0.05 W：0.20 Ti：0.03

表4-150　20CrMnMo钢牌号及化学成分（质量分数）对照　（%）

标准号	牌号 统一数字代号	C	Si	Mn	Cr	Ni	Mo	P	S	Cu	其他
								≤			
GB/T 3077—2015	20CrMnMo A34202	0.17~0.23	0.17~0.37	0.90~1.20	1.10~1.40	≤0.30	0.20~0.30	0.030	0.030	0.30	—
ГОСТ 4543—1971	25ХГМ	0.23~0.29	0.17~0.37	0.90~1.20	0.90~1.20	≤0.30	0.20~0.30	0.035	0.035	0.30	V：0.05 W：0.20 Ti：0.03
JIS G 4053:2016	SCM421	0.17~0.23	0.15~0.35	0.70~1.00	0.90~1.20	≤0.25	0.15~0.25	0.030	0.030	0.30	—
ASTM A29/ A29M—2015	4121	0.18~0.23	0.15~0.35	0.75~1.00	0.45~0.65	—	0.20~0.30	0.035	0.040	—	—
ISO 683-3:2019	18CrMo4	0.15~0.21	0.15~0.40	0.60~0.90	0.90~1.20	—	0.15~0.25	0.025	0.035	0.40	—
EN 10263-3: 2017（E）	18CrMo4 1.7243	0.15~0.21	≤0.30	0.60~0.90	0.90~1.20	—	0.15~0.25	0.025	0.025	0.25	—

表4-151 40CrMnMo钢牌号及化学成分（质量分数）对照 （%）

标准号	牌号 统一数字代号	C	Si	Mn	Cr	Ni	Mo	P	S	Cu	其他
								≤			
GB/T 3077—2015	40CrMnMo A34402	0.37~0.45	0.17~0.37	0.90~1.20	0.90~1.20	≤0.30	0.20~0.30	0.030	0.030	0.30	—
JIS G 4053:2016	SCM440	0.38~0.43	0.15~0.35	0.60~0.90	0.90~1.20	≤0.25	0.15~0.30	0.030	0.030	0.30	—
ASTM A519/ A519M—2017	4140	0.38~0.43	0.15~0.35	0.75~1.00	0.80~1.10	—	0.20~0.30	0.040	0.040	—	—
ISO 683-2:2016	42CrMo4	0.38~0.45	0.10~0.40	0.60~0.90	0.90~1.20	—	0.15~0.30	0.025	0.035	0.40	—
EN 10263-4: 2017（E）	42CrMo4 1.7225	0.38~0.45	≤0.30	0.60~0.90	0.90~1.20	—	0.15~0.30	0.025	0.025	0.25	—

表4-152 20CrMnTi钢牌号及化学成分（质量分数）对照 （%）

标准号	牌号 统一数字代号	C	Si	Mn	Cr	Ni	Mo	P	S	Cu	其他
								≤			
GB/T 3077—2015	20CrMnTi A26202	0.17~0.23	0.17~0.37	0.80~1.10	1.00~1.30	≤0.30	≤0.10	0.030	0.030	0.30	Ti：0.04~0.10
ГОСТ 4543—1971	20ХГТ	0.17~0.23	0.17~0.37	0.80~1.10	1.00~1.30	≤0.30	0.20~0.30	0.035	0.035	0.30	Ti：0.03~0.09 V：0.05 W：0.20

表4-153 30CrMnTi钢牌号及化学成分（质量分数）对照 （%）

标准号	牌号 统一数字代号	C	Si	Mn	Cr	Ni	Mo	P	S	Cu	其他
								≤			
GB/T 3077—2015	30CrMnTi A26302	0.24~0.33	0.17~0.37	0.80~1.10	1.00~1.30	≤0.30	≤0.10	0.030	0.030	0.30	Ti：0.04~0.10
ГОСТ 4543—1971	30ХГТ	0.24~0.32	0.17~0.37	0.80~1.10	1.00~1.30	≤0.30	0.20~0.30	0.035	0.035	0.30	Ti：0.03~0.09 V：0.05 W：0.20

表4-154 20CrNi 钢牌号及化学成分（质量分数）对照 （%）

标准号	牌号 统一数字代号	C	Si	Mn	Cr	Ni	Mo	P	S	Cu	其他
								≤			
GB/T 3077—2015	20CrNi A40202	0.17~0.23	0.17~0.37	0.40~0.70	0.45~0.75	1.00~1.40	≤0.10	0.030	0.030	0.30	—
ГОСТ 4543—1971	20XH	0.17~0.23	0.17~0.37	0.40~0.70	0.45~0.75	1.00~1.40	—	0.035	0.035	0.30	V：0.05 W：0.20 Ti：0.03
JIS G 4053:2016	SNC415	0.12~0.18	0.15~0.35	0.35~0.65	0.20~0.50	2.00~2.50	—	0.030	0.030	0.30	—
ASTM A519/ A519M—2017	4720	0.17~0.22	0.15~0.35	0.50~0.70	0.35~0.55	0.90~1.20	0.15~0.25	0.040	0.040	—	—
ISO 683-3:2019	20NiCrMo2-2	0.17~0.23	0.15~0.40	0.65~0.95	0.35~0.70	0.40~0.70	0.15~0.25	0.025	0.035	0.40	—
EN 10263-3: 2017（E）	20NiCrMo2-2 1.6523	0.17~0.23	≤0.30	0.65~0.95	0.35~0.70	0.40~0.70	0.15~0.25	0.025	0.025	0.25	—

表4-155 40CrNi 钢牌号及化学成分（质量分数）对照 （%）

标准号	牌号 统一数字代号	C	Si	Mn	Cr	Ni	Mo	P	S	Cu	其他
								≤			
GB/T 3077—2015	40CrNi A40402	0.37~0.44	0.17~0.37	0.50~0.80	0.45~0.75	1.00~1.40	≤0.10	0.030	0.030	0.30	—
ГОСТ 4543—1971	40XH	0.36~0.44	0.17~0.37	0.50~0.80	0.45~0.75	1.00~1.40	—	0.035	0.035	0.30	V：0.05 W：0.20 Ti：0.03
JIS G 4053:2016	SNC236	0.32~0.40	0.15~0.35	0.50~0.80	0.50~0.90	1.00~1.50	—	0.030	0.030	0.30	—
ASTM A519/ A519M—2017	3140	0.38~0.43	0.15~0.35	0.70~0.90	0.55~0.75	1.10~1.40	—	0.040	0.040	—	—
ISO 683-2:2016	36NiCrMo4	0.32~0.40	0.10~0.40	0.50~0.80	0.90~1.20	0.90~1.20	0.15~0.30	0.025	0.035	0.40	—
EN 10263-4: 2017（E）	41NiCrMo7- 3-2 1.6563	0.38~0.44	≤0.30	0.60~0.90	0.70~0.90	1.65~2.00	0.15~0.30	0.025	0.025	0.25	—

表 4-156 45CrNi 钢牌号及化学成分（质量分数）对照 （%）

标准号	牌号 统一数字代号	C	Si	Mn	Cr	Ni	Mo	P	S	Cu	其他
								≤			
GB/T 3077—2015	45CrNi A40452	0.42～0.49	0.17～0.37	0.50～0.80	0.45～0.75	1.00～1.40	≤0.10	0.030	0.030	0.30	—
ГОСТ 4543—1971	45XH	0.41～0.49	0.17～0.37	0.50～0.80	0.45～0.75	1.00～1.40	V≤0.05	0.035	0.035	0.30	W：0.20 Ti：0.03
JIS G 4053:2016	SNC246	0.43～0.49	0.15～0.35	0.50～0.80	0.50～0.90	1.00～1.50	—	0.035	0.035	0.30	—
ASTM A519/ A519M—2017	8645	0.43～0.48	0.15～0.35	0.75～1.00	0.40～0.60	0.40～0.70	0.15～0.25	0.040	0.040	—	—

表 4-157 50CrNi 钢牌号及化学成分（质量分数）对照 （%）

标准号	牌号 统一数字代号	C	Si	Mn	Cr	Ni	Mo	P	S	Cu	其他
								≤			
GB/T 3077—2015	50CrNi A40502	0.47～0.54	0.17～0.37	0.50～0.80	0.45～0.75	1.00～1.40	≤0.10	0.030	0.030	0.30	—
ГОСТ 4543—1971	50XH	0.46～0.54	0.17～0.37	0.50～0.80	0.45～0.75	1.00～1.40	—	0.035	0.035	0.30	V：0.05 W：0.20 Ti：0.03
JIS G 4053:2016	SNCM447	0.44～0.50	0.15～0.35	0.60～0.90	0.60～1.00	1.60～2.00	0.15～0.30	0.030	0.030	0.30	—
ASTM A519/ A519M—2017	9850	0.48～0.53	0.15～0.35	0.70～0.90	0.70～0.90	0.85～1.15	0.20～0.30	0.040	0.040	—	—

表 4-158 12CrNi2 钢牌号及化学成分（质量分数）对照 （%）

标准号	牌号 统一数字代号	C	Si	Mn	Cr	Ni	Mo	P	S	Cu	其他
								≤			
GB/T 3077—2015	12CrNi2 A41122	0.10～0.17	0.17～0.37	0.30～0.60	0.60～0.90	1.50～1.90	≤0.10	0.030	0.030	0.30	—

ГОСТ 4543—1971	12XH2	0.09～0.16	0.17～0.37	0.30～0.60	0.60～0.90	1.50～1.90	—	0.035	0.035	0.30	V：0.05 W：0.20 Ti：0.03
JIS G 4053:2016	SNC415	0.12～0.18	0.15～0.35	0.35～0.65	0.20～0.50	2.00～2.50	—	0.030	0.030	0.30	—
ISO 683-3:2019	16NiCr4	0.13～0.19	0.15～0.40	0.70～1.00	0.60～1.00	0.80～1.10	—	0.025	0.035	0.40	—
EN 10263-3：2017（E）	10NiCr5-4 1.5805	0.07～0.12	≤0.30	0.60～0.90	0.90～1.20	1.20～1.50	—	0.025	0.025	0.25	—

表 4-159 34CrNi2 钢牌号及化学成分（质量分数）对照 （%）

标准号	牌号 统一数字代号	C	Si	Mn	Cr	Ni	Mo	P	S	Cu	其他
								≤			
GB/T 3077—2015	34CrNi2 A41342	0.30～0.37	0.17～0.37	0.60～0.90	0.80～1.10	1.20～1.60	≤0.10	0.030	0.030	0.30	—
JIS G 4053:2016	SNC236	0.32～0.40	0.15～0.35	0.50～0.80	0.50～0.90	1.00～1.50	—	0.030	0.030	0.30	—
ASTM A519/A519M—2017	4337	0.35～0.40	0.15～0.35	0.60～0.80	0.70～0.90	1.65～2.00	0.20～0.30	0.040	0.040	—	—
ISO 683-2:2016	34CrNiMo6	0.30～0.38	0.10～0.40	0.50～0.80	1.30～1.70	1.30～1.70	0.15～0.30	0.025	0.035	0.40	—
EN 10263-4：2017（E）	34CrNiMo6 1.6582	0.30～0.38	≤0.30	0.50～0.80	1.30～1.70	1.30～1.70	0.15～0.30	0.025	0.025	0.25	—

表 4-160 12CrNi3 钢牌号及化学成分（质量分数）对照 （%）

标准号	牌号 统一数字代号	C	Si	Mn	Cr	Ni	Mo	P	S	Cu	其他
								≤			
GB/T 3077—2015	12CrNi3 A42122	0.10～0.17	0.17～0.37	0.30～0.60	0.60～0.90	2.75～3.15	≤0.10	0.030	0.030	0.30	—

（续）

标准号	牌号 统一数字代号	C	Si	Mn	Cr	Ni	Mo	P	S	Cu	其他
								≤			
ГОСТ 4543—1971	12XH3A	0.09~0.16	0.17~0.37	0.30~0.60	0.60~0.90	2.75~3.15	—	0.025	0.025	0.30	V：0.05 W：0.20 Ti：0.03
JIS G 4053:2016	SNC815	0.12~0.18	0.15~0.35	0.35~0.65	0.60~1.00	3.00~3.50	—	0.030	0.030	0.30	—
ASTM A519/ A519M—2017	E3310	0.08~0.13	0.15~0.35	0.45~0.60	1.40~1.75	3.25~3.75	—	0.025	0.025	—	—
ISO 683-3:2019	15NiCr13	0.12~0.18	0.15~0.40	0.35~0.65	0.60~0.90	3.00~3.50	—	0.025	0.035	0.40	—
EN 10084: 2008（E）	15NiCr13 1.5752	0.14~0.20	≤0.40	0.40~0.70	0.60~0.90	3.00~3.50	—	0.025	0.035	—	—

表4-161　20CrNi3钢牌号及化学成分（质量分数）对照　（%）

标准号	牌号 统一数字代号	C	Si	Mn	Cr	Ni	Mo	P	S	Cu	其他
								≤			
GB/T 3077—2015	20CrNi3 A42202	0.17~0.24	0.17~0.37	0.30~0.60	0.60~0.90	2.75~3.15	≤0.10	0.030	0.030	0.30	—
ГОСТ 4543—1971	20XH3A	0.17~0.24	0.17~0.37	0.30~0.60	0.60~0.90	2.75~3.15	—	0.025	0.025	0.30	V：0.05 W：0.20 Ti：0.03
JIS G 4053:2016	SNC620	0.17~0.24	0.15~0.35	0.35~0.65	0.60~1.00	3.00~3.50	—	0.030	0.030	0.30	—
EN 10084: 2008（E）	20NiCrMo13-4 1.6660	0.17~0.22	≤0.40	0.30~0.60	0.80~1.20	3.00~3.50	0.30~0.50	0.025	0.035	—	—

表4-162 30CrNi3钢牌号及化学成分（质量分数）对照 （%）

标准号	牌号 统一数字代号	C	Si	Mn	Cr	Ni	Mo	P	S	Cu	其他
								≤			
GB/T 3077—2015	30CrNi3 A42302	0.27～0.33	0.17～0.37	0.30～0.60	0.60～0.90	2.75～3.15	≤0.10	0.030	0.030	0.30	—
ГОСТ 4543—1971	30XH3A	0.27～0.33	0.17～0.37	0.30～0.60	0.60～0.90	2.75～3.15	—	0.025	0.025	0.30	V：0.05 W：0.20 Ti：0.03
JIS G 4053:2016	SNC631	0.27～0.35	0.15～0.35	0.35～0.65	0.60～1.00	2.50～3.00	—	0.030	0.030	0.30	—
EN 10083－3：2006（E）	30NiCrMo16－6 1.6747	0.26～0.33	≤0.40	0.50～0.80	1.20～1.50	3.3～4.3	0.30～0.60	0.025	0.025	—	—

表4-163 37CrNi3钢牌号及化学成分（质量分数）对照 （%）

标准号	牌号 统一数字代号	C	Si	Mn	Cr	Ni	Mo	P	S	Cu	其他
								≤			
GB/T 3077—2015	37CrNi3 A42372	0.34～0.41	0.17～0.37	0.30～0.60	1.20～1.60	3.00～3.50	≤0.10	0.030	0.030	0.30	—
JIS G 4053:2016	SNC836	0.32～0.40	0.15～0.35	0.35～0.65	0.60～1.00	3.00～3.50	—	0.030	0.030	0.30	—
EN 10083－3：2006（E）	35NiCrMo16 1.6773	0.32～0.39	≤0.40	0.50～0.80	1.60～2.00	3.6～4.1	0.25～0.45	0.025	0.025	—	—

表4-164 12Cr2Ni4钢牌号及化学成分（质量分数）对照 （%）

标准号	牌号 统一数字代号	C	Si	Mn	Cr	Ni	Mo	P	S	Cu	其他
								≤			
GB/T 3077—2015	12Cr2Ni4 A43122	0.10～0.16	0.17～0.37	0.30～0.60	1.25～1.65	3.25～3.65	≤0.10	0.030	0.030	0.30	—
ГОСТ 4543—1971	12X2H4A	0.09～0.15	0.17～0.37	0.30～0.60	1.25～1.65	3.25～3.65	V≤0.05	0.035	0.035	0.30	W：0.20 Ti：0.03

（续）

标准号	牌号 统一数字代号	C	Si	Mn	Cr	Ni	Mo	P	S	Cu	其他
								≤			
JIS G 4053:2016	SNCM815	0.12~0.18	0.15~0.35	0.35~0.65	0.70~1.00	4.00~4.50	0.15~0.30	0.030	0.030	0.30	—
ASTM A519/A519M—2017	E3310	0.08~0.13	0.15~0.35	0.45~0.60	1.40~1.75	3.25~3.75	—	0.025	0.025	—	—
ISO 683-3:2019	15NiCr13	0.12~0.18	0.15~0.40	0.35~0.65	0.60~0.90	3.00~3.50	—	0.025	0.035	0.40	—
EN 10084:2008（E）	14NiCrMo13-4 1.6657	0.11~0.17	≤0.40	0.30~0.60	0.80~1.10	3.00~3.50	0.20~0.30	0.025	0.035	—	—

表4-165　20Cr2Ni4钢牌号及化学成分（质量分数）对照　（%）

标准号	牌号 统一数字代号	C	Si	Mn	Cr	Ni	Mo	P	S	Cu	其他
								≤			
GB/T 3077—2015	20Cr2Ni4 A43202	0.17~0.23	0.17~0.37	0.30~0.60	1.25~1.65	3.25~3.65	≤0.10	0.030	0.030	0.30	—
ГОСТ 4543—1971	20X2H4A	0.16~0.22	0.17~0.37	0.30~0.60	1.25~1.65	3.25~3.65	—	0.035	0.035	0.30	V：0.05 W：0.20 Ti：0.03

表4-166　15CrNiMo钢牌号及化学成分（质量分数）对照　（%）

标准号	牌号 统一数字代号	C	Si	Mn	Cr	Ni	Mo	P	S	Cu	其他
								≤			
GB/T 3077—2015	15CrNiMo A50152	0.13~0.18	0.17~0.37	0.70~0.90	0.45~0.65	0.70~1.00	0.45~0.60	0.030	0.030	0.30	—
JIS G 4053:2016	SNCM415	0.12~0.18	0.15~0.35	0.40~0.70	0.40~0.60	1.60~2.00	0.15~0.30	0.030	0.030	0.30	—
ASTM A29/A29M—2015	4715	0.13~0.18	0.15~0.35	0.70~0.90	0.45~0.65	0.70~1.00	0.45~0.60	0.035	0.040	—	—

ISO 683-3:2019	17NiCrMo6-4	0.14~0.20	0.15~0.40	0.60~0.90	0.80~1.10	1.20~1.60	0.15~0.25	0.025	0.035	0.40	—
EN 10084:2008（E）	17NiCrMo6-4 1.6566	0.14~0.20	≤0.40	0.60~0.90	0.80~1.10	1.20~1.50	0.15~0.25	0.025	0.035	—	—

表4-167 20CrNiMo钢牌号及化学成分（质量分数）对照 （%）

标准号	牌号 统一数字代号	C	Si	Mn	Cr	Ni	Mo	P	S	Cu	其他
								≤			
GB/T 3077—2015	20CrNiMo A50202	0.17~0.23	0.17~0.37	0.60~0.95	0.40~0.70	0.35~0.75	0.20~0.30	0.030	0.030	0.30	—
ГОСТ 4543—1971	20XH2M	0.15~0.22	0.17~0.37	0.40~0.70	0.40~0.60	1.60~2.00	0.20~0.30	0.035	0.035	0.30	V：0.05 W：0.20 Ti：0.03
JIS G 4053:2016	SNCM220	0.17~0.23	0.15~0.35	0.60~0.90	0.40~0.60	0.40~0.70	0.15~0.25	0.030	0.030	0.30	—
ASTM A519/A519M—2017	8620	0.18~0.23	0.15~0.35	0.70~0.90	0.40~0.60	0.40~0.70	0.15~0.25	0.040	0.040	—	—
ISO 683-3:2019	20NiCrMo2-2	0.17~0.23	0.15~0.40	0.65~0.95	0.35~0.70	0.40~0.70	0.15~0.25	0.025	0.035	0.40	—
EN 10263-3:2017（E）	20NiCrMo2-2 1.6523	0.17~0.23	≤0.30	0.65~0.95	0.35~0.70	0.40~0.70	0.15~0.25	0.025	0.025	0.25	—

表4-168 30CrNiMo钢牌号及化学成分（质量分数）对照 （%）

标准号	牌号 统一数字代号	C	Si	Mn	Cr	Ni	Mo	P	S	Cu	其他
								≤			
GB/T 3077—2015	30CrNiMo A50302	0.28~0.33	0.17~0.37	0.70~0.90	0.70~1.00	0.60~0.80	0.25~0.45	0.030	0.030	0.30	—

（续）

标准号	牌号 统一数字代号	C	Si	Mn	Cr	Ni	Mo	P	S	Cu	其他
								≤			
JIS G 4053:2016	SNCM431	0.27～0.35	0.15～0.35	0.60～0.90	0.60～1.00	1.60～2.00	0.15～0.30	0.030	0.030	0.30	—
ASTM A519/ A519M—2017	8630	0.28～0.33	0.15～0.35	0.70～0.90	0.40～0.60	0.40～0.70	0.15～0.25	0.040	0.040	—	—

表4-169 30Cr2Ni2Mo钢牌号及化学成分（质量分数）对照 （%）

标准号	牌号 统一数字代号	C	Si	Mn	Cr	Ni	Mo	P	S	Cu	其他
								≤			
GB/T 3077—2015	30Cr2Ni2Mo A50300	0.26～0.34	0.17～0.37	0.50～0.80	1.80～2.20	1.80～2.20	0.30～0.50	0.030	0.030	0.30	—
JIS G 4053:2016	SNCM630	0.25～0.35	0.15～0.35	0.35～0.60	2.50～3.50	2.50～3.50	0.50～0.70	0.030	0.030	0.30	—
ISO 683-2:2016	30CrNiMo8	0.26～0.34	0.10～0.40	0.50～0.80	1.80～2.20	1.80～2.20	0.30～0.50	0.025	0.035	0.40	—
EN 10083-3: 2006（E）	30NiCrMo8 1.6580	0.26～0.34	≤0.40	0.50～0.80	1.80～2.20	1.80～2.20	0.30～0.50	0.025	0.035	—	—

表4-170 30Cr2Ni4Mo钢牌号及化学成分（质量分数）对照 （%）

标准号	牌号 统一数字代号	C	Si	Mn	Cr	Ni	Mo	P	S	Cu	其他
								≤			
GB/T 3077—2015	30Cr2Ni4Mo A50300	0.26～0.33	0.17～0.37	0.50～0.80	1.20～1.50	3.30～4.30	0.30～0.60	0.030	0.030	0.30	—
JIS G 4053:2016	SNCM625	0.20～0.30	0.15～0.35	0.35～0.60	1.00～1.50	3.00～3.50	0.15～0.30	0.030	0.030	0.30	—
EN 10083-3: 2006（E）	30NiCrMo16-6 1.6747	0.26～0.33	≤0.40	0.50～0.80	1.20～1.50	3.3～4.3	0.30～0.60	0.025	0.025	—	—

表 4-171 34Cr2Ni2Mo 钢牌号及化学成分（质量分数）对照 （%）

标准号	牌号 统一数字代号	C	Si	Mn	Cr	Ni	Mo	P	S	Cu	其他
								≤			
GB/T 3077—2015	34Cr2Ni2Mo A50342	0.30～0.38	0.17～0.37	0.50～0.80	1.30～1.70	1.30～1.70	0.15～0.30	0.030	0.030	0.30	—
ISO 683－2:2016	34CrNiMo6	0.30～0.38	0.10～0.40	0.50～0.80	1.30～1.70	1.30～1.70	0.15～0.30	0.025	0.035	0.40	—
EN 10263－4: 2017（E）	34CrNiMo6 1.6582	0.30～0.38	≤0.30	0.50～0.80	1.30～1.70	1.30～1.70	0.15～0.30	0.025	0.025	0.25	—

表 4-172 35Cr2Ni4Mo 钢牌号及化学成分（质量分数）对照 （%）

标准号	牌号 统一数字代号	C	Si	Mn	Cr	Ni	Mo	P	S	Cu	其他
								≤			
GB/T 3077—2015	35Cr2Ni4Mo A50352	0.32～0.39	0.17～0.37	0.50～0.80	1.60～2.00	3.60～4.10	0.25～0.45	0.030	0.030	0.30	—
EN 10083－3: 2006（E）	35NiCrMo16 1.6773	0.32～0.39	≤0.40	0.50～0.80	1.60～2.00	3.6～4.1	0.25～0.45	0.025	0.025	—	—

表 4-173 40CrNiMo 钢牌号及化学成分（质量分数）对照 （%）

标准号	牌号 统一数字代号	C	Si	Mn	Cr	Ni	Mo	P	S	Cu	其他
								≤			
GB/T 3077—2015	40CrNiMo A50402	0.37～0.44	0.17～0.37	0.50～0.80	0.60～0.90	1.25～1.65	0.15～0.25	0.030	0.030	0.30	—
ГОСТ 4543—1971	40XH2MA	0.37～0.44	0.17～0.37	0.50～0.80	0.60～0.90	1.25～1.65	0.15～0.25	0.025	0.025	0.30	V：0.05 W：0.20 Ti：0.03

（续）

标准号	牌号 统一数字代号	C	Si	Mn	Cr	Ni	Mo	P	S	Cu	其他
								≤			
JIS G 4053:2016	SNCM240	0.38~0.43	0.15~0.35	0.70~1.00	0.40~0.60	0.40~0.70	0.15~0.30	0.030	0.030	0.30	—
ASTM A519/ A519M—2017	8640	0.38~0.43	0.15~0.35	0.75~1.00	0.40~0.60	0.40~0.70	0.15~0.25	0.040	0.040	—	—
ISO 683-2:2016	41NiCrMo2	0.37~0.44	0.10~0.40	0.70~1.00	0.40~0.60	0.40~0.70	0.15~0.30	0.025	0.035	0.40	—
EN 10083-3: 2006（E）	39NiCrMo3 1.6510	0.35~0.43	≤0.40	0.50~0.80	0.60~1.00	0.70~1.00	0.15~0.25	0.025	0.035	—	—

表4-174 40CrNi2Mo钢牌号及化学成分（质量分数）对照 （%）

标准号	牌号 统一数字代号	C	Si	Mn	Cr	Ni	Mo	P	S	Cu	其他
								≤			
GB/T 3077—2015	40CrNi2Mo A50400	0.38~0.43	0.17~0.37	0.60~0.80	0.70~0.90	1.65~2.00	0.20~0.30	0.030	0.030	0.30	—
ГОСТ 4543—1971	40XH2MA	0.37~0.44	0.17~0.37	0.50~0.80	0.60~0.90	1.25~1.65	0.15~0.25	0.025	0.025	0.30	V：0.05 W：0.20 Ti：0.03
JIS G 4053:2016	SNCM439	0.36~0.43	0.15~0.35	0.60~0.90	0.60~1.00	1.60~2.00	0.15~0.30	0.030	0.030	0.30	—
ASTM A519/ A519M—2017	4340	0.38~0.43	0.15~0.35	0.60~0.80	0.70~0.90	1.65~2.00	0.20~0.30	0.040	0.040	—	—
ISO 683-2:2016	36CrNiMo4	0.32~0.40	0.10~0.40	0.50~0.80	0.90~1.20	0.90~1.20	0.15~0.30	0.025	0.035	0.40	—
EN 10263-4: 2017（E）	41NiCrMo7- 3-2 1.6563	0.38~0.44	≤0.30	0.60~0.90	0.70~0.90	1.65~2.00	0.15~0.30	0.025	0.025	0.25	—

表4-175　18CrMnNiMo钢牌号及化学成分（质量分数）对照　（%）

标准号	牌号 统一数字代号	C	Si	Mn	Cr	Ni	Mo	P	S	Cu	其他
								≤			
GB/T 3077—2015	18CrMnNiMo A50182	0.15～0.21	0.17～0.37	1.10～1.40	1.00～1.30	1.00～1.30	0.20～0.30	0.030	0.030	0.30	—
ГОСТ 4543—1971	18ХНГМ	0.15～0.22	0.17～0.37	1.10～1.40	1.00～1.30	1.00～1.30	0.20～0.30	0.035	0.035	0.30	V：0.05 W：0.20 Ti：0.03
JIS G 4053：2016	SNCM220	0.17～0.23	0.15～0.35	0.60～0.90	0.40～0.60	0.40～0.70	0.15～0.25	0.030	0.030	0.30	—
ASTM A519/ A519M—2017	4718	0.16～0.21	0.15～0.35	0.70～0.90	0.35～0.55	0.90～1.20	0.30～0.40	0.040	0.040	—	—
ISO 683-3：2019	17NiCrMo6-4	0.14～0.20	0.15～0.40	0.60～0.90	0.80～1.10	1.20～1.60	0.15～0.25	0.025	0.035	0.40	—
EN 10084： 2008（E）	17NiCrMo6-4 1.6566	0.14～0.20	≤0.40	0.60～0.90	0.80～1.10	1.20～1.50	0.15～0.25	0.025	0.035	—	—

表4-176　45CrNiMoV钢牌号及化学成分（质量分数）对照　（%）

标准号	牌号 统一数字代号	C	Si	Mn	Cr	Ni	Mo	P	S	Cu	其他
								≤			
GB/T 3077—2015	45CrNiMoV A51452	0.42～0.49	0.17～0.37	0.50～0.80	0.80～1.10	1.30～1.80	0.20～0.30	0.030	0.030	0.30	V：0.10～0.20
ГОСТ 4543—1971	45ХН2МФА	0.42～0.50	0.17～0.37	0.50～0.80	0.80～1.10	1.30～1.80	0.20～0.30	0.025	0.025	0.30	V：0.10～0.18 W：0.20 Ti：0.03
JIS G 4053：2016	SNCM447	0.44～0.50	0.15～0.35	0.60～0.90	0.60～1.00	1.60～2.00	0.15～0.30	0.030	0.030	0.30	—
ASTM A519/ A519M—2017	4340	0.38～0.43	0.15～0.35	0.60～0.80	0.70～0.90	1.65～2.00	0.20～0.30	0.040	0.040	—	—
EN 10263-4： 2017（E）	41NiCrMo7-3-2 1.6563	0.38～0.44	≤0.30	0.60～0.90	0.70～0.90	1.65～2.00	0.15～0.30	0.025	0.025	0.25	—

表 4-177 18Cr2Ni4W 钢牌号及化学成分（质量分数）对照 （%）

标准号	牌号 统一数字代号	C	Si	Mn	Cr	Ni	Mo	P	S	Cu	其他
								≤			
GB/T 3077—2015	18Cr2Ni4W A52182	0.13 ~ 0.19	0.17 ~ 0.37	0.30 ~ 0.60	1.35 ~ 1.65	4.00 ~ 4.50	≤0.10	0.030	0.030	0.30	W：0.80 ~ 1.20
ГОСТ 4543—1971	18X2H4BA	0.14 ~ 0.20	0.17 ~ 0.37	0.30 ~ 0.60	1.35 ~ 1.65	4.00 ~ 4.50	—	0.025	0.025	0.30	W：0.60 ~ 0.90 V：0.05 Ti：0.03

表 4-178 25Cr2Ni4W 钢牌号及化学成分（质量分数）对照 （%）

标准号	牌号 统一数字代号	C	Si	Mn	Cr	Ni	Mo	P	S	Cu	其他
								≤			
GB/T 3077—2015	25Cr2Ni4W A52252	0.21 ~ 0.28	0.17 ~ 0.37	0.30 ~ 0.60	1.35 ~ 1.65	4.00 ~ 4.50	≤0.10	0.030	0.030	0.30	W：0.80 ~ 1.20
ГОСТ 4543—1971	25X2H4BA	0.21 ~ 0.28	0.17 ~ 0.37	0.30 ~ 0.60	1.35 ~ 1.65	4.00 ~ 4.50	—	0.025	0.025	0.30	W：0.80 ~ 1.20 V：0.05 Ti：0.03

4.5 保证淬透性结构钢牌号及化学成分

保证淬透性结构钢牌号及化学成分对照见表 4-179 ~ 表 4-210。

表4-179　45H钢牌号及化学成分（质量分数）对照　（%）

标准号	牌号 统一数字代号	C	Si	Mn	Cr	Ni	Mo	P	S	Cu	其他
								≤			
GB/T 5216—2014	45H U59455	0.42～0.50	0.17～0.37	0.50～0.85	≤0.30	≤0.30	—	0.030	0.035	0.25	O：0.0020
ГОСТ 1050—1988	45（H）	0.42～0.50	0.17～0.37	0.50～0.80	≤0.25	≤0.30	—	0.035	0.040	0.30	Al：0.08
JIS G 4051:2009	S45C	0.42～0.48	0.15～0.35	0.60～0.90	≤0.20	≤0.20	—	0.030	0.035	0.30	—
ASTM A304—2016	1045H H10450	0.42～0.51	0.15～0.35	0.50～1.00	—	—	—	0.040	0.050	—	—
ISO 683-1:2016	C45E	0.42～0.50	0.10～0.40	0.50～0.80	≤0.40 Cr+Mo+Ni≤0.63	≤0.40	≤0.10	0.025	0.035	0.30	—
EN 10083-2:2006（E）	C45E 1.1191	0.42～0.50	≤0.40	0.50～0.80	≤0.40 Cr+Mo+Ni≤0.63	≤0.40	≤0.10	0.030	0.035	—	—

表4-180　15CrH钢牌号及化学成分（质量分数）对照　（%）

标准号	牌号 统一数字代号	C	Si	Mn	Cr	Ni	Mo	P	S	Cu	其他
								≤			
GB/T 5216—2014	15CrH A20155	0.12～0.18	0.17～0.37	0.55～0.90	0.85～1.25	≤0.30	—	0.030	0.035	0.25	O：0.0020
ГОСТ 4543—1971①	15X（H）	0.12～0.18	0.17～0.37	0.40～0.70	0.70～1.00	≤0.30	—	0.035	0.035	0.30	—
JIS G 4052:2008	SCr415H	0.12～0.18	0.15～0.35	0.55～0.95	0.85～1.25	≤0.25	—	0.030	0.030	0.30	—
ASTM A304—2016	5118H H51180	0.15～0.21	0.15～0.35	0.40～0.80	0.40～0.80	—	—	0.040	0.050	—	—
ISO 683-3:2019	17Cr3	0.14～0.20	0.15～0.40	0.60～0.90	0.70～1.00	—	—	0.025	0.035	0.40	—
EN 10263-3:2017（E）	17Cr3 1.7016	0.14～0.20	≤0.30	0.60～0.90	0.70～1.00	—	—	0.025	0.025	0.25	—

① 在ГОСТ 4543—1971中，保证淬透性结构钢的其他成分要求为：$w(V)<0.05\%$，$w(W)<0.20\%$，$w(Ti)<0.03\%$，$w(Mo)<0.15\%$。下同。

表 4-181 20CrH 钢牌号及化学成分（质量分数）对照 （%）

标准号	牌号 统一数字代号	C	Si	Mn	Cr	Ni	Mo	P	S	Cu	其他
								≤			
GB/T 5216—2014	20CrH A20205	0.17~0.23	0.17~0.37	0.50~0.85	0.70~1.10	≤0.30	—	0.030	0.035	0.25	O：0.0020
ГОСТ 4543—1971	20X（H）	0.17~0.23	0.17~0.37	0.50~0.80	0.70~1.00	≤0.30	—	0.035	0.035	0.30	—
JIS G 4052:2008	SCr420H	0.17~0.23	0.15~0.35	0.55~0.95	0.85~1.25	≤0.25	—	0.030	0.030	0.30	—
ASTM A304—2016	5120H H51200	0.17~0.23	0.15~0.35	0.60~1.00	0.60~1.00	—	—	0.035	0.035	—	—
ISO 683-3:2019	20Cr4	0.17~0.23	0.15~0.40	0.60~0.90	0.90~1.20	—	—	0.025	0.035	0.40	—

表 4-182 20Cr1H 钢牌号及化学成分（质量分数）对照 （%）

标准号	牌号 统一数字代号	C	Si	Mn	Cr	Ni	Mo	P	S	Cu	其他
								≤			
GB/T 5216—2014	20Cr1H A20215	0.17~0.23	0.17~0.37	0.55~0.90	0.85~1.25	≤0.30	—	0.030	0.035	0.25	O：0.0020
ГОСТ 4543—1971	20X（H）	0.17~0.23	0.17~0.37	0.50~0.80	0.70~1.00	≤0.30	—	0.035	0.035	0.30	—
JIS G 4052:2008	SCr420H	0.17~0.23	0.15~0.35	0.55~0.95	0.85~1.25	≤0.25	—	0.030	0.030	0.30	—
ASTM A304—2016	5120H H51200	0.17~0.23	0.15~0.35	0.60~1.00	0.60~1.00	—	—	0.035	0.035	—	—
ISO 683-3:2019	20Cr4	0.17~0.23	0.15~0.40	0.60~0.90	0.90~1.20	—	—	0.025	0.035	0.40	—

表 4-183 25CrH 钢牌号及化学成分（质量分数）对照 （%）

标准号	牌号 统一数字代号	C	Si	Mn	Cr	Ni	Mo	P	S	Cu	其他
								≤			
GB/T 5216—2014	25CrH A20255	0.23~0.28	≤0.37	0.60~0.90	0.90~1.20	≤0.30	—	0.030	0.035	0.25	O：0.0020
ГОСТ 4543—1971	25X（H）	0.22~0.28	0.17~0.37	0.50~0.80	0.90~1.20	≤0.30	—	0.035	0.035	0.30	—

表4-184 28CrH钢牌号及化学成分（质量分数）对照 （%）

标准号	牌号 统一数字代号	C	Si	Mn	Cr	Ni	Mo	P	S	Cu	其他
								≤			
GB/T 5216—2014	28CrH A20285	0.24～0.31	≤0.37	0.60～0.90	0.90～1.20	≤0.30	—	0.030	0.035	0.25	O：0.0020
JIS G 4052:2008	SCr430H	0.27～0.34	0.15～0.35	0.55～0.95	0.85～1.25	≤0.25	—	0.030	0.030	0.30	—
ASTM A304—2016	5130H H51300	0.27～0.33	0.15～0.35	0.60～1.00	0.75～1.20	—	—	0.035	0.035	—	—
ISO 683-3:2019	28Cr4	0.24～0.31	≤0.40	0.60～0.90	0.90～1.20	—	—	0.025	0.035	0.40	—
EN 10084:2008（E）	28Cr4 1.7030	0.24～0.31	≤0.40	0.60～0.90	0.90～1.20	—	—	0.025	0.035	—	—

表4-185 40CrH钢牌号及化学成分（质量分数）对照 （%）

标准号	牌号 统一数字代号	C	Si	Mn	Cr	Ni	Mo	P	S	Cu	其他
								≤			
GB/T 5216—2014	40CrH A20405	0.37～0.44	0.17～0.37	0.50～0.85	0.70～1.10	≤0.30	—	0.030	0.035	0.25	O：0.0020
ГОСТ 4543—1971	40X（H）	0.36～0.44	0.17～0.37	0.50～0.80	0.80～1.10	≤0.30	—	0.035	0.035	0.30	—
JIS G 4052:2008	SCr440H	0.37～0.44	0.15～0.35	0.55～0.95	0.85～1.25	≤0.25	—	0.030	0.030	0.30	—
ASTM A304—2016	5140H H51400	0.37～0.44	0.15～0.35	0.60～1.00	0.60～1.00	—	—	0.035	0.035	—	—
ISO 683-2:2016	41Cr4	0.38～0.45	0.10～0.40	0.60～0.90	0.90～1.20	—	—	0.025	0.035	0.40	—
EN 10263-4:2017（E）	41Cr4 1.7035	0.38～0.45	≤0.30	0.60～0.90	0.90～1.20	—	—	0.025	0.025	0.25	—

表4-186 45CrH钢牌号及化学成分（质量分数）对照 （%）

标准号	牌号 统一数字代号	C	Si	Mn	Cr	Ni	Mo	P	S	Cu	其他
								≤			
GB/T 5216—2014	45CrH A20455	0.42～0.49	0.17～0.37	0.50～0.85	0.70～1.10	≤0.30	—	0.030	0.035	0.25	O：0.0020

（续）

标准号	牌号 统一数字代号	C	Si	Mn	Cr	Ni	Mo	P	S	Cu	其他
								≤			
ГОСТ 4543—1971	45Х（Н）	0.44~0.49	0.17~0.37	0.50~0.80	0.80~1.10	≤0.30	—	0.030	0.035	0.30	—
ASTM A304—2016	5145H H51450	0.42~0.49	0.15~0.35	0.60~1.00	0.60~1.00	—	—	0.035	0.035	—	—

表 4-187 16CrMnH 钢牌号及化学成分（质量分数）对照 （%）

标准号	牌号 统一数字代号	C	Si	Mn	Cr	Ni	Mo	P	S	Cu	其他
								≤			
GB/T 5216—2014	16CrMnH A22165	0.14~0.19	≤0.37	1.00~1.50	0.80~1.10	≤0.30	—	0.030	0.035	0.25	O：0.0020
ГОСТ 4543—1971	18ХГ（Н）	0.15~0.21	0.17~0.37	0.90~1.20	0.90~1.20	≤0.30	≤0.15	0.030	0.035	0.30	V：0.05 W：0.20 Ti：0.01
JIS G 4052:2008	SMnC420H	0.16~0.23	0.15~0.35	1.15~1.55	0.35~0.70	≤0.25	—	0.030	0.030	0.30	—
ASTM A304—2016	5120H H51200	0.17~0.23	0.15~0.35	0.60~1.00	0.60~1.00	—	—	0.035	0.035	—	—
ISO 683-3:2019	16MnCr5	0.14~0.19	0.15~0.40	1.00~1.30	0.80~1.10	—	—	0.025	0.035	0.40	—
EN 10263-3: 2017（E）	16MnCr5 1.7131	0.14~0.19	≤0.30	1.00~1.30	0.80~1.10	—	—	0.025	0.025	0.25	—

表 4-188 20CrMnH 钢牌号及化学成分（质量分数）对照 （%）

标准号	牌号 统一数字代号	C	Si	Mn	Cr	Ni	Mo	P	S	Cu	其他
								≤			
GB/T 5216—2014	20CrMnH A22205	0.17~0.22	≤0.37	1.10~1.40	1.00~1.30	≤0.30	—	0.030	0.035	0.25	O：0.0020

ГОСТ 4543—1971	18XГ（H）	0.15~0.21	0.17~0.37	0.90~1.20	0.90~1.20	≤0.30	≤0.15	0.030	0.035	0.30	V：0.05 W：0.20 Ti：0.01
JIS G 4052:2008	SMnC420H	0.16~0.23	0.15~0.35	1.15~1.55	0.35~0.70	≤0.25	—	0.030	0.030	0.30	—
ASTM A304—2016	5120H H51200	0.17~0.23	0.15~0.35	0.60~1.00	0.60~1.00	—	—	0.035	0.035	—	—
ISO 683-3:2019	20MnCr5	0.17~0.22	0.15~0.40	1.10~1.40	1.00~1.30	—	—	0.025	0.035	0.40	—
EN 10084:2008（E）	20MnCr5 1.7147	0.17~0.22	≤0.40	1.10~1.40	1.00~1.30	—	—	0.025	0.035	—	—

表4-189　15CrMnBH钢牌号及化学成分（质量分数）对照　（%）

标准号	牌号 统一数字代号	C	Si	Mn	Cr	Ni	Mo	P	S	Cu	其他
								≤			
GB/T 5216—2014	15CrMnBH A25155	0.13~0.18	≤0.37	1.00~1.30	0.80~1.10	≤0.30	—	0.030	0.035	0.25	O：0.0020 B：0.0008~0.0035
ASTM A304—2016	94B15H H94151	0.12~0.18	0.15~0.35	0.70~1.05	0.55~0.25	0.25~0.65	0.08~0.15	0.035	0.035	—	B≥0.0005
ISO 683-3:2019	16MnCrB5	0.14~0.19	0.15~0.40	1.00~1.30	0.80~1.10	B：0.0008~0.0050		0.025	0.035	0.40	—
EN 10263-3:2017（E）	16MnCrB5 1.7160	0.14~0.19	≤0.30	1.00~1.30	0.80~1.10	B：0.0008~0.005		0.025	0.025	0.25	—

表 4-190 17CrMnBH 钢牌号及化学成分（质量分数）对照 （%）

标准号	牌号 统一数字代号	C	Si	Mn	Cr	Ni	Mo	P	S	Cu	其他
								≤			
GB/T 5216—2014	17CrMnBH A25175	0. 15 ~0. 20	≤0. 37	1. 00 ~1. 40	1. 00 ~1. 30	≤0. 30	—	0. 030	0. 035	0. 25	O：0. 0020 B：0. 0008 ~ 0. 0035
ГОСТ 4543—1971	20ХГР（H）	0. 18 ~0. 24	0. 17 ~0. 37	0. 70 ~1. 00	0. 75 ~1. 05	≤0. 30	—	0. 035	0. 035	0. 30	B≥0. 0010
ASTM A304—2016	94B17H H94171	0. 14 ~0. 20	0. 15 ~0. 35	0. 70 ~1. 05	0. 55 ~0. 25	0. 25 ~0. 65	0. 08 ~0. 15	0. 035	0. 035	—	B≥0. 0005
ISO 683 -3:2019	16MnCrB5	0. 14 ~0. 19	0. 15 ~0. 40	1. 00 ~1. 30	0. 80 ~1. 10	B：0. 0008 ~0. 0050		0. 025	0. 035	0. 40	—
EN 10263 -3：2017（E）	16MnCrB5 1. 7160	0. 14 ~0. 19	≤0. 30	1. 00 ~1. 30	0. 80 ~1. 10	B：0. 0008 ~0. 005		0. 025	0. 025	0. 25	—

表 4-191 40MnBH 钢牌号及化学成分（质量分数）对照 （%）

标准号	牌号 统一数字代号	C	Si	Mn	Cr	Ni	Mo	P	S	Cu	其他
								≤			
GB/T 5216—2014	40MnBH A71405	0. 37 ~0. 44	0. 17 ~0. 37	1. 00 ~1. 40	≤0. 30	≤0. 30	—	0. 030	0. 035	0. 25	O：0. 0020 B：0. 0008 ~ 0. 0035
ГОСТ 4543—1971	40ГР（H）	0. 37 ~0. 45	0. 17 ~0. 37	0. 70 ~1. 00	≤0. 30	≤0. 30	—	0. 035	0. 035	0. 30	B≥0. 0010
ASTM A304—2016	15B41H H15411	0. 35 ~0. 45	0. 15 ~0. 35	1. 25 ~1. 75	—	—	—	0. 040	0. 050	—	B≥0. 0005
ISO 683 -2:2016	39MnB5	0. 36 ~0. 42	≤0. 40	1. 15 ~1. 45	—	B：0. 0008 ~0. 0050		0. 025	0. 035	0. 40	—
EN 10263 -4：2017（E）	37MnB5 1. 5538	0. 35 ~0. 40	≤0. 30	1. 15 ~1. 45	≤0. 30	B：0. 0008 ~0. 005		0. 025	0. 025	0. 25	—

表4-192 45MnBH钢牌号及化学成分（质量分数）对照 （%）

标准号	牌号 统一数字代号	C	Si	Mn	Cr	Ni	Mo	P	S	Cu	其他
								≤			
GB/T 5216—2014	45MnBH A71455	0.42～0.49	0.17～0.37	1.00～1.40	≤0.30	≤0.30	—	0.030	0.035	0.25	O：0.0020 B：0.0008～0.0035
ASTM A304—2016	15B48H H15481	0.43～0.53	0.15～0.35	1.00～1.50	—	—	—	0.040	0.050	—	B≥0.0005

表4-193 20MnVBH钢牌号及化学成分（质量分数） （%）

标准号	牌号 统一数字代号	C	Si	Mn	Cr	Ni	Mo	P	S	Cu	其他
								≤			
GB/T 5216—2014	20MnVBH A73205	0.17～0.23	0.17～0.37	1.05～1.45	≤0.30	≤0.30	V0.07～0.12	0.030	0.035	0.25	O：0.0020 B：0.0008～0.0035

表4-194 20MnTiBH钢牌号及化学成分（质量分数） （%）

标准号	牌号 统一数字代号	C	Si	Mn	Cr	Ni	Mo	P	S	Cu	其他
								≤			
GB/T 5216—2014	20MnTiBH A74205	0.17～0.23	0.17～0.37	1.20～1.55	≤0.30	≤0.30	Ti0.04～0.10	0.030	0.035	0.25	O：0.0020 B：0.0008～0.0035

表4-195 15CrMoH钢牌号及化学成分（质量分数）对照 （%）

标准号	牌号 统一数字代号	C	Si	Mn	Cr	Ni	Mo	P	S	Cu	其他
								≤			
GB/T 5216—2014	15CrMoH A30155	0.12～0.18	0.17～0.37	0.55～0.90	0.85～1.25	≤0.30	0.15～0.25	0.030	0.035	0.25	O：0.0020

（续）

标准号	牌号 统一数字代号	C	Si	Mn	Cr	Ni	Mo	P	S	Cu	其他
								≤			
ГОСТ 4543—1971	15XM（H）	0.15～0.21	0.17～0.37	0.40～0.70	0.80～1.10	≤0.30	0.40～0.55	0.035	0.035	0.30	—
JIS G 4052:2008	SCM415H	0.12～0.18	0.15～0.35	0.55～0.95	0.85～1.25	≤0.25	0.15～0.30	0.030	0.030	0.30	—
ASTM A304—2016	4118H H41180	0.17～0.23	0.15～0.35	0.60～1.00	0.30～0.70	—	0.08～0.15	0.035	0.035	—	—
ISO 683－3:2019	18CrMo4	0.15～0.21	0.15～0.40	0.60～0.90	0.90～1.20	—	0.15～0.25	0.025	0.035	0.40	—
EN 10263－3: 2017（E）	18CrMo4 1.7243	0.15～0.21	≤0.30	0.60～0.90	0.90～1.20	—	0.15～0.25	0.025	0.025	0.25	—

表4-196 20CrMoH钢牌号及化学成分（质量分数）对照 （%）

标准号	牌号 统一数字代号	C	Si	Mn	Cr	Ni	Mo	P	S	Cu	其他
								≤			
GB/T 5216—2014	20CrMoH A30205	0.17～0.23	0.17～0.37	0.55～0.90	0.85～1.25	≤0.30	0.15～0.25	0.030	0.035	0.25	O：0.0020
ГОСТ 4543—1971	20XM（H）	0.15～0.25	0.17～0.37	0.40～0.70	0.80～1.10	≤0.30	0.40～0.55	0.035	0.035	0.30	—
JIS G 4052:2008	SCM420H	0.17～0.23	0.15～0.35	0.55～0.95	0.85～1.25	≤0.25	0.15～0.30	0.030	0.030	0.30	—
ASTM A304—2016	4118H H41180	0.17～0.23	0.15～0.35	0.60～1.00	0.30～0.70	—	0.08～0.15	0.035	0.035	—	—
ISO 683－3:2019	18CrMo4	0.15～0.21	0.15～0.40	0.60～0.90	0.90～1.20	—	0.15～0.25	0.025	0.035	0.40	—
EN 10263－3: 2017（E）	18CrMo4 1.7243	0.15～0.21	≤0.30	0.60～0.90	0.90～1.20	—	0.15～0.25	0.025	0.025	0.25	—

表4-197 22CrMoH钢牌号及化学成分（质量分数）对照 （%）

标准号	牌号 统一数字代号	C	Si	Mn	Cr	Ni	Mo	P	S	Cu	其他
								≤			
GB/T 5216—2014	22CrMoH A30225	0.19～0.25	0.17～0.37	0.55～0.90	0.85～1.25	≤0.30	0.35～0.45	0.030	0.035	0.25	O：0.0020

标准号	牌号 统一数字代号	C	Si	Mn	Cr	Ni	Mo	P	S	Cu	其他
ГОСТ 4543—1971	20XM（H）	0.15~0.25	0.17~0.37	0.40~0.70	0.80~1.10	≤0.30	0.40~0.55	0.035	0.035	0.30	—
JIS G 4052:2008	SCM822H	0.19~0.25	0.15~0.35	0.55~0.95	0.85~1.25	≤0.25	0.35~0.45	0.030	0.030	0.30	—
ISO 683-3:2019	24CrMo4	0.20~0.27	0.10~0.40	0.60~0.90	0.90~1.20	—	0.15~0.30	0.025	0.035	0.40	—
EN 10263-4:2017（E）	25CrMo4 1.7218	0.22~0.29	≤0.30	0.60~0.90	0.90~1.20	—	0.15~0.30	0.025	0.025	0.25	—

表4-198 35CrMoH 钢牌号及化学成分（质量分数）对照 （%）

标准号	牌号 统一数字代号	C	Si	Mn	Cr	Ni	Mo	P	S	Cu	其他
								≤			
GB/T 5216—2014	35CrMoH A30355	0.32~0.39	0.17~0.37	0.55~0.90	0.85~1.25	≤0.30	0.15~0.35	0.030	0.035	0.25	O：0.0020
JIS G 4052:2008	SCM435H	0.32~0.39	0.15~0.35	0.55~0.95	0.85~1.25	≤0.25	0.15~0.35	0.030	0.030	0.30	—
ASTM A304—2016	4135H H41350	0.32~0.39	0.15~0.35	0.60~1.00	0.75~1.20	—	0.15~0.25	0.035	0.035	—	—
ISO 683-2:2016	34CrMo4	0.30~0.37	0.10~0.40	0.60~0.90	0.90~1.20	—	0.15~0.30	0.025	0.035	0.40	—
EN 10263-4:2017（E）	34CrMo4 1.7220	0.30~0.37	≤0.30	0.60~0.90	0.90~1.20	—	0.15~0.30	0.025	0.025	0.25	—

表4-199 42CrMoH 钢牌号及化学成分（质量分数）对照 （%）

标准号	牌号 统一数字代号	C	Si	Mn	Cr	Ni	Mo	P	S	Cu	其他
								≤			
GB/T 5216—2014	42CrMoH A30425	0.37~0.44	0.17~0.37	0.55~0.90	0.85~1.25	≤0.30	0.15~0.25	0.030	0.035	0.25	O：0.0020
ГОСТ 4543—1971	42XM（H）	0.38~0.45	0.17~0.37	0.33~0.65	0.90~1.20	≤0.30	0.20~0.30	0.035	0.035	0.30	—

（续）

标准号	牌号 统一数字代号	C	Si	Mn	Cr	Ni	Mo	P	S	Cu	其他
								≤			
JIS G 4052:2008	SCM440H	0.37~0.44	0.15~0.35	0.55~0.95	0.85~1.25	≤0.25	0.15~0.35	0.030	0.030	0.30	—
ASTM A304—2016	4142H H41420	0.40~0.45	0.15~0.35	0.75~1.00	0.80~1.10	—	0.15~0.35	0.035	0.040	—	—
ISO 683-2:2016	42CrMo4	0.38~0.45	0.10~0.40	0.60~0.90	0.90~1.20	—	0.15~0.30	0.025	0.035	0.40	—
EN 10263-4:2017（E）	42CrMo4 1.7225	0.38~0.45	≤0.30	0.60~0.90	0.90~1.20	—	0.15~0.30	0.025	0.025	0.25	—

表4-200　20CrMnMoH钢牌号及化学成分（质量分数）对照　（%）

标准号	牌号 统一数字代号	C	Si	Mn	Cr	Ni	Mo	P	S	Cu	其他
								≤			
GB/T 5216—2014	20CrMnMoH A34205	0.17~0.23	0.17~0.37	0.85~1.20	1.05~1.40	≤0.30	0.20~0.30	0.030	0.035	0.25	O：0.0020
ГОСТ 4543—1971	20ХГМ（Н）	0.17~0.23	0.17~0.37	0.90~1.20	0.90~1.20	≤0.30	0.20~0.30	0.035	0.035	0.30	—
JIS G 4052:2008	SCM440H	0.17~0.23	0.15~0.35	0.55~0.95	0.85~1.25	≤0.25	0.15~0.30	0.030	0.030	0.30	—
ASTM A304—2016	4118H H41180	0.17~0.23	0.15~0.35	0.60~1.00	0.30~0.70	—	0.08~0.15	0.035	0.040	—	—
ISO 683-3:2019	18CrMo4	0.15~0.21	0.15~0.40	0.60~0.90	0.90~1.20	—	0.15~0.25	0.025	0.035	0.40	—
EN 10263-4:2017（E）	18CrMo4 1.7243	0.15~0.21	≤0.30	0.60~0.90	0.90~1.20	—	0.15~0.25	0.025	0.025	0.25	—

表4-201　20CrMnTiH钢牌号及化学成分（质量分数）对照　（%）

标准号	牌号 统一数字代号	C	Si	Mn	Cr	Ni	Mo	P	S	Cu	其他
								≤			
GB/T 5216—2014	20CrMnTiH A26205	0.17~0.23	0.17~0.37	0.80~1.20	1.00~1.45	≤0.30	≤0.10	0.030	0.035	0.25	Ti：0.04~0.10 O：0.0020
ГОСТ 4543—1971	20ХГТ（Н）	0.17~0.23	0.17~0.37	0.80~1.10	1.00~1.35	≤0.30	—	0.035	0.035	0.30	Ti：0.03~0.09

表 4-202 17Cr2Ni2H 钢牌号及化学成分（质量分数）对照 （%）

标准号	牌号 统一数字代号	C	Si	Mn	Cr	Ni	Mo	P	S	Cu	其他
								≤			
GB/T 5216—2014	17Cr2Ni2H A42175	0.14～0.20	0.17～0.37	0.50～0.90	1.40～1.70	1.40～1.70	≤0.10	0.030	0.035	0.25	O：0.0020
JIS G 4052:2008	SNC415H	0.11～0.18	0.15～0.35	0.30～0.70	0.20～0.55	1.95～2.50	—	0.030	0.030	0.30	—
ASTM A304—2016	4320H H43200	0.17～0.23	0.15～0.35	0.40～0.70	0.35～0.65	1.55～2.00	0.20～0.30	0.035	0.035	—	—
ISO 683－3:2019	17CrNi6－6	0.14～0.20	0.15～0.40	0.50～0.90	1.40～1.70	1.40～1.70	—	0.025	0.035	0.40	—
EN 10263－3：2017（E）	17CrNi6－6 1.5918	0.14～0.20	≤0.30	0.50～0.90	1.40～1.70	1.40～1.70	—	0.025	0.025	0.25	

表 4-203 20CrNi3H 钢牌号及化学成分（质量分数）对照 （%）

标准号	牌号 统一数字代号	C	Si	Mn	Cr	Ni	Mo	P	S	Cu	其他
								≤			
GB/T 5216—2014	20CrNi3H A42205	0.17～0.23	0.17～0.37	0.30～0.65	0.60～0.95	2.70～3.25	≤0.10	0.030	0.035	0.25	O：0.0020
ГОСТ 4543—1971	20XH3A（H）	0.17～0.24	0.17～0.37	0.30～0.65	0.60～0.90	2.75～3.15	≤0.15	0.025	0.025	0.30	—
JIS G 4052:2008	SNC815H	0.11～0.18	0.15～0.35	0.30～0.70	0.55～1.05	2.95～3.50	—	0.030	0.030	0.30	—
ISO 683－3:2019	15NiCr13	0.12～0.18	0.15～0.40	0.35～0.65	0.60～0.90	3.00～3.50	—	0.025	0.035	0.40	—
EN 10263－3：2017（E）	17CrNi6－6 1.5918	0.14～0.20	≤0.30	0.50～0.90	1.40～1.70	1.40～1.70	—	0.025	0.025	0.25	—

表 4-204 12Cr2Ni4H 钢牌号及化学成分（质量分数）对照 （%）

标准号	牌号 统一数字代号	C	Si	Mn	Cr	Ni	Mo	P	S	Cu	其他
								≤			
GB/T 5216—2014	12Cr2Ni4H A43125	0.10～0.17	0.17～0.37	0.30～0.65	1.20～1.75	3.20～3.75	≤0.10	0.030	0.035	0.25	O：0.0020

（续）

标准号	牌号 统一数字代号	C	Si	Mn	Cr	Ni	Mo	P	S	Cu	其他
								≤			
ASTM A304—2016	9310H H93100	0.07~0.13	0.15~0.35	0.40~0.70	1.00~1.45	2.95~3.55	0.08~0.15	0.035	0.035	—	—
ISO 683-3:2019	15NiCr13	0.12~0.18	0.15~0.40	0.35~0.65	0.60~0.90	3.00~3.50	—	0.025	0.035	0.40	—
EN 10084:2008（E）	13NiCr13 1.5752	0.14~0.20	≤0.40	0.40~0.70	0.60~0.90	3.00~3.50	—	0.025	0.035	—	—

表4-205 20CrNiMoH钢牌号及化学成分（质量分数）对照 （%）

标准号	牌号 统一数字代号	C	Si	Mn	Cr	Ni	Mo	P	S	Cu	其他
								≤			
GB/T 5216—2014	20CrNiMoH A50205	0.17~0.23	0.17~0.37	0.60~0.95	0.35~0.65	0.35~0.75	0.15~0.25	0.030	0.035	0.25	O：0.0020
JIS G 4052:2008	SNCM220H	0.17~0.23	0.15~0.35	0.60~0.95	0.35~0.65	0.35~0.75	0.15~0.30	0.030	0.030	—	—
ASTM A304—2016	8620H H86200	0.17~0.23	0.15~0.35	0.60~0.95	0.35~0.65	0.35~0.75	0.15~0.25	0.035	0.035	—	—
ISO 683-3:2019	20NiCrMo2-2	0.17~0.23	0.15~0.40	0.65~0.95	0.35~0.70	0.40~0.70	0.15~0.25	0.025	0.035	0.40	—
EN 10084:2008（E）	20NiCrMo2-2 1.6523	0.17~0.23	≤0.30	0.65~0.95	0.35~0.70	0.40~0.70	0.15~0.25	0.025	0.035	0.25	—

表4-206 22CrNiMoH钢牌号及化学成分（质量分数）对照 （%）

标准号	牌号 统一数字代号	C	Si	Mn	Cr	Ni	Mo	P	S	Cu	其他
								≤			
GB/T 5216—2014	22CrNiMoH A50225	0.19~0.25	0.17~0.37	0.60~0.95	0.35~0.65	0.35~0.75	0.15~0.25	0.030	0.035	0.25	O：0.0020
ASTM A304—2016	8622H H86220	0.19~0.25	0.15~0.35	0.60~0.95	0.35~0.65	0.35~0.75	0.15~0.25	0.035	0.035	—	—

表 4-207　27CrNiMoH 钢牌号及化学成分（质量分数）对照　（%）

标准号	牌号 统一数字代号	C	Si	Mn	Cr	Ni	Mo	P	S	Cu	其他
								≤			
GB/T 5216—2014	27CrNiMoH A50275	0.24～0.30	0.17～0.37	0.60～0.95	0.35～0.65	0.35～0.75	0.15～0.25	0.030	0.035	0.25	O：0.0020
ASTM A304—2016	8627H H86270	0.24～0.30	0.15～0.35	0.60～0.95	0.35～0.65	0.35～0.75	0.15～0.25	0.035	0.035	—	—

表 4-208　20CrNi2MoH 钢牌号及化学成分（质量分数）对照（%）

标准号	牌号 统一数字代号	C	Si	Mn	Cr	Ni	Mo	P	S	Cu	其他
								≤			
GB/T 5216—2014	20CrNi2MoH A50215	0.17～0.23	0.17～0.37	0.40～0.70	0.35～0.65	1.55～2.00	0.20～0.30	0.030	0.035	0.25	O：0.0020
ГОСТ 4543—1971	20XH2M（H）	0.15～0.22	0.17～0.37	0.40～0.70	0.40～0.60	1.60～2.00	0.20～0.30	0.035	0.035	0.30	V：0.05 W：0.20 Ti：0.03
JIS G 4052:2008	SNCM420H	0.17～0.23	0.15～0.35	0.40～0.70	0.35～0.65	1.55～2.00	0.15～0.30	0.030	0.030	0.30	—
ASTM A304—2016	4320H H43200	0.17～0.23	0.15～0.35	0.40～0.70	0.35～0.65	1.55～2.00	0.20～0.30	0.035	0.035	—	—
ISO 683-3:2019	17NiCrMo6-4	0.14～0.20	0.15～0.40	0.60～0.90	0.80～1.10	1.20～1.60	0.15～0.25	0.025	0.035	0.40	—
EN 10084:2008	17NiCrMo6-4 1.6566	0.14～0.20	≤0.40	0.60～0.90	0.80～1.10	1.20～1.50	0.15～0.25	0.025	0.035	—	—

表 4-209　40CrNi2MoH 钢牌号及化学成分（质量分数）对照（%）

标准号	牌号 统一数字代号	C	Si	Mn	Cr	Ni	Mo	P	S	Cu	其他
								≤			
GB/T 5216—2014	40CrNi2MoH A50405	0.37～0.44	0.17～0.37	0.55～0.90	0.65～0.95	1.55～2.00	0.20～0.30	0.030	0.035	0.25	O：0.0020

（续）

标准号	牌号 统一数字代号	C	Si	Mn	Cr	Ni	Mo	P	S	Cu	其他
								≤			
ASTM A304—2016	4340H H43400	0.37~0.44	0.15~0.35	0.55~0.90	0.65~0.95	1.55~2.00	0.20~0.30	0.035	0.035	—	—
ISO 683-2:2016	41CrNiMo2	0.37~0.44	0.10~0.40	0.70~1.00	0.40~0.60	0.40~0.70	0.15~0.30	0.025	0.035	0.40	—
EN 10263-4:2017（E）	41NiCrMo7-3-2 1.6563	0.38~0.44	≤0.30	0.60~0.90	0.70~0.90	1.65~2.00	0.15~0.30	0.025	0.025	0.25	—

表4-210 18Cr2Ni2MoH钢牌号及化学成分（质量分数）对照（%）

标准号	牌号 统一数字代号	C	Si	Mn	Cr	Ni	Mo	P	S	Cu	其他
								≤			
GB/T 5216—2014	18Cr2Ni2MoH A50185	0.15~0.21	0.17~0.37	0.50~0.90	1.50~1.80	1.40~1.70	0.25~0.35	0.030	0.035	0.25	O：0.0020
ISO 683-3:2019	18CrNiMo7-6	0.15~0.21	0.15~0.40	0.50~0.90	1.50~1.80	1.40~1.70	0.25~0.35	0.025	0.035	0.40	—
EN 10084:2008（E）	18CrNiMo7-6 1.6587	0.15~0.21	≤0.40	0.50~0.90	1.50~1.80	1.40~1.70	0.25~0.35	0.025	0.035	—	—

4.6 易切削结构钢牌号及化学成分

易切削结构钢牌号及化学成分对照见表4-211~表4-229。其中，表4-211~表4-223为硫系易切削结构钢牌号及化学成分对照；表4-224~表4-227为铅系易切削结构钢牌号及化学成分对照；表4-228为锡系易切削结构钢的牌号及化学成分；表4-229为钙系易切削结构钢的牌号及化学成分。

表 4-211 Y08 钢牌号及化学成分（质量分数）对照 （%）

标准号	牌号 统一数字代号	C	Si	Mn	P	S	Pb	Sn	Ca
GB/T 8731—2008	Y08 U71082	≤0.09	≤0.15	0.75～1.05	0.04～0.09	0.26～0.35	—	—	—
ГОСТ 1414—1975	A11	0.07～0.15	≤0.10	0.80～1.20	0.06～0.12	0.15～0.25	Ni≤0.25	Cu≤0.25	—
JIS G4804:2008	SUM23	≤0.09	≤0.10	0.75～1.05	0.04～0.09	0.26～0.35	—	—	—
ASTM A29/A29M—2015	1215	≤0.09	—	0.75～1.05	0.04～0.09	0.26～0.36	—	—	—
ISO 683-4:2016（E）	9S20	≤0.13	≤0.05	0.60～1.20	≤0.11	0.15～0.25	—	—	—

表 4-212 Y12 钢牌号及化学成分（质量分数）对照 （%）

标准号	牌号 统一数字代号	C	Si	Mn	P	S	Pb	Sn	Ca
GB/T 8731—2008	Y12 U71122	0.08～0.16	0.15～0.35	0.70～1.00	0.08～0.15	0.10～0.20	—	—	—
ГОСТ 1414—1975	A12	0.08～0.16	0.15～0.35	0.70～1.00	0.08～0.15	0.08～0.20	—	Cu≤0.25	—
ASTM A29/A29M-2011	1211	≤0.13	—	0.60～0.90	0.07～0.12	0.10～0.15	—	—	—
ISO 683-4:2016（E）	10S20	0.07～0.13	≤0.40	0.70～1.00	≤0.060	0.15～0.25	—	—	—
EN 10087:1999	10S20 1.0721	0.07～0.13	≤0.40	0.70～1.00	≤0.06	0.15～0.25	—	—	—

表 4-213 Y15 钢牌号及化学成分（质量分数）对照 （%）

标准号	牌号 统一数字代号	C	Si	Mn	P	S	Pb	Sn	Ca
GB/T 8731—2008	Y15 U71152	0.10～0.18	≤0.15	0.80～1.20	0.05～0.10	0.23～0.33	—	—	—
ГОСТ 1414—1975	A12	0.08～0.16	0.15～0.35	0.70～1.00	0.08～0.15	0.08～0.20	—	Cu≤0.25	—
JIS G4804:2008	SUM22	≤0.13	0.10～0.20	0.70～1.00	0.07～0.12	0.24～0.33			
ASTM A29/A29M—2015	1213	≤0.13	—	0.70～1.00	0.07～0.12	0.24～0.33	—	—	—
ISO 683-4:2016（E）	11SMn30	≤0.14	≤0.05	0.90～1.30	≤0.11	0.27～0.33	—	—	—
EN 10087:1999	11SMn30 1.0715	≤0.14	≤0.05	0.90～1.30	≤0.11	0.27～0.33	—	—	—

表 4-214 Y20 钢牌号及化学成分（质量分数）对照 （%）

标准号	牌号 统一数字代号	C	Si	Mn	P	S	Pb	Sn	Ca
GB/T 8731—2008	Y20 U70202	0.17～0.25	0.15～0.35	0.70～1.00	≤0.06	0.08～0.15	—	—	—
ГОСТ 1414—1975	A20	0.17～0.25	0.15～0.35	0.70～1.00	≤0.060	0.08～0.15	—	Cu≤0.25	—
JIS G4804:2008	SUM32	0.12～0.20	0.15～0.35	0.60～1.10	≤0.040	0.10～0.20	—	—	—
ASTM A29/A29M—2015	1117	0.14～0.20	—	1.00～1.30	≤0.040	0.08～0.13	—	—	—
ISO 683-4:2016（E）	17SMn20	0.14～0.20	≤0.40	1.20～1.60	≤0.060	0.15～0.25	—	—	—
EN 10087:1999	15SMn13 1.0725	0.12～0.18	≤0.40	0.90～1.30	≤0.06	0.08～0.18	—	—	—

表 4-215 Y30 钢牌号及化学成分（质量分数）对照 （%）

标准号	牌号 统一数字代号	C	Si	Mn	P	S	Pb	Sn	Ca
GB/T 8731—2008	Y30 U70302	0.27～0.35	0.15～0.35	0.70～1.00	≤0.06	0.08～0.15	—	—	—
ГОСТ 1414—1975	A30	0.26～0.35	0.15～0.35	0.70～1.00	≤0.060	0.08～0.15	—	Cu≤0.25	—

表 4-216 Y35 钢牌号及化学成分（质量分数）对照 （%）

标准号	牌号 统一数字代号	C	Si	Mn	P	S	Pb	Sn	Ca
GB/T 8731—2008	Y35 U70352	0.32～0.40	0.15～0.35	0.70～1.00	≤0.06	0.08～0.15	—	—	—
ГОСТ 1414—1975	A35	0.32～0.40	0.15～0.35	0.70～1.00	≤0.060	0.08～0.15	—	Cu≤0.25	—
ASTM A29/A29M—2015	1140	0.37～0.44	—	0.70～1.00	≤0.040	0.08～0.13	—	—	—
ISO 683-4:2016（E）	35S20	0.32～0.39	≤0.40	0.70～1.10	≤0.060	0.15～0.25	—	—	—
EN 10087:1999	35S20 1.0726	0.32～0.39	≤0.40	0.70～1.10	≤0.06	0.15～0.25	—	—	—

表 4-217 Y45 钢牌号及化学成分（质量分数）对照 （%）

标准号	牌号 统一数字代号	C	Si	Mn	P	S	Pb	Sn	Ca
GB/T 8731—2008	Y45 U70452	0.42～0.50	≤0.40	0.70～1.10	≤0.06	0.15～0.25	—	—	—
ASTM A29/A29M—2015	1146	0.42～0.49	—	0.70～1.00	≤0.040	0.08～0.13	—	—	—
ISO 683－4:2016（E）	46S20	0.42～0.50	≤0.40	0.70～1.10	≤0.060	0.15～0.25	—	—	—
EN 10087:1999	46S20 1.0727	0.42～0.50	≤0.40	0.70～1.10	≤0.06	0.15～0.25	—	—	—

表 4-218 Y08MnS 钢牌号及化学成分（质量分数）对照 （%）

标准号	牌号 统一数字代号	C	Si	Mn	P	S	Pb	Sn	Ca
GB/T 8731—2008	Y08MnS	≤0.09	≤0.07	1.00～1.50	0.04～0.09	0.32～0.48	—	—	—
JIS G4804:2008	SUM23	≤0.09	≤0.10	0.75～1.05	0.04～0.09	0.26～0.35	—	—	—
ASTM A29/A29M—2015	1215	≤0.09	—	0.75～1.05	0.04～0.09	0.26～0.35	—	—	—
ISO 683－4:2016（E）	11SMn37	≤0.14	≤0.05	1.00～1.50	≤0.11	0.34～0.40	—	—	—
EN 10087:1999	11SMn37 1.0737	≤0.14	≤0.05	1.00～1.50	≤0.11	0.34～0.40	—	—	—

表 4-219 Y15Mn 钢牌号及化学成分（质量分数）对照 （%）

标准号	牌号 统一数字代号	C	Si	Mn	P	S	Pb	Sn	Ca
GB/T 8731—2008	Y15Mn	0.14～0.20	≤0.15	1.00～1.50	0.04～0.09	0.08～0.13	—	—	—
JIS G4804:2008	SUM31	0.14～0.20	0.10～0.20	1.00～1.30	≤0.040	0.08～0.13	—	—	—
ASTM A29/A29M—2015	1117	0.14～0.20	—	1.00～1.30	≤0.040	0.08～0.13	—	—	—
ISO 683－4:2016（E）	15SMn13	0.12～0.18	≤0.40	0.90～1.30	≤0.060	0.08～0.18	—	—	—
EN 10087:1999	15SMn13 1.0725	0.12～0.18	≤0.40	0.90～1.30	≤0.06	0.08～0.18	—	—	—

表 4-220 Y35Mn 钢牌号及化学成分（质量分数）对照 （%）

标准号	牌号 统一数字代号	C	Si	Mn	P	S	Pb	Sn	Ca
GB/T 8731—2008	Y35Mn	0.32~0.40	≤0.10	0.90~1.35	≤0.04	0.18~0.30	—	—	—
JIS G4804:2008	SUM41	0.32~0.39	≤0.10	1.35~1.65	≤0.040	0.08~0.13	—	—	—
ASTM A29/A29M—2015	1137	0.32~0.39	—	1.35~1.65	≤0.040	0.08~0.13	—	—	—
ISO 683-4:2016（E）	35SMn20	0.32~0.39	≤0.40	0.90~1.40	≤0.060	0.15~0.25	—	—	—
EN 10087:1999	36SMn14 1.0764	0.32~0.39	≤0.40	1.30~1.70	≤0.06	0.10~0.18	—	—	—

表 4-221 Y40Mn 钢牌号及化学成分（质量分数）对照 （%）

标准号	牌号 统一数字代号	C	Si	Mn	P	S	Pb	Sn	Ca
GB/T 8731—2008	Y40Mn U20409	0.37~0.45	0.15~0.35	1.20~1.55	≤0.05	0.20~0.30	—	—	—
ГОСТ 1414—1975	A40Г	0.37~0.45	0.15~0.35	1.20~1.55	≤0.050	0.18~0.30	—	Cu≤0.25	—
JIS G4804:2008	SUM42	0.37~0.45	0.15~0.35	1.35~1.65	≤0.040	0.08~0.13	—	—	—
ASTM A29/A29M—2015	1139	0.35~0.43	—	1.35~1.65	≤0.040	0.13~0.20	—	—	—
ISO 683-4:2016（E）	38SMn28	0.35~0.40	≤0.40	1.20~1.50	≤0.060	0.24~0.33	—	—	—
EN 10087:1999	38SMn28 1.0760	0.35~0.40	≤0.40	1.20~1.50	≤0.06	0.24~0.33	—	—	—

表 4-222 Y45Mn 钢牌号及化学成分（质量分数）对照 （%）

标准号	牌号 统一数字代号	C	Si	Mn	P	S	Pb	Sn	Ca
GB/T 8731—2008	Y45Mn	0.40~0.48	≤0.40	1.35~1.65	≤0.04	0.16~0.24	—	—	—
ГОСТ 1414—1975	A45Г2	0.40~0.48	≤0.15	1.35~1.65	≤0.040	0.16~0.24	—	Cu≤0.25	—
ASTM A29/A29M—2015	1146	0.42~0.49	—	0.70~1.00	≤0.040	0.08~0.13	—	—	—
ISO 683-4:2016（E）	46SMn20	0.42~0.50	≤0.40	0.70~1.10	≤0.060	0.15~0.25	—	—	—
EN 10087:1999	46SMn20 1.0727	0.42~0.50	≤0.40	0.70~1.10	≤0.06	0.15~0.20	—	—	—

表 4-223　Y45MnS 钢牌号及化学成分（质量分数）对照　（%）

标准号	牌号 统一数字代号	C	Si	Mn	P	S	Pb	Sn	Ca
GB/T 8731—2008	Y45MnS	0.40～0.48	≤0.40	1.35～1.65	≤0.04	0.24～0.33	—	—	—
ГОСТ 1414—1975	А45Г2	0.40～0.48	≤0.15	1.35～1.65	≤0.040	0.24～0.33	—	Cu≤0.25	—
JIS G4804:2008	SUM43	0.40～0.48	0.15～0.35	1.35～1.65	≤0.040	0.24～0.33	—	—	—
ASTM A29/A29M—2015	1144	0.40～0.48	—	1.35～1.65	≤0.040	0.24～0.33	—	—	—
ISO 683-4:2016（E）	44SMn28	0.40～0.48	≤0.40	1.30～1.70	≤0.060	0.24～0.33	—	—	—
EN 10087:1999	44SMn28 1.0762	0.40～0.48	≤0.40	1.30～1.70	≤0.06	0.24～0.33	—	—	—

表 4-224　Y08Pb 钢牌号及化学成分（质量分数）对照　（%）

标准号	牌号 统一数字代号	C	Si	Mn	P	S	Pb	Sn	Ca
GB/T 8731—2008	Y08Pb	≤0.09	≤0.15	0.75～1.05	0.04～0.09	0.25～0.35	0.15～0.35	—	—
JIS G4804:2008	SUM23L	≤0.09	≤0.10	0.75～1.05	0.04～0.09	0.26～0.35	0.10～0.35	—	—
ASTM A29/A29M—2015	12L15	≤0.09	—	0.75～1.05	0.04～0.09	0.26～0.35	0.15～0.35	—	—
ISO 683-4:2016（E）	10SPb20	0.07～0.13	≤0.40	0.70～1.10	≤0.060	0.15～0.25	0.20～0.35	—	—
EN 10087:1999	10SPb20 1.0722	0.07～0.13	≤0.40	0.70～1.10	≤0.06	0.15～0.25	0.20～0.35	—	—

表 4-225　Y12Pb 钢牌号及化学成分（质量分数）对照　（%）

标准号	牌号 统一数字代号	C	Si	Mn	P	S	Pb	Sn	Ca
GB/T 8731—2008	Y12Pb U72122	≤0.15	≤0.15	0.85～1.15	0.04～0.09	0.26～0.35	0.15～0.35	—	—
JIS G4804:2008	SUM24L	≤0.15	≤0.10	0.85～1.15	0.04～0.09	0.26～0.35	0.10～0.35	—	—
ASTM A29/A29M—2015	12L14	≤0.15	—	0.85～1.15	0.04～0.09	0.26～0.35	0.15～0.35	—	—
ISO 683-4:2016（E）	11SMnPb30	≤0.14	≤0.05	0.90～1.30	≤0.11	0.27～0.33	0.20～0.35	—	—
EN 10087:1999	11SMnPb30 1.0718	≤0.14	≤0.05	0.90～1.30	≤0.11	0.27～0.33	0.20～0.35	—	—

表 4-226 Y15Pb 钢牌号及化学成分（质量分数）对照 （%）

标准号	牌号 统一数字代号	C	Si	Mn	P	S	Pb	Sn	Ca
GB/T 8731—2008	Y15Pb U72152	0.10~0.18	≤0.15	0.80~1.20	0.05~0.10	0.23~0.33	0.15~0.35	—	—
ГОСТ 1414—1975	AC14	0.10~0.17	≤0.12	1.00~1.30	≤0.1000	0.15~0.30	0.15~0.35	Ni≤0.25	Cu≤0.25
JIS G4804:2008	SUM24L	≤0.15	≤0.10	0.85~1.15	0.04~0.09	0.26~0.35	0.10~0.35	—	—
ASTM A29/A29M—2015	12L14	≤0.15	—	0.85~1.15	0.04~0.09	0.26~0.35	0.15~0.35	—	—
ISO 683-4:2016（E）	11SMnPb30	≤0.14	≤0.05	0.90~1.30	≤0.11	0.27~0.33	0.20~0.35	—	—
EN 10087:1999	11SMnPb30 1.0718	≤0.14	≤0.05	0.90~1.30	≤0.11	0.27~0.33	0.20~0.35	—	—

表 4-227 Y45MnSPb 钢牌号及化学成分（质量分数）对照 （%）

标准号	牌号 统一数字代号	C	Si	Mn	P	S	Pb	Sn	Ca
GB/T 8731—2008	Y45MnSPb	0.40~0.48	≤0.40	1.35~1.65	≤0.04	0.24~0.33	0.15~0.35	—	—
ГОСТ 1414—1975	AC45Г2	0.40~0.48	≤0.15	1.35~1.65	≤0.040	0.24~0.35	0.15~0.35	—	Cu≤0.25
ISO 683-4:2016（E）	44SMnPb28	0.40~0.48	≤0.40	1.30~1.70	≤0.060	0.24~0.33	0.15~0.35	—	—
EN 10087:1999	44SMnPb28 1.0763	0.40~0.48	≤0.40	1.30~1.70	≤0.06	0.24~0.33	0.15~0.35	—	—

表4-228　Y08Sn等钢牌号及化学成分（质量分数）　（%）

标准号	牌号 统一数字代号	C	Si	Mn	P	S	Pb	Sn	Ca
GB/T 8731—2008	Y08Sn	≤0.08	≤0.15	0.75～1.20	0.04～0.09	0.26～0.40	—	0.09～0.25	—
	Y15Sn	0.13～0.18	≤0.15	0.40～0.70	0.03～0.07	≤0.05	—	0.09～0.25	—
	Y45Sn	0.40～0.48	≤0.40	0.60～1.00	0.03～0.07	≤0.05	—	0.09～0.25	—
	Y45MnSn	0.40～0.48	≤0.40	1.20～1.70	≤0.06	0.20～0.35	—	0.09～0.25	—

注：本表中所列牌号为专利所有，见国家发明专利“含锡易切削结构钢”，专利号：ZL. 03 1 22768.6，国际专利主分类号：C22C 38/04。

表4-229　Y45Ca钢牌号及化学成分（质量分数）　（%）

标准号	牌号 统一数字代号	C	Si	Mn	P	S	Pb	Sn	Ca
GB/T 8731—2008	Y45Ca① U75452	0.42～0.50	0.20～0.40	0.60～0.90	≤0.04	0.04～0.08	—	—	0.002～0.006

① Y45Ca钢中残余元素镍、铬、铜的质量分数各不大于0.25%；供热压力加工用时，铜的质量分数不大于0.20%，供方能保证合格时可不做分析。

4.7　冷镦和冷挤压用钢牌号及化学成分

冷镦和冷挤压用钢牌号及化学成分对照见表4-230～表4～274。其中，表4-230～表4-240为非热处理型冷镦和冷挤压用钢牌号及化学成分对照；表4-241～表4-244为表面硬化型冷镦和冷挤压用钢牌号及化学成分对照；表4-245～表4-261为调质型冷镦和冷挤压用钢牌号及化学成分对照；表4-262～表4-273为含硼调质型冷镦和冷挤压用钢牌号及化学成分对照；表4-274为非调质型冷镦和冷挤压用钢牌号及化学成分。

表 4-230 ML04Al 钢牌号及化学成分（质量分数）对照（%）

标准号	牌号 统一数字代号	C	Si	Mn	Cr	Mo	B	P ≤	S ≤	Ni ≤	Cu ≤	Al ≥
GB/T 6478—2015	ML04Al U40048	≤0.06	≤0.10	0.20 ~ 0.40	≤0.20	—	—	0.035	0.035	0.20	0.20	0.020
ГОСТ 4041—1993	04Ю	≤0.04	≤0.03	≤0.35	—	—	—	0.020	0.025	—	—	0.02 ~ 0.07
ASTM A29/A29M—2015	1005	≤0.06	—	≤0.35	—	—	—	0.040	0.050	—	—	—
ISO 4954:2018（E）	C4C	0.02 ~ 0.06	≤0.10	0.25 ~ 0.40	≤0.30	≤0.10	—	0.020	0.025	0.30	0.30	0.020 ~ 0.060
								Cr + Ni + Mo≤0.50				
EN 10263 -2:2017（E）	C4C 1.0303	0.02 ~ 0.06	≤0.10	0.25 ~ 0.40	—	—	—	0.020	0.025	—	—	0.020 ~ 0.060

表 4-231 ML06Al 钢牌号及化学成分（质量分数）对照（%）

标准号	牌号 统一数字代号	C	Si	Mn	Cr	Mo	B	P ≤	S ≤	Ni ≤	Cu ≤	Al ≥
GB/T 6478—2015	ML06Al U40068	≤0.08	≤0.10	0.30 ~ 0.60	≤0.20	—	—	0.035	0.035	0.20	0.20	0.020
ГОСТ 4041—1993	08Ю	≤0.08	≤0.03	0.25 ~ 0.45	≤0.10	—	As≤0.08	0.020	0.025	≤0.15	≤0.20	0.02 ~ 0.08
JIS G3507 -1:2010	SWRCH6RA	≤0.08	≤0.10	≤0.60	≤0.20	—	—	0.030	0.035	0.20	0.30	0.02
ASTM A29/A29M—2015	1006	≤0.08	—	0.25 ~ 0.40	—	—	—	0.040	0.050	—	—	—

表4-232　ML08Al钢牌号及化学成分（质量分数）对照　（%）

标准号	牌号 统一数字代号	C	Si	Mn	Cr	Mo	B	P	S	Ni	Cu	Al
								≤				≥
GB/T 6478—2015	ML08Al U40088	0.05～0.10	≤0.10	0.30～0.60	≤0.20	—	—	0.035	0.035	0.20	0.20	0.020
ГОСТ 4041—1993	08Ю	≤0.08	≤0.03	0.25～0.45	≤0.10	—	As≤0.08	0.020	0.025	≤0.15	≤0.20	0.02～0.08
JIS G3507-1:2010	SWRCH8RA	≤0.10	≤0.10	≤0.60	≤0.20	—	—	0.030	0.035	0.20	0.30	0.02
ASTM A29/A29M—2015	1008	≤0.10	—	0.30～0.50	—	—	—	0.040	0.050	—	—	—
ISO 4954:2018（E）	C8C	0.06～0.10	≤0.10	0.25～0.45	≤0.30	≤0.10	—	0.020	0.025	0.30	0.30	0.020～0.060
								Cr+Ni+Mo≤0.50				
EN 10263-2:2017（E）	C8C 1.0213	0.06～0.10	≤0.10	0.25～0.45	—	—	—	0.020	0.025	—	—	0.020～0.060

表4-233　ML10Al钢牌号及化学成分（质量分数）对照　（%）

标准号	牌号 统一数字代号	C	Si	Mn	Cr	Mo	B	P	S	Ni	Cu	Al
								≤				≥
GB/T 6478—2015	ML10Al U40108	0.08～0.13	≤0.10	0.30～0.60	≤0.20	—	—	0.035	0.035	0.20	0.20	0.020
ГОСТ 4041—1993	10ЮА	0.07～0.14	≤0.07	0.20～0.40	≤0.10	—	As≤0.08	0.020	0.025	≤0.15	≤0.20	0.02～0.08
JIS G3507-1:2010	SWRCH10RA	0.08～0.13	≤0.10	0.30～0.60	≤0.20	—	—	0.030	0.035	0.20	0.30	0.02
ASTM A29/A29M—2015	1010	0.08～0.13	—	0.30～0.60	—	—	—	0.040	0.050	—	—	—
ISO 4954:2018（E）	C10C	0.08～0.12	≤0.10	0.30～0.50	≤0.30	≤0.10	—	0.025	0.025	0.30	0.30	0.020～0.060
								Cr+Ni+Mo≤0.50				
EN 10263-2:2017（E）	C10C 1.0214	0.08～0.12	≤0.10	0.30～0.50	—	—	—	0.020	0.025	—	—	0.020～0.060

表4-234 ML10钢牌号及化学成分（质量分数）对照 （%）

标准号	牌号 统一数字代号	C	Si	Mn	Cr	Mo	B	P	S	Ni	Cu	Al
								≤				≥
GB/T 6478—2015	ML10 U40102	0.08～0.13	0.10～0.30	0.30～0.60	≤0.20	—	—	0.035	0.035	0.20	0.20	—
ГОСТ 1050—1988	10	0.07～0.14	0.17～0.37	0.35～0.65	≤0.20	—	—	0.035	0.040	0.20	0.20	As≤0.08
JIS G3507-1:2010	SWRCH10R	0.08～0.13	—	0.30～0.60	≤0.20	—	—	0.040	0.040	0.20	0.30	—
ASTM A29/A29M—2015	1010	0.08～0.10	—	0.30～0.60	—	—	—	0.040	0.050	—	—	—
ISO 4954:2018（E）	C10E2C	0.08～0.12	≤0.30	0.30～0.60	—	—	—	0.025	0.025	—	0.25	—
EN 10263-3:2017（E）	C10E2C 1.1122	0.08～0.12	≤0.30	0.30～0.60	—	—	—	0.025	0.025	—	0.25	—

表4-235 ML12Al钢牌号及化学成分（质量分数）对照 （%）

标准号	牌号 统一数字代号	C	Si	Mn	Cr	Mo	B	P	S	Ni	Cu	Al
								≤				≥
GB/T 6478—2015	ML12Al U40128	0.10～0.15	≤0.10	0.30～0.60	≤0.20	—	—	0.035	0.035	0.20	0.20	0.020
JIS G3507-1:2010	SWRCH12RA	0.10～0.15	≤0.10	0.30～0.60	≤0.20	—	—	0.030	0.035	0.20	0.30	0.02
ASTM A29/A29M—2015	1012	0.10～0.15	—	0.30～0.60	—	—	—	0.040	0.050	—	—	—

表4-236　ML12钢牌号及化学成分（质量分数）对照　（%）

标准号	牌号 统一数字代号	C	Si	Mn	Cr	Mo	B	P	S	Ni	Cu	Al
								≤				≥
GB/T 6478—2015	ML12 U40122	0.10～0.15	0.10～0.30	0.30～0.60	≤0.20	—	—	0.035	0.035	0.20	0.20	—
JIS G3507-1:2010	SWRCH12R	0.10～0.15	—	0.30～0.60	≤0.20	—	—	0.040	0.040	0.20	0.30	—
ASTM A29/A29M—2015	1012	0.10～0.15	—	0.30～0.60	—	—	—	0.040	0.050	—	—	—

表4-237　ML15Al钢牌号及化学成分（质量分数）对照　（%）

标准号	牌号 统一数字代号	C	Si	Mn	Cr	Mo	B	P	S	Ni	Cu	Al
								≤				≥
GB/T 6478—2015	ML15Al U40158	0.13～0.18	≤0.10	0.30～0.60	≤0.20	—	—	0.035	0.035	0.20	0.20	0.020
ГОСТ 4041—1993	15ЮА	0.12～0.18	≤0.07	0.25～0.45	≤0.10	—	—	0.020	0.025	0.15	0.20	0.020～0.080
JIS G3507-1:2010	SWRCH15RA	0.13～0.18	≤0.10	0.30～0.60	≤0.20	—	—	0.030	0.035	0.20	0.30	0.02
ASTM A29/A29M—2015	1015	0.13～0.18	—	0.30～0.60	—	—	—	0.040	0.050	—	—	—
ISO 4954:2018（E）	C15C	0.13～0.17	≤0.10	0.35～0.60	≤0.30	≤0.10	—	0.025	0.025	0.30	0.30	0.020～0.060
								Cr+Ni+Mo≤0.50				
EN 10263-2:2017（E）	C15C 1.0234	0.13～0.17	≤0.10	0.35～0.60	—	—	—	0.025	0.025	—	—	0.020～0.060

表 4-238 ML15 钢牌号及化学成分（质量分数）对照 （%）

标准号	牌号 统一数字代号	C	Si	Mn	Cr	Mo	B	P ≤	S ≤	Ni ≤	Cu ≤	Al ≥
GB/T 6478—2015	ML15 U40152	0.13~0.18	0.10~0.30	0.30~0.60	≤0.20	—	—	0.035	0.035	0.20	0.20	—
ГОСТ 1050—1988	15	0.12~0.19	0.17~0.37	0.35~0.65	≤0.20	—	—	0.035	0.040	0.20	0.20	As≤0.08
JIS G3507-1:2010	SWRCH15R	0.13~0.18	—	0.30~0.60	≤0.20	—	—	0.040	0.040	0.20	0.30	—
ASTM A29/A29M—2015	1015	0.13~0.18	—	0.30~0.60	—	—	—	0.040	0.050	—	—	—
ISO 4954:2018（E）	C15E2C	0.13~0.17	≤0.30	0.30~0.60	—	—	—	0.025	0.025	—	0.25	—
EN 10263-3:2017（E）	C15E2C 1.1132	0.13~0.17	≤0.30	0.30~0.60	—	—	—	0.025	0.025	—	0.25	—

表 4-239 ML20Al 钢牌号及化学成分（质量分数）对照 （%）

标准号	牌号 统一数字代号	C	Si	Mn	Cr	Mo	B	P ≤	S ≤	Ni ≤	Cu ≤	Al ≥
GB/T 6478—2015	ML20Al U40208	0.18~0.23	≤0.10	0.30~0.60	≤0.20	—	—	0.035	0.035	0.20	0.20	0.020
ГОСТ 4041—1993	20ЮА	0.16~0.22	≤0.07	0.25~0.45	≤0.10	—	As≤0.08	0.020	0.025	0.15	0.20	0.02~0.08
JIS G3507-1:2010	SWRCH20RA	0.18~0.23	≤0.10	0.30~0.60	≤0.20	—	—	0.030	0.035	0.20	0.30	0.02
ASTM A29/A29M—2015	1020	0.18~0.23	—	0.30~0.60	—	—	—	0.040	0.050	—	—	—
ISO 4954:2018（E）	C20C	0.18~0.22	≤0.10	0.70~0.90	≤0.30	≤0.10	—	0.025 Cr+Ni+Mo≤0.50	0.025	0.30	0.30	0.020~0.060
EN 10263-2:2017（E）	C20C 1.0411	0.18~0.22	≤0.10	0.70~0.90	—	—	—	0.025	0.025	—	—	0.020~0.060

表4-240　ML20钢牌号及化学成分（质量分数）对照　（%）

标准号	牌号 统一数字代号	C	Si	Mn	Cr	Mo	B	P	S	Ni	Cu	Al
								≤				≥
GB/T 6478—2015	ML20 U40202	0.18~ 0.23	0.10~ 0.30	0.30~ 0.60	≤0.20	—	—	0.035	0.035	0.20	0.20	—
ГОСТ 1050—1988	20	0.17~ 0.24	0.17~ 0.37	0.35~ 0.65	≤0.25	—	—	0.035	0.040	0.30	0.30	As≤ 0.08
JIS G3507-1:2010	SWRCH20K	0.18~ 0.23	0.10~ 0.35	0.30~ 0.60	≤0.20	—	—	0.030	0.035	0.20	0.30	—
ASTM A29/A29M—2015	1020	0.18~ 0.23	—	0.30~ 0.60	—	—	—	0.040	0.050	—	—	—
ISO 4954:2018（E）	C20E2C	0.18~ 0.22	≤0.30	0.30~ 0.60	—	—	—	0.025	0.025	—	0.25	—
EN 10263-3:2017（E）	C20E2C 1.1152	0.18~ 0.22	≤0.30	0.30~ 0.60	—	—	—	0.025	0.025	—	0.25	—

表4-241　ML18Mn钢牌号及化学成分（质量分数）对照　（%）

标准号	牌号 统一数字代号	C	Si	Mn	Cr	Mo	B	P	S	Ni	Cu	Al
								≤				≥
GB/T 6478—2015	ML18Mn U41188	0.15~ 0.20	≤0.10	0.60~ 0.90	≤0.20	—	—	0.030	0.035	0.20	0.20	0.020
JIS G3507-1:2010	SWRCH18A	0.15~ 0.20	≤0.10	0.60~ 0.90	≤0.20	—	—	0.030	0.035	0.20	0.30	0.02
ASTM A29/A29M—2015	1018	0.15~ 0.20	—	0.60~ 0.90	—	—	—	0.040	0.050	—	—	—
ISO 4954:2018（E）	C17GC	0.15~ 0.19	0.15~ 0.25	0.65~ 0.85	≤0.30	≤0.10	—	0.025 Cr+Ni+Mo≤0.50	0.025	0.30	0.30	≤0.015
EN 10263-3:2017（E）	C17E2C 1.1147	0.15~ 0.19	≤0.30	0.60~ 0.90	—	—	—	0.025	0.025	—	0.25	—

表4-242 ML20Mn 钢牌号及化学成分（质量分数）对照 （%）

标准号	牌号 统一数字代号	C	Si	Mn	Cr	Mo	B	P	S	Ni	Cu	Al
								≤				≥
GB/T 6478—2015	ML20Mn U41208	0.18～0.23	≤0.10	0.70～1.00	≤0.20	—	—	0.030	0.035	0.20	0.20	0.020
ГОСТ 4041—1993	20Г	0.16～0.22	≤0.07	0.70～1.00	≤0.10	—	As≤0.08	0.020	0.025	0.15	0.20	0.02～0.08
JIS G3507-1:2010	SWRCH22A	0.18～0.23	≤0.10	0.70～1.00	≤0.20	—	—	0.030	0.035	0.20	0.30	0.02
ASTM A29/A29M—2015	1022	0.18～0.23	—	0.70～1.00	—	—	—	0.040	0.050	—	—	—
ISO 4954:2018（E）	C20GC	0.18～0.22	0.15～0.25	0.70～0.90	≤0.30	≤0.10	—	0.025	0.025	0.30	0.30	≤0.015
								Cr+Ni+Mo≤0.50				
EN 10263-2:2017（E）	C20C 1.0411	0.18～0.22	≤0.10	0.70～0.90	—	—	—	0.025	0.025	—	—	0.020～0.060

表4-243 ML15Cr 钢牌号及化学成分（质量分数）对照 （%）

标准号	牌号 统一数字代号	C	Si	Mn	Cr	Mo	B	P	S	Ni	Cu	Al
								≤				≥
GB/T 6478—2015	ML15Cr A20154	0.13～0.18	0.10～0.30	0.60～0.90	0.90～1.20	—	—	0.035	0.035	0.20	0.20	0.020
JIS G3509-1:2010	SCr415RCH	0.13～0.18	0.15～0.35	0.60～0.90	0.90～1.20	—	—	0.030	0.030	0.25	0.30	—
ASTM A29/A29M—2015	5115	0.13～0.18	0.15～0.35	0.70～0.90	0.70～0.90	—	—	0.035	0.040	—	—	—
ISO 4954:2018（E）	17Cr3	0.12～0.20	≤0.30	0.60～0.90	0.70～1.25	—	—	0.025	0.035	—	0.25	—
EN 10263-3:2017（E）	17Cr3 1.7016	0.14～0.20	≤0.30	0.60～0.90	0.70～1.00	—	—	0.025	0.025	—	0.25	—

表4-244 ML20Cr钢牌号及化学成分（质量分数）对照 （%）

标准号	牌号 统一数字代号	C	Si	Mn	Cr	Mo	B	P	S	Ni	Cu	Al
								≤				≥
GB/T 6478—2015	ML20Cr A20204	0.18～0.23	0.10～0.30	0.60～0.90	0.90～1.20	—	—	0.035	0.035	0.20	0.20	0.020
ГОСТ 4543—1971	20X	0.17～0.23	0.17～0.37	0.50～0.80	0.70～1.10	≤0.15	V≤0.05	0.035	0.035	0.30 Ti≤0.03	0.30	W≤0.20
JIS G3509-1:2010	SCr420RCH	0.18～0.23	0.15～0.35	0.60～0.90	0.90～1.20	—	—	0.030	0.030	0.25	0.30	—
ASTM A29/A29M—2015	5120	0.17～0.22	0.15～0.35	0.70～0.90	0.70～0.90	—	—	0.035	0.040	—	—	—
ISO 4954:2018（E）	20Cr4	0.17～0.23	≤0.30	0.60～0.90	0.90～1.20	—	—	0.025	0.025	—	0.25	—

表4-245 ML25钢牌号及化学成分（质量分数）对照 （%）

标准号	牌号 统一数字代号	C	Si	Mn	Cr	Mo	B	P	S	Ni	Cu	Al
								≤				≥
GB/T 6478—2015	ML25 U40252	0.23～0.28	0.10～0.30	0.30～0.60	≤0.20	—	—	0.025	0.025	0.20	0.20	—
ГОСТ 1050—1988	25	0.22～0.30	0.17～0.37	0.50～0.80	≤0.25	—	—	0.035	0.040	0.25	0.25	As≤0.08
JIS G3507-1:2010	SWRCH25K	0.22～0.28	0.10～0.35	0.30～0.60	≤0.20	—	—	0.030	0.035	0.20	0.30	—
ASTM A29/A29M—2015	1025	0.22～0.28	—	0.30～0.60	—	—	—	0.040	0.050	—	—	—

表 4-246 ML30 钢牌号及化学成分（质量分数）对照 （%）

标准号	牌号 统一数字代号	C	Si	Mn	Cr	Mo	B	P	S	Ni	Cu	Al
								≤				≥
GB/T 6478—2015	ML30 U40302	0.28 ~ 0.33	0.10 ~ 0.30	0.60 ~ 0.90	≤0.20	—	—	0.025	0.025	0.20	0.20	—
ГОСТ 1050—1988	30	0.27 ~ 0.35	0.17 ~ 0.37	0.50 ~ 0.80	≤0.25	—	—	0.035	0.040	0.25	0.25	As≤ 0.08
JIS G3507 - 1 :2010	SWRCH30K	0.27 ~ 0.33	0.10 ~ 0.35	0.60 ~ 0.90	≤0.20	—	—	0.030	0.035	0.20	0.30	—
ASTM A29/A29M—2015	1030	0.28 ~ 0.34	—	0.60 ~ 0.90	—	—	—	0.040	0.050	—	—	—
ISO 4954:2018（E）	C30EC	0.27 ~ 0.33	≤0.30	0.50 ~ 0.80	—	—	—	0.025	0.025	—	0.25	—

表 4-247 ML35 钢牌号及化学成分（质量分数）对照 （%）

标准号	牌号 统一数字代号	C	Si	Mn	Cr	Mo	B	P	S	Ni	Cu	Al
								≤				≥
GB/T 6478—2015	ML35 U40352	0.33 ~ 0.38	0.10 ~ 0.30	0.60 ~ 0.90	≤0.20	—	—	0.025	0.025	0.20	0.20	—
ГОСТ 1050—1988	35	0.32 ~ 0.40	0.17 ~ 0.37	0.50 ~ 0.80	≤0.25	—	—	0.035	0.040	0.25	0.25	—
JIS G3507 - 1 :2010	SWRCH35K	0.32 ~ 0.38	0.10 ~ 0.35	0.60 ~ 0.90	≤0.20	—	—	0.030	0.035	0.20	0.30	—
ASTM A29/A29M—2015	1035	0.32 ~ 0.38	—	0.60 ~ 0.90	—	—	—	0.040	0.050	—	—	—
ISO 4954:2018（E）	C35EC	0.32 ~ 0.39	≤0.30	0.50 ~ 0.80	—	—	—	0.025	0.025	—	0.25	—
EN 10263 - 4:1017（E）	C35EC 1.1172	0.32 ~ 0.39	≤0.30	0.50 ~ 0.80	—	—	—	0.025	0.025	—	0.25	—

表 4-248 ML40 钢牌号及化学成分（质量分数）对照 （%）

标准号	牌号 统一数字代号	C	Si	Mn	Cr	Mo	B	P	S	Ni	Cu	Al
								≤				≥
GB/T 6478—2015	ML40 U40402	0.38 ~ 0.43	0.10 ~ 0.30	0.60 ~ 0.90	≤0.20	—	—	0.025	0.025	0.20	0.20	—
ГОСТ 1050—1988	40	0.37 ~ 0.45	0.17 ~ 0.37	0.50 ~ 0.80	≤0.25	—	—	0.035	0.040	0.25	0.25	—
JIS G3507 -1:2010	SWRCH40K	0.37 ~ 0.43	0.10 ~ 0.35	0.60 ~ 0.90	≤0.20	—	—	0.030	0.035	0.20	0.30	—
ASTM A29/A29M—2015	1040	0.37 ~ 0.44	—	0.60 ~ 0.90	—	—	—	0.040	0.050	—	—	—

表 4-249 ML45 钢牌号及化学成分（质量分数）对照 （%）

标准号	牌号 统一数字代号	C	Si	Mn	Cr	Mo	B	P	S	Ni	Cu	Al
								≤				≥
GB/T 6478—2015	ML45 U40452	0.43 ~ 0.48	0.10 ~ 0.30	0.60 ~ 0.90	≤0.20	—	—	0.025	0.025	0.20	0.20	—
ГОСТ 1050—1988	45	0.42 ~ 0.50	0.17 ~ 0.37	0.50 ~ 0.80	≤0.25	—	—	0.035	0.040	0.25	0.25	—
JIS G3507 -1:2010	SWRCH45K	0.42 ~ 0.48	0.10 ~ 0.35	0.60 ~ 0.90	≤0.20	—	—	0.030	0.035	0.20	0.30	—
ASTM A29/A29M—2015	1045	0.43 ~ 0.50	—	0.60 ~ 0.90	—	—	—	0.040	0.050	—	—	—
ISO 4954:2018（E）	C45EC	0.42 ~ 0.50	≤0.30	0.50 ~ 0.80	—	—	—	0.025	0.025	—	0.25	—
EN 10263 -4:1017（E）	C45EC 1.1192	0.42 ~ 0.50	≤0.30	0.50 ~ 0.80	—	—	—	0.025	0.025	—	0.25	—

表 4-250 ML15Mn 钢牌号及化学成分（质量分数）对照 （%）

标准号	牌号 统一数字代号	C	Si	Mn	Cr	Mo	B	P	S	Ni	Cu	Al
								≤				≥
GB/T 6478—2015	ML15Mn L20151	0.14 ~ 0.20	0.10 ~ 0.30	1.20 ~ 1.60	≤0.20	—	—	0.025	0.025	0.20	0.20	—
ГОСТ 4543—1971	15Г	0.12 ~ 0.19	0.17 ~ 0.37	0.70 ~ 1.00	≤0.30	≤0.15	V≤0.05	0.035	0.035	0.30 Ti≤0.03	0.30	W≤0.20
JIS G3507 - 1:2010	SWRCH16K	0.13 ~ 0.18	0.10 ~ 0.35	0.60 ~ 0.90	≤0.20	—	—	0.030	0.035	0.20	0.30	—
ASTM A29/A29M—2015	1518	0.15 ~ 0.21	—	1.10 ~ 1.40	—	—	—	0.040	0.050	—	—	—
ISO 4954:2019（E）	C17E2C	0.15 ~ 0.19	≤0.30	0.60 ~ 0.90	—	—	—	0.025	0.025	—	0.25	—

表 4-251 ML25Mn 钢牌号及化学成分（质量分数）对照 （%）

标准号	牌号 统一数字代号	C	Si	Mn	Cr	Mo	B	P	S	Ni	Cu	Al
								≤				≥
GB/T 6478—2015	ML25Mn U41252	0.23 ~ 0.28	0.10 ~ 0.30	0.60 ~ 0.90	≤0.20	—	—	0.025	0.025	0.20	0.20	—
ГОСТ 4543—1971	25Г	0.22 ~ 0.30	0.17 ~ 0.37	0.70 ~ 1.00	≤0.30	≤0.15	V≤0.05	0.035	0.035	0.30 Ti≤0.03	0.30	W≤0.20
JIS G3507 - 1:2010	SWRCH27K	0.22 ~ 0.29	0.10 ~ 0.35	1.20 ~ 1.50	≤0.20	—	—	0.030	0.035	0.20	0.30	—
ASTM A29/A29M—2015	1525	0.23 ~ 0.29	—	0.80 ~ 1.10	—	—	—	0.040	0.050	—	—	—
ISO 4954:2018（E）	C25GC	0.23 ~ 0.27	0.15 ~ 0.25	0.80 ~ 1.00	≤0.30	≤0.30	—	0.025 Cr + Ni + Mo≤0.50	0.025	0.30	0.30	≤0.015

表 4-252 ML30Cr 钢牌号及化学成分（质量分数）对照 （%）

标准号	牌号 统一数字代号	C	Si	Mn	Cr	Mo	B	P	S	Ni	Cu	Al
								≤				≥
GB/T 6478—2015	ML30Cr A20304	0.28～0.33	0.10～0.30	0.60～0.90	0.90～1.20	—	—	0.025	0.025	0.20	0.20	—
ГОСТ 4543—1971	30X	0.27～0.33	0.17～0.37	0.50～0.80	0.80～1.10	≤0.15	V≤0.05	0.035	0.035	0.30 Ti≤0.03	0.30	W≤0.20
JIS G3509-1:2010	SCr430RCH	0.28～0.33	0.10～0.35	0.60～0.90	0.90～1.20	—	—	0.030	0.030	0.25	0.30	—
ASTM A29/A29M—2015	5130	0.28～0.33	0.15～0.35	0.70～0.90	0.80～1.10	—	—	0.035	0.040	—	—	—
ISO 683-3:2019	28Cr4	0.24～0.31	≤0.40	0.60～0.90	0.90～1.20	—	—	0.025	0.035	—	0.40	—

表 4-253 ML35Cr 钢牌号及化学成分（质量分数）对照 （%）

标准号	牌号 统一数字代号	C	Si	Mn	Cr	Mo	B	P	S	Ni	Cu	Al
								≤				≥
GB/T 6478—2015	ML35Cr A20354	0.33～0.38	0.10～0.30	0.60～0.90	0.90～1.20	—	—	0.025	0.025	0.20	0.20	—
ГОСТ 4543—1971	35XA	0.32～0.40	0.17～0.37	0.50～0.80	0.80～1.10	≤0.15	V≤0.05	0.035	0.035	0.30 Ti≤0.03	0.30	W≤0.20
JIS G3509-1:2010	SCr435RCH	0.33～0.38	0.10～0.35	0.60～0.90	0.90～1.20	—	—	0.030	0.030	0.25	0.30	—
ASTM A29/A29M—2015	5135	0.33～0.38	0.15～0.35	0.60～0.80	0.80～1.05	—	—	0.035	0.040	—	—	—
ISO 4954:2018（E）	34Cr4	0.30～0.37	≤0.30	0.60～0.90	0.90～1.20	—	—	0.025	0.025	—	0.25	—
EN 10263-4:2017（E）	34Cr4 1.7033	0.30～0.37	≤0.30	0.60～0.90	0.90～1.20	—	—	0.025	0.025	—	0.25	—

表 4-254 ML40Cr 钢牌号及化学成分（质量分数）对照 （%）

标准号	牌号 统一数字代号	C	Si	Mn	Cr	Mo	B	P	S	Ni	Cu	Al
								≤				≥
GB/T 6478—2015	ML40Cr A20404	0.38 ~ 0.43	0.10 ~ 0.30	0.60 ~ 0.90	0.90 ~ 1.20	—	—	0.025	0.025	0.20	0.20	—
ГОСТ 4543—1971	40X	0.36 ~ 0.44	0.17 ~ 0.37	0.50 ~ 0.80	0.80 ~ 1.10	≤0.15	V≤0.05	0.035	0.035	0.30 Ti≤0.03	0.30	W≤0.20
JIS G3509 -1:2010	SCr440RCH	0.38 ~ 0.43	0.10 ~ 0.35	0.60 ~ 0.90	0.90 ~ 1.20	—	—	0.030	0.030	0.25	0.30	—
ASTM A29/A29M—2015	5140	0.38 ~ 0.43	0.15 ~ 0.35	0.70 ~ 0.90	0.70 ~ 0.90	—	—	0.035	0.040	—	—	—
ISO 4954:2018（E）	41Cr4	0.38 ~ 0.45	≤0.30	0.60 ~ 0.90	0.90 ~ 1.20	—	—	0.025	0.025	—	0.25	—
EN 10263 -4:2017（E）	41Cr4 1.7035	0.38 ~ 0.45	≤0.30	0.60 ~ 0.90	0.90 ~ 1.20	—	—	0.025	0.025	—	0.25	—

表 4-255 ML45Cr 钢牌号及化学成分（质量分数）对照 （%）

标准号	牌号 统一数字代号	C	Si	Mn	Cr	Mo	B	P	S	Ni	Cu	Al
								≤				≥
GB/T 6478—2015	ML45Cr A20454	0.43 ~ 0.48	0.10 ~ 0.30	0.60 ~ 0.90	0.90 ~ 1.20	—	—	0.025	0.025	0.20	0.20	—
ASTM A29/A29M—2015	5145	0.43 ~ 0.48	0.15 ~ 0.35	0.70 ~ 0.90	0.70 ~ 0.90	—	—	0.035	0.040	—	—	—

表 4-256 ML20CrMo 钢牌号及化学成分（质量分数）对照 （%）

标准号	牌号 统一数字代号	C	Si	Mn	Cr	Mo	B	P	S	Ni	Cu	Al
								≤				≥
GB/T 6478—2015	ML20CrMo A30204	0.18 ~ 0.23	0.10 ~ 0.30	0.60 ~ 0.90	0.90 ~ 1.20	0.15 ~ 0.30	—	0.025	0.025	0.20	0.20	—

JIS G3509－1:2010	SCM420RCH	0.18～0.23	0.15～0.35	0.60～0.90	0.90～1.20	0.15～0.25	—	0.030	0.030	0.25	0.30	—
ASTM A29/A29M—2015	4120	0.18～0.23	0.15～0.35	0.90～1.20	0.40～0.60	0.13～0.20	—	0.035	0.040	—	—	—
ISO 4954:2018（E）	18CrMo4	0.15～0.21	≤0.30	0.60～0.90	0.90～1.20	0.15～0.25	—	0.025	0.025	—	0.25	—
EN 10263－3:2017（E）	18CrMo4 1.7243	0.15～0.21	≤0.30	0.60～0.90	0.90～1.20	0.15～0.25	—	0.025	0.025	—	0.25	—

表4-257　ML25CrMo钢牌号及化学成分（质量分数）对照　（%）

标准号	牌　号 统一数字代号	C	Si	Mn	Cr	Mo	B	P	S	Ni	Cu	Al
								≤				≥
GB/T 6478—2015	ML25CrMo A30254	0.23～0.28	0.10～0.30	0.60～0.90	0.90～1.20	0.15～0.30	—	0.025	0.025	0.20	0.20	—
JIS G3509－1:2010	SCM425RCH	0.23～0.28	0.15～0.35	0.60～0.90	0.90～1.20	0.15～0.30	—	0.030	0.030	0.25	0.30	—
ISO 4954:2018（E）	25CrMo4	0.22～0.29	≤0.30	0.60～0.90	0.90～1.20	0.15～0.30	—	0.025	0.025	—	0.25	—
EN 10263－4:2017（E）	25CrMo4 1.7218	0.22～0.29	≤0.30	0.60～0.90	0.90～1.20	0.15～0.30	—	0.025	0.025	—	0.25	—

表4-258　ML30CrMo钢牌号及化学成分（质量分数）对照　（%）

标准号	牌　号 统一数字代号	C	Si	Mn	Cr	Mo	B	P	S	Ni	Cu	Al
								≤				≥
GB/T 6478—2015	ML30CrMo A30304	0.28～0.33	0.10～0.30	0.60～0.90	0.90～1.20	0.15～0.30	—	0.025	0.025	0.20	0.20	—

（续）

标准号	牌号 统一数字代号	C	Si	Mn	Cr	Mo	B	P	S	Ni	Cu	Al
								≤				≥
ГОСТ 4543—1971	30XMA	0.26～0.33	0.17～0.37	0.40～0.70	0.80～1.10	0.15～0.25	V≤0.05	0.035	0.035	0.30 Ti≤0.03	0.30	W≤0.20
JIS G3509－1:2010	SCM430RCH	0.28～0.33	0.15～0.35	0.60～0.90	0.90～1.20	0.15～0.30	—	0.030	0.030	0.25	0.30	—
ASTM A29/A29M—2015	4130	0.28～0.33	0.15～0.35	0.40～0.60	0.80～1.10	0.15～0.25	—	0.035	0.040	—	—	—

表4-259 ML35CrMo钢牌号及化学成分（质量分数）对照（%）

标准号	牌号 统一数字代号	C	Si	Mn	Cr	Mo	B	P	S	Ni	Cu	Al
								≤				≥
GB/T 6478—2015	ML35CrMo A30354	0.33～0.38	0.10～0.30	0.60～0.90	0.90～1.20	0.15～0.30	—	0.025	0.025	0.20	0.20	—
ГОСТ 4543—1971	35XM	0.32～0.40	0.17～0.37	0.40～0.70	0.80～1.10	0.15～0.25	V≤0.05	0.035	0.035	0.30 Ti≤0.03	0.30	W≤0.20
JIS G3509－1:2010	SCM435RCH	0.33～0.38	0.15～0.35	0.60～0.90	0.90～1.20	0.15～0.30	—	0.030	0.030	0.25	0.30	—
ASTM A29/A29M—2015	4135	0.33～0.38	0.15～0.35	0.70～0.90	0.80～1.10	0.15～0.25	—	0.035	0.040	—	—	—
ISO 4954:2018（E）	34CrMo4	0.30～0.37	≤0.30	0.60～0.90	0.90～1.20	0.15～0.30	—	0.025	0.025	—	0.25	—
EN 10263－3:2017（E）	34CrMo4 1.7220	0.30～0.37	≤0.30	0.60～0.90	0.90～1.20	0.15～0.30	—	0.025	0.025	—	0.25	—

表 4-260 ML40CrMo 钢牌号及化学成分（质量分数）对照 （%）

标准号	牌号 统一数字代号	C	Si	Mn	Cr	Mo	B	P	S	Ni	Cu	Al
								≤				≥
GB/T 6478—2015	ML40CrMo A30404	0.38 ~ 0.43	0.10 ~ 0.30	0.60 ~ 0.90	0.90 ~ 1.20	0.15 ~ 0.30	—	0.025	0.025	0.20	0.20	—
ГОСТ 4543—1971	38XM	0.35 ~ 0.42	0.17 ~ 0.37	0.40 ~ 0.70	0.90 ~ 1.30	0.20 ~ 0.30	V≤0.05	0.035	0.035	0.30 Ti≤0.03	0.30	W≤0.20
JIS G3509 - 1:2010	SCM440RCH	0.38 ~ 0.43	0.15 ~ 0.35	0.60 ~ 0.90	0.90 ~ 1.20	0.15 ~ 0.30	—	0.030	0.030	0.25	0.30	—
ASTM A29/A29M—2015	4140	0.38 ~ 0.43	0.15 ~ 0.35	0.75 ~ 1.00	0.80 ~ 1.10	0.15 ~ 0.25	—	0.035	0.040	—	—	—
ISO 4954:2018 (E)	42CrMo4	0.38 ~ 0.45	≤0.30	0.60 ~ 0.90	0.90 ~ 1.20	0.15 ~ 0.30	—	0.025	0.025	—	0.25	—
EN 10263 - 3:2017 (E)	42CrMo4 1.7225	0.38 ~ 0.45	≤0.30	0.60 ~ 0.90	0.90 ~ 1.20	0.15 ~ 0.30	—	0.025	0.025	—	0.25	—

表 4-261 ML45CrMo 钢牌号及化学成分（质量分数）对照 （%）

标准号	牌号 统一数字代号	C	Si	Mn	Cr	Mo	B	P	S	Ni	Cu	Al
								≤				≥
GB/T 6478—2015	ML45CrMo A30454	0.43 ~ 0.48	0.10 ~ 0.30	0.60 ~ 0.90	0.90 ~ 1.20	0.15 ~ 0.30	—	0.025	0.025	0.20	0.20	—
JIS G3509 - 1:2010	SCM445RCH	0.43 ~ 0.48	0.15 ~ 0.35	0.60 ~ 0.90	0.90 ~ 1.20	0.15 ~ 0.30	—	0.030	0.030	0.25	0.30	—
ASTM A29/A29M—2015	4145	0.43 ~ 0.48	0.15 ~ 0.35	0.75 ~ 1.00	0.80 ~ 1.10	0.15 ~ 0.25	—	0.035	0.040	—	—	—

表4-262 ML20B钢牌号及化学成分（质量分数）对照 （%）

标准号	牌号 统一数字代号	C	Si	Mn	Cr	Mo	B	P	S	Ni	Cu	Al
								≤				≥
GB/T 6478—2015	ML20B A70204	0.18～0.23	0.10～0.30	0.60～0.90	≤0.20	—	0.0008～0.0035	0.025	0.025	0.20	0.20	0.020
JIS G3508－1:2005	SWRCHB223	0.20～0.26	0.10～0.35	0.60～0.90	≤0.20	—	≥0.0008	0.030	0.030	0.20	0.30	—
ASTM A29/A29M—2015	94B17	0.15～0.20	0.15～0.35	0.75～1.00	0.30～0.50	0.08～0.15	0.0005～0.003	0.035	0.040	0.30～0.60	—	—
ISO 4954:2018（E）	17B2	0.15～0.20	≤0.30	0.60～0.90	—	—	0.0008～0.005	0.025	0.025	—	0.25	—
EN 10263－3:2017（E）	18B2 1.5503	0.16～0.20	≤0.30	0.60～0.80	—	—	0.0008～0.005	0.025	0.025	—	0.25	—

表4-263 ML25B钢牌号及化学成分（质量分数）对照 （%）

标准号	牌号 统一数字代号	C	Si	Mn	Cr	Mo	B	P	S	Ni	Cu	Al
								≤				≥
GB/T 6478—2015	ML25B A70254	0.23～0.28	0.10～0.30	0.60～0.90	≤0.20	—	0.0008～0.0035	0.025	0.025	0.20	0.20	0.020
JIS G3508－1:2005	SWRCHB526	0.23～0.29	0.10～0.35	0.90～1.20	≤0.20	—	≥0.0008	0.030	0.030	0.20	0.30	—
ISO 4954:2018（E）	23B2	0.20～0.25	≤0.30	0.60～0.90	≤0.30	—	0.0008～0.005	0.025	0.025	—	0.25	—
EN 10263－4:2017（E）	23B2 1.5508	0.20～0.25	≤0.30	0.60～0.90	≤0.30	—	0.0008～0.005	0.025	0.025	—	0.25	—

表4-264 ML30B钢牌号及化学成分（质量分数）对照 （%）

标准号	牌号 统一数字代号	C	Si	Mn	Cr	Mo	B	P	S	Ni	Cu	Al
								≤				≥
GB/T 6478—2015	ML30B A70304	0.28~0.33	0.10~0.30	0.60~0.90	≤0.20	—	0.0008~0.0035	0.025	0.025	0.20	0.20	0.020
JIS G3508-1:2005	SWRCHB331	0.28~0.34	0.10~0.35	0.70~1.00	≤0.20	—	≥0.0008	0.030	0.030	0.20	0.30	—
ASTM A29/A29M—2015	94B30	0.28~0.33	0.15~0.35	0.75~1.00	0.30~0.50	0.08~0.15	0.0005~0.003	0.035	0.040	0.30~0.60	—	—
ISO 4954:2018（E）	28B2	0.25~0.30	≤0.30	0.60~0.90	≤0.30	—	0.0008~0.005	0.025	0.025	—	0.25	—
EN 10263-4:2017（E）	28B2 1.5510	0.25~0.30	≤0.30	0.60~0.90	≤0.30	—	0.0008~0.005	0.025	0.025	—	0.25	—

表4-265 ML35B钢牌号及化学成分（质量分数）对照 （%）

标准号	牌号 统一数字代号	C	Si	Mn	Cr	Mo	B	P	S	Ni	Cu	Al
								≤				≥
GB/T 6478—2015	ML35B A70354	0.33~0.38	0.10~0.30	0.60~0.90	≤0.20	—	0.0008~0.0035	0.025	0.025	0.20	0.20	0.020
ГОСТ 4543—1971	35PA	0.32~0.40	0.17~0.37	0.50~0.80	≤0.30	≤0.15	0.001~0.005	0.025 V≤0.05	0.025	0.30 Ti≤0.03	0.30	W≤0.20
JIS G3508-1:2005	SWRCHB334	0.31~0.37	0.10~0.35	0.70~1.00	≤0.20	—	≥0.0008	0.030	0.030	0.20	0.30	—
ISO 4954:2018（E）	33B2	0.30~0.35	≤0.40	0.60~0.90	≤0.30	—	0.0008~0.005	0.025	0.025	—	0.25	—
EN 10263-4:2017（E）	38B2 1.5515	0.35~0.40	≤0.30	0.60~0.90	≤0.30	—	0.0008~0.005	0.025	0.025	—	0.25	—

表 4-266 ML15MnB 钢牌号及化学成分（质量分数）对照 （%）

标准号	牌号 统一数字代号	C	Si	Mn	Cr	Mo	B	P	S	Ni	Cu	Al
								≤				≥
GB/T 6478—2015	ML15MnB A71154	0.14~ 0.20	0.10~ 0.30	1.20~ 1.60	≤0.20	—	0.0008~ 0.0035	0.025	0.025	0.20	0.20	0.020
JIS G3508-1:2005	SWRCHB620	0.17~ 0.23	0.10~ 0.35	1.10~ 1.40	≤0.20	—	≥0.0008	0.030	0.030	0.20	0.30	—
ISO 4954:2018 (E)	17MnB4	0.15~ 0.20	≤0.30	0.90~ 1.20	≤0.30	—	0.0008~ 0.005	0.025	0.025	—	0.25	—
EN 10263-3:2017 (E)	18MnB4 1.5521	0.16~ 0.20	≤0.30	0.90~ 1.20	—	—	0.0008~ 0.005	0.025	0.025	—	0.25	—

表 4-267 ML20MnB 钢牌号及化学成分（质量分数）对照 （%）

标准号	牌号 统一数字代号	C	Si	Mn	Cr	Mo	B	P	S	Ni	Cu	Al
								≤				≥
GB/T 6478—2015	ML20MnB A71204	0.18~ 0.23	0.10~ 0.30	0.80~ 1.10	≤0.20	—	0.0008~ 0.0035	0.025	0.025	0.20	0.20	0.020
JIS G3508-1:2005	SWRCHB320	0.17~ 0.23	0.10~ 0.35	0.70~ 1.00	≤0.20	—	≥0.0008	0.030	0.030	0.20	0.30	—≥
ISO 4954:2018 (E)	20MnB4	0.18~ 0.23	≤0.30	0.90~ 1.20	≤0.30	—	0.0008~ 0.005	0.025	0.025	—	0.25	—
EN 10263-3:2017 (E)	22MnB4 1.5522	0.20~ 0.24	≤0.30	0.90~ 1.20	—	—	0.0008~ 0.005	0.025	0.025	—	0.25	—

表 4-268 ML25MnB 钢牌号及化学成分（质量分数）对照（%）

标准号	牌号 统一数字代号	C	Si	Mn	Cr	Mo	B	P	S	Ni	Cu	Al
								≤				≥
GB/T 6478—2015	ML25MnB A71254	0.23 ~ 0.28	0.10 ~ 0.30	0.90 ~ 1.20	≤0.20	—	0.0008 ~ 0.0035	0.025	0.025	0.20	0.20	0.020
ASTM A29/A29M—2015	15B26	0.23 ~ 0.29	0.15 ~ 0.35	0.80 ~ 1.10	—	—	0.0005 ~ 0.003	0.040	0.050	—	—	—
JIS G3508 - 1:2005	SWRCHB526	0.23 ~ 0.29	0.10 ~ 0.35	0.90 ~ 1.20	≤0.20	—	≥0.0008	0.030	0.030	0.20	0.30	—
ISO 4954:2018（E）	27MnB4	0.25 ~ 0.30	0.15 ~ 0.30	0.90 ~ 1.20	≤0.30	—	0.0008 ~ 0.005	0.025	0.025	—	0.25	—
EN 10263 - 4:2017（E）	27MnB4 1.5536	0.25 ~ 0.30	0.15 ~ 0.30	0.90 ~ 1.20	≤0.30	—	0.0008 ~ 0.005	0.025	0.025	—	0.25	—

表 4-269 ML30MnB 钢牌号及化学成分（质量分数）对照（%）

标准号	牌号 统一数字代号	C	Si	Mn	Cr	Mo	B	P	S	Ni	Cu	Al
								≤				≥
GB/T 6478—2015	ML30MnB A71304	0.28 ~ 0.33	0.10 ~ 0.30	0.90 ~ 1.20	≤0.20	—	0.0008 ~ 0.0035	0.025	0.025	0.20	0.20	0.020
ГОСТ 4543—1971	30ГРА	0.27 ~ 0.33	0.17 ~ 0.37	0.70 ~ 1.00	≤0.25	≤0.15	0.001 ~ 0.005	0.025 V≤0.05	0.025	0.30 Ti≤0.03	0.30	W≤0.20
ASTM A29/A29M—2015	10B30	0.28 ~ 0.33	0.15 ~ 0.35	0.75 ~ 1.00	—	—	0.0005 ~ 0.003	0.035	0.040	—	—	—
JIS G3508 - 1:2005	SWRCHB331	0.28 ~ 0.34	0.10 ~ 0.35	0.70 ~ 1.00	≤0.20	—	≥0.0008	0.030	0.030	0.20	0.30	—
ISO 4954:2018	30MnB4	0.27 ~ 0.32	≤0.30	0.80 ~ 1.10	≤0.30	—	0.0008 ~ 0.005	0.025	0.025	—	0.25	—
EN 10263 - 4:2017（E）	30MnB4 1.5526	0.27 ~ 0.32	≤0.30	0.80 ~ 1.10	≤0.30	—	0.0008 ~ 0.005	0.025	0.025	—	0.25	—

表4-270 ML35MnB钢牌号及化学成分（质量分数）对照 （%）

标准号	牌号 统一数字代号	C	Si	Mn	Cr	Mo	B	P	S	Ni	Cu	Al
								≤				≥
GB/T 6478—2015	ML35MnB A71354	0.33 ~ 0.38	0.10 ~ 0.30	1.10 ~ 1.40	≤0.20	—	0.0008 ~ 0.0035	0.025	0.025	0.20	0.20	0.020
JIS G3508 -1:2005	SWRCHB734	0.31 ~ 0.37	0.10~ 0.35	1.20 ~ 1.50	≤0.20	—	≥0.0008	0.030	0.030	0.20	0.30	—
ASTM A29/A29M—2015	15B35	0.30 ~ 0.37	0.15 ~ 0.35	1.20 ~ 1.50	—	—	0.0005 ~ 0.003	0.035	0.040	—	—	—
ISO 4954:2018（E）	34MnB5	0.31 ~ 0.37	≤0.30	1.20 ~ 1.50	—	—	0.0008 ~ 0.005	0.025	0.025	—	0.25	—
EN 10263 -4:2017（E）	37MnB5 1.5538	0.35 ~ 0.40	≤0.30	1.15 ~ 1.45	≤0.30	—	0.0008 ~ 0.005	0.025	0.025	—	0.25	—

表4-271 ML40MnB钢牌号及化学成分（质量分数）对照 （%）

标准号	牌号 统一数字代号	C	Si	Mn	Cr	Mo	B	P	S	Ni	Cu	Al
								≤				≥
GB/T 6478—2015	ML40MnB A71404	0.38 ~ 0.43	0.10 ~ 0.30	1.10 ~ 1.40	≤0.20	—	0.0008 ~ 0.0035	0.025	0.025	0.20	0.20	0.020
ASTM A29/A29M—2015	50B44	0.43 ~ 0.48	0.15 ~ 0.35	0.75 ~ 1.00	0.20 ~ 0.60	—	0.0005 ~ 0.003	0.035	0.040	—	—	—
JIS G3508 -1:2005	SWRCHB237	0.34 ~ 0.40	0.10 ~ 0.35	0.60 ~ 0.90	≤0.20	—	≥0.0008	0.030	0.030	0.20	0.30	—
ISO 4954:2018	37MnB5	0.35 ~ 0.40	≤0.30	1.15 ~ 1.45	≤0.30	—	0.0008 ~ 0.005	0.025	0.025	—	0.25	—

表 4-272 ML37CrB 钢牌号及化学成分（质量分数）对照 （%）

标准号	牌号 统一数字代号	C	Si	Mn	Cr	Mo	B	P	S	Ni	Cu	Al
								≤				≥
GB/T 6478—2015	ML37CrB A20374	0.34 ~ 0.41	0.10 ~ 0.30	0.50 ~ 0.80	0.20 ~ 0.40	—	0.0008 ~ 0.0035	0.025	0.025	0.20	0.20	0.020
ISO 4954:2018（E）	36CrB4	0.34 ~ 0.38	≤0.30	0.70 ~ 1.00	0.9 ~ 1.20	—	0.0008 ~ 0.005	0.025	0.025	—	—	—
EN 10263-4:2017（E）	36CrB4 1.7077	0.34 ~ 0.38	≤0.30	0.70 ~ 1.00	0.90 ~ 1.20	—	0.0008 ~ 0.005	0.025	0.025	—	0.25	—

表 4-273 ML15MnVB 等钢牌号及化学成分（质量分数） （%）

标准号	牌号 统一数字代号	C	Si	Mn	Cr	V	B	P	S	Ni	Cu	Al
								≤				≥
GB/T 6478—2015	ML15MnVB A73154	0.13 ~ 0.18	0.10 ~ 0.30	1.20 ~ 1.60	≤0.20	0.07 ~ 0.12	0.0008 ~ 0.0035	0.025	0.025	0.20	0.20	0.020
	ML20MnVB A73204	0.18 ~ 0.23	0.10 ~ 0.30	1.20 ~ 1.60	≤0.20	0.07 ~ 0.12	0.0008 ~ 0.0035	0.025	0.025	0.20	0.20	0.020
	ML20MnTiB A74204	0.18 ~ 0.23	0.10 ~ 0.30	1.30 ~ 1.60	≤0.20	Ti0.04 ~ 0.10	0.0008 ~ 0.0035	0.025	0.025	0.20	0.20	0.020

表 4-274 MFT8 等钢牌号及化学成分（质量分数） （%）

标准号	牌号 统一数字代号	C	Si	Mn	Cr	V	Nb	P	S	Ni	Cu
								≤			
GB/T 6478—2015	MFT8 L27208	0.16 ~ 0.26	≤0.30	1.20 ~ 1.60	≤0.20	≤0.08	≤0.10	0.025	0.015	0.20	0.20
	MFT9 L27228	0.18 ~ 0.26	≤0.30	1.20 ~ 1.60	≤0.20	≤0.08	≤0.10	0.025	0.015	0.20	0.20
	MFT10 L27128	0.08 ~ 0.14	0.20 ~ 0.35	1.90 ~ 2.30	≤0.20	≤0.10	≤0.20	0.025	0.015	0.20	0.20

4.8 耐候结构钢牌号及化学成分

耐候结构钢牌号及化学成分对照见表4-275～表4-285。

表4-275 Q265GNH钢牌号及化学成分（质量分数）对照 （%）

标准号	牌号 统一数字代号	C	Si	Mn	P	S	Cu	Cr	Ni	其他元素
GB/T 4171—2008	Q265GNH	≤0.12	0.10～0.40	0.20～0.50	0.07～0.12	≤0.020	0.20～0.45	0.30～0.65	0.25～0.50①	②
ISO 5952:2019（E）	HSA245W	≤0.18	0.15～0.65	≤1.25	≤0.035	≤0.035	0.30～0.50	0.45～0.75	0.05～0.30	Mo≤0.15 Zr≤0.15
EN 10025-3:2004	S275N 1.0490	≤0.18	≤0.40	0.50～1.50	≤0.030	≤0.025	≤0.55 Nb≤0.05	≤0.30 V≤0.05	≤0.3 Ti≤0.05	N≤0.015 Al≤0.02 Mo≤0.10

① 供需双方协商，Ni含量的下限可不做要求。

② 为了改善钢的性能，可以添加一种或一种以上的微量合金元素（质量分数）：Nb0.015%～0.060%，V0.02%～0.12%，Ti0.02%～0.10%，Alt≥0.020%。若上述元素组合使用时，应至少保证其中一种元素含量达到上述化学成分的下限规定。可以添加下列合金元素（质量分数）：Mo≤0.30%，Zr≤0.15%。

表 4-276 Q295GNH 钢牌号及化学成分（质量分数）对照 （%）

标准号	牌号 统一数字代号	C	Si	Mn	P	S	Cu	Cr	Ni	其他元素
GB/T 4171—2008	Q295GNH	≤0.12	0.10 ~ 0.40	0.20 ~ 0.50	0.07 ~ 0.12	≤0.020	0.20 ~ 0.45	0.30 ~ 0.65	0.25 ~ 0.50①	②
ASTM A588/A588M—2015	Grade K 42［290］	≤0.17	0.25 ~ 0.50	0.50 ~ 1.20	≤0.030	≤0.030	0.30 ~ 0.50	0.40 ~ 0.70	0.40	Mo≤0.10 Nb：0.005 ~ 0.05
EN 10025 - 3:2004	S275N 1.0490	≤0.18	≤0.40	0.50 ~ 1.50	≤0.030	≤0.025	≤0.55 Nb≤0.05	≤0.30 V≤0.05	≤0.3 Ti≤0.05	N≤0.015 Al≤0.02 Mo≤0.10

① 见表4-275①。

② 见表4-275②。

表 4-277 Q310GNH 钢牌号及化学成分（质量分数）对照 （%）

标准号	牌号 统一数字代号	C	Si	Mn	P	S	Cu	Cr	Ni	其他元素
GB/T 4171—2008	Q310GNH L53101	≤0.12	0.25 ~ 0.75	0.20 ~ 0.50	0.07 ~ 0.12	≤0.020	0.20 ~ 0.50	0.30 ~ 1.25	≤0.65	①
JIS G3125:2015	SPA - C	≤0.12	0.20 ~ 0.75	≤0.60	0.07 ~ 0.15	≤0.035	0.25 ~ 0.55	0.30 ~ 1.25	≤0.65	—
ASTM A588/A588M—2015	Grade K 46［315］	≤0.17	0.25 ~ 0.50	0.50 ~ 1.20	≤0.030	≤0.030	0.30 ~ 0.50	0.40 ~ 0.70	≤0.40	Mo≤0.10 Nb：0.005 ~ 0.05

① 见表4-275②。

表 4-278 Q355GNH 钢牌号及化学成分（质量分数）对照 （%）

标准号	牌号 统一数字代号	C	Si	Mn	P	S	Cu	Cr	Ni	其他元素
GB/T 4171—2008	Q355GNH L53551	≤0.12	0.25 ~ 0.75	≤1.00	0.07 ~ 0.15	≤0.020	0.25 ~ 0.55	0.30 ~ 1.25	≤0.65	①

（续）

标准号	牌号 统一数字代号	C	Si	Mn	P	S	Cu	Cr	Ni	其他元素
ГОСТ 27772—1988	C345K	≤0.12	0.17～0.37	0.30～0.60	0.07～0.12	≤0.040	0.30～0.50	0.05～0.80	0.30～0.60	Al：0.08～0.15
						N≤0.008		As≤0.08		
JIS G3125:2010	SPA－H	≤0.12	0.20～0.75	0.60	0.07～0.15	≤0.035	0.25～0.55	0.30～1.25	≤0.65	—
ASTM A588/A588M—2015	Grade K 50［345］	≤0.17	0.25～0.50	0.50～1.20	≤0.030	≤0.030	0.30～0.50	0.40～0.70	≤0.40	Mo≤0.10 Nb：0.005～0.05
ISO 5952:2019（E）	HSA355W1	≤0.12	0.20～0.75	≤1.00	0.06～0.15	≤0.035	0.25～0.55	0.30～1.25	≤0.65	—
EN 10025－5:2004（E）	S355J0WP 1.8945	≤0.12	≤0.75	≤1.0	0.06～0.15	≤0.035	0.25～0.55	0.30～1.25	≤0.65	N≤0.009

① 见表4-275②。

表4-279　Q235NH钢牌号及化学成分（质量分数）对照

（%）

标准号	牌号 统一数字代号	C	Si	Mn	P	S	Cu	Cr	Ni	其他元素
GB/T 4171—2008	Q235NH L52350	≤0.13[①]	0.10～0.40	0.20～0.60	≤0.030	≤0.030	0.25～0.55	0.40～0.80	≤0.65	②
JIS G3114:2016	SMA400AW	≤0.18	0.15～0.65	≤1.25	≤0.035	≤0.035	0.30～0.50	0.45～0.75	0.05～0.30	—
ISO 5952:2019（E）	HSA235W1	≤0.13	0.100～0.40	0.20～0.60	≤0.040	≤0.035	0.25～0.55	0.40～0.80	≤0.65	—
EN 10025－5:2004（E）	S235J0W 1.8958	≤0.13	0.40	0.20～0.60	≤0.035	≤0.035	0.25～0.55	0.40～0.80	≤0.65	

① 供需双方协商，C的质量分数可以不大于0.15%。

② 见表4-275②。

表4-280 Q295NH钢牌号及化学成分（质量分数）对照 （%）

标准号	牌号 统一数字代号	C	Si	Mn	P	S	Cu	Cr	Ni	其他元素
GB/T 4171—2008	Q295NH	≤0.15	0.10～0.50	0.30～1.00	≤0.030	≤0.030	0.25～0.55	0.40～0.80	≤0.65	①
JIS G3114:2016	SMA490CW	≤0.18	0.15～0.65	≤1.40	≤0.035	≤0.035	0.30～0.50	0.45～0.75	0.05～0.30	—
ASTM A242/A242M—2013	Type 1 42［290］	≤0.15	—	≤1.00	≤0.015	≤0.06	≤0.20	—	—	—
EN 10025-2:2004（E）	S275NL 1.0491	≤0.16	≤0.40	0.50～1.50	≤0.025	≤0.020	≤0.55	≤0.30	≤0.30	Nb≤0.05 V≤0.05 Ti≤0.05

① 见表4-275②。

表4-281 Q355NH钢牌号及化学成分（质量分数）对照 （%）

标准号	牌号 统一数字代号	C	Si	Mn	P	S	Cu	Cr	Ni	其他元素
GB/T 4171—2008	Q355NH L53550	≤0.16	≤0.50	0.50～1.50	≤0.030	≤0.030	0.25～0.55	0.40～0.80	0.65	①
ГОСТ 27772—1988	С375Д	≤0.15	≤0.80	1.30～1.70	≤0.035	≤0.035	0.15～0.30	0.30 Ti：0.01～0.03	0.30	N≤0.008 As≤0.08
JIS G3114:2016	SMA490AW	≤0.18	0.15～0.65	≤1.40	≤0.035	≤0.035	0.30～0.50	0.45～0.75	0.05～0.30	—
ASTM A588/A588M—2015	Grade K 50［345］	≤0.17	0.25～0.50	0.50～1.20	≤0.030	≤0.030	0.30～0.50	0.40～0.70	≤0.40	Mo≤0.10 Nb：0.005～0.05
ISO 5952:2019（E）	HSA355W2	≤0.16	≤0.50	0.50～1.50	≤0.035	≤0.035	0.25～0.55	0.40～0.80	≤0.65	Mo≤0.30 Zr≤0.15
EN 10025-5:2004（E）	S355J0W 1.8959	≤0.16	≤0.50	0.50～1.50	≤0.035	≤0.035	0.25～0.55	0.40～0.80	≤0.65 N≤0.009	Mo≤0.30 Zr≤0.15

① 见表4-275②。

表 4-282 Q415NH 钢牌号及化学成分（质量分数）对照 （%）

标准号	牌号 统一数字代号	C	Si	Mn	P	S	Cu	Cr	Ni	其他元素
GB/T 4171—2008	Q415NH L54150	≤0.12	≤0.65	≤1.10	≤0.025	≤0.030①	0.20～0.55	0.30～1.25	0.12～0.65	②③
ASTM A871/A871M—2014	Type IV 60［415］	≤0.17	0.25～0.50	0.50～1.20	≤0.030	≤0.030	0.30～0.50 Nb：0.005～0.05	0.40～0.70	≤0.40	Mo≤0.10
EN 10025－3:2004（E）	S420N 1.8902	≤0.20	≤0.60	1.00～1.70	≤0.030	≤0.025	≤0.55 Al≤0.02	≤0.30 Nb≤0.05	≤0.80 Ti≤0.05	N≤0.025 V≤0.20 Mo≤0.10

① 供需双方协商，S 的质量分数可以不大于 0.008%。
② 见表 4-275②。
③ Nb、V、Ti 三种合金的添加总量（质量分数）不应超过 0.22%。

表 4-283 Q460NH 钢牌号及化学成分（质量分数）对照 （%）

标准号	牌号 统一数字代号	C	Si	Mn	P	S	Cu	Cr	Ni	其他元素
GB/T 4171—2008	Q460NH L54600	≤0.12	≤0.65	≤1.50	≤0.025	≤0.030①	0.20～0.55	0.30～1.25	0.12～0.65	②③
JIS G3114:2016	SMA570W	≤0.18	0.15～0.65	≤1.40	≤0.035	≤0.035	0.30～0.50	0.45～0.75	0.05～0.30	—
ASTM A871/A871M—2014	Type 111 65［450］	≤0.20	0.15～0.50	0.70～1.35	≤0.030	≤0.030	0.20～0.40	0.40～0.70	≤0.50	V：0.01～0.10
EN 10025－3:2004（E）	S460N 1.8901	≤0.20	≤0.60	1.00～1.70	≤0.030	≤0.025	≤0.55 Al≤0.02	≤0.30 Nb≤0.05	≤0.80 Ti≤0.05	N≤0.025 V≤0.20 Mo≤0.10

① 供需双方协商，S 的质量分数可以不大于 0.008%。
② 见表 4-275②。
③ Nb、V、Ti 三种合金的添加总量（质量分数）不应超过 0.22%。

表 4-284 Q500NH 钢牌号及化学成分（质量分数）对照 （%）

标准号	牌号 统一数字代号	C	Si	Mn	P	S	Cu	Cr	Ni	其他元素
GB/T 4171—2008	Q500NH L50000	≤0.12	≤0.65	≤2.0	≤0.025	≤0.030①	0.20～0.55	0.30～1.25	0.12～0.65	②③
ASTM A871/A871M—2014	Type 111 75［520］	≤0.20	0.15～0.50	0.70～1.35	≤0.030	≤0.030	0.20～0.40	0.40～0.70	≤0.50	V：0.01～0.10

① 供需双方协商，S 的质量分数可以不大于 0.008%。

② 见表 4-275②。

③ Nb、V、Ti 三种合金的添加总量（质量分数）不应超过 0.22%。

表 4-285 Q550NH 钢牌号及化学成分（质量分数）对照 （%）

标准号	牌号 统一数字代号	C	Si	Mn	P	S	Cu	Cr	Ni	其他元素
GB/T 4171—2008	Q550NH	≤0.16	≤0.65	≤2.0	≤0.025	≤0.030①	0.20～0.55	0.30～1.25	0.12～0.65	②③
ASTM A871/A871M—2014	Type 111 80［550］	≤0.20	0.15～0.50	0.70～1.35	≤0.030	≤0.030	0.20～0.40	0.40～0.70	≤0.50	V：0.01～0.10

① 供需双方协商，S 的质量分数可以不大于 0.008%。

② 见表 4-275②。

③ Nb、V、Ti 三种合金的添加总量（质量分数）不应超过 0.22%。

4.9 冷轧低碳钢板和钢带牌号及化学成分

冷轧低碳钢板及钢带牌号及化学成分对照见表 4-286～表 4-291。

表4-286 DC01钢牌号及化学成分（质量分数）对照 （%）

标准号	牌号 统一数字代号	C	Mn	P	S	Ti①	Ni	Cr	Cu	Alt②
		≤								≥
GB/T 5213—2008	DC01	0.12	0.60	0.045	0.045	—	—	—	—	0.020
JIS G3141:2009	SPCC	0.15	0.60	0.100	0.050	—	—	—	—	—
ASTM A1008/A1008M—2016	CS Type B	0.02～0.15	0.60	0.025	0.035	0.025	0.20	0.15 Mo：0.06	0.20 V：0.008	Nb≤0.008
ISO 3574:2012（E）	CR1	0.15	0.60	0.050	0.035	—	—	—	—	—
EN 10310:2006（E）	DC01 1.0330	0.12	0.60	0.045	0.045	—	—	—	—	—

① 也可添加Nb和Ti。

② 当w（C）≤0.01时，w（Alt）≥0.015。

表4-287 DC03钢牌号及化学成分（质量分数）对照 （%）

标准号	牌号 统一数字代号	C	Mn	P	S	Ti①	Ni	Cr	Cu	Alt②
		≤								≥
GB/T 5213—2008	DC03	0.10	0.45	0.035	0.035	—	—	—	—	0.020
JIS G3141:2009	SPCD	0.12	0.50	0.040	0.040	—	—	—	—	—
ASTM A1008/A1008M—2016	CS Type A	0.10	0.60	0.025	0.035	0.025	0.20	0.15 Mo0.06	0.20 V0.008	Nb≤0.008
ISO 3574:2012（E）	CR2	0.10	0.50	0.040	0.035	—	—	—	—	—
EN 10310:2006（E）	DC03 1.0347	0.10	0.45	0.035	0.035	—	—	—	—	—

① 见表4-286①。

② 见表4-286②。

表 4-288　DC04 钢牌号及化学成分（质量分数）对照　（%）

标准号	牌号 统一数字代号	C	Mn	P	S	Ti①	Ni	Cr	Cu	Alt② ≥
		≤								
GB/T 5213—2008	DC04	0.08	0.40	0.030	0.030	—	—	—	—	0.020
JIS G3141:2009	SPCE	0.10	0.45	0.030	0.030	—	—	—	—	—
ASTM A1008/A1008M—2016	DS Type A	0.08	0.50	0.020	0.020	0.025	0.20 Nb0.008	0.15 Mo0.06	0.20 V0.008	0.01
ISO 3574:2012（E）	CR3	0.08	0.45	0.030	0.03	—	—	—	—	—
EN 10310:2006（E）	DC04 1.0338	0.08	0.40	0.030	0.030	—	—	—	—	—

① 见表 4-286①。

② 见表 4-286②。

表 4-289　DC05 钢牌号及化学成分（质量分数）对照　（%）

标准号	牌号 统一数字代号	C	Mn	P	S	Ti①	Ni	Cr	Cu	Alt≥
		≤								
GB/T 5213—2008	DC05	0.06	0.35	0.025	0.025	—	—	—	—	0.015
JIS G3141:2009	SPCF	0.08	0.45	0.030	0.030	—	—	—	—	—
ASTM A1008/A1008M—2016	DDS	0.06	0.50	0.020	0.020	0.025	0.20 Nb0.008	0.15 Mo0.06	0.20 V0.008	0.01
ISO 3574:2012（E）	CR4	0.06	0.45	0.030	0.03	—	—	—	—	—
EN 10310:2006（E）	DC05 1.0312	0.06	0.35	0.025	0.025	—	—	—	—	—

① 见表 4-286①。

表 4-290 DC06 钢牌号及化学成分（质量分数）对照 （%）

标准号	牌号 统一数字代号	C	Mn	P	S	Ti	Ni	Cr	Cu	Alt
		≤								≥
GB/T 5213—2008	DC06	0.02	0.30	0.020	0.020	0.30①	—	—	—	0.015
JIS G3141:2009	SPCG	0.02	0.25	0.020	0.020	—	—	—	—	—
ASTM A1008/A1008M—2016	EDDS	0.02	0.40	0.020	0.020	0.15	0.10 Nb0.10	0.15 Mo0.03	0.10 V0.10	0.01
ISO 3574:2012（E）	CR5	0.02	0.25	0.020	0.02	0.15	—	—	—	—
EN 10310:2006（E）	DC06 1.0873	0.02	0.25	0.020	0.020	0.3	—	—	—	—

① 可以用 Nb 代替部分 Ti，钢中 C 和 N 应全部被固定。

表 4-291 DC07 钢牌号及化学成分（质量分数）对照 （%）

标准号	牌号 统一数字代号	C	Mn	P	S	Ti	Ni	Cr	Cu	Alt
		≤								≥
GB/T 5213—2008	DC07	0.01	0.25	0.020	0.020	0.20①	—	—	—	0.015
EN 10310:2006（E）	DC07 1.0898	0.01	0.20	0.020	0.020	0.2	—	—	—	—

① 可以用 Nb 代替部分 Ti，钢中 C 和 N 应全部被固定。

4.10 非调质机械结构钢牌号及化学成分

非调质机械结构钢牌号及化学成分对照见表 4-292～表 4-298。

表 4-292　F35VS 等钢牌号及化学成分（质量分数）　（%）

标准号	牌号① 统一数字代号	C	Si	Mn	S	P	V②	Cr	Ni	Cu③	其他④
GB/T 15712—2016	F35VS L22358	0.32 ~ 0.39	0.15 ~ 0.35	0.60 ~ 1.00	0.035 ~ 0.075	≤0.035	0.06 ~ 0.13	≤0.30	≤0.30	≤0.30	Mo≤0.05
	F40VS L22408	0.37 ~ 0.44	0.15 ~ 0.35	0.60 ~ 1.00	0.035 ~ 0.075	≤0.035	0.06 ~ 0.13	≤0.30	≤0.30	≤0.30	Mo≤0.05
	F45VS L22458	0.42 ~ 0.49	0.15 ~ 0.35	0.60 ~ 1.00	0.035 ~ 0.075	≤0.035	0.06 ~ 0.13	≤0.30	≤0.30	≤0.30	Mo≤0.05
	F70VS L22708	0.67 ~ 0.73	0.15 ~ 0.35	0.40 ~ 0.70	0.035 ~ 0.075	≤0.045	0.03 ~ 0.08	≤0.30	≤0.30	≤0.30	Mo≤0.05

① 当硫含量只有上限要求时，牌号尾部不加“S”。

② 经供需双方协商，可以用铌或钛代表部分或全部钒含量，在部分代表情况下，钒的下限含量应由双方协商。

③ 热压力加工用钢中铜的质量分数应不大于0.20%。

④ 为了保证钢材的力学性能，允许添加氮，推荐氮的质量分数为0.0080% ~0.0200%。

表 4-293　F30MnVS 钢牌号及化学成分（质量分数）对照　（%）

标准号	牌号① 统一数字代号	C	Si	Mn	S	P	V②	Cr	Ni	Cu③	其他④
GB/T 15712—2016	F30MnVS L22308	0.26 ~ 0.33	0.30 ~ 0.80	1.20 ~ 1.60	0.035 ~ 0.075	≤0.035	0.08 ~ 0.15	≤0.30	≤0.30	≤0.30	Mo≤0.05
ISO 11692:2014（E）	30MnVS6	0.26 ~ 0.33	≤0.80	1.20 ~ 1.60	0.020 ~ 0.060	≤0.035	0.08 ~ 0.20	—	—	—	—
EN 10267:1998	30MnVS6 1.1302	0.26 ~ 0.33	0.15 ~ 0.80	1.20 ~ 1.60	0.020 ~ 0.060	≤0.025	0.08 ~ 0.20	≤0.30	N：0.010 ~ 0.020		Mo≤0.08

①~④见表4-292①~④。

表 4-294 F35MnVS 钢牌号及化学成分（质量分数） （%）

标准号	牌号[①] 统一数字代号	C	Si	Mn	S	P	V[②]	Cr	Ni	Cu[③]	其他[④]
GB/T 15712—2016	F35MnVS L22358	0.32 ~ 0.39	0.30 ~ 0.60	1.00 ~ 1.50	0.035 ~ 0.075	≤0.035	0.06 ~ 0.13	≤0.30	≤0.30	≤0.30	Mo≤0.05

①~④见表4-292①~④。

表 4-295 F38MnVS 钢牌号及化学成分（质量分数）对照 （%）

标准号	牌号[①] 统一数字代号	C	Si	Mn	S	P	V[②]	Cr	Ni	Cu[③]	其他[④]
GB/T 15712—2016	F38MnVS L22388	0.35 ~ 0.42	0.30 ~ 0.80	1.20 ~ 1.60	0.035 ~ 0.075	≤0.035	0.08 ~ 0.15	≤0.30	≤0.30	≤0.30	Mo≤0.05
ISO 11692:2014（E）	38MnVS6	0.34 ~ 0.41	≤0.80	1.20 ~ 1.60	0.020 ~ 0.060	≤0.035	0.08 ~ 0.20	—	—	—	—
EN 10267:1998	38MnVS6 1.1303	0.34 ~ 0.41	0.15 ~ 0.80	1.20 ~ 1.60	0.020 ~ 0.060	≤0.025	0.08 ~ 0.20	≤0.30	N：0.010 ~ 0.020		Mo≤0.08

①~④见表4-292①~④。

表 4-296 F40MnVS 钢牌号及化学成分（质量分数） （%）

标准号	牌号[①] 统一数字代号	C	Si	Mn	S	P	V[②]	Cr	Ni	Cu[③]	其他[④]
GB/T 15712—2016	F40MnVS L22408	0.37 ~ 0.44	0.30 ~ 0.60	1.00 ~ 1.50	0.035 ~ 0.075	≤0.035	0.06 ~ 0.13	≤0.30	≤0.30	≤0.30	Mo≤0.05

①~④见表4-292①~④。

表 4-297 F45MnVS 钢牌号及化学成分（质量分数）对照 （%）

标准号	牌号[①] 统一数字代号	C	Si	Mn	S	P	V[②]	Cr	Ni	Cu[③]	其他[④]
GB/T 15712—2016	F45MnVS L22458	0.42 ~ 0.49	0.30 ~ 0.60	1.00 ~ 1.50	0.035 ~ 0.075	0.035	0.06 ~ 0.13	0.30	0.30	0.30	Mo≤0.05

标准号	牌号① 统一数字代号	C	Si	Mn	S	P	V②	Cr	Ni	Cu③	其他④
ISO 11692:2014（E）	46MnVS6	0.42～0.49	≤0.80	1.20～1.60	0.020～0.060	≤0.035	0.08～0.20	—	—	—	—
EN 10267:1998	46MnVS6 1.1304	0.42～0.49	0.15～0.80	1.20～1.60	0.020～0.060	≤0.025	0.08～0.20	≤0.30	N：0.010～0.020		Mo≤0.08

①～④见表4-292①～④。

表4-298　F49MnVS等钢牌号及化学成分（质量分数）　（%）

标准号	牌号① 统一数字代号	C	Si	Mn	S	P	V②	Cr	Ni	Cu③	其他④
GB/T 15712—2016	F49MnVS L22498	0.44～0.52	0.15～0.60	0.70～1.00	0.035～0.075	≤0.035	0.08～0.15	≤0.30	≤0.30	≤0.30	Mo≤0.05
	F48MnV L22488	0.45～0.51	0.15～0.35	1.00～1.30	0.035	≤0.035	0.06～0.13	≤0.30	≤0.30	≤0.30	Mo≤0.05
	F37MnSiVS L22378	0.34～0.41	0.50～0.80	0.90～1.20	0.035～0.075	≤0.045	0.25～0.35	≤0.30	≤0.30	≤0.30	Mo≤0.05
	F41MnSiV L22418	0.38～0.45	0.50～0.80	1.20～1.60	0.035	≤0.035	0.08～0.15	≤0.30	≤0.30	≤0.30	Mo≤0.05
	F38MnSiNS L26383	0.35～0.42	0.50～0.80	1.20～1.60	0.035～0.075	≤0.035	0.06	≤0.30	≤0.30 N：0.010～0.020	≤0.30	Mo≤0.05
	F12Mn2VBS L27128	0.09～0.16	0.30～0.60	2.20～2.65	0.035～0.075	≤0.035	0.06～0.12	≤0.30	≤0.30	≤0.30	B：0.001～0.004
	F25Mn2CrVS L28258	0.22～0.28	0.20～0.40	1.80～2.10	0.035～0.065	≤0.030	0.10～0.15	0.40～0.60	≤0.30	≤0.30	—

①～④见表4-292①～④。

4.11 弹簧钢牌号及化学成分

弹簧钢牌号及化学成分对照见表4-299～表4-324。

表4-299 65钢牌号及化学成分（质量分数）对照 （%）

标准号	牌号 统一数字代号	C	Si	Mn	Cr	V	B	Ni	Cu	P	S
								≤			
GB/T 1222—2016	65 U20652	0.62～0.70	0.17～0.37	0.50～0.80	≤0.25	—	—	0.35	0.25	0.030	0.030
ГОСТ 14959—1979	65	0.62～0.70	0.17～0.37	0.50～0.80	≤0.25	—	—	0.25	0.20	0.035	0.035
JIS G 4802:2011	S65C-CSP	0.60～0.70	0.15～0.35	0.60～0.90	≤0.20	—	—	0.20	0.30	0.030	0.035
ASTM A29/A29M—2015	1065	0.60～0.70	—	0.60～0.90	—	—	—	—	—	0.040	0.050
ISO 683-18:2014（E）	C60E	0.57～0.65	0.10～0.40	0.60～0.90	≤0.40	≤0.10	—	0.40	0.30	0.025	0.035
EN 10083-2:2006（E）	C60E 1.1221	0.57～0.65	≤0.40	0.60～0.90	≤0.40	≤0.10	—	0.40 Cr+Mo+Ni：0.63	—	0.030	0.035

表4-300　70钢牌号及化学成分（质量分数）对照　（%）

标准号	牌号 统一数字代号	C	Si	Mn	Cr	V	B	Ni	Cu	P	S
								≤			
GB/T 1222—2016	70 U20702	0.67～0.75	0.17～0.37	0.50～0.80	≤0.25	—	—	0.35	0.25	0.030	0.030
ГОСТ 14959—1979	70	0.67～0.75	0.17～0.37	0.50～0.80	≤0.25	—	—	0.25	0.20	0.035	0.040
JIS G 4802:2011	S70C-CSP	0.65～0.75	0.15～0.35	0.60～0.90	≤0.20	—	—	0.20	0.30	0.030	0.035
ASTM A29/A29M—2015	1070	0.65～0.75	—	0.60～0.90	—	—	—	—	—	0.040	0.050
ISO 8458-3：2002（E）	VDC	0.60～0.75	0.15～0.30	0.50～1.00	—	—	—	—	0.12	0.020	0.025
EN 10016-2:1994	C70D 1.0615	0.68～0.73	0.10～0.30	0.50～0.80	≤0.15	Al≤0.01	Mo≤0.05	0.20	0.25	0.035	0.035

表4-301　80钢牌号及化学成分（质量分数）对照　（%）

标准号	牌号 统一数字代号	C	Si	Mn	Cr	V	B	Ni	Cu	P	S
								≤			
GB/T 1222—2016	80 U20802	0.77～0.85	0.17～0.37	0.50～0.80	≤0.25	—	—	0.35	0.25	0.030	0.030
ГОСТ 14959—1979	70	0.77～0.85	0.17～0.37	0.50～0.80	≤0.25	—	—	0.25	0.20	0.035	0.040

（续）

标准号	牌号 统一数字代号	C	Si	Mn	Cr	V	B	Ni	Cu	P	S
								≤			
ASTM A29/A29M—2015	1080	0.75～0.88	—	0.60～0.90	—	—	—	—	—	0.040	0.050
EN 10016－2:1994	C80D 1.0622	0.78～0.83	0.10～0.30	0.50～0.80	≤0.15	Al≤0.01	Mo≤0.05	0.20	0.25	0.035	0.035

表4-302 85钢牌号及化学成分（质量分数）对照

（%）

标准号	牌号 统一数字代号	C	Si	Mn	Cr	V	B	Ni	Cu	P	S
								≤			
GB/T 1222—2016	85 U20852	0.82～0.90	0.17～0.37	0.50～0.80	≤0.25	—	—	0.35	0.25	0.030	0.030
ГОСТ 14959—1979	85	0.82～0.90	0.17～0.37	0.50～0.80	≤0.25	—	—	0.25	0.20	0.035	0.040
JIS G 4802:2011	S85C－CSP	0.80～0.90	≤0.35	≤0.50	≤0.30	—	—	0.25	0.25	0.030	0.030
ASTM A29/A29M—2015	1086	0.80～0.93	—	0.30～0.50	—	—	—	—	—	0.040	0.050
EN 10016－2:1994	C86D 1.0616	0.83～0.88	0.10～0.30	0.50～0.80	≤0.15	Al≤0.01	Mo≤0.05	0.20	0.25	0.035	0.035

表4-303 65Mn钢牌号及化学成分（质量分数）对照 （%）

标准号	牌号 统一数字代号	C	Si	Mn	Cr	V	B	Ni	Cu	P	S
								≤			
GB/T 1222—2016	65Mn U21653	0.62~ 0.70	0.17~ 0.37	0.90~ 1.20	≤0.25	—	—	0.35	0.25	0.030	0.030
ГОСТ 14959—1979	65Г	0.62~ 0.70	0.17~ 0.37	0.90~ 1.20	≤0.25	—	—	0.25	0.20	0.035	0.040
JIS G 4802:2011	S65C-CSP	0.60~ 0.70	0.15~ 0.35	0.60~ 0.90	≤0.30	—	—	0.25	0.25	0.030	0.035
ASTM A29/A29M—2015	1566	0.60~ 0.71	—	0.85~ 1.15	—	—	—	—	—	0.040	0.050
ISO 8458-3:2002（E）	FDC	0.60~ 0.75	0.10~ 0.35	0.50~ 1.20	—	—	—	—	0.20	0.030	0.030

表4-304 70Mn钢牌号及化学成分（质量分数）对照 （%）

标准号	牌号 统一数字代号	C	Si	Mn	Cr	V	B	Ni	Cu	P	S
								≤			
GB/T 1222—2016	70Mn U21703	0.67~ 0.75	0.17~ 0.37	0.90~ 1.20	≤0.25	—	—	0.35	0.25	0.030	0.030
ГОСТ 14959—1979	70Г	0.67~ 0.75	0.17~ 0.37	0.90~ 1.20	≤0.25	—	—	0.25	0.20	0.035	0.040

（续）

标准号	牌号 统一数字代号	C	Si	Mn	Cr	V	B	Ni	Cu	P	S
								≤			
JIS G 4802:2011	S70C - CSP	0.65 ~ 0.75	0.15 ~ 0.35	0.60 ~ 0.90	≤0.30	—	—	0.25	0.25	0.030	0.035
ASTM A29/A29M—2015	1572	0.65 ~ 0.76	—	1.00 ~ 1.30	—	—	—	—	—	0.040	0.050

表 4-305　28SiMnB 钢牌号及化学成分（质量分数）（%）

标准号	牌号 统一数字代号	C	Si	Mn	Cr	V	B	Ni	Cu	P	S
								≤			
GB/T 1222—2016	28SiMnB A76282	0.24 ~ 0.32	0.60 ~ 1.00	1.20 ~ 1.60	≤0.25	—	0.0008 ~ 0.0035	0.35	0.25	0.030	0.030

表 4-306　40SiMnVBE 钢牌号及化学成分（质量分数）（%）

标准号	牌号 统一数字代号	C	Si	Mn	Cr	V	B	Ni	Cu	P	S
								≤			
GB/T 1222—2016	40SiMnVBE A77406	0.39 ~ 0.42	0.90 ~ 1.35	1.20 ~ 1.55	—	0.09 ~ 0.12	0.0008 ~ 0.0025	0.35	0.25	0.020	0.012

表 4-307　55SiMnVB 钢牌号及化学成分（质量分数）（%）

标准号	牌号 统一数字代号	C	Si	Mn	Cr	V	B	Ni	Cu	P	S
								≤			
GB/T 1222—2016	55SiMnVB A77552	0.52 ~ 0.60	0.70 ~ 1.00	1.00 ~ 1.30	≤0.35	0.08 ~ 0.16	0.0008 ~ 0.0035	0.35	0.25	0.025	0.020

表 4-308 38Si2 钢牌号及化学成分（质量分数）对照 （%）

标准号	牌号 统一数字代号	C	Si	Mn	Cr	V	B	Ni	Cu	P	S
								≤			
GB/T 1222—2016	38Si2 A11383	0.35 ~ 0.42	1.50 ~ 1.80	0.50 ~ 0.80	≤0.25	—	—	0.35	0.25	0.025	0.020
ISO 683 - 14: 2004（E）	38Si7	0.35 ~ 0.42	1.50 ~ 1.80	0.50 ~ 0.80	—	—	—	Cu + 10Sn：0.60		0.030	0.030
EN 10089:2002（E）	38Si7 1.5023	0.35 ~ 0.42	1.50 ~ 1.80	0.50 ~ 0.80	—	—	—	Cu + 10Sn：0.60		0.025	0.025

表 4-309 60SiMn2 钢牌号及化学成分（质量分数）对照 （%）

标准号	牌号 统一数字代号	C	Si	Mn	Cr	V	B	Ni	Cu	P	S
								≤			
GB/T 1222—2016	60Si2Mn A11603	0.56 ~ 0.64	1.50 ~ 2.00	0.70 ~ 1.00	≤0.35	—	—	0.35	0.25	0.025	0.020
ГОСТ 14959—1979	60C2A	0.58 ~ 0.63	1.60 ~ 2.00	0.60 ~ 0.90	≤0.30			0.25	0.20	0.035	0.035
JIS G 4801:2011	SUP7	0.56 ~ 0.64	1.80 ~ 2.20	0.70 ~ 1.00	—	—	—	—	—	0.030	0.030
ASTM A519/ A519M—2017	9260	0.56 ~ 0.64	1.80 ~ 2.20	0.75 ~ 1.00	—	—	—	—	—	0.040	0.040
ISO 683 - 14: 2004（E）	60Si8	0.56 ~ 0.64	1.80 ~ 2.20	0.70 ~ 1.00	—	—	—	Cu + 10Sn：0.60		0.030	0.030
EN 10089:2002（E）	56Si7 1.5026	0.52 ~ 0.60	1.60 ~ 2.00	0.60 ~ 0.90	—	—	—	Cu + 10Sn：0.60		0.025	0.025

表 4-310 55CrMn 钢牌号及化学成分（质量分数）对照 （%）

标准号	牌号 统一数字代号	C	Si	Mn	Cr	V	B	Ni	Cu	P	S
								≤			
GB/T 1222—2016	55CrMn A22553	0.52 ~ 0.60	0.17 ~ 0.37	0.65 ~ 0.95	0.65 ~ 0.95	—	—	0.35	0.25	0.025	0.020
JIS G 4801:2011	SUP9	0.52 ~ 0.60	0.15 ~ 0.35	0.65 ~ 0.95	0.65 ~ 0.95	—	—	—	—	0.030	0.030
ASTM A519/A519M—2017	5155	0.51 ~ 0.59	0.15 ~ 0.35	0.70 ~ 0.90	0.70 ~ 0.90	—	—	—	—	0.040	0.040
ISO 683 - 14: 2004（E）	55Cr3	0.52 ~ 0.59	≤0.40	0.70 ~ 1.00	0.70 ~ 1.00	—	—	Cu + 10Sn：0.60		0.030	0.030
EN 10089:2002（E）	55Cr3 1.7176	0.52 ~ 0.59	≤0.40	0.70 ~ 1.00	0.70 ~ 1.00	—	—	Cu + 10Sn：0.60		0.025	0.025

表 4-311 60CrMn 钢牌号及化学成分（质量分数）对照 （%）

标准号	牌号 统一数字代号	C	Si	Mn	Cr	V	B	Ni	Cu	P	S
								≤			
GB/T 1222—2016	60CrMn A22603	0.56 ~ 0.64	0.17 ~ 0.37	0.70 ~ 1.00	0.70 ~ 1.00	—	—	0.35	0.25	0.025	0.020
JIS G 4801:2011	SUP9A	0.56 ~ 0.64	0.15 ~ 0.35	0.70 ~ 1.00	0.70 ~ 1.00	—	—	—	—	0.030	0.030
ASTM A519/ A519M—2017	5160	0.56 ~ 0.64	0.15 ~ 0.35	0.75 ~ 1.00	0.70 ~ 0.90	—	—	—	—	0.040	0.040
ISO 683 - 14: 2004（E）	60Cr3	0.55 ~ 0.65	≤0.40	0.70 ~ 1.10	0.70 ~ 1.00	—	—	Cu + 10Sn：0.60		0.030	0.030
EN 10089:2002（E）	60Cr3 1.7177	0.55 ~ 0.65	≤0.40	0.70 ~ 1.00	0.60 ~ 0.90	—	—	Cu + 10Sn：0.60		0.025	0.025

表 4-312 60CrMnB 钢牌号及化学成分（质量分数）对照 （%）

标准号	牌　号 统一数字代号	C	Si	Mn	Cr	V	B	Ni	Cu	P	S
								≤			
GB/T 1222—2016	60CrMnB A22609	0.56～0.64	0.17～0.37	0.70～1.00	0.70～1.00	—	0.0008～0.0035	0.35	0.25	0.025	0.020
JIS G 4801:2011	SUP11A	0.56～0.64	0.15～0.35	0.70～1.00	0.70～1.00	—	≥0.0005	—	—	0.030	0.030
ASTM A29/A29M—2015	51B60	0.56～0.64	0.15～0.35	0.75～1.00	0.70～0.90	—	0.0005～0.003	—	—	0.035	0.040

表 4-313 60CrMnMo 钢牌号及化学成分（质量分数）对照 （%）

标准号	牌　号 统一数字代号	C	Si	Mn	Cr	Mo	B	Ni	Cu	P	S
								≤			
GB/T 1222—2016	60CrMnMo A34603	0.56～0.64	0.17～0.37	0.70～1.00	0.70～1.00	0.25～0.35	—	0.35	0.25	0.025	0.020
JIS G 4801:2011	SUP13	0.56～0.64	0.15～0.35	0.70～1.00	0.70～0.90	0.25～0.35	—	—	—	0.030	0.030
ASTM A29/A29M—2015	4161	0.56～0.64	0.15～0.35	0.75～1.00	0.70～0.90	0.25～0.35	—	—	—	0.035	0.040
ISO 683-14:2004(E)	60CrMo3-3	0.56～0.64	≤0.40	0.70～1.00	0.70～1.00	0.25～0.35	—	Cu+10Sn：0.60		0.030	0.030
EN 10089:2002（E）	60CrMo3-3 1.7241	0.56～0.64	≤0.40	0.70～1.00	0.70～1.00	0.25～0.35	—	Cu+10Sn：0.60		0.025	0.025

表 4-314 55SiCr 钢牌号及化学成分（质量分数）对照 （%）

标准号	牌号 统一数字代号	C	Si	Mn	Cr	V	B	Ni	Cu	P	S
								≤			
GB/T 1222—2016	55SiCr A21553	0.51 ~ 0.59	1.20 ~ 1.60	0.50 ~ 0.80	0.50 ~ 0.80	—	—	0.35	0.25	0.025	0.020
JIS G 4801:2011	SUP12	0.51 ~ 0.59	1.20 ~ 1.60	0.60 ~ 0.90	0.60 ~ 0.90	—	—	—	—	0.030	0.030
ASTM A29/A29M—2015	9254	0.51 ~ 0.59	1.20 ~ 1.60	0.60 ~ 0.90	0.60 ~ 0.90	—	—	—	—	0.035	0.040
ISO 683 - 14:2004 (E)	55SiCr6 - 3	0.51 ~ 0.59	1.20 ~ 1.60	0.50 ~ 0.80	0.50 ~ 0.80	—	—	Cu + 10Sn: 0.60		0.030	0.030
EN 10089:2002 (E)	54SiCr6 1.7102	0.51 ~ 0.59	1.20 ~ 1.60	0.50 ~ 0.80	0.50 ~ 0.80	—	—	Cu + 10Sn: 0.60		0.025	0.025

表 4-315 60Si2Cr 钢牌号及化学成分（质量分数）对照 （%）

标准号	牌号 统一数字代号	C	Si	Mn	Cr	V	B	Ni	Cu	P	S
								≤			
GB/T 1222—2016	60Si2Cr A21603	0.56 ~ 0.64	1.40 ~ 1.80	0.40 ~ 0.70	0.70 ~ 1.00	—	—	0.35	0.25	0.025	0.020
ГОСТ 14959—1979	60C2XA	0.56 ~ 0.64	1.40 ~ 1.80	0.40 ~ 0.70	0.70 ~ 1.00	—	—	0.25	0.20	0.025	0.025
ASTM A519/A519M—2017	9262	0.55 ~ 0.65	1.80 ~ 2.20	0.75 ~ 1.00	0.25 ~ 0.40	—	—	—	—	0.040	0.040
ISO 683 - 14:2004 (E)	61SiCr7	0.57 ~ 0.65	1.60 ~ 2.00	0.70 ~ 1.00	0.20 ~ 0.40	—	—	Cu + 10Sn: 0.60		0.030	0.030
EN 10089:2002 (E)	61SiCr7 1.7108	0.57 ~ 0.65	1.60 ~ 2.00	0.70 ~ 1.00	0.20 ~ 0.45	—	—	Cu + 10Sn: 0.60		0.025	0.025

表4-316 56Si2MnCr钢牌号及化学成分（质量分数）对照 （%）

标准号	牌号 统一数字代号	C	Si	Mn	Cr	V	B	Ni	Cu	P	S
								≤			
GB/T 1222—2016	56Si2MnCr A24563	0.52～0.60	1.60～2.00	0.70～1.00	0.20～0.45	—	—	0.35	0.25	0.025	0.020
ASTM A519/A519M—2017	9255	0.51～0.59	1.80～2.20	0.60～0.80	0.60～0.80	—	—	—	—	0.040	0.040
ISO 683-14:2004（E）	56SiCr7	0.52～0.60	1.60～2.00	0.70～1.00	0.20～0.40	—	—	Cu+10Sn：0.60		0.030	0.030
EN 10089:2002（E）	56SiCr7 1.7106	0.52～0.60	1.60～2.00	0.70～1.00	0.20～0.45	—	—	Cu+10Sn：0.60		0.025	0.025

表4-317 52SiCrMnNi钢牌号及化学成分（质量分数）对照 （%）

标准号	牌号 统一数字代号	C	Si	Mn	Cr	V	B	Ni	Cu	P	S
								≤			
GB/T 1222—2016	52SiCrMnNi A45523	0.49～0.56	1.20～1.50	0.70～1.00	0.70～1.00	0.50～0.70	—	0.50～0.70	0.25	0.025	0.020
EN 10089:2002（E）	52SiCrNi5 1.7117	0.49～0.56	1.20～1.50	0.70～1.00	0.20～0.45	0.50～0.70	—	Ni：0.50～0.70 Cu+10Sn：0.60		0.025	0.025

表 4-318　55SiCrV 钢牌号及化学成分（质量分数）对照　（%）

标准号	牌号 统一数字代号	C	Si	Mn	Cr	V	B	Ni	Cu	P	S
								≤			
GB/T 1222—2016	55SiCrV A28553	0.51 ~ 0.59	1.20 ~ 1.60	0.50 ~ 0.80	0.50 ~ 0.80	0.10 ~ 0.20	—	0.35	0.25	0.025	0.020
ISO 683 -14: 2004（E）	55SiCrV6 -3	0.51 ~ 0.59	1.20 ~ 1.60	0.50 ~ 0.80	0.50 ~ 0.80	0.10 ~ 0.20	—	Cu + 10Sn：0.60		0.030	0.030
EN 10089:2002（E）	54SiCrV6 1.8152	0.51 ~ 0.59	1.20 ~ 1.60	0.50 ~ 0.80	0.50 ~ 0.80	0.10 ~ 0.20	—	Cu + 10Sn：0.60		0.025	0.025

表 4-319　60Si2CrV 钢牌号及化学成分（质量分数）对照　（%）

标准号	牌号 统一数字代号	C	Si	Mn	Cr	V	B	Ni	Cu	P	S
								≤			
GB/T 1222—2016	60Si2CrV A28603	0.56 ~ 0.64	1.40 ~ 1.80	0.40 ~ 0.70	0.90 ~ 1.20	0.10 ~ 0.20	—	0.35	0.25	0.025	0.020
ГОСТ 14959—1979	60С2ХФА	0.56 ~ 0.64	1.40 ~ 1.80	0.40 ~ 0.70	0.90 ~ 1.20	0.10 ~ 0.20	—	0.25	0.20	0.025	0.025

表 4-320　60Si2MnCrV 钢牌号及化学成分（质量分数）对照　（%）

标准号	牌号 统一数字代号	C	Si	Mn	Cr	V	B	Ni	Cu	P	S
								≤			
GB/T 1222—2016	60Si2MnCrV A28600	0.56 ~ 0.64	1.50 ~ 2.00	0.70 ~ 1.00	0.20 ~ 0.40	0.10 ~ 0.20	—	0.35	0.25	0.025	0.020
EN 10089:2002（E）	60SiCrV7 1.8153	0.56 ~ 0.64	1.50 ~ 2.00	0.70 ~ 1.00	0.20 ~ 0.40	0.10 ~ 0.20	—	Cu + 10Sn：0.60		0.025	0.025

表 4-321　50CrV 钢牌号及化学成分（质量分数）对照　（%）

标准号	牌号 统一数字代号	C	Si	Mn	Cr	V	B	Ni	Cu	P	S
								≤			
GB/T 1222—2016	50CrV A23503	0.46～0.54	0.17～0.37	0.50～0.80	0.80～1.10	0.10～0.20	—	0.35	0.25	0.025	0.020
ГОСТ 14959—1979	50ХФА	0.46～0.54	0.17～0.37	0.50～0.80	0.80～1.10	0.10～0.20	—	0.25	0.20	0.035	0.035
JIS G 4801:2011	SUP10	0.47～0.55	0.15～0.35	0.65～0.95	0.80～1.10	0.15～0.25	—	—	—	0.030	0.030
ASTM A519/A519M—2017	6150	0.48～0.53	0.15～0.35	0.70～0.90	0.80～1.10	≥0.15	—	—	—	0.040	0.040

表 4-322　50CrMnV 钢牌号及化学成分（质量分数）对照　（%）

标准号	牌号 统一数字代号	C	Si	Mn	Cr	V	B	Ni	Cu	P	S
								≤			
GB/T 1222—2016	50CrMnV A25513	0.47～0.55	0.17～0.37	0.70～1.10	0.90～1.20	0.10～0.25	—	0.35	0.25	0.025	0.020
ISO 683-14:2004（E）	51CrV4	0.47～0.55	≤0.40	0.70～1.10	0.90～1.20	0.10～0.25	—	Cu+10Sn：0.60		0.030	0.030
EN 10089:2002（E）	51CrV4 1.8159	0.47～0.55	≤0.40	0.70～1.10	0.90～1.20	0.10～0.25	—	Cu+10Sn：0.60		0.025	0.025

表 4-323 52CrMnMoV 钢牌号及化学成分（质量分数）对照 （%）

标准号	牌号 统一数字代号	C	Si	Mn	Cr	V	B	Ni	Cu	P	S
								≤			
GB/T 1222—2016	50CrMnMoV A36523	0.48 ~ 0.56	0.17 ~ 0.37	0.70 ~ 1.10	0.90 ~ 1.20	0.10 ~ 0.20	0.15 ~ 0.30	0.35	0.25	0.025	0.020
ISO 683 - 14:2004（E）	52CrMoV4	0.48 ~ 0.56	≤0.40	0.70 ~ 1.00	0.90 ~ 1.20	0.10 ~ 0.20	0.15 ~ 0.25	Cu + 10Sn: 0.60		0.030	0.030
EN 10089:2002（E）	52CrMoV4 1.7701	0.48 ~ 0.56	≤0.40	0.70 ~ 1.10	0.90 ~ 1.20	0.10 ~ 0.20	0.15 ~ 0.30	Cu + 10Sn: 0.60		0.025	0.025

表 4-324 30W4Cr2V 钢牌号及化学成分（质量分数）对照 （%）

标准号	牌号 统一数字代号	C	Si	Mn	Cr	V	B	Ni	Cu	P	S
								≤			
GB/T 1222—2016	30W4Cr2V A27303	0.26 ~ 0.34	0.17 ~ 0.37	≤0.40	2.00 ~ 2.50	0.50 ~ 0.80	4.00 ~ 4.50	0.35	0.25	0.025	0.020
JIS G 4404:2015	SKD4	0.25 ~ 0.35	≤0.40	≤0.60	2.00 ~ 3.00	0.30 ~ 0.50	5.00 ~ 6.00	—	—	0.030	0.020

4.12 轴承钢牌号及化学成分

4.12.1 高碳铬轴承钢牌号及化学成分

高碳铬轴承钢牌号及化学成分对照见表 4-325 ~ 表 4-329。

表 4-325 G8Cr15 钢牌号及化学成分（质量分数） （%）

标准号	牌号 统一数字代号	C	Si	Mn	Cr	Mo	Ni	Cu	P	S	其他
							≤				
GB/T 18254—2016	G8Cr15 B00151	0.75 ~ 0.85	0.15 ~ 0.35	0.20 ~ 0.40	1.30 ~ 1.65	≤0.10	0.25	0.25	0.025	0.020	①

① 优质钢中残余元素含量：w(O) ≤0.0012%，w（Ti）≤0.0050%，w(Al) ≤0.050%，w(As) ≤0.04%，w(As + Sn + Sb) ≤0.075%，w(Pb) ≤0.002%。

高级优质钢中残余元素含量：w(P) ≤0.020%，w(Ca) ≤0.0010%，w(O) ≤0.0009%，w(Ti) ≤0.0030%，w(Al) ≤0.050%，w(As) ≤0.04%，w(As + Sn + Sb) ≤0.075%，w(Pb) ≤0.002%。

特级优质钢中残余元素含量：w(P) ≤0.015%，w(S) ≤0.015，w(Ca) ≤0.0010%，w(O) ≤0.0006%，w(Ti) ≤0.0015%，w(Al) ≤0.050%，w(As) ≤0.04%，w(As + Sn + Sb) ≤0.075%，w(Pb) ≤0.002%。

表 4-326 GCr15 钢牌号及化学成分（质量分数）对照 （%）

标准号	牌号 统一数字代号	C	Si	Mn	Cr	Mo	Ni	Cu	P	S	其他
							≤				
GB/T 18254—2016	GCr15 B00151	0.95 ~ 1.05	0.15 ~ 0.35	0.25 ~ 0.45	1.40 ~ 1.65	≤0.10	0.25	0.25	0.025	0.020	①
ГОСТ 801—1978	ШХ15	0.95 ~ 1.05	0.17 ~ 0.37	0.20 ~ 0.40	1.30 ~ 1.65	—	0.30	0.25	0.027	0.020	—
JIS G 4805:2008	SUJ2	0.95 ~ 1.10	0.15 ~ 0.35	≤0.50	1.30 ~ 1.60	≤0.08	0.25	0.20	0.025	0.025	—
ASTM A295/ A295M—2014	52100	0.93 ~ 1.05	0.15 ~ 0.35	0.25 ~ 0.45	1.30 ~ 1.60	≤0.10	0.25	0.30	0.025	0.015	O：0.0015 Al：0.050
ISO 683 - 17: 2014 (E)	100Cr6	0.93 ~ 1.05	0.15 ~ 0.35	0.25 ~ 0.45	1.35 ~ 1.60	≤0.10	—	0.30	0.025	0.015	O：0.0015 Al：0.050
EN ISO 683 - 17: 2014	100Cr6 1.3505	0.93 ~ 1.05	0.15 ~ 0.35	0.25 ~ 0.45	1.35 ~ 1.60	≤0.10	—	0.30	0.025	0.015	O：0.0015 Al：0.050

① 见表 4-325①。

表4-327 GCr15SiMn钢牌号及化学成分（质量分数）对照 （%）

标准号	牌号 统一数字代号	C	Si	Mn	Cr	Mo	Ni	Cu	P	S	其他
							≤				
GB/T 18254—2016	GCr15SiMn B01150	0.95～1.05	0.45～0.75	0.95～1.25	1.40～1.65	≤0.10	0.25	0.25	0.025	0.020	①
ГОСТ 801—1978	ШХ15СГ	0.95～1.05	0.45～0.65	0.90～1.20	1.30～1.65	—	0.30	0.25	0.027	0.020	—
JIS G 4805：2008	SUJ3	0.95～1.10	0.40～0.70	0.90～1.15	0.90～1.20	≤0.08	0.25	0.20	0.025	0.025	—
ASTM A295/A295M—2014	5195	0.93～1.05	0.15～0.35	0.75～1.00	0.70～0.90	≤0.10	0.25	0.30	0.025	0.015	O：0.0015 Al：0.050
ISO 683－17：2014（E）	100CrMnSi6－4	0.93～1.05	0.45～0.75	0.90～1.20	0.90～1.20	≤0.10	—	0.30	0.025	0.015	O：0.0015 Al：0.050
EN ISO 683－17：2014	100CrMnSi6－4 1.3520	0.93～1.05	0.15～0.35	0.25～0.45	1.35～1.60	≤0.10	—	0.30	0.025	0.015	O：0.0015 Al：0.050

① 见表4-325①。

表4-328 GCr15SiMo钢牌号及化学成分（质量分数）对照 （%）

标准号	牌号 统一数字代号	C	Si	Mn	Cr	Mo	Ni	Cu	P	S	其他
							≤				
GB/T 18254—2016	GCr15SiMo B03150	0.95～1.05	0.65～0.85	0.20～0.40	1.40～1.70	0.30～0.40	0.25	0.25	0.025	0.020	①
JIS G 4805：2008	SUJ5	0.95～1.10	0.40～0.70	0.90～1.15	0.90～1.20	0.10～0.25	0.25	0.20	0.025	0.025	—
ASTM A485—2017	100CrMnMoSi8－4－6	0.93～1.05	0.40～0.60	0.80～1.10	1.80～2.05	0.50～0.60	—	0.30	0.025	0.015	O：0.0015 Al：0.050

标准号	牌号 统一数字代号	C	Si	Mn	Cr	Mo	Ni	Cu	P	S	其他
ISO 683-17:2014 (E)	100CrMnMoSi8-4-6	0.93~1.05	0.40~0.60	0.80~1.10	1.80~2.05	0.50~0.60	—	0.30	0.025	0.015	O: 0.0015 Al: 0.050
EN ISO 683-17:2014	100CrMnMoSi8-4-6/1.3539	0.93~1.05	0.40~0.60	0.80~1.10	1.80~2.05	0.50~0.60	—	0.30	0.025	0.015	O: 0.0015 Al: 0.050

① 见表4-325①。

表4-329 GCr18Mo钢牌号及化学成分（质量分数）对照 (%)

标准号	牌号 统一数字代号	C	Si	Mn	Cr	Mo	Ni	Cu	P	S	其他
							≤				
GB/T 18254—2016	GCr18Mo B02180	0.95~1.05	0.20~0.40	0.25~0.40	1.65~1.95	0.15~0.25	0.25	0.25	0.025	0.020	①
JIS G 4805:2008	SUJ4	0.95~1.10	0.15~0.35	≤0.50	1.30~1.60	0.10~0.25	0.25	0.20	0.025	0.025	—
ASTM A485—2017	100CrMnMoSi8-4-6	0.93~1.05	0.40~0.60	0.80~1.10	1.80~2.05	0.50~0.60	—	0.30	0.025	0.015	O: 0.0015 Al: 0.050
ISO 683-17:2014 (E)	100CrMnMoSi8-4-6	0.93~1.05	0.40~0.60	0.80~1.10	1.80~2.05	0.50~0.60	—	0.30	0.025	0.015	O: 0.0015 Al: 0.050
EN ISO 683-17:2014	100CrMnMoSi8-4-6 1.3539	0.93~1.05	0.15~0.35	0.25~0.45	1.35~1.60	≤0.10	—	0.30	0.025	0.015	O: 0.0015 Al: 0.050

① 见表4-325①。

4.12.2 渗碳轴承钢牌号及化学成分

渗碳轴承钢牌号及化学成分对照见表4-330~表4-335。

表4-330 G20CrMo钢牌号及化学成分（质量分数）对照 （%）

标准号	牌号 统一数字代号	C	Si	Mn	Cr	Mo	Ni	Cu	P	S	其他
							≤				
GB/T 3203—2016	G20CrMo	0.17~0.23	0.20~0.35	0.65~0.95	0.35~0.65	0.08~0.15	0.30	0.25	0.020	0.015	①
ASTM A534—2017	4118H	0.17~0.23	0.15~0.35	0.60~1.00	0.30~0.70	0.08~0.15	Al 0.050	0.30	0.025	0.015	O：0.0020
ISO 683-17：2014（E）	20MnCrMo4-2	0.17~0.23	≤0.40	0.65~1.10	0.40~0.75	0.10~0.20	Al 0.050	0.30	0.025	0.015	O：0.0020
EN ISO 683-17：2014	20MnCrMo4-2 1.3570	0.17~0.23	≤0.40	0.65~1.10	0.40~0.75	0.10~0.20	Al 0.050	0.30	0.025	0.015	O：0.0020

① 钢中残余元素含量：w(Ca)≤0.0010%，w(Ti)≤0.0050%，w(H)≤0.0003。钢材（或坯）中氧的质量分数应不大于0.0015%，但电渣重熔钢中氧的质量分数可不大于0.0020%。

表4-331 G20CrNiMo钢牌号及化学成分（质量分数）对照 （%）

标准号	牌号 统一数字代号	C	Si	Mn	Cr	Mo	Ni	Cu	P	S	其他
								≤			
GB/T 3203—2016	G20CrNiMo	0.17~0.23	0.15~0.40	0.60~0.90	0.35~0.65	0.15~0.30	0.40~0.70	0.25	0.020	0.015	①
ASTM A534—2017	8620H	0.17~0.23	0.15~0.35	0.60~0.95	0.35~0.65	0.15~0.25	0.35~0.75	0.30	0.025	0.015	O：0.0020 Al：0.050

JIS G 4053:2008	SNCM220	0.17～0.23	0.15～0.35	0.60～0.90	0.40～0.60	0.15～0.25	0.40～0.70	0.030	0.030	0.30	—
ISO 683－17:2014（E）	20MnNiCrMo3－2	0.17～0.23	≤0.40	0.60～0.95	0.35～0.70	0.15～0.25	0.40～0.70	0.30	0.025	0.015	O：0.0020 Al：0.050
EN ISO 683－17:2014	20MnNiCrMo3－2 1.6522	0.17～0.23	≤0.40	0.60～0.95	0.35～0.70	0.15～0.25	0.40～0.70	0.30	0.025	0.015	O：0.0020 Al：0.050

① 见表4-330①。

表4-332 G20CrNi2Mo钢牌号及化学成分（质量分数）对照 （%）

标准号	牌号 统一数字代号	C	Si	Mn	Cr	Mo	Ni	Cu	P	S	其他
								≤			
GB/T 3203—2016	G20CrNi2Mo	0.19～0.23	0.25～0.40	0.55～0.70	0.45～0.65	0.20～0.30	1.60～2.00	0.25	0.020	0.015	①
ASTM A534—2017	4320H	0.17～0.23	0.15～0.35	0.40～0.70	0.35～0.65	0.20～0.30	1.55～2.00	0.30	0.025	0.015	O：0.0020 Al：0.050
ISO 683－17:2014（E）	20NiCrMo7	0.17～0.23	≤0.40	0.40～0.70	0.35～0.65	0.20～0.30	1.60～2.00	0.30	0.025	0.015	O：0.0020 Al：0.050
EN ISO 683－17:2014	20NiCrMo7 1.3576	0.17～0.23	≤0.40	0.40～0.70	0.35～0.65	0.20～0.30	1.60～2.00	0.30	0.025	0.015	O：0.0020 Al：0.050

① 见表4-330①。

表4-333 G20Cr2Ni4钢牌号及化学成分（质量分数）对照 （%）

标准号	牌号 统一数字代号	C	Si	Mn	Cr	Mo	Ni	Cu	P	S	其他
								≤			
GB/T 3203—2016	G20Cr2Ni4	0.17~0.23	0.15~0.40	0.30~0.60	1.25~1.75	≤0.08	3.25~3.75	0.25	0.020	0.015	①
ASTM A534—2017	18NiCrMo14-6+H	0.15~0.20	≤0.40	0.40~0.70	1.30~1.60	0.15~0.25	3.25~3.75	0.30	0.025	0.015	O：0.0020 Al：0.050
ISO 683-17：2014（E）	18NiCrMo14-6	0.15~0.20	≤0.40	0.40~0.70	1.30~1.60	0.15~0.25	3.25~3.75	0.30	0.025	0.015	O：0.0020 Al：0.050
EN ISO 683-17:2014	18NiCrMo14-6 1.3533	0.15~0.20	≤0.40	0.40~0.70	1.30~1.60	0.15~0.25	3.25~3.75	0.30	0.025	0.015	O：0.0020 Al：0.050

① 见表4-330①。

表4-334 G10CrNi3Mo钢牌号及化学成分（质量分数）对照 （%）

标准号	牌号 统一数字代号	C	Si	Mn	Cr	Mo	Ni	Cu	P	S	其他
								≤			
GB/T 3203—2016	G10CrNi3Mo	0.08~0.13	0.15~0.40	0.40~0.70	1.00~1.40	0.08~0.15	3.00~3.50	0.25	0.020	0.015	①
ASTM A534—2017	9310	0.07~0.13	0.15~0.35	0.40~0.70	1.00~1.45	0.08~0.15	2.95~3.55	0.30	0.025	0.015	O：0.0020 Al：0.050

① 见表4-330①。

表4-335 G20Cr2Mn2Mo等钢牌号及化学成分（质量分数） （%）

标准号	牌号 统一数字代号	C	Si	Mn	Cr	Mo	Ni	Cu	P	S	其他
								≤			
GB/T 3203—2016	G20Cr2Mn2Mo	0.17~0.23	0.15~0.40	1.30~1.60	1.70~2.00	0.20~0.30	0.30	0.25	0.020	0.015	①
	G23Cr2Ni2Si1Mo	0.20~0.25	1.20~1.50	0.20~0.40	1.35~1.75	0.25~0.35	2.20~2.60	0.25	0.020	0.015	①

① 见表4-330①。

4.12.3 碳素轴承钢牌号及化学成分

碳素轴承钢牌号及化学成分对照见表4-336～表4-338。

表4-336 G55钢牌号及化学成分（质量分数）对照 （%）

标准号	牌号 统一数字代号	C	Si	Mn	Cr	Mo	Ni	Cu	P	S	其他
							≤				
GB/T 28417—2012	G55①	0.52～0.60	0.15～0.35	0.60～0.90	0.20	0.10	0.20	0.30	0.025	0.015	O：0.0012 Al：0.050
ASTM A866—2014	B40 C56E2	0.52～0.60	≤0.40	0.60～0.90	—	—	—	0.30	0.025	0.015	O：0.0012 Al：0.050
ISO 683-17：2014（E）	C56E2	0.52～0.60	≤0.40	0.60～0.90	—	—	—	0.30	0.025	0.015	O：0.0012 Al：0.050
EN ISO 683-17：2014	C56E2 1.1219	0.52～0.60	≤0.40	0.60～0.90	—	—	—	0.30	0.025	0.015	O：0.0012 Al：0.050

① 钢中残余元素含量：w(Ti) ≤0.0030%，w(Ca) ≤0.0010%，w(Pb) ≤0.002%，w(Sn) ≤0.030%，w(Sb) ≤0.005%，w(As) ≤0.040%。

表4-337 G55Mn钢牌号及化学成分（质量分数）对照 （%）

标准号	牌号 统一数字代号	C	Si	Mn	Cr	Mo	Ni	Cu	P	S	其他
							≤				
GB/T 28417—2012	G55Mn①	0.52～0.60	0.15～0.35	0.90～1.20	0.20	0.10	0.20	0.30	0.025	0.015	O：0.0012 Al：0.050
ASTM A866—2014	B41 56Mn4	0.52～0.60	≤0.40	0.90～1.20	—	—	—	0.30	0.025	0.015	O：0.0012 Al：0.050

（续）

标准号	牌号 统一数字代号	C	Si	Mn	Cr	Mo	Ni	Cu	P	S	其他
							≤				
ISO 683-17：2014（E）	56Mn4①	0.52~0.60	≤0.40	0.90~1.20	—	—	—	0.30	0.025	0.015	O：0.0012 Al：0.050
EN ISO 683-17：2014	56Mn4 1.1233	0.52~0.60	≤0.40	0.90~1.20	—	—	—	0.30	0.025	0.015	O：0.0012 Al：0.050

① 见表4-336①。

表4-338　G70Mn钢牌号及化学成分（质量分数）对照　（%）

标准号	牌号 统一数字代号	C	Si	Mn	Cr	Mo	Ni	Cu	P	S	其他
							≤				
GB/T 28417—2012	G70Mn①	0.65~0.75	0.15~0.35	0.80~1.10	0.20	0.10	0.20	0.30	0.025	0.015	O：0.0012 Al：0.050
ISO 683-17：2014（E）	70Mn4	0.65~0.75	≤0.40	0.80~1.10	—	—	—	0.30	0.025	0.015	O：0.0012 Al：0.050
EN ISO 683-17：2014	70Mn4 1.1244	0.65~0.75	≤0.40	0.80~1.10	—	—	—	0.30	0.025	0.015	O：0.0012 Al：0.050

① 见表4-336①。

4.12.4　高碳铬不锈轴承钢牌号及化学成分

高碳铬不锈轴承钢牌号及化学成分对照见表4-339~表4-341。

表 4-339 G95Cr18 钢牌号及化学成分（质量分数）对照 （%）

标准号	牌号 统一数字代号	C	Si	Mn	Cr	Mo	Ni	Cu	P	S	其他
							≤				
GB/T 3086—2008	G95Cr18 B21800	0.90～1.00	≤0.80	≤0.80	17.00～19.00	—	0.30	0.25	0.035	0.030	0.50
ГОСТ 5632—1972	95X18	0.9～1.0	≤0.8	≤0.8	17.0～19.0	—	—	—	0.030	0.025	—

表 4-340 G102Cr18Mo 钢牌号及化学成分（质量分数）对照 （%）

标准号	牌号 统一数字代号	C	Si	Mn	Cr	Mo	Ni	Cu	P	S	其他
							≤				
GB/T 3086—2008	G102Cr18Mo B21800	0.95～1.10	≤0.80	≤0.80	16.00～18.00	0.40～0.70	0.30	0.25	0.035	0.030	0.50
JIS G 4303:2012	SUS440C	0.95～1.20	≤1.00	≤1.00	16.00～18.00	≤0.75	0.60	—	0.040	0.030	—
ASTM A756—2017	440C	0.95～1.20	≤1.00	≤1.00	16.00～18.00	0.40～0.65	0.75	0.50	0.040	0.030	O：0.0020 Al：0.050
ISO 683-17:2014（E）	X108CrMo17	0.95～1.20	≤1.00	≤1.00	16.0～18.0	0.40～0.80	—	—	0.040	0.015	—
EN ISO 683-17:2014	X108CrMo17 1.3543	0.95～1.20	≤1.00	≤1.00	16.0～18.0	0.40～0.80	—	—	0.040	0.015	—

表 4-341 G65Cr14Mo 钢牌号及化学成分（质量分数）对照 （%）

标准号	牌号 统一数字代号	C	Si	Mn	Cr	Mo	Ni	Cu	P	S	其他
							≤				
GB/T 3086—2008	G65Cr14Mo B21410	0.60～0.70	≤0.80	≤0.80	13.00～15.00	0.50～0.80	0.30	0.25	0.035	0.030	0.50

（续）

标准号	牌号 统一数字代号	C	Si	Mn	Cr	Mo	Ni	Cu	P	S	其他
							≤				
ASTM A756—2017	X65Cr14	0.60 ~ 0.70	≤1.00	≤1.00	12.50 ~ 14.50	≤0.75	—	—	0.040	0.015	O：0.0020
ISO 683 - 17：2014（E）	X65Cr14	0.60 ~ 0.70	≤1.00	≤1.00	12.5 ~ 14.5	≤0.75	—	—	0.040	0.015	—
EN ISO 683 - 17：2014	X65Cr14 1.3542	0.60 ~ 0.70	≤1.00	≤1.00	12.5 ~ 14.5	≤0.75	—	—	0.040	0.015	—

4.12.5 高温轴承钢牌号及化学成分

高温轴承钢牌号及化学成分对照见表4-342。

表4-342 8Cr4Mo4V钢牌号及化学成分（质量分数）对照 （%）

标准号	牌号 统一数字代号	C	Si	Mn	Cr	Mo	P	S	其他	
								≤		
YB/T 4105—2000	8Cr4Mo4V B20440	0.75 ~ 0.85	≤0.35	≤0.35	3.75 ~ 4.25	4.00 ~ 4.50	0.90 ~ 1.10	0.008	0.015	①
ASTM A600—2016	M50 T11350	0.78 ~ 0.88	0.20 ~ 0.60	0.15 ~ 0.45	3.75 ~ 4.50	3.90 ~ 4.75	0.80 ~ 1.25	0.03	0.03	—
ISO 683 - 17：2014（E）	80MoCrV42 - 16	0.77 ~ 0.85	≤0.40	0.15 ~ 0.35	3.9 ~ 4.3	4.0 ~ 4.5	0.90 ~ 1.10	0.025	0.015	W：0.25 Cu：0.30
EN ISO 683 - 17：2014	80MoCrV42 - 16 1.3551	0.77 ~ 0.85	≤0.40	0.15 ~ 0.35	3.9 ~ 4.3	4.0 ~ 4.5	0.90 ~ 1.10	0.025	0.015	W：0.25 Cu：0.30

① 钢中残余元素含量：$w(Ni)\leqslant 0.20\%$，$w(Cu)\leqslant 0.20\%$，$w(Co)\leqslant 0.25\%$，$w(W)\leqslant 0.25\%$，$w(O)\leqslant 10\times 10^{-4}\%$。

4.12.6　高温渗碳轴承钢牌号及化学成分

高温渗碳轴承钢牌号及化学成分对照见表4-343。

表4-343　G13Cr4Mo4Ni4V钢牌号及化学成分（质量分数）对照　（%）

标准号	牌号 统一数字代号	C	Si	Mn	Cr	Mo	P	S	其他	
							≤			
YB/T 4106—2000	G13Cr4Mo4Ni4V B20443	0.11～0.15	0.10～0.25	0.15～0.35	4.00～4.25	4.00～4.50	1.13～1.33	0.015	0.010	①
ISO 683－17:2014（E）	13MoCrNi42－16－14	0.10～0.15	0.10～0.25	0.15～0.35	3.9～4.3	4.0～4.5	1.00～1.30	0.015	0.010	Ni：3.20～3.60 Cu：0.10 W：0.15
EN ISO 683－17:2014	13MoCrNi42－16－14 1.3555	0.10～0.15	0.10～0.25	0.15～0.35	3.9～4.3	4.0～4.5	1.00～1.30	0.015	0.010	Ni：3.20～3.60 Cu：0.10 W：0.15

①　钢中残余元素含量：w(Cu) ≤0.10%，w(W) ≤0.15%，w(Co) ≤0.25%，w(Ti) ≤0.004%，w(Ca) ≤0.001%，w(As) ≤0.04%，w(Sn) ≤0.03%，w(Sb) ≤0.005%，w(Pb) ≤0.002%，w(O) ≤15×10^{-4}%。

第5章　中外专用产品结构钢牌号及化学成分

5.1　汽车用结构钢牌号及化学成分

5.1.1　汽车大梁用热轧钢板和钢带

汽车大梁用热轧钢板和钢带牌号及化学成分见表5-1。

表5-1　汽车大梁用热轧钢板和钢带牌号及化学成分（质量分数）

（%）

标准号	牌号 统一数字代号	C	Si	Mn	P	S	残余元素≤		
		≤					Cr	Ni	Cu
GB/T 3273—2015	370L L11381	0.12	0.50	0.60	0.030	0.030	0.30	0.30	0.30
	420L L12431	0.12	0.50	1.20	0.030	0.030	0.30	0.30	0.30
	440L L13451	0.18	0.50	1.40	0.030	0.030	0.30	0.30	0.30
	510L L14521	0.20	1.00	1.60	0.030	0.030	0.30	0.30	0.30
	550L L15561	0.20	1.00	1.60	0.030	0.030	0.30	0.30	0.30

注：在保证规定性能的前提下，为改善钢的某些性能，可加入Ti、V、Nb和稀土元素（RE）。加入方式：可有选择地加入一种或同时加入几种，但Ti、V、Nb总含量（质量分数）≤0.25%，RE加入量（质量分数）≤0.20%。

5.1.2　汽车用高强度冷连轧钢板及钢带——烘烤硬化钢

烘烤硬化钢牌号及化学成分（质量分数）见表5-2。

5.1.3　汽车用高强度冷连轧钢板及钢带——双相钢

双相钢牌号及化学成分（质量分数）见表5-3。

表 5-2 烘烤硬化钢牌号及化学成分（质量分数） （%）

标准号	牌号	C	Si	Mn	P	S	Alt	Nb
		≤					≥	≤
GB/T 20564.1—2017	CR140BH	0.02	0.05	0.50	0.04	0.25	0.010	0.10
	CR180BH	0.04	0.10	0.80	0.08	0.25	0.010	—
	CR220BH	0.06	0.30	1.00	0.10	0.25	0.010	—
	CR260BH	0.08	0.50	1.20	0.12	0.25	0.010	—
	CR300BH	0.10	0.50	1.50	0.12	0.25	0.010	—

注：可用 Ti 部分或全部代替 Nb，此时 Ti 和/或 Nb 的总含量（质量分数）≤0.10%。

表 5-3 双相钢牌号及化学成分（质量分数） （%）

标准号	牌号	C	Si	Mn	P	S	Alt
		≤					≥
GB/T 20564.2—2017	CR260/450DP	0.12	0.40	1.20	0.035	0.030	0.020
	CR300/500DP	0.14	0.60	1.60	0.035	0.030	0.020
	CR340/590DP	0.16	0.80	2.20	0.035	0.030	0.020
	CR420/780DP	0.18	1.20	2.50	0.035	0.030	0.020
	CR550/980DP	0.20	1.60	2.80	0.035	0.030	0.020

注：根据需要可添加 Cr、Mo、B 等合金元素。

5.2 船舶及海洋工程结构钢牌号及化学成分

1. 船舶及海洋工程用结构钢（普通强度）牌号及化学成分

船舶及海洋工程用结构钢（普通强度）牌号及化学成分见表5-4。

表5-4 船舶及海洋工程用结构钢（普通强度）牌号及化学成分（质量分数） （%）

标准号	牌号	C	Si	Mn	P	S	Cu	Cr	Ni	Nb	V	Ti	Mo	N	Als
GB 712—2011	A	≤0.21	≤0.50	≥0.50	≤0.035	≤0.035	≤0.35	≤0.30	≤0.30	—	—	—	—	—	—
	B	≤0.18	≤0.35	≥0.80											
	D			≥0.60	≤0.030	≤0.030									≥0.015
	E			≥0.70	≤0.025	≤0.025									
	AH32	≤0.18	≤0.50	0.90～1.60	≤0.030	≤0.030	≤0.35	≤0.20	≤0.40	0.02～0.05	0.05～0.10	≤0.02	≤0.08	—	≥0.015
	AH36														
	AH40														
	DH32				≤0.025	≤0.025									
	DH36														
	DH40														
	EH32														
	EH36														
	EH40														

FH32													
FH36	≤0.16	≤0.50	0.90～1.60	≤0.020	≤0.020	≤0.35	≤0.20	≤0.80	0.02～0.05	0.05～0.10	≤0.02	≤0.08	≤0.009	≥0.015
FH40													

注：1. 细化晶粒元素Al、Nb、V、Ti可单独或以任一组合形式加入钢中。当单独加入时，其含量应符合本表的规定；若混合加入两种或两种以上细化晶粒元素时，表中细晶元素含量下降的规定不适用，同时要求w（Nb＋V＋Ti）≤0.12%。

2. 当F级钢中含铝时，w（N）≤0.012%。

3. A、B、D、E的碳当量Ceq≤0.40%。碳当量计算公式：Ceq＝w（C）＋w（Mn）/6。

4. 添加的任何其他元素，应在质量证明中注明。

5. A级型钢的C的质量分数最大可到0.23%。

6. B级钢材做冲击试验时，Mn的质量分数下限可到0.60%。

7. 当AH32～EH40级钢材的厚度≤12.5mm时，Mn的质量分数最小可为0.70%。

8. 对于厚度大于25mm的D级、E级钢材的铝含量应符合表中规定；可测定总铝含量代替酸溶铝含量，此时总铝含量应不小于0.020%。经船级社同意，也可使用其他细化晶粒元素。

2. 船舶及海洋工程用结构钢（高强度）牌号及化学成分

船舶及海洋工程用结构钢（高强度）牌号及化学成分（质量分数），见表5-5。

表5-5　船舶及海洋工程用结构钢（高强度）牌号及化学成分

（质量分数）　　　　（%）

标准号	牌号	C	Si	Mn	P	S	N
		≤					
GB 712—2011	AH420	0.21	0.55	1.70	0.030	0.030	0.020
	AH460						
	AH500						
	AH550						
	AH620						
	AH690						
	DH420	0.20	0.55	1.70	0.025	0.025	
	DH460						
	DH500						
	DH550						
	DH620						
	DH690						
	EH420	0.20	0.55	1.70	0.025	0.025	
	EH460						
	EH500						
	EH550						
	EH620						
	EH690						
	FH420	0.18	0.55	1.60	0.020	0.020	
	FH460						
	FH500						
	FH550						
	FH620						
	FH690						

注：添加的合金化元素及细化晶粒元素Al、Nb、V、Ti应符合船级社认可或公认的有关标准规定。

5.3　锅炉和压力容器用结构钢牌号及化学成分

5.3.1　锅炉和压力容器用钢板牌号及化学成分

锅炉和压力容器用钢板牌号及化学成分对照见表5-6～表5-17。

表5-6 Q245R钢牌号及化学成分（质量分数）对照 （%）

标准号	牌号 统一数字代号	C	Si	Mn	Cr	Ni	Mo	Nb	P	S	Alt	其他
									≤		≥	
GB 713—2014	Q245R	≤0.20	≤0.35	0.50～1.10	≤0.30	≤0.30 Cu≤0.30	≤0.08 V≤0.050	≤0.050 Ti≤0.030	0.025	0.010	0.020	Cu+Ni+Cr+Mo≤0.70
ГОСТ 5520—1979	16ГС	0.12～0.18	0.40～0.70	0.90～1.20	≤0.30	≤0.30	Cu≤0.30	Ti≤0.03	0.035	0.040	≤0.05	As≤0.08 N≤0.012
JIS G 3124:2017	SEV245	≤0.20	0.15～0.60	0.80～1.60	Cu≤0.40	—	≤0.35	≤0.05	0.020	0.020	—	V≤0.10
ASTM A515/A515M—2015	Grade 60 32［220］	≤0.24	0.15～0.40	≤0.90	—	—	—	—	0.025	0.025	—	—
ISO 9328－2:2018（E）	P235GH	≤0.16	≤0.35	0.60～1.20	≤0.30 Cu≤0.30	≤0.30 V≤0.02	≤0.08	≤0.020 Ti≤0.03	0.025	0.010	0.020	N≤0.012
EN 10028－2:2017（E）	P235GH 1.0345	≤0.16	≤0.35	0.60～1.20	≤0.30 Cu≤0.30	≤0.30 V≤0.02	≤0.08	≤0.020 Ti≤0.03	0.025	0.010	0.020	N≤0.012

表5-7 Q345R钢牌号及化学成分（质量分数）对照 （%）

标准号	牌号 统一数字代号	C	Si	Mn	Cr	Ni	Mo	Nb	P	S	Alt	其他
									≤		≥	
GB 713—2014	Q345R	≤0.20	≤0.55	1.20～1.70	≤0.30	≤0.30 Cu≤0.30	≤0.08 V≤0.050	≤0.050 Ti≤0.030	0.025	0.010	0.020	Cu+Ni+Cr+Mo≤0.70

（续）

标准号	牌号 统一数字代号	C	Si	Mn	Cr	Ni	Mo	Nb	P	S	Alt	其他
									≤		≥	
ГОСТ 5520—1979	17Г1С	0.15~0.20	0.40~0.60	1.15~1.60	—	As≤0.08	N≤0.012	Ti≤0.30	0.035	0.040	≤0.05	—
JIS G 3124:2017	SEV345	≤0.19	0.15~0.60	0.80~1.70	Cu≤0.70	—	0.15~0.50	≤0.05	0.020	0.020	—	V≤0.10
ASTM A737/A737 M—2013	Grade 50［345］	≤0.20	0.15~0.50	1.15~1.50	—	—	—	≤0.05	0.025	0.025	—	—
ISO 9328-2:2018（E）	P355GH	0.10~0.22	≤0.60	1.10~1.70	≤0.30 Cu≤0.30	≤0.30 V≤0.02	≤0.08 N≤0.012	≤0.040 Ti≤0.03	0.025	0.010	0.020	Cr+Cu+Mo+Ni≤0.70
EN 10028-2:2017（E）	P355GH 1.0473	0.10~0.22	≤0.60	1.10~1.70	≤0.30 Cu≤0.30	≤0.30 V≤0.02	≤0.08 N≤0.012	≤0.040 Ti≤0.03	0.025	0.010	0.020	Cr+Cu+Mo+Ni≤0.70

表5-8 Q370R钢牌号及化学成分（质量分数）对照

（%）

标准号	牌号 统一数字代号	C	Si	Mn	Cr	Ni	Mo	Nb	P	S	Alt	其他
									≤		≥	
GB 713—2014	Q370R	≤0.18	≤0.55	1.20~1.70	≤0.30	≤0.30 Cu≤0.30	≤0.08 V≤0.050	0.015~0.050 Ti≤0.030	0.025	0.010	—	Cu+Ni+Cr+Mo≤0.70
JIS G 3106:2008	SM400B	≤0.23	≤0.35	0.60~1.50	—	—	—	—	0.035	0.035	—	—
ASTM A209/A209M—2017	Grade T1 55［380］	0.10~0.20	0.10~0.50	0.30~0.80	—	—	0.44~0.65	—	0.025	0.025	—	—

表 5-9 Q420R 钢牌号及化学成分（质量分数）对照 （%）

标准号	牌号 统一数字代号	C	Si	Mn	Cr	Ni	Mo	Nb	P	S	Alt	其他
									≤		≥	
GB 713—2014	Q420R	≤0.20	≤0.55	1.30 ~ 1.70	≤0.30	0.20 ~ 0.50	≤0.08	0.015 ~ 0.050	0.020	0.010	Cu≤0.30	Ti≤0.030 V≤0.100
JIS G3115:2010	SPV410	≤0.18	≤0.75	≤1.60	—	—	—	—	0.030	0.030	—	—
ASTM A737/A737M—2013	Grade C 60 [415]	≤0.22	0.15 ~ 0.50	1.15 ~ 1.50	—	≤0.03	0.44 ~ 0.65	≤0.05	0.025	0.025	—	V: 0.04 ~ 0.11
ISO 9328 - 2:2018 (E)	PT410GH	≤0.20	≤0.40	0.40 ~ 1.40	≤0.30 Cu≤0.40	≤0.40	≤0.12 V≤0.03	≤0.02 Ti≤0.03	0.020	0.020	0.020 B≤0.0010	Cr + C + Mo + Ni ≤1.00

表 5-10 18MnMoNbR 钢牌号及化学成分（质量分数）对照 （%）

标准号	牌号 统一数字代号	C	Si	Mn	Cr	Ni	Mo	Nb	P	S	Alt	其他
									≤		≥	
GB 713—2014	18MnMoNbR	≤0.21	0.15 ~ 0.50	1.20 ~ 1.60	≤0.30	≤0.30	0.45 ~ 0.65	0.025 ~ 0.050	0.020	0.010	—	Cu≤0.30
JIS G3462:2014	STBA 13	0.15 ~ 0.25	0.10 ~ 0.50	0.30 ~ 0.80	—	—	0.45 ~ 0.65	—	0.035	0.035	—	—
ISO 9328 - 2:2018 (E)	18MnMo4 - 5	≤0.20	≤0.40	0.90 ~ 1.50	≤0.30	≤0.30	0.45 ~ 0.60	Cu≤0.30	0.015	0.005	—	N≤0.012
EN 10028 - 2:2017 (E)	18MnMo4 - 5 1.5414	≤0.20	≤0.40	0.90 ~ 1.50	≤0.30	≤0.30	0.45 ~ 0.60	Cu≤0.30	0.015	0.005	—	N≤0.012

表 5-11 13MnNiMoR 钢牌号及化学成分（质量分数）对照 （%）

标准号	牌号 统一数字代号	C	Si	Mn	Cr	Ni	Mo	Nb	P	S	Alt	其他
									≤		≥	
GB 713—2014	13MnNiMoR	≤0.15	0.15 ~ 0.50	1.20 ~ 1.60	0.20 ~ 0.40	0.60 ~ 1.00	0.20 ~ 0.40	0.005 ~ 0.020	0.020	0.010	—	Cu≤0.30
JIS G3119:2013	SBV 3	≤0.20	0.15 ~ 0.40	1.15 ~ 1.50	—	0.70 ~ 1.00	0.45 ~ 0.60	—	0.020	0.020	—	—
ASTM A738/A738M—2012a	Grade B	≤0.20	0.15 ~ 0.50	0.90 ~ 1.50	≤0.30	≤0.60	≤0.20	≤0.04	0.025	0.025	Cu≤0.35	V≤0.07
ISO 9328-2:2018（E）	20MnMoNi4-5	0.15 ~ 0.23	≤0.40	1.00 ~ 1.50	≤0.20	0.40 ~ 0.80	0.45 ~ 0.60	Cu≤0.20	0.020	0.010	V≤0.02	N≤0.012
EN 10028-2:2017（E）	20MnMoNi4-5 1.6311	0.15 ~ 0.23	≤0.40	1.00 ~ 1.50	≤0.20	0.40 ~ 0.80	0.45 ~ 0.60	Cu≤0.20	0.020	0.010	V≤0.02	N≤0.012

表 5-12 15CrMoR 钢牌号及化学成分（质量分数）对照 （%）

标准号	牌号 统一数字代号	C	Si	Mn	Cr	Ni	Mo	Nb	P	S	Alt	其他
									≤		≥	
GB 713—2014	15CrMoR	0.08 ~ 0.18	0.15 ~ 0.40	0.40 ~ 0.70	0.80 ~ 1.20	≤0.30	0.45 ~ 0.60	—	0.025	0.010	—	Cu≤0.30
ГОСТ 5520—1979	12XM	≤0.16	0.17 ~ 0.37	0.40 ~ 0.70	0.80 ~ 1.10	—	0.40 ~ 0.55	—	0.025	0.025	≤0.02	Cu≤0.20
JIS G3462:2014	STBA 22	≤0.15	≤0.50	0.30 ~ 0.60	0.80 ~ 1.25	—	0.45 ~ 0.65	—	0.035	0.035	—	—

ASME SA-213/SA-213M—2017	T12 K11562	0.05~0.15	≤0.50	0.30~0.61	0.80~1.25	—	0.44~0.65	—	0.025	0.025	—	≤
ISO 9328-2:2018（E）	13CrMo4-5	0.08~0.18	≤0.35	0.40~1.00	0.70~1.15	—	0.40~0.60	Cu≤0.30	0.025	0.010	—	N≤0.012
EN 10028-2:2017（E）	13CrMo4-5 1.7335	0.08~0.18	≤0.35	0.40~1.00	0.70~1.15	—	0.40~0.60	Cu≤0.30	0.025	0.010	—	N≤0.012

表5-13 14Cr1MoR钢牌号及化学成分（质量分数）对照 （%）

标准号	牌号 统一数字代号	C	Si	Mn	Cr	Ni	Mo	Nb	P	S	Alt	其他
									≤		≥	
GB 713—2014	14Cr1MoR	≤0.17	0.50~0.80	0.40~0.65	1.15~1.50	≤0.30	0.45~0.65	—	0.020	0.010	—	Cu≤0.30
JIS G3462:2014	STBA 23	≤0.15	0.50~1.00	0.30~0.60	1.00~1.50	—	0.45~0.65	—	0.030	0.030	—	—
ASME SA-213/SA-213M—2017	T11 K11597	0.05~0.15	0.50~1.00	0.30~0.60	1.00~1.50	—	0.44~0.65	—	0.025	0.025	—	≤
ISO 9328-2:2018（E）	13CrMoSi5-5	≤0.17	0.50~0.80	0.40~0.65	1.00~1.50	≤0.30	0.45~0.65	Cu≤0.30	0.015	0.005	—	N≤0.012
EN 10028-2:2017（E）	13CrMoSi5-5 1.7336	≤0.17	0.50~0.80	0.40~0.65	1.00~1.50	≤0.30	0.45~0.65	Cu≤0.30	0.015	0.005	—	N≤0.012

表 5-14 12Cr2Mo1R 钢牌号及化学成分（质量分数）对照 （%）

标准号	牌号 统一数字代号	C	Si	Mn	Cr	Ni	Mo	V	P	S	Alt	其他
									≤		≥	
GB 713—2014	12Cr2Mo1R	0.08 ~ 0.15	≤0.50	0.30 ~ 0.60	2.00 ~ 2.50	≤0.30	0.90 ~ 1.10	—	0.020	0.010	—	Cu≤0.30
ГОСТ 5520—1979	10X2M	0.08 ~ 0.12	0.17 ~ 0.37	0.40 ~ 0.70	2.00 ~ 3.00	—	0.60 ~ 0.80	—	0.020	0.020	≤0.02	—
JIS G3462:2014	STBA 24	≤0.15	≤0.50	0.30 ~ 0.60	1.90 ~ 2.60	—	0.87 ~ 1.13	—	0.030	0.030	—	—
ASME SA-213/SA-213M—2017	T22 K21590	0.05 ~ 0.15	≤0.50	0.30 ~ 0.60	1.90 ~ 2.60	—	0.87 ~ 1.13	—	0.025	0.025	—	—
ISO 9328-2:2018（E）	10CrMo9-10	0.08 ~ 0.14	≤0.50	0.40 ~ 0.80	2.00 ~ 2.50	—	0.90 ~ 1.10	Cu≤0.30	0.020	0.010	—	N≤0.012
EN 10028-2:2017（E）	10CrMo9-10 1.7380	0.08 ~ 0.14	≤0.50	0.40 ~ 0.80	2.00 ~ 2.50	—	0.90 ~ 1.10	Cu≤0.30	0.020	0.010	—	N≤0.012

表 5-15 12Cr1MoVR 钢牌号及化学成分（质量分数）对照 （%）

标准号	牌号 统一数字代号	C	Si	Mn	Cr	Ni	Mo	V	P	S	Alt	其他
									≤		≥	
GB 713—2014	12Cr1MoVR	0.05 ~ 0.15	0.15 ~ 0.40	0.40 ~ 0.70	0.90 ~ 1.20	≤0.30	0.25 ~ 0.35	0.15 ~ 0.30	0.025	0.010	—	Cu≤0.30

ASME SA－213/ SA－213M—2017	T17 K12047	0. 15～ 0. 25	0. 15～ 0. 35	0. 30～ 0. 61	0. 80～ 1. 25	—	—	≤0. 15	0. 025	0. 025	—	—
EN 10222－2： 2017（E）	14MoV6－3 1. 7715	0. 10～ 0. 18	≤0. 40	0. 40～ 0. 70	0. 30～ 0. 60	—	0. 50～ 0. 70	0. 22～ 0. 28	0. 025	0. 010	≤0. 020	Sn≤0. 025

表5-16　12Cr2Mo1VR钢牌号及化学成分（质量分数）对照　（%）

标准号	牌号 统一数字代号	C	Si	Mn	Cr	Ni	Mo	V	P	S	Alt	其他
									≤		≥	
GB 713—2014	12Cr2Mo1VR	0. 11～ 0. 15	≤0. 10	0. 30～ 0. 60	2. 00～ 2. 50	≤0. 25	0. 90～ 1. 10	0. 25～ 0. 35	0. 010	0. 005 Ca≤0. 015	Cu≤0. 20 B≤0. 0020	Nb≤0. 07 Ti≤0. 010
ASME SA－213/ SA－213M—2017	T24 K30736	0. 05～ 0. 10	0. 15～ 0. 45	0. 30～ 0. 70	2. 20～ 2. 60	N≤0. 012	0. 90～ 1. 10	0. 20～ 0. 30	0. 020	0. 010	≤0. 02	Ti：0. 06～ 0. 10 B：0. 0015 ～0. 007
ISO 9328－2： 2018（E）	13CrMoV9－10	0. 11～ 0. 15	≤0. 10	0. 30～ 0. 60	2. 00～ 2. 50	≤0. 25 Ti≤0. 03	0. 90～ 1. 10	0. 25～ 0. 35	0. 015	0. 005	Cu≤0. 20 B≤0. 002	Nb≤0. 07 Ca≤0. 015
EN 10028－2： 2017（E）	13CrMoV9－10 1. 7703	0. 11～ 0. 15	≤0. 10	0. 30～ 0. 60	2. 00～ 2. 50	≤0. 25 Ti≤0. 03	0. 90～ 1. 10	0. 25～ 0. 35	0. 015	0. 005	Cu≤0. 20 B≤0. 002	Nb≤0. 07 Ca≤0. 015

表 5-17 07Cr2AlMoR 钢牌号及化学成分（质量分数）对照 （%）

标准号	牌号 统一数字代号	C	Si	Mn	Cr	Ni	Mo	V	P	S	Alt	其他
									≤		≥	
GB 713—2014	07Cr2AlMoR	≤0.09	0.20 ~ 0.50	0.40 ~ 0.90	2.00 ~ 2.10	≤0.30	0.30 ~ 0.50	—	0.020	0.010	0.30 ~ 0.50	Cu≤0.30
ISO 9328 - 2：2018（E）	12CrMo9 - 10	0.10 ~ 0.15	≤0.30	0.30 ~ 0.80	2.00 ~ 2.50	≤0.30	0.90 ~ 1.10	N≤0.012	0.015	0.010	0.010 ~ 0.040	Cu≤0.25
EN 10028 - 2：2017（E）	12CrMo9 - 10 1.7375	0.10 ~ 0.15	≤0.30	0.30 ~ 0.80	2.00 ~ 2.50	≤0.30	0.90 ~ 1.10	N≤0.012	0.015	0.010	0.010 ~ 0.040	Cu≤0.25

5.3.2 低温压力容器用低合金钢钢板牌号及化学成分

低温压力容器用低合金钢钢板牌号及化学成分对照见表 5-18 ~ 表 5-23。

表 5-18 16MnDR 钢牌号及化学成分（质量分数）对照 （%）

标准号	牌号 统一数字代号	C	Si	Mn	Ni	Mo	Cr	Cu	P	S	Alt[①]	其他
						≤					≥	
GB 3531—2014	16MnDR	≤0.20	0.15 ~ 0.50	1.20 ~ 1.60	≤0.40	0.08	0.25	0.25	0.020	0.010	0.020	Nb + V + Ti≤0.12
JIS G 3126:2015	SLA325B	≤0.16	≤0.55	0.80 ~ 1.60	—	—	0.38	—	0.015	0.010	—	—

ASTM A737/ A737M—2013	Grade B	≤0.20	0.15 ~ 0.50	1.15 ~ 1.50	—	—	—	—	0.025	0.025	—	Nb≤0.05
ISO 9328 - 2: 2018 (E)	P355GH (16Mn6)	0.10 ~ 0.22	≤0.60	1.10 ~ 1.70	≤0.30	0.08 Nb 0.040	0.30 Ti 0.03	0.30 V 0.02	0.025	0.010	0.020	N≤0.012
									Cr + Cu + Mo + Ni≤0.70			
EN 10028 - 2: 2017 (E)	P355GH 1.0345	≤ 0.16	≤ 0.35	0.60 ~ 1.20	≤ 0.30	0.08 Nb 0.030	0.30 Ti 0.03	0.30 V0.02	0.025	0.010	0.020	N≤0.012
									Cr + Cu + Mo + Ni≤0.70			

① 可以用测定 Als 代替 Alt，此时 w（Als）应不小于0.015%；当钢中 w（Nb + V + Ti）≥0.015%时，Al 含量不做验收要求。

表 5-19　15MnNiDR 钢牌号及化学成分（质量分数）对照　（%）

标准号	牌　号 统一数字代号	C	Si	Mn	Ni	Mo	Cr	Cu	P	S	Alt①	其他
						≤					≥	
GB 3531—2014	15MnNiDR	≤0.18	0.15 ~ 0.50	1.20 ~ 1.60	0.20 ~ 0.60	0.08 V0.05	0.25	0.25	0.020	0.008	0.020	Nb + V + Ti≤0.12
JIS G 3119:2013	SBV2	≤0.20	0.15 ~ 0.40	1.15 ~ 1.50	0.40 ~ 0.70	0.45 ~ 0.60	—	—	0.020	0.020	—	—
ASTM A738/ A738M—2012a	Grade B	≤0.20	0.15 ~ 0.55	0.90 ~ 1.50	≤0.60	0.20	0.30	0.35	0.025	0.025	V≤ 0.07	Nb≤0.04
ISO 9328 - 4: 2018 (E)	13MnNi6 - 3	≤0.16	≤0.50	0.85 ~ 1.70	0.30 ~ 0.80	Cr + Cu + Mo: 0.50			0.025	0.010	0.020	Nb≤0.05 V≤0.05
EN 10028 - 4: 2017 (E)	13MnNi6 - 3 1.6217	≤0.16	≤0.50	0.85 ~ 1.70	0.30 ~ 0.85	Cr + Cu + Mo: 0.50			0.025	0.010	0.020	Nb≤0.05 V≤0.05

① 见表5-18①。

表 5-20 15MnNiNbDR 钢牌号及化学成分（质量分数）对照 （%）

标准号	牌号 统一数字代号	C	Si	Mn	Ni	Mo	Cr	Cu	P	S	Alt①	其他
						≤					≥	
GB 3531—2014	15MnNiNbDR	≤0.18	0.15 ~ 0.50	1.20 ~ 1.60	0.30 ~ 0.70	0.08 Nb：0.015 ~ 0.040	0.25	0.25	0.020	0.008	—	Nb + V + Ti≤0.12
ASTM A738/ A738M—2012a	Grade E	≤0.12	0.15 ~ 0.50	1.10 ~ 1.60	≤0.70	0.35 V0.09	0.30 B0.0007	0.35	0.015	0.005	0.020	Nb≤0.12

① 见表 5-18①。

表 5-21 09MnNiDR 钢牌号及化学成分（质量分数）对照 （%）

标准号	牌号 统一数字代号	C	Si	Mn	Ni	Mo	Cr	Cu	P	S	Alt①	其他
						≤					≥	
GB 3531—2014	09MnNiDR	≤0.12	0.15 ~ 0.50	1.20 ~ 1.60	0.30 ~ 0.80	0.08 Nb0.040	0.25	0.25	0.020	0.008	0.020	Nb + V + Ti≤0.12
ASTM A841/ A841M—2013	Grade F	≤0.10	0.10 ~ 0.45	1.10 ~ 1.70	≤0.85	0.50 V0.09	0.30 B0.0007	0.40	0.020	0.005	0.020	Nb≤0.10
ISO 9328－4：2018（E）	11MnNi5－3	≤0.14	≤0.50	0.70 ~ 1.50	0.30 ~ 0.80	Cr + Cu + Mo：0.50			0.025	0.010	0.020	Nb≤0.05 V≤0.05
EN 10028－4：2017（E）	11MnNi5－3 1.6212	≤0.14	≤0.50	0.70 ~ 1.50	0.30 ~ 0.80	Cr + Cu + Mo：0.50			0.025	0.010	0.020	Nb≤0.05 V≤0.05

① 见表 5-18①。

表 5-22 08Ni3DR 钢牌号及化学成分（质量分数）对照 （%）

标准号	牌号 统一数字代号	C	Si	Mn	Ni	Mo	Cr	Cu	P	S	Alt①	其他
						≤					≥	
GB 3531—2014	08Ni3DR	≤0.10	0.15～0.35	0.30～0.80	3.25～3.70	0.12 V0.05	0.25	0.25	0.015	0.005	—	Nb+V+Ti≤0.12
ASTM A841/A841M—2013	Grade D	≤0.09	0.05～0.25	1.00～2.00	1.0～5.0	0.40	0.30 B 0.0005～0.002	0.50	0.010	0.005	V≤0.02	Nb≤0.05 Ti：0.006～0.03
ISO 9328-4：2018（E）	12Ni14	≤0.15	≤0.35	0.30～0.80	3.25～3.70	Cr+Cu+Mo：0.50			0.020	0.005	—	V≤0.05
EN 10028-4：2017（E）	12Ni14 1.5637	≤0.15	≤0.35	0.30～0.80	3.25～3.75	Cr+Cu+Mo：0.50			0.020	0.005	—	V≤0.05

① 见表 5-18①。

表 5-23 06Ni9DR 钢牌号及化学成分（质量分数）对照 （%）

标准号	牌号 统一数字代号	C	Si	Mn	Ni	Mo	Cr	Cu	P	S	Alt①	其他
						≤					≥	
GB 3531—2014	06Ni9DR	≤0.08	0.15～0.35	0.30～0.80	8.50～10.00	0.10 V 0.01	0.25	0.25	0.008	0.004	—	Nb+V+Ti≤0.12
ASTM A841/A841M—2013	Grade G	≤0.13	0.04～0.15	0.60～1.20	6.0～7.5	0.30	0.30～1.00	—	0.015	0.015	—	—
ISO 9328-4：2018（E）	X8Ni9	≤0.10	≤0.35	0.30～0.80	8.50～10.00	0.10 Cr+Cu+Mo：0.50	—	—	0.020	0.005	—	V≤0.05
EN 10028-4：2017（E）	X8Ni9 1.5662	≤0.10	≤0.35	0.30～0.80	8.5～10.0	0.10 Cr+Cu+Mo：0.50	—	—	0.020	0.005	—	V≤0.05

① 见表 5-18①。

5.3.3　高压锅炉用无缝钢管牌号及化学成分

高压锅炉用无缝钢管牌号及化学成分见表5-24～表5-47。其中，高压锅炉用优质碳素结构钢无缝钢管牌号及化学成分对照见表5-24～表5-26；高压锅炉用合金结构钢无缝钢管牌号及化学成分对照见表5-27～表5-40；高压锅炉用不锈（耐热）钢无缝钢管牌号及化学成分对照见表5-41～表5-47。

表5-24　24G钢牌号及化学成分（质量分数）对照　（%）

标准号	牌号 统一数字代号	C	Si	Mn	Cr	Mo	Cu	Ni	V	P	S	其他
								≤				
GB/T 5310—2017	24G	0.17～0.23	0.17～0.37	0.35～0.65	≤0.25	≤0.15	≤0.20	0.25	0.08	0.025	0.015	—
JIS G3461:2005	STB 340	≤0.18	≤0.35	0.30～0.60	—	—	—	—	—	0.035	0.035	—
ISO 9328-2:2018（E）	P 235GH	≤0.16	≤0.35	0.60～1.20	≤0.30	≤0.08	≤0.30	0.30	0.02	0.025	0.010	N≤0.012
					Cr+Cu+Mo+Ni≤0.70			Nb: 0.020	Ti: 0.03	Al: 0.020		
EN 10028-2:2017（E）	P 235GH 1.0345	≤0.16	≤0.35	0.60～1.20	≤0.30	≤0.08	≤0.30	0.30	0.02	0.025	0.010	N≤0.012
					Cr+Cu+Mo+Ni≤0.70			Nb: 0.030	Ti: 0.03	Al: 0.020		

表5-25　20MnG 钢牌号及化学成分（质量分数）对照　（%）

标准号	牌号 统一数字代号	C	Si	Mn	Cr	Mo	Cu	Ni ≤	V ≤	P ≤	S ≤	其他
GB/T 5310—2017	20MnG	0.17～0.23	0.17～0.37	0.70～1.00	≤0.25	≤0.15	≤0.20	0.25	0.08	0.025	0.015	—
JIS G3461:2005	STB 410	≤0.32	≤0.35	0.30～0.80	—	—	—	—	—	0.035	0.035	—
ASTM A737/A737M—2013	Grade B H001	≤0.20	0.15～0.50	1.15～1.50	—	—	—	—	0.05	0.025	0.025	—
ISO 9328-2:2018（E）	P265GH	≤0.20	≤0.40	0.80～1.40	≤0.30 Cr+C+Mo+Ni≤0.70	≤0.08	≤0.30	0.30 Nb: 0.020	0.02 Ti: 0.03	0.025 Al: 0.020	0.010	N≤0.012
EN 10028-2:2017（E）	P265GH 1.0425	≤0.20	≤0.40	0.80～1.40	≤0.30 Cr+Cu+Mo+Ni≤0.70	≤0.08	≤0.30	0.30 Nb: 0.030	0.02 Ti: 0.03	0.025 Al: 0.020	0.010	N≤0.012

表5-26　25MnG 钢牌号及化学成分（质量分数）对照　（%）

标准号	牌号 统一数字代号	C	Si	Mn	Cr	Mo	Cu	Ni ≤	V ≤	P ≤	S ≤	其他
GB/T 5310—2017	25MnG	0.22～0.27	0.17～0.37	0.70～1.00	≤0.25	≤0.15	≤0.20	0.25	0.08	0.025	0.015	—
JIS G3461:2005	STB 510	≤0.25	≤0.35	1.00～1.50	—	—	—	—	—	0.035	0.035	—
ASTM A737/A737M—2013	Grade C H001	≤0.22	0.15～0.50	1.15～1.50	—	—	0.04～0.11	0.03	0.05	0.025	0.025	—

（续）

标准号	牌号 统一数字代号	C	Si	Mn	Cr	Mo	Cu	Ni	V	P	S	其他
								≤				
ISO 9328－2：2018（E）	P 355GH	0.10～0.22	≤0.60	1.10～1.70	≤0.30	≤0.08	≤0.30	0.30	0.02	0.025	0.010	N≤0.012
					Cr＋C＋Mo＋Ni≤0.70			Nb：0.040	Ti：0.03	Al：0.020		
EN 10028－2：2017（E）	P 355GH 1.0473	0.10～0.22	≤0.60	1.10～1.70	≤0.30	≤0.08	≤0.30	0.30	0.02	0.025	0.010	N≤0.012
					Cr＋Cu＋Mo＋Ni≤0.70			Nb：0.040	Ti：0.03	Al：0.020		

表5-27　15MoG钢牌号及化学成分（质量分数）对照　　（%）

标准号	牌号 统一数字代号	C	Si	Mn	Cr	Mo	Cu	Ni	Nb	P	S	其他
								≤				
GB/T 5310—2017	15MoG	0.12～0.20	0.17～0.37	0.40～0.80	≤0.30	0.25～0.35	≤0.20	0.30	V≤0.08	0.025	0.015	—
JIS G3462:2014	STBA 12	0.12～0.20	0.10～0.50	0.30～0.80	—	0.45～0.65	—	—	—	0.035	0.035	—
ASTM A209/A209M—2017	Grade T1	0.10～0.20	0.10～0.50	0.30～0.80	—	0.44～0.65	—	—	—	0.025	0.025	—
ISO 9328－2：2018（E）	16Mo3	0.12～0.20	≤0.35	0.40～0.90	≤0.30	0.25～0.35	≤0.30	0.30	—	0.025	0.010	N≤0.012
EN 10028－2：2017（E）	16Mo3 1.5415	0.12～0.20	≤0.35	0.40～0.90	≤0.30	0.25～0.35	≤0.30	0.30	—	0.025	0.010	N≤0.012

表 5-28 20MoG 钢牌号及化学成分（质量分数）对照 （%）

标准号	牌号 统一数字代号	C	Si	Mn	Cr	Mo	V	Ni	Nb	P	S	其他
								≤				
GB/T 5310—2017	20MoG	0.15 ~ 0.25	0.17 ~ 0.37	0.40 ~ 0.80	≤0.30	0.44 ~ 0.65	≤0.08	0.30	Cu：0.20	0.025	0.015	—
JIS G3462:2014	STBA 13	0.15 ~ 0.25	0.10 ~ 0.50	0.30 ~ 0.80	—	0.45 ~ 0.65	—	—	—	0.035	0.035	—
ASTM A209/A209M—2017	Grade T1a	0.15 ~ 0.25	0.10 ~ 0.50	0.30 ~ 0.80	—	0.44 ~ 0.65	—	—	—	0.025	0.025	—
ISO 9328 -2：2018（E）	19MnMo4 -5	≤0.25	≤0.40	0.95 ~ 1.30	≤0.30	0.45 ~ 0.60	≤0.03 Ti≤0.03	0.40	0.02	0.020	0.020	Cu≤0.40 B≤0.0010
EN 10028 -2：2017（E）	18MnMo4 -5 1.5414	≤0.20	≤0.40	0.90 ~ 1.50	≤0.30	0.45 ~ 0.60	—	0.30	Cu：0.30	0.015	0.005	N≤0.012

表 5-29 12CrMoG 钢牌号及化学成分（质量分数）对照 （%）

标准号	牌号 统一数字代号	C	Si	Mn	Cr	Mo	V	Ni	Nb	P	S	其他
								≤				
GB/T 5310—2017	12CrMoG	0.08 ~ 0.15	0.17 ~ 0.37	0.40 ~ 0.70	0.40 ~ 0.70	0.40 ~ 0.56	≤0.08	0.30	Cu：0.20	0.025	0.015	—
JIS G3462:2014	STBA 20	0.10 ~ 0.20	0.10 ~ 0.50	0.30 ~ 0.60	0.50 ~ 0.80	0.40 ~ 0.65	—	—	—	0.035	0.035	—
ASME SA -213/SA -213M—2017	T2 K11547	0.10 ~ 0.20	0.10 ~ 0.30	0.30 ~ 0.61	0.50 ~ 0.81	0.44 ~ 0.65	—	—	—	0.025	0.025	—
ISO 9328 -2:2018（E）	13CrMo4 -5	0.08 ~ 0.18	≤0.35	0.40 ~ 1.00	0.70 ~ 1.15	0.40 ~ 0.60	—	—	Cu：0.30	0.025	0.010	N≤0.012
EN 10028 -2：2017（E）	13CrMo4 -5 1.7335	0.08 ~ 0.18	≤0.35	0.40 ~ 1.00	0.70 ~ 1.15	0.40 ~ 0.60	—	—	Cu：0.30	0.025	0.010	N≤0.012

表 5-30 15CrMoG 钢牌号及化学成分（质量分数）对照 （%）

标准号	牌号 统一数字代号	C	Si	Mn	Cr	Mo	Cu	Ni	Nb	P	S	其他
								≤				
GB/T 5310—2017	15CrMoG	0.12 ~ 0.18	0.17 ~ 0.37	0.40 ~ 0.70	0.80 ~ 1.10	0.40 ~ 0.56	≤0.08	0.30	Cu：0.20	0.025	0.015	—
JIS G3462:2014	STBA 22	≤0.15	≤0.50	0.30 ~ 0.60	0.80 ~ 1.25	0.45 ~ 0.65	—	—	—	0.035	0.035	—
ASME SA -213/ SA -213M—2017	T12 K11562	0.05 ~ 0.15	≤0.50	0.30 ~ 0.61	0.80 ~ 1.25	0.44 ~ 0.65	—	—	—	0.025	0.025	—
ISO 9328 -2：2018（E）	14CrMo4 -5	≤0.17	≤0.40	0.40 ~ 0.65	0.80 ~ 1.15	0.45 ~ 0.65	≤0.03	0.40 Ti：0.03	0.02 Cu：0.40	0.020	0.020	N≤0.012
EN 10028 -2：2017（E）	13CrMoSi5 -5 1.7336	≤ 0.17	0.50 ~ 0.80	0.40 ~ 0.65	1.00 ~ 1.50	0.45 ~ 0.65	—	0.30	Cu：0.30	0.015	0.005	N≤0.012

表 5-31 12Cr2MoG 钢牌号及化学成分（质量分数）对照 （%）

标准号	牌号 统一数字代号	C	Si	Mn	Cr	Mo	V	Ni	V	P	S	其他
								≤				
GB/T 5310—2017	12Cr2MoG	0.08 ~ 0.15	≤0.50	0.40 ~ 0.60	2.00 ~ 2.50	0.90 ~ 1.13	≤0.08	0.30	Cu：0.20	0.025	0.015	—
JIS G3462:2014	STBA 24	≤0.15	≤0.50	0.30 ~ 0.60	1.90 ~ 2.60	0.87 ~ 1.13	—	—	—	0.030	0.030	—
ASME SA -213/SA -213M—2017	T22 K21590	0.05 ~ 0.15	≤0.50	0.30 ~ 0.60	1.90 ~ 2.60	0.87 ~ 1.13	—	—	—	0.025	0.025	—

ISO 9328-2:2018 (E)	10CrMo9-10	0.08 ~ 0.14	≤0.50	0.40 ~ 0.80	2.00 ~ 2.50	0.90 ~ 1.10	—	Cu: 0.30	—	0.020	0.010	N≤0.012
EN 10028-2:2017 (E)	10CrMo9-10 1.7380	0.08 ~ 0.14	≤0.50	0.40 ~ 0.80	2.00 ~ 2.50	0.90 ~ 1.10	—	Cu: 0.30	—	0.020	0.010	N≤0.012

表5-32　12Cr1MoVG钢牌号及化学成分（质量分数）对照　（%）

标准号	牌号 统一数字代号	C	Si	Mn	Cr	Mo	V	Ni	Nb	P	S	其他
								≤				
GB/T 5310—2017	12Cr1MoVG	0.08 ~ 0.15	≤0.50	0.40 ~ 0.70	0.90 ~ 1.20	0.25 ~ 0.35	0.15 ~ 0.30	0.30	Cu: 0.20	0.025	0.015	—
JIS G3462:2014	STBA 22	≤0.15	≤0.50	0.30 ~ 0.60	0.80 ~ 1.25	0.45 ~ 0.65	—	—	—	0.035	0.035	—
ASME SA-213/SA-213M—2017	T17 K12047	0.15 ~ 0.25	0.15 ~ 0.35	0.30 ~ 0.61	0.80 ~ 1.25	—	—	0.15	—	0.025	0.025	—
ISO 9328-2:2018 (E)	13CrMoV9-10	0.11 ~ 0.15	≤0.10	0.30 ~ 0.60	2.00 ~ 2.50	0.90 ~ 1.10	0.25 ~ 0.35	0.25 Cu: 0.20	0.07 Ti: 0.03	0.015 B: 0.002	0.005 Ca: 0.015	—
EN 10028-2:2017 (E)	13CrMoV9-10 1.7703	0.11 ~ 0.15	≤0.10	0.30 ~ 0.60	2.00 ~ 2.50	0.90 ~ 1.10	0.25 ~ 0.35	0.25 Cu: 0.20	0.07 Ti: 0.03	0.015 B: 0.002	0.005 Ca: 0.015	N≤0.012

表5-33 12Cr2MoWVTiB钢牌号及化学成分（质量分数）对照 %

标准号	牌号 统一数字代号	C	Si	Mn	Cr	Mo	V	Ti	W	P	S	其他
									≤			
GB/T 5310—2017	12Cr2MoWVTiB	0.08~0.15	0.45~0.75	0.45~0.65	1.60~2.10	0.50~0.65	0.28~0.42	0.08~0.18	0.30~0.55	0.025 Cu：0.20	0.015 Ni：0.30	B：0.0020~0.0080 Zr≤0.01
ASME SA-213/SA-213M—2017	T24 K30736	0.05~0.10	0.15~0.45	0.30~0.70	2.20~2.60	0.90~1.10	0.20~0.30	0.06~0.10	Al：0.02 Ti：0.06~0.10	0.020	0.010	B：0.0015~0.007 N≤0.012
EN 10216-2：2013（E）	7CrMoVTiB10-10 1.7378	0.05~0.10	0.15~0.45	0.30~0.70	2.20~2.60	0.90~1.10	0.20~0.30	0.06~0.10	Al：0.020	0.020	0.010	B：0.0015~0.0070 N≤0.010

表5-34 07Cr2MoW2VNbB钢牌号及化学成分（质量分数）对照 （%）

标准号	牌号 统一数字代号	C	Si	Mn	Cr	Mo	V	Nb	W	P	S	其他
								≤				
GB/T 5310—2017	07Cr2MoW2VNbB	0.04~0.10	≤0.50	0.10~0.60	1.90~2.60	0.05~0.3	0.20~0.30 Ti：0.01	0.02~0.08 Alt：0.030	1.45~1.75 N：0.030	0.025 Cu：0.20	0.010 Ni：0.30	B：0.0005~0.0060 Zr≤0.01
ASME SA-213/SA-213M—2017	T23 K40712	0.04~0.10	≤0.50	0.10~0.60	1.90~2.60	0.05~0.30	0.20~0.30	0.06~0.08	1.45~1.75	0.03 Al：0.030	0.010	B：0.0005~0.006 N≤0.03

EN 10216－2：2013（E）	7CrWVMoNbB9－6 1.8201	0.04～0.10	≤0.50	0.10～0.60	1.90～2.60	0.05～0.30	0.20～0.30	0.06～0.08	1.45～1.75	0.03 Al：0.030	0.010 N：0.015	B：0.0010～0.005 Ti：0.005～0.060 TaN≥3.5

表5-35 12Cr3MoVSiTiB钢牌号及化学成分（质量分数）对照 （%）

标准号	牌号 统一数字代号	C	Si	Mn	Cr	Mo	Cu	Nb	Ni	P	S	其他
								≤				
GB/T 5310—2017	12Cr3MoVSiTiB	0.09～0.15	0.60～0.90	0.50～0.80	2.50～3.00	1.00～1.20	0.25～0.35	Ti：0.22～0.38	0.30 Cu：0.20	0.025 Zr：0.01	0.015	B：0.0050～0.0110
ISO 9328－2：2018（E）	12CrMoV12－10	0.10～0.15	≤0.15	0.30～0.60	2.75～3.25	0.90～1.10	0.20～0.30	0.07 Ti：0.03	0.25 Ca：0.015	0.015 B≤0.003	0.005	N≤0.012
EN 10028－2：2017（E）	12CrMoV12－10 1.7767	0.10～0.15	≤0.15	0.30～0.60	2.75～3.25	0.90～1.10	0.20～0.30	0.07 Ti：0.03	0.25 Ca：0.015	0.015 B≤0.003	0.005	N≤0.012

表 5-36 15Ni1MnMoNbCu 钢牌号及化学成分（质量分数）对照 （%）

标准号	牌号 统一数字代号	C	Si	Mn	Cr	Mo	Cu	Nb	Ni	P	S	其他
										≤		
GB/T 5310—2017	15Ni1MnMo-NbCu	0.10～0.17	0.25～0.50	0.80～1.20	≤0.25	0.25～0.50	0.50～0.80	0.015～0.045	1.00～1.30 N：0.020	0.025 V：0.08	0.015 Ti：0.01	Alt≤0.050 Zr≤0.01
ASME SA-213/SA-213M—2017	T36 K21001	0.10～0.17	0.25～0.50	0.80～1.20	≤0.30	0.25～0.50	0.50～0.80	0.015～0.045	1.00～1.30	0.030 V：0.02	0.025 N：0.02	Al≤0.050
ISO 9328-2：2018（E）	15NiCuMoNb 5-6-4	≤0.17	0.25～0.50	0.80～1.20	≤0.30	0.25～0.50	0.50～0.80	0.015～0.045	1.00～1.30	0.025	0.010	Al≤0.015 N≤0.020
EN 10028-2：2017（E）	15NiCuMoNb 5-6-4 1.6368	≤0.17	0.25～0.50	0.80～1.20	≤0.30	0.25～0.50	0.50～0.80	0.015～0.045	1.00～1.30	0.025	0.010 N：0.020	Al≤0.015

表 5-37 10Cr9Mo1VNbN 钢牌号及化学成分（质量分数）对照 （%）

标准号	牌号 统一数字代号	C	Si	Mn	Cr	Mo	V	Nb	Ni	P	S	其他
									≤			
GB/T 5310—2017	10Cr9Mo1-VNbN	0.08～0.12	0.20～0.50	0.30～0.60	8.00～9.50	0.85～1.05	0.18～0.25	0.06～0.10	0.30 Cu：0.20	0.020 Ti：0.01	0.010 Zr：0.01	N：0.030～0.070 Alt≤0.020

ASME SA－213/ SA－213M—2017	T91 K90901	0.07～ 0.14	0.20～ 0.50	0.30～ 0.60	8.0～ 9.5	0.85～ 1.05	0.18～ 0.25	0.06～ 0.10	0.40	0.020 Ti： 0.01	0.010 Zr： 0.01	N：0.030～ 0.070 Al≤0.02
ISO 9328－2： 2018（E）	X10CrMoVNb 9－1	0.08～ 0.12	≤0.50	0.30～ 0.60	8.00～ 9.50	0.85～ 1.05	0.18～ 0.25	0.06～ 0.10	0.30 Cu： 0.30	0.020	0.005	N：0.030～ 0.070 Al≤0.040
EN 10028－2： 2017（E）	X10CrMoVNb 9－1 1.4903	0.08～ 0.12	≤0.50	0.30～ 0.60	8.00～ 9.50	0.85～ 1.05	0.18～ 0.25	0.06～ 0.10	0.30 Cu： 0.30	0.020	0.005	N：0.030～ 0.070 Al≤0.040

表5-38　10Cr9MoW2VNbBN钢牌号及化学成分（质量分数）对照　（%）

标准号	牌号 统一数字代号	C	Si	Mn	Cr	Mo	V	Nb	W	P	S	其他
								≤				
GB/T 5310—2017	10Cr9MoW2 -VNbBN	0.07～ 0.13	≤0.50	0.30～ 0.60	8.50～ 9.50	0.30～ 0.60 W：1.50～2.00	0.15～ 0.25	0.04～ 0.09 Ti：0.01	0.40 Cu： 0.20	0.020 Zr： 0.01	0.010 Alt： 0.020	B：0.0010 ～0.0060 N：0.030～ 0.070
ASME SA－213/ SA－213M—2017	T92 K92460	0.07～ 0.13	≤0.50	0.30～ 0.60	8.5～ 9.5	0.30～ 0.60 W：1.5～2.00	0.15～ 0.25	0.04～ 0.09	0.40 Ti： 0.01	0.020 Zr： 0.01	0.010 Al： 0.02	B：0.001 ～0.006 N：0.030～ 0.070
EN 10216－ 2:2013（E）	X10CrWMoVNb 9－2/ 1.4901	0.07～ 0.13	≤0.50	0.30～ 0.60	8.5～ 9.5	0.30～ 0.60 W：1.50～2.00	0.15～ 0.25	0.04～ 0.09	0.40 Ti： 0.01	0.020 Zr： 0.01	0.010 Al： 0.02	B：0.001～ 0.006 N：0.030～ 0.070

表 5-39 10Cr11MoW2VNbCu1BN 钢牌号及化学成分（质量分数）对照 （%）

标准号	牌号 统一数字代号	C	Si	Mn	Cr	Mo	V	Nb	Ni	P	S	其他
								≤				
GB/T 5310—2017	10Cr11MoW2 VNbCu1BN	0.07 ~ 0.14	≤0.50	≤0.70	10.00 ~ 11.50	0.25 ~ 0.60	0.15 ~ 0.30	0.04 ~ 0.10	0.50 Ti： 0.01	0.020 Zr： 0.01	0.010 Alt： 0.020	B：0.0005 ~ 0.0050 N：0.040 ~ 0.100
			W：1.50 ~ 2.50			Cu：0.30 ~ 1.70						
ASME SA - 213/ SA - 213M—2017	T122 K91271	0.07 ~ 0.14	≤0.50	≤0.70	10.0 ~ 11.5	0.25 ~ 0.60	0.15 ~ 0.30	0.04 ~ 0.10	0.50 Ti： 0.01	0.020 Zr： 0.01	0.010 Al： 0.02	B：0.0005 ~ 0.005 N：0.030 ~ 0.070
			W：1.5 ~ 2.50			Cu：0.30 ~ 1.70						

表 5-40 11Cr9Mo1W1VNbBN 钢牌号及化学成分（质量分数）对照 （%）

标准号	牌号 统一数字代号	C	Si	Mn	Cr	Mo	V	Nb	Ni	P	S	其他
								≤				
GB/T 5310—2017	11Cr9Mo1W1 VNbBN	0.09 ~ 0.13	0.10 ~ 0.50	0.30 ~ 0.60	8.50 ~ 9.50	0.90 ~ 1.10	0.18 ~ 0.25	0.06 ~ 0.10 Alt： 0.020	0.40 Cu： 0.20	0.020 Ti： 0.01	0.010 Zr： 0.01	B：0.0003 ~ 0.0060 N：0.040 ~ 0.090
						W：0.90 ~ 1.10						
ASME SA - 213/ SA - 213M—2017	T911 K91061	0.09 ~ 0.13	0.10 ~ 0.50	0.30 ~ 0.60	8.5 ~ 9.5	0.90 ~ 1.10	0.18 ~ 0.25	0.06 ~ 0.10	0.40 Ti： 0.01	0.020 Zr： 0.01	0.010 Al： 0.02	B：0.0003 ~ 0.006 N：0.040 ~ 0.090
						W：0.90 ~ 1.10						

表5-41　07Cr19Ni10钢牌号及化学成分（质量分数）对照　（%）

标准号	牌号 统一数字代号	C	Si	Mn	Cr	Mo	V	Cu	Ni	P	S	其他
								≤				
GB/T 5310—2017	07Cr19Ni10	0.04～0.10	≤0.75	≤2.00	18.00～20.00	—	—	0.25	8.00～11.00	0.030	0.015	—
JIS G 3463:2012	SUS304TB	≤0.08	≤1.00	≤2.00	18.00～20.00	—	—	—	8.00～11.00	0.040	0.030	—
ASME SA－213/SA－213M—2017	TP304 S30400	≤0.08	≤1.00	≤2.00	18.00～20.00	—	—	—	8.0～11.0	0.045	0.030	—
ISO 9328－7:2018（E）	X6CrNi18－10	0.04～0.08	≤1.00	≤2.00	17.0～19.0	—	—	—	8.0～11.0	0.035	0.015	N≤0.10
EN 10028－7:2016（E）	X6CrNi18－10 1.4948	0.04～0.08	≤1.00	≤2.00	17.0～19.0	—	—	—	8.0～11.0	0.035	0.015	N≤0.10

表5-42　10Cr18Ni9NbCu3BN钢牌号及化学成分（质量分数）对照　（%）

标准号	牌号 统一数字代号	C	Si	Mn	Cr	N	Alt	Cu	Ni	P	S	其他
								≤				
GB/T 5310—2017	10Cr18Ni9NbCu3BN	0.07～0.13	≤0.30	≤1.00	17.00～19.00	0.050～0.120	0.003～0.030	2.50～3.50	7.50～10.50	0.030	0.010	B：0.0010～0.0100
										Nb：0.30～0.60		
ASME SA－213/SA－213M—2017	S30432	0.07～0.13	≤0.30	≤1.00	17.0～19.0	0.05～0.12	0.003～0.030	2.5～3.5	7.5～10.5	0.040	0.010	B：0.001～0.010
										Nb：0.30～0.60		

表 5-43 07Cr25Ni21 钢牌号及化学成分（质量分数）对照 （%）

标准号	牌号 统一数字代号	C	Si	Mn	Cr	Mo	V	Cu	Ni	P	S	其他
								≤		≤	≤	
GB/T 5310—2017	07Cr25Ni21	0.04 ~ 0.10	≤0.75	≤2.00	24.00 ~ 26.00	—	—	0.25	19.00 ~ 22.00	0.030	0.015	—
JIS G 3463:2012	SUS310STB	≤0.08	≤1.50	≤2.00	24.00 ~ 26.00	—	—	—	19.00 ~ 22.00	0.040	0.030	—
ASME SA-213/SA-213M—2017	TP310H S31009	0.04 ~ 0.10	≤1.00	≤2.00	24.00 ~ 26.00	—	—	—	19.0 ~ 22.0	0.045	0.030	—
ISO 9328-7:2018（E）	X6CrNi25-20	0.04 ~ 0.08	≤0.70	≤2.00	24.0 ~ 26.0	—	—	—	19.0 ~ 22.0	0.035	0.015	N≤0.10
EN 10028-7:2016（E）	X6CrNi25-20 1.4951	0.04 ~ 0.08	≤0.70	≤2.00	24.0 ~ 26.0	—	—	—	19.0 ~ 22.0	0.035	0.015	N≤0.10

表 5-44 07Cr25Ni21NbN 钢牌号及化学成分（质量分数）对照 （%）

标准号	牌号 统一数字代号	C	Si	Mn	Cr	Mb	N	Cu	Ni	P	S	其他
								≤		≤	≤	
GB/T 5310—2017	07Cr25Ni21NbN	0.04 ~ 0.10	≤0.75	≤2.00	24.00 ~ 26.00	0.20 ~ 0.60	0.150 ~ 0.350	0.25	19.00 ~ 22.00	0.030	0.015	—
ASME SA-213/SA-213M—2017	TP310HCbN S31042	0.04 ~ 0.10	≤1.00	≤2.00	24.00 ~ 26.00	0.20 ~ 0.60	0.15 ~ 0.35	—	19.0 ~ 22.0	0.045	0.030	—

表 5-45　07Cr19Ni11Ti 钢牌号及化学成分（质量分数）对照　（%）

标准号	牌号 统一数字代号	C	Si	Mn	Cr	Mo	V	Cu	Ni	P	S	其他
								≤				
GB/T 5310—2017	07Cr19Ni11Ti	0.04～0.10	≤0.75	≤2.00	17.00～20.00	—	—	0.25	9.00～13.00	0.030	0.015	Ti：4C～0.60
ГОСТ 9940—1981	08X18H10T	≤0.08	≤0.8	≤2.0	17.0～19.0	—	—	—	9.0～11.0	0.035	0.020	Ti：5C～0.70
JIS G 3463:2012	SUS321HTB	0.04～0.10	≤0.75	≤2.00	17.00～20.00	—	—	—	9.00～13.00	0.030	0.030	Ti：4C～0.60
ASME SA-213/SA-213M—2017	TP321H S32109	0.04～0.10	≤1.00	≤2.00	17.00～19.00	—	—	—	9.0～12.0	0.045	0.030	Ti：4(C+N)～0.70
ISO 9328-7:2018（E）	X6CrNiTi18-10	≤0.08	≤1.00	≤2.00	17.0～19.0	—	—	—	9.0～12.0	0.045	0.015	Ti：5C～0.70
EN 10028-7:2016（E）	X6CrNiTi18-10　1.4541	≤0.08	≤1.00	≤2.00	17.0～19.0	—	—	—	9.0～12.0	0.045	0.015	Ti：5C～0.70

表 5-46　07Cr18Ni11Nb 钢牌号及化学成分（质量分数）对照　（%）

标准号	牌号 统一数字代号	C	Si	Mn	Cr	Mo	V	Cu	Ni	P	S	其他
								≤				
GB/T 5310—2017	07Cr18Ni11Nb	0.04～0.10	≤0.75	≤2.00	17.00～19.00	—	—	0.25	9.00～13.00	0.030	0.015	Nb：8C～1.10
JIS G 3463:2012	SUS347HTB	0.04～0.10	≤1.00	≤2.00	17.00～20.00	—	—	—	9.00～13.00	0.030	0.030	Nb：8C%～1.00

（续）

标准号	牌号 统一数字代号	C	Si	Mn	Cr	Mo	V	Cu	Ni	P	S	其他
								≤				
ASME SA-213/ SA-213M—2017	TP347H S34709	0.04~ 0.10	≤1.00	≤2.00	17.00~ 19.00	—	—	—	9.0~ 13.0	0.045	0.030	Nb：8C~ 1.10
ISO 9328-7： 2018（E）	X6CrNiNb 18-10	≤0.08	≤1.00	≤2.00	17.0~ 19.0	—	—	—	9.0~ 12.0	0.045	0.015	Nb：10C~ 1.00
EN 10028-7： 2016（E）	X6CrNiNb 18-10 1.4550	≤0.08	≤1.00	≤2.00	17.0~ 19.0	—	—	—	9.0~ 12.0	0.045	0.015	Nb：10C~ 1.00

表5-47　08Cr18Ni11NbFG钢牌号及化学成分（质量分数）对照　（%）

标准号	牌号 统一数字代号	C	Si	Mn	Cr	Mo	V	Cu	Ni	P	S	其他
								≤				
GB/T 5310—2017	08Cr18Ni11 NbFG①	0.06~ 0.10	≤0.75	≤2.00	17.00~ 19.00	—	—	0.25	10.00~ 12.00	0.030	0.015	Nb：8C~ 1.10
ASME SA-213/ SA-213M—2017	TP347HFG S34710	0.06~ 0.10	≤1.00	≤2.00	17.00~ 19.00	—	—	—	9.0~ 13.0	0.045	0.030	Nb：8C~ 1.10

① “FG”表示细晶粒钢。

5.4　桥梁用结构钢牌号及化学成分

桥梁用结构钢牌号及化学成分见表5-48～表5-97。其中，热轧或正火钢的钢级牌号及化学成分对照见表5-48～表5-53；热机械轧制钢的钢级牌号及化学成分对照见表5-54～表5-67；调质钢的钢级牌号及化学成分对照见表5-68～表5-79；耐大气腐蚀钢的钢级牌号及化学成分对照见表5-80～表5-97。

表5-48 Q345qC 钢级牌号及化学成分（质量分数）对照 （%）

标准号	牌号 统一数字代号	C	Si	Mn	P	S	Nb	V	Ti	Cr	Ni	Cu	Alt≥
					≤								
GB/T 714—2015	Q345qC	≤0.18	≤0.55	0.90～1.60	0.030	0.025	0.005～0.060	0.010～0.080	0.006～0.030	0.30	0.30	0.30 B：0.0005 H：0.0002	0.010～0.045 N≤0.0080
ASTM A709/A709M—2016a	Type B 50W［345W］	≤0.20	0.15～0.50	0.75～1.35	0.030	0.030	—	0.01～0.10	—	0.40～0.70	0.50	0.20～0.40	—
ISO 9328-3：2018（E）	P355N 1.0562	≤0.18	≤0.50	1.10～1.70	0.025	0.010	0.05 Nb+Ti+V≤0.12	0.10	0.03	0.30	0.50	0.30 Mo：0.08	0.020 N≤0.012
EN 10028-3：2017（E）	S355N 1.0562	≤0.18	≤0.50	1.10～1.70	0.025	0.010	0.05 Nb+Ti+V≤0.12	0.10	0.03	0.30	0.50	0.30 Mo：0.08	0.020 N≤0.012

注：GB/T 714—2015的钢牌号中Al、Nb、V、Ti可单独或组合加入，单独加入时，应符合表中规定；组合加入时，应至少保证一种合金元素含量达到表中下限规定，且Nb+V+Ti≤0.22%。当采用全铝（Alt）含量计算时，全铝含量应为0.015%～0.050%。下同。

表 5-49 Q345qD 钢级牌号及化学成分（质量分数）对照 （%）

标准号	牌号 统一数字代号	C	Si	Mn	P ≤	S ≤	Nb ≤	V ≤	Ti ≤	Cr ≤	Ni ≤	Cu ≤	Alt≥
GB/T 714—2015	Q345qD	≤0.18	≤0.55	0.90 ~ 1.60	0.025	0.020	0.005 ~ 0.060	0.010 ~ 0.080	0.006 ~ 0.030	0.30	0.30	0.30 B: 0.0005 H: 0.0002	0.010 ~ 0.045 N≤ 0.0080
ASTM A709/ A709M—2016a	Type A 50W［345W］	≤0.19	0.30 ~ 0.65	0.80 ~ 1.25	0.030	0.030	—	0.02 ~ 0.10	—	0.40 ~ 0.65	0.40	0.25 ~ 0.40	—
ISO 9328 -3: 2018 (E)	P355NL1 1.0566	≤0.18	≤0.50	1.10 ~ 1.70	0.025	0.008	0.05 Nb + Ti + V≤0.12	0.10	0.03	0.30	0.50	0.30 Mo: 0.08	0.020 N≤ 0.012
EN 10028 -3: 2017 (E)	S355NL1 1.0566	≤0.18	≤0.50	1.10 ~ 1.70	0.025	0.008	0.05 Nb + Ti + V≤0.12	0.10	0.03	0.30	0.50	0.30 Mo: 0.08	0.020 N≤ 0.012

表 5-50 Q345qE 钢级牌号及化学成分（质量分数）对照 （%）

标准号	牌号 统一数字代号	C	Si	Mn	P ≤	S ≤	Nb ≤	V ≤	Ti ≤	Cr ≤	Ni ≤	Cu ≤	Alt≥
GB/T 714—2015	Q345qE	≤0.18	≤0.55	0.90 ~ 1.60	0.020	0.010	0.005 ~ 0.060	0.010 ~ 0.080	0.006 ~ 0.030	0.30	0.30	0.30 B: 0.0005 H: 0.0002	0.010 ~ 0.045 N≤ 0.0080

ASTM A709/A709M—2016a	Type A 50W［345W］	≤0.19	0.30~0.65	0.80~1.25	0.030	0.030	—	0.02~0.10	—	0.40~0.65	0.40	0.25~0.40	—
ISO 9328-3:2018（E）	P355NL1 1.0566	≤0.18	≤0.50	1.10~1.70	0.025	0.008	0.05 Nb+Ti+V≤0.12	0.10	0.03	0.30	0.50	0.30 Mo: 0.08	0.020 N≤ 0.012
EN 10028-3:2017（E）	S355NL2 1.1106	≤0.18	≤0.50	1.10~1.70	0.025	0.005	0.05 Nb+Ti+V≤0.12	0.10	0.03	0.30	0.50	0.30 Mo: 0.08	0.020 N≤ 0.012

表5-51　Q370qC钢级牌号及化学成分（质量分数）对照　（%）

标准号	牌号 统一数字代号	C	Si	Mn	P	S	Nb	V	Ti	Cr	Ni	Cu	Alt≥
					≤								
GB/T 714—2015	Q370qC	≤0.18	≤0.55	1.00~1.60	0.030	0.025	0.005~0.060	0.010~0.080	0.006~0.030	0.30	0.30	0.30 B: 0.0005 H: 0.0002	0.010~0.045 N≤ 0.0080
ASTM A1011/A1011M—2017a	Grade 1 55［380］	≤0.25	—	≤1.35	0.04	0.04	0.005	0.006	0.005	0.15	0.20	0.20	Mo≤ 0.06

表 5-52 Q370qD 钢级牌号及化学成分（质量分数）对照 （%）

标准号	牌号 统一数字代号	C	Si	Mn	P	S	Nb	V	Ti	Cr	Ni	Cu	Alt≥
					≤								
GB/T 714—2015	Q370qD	≤0.18	≤0.55	1.00～1.60	0.025	0.020	0.005～0.060	0.010～0.080	0.006～0.030	0.30	0.30	0.30 B: 0.0005 H: 0.0002	0.010～0.045 N≤ 0.0080
ASTM A1011/A1011M—2017a	Grade 2 55［380］	≤0.15	—	≤1.35	0.04	0.04	0.005	0.006	0.005	0.15	0.20	0.20	Mo≤ 0.06

表 5-53 Q370qE 钢级牌号及化学成分（质量分数）对照 （%）

标准号	牌号 统一数字代号	C	Si	Mn	P	S	Nb	V	Ti	Cr	Ni	Cu	Alt≥
					≤								
GB/T 714—2015	Q370qE	≤0.18	≤0.55	1.00～1.60	0.020	0.010	0.005～0.060	0.010～0.080	0.006～0.030	0.30	0.30	0.30 B: 0.0005 H: 0.0002	0.010～0.045 N≤ 0.0080
ASTM A1011/A1011M—2017a	Grade 2 55［380］	≤0.15	—	≤1.35	0.04	0.04	0.005	0.006	0.005	0.15	0.20	0.20	Mo≤ 0.06

表 5-54　Q345qC 钢级牌号及化学成分（质量分数）对照　（%）

标准号	牌号 统一数字代号	C	Si	Mn	P	S	Nb	V	Ti	Cr	Ni	Cu	Alt≥
					≤								
GB/T 714—2015	Q345qC	≤0.14	≤0.55	0.90 ~ 1.60	0.030	0.025	0.010 ~ 0.090	0.010 ~ 0.080	0.006 ~ 0.030	0.30	0.30	0.30 B：0.0005 H：0.0002	0.010 ~ 0.045 N≤ 0.0080
ASTM A709/A709M—2016a	Grade HPS 50W [HPS 345W]	≤0.11	0.30 ~ 0.50	1.10 ~ 0.35	0.020	0.005	—	0.04 ~ 0.08	Mo：0.02 ~ 0.08	0.45 ~ 0.70	0.25 ~ 0.40	0.25 ~ 0.40	0.010 ~ 0.040 N≤0.015
ISO 9328－5：2018（E）	P355M	≤0.14	≤0.50	≤1.60	0.025	0.010	0.05	0.10	0.05	Mo 0.20	0.50	—	0.020 N≤0.015
EN 10028－5：2017（E）	S355M 1.8821	≤0.14	≤0.50	≤1.60	0.025	0.010	0.05	0.10	0.05	Mo 0.20	0.50	—	0.020 N≤0.015

表 5-55　Q345qD 钢级牌号及化学成分（质量分数）对照　（%）

标准号	牌号 统一数字代号	C	Si	Mn	P	S	Nb	V	Ti	Cr	Ni	Cu	Alt≥
					≤								
GB/T 714—2015	Q345qD	≤0.14	≤0.55	0.90 ~ 1.60	0.025	0.020	0.010 ~ 0.090	0.010 ~ 0.080	0.006 ~ 0.030	0.30	0.30	0.30 B：0.0005 H：0.0002	0.010 ~ 0.045 N≤ 0.0080

（续）

标准号	牌号 统一数字代号	C	Si	Mn	P	S	Nb	V	Ti	Cr	Ni	Cu	Alt≥
					≤								
ASTM A709/A709M—2016a	Grade HPS 50W [HPS 345W]	≤0.11	0.30~0.50	1.10~0.35	0.020	0.005	—	0.04~0.08	Mo：0.02~0.08	0.45~0.70	0.25~0.40	0.25~0.40	0.010~0.040 N≤0.015
ISO 9328-5：2018（E）	P355ML1	≤0.14	≤0.50	≤1.60	0.020	0.008	0.05	0.10	0.05	Mo：0.20	0.50	—	0.020 N≤0.015
EN 10028-5：2017（E）	S355ML1 1.8832	≤0.14	≤0.50	≤1.60	0.025	0.008	0.05	0.10	0.05	Mo：0.20	0.50	—	0.020 N≤0.015

表5-56　Q345qE钢级牌号及化学成分（质量分数）对照　（%）

标准号	牌号 统一数字代号	C	Si	Mn	P	S	Nb	V	Ti	Cr	Ni	Cu	Alt≥
					≤								
GB/T 714—2015	Q345qE	≤0.14	≤0.55	0.90~1.60	0.020	0.010	0.010~0.090	0.010~0.080	0.006~0.030	0.30	0.30	0.30 B：0.0005 H：0.0002	0.010~0.045 N≤0.0080
ASTM A709/A709M—2016a	Grade HPS 50W [HPS 345W]	≤0.11	0.30~0.50	1.10~0.35	0.020	0.005	—	0.04~0.08	Mo：0.02~0.08	0.45~0.70	0.25~0.40	0.25~0.40	0.010~0.040 N≤0.015

ISO 9328－5：2018（E）	P355ML2	≤0.14	≤0.50	≤1.60	0.020	0.005	0.05	0.10	0.05	Mo：0.20	0.50	—	0.020 N≤0.015
EN 10028－5：2017（E）	S355ML2 1.8833	≤0.14	≤0.50	≤1.60	0.025	0.005	0.05	0.10	0.05	Mo：0.20	0.50	—	0.020 N≤0.015

表5-57 Q370qD钢级牌号及化学成分（质量分数）对照 （%）

标准号	牌号 统一数字代号	C	Si	Mn	P	S	Nb	V	Ti	Cr	Ni	Cu	Alt≥
					≤								
GB/T 714—2015	Q370qD	≤0.14	≤0.55	1.00～1.60	0.025	0.020	0.010～0.090	0.010～0.080	0.006～0.030	0.30	0.30	0.30 B：0.0005 H：0.0002	0.010～0.045 N≤0.0080
ASTM A1011/A1011M—2017a	Grade 55W［380W］	≤0.15	—	≤1.35	0.04	0.04	0.005	0.005	0.005	0.15 Mo：0.06	0.20	0.20	—

表 5-58　Q370qE 钢级牌号及化学成分（质量分数）对照　（%）

标准号	牌号 统一数字代号	C	Si	Mn	P	S	Nb	V	Ti	Cr	Ni	Cu	Alt≥
					≤								
GB/T 714—2015	Q370qE	≤0.14	≤0.55	1.00～1.60	0.020	0.010	0.010～0.090	0.010～0.080	0.006～0.030	0.30	0.30	0.30 B：0.0005 H：0.0002	0.010～0.045 N≤0.0080
ASTM A1011/A1011M—2017a	Grade 55W［380W］	≤0.15	—	≤1.35	0.04	0.04	0.005	0.005	0.005	0.15 Mo：0.06	0.20	0.20	—

表 5-59　Q420qD 钢级牌号及化学成分（质量分数）对照　（%）

标准号	牌号 统一数字代号	C	Si	Mn	P	S	Nb	V	Ti	Cr	Ni	Cu	Alt≥
					≤								
GB/T 714—2015	Q420qD	≤0.11	≤0.55	1.00～1.70	0.025	0.020	0.010～0.090	0.010～0.080	0.006～0.030	0.50 Mo 0.20	0.30	0.30 B：0.0005 H：0.0002	0.010～0.045 N≤0.0080
JIS G 3106:2008	SM400C	≤0.18	≤0.35	0.60～1.50	0.035	0.035	根据需要可添加合金元素						
ASTM A1011/A1011M—2017a	Grade 60W［410W］	≤0.15	—	≤1.50	0.04	0.04	0.005	0.005	0.005	0.15 Mo：0.06	0.20	0.20	—

ISO 9328－5：2018（E）	P420M	≤0.16	≤0.50	≤1.70	0.025	0.010	0.05	0.10	0.05	Mo：0.20	0.50	—	0.020 N≤0.020
EN 10028－5：2017（E）	S420M 1.8824	≤0.16	≤0.50	≤1.70	0.025	0.010	0.05	0.10	0.05	Mo：0.20	0.50	—	0.020 N≤0.020

表5-60　Q420qE钢级牌号及化学成分（质量分数）对照　（%）

标准号	牌号 统一数字代号	C	Si	Mn	P	S	Nb	V	Ti	Cr	Ni	Cu	Alt≥
					≤								
GB/T 714—2015	Q420qE	≤0.11	≤0.55	1.00～1.70	0.020	0.010	0.010～0.090	0.010～0.080	0.006～0.030	0.50 Mo：0.20	0.30	0.30 B：0.0005 H：0.0002	0.010～0.045 N≤0.0080
JIS G 3106:2008	SM400B	≤0.20	≤0.35	0.60～1.50	0.035	0.035	根据需要可添加合金元素						
ASTM A1011/A1011M—2017a	Grade 60W［410W］	≤0.15	—	≤1.50	0.04	0.04	0.005	0.005	0.005	0.15 Mo：0.06	0.20	0.20	—
ISO 9328－5：2018（E）	P420ML1	≤0.16	≤0.50	≤1.70	0.020	0.008	0.05	0.10	0.05	Mo：0.20	0.50	—	0.020 N≤0.020
EN 10028－5：2017（E）	S420ML1 1.8835	≤0.16	≤0.50	≤1.70	0.020	0.008	0.05	0.10	0.05	Mo：0.20	0.50	—	0.020 N≤0.020

表 5-61 Q420qF 钢级牌号及化学成分（质量分数）对照 （%）

标准号	牌号 统一数字代号	C	Si	Mn	P	S	Nb	V	Ti	Cr	Ni	Cu	Alt≥
					≤								
GB/T 714—2015	Q420qF	≤0.11	≤0.55	1.00～1.70	0.015	0.006	0.010～0.090	0.010～0.080	0.006～0.030	0.50 Mo：0.20	0.30	0.30 B：0.0005 H：0.0002	0.010～0.045 N≤0.0080
JIS G 3106:2008	SM400A	≤0.20	≤0.35	>2.5×C	0.035	0.035	根据需要可添加合金元素						
ASTM A1011/A1011M—2017a	Grade 60W［410W］	≤0.15	—	≤1.50	0.04	0.04	0.005	0.005	0.005	0.15 Mo：0.06	0.20	0.20	—
ISO 9328－5：2018（E）	P420ML2	≤0.16	≤0.50	≤1.70	0.020	0.005	0.05	0.10	0.05	Mo：0.20	0.50	—	0.020 N≤0.020
EN 10028－5：2017（E）	S420ML2 1.8828	≤0.16	≤0.50	≤1.70	0.020	0.005	0.05	0.10	0.05	Mo：0.20	0.50	—	0.020 N≤0.020

表 5-62 Q460qD 钢级牌号及化学成分（质量分数）对照 （%）

标准号	牌号 统一数字代号	C	Si	Mn	P	S	Nb	V	Ti	Cr	Ni	Cu	Alt≥
					≤								
GB/T 714—2015	Q460qD	≤0.11	≤0.55	1.00～1.70	0.025	0.020	0.010～0.090	0.010～0.080	0.006～0.030	0.50 Mo：0.25	0.30	0.30 B：0.0005 H：0.0002	0.010～0.045 N≤0.0080

标准号	牌号 统一数字代号	C	Si	Mn	P	S	Nb	V	Ti	Cr	Ni	Cu	Alt≥
ASTM A709/A709M—2016a	Grade HPS 70W [HPS 485W]	≤0.11	0.30~0.50	1.10~1.50	0.020	0.006	—	0.04~0.08	Mo: 0.02~0.08	0.45~0.70	0.25~0.40	0.25~0.40	0.010~0.040 N≤0.015
ISO 9328—5: 2018 (E)	P460M	≤0.16	≤0.60	≤1.70	0.025	0.010	0.05	0.10	0.05	Mo: 0.20	0.50	—	0.020 N≤0.020
EN 10028—5: 2017 (E)	S460M 1.8826	≤0.16	≤0.60	≤1.70	0.025	0.010	0.05	0.10	0.05	Mo: 0.20	0.50	—	0.020 N≤0.020

表5-63 Q460qE钢级牌号及化学成分（质量分数）对照 (%)

标准号	牌号 统一数字代号	C	Si	Mn	P	S	Nb	V	Ti	Cr	Ni	Cu	Alt≥
					≤								
GB/T 714—2015	Q460qE	≤0.11	≤0.55	1.00~1.70	0.020	0.010	0.010~0.090	0.010~0.080	0.006~0.030	0.50 Mo: 0.25	0.30	0.30 B: 0.0005 H: 0.0002	0.010~0.045 N≤0.0080
ASTM A709/A709M—2016a	Grade HPS 70W [HPS 485W]	≤0.11	0.30~0.50	1.10~1.50	0.020	0.006	—	0.04~0.08	Mo: 0.02~0.08	0.45~0.70	0.25~0.40	0.25~0.40	0.010~0.040 N≤0.015
ISO 9328—5: 2018 (E)	P460ML1	≤0.16	≤0.60	≤1.70	0.020	0.008	0.05	0.10	0.05	Mo: 0.20	0.50	—	0.020 N≤0.020
EN 10028—5: 2017 (E)	S460ML1 1.8837	≤0.16	≤0.60	≤1.70	0.020	0.008	0.05	0.10	0.05	Mo: 0.20	0.50	—	0.020 N≤0.020

表 5-64 Q460qF 钢级牌号及化学成分（质量分数）对照 （%）

标准号	牌号 统一数字代号	C	Si	Mn	P	S	Nb	V	Ti	Cr	Ni	Cu	Alt≥
					≤								
GB/T 714—2015	Q460qF	≤0.11	≤0.55	1.00 ~ 1.70	0.015	0.006	0.010 ~ 0.090	0.010 ~ 0.080	0.006 ~ 0.030	0.50 Mo: 0.25	0.30	0.30 B: 0.0005 H: 0.0002	0.010 ~ 0.045 N≤ 0.0080
ASTM A709/ A709M—2016a	Grade HPS 70W [HPS 485W]	≤0.11	0.30 ~ 0.50	1.10 ~ 1.50	0.020	0.006	—	0.04 ~ 0.08	Mo: 0.02 ~ 0.08	0.45 ~ 0.70	0.25 ~ 0.40	0.25 ~ 0.40	0.010 ~ 0.040 N≤0.015
ISO 9328—5: 2018（E）	P460ML2	≤0.16	≤0.60	≤1.70	0.020	0.005	0.05	0.10	0.05	Mo: 0.20	0.50	—	0.020 N≤0.020
EN 10028—5: 2017（E）	S460ML2 1.8831	≤0.16	≤0.60	≤1.70	0.020	0.005	0.05	0.10	0.05	Mo: 0.20	0.50	—	0.020 N≤0.020

表 5-65 Q500qD 钢级牌号及化学成分（质量分数）对照 （%）

标准号	牌号 统一数字代号	C	Si	Mn	P	S	Nb	V	Ti	Cr	Ni	Cu	Alt≥
					≤								
GB/T 714—2015	Q500qD	≤0.11	≤0.55	1.00 ~ 1.70	0.025	0.020	0.010 ~ 0.090	0.010 ~ 0.080	0.006 ~ 0.030	0.80 Mo: 0.30	0.70	0.30 B: 0.0005 H: 0.0002	0.010 ~ 0.045 N≤ 0.0080

JIS G3106：2008	SM490A	≤0.20	≤0.55	≤1.65	0.035	0.035	根据需要可添加合金元素						
ISO 9328－5：2018（E）	PT490M	≤0.18	≤0.55	≤1.60	0.020	0.020	0.05	0.10	0.05	0.30 Mo： 0.20	0.50	0.40 B： 0.0010	0.020
EN 10028－6：2017（E）	P500Q	≤0.18	≤0.60	≤1.70	0.025	0.010	0.05	0.08	0.05	1.00 Mo： 0.70	1.50 Zr： 0.15	0.30 B： 0.005	N≤ 0.015

表 5-66　Q500qE 钢级牌号及化学成分（质量分数）对照　（%）

标准号	牌号 统一数字代号	C	Si	Mn	P	S	Nb	V	Ti	Cr	Ni	Cu	Alt≥
					≤								
GB/T 714—2015	Q500qE	≤0.11	≤0.55	1.00～1.70	0.020	0.010	0.010～0.090	0.010～0.080	0.006～0.030	0.80 Mo： 0.30	0.70	0.30 B： 0.0005 H： 0.0002	0.010～0.045 N≤ 0.0080
JIS G3106：2008	SM490B	≤0.18	≤0.55	≤1.65	0.035	0.035	根据需要可添加合金元素						
ISO 9328－5：2018（E）	PT490ML1	≤0.16	≤0.55	0.70～1.60	0.015	0.010	0.05	0.10	0.05	0.30 Mo： 0.20	0.50	0.40 B： 0.0010	0.020

（续）

标准号	牌号 统一数字代号	C	Si	Mn	P	S	Nb	V	Ti	Cr	Ni	Cu	Alt≥
					≤								
EN 10028 -6:2017（E）	P500QL1 1.8875	≤0.18	≤0.60	≤1.70	0.020	0.008	0.05	0.08	0.05	1.00 Mo: 0.70	1.50 Zr: 0.15	0.30 B: 0.005	N≤ 0.015

表5-67 Q500qF钢级牌号及化学成分（质量分数）对照（%）

标准号	牌号 统一数字代号	C	Si	Mn	P	S	Nb	V	Ti	Cr	Ni	Cu	Alt≥
					≤								
GB/T 714—2015	Q500qF	≤0.11	≤0.55	1.00 ~ 1.70	0.015	0.006	0.010 ~ 0.090	0.010 ~ 0.080	0.006 ~ 0.030	0.80 Mo: 0.30	0.70	0.30 B: 0.0005 H: 0.0002	0.010 ~ 0.045 N≤ 0.0080
JIS G3106:2008	SM490C	≤0.18	≤0.55	≤1.65	0.035	0.035	根据需要可添加合金元素						
ISO 9328 -5:2018（E）	PT490ML3	≤0.16	≤0.55	0.70 ~ 1.60	0.015	0.010	0.05	0.10	0.05	0.30 Mo: 0.20	0.50	0.40 B: 0.0010	0.020
EN 10028 -6:2017（E）	P500QL2 1.8865	≤0.18	≤0.60	≤1.70	0.020	0.005	0.05	0.08	0.05	1.00 Mo: 0.70	1.50 Zr: 0.15	0.30 B: 0.005	N≤ 0.015

表5-68　Q500qD钢级牌号及化学成分（质量分数）对照　（%）

标准号	牌号 统一数字代号	C	Si	Mn	P	S	Nb	V	Ti	Cr	Ni	Cu	Alt≥
					≤								
GB/T 714—2015	Q500qD	≤0.11	≤0.55	0.80～1.70	0.025	0.020	0.005～0.060	0.010～0.080	0.006～0.030	0.80 Mo：0.30	0.70	0.30 B：0.0005～0.0030	0.010～0.045 N≤0.0080 H≤0.0002
JIS G3106：2008	SM490C	≤0.18	≤0.55	≤1.65	0.035	0.035	根据需要可添加合金元素						
ISO 9328－6：2018（E）	P500Q P500H	≤0.18	≤0.60	≤1.70	0.025	0.010	0.05	0.08	0.05	1.00 Mo：0.70	1.50	0.30 B：0.005	N≤0.015 Zr≤0.15
EN 10028－6：2017（E）	P500Q 1.8873	≤0.18	≤0.60	≤1.70	0.025	0.010	0.05	0.08	0.05	1.00 Mo：0.70	1.50 Zr：0.15	0.30 B：0.005	N≤0.015

表5-69　Q500QE钢级牌号及化学成分（质量分数）对照　（%）

标准号	牌号 统一数字代号	C	Si	Mn	P	S	Nb	V	Ti	Cr	Ni	Cu	Alt≥
					≤								
GB/T 714—2015	Q500QE	≤0.11	≤0.55	0.80～1.70	0.020	0.010	0.005～0.060	0.010～0.080	0.006～0.030	0.80 Mo：0.30	0.70	0.30 B：0.0005～0.0030	0.010～0.045 N≤0.0080 H≤0.0002

（续）

标准号	牌号 统一数字代号	C	Si	Mn	P	S	Nb	V	Ti	Cr	Ni	Cu	Alt≥
					≤								
JIS G3106：2008	SM490C	≤0.18	≤0.55	≤1.65	0.035	0.035	根据需要可添加合金元素						
ISO 9328-6：2018（E）	P500QL1	≤0.18	≤0.60	≤1.70	0.020	0.008	0.05	0.08	0.05	1.00 Mo： 0.70	1.50	0.30 B： 0.005	N≤0.015 Zr≤0.15
EN 10028-6：2017（E）	P500QL1 1.8875	≤0.18	≤0.60	≤1.70	0.020	0.008	0.05	0.08	0.05	1.00 Mo： 0.70	1.50 Zr： 0.15	0.30 B： 0.005	N≤0.015

表 5-70 Q500qF 钢级牌号及化学成分（质量分数）对照（%）

标准号	牌号 统一数字代号	C	Si	Mn	P	S	Nb	V	Ti	Cr	Ni	Cu	Alt≥
					≤								
GB/T 714—2015	Q500qF	≤0.11	≤0.55	0.80～1.70	0.015	0.006	0.005～0.060	0.010～0.080	0.006～0.030	0.80 Mo： 0.30	0.70	0.30 B： 0.0005～0.0030	0.010～0.045 N≤0.0080 H≤0.0002
JIS G3106：2008	SM490C	≤0.18	≤0.55	≤1.65	0.035	0.035	根据需要可添加合金元素						
ISO 9328-6：2018（E）	P500QL2	≤0.18	≤0.60	≤1.70	0.020	0.005	0.05	0.08	0.05	1.00 Mo： 0.70	1.50	0.30 B： 0.005	N≤0.015 Zr≤0.15

EN 10028－6：2017（E）	P500QL2 1.8865	≤0.18	≤0.60	≤1.70	0.020	0.005	0.05	0.08	0.05	1.00 Mo： 0.70	1.50 Zr： 0.15	0.30 B： 0.005	N≤ 0.015

表5-71　Q550qD钢级牌号及化学成分（质量分数）对照　（%）

标准号	牌号 统一数字代号	C	Si	Mn	P	S	Nb	V	Ti	Cr	Ni	Cu	Alt≥
					≤								
GB/T 714—2015	Q550qD	≤0.12	≤0.55	0.80～1.70	0.025	0.020	0.005～0.060	0.010～0.080	0.006～0.030	0.80 Mo： 0.30	0.70	0.30 B： 0.0005～0.0030	0.010～0.045 N≤ 0.0080 H≤ 0.0002
JIS G3106：2008	SM520B	≤0.20	≤0.55	≤1.65	0.035	0.035	根据需要可添加合金元素						
ISO 9328－6：2018（E）	PT550Q	≤0.18	≤0.75	≤1.60	0.020	0.020	0.05	0.08	0.03	0.30 Mo： 0.50	0.50	0.40 B： 0.005	0.020
EN 10025－6：2004＋A1：2009（D）	S550Q 1.8904	≤0.20	≤0.80	≤1.70	0.025	0.015	0.06	0.12	0.05	1.50 Mo： 0.70	2.0	0.50 B： 0.0050	N≤0.015 Zr≤0.15

表 5-72 Q550qE 钢级牌号及化学成分（质量分数）对照

（%）

标准号	牌号 统一数字代号	C	Si	Mn	P	S	Nb	V	Ti	Cr	Ni	Cu	Alt
					≤								≥
GB/T 714—2015	Q550qE	≤0.12	≤0.55	0.80 ~ 1.70	0.020	0.010	0.005 ~ 0.060	0.010 ~ 0.080	0.006 ~ 0.030	0.80 Mo：0.30	0.70	0.30 B：0.0005 ~ 0.0030	0.010 ~ 0.045 N≤0.0080 H≤0.0002
JIS G3106：2008	SM520B	≤0.20	≤0.55	≤1.65	0.035	0.035	根据需要可添加合金元素						
ISO 9328 -6：2018（E）	PT550QH	≤0.18	≤0.75	≤1.60	0.020	0.020	0.05	0.08	0.03	0.30 Mo：0.50	0.50	0.40 B：0.005	0.020
EN 10025 -6：2004 + A1：2009（D）	S550QL 1.8926	≤0.20	≤0.80	≤1.70	0.020	0.010	0.06	0.12	0.05	1.50 Mo：0.70	2.0	0.50 B：0.0050	N≤0.015 Zr≤0.15

表 5-73 Q550qF 钢级牌号及化学成分（质量分数）对照

（%）

标准号	牌号 统一数字代号	C	Si	Mn	P	S	Nb	V	Ti	Cr	Ni	Cu	Alt≥
					≤								
GB/T 714—2015	Q550qF	≤0.12	≤0.55	0.80 ~ 1.70	0.015	0.006	0.005 ~ 0.060	0.010 ~ 0.080	0.006 ~ 0.030	0.80 Mo：0.30	0.70	0.30 B：0.0005 ~0.0030	0.010 ~ 0.045 N≤0.0080 H≤0.0002

JIS G3106：2008	SM520C	≤0.20	≤0.55	≤1.65	0.035	0.035	根据需要可添加合金元素						
ISO 9328－6：2018（E）	PT550QL2	≤0.18	≤0.50	0.70～1.60	0.015	0.010	0.05	0.08	0.03	0.30 Mo： 0.50	1.00	0.40 B： 0.005	0.020
EN 10025－6：2004＋A1：2009（D）	S550QL1 1.8986	≤0.20	≤0.80	≤1.70	0.020	0.010	0.06	0.12	0.05	1.50 Mo： 0.70	2.0	0.50 B： 0.0050	N≤0.015 Zr≤0.15

表5-74　Q620qD钢级牌号及化学成分（质量分数）对照　（%）

标准号	牌号 统一数字代号	C	Si	Mn	P	S	Nb	V	Ti	Cr	Ni	Cu	Alt≥
					≤								
GB/T 714—2015	Q620qD	≤0.14	≤0.55	0.80～1.70	0.025	0.020	0.005～0.090	0.010～0.080	0.006～0.030	0.40～0.80 Mo： 0.20～0.50	0.25～1.00	0.15～0.55 B： 0.0005～0.0030	0.010～0.045 N≤0.0080 H≤0.0002
JIS G3106：2008	SM570C	≤0.18	≤0.55	≤1.70	0.035	0.035	根据需要可添加合金元素						
ASTM A1011/A1011M—2017a	Grade 1 90W［620W］	≤0.15	—	≤2.00	0.020	0.025	0.005	0.05	0.005	0.15 Mo 0.40	0.20	0.20	—

（续）

标准号	牌号 统一数字代号	C	Si	Mn	P	S	Nb	V	Ti	Cr	Ni	Cu	Alt≥
					≤								
ISO 9328－6：2018（E）	PT610Q	≤0.18	≤0.75	≤1.60	0.030	0.030	0.05	0.08	0.03	0.30 Mo：0.50	1.00	0.40 B：0.005	0.020
EN 10025－6：2004＋A1：2009（D）	S620Q 1.8914	≤0.22	≤0.86	≤1.80	0.030	0.017	0.07	0.14	0.07	1.60 Mo：0.74	2.1	0.55 B：0.0060	N≤0.016 Zr≤0.17

表 5-75　Q620qE 钢级牌号及化学成分（质量分数）对照　（%）

标准号	牌号 统一数字代号	C	Si	Mn	P	S	Nb	V	Ti	Cr	Ni	Cu	Alt≥
					≤								
GB/T 714—2015	Q620qE	≤0.14	≤0.55	0.80～1.70	0.020	0.010	0.005～0.090	0.010～0.080	0.006～0.030	0.40～0.80 Mo：0.20～0.50	0.25～1.00	0.15～0.55 B：0.0005～0.0030	0.010～0.045 N≤0.0080 H≤0.0002
JIS G3106：2008	SM570C	≤0.18	≤0.55	≤1.70	0.035	0.035	根据需要可添加合金元素						
ASTM A1011/A1011M—2017a	Grade 1 90W［620W］	≤0.15	—	≤2.00	0.020	0.025	0.005	0.05	0.005	0.15 Mo：0.40	0.20	0.20	—

ISO 9328 -6：2018（E）	PT610QH	≤0.18	≤0.75	≤1.60	0.030	0.030	0.05	0.08	0.03	0.30 Mo：0.50	1.00	0.40 B：0.005	0.020
EN 10025 -6:2004 + A1：2009（D）	S620QL 1.8927	≤0.22	≤0.86	≤1.80	0.025	0.012	0.07	0.14	0.07	1.60 Mo：0.74	2.1	0.55 B：0.0060	N≤0.016 Zr≤0.17

表5-76　Q620qF钢级牌号及化学成分（质量分数）对照　（%）

标准号	牌号 统一数字代号	C	Si	Mn	P	S	Nb	V	Ti	Cr	Ni	Cu	Alt≥
					≤								
GB/T 714—2015	Q620qF	≤0.14	≤0.55	0.80 ~ 1.70	0.015	0.006	0.005 ~ 0.090	0.010 ~ 0.080	0.006 ~ 0.030	0.40 ~ 0.80 Mo：0.20 ~ 0.50	0.25 ~ 1.00	0.15 ~ 0.55 B：0.0005 ~ 0.0030	0.010 ~ 0.045 N≤0.0080 H≤0.0002
JIS G3106：2008	SM570C	≤0.18	≤0.55	≤1.70	0.035	0.035	根据需要可添加合金元素						
ASTM A1011/A1011M—2017a	Grade 1 90W［620W］	≤0.15	—	≤2.00	0.020	0.025	0.005	0.05	0.005	0.30 Mo 0.40	0.50	0.60	—

（续）

标准号	牌号 统一数字代号	C	Si	Mn	P	S	Nb	V	Ti	Cr	Ni	Cu	Alt≥
					≤								
ISO 9328 －6：2018（E）	PT610QH	≤0.18	≤0.75	≤1.60	0.030	0.030	0.05	0.08	0.03	0.30 Mo：0.50	1.00	0.40 B：0.005	0.020
EN 10025 －6：2004 + A1：2009（D）	S620QL1 1.8987	≤0.22	≤0.86	≤1.80	0.025	0.012	0.07	0.14	0.07	1.60 Mo：0.74	2.1	0.55 B：0.0060	N≤0.016 Zr≤0.17

表 5-77 Q690qD 钢级牌号及化学成分（质量分数）对照（%）

标准号	牌号 统一数字代号	C	Si	Mn	P	S	Nb	V	Ti	Cr	Ni	Cu	Alt≥
					≤								
GB/T 714—2015	Q690qD	≤0.15	≤0.55	0.80 ~ 1.70	0.025	0.020	0.005 ~ 0.090	0.010 ~ 0.080	0.006 ~ 0.030	0.40 ~ 1.00 Mo：0.20 ~ 0.60	0.25 ~ 1.20	0.15 ~ 0.55 B：0.0005 ~ 0.0030	0.010 ~ 0.045 N≤0.0080 H≤0.0002
ASTM A709/A709M—2016a	Grade HPS 100W [HPS 690W]	≤0.08	0.15 ~ 0.35	0.95 ~ 1.50	0.015	0.006	0.01 ~ 0.03	0.04 ~ 0.08	—	0.40 ~ 0.65	0.65 ~ 0.90	0.90 ~ 1.20 Mo：0.40 ~ 0.65	0.020 ~ 0.060 N≤0.015

ISO 9328－6：2018（E）	P690Q P690QH	≤0. 20	≤0. 80	≤1. 70	0. 025	0. 010	0. 06	0. 12	0. 05	1. 50 Mo： 0. 70	2. 50	0. 30 B： 0. 005	N≤0. 015 Zr≤0. 15
EN 10028－6：2017（E）	S690Q 1. 8879	≤0. 20	≤0. 80	≤1. 70	0. 025	0. 010	0. 06	0. 12	0. 05	1. 50 Mo： 0. 70	2. 50	0. 30 B： 0. 005	N≤0. 015 Zr≤0. 15

表 5-78　Q690qE 钢级牌号及化学成分（质量分数）对照　　（%）

标 准 号	牌号 统一数字代号	C	Si	Mn	P	S	Nb	V	Ti	Cr	Ni	Cu	Alt≥
					≤								
GB/T 714—2015	Q690qE	≤0. 15	≤0. 55	0. 80 ~ 1. 70	0. 020	0. 010	0. 005 ~ 0. 090	0. 010 ~ 0. 080	0. 006 ~ 0. 030	0. 40 ~ 1. 00 Mo： 0. 20 ~ 0. 60	0. 25 ~ 1. 20	0. 15 ~ 0. 55 B： 0. 0005 ~ 0. 0030	0. 010 ~ 0. 045 N≤0. 0080 H≤0. 0002
ASTM A709/A709M—2016a	Grade HPS 100W ［HPS 690W］	≤0. 08	0. 15 ~ 0. 35	0. 95 ~ 1. 50	0. 015	0. 006	0. 01 ~ 0. 03	0. 04 ~ 0. 08	—	0. 40 ~ 0. 65	0. 65 ~ 0. 90	0. 90 ~ 1. 20 Mo： 0. 40 ~ 0. 65	0. 020 ~ 0. 060 N≤0. 015

（续）

标准号	牌号 统一数字代号	C	Si	Mn	P	S	Nb	V	Ti	Cr	Ni	Cu	Alt≥
					≤								
ISO 9328－6：2018（E）	P690QL1	≤0.20	≤0.80	≤1.70	0.020	0.008	0.06	0.12	0.05	1.50 Mo：0.70	2.50	0.30 B：0.005	N≤0.015 Zr≤0.15
EN 10028－6：2017（E）	S620QL1 1.8881	≤0.20	≤0.80	≤1.70	0.020	0.008	0.06	0.12	0.05	1.50 Mo：0.70	2.50	0.30 B：0.005	N≤0.015 Zr≤0.15

表5-79　Q690qF钢级牌号及化学成分（质量分数）对照　（%）

标准号	牌号 统一数字代号	C	Si	Mn	P	S	Nb	V	Ti	Cr	Ni	Cu	Alt≥
					≤								
GB/T 714—2015	Q690qF	≤0.15	≤0.55	0.80～1.70	0.015	0.006	0.005～0.090	0.010～0.080	0.006～0.030	0.40～1.00 Mo：0.20～0.60	0.25～1.20	0.15～0.55 B：0.0005～0.0030	0.010～0.045 N≤0.0080 H≤0.0002
ASTM A709/A709M—2016a	Grade HPS 100W ［HPS 690W］	≤0.08	0.15～0.35	0.95～1.50	0.015	0.006	0.01～0.03	0.04～0.08	—	0.40～0.65	0.65～0.90	0.90～1.20 Mo：0.40～0.65	0.020～0.060 N≤0.015

ISO 9328-6：2018（E）	P690QL2	≤0.20	≤0.80	≤1.70	0.020	0.005	0.06	0.12	0.05	1.50 Mo：0.70	2.50	0.30 B：0.005	N≤0.015 Zr≤0.15
EN 10028-6：2017（E）	P690QL2 1.8888	≤0.20	≤0.80	≤1.70	0.020	0.005	0.06	0.12	0.05	1.50 Mo：0.70	2.50	0.30 B：0.005	N≤0.015 Zr≤0.15

表5-80 Q345qNHD钢级牌号及化学成分（质量分数）对照 （%）

标准号	牌号 统一数字代号	C	Si	Mn	P	S	Nb	V	Ti	Cr	Ni	Cu	Alt≥
					≤								
GB/T 714—2015	Q345qNHD	≤0.11	0.15～0.50	1.10～1.50	0.025 B：0.0005	0.020 H：0.0002	0.010～0.100	0.010～0.100	0.006～0.030	0.40～0.70	0.30～0.40	0.25～0.50 Mo：0.10	0.015～0.050 N≤0.0080
JIS G3125：2010	SPA-H	≤0.12	0.20～0.75	≤0.60	0.070～0.150	0.035	—	—	—	0.30～1.25	0.65	0.25～0.55	—
ASTM A588/A588M—2015	Grade K 50［345］	≤0.17	0.25～0.50	0.50～1.20	0.030	0.030	0.005～0.05	—	Mo：0.10	0.40～0.70	0.40	0.30～0.50	—
ISO 4952：2006（E）	S355W	≤0.19	≤0.50	0.50～1.50	0.040	0.035	0.015～0.060	0.02～0.15	0.02～0.10 Mo：0.30	0.40～0.80	0.65	0.25～0.55	0.020 Zr≤0.15

（续）

标准号	牌号 统一数字代号	C	Si	Mn	P	S	Nb	V	Ti	Cr	Ni	Cu	Alt≥
					≤								
EN 10025－5：2004	S355J0W 1.8959	≤0.16	≤0.50	0.50～1.50	0.035	0.035	0.015～0.060	0.02～0.12 N≤0.009	Mo：0.30	0.40～0.80	0.65	0.25～0.55	0.020 Zr≤0.15

表 5-81　Q345qNHE 钢级牌号及化学成分（质量分数）对照　%

标准号	牌号 统一数字代号	C	Si	Mn	P	S	Nb	V	Ti	Cr	Ni	Cu	Alt≥
					≤								
GB/T 714—2015	Q345qNHE	≤0.11	0.15～0.50	1.10～1.50	0.025 B：0.0005	0.020 H：0.0002	0.010～0.100	0.010～0.100	0.006～0.030	0.40～0.70	0.30～0.40	0.25～0.50 Mo 0.10	0.015～0.050 N≤0.0080
JIS G3125：2010	SPA－H	≤0.12	0.20～0.75	≤0.60	0.070～0.150	0.035	—	—	—	0.30～1.25	0.65	0.25～0.55	—
ASTM A588/A588M—2015	Grade K 50［345］	≤0.17	0.25～0.50	0.50～1.20	0.030	0.030	0.005～0.05	—	Mo：0.10	0.40～0.70	0.40	0.30～0.50	—
ISO 4952：2006（E）	S355W	≤0.19	≤0.50	0.50～1.50	0.040	0.035	0.015～0.060	0.02～0.15	0.02～0.10 Mo：0.30	0.40～0.80	0.65	0.25～0.55	0.020 Zr≤0.15
EN 10025－5：2004	S355J2W 1.8965	≤0.16	≤0.50	0.50～1.50	0.030	0.030	0.015～0.060	0.02～0.12 N≤0.009	Mo 0.30	0.40～0.80	0.65	0.25～0.55	0.020 Zr≤0.15

表5-82　Q345qNHF钢级牌号及化学成分（质量分数）对照　（%）

标准号	牌号 统一数字代号	C	Si	Mn	P	S	Nb	V	Ti	Cr	Ni	Cu	Alt≥
					≤								
GB/T 714—2015	Q345qNHF	≤0.11	0.15～0.50	1.10～1.50	0.015 B：0.0005	0.006 H：0.0002	0.010～0.100	0.010～0.100	0.006～0.030	0.40～0.70	0.30～0.40	0.25～0.50 Mo：0.10	0.015～0.050 N≤0.0080
JIS G3125:2010	SPA－H	≤0.12	0.20～0.75	≤0.60	0.070～0.150	0.035	—	—	—	0.30～1.25	0.65	0.25～0.55	—
ASTM A588/A588M—2015	Grade K 50［345］	≤0.17	0.25～0.50	0.50～1.20	0.030	0.030	0.005～0.05	—	Mo 0.10	0.40～0.70	0.40	0.30～0.50	—
ISO 4952:2006（E）	S355W	≤0.19	≤0.50	0.50～1.50	0.040	0.035	0.015～0.060	0.02～0.15	0.02～0.10 Mo0.30	0.40～0.80	0.65	0.25～0.55	0.020 Zr≤0.15
EN 10025－5:2004	S355K2W 1.8967	≤0.16	≤0.50	0.50～1.50	0.030	0.030	0.015～0.060	0.02～0.12 N≤0.009	Mo 0.30	0.40～0.80	0.65	0.25～0.55	0.020 Zr≤0.15

表5-83　Q370qNHD钢级牌号及化学成分（质量分数）对照　（%）

标准号	牌号 统一数字代号	C	Si	Mn	P	S	Nb	V	Ti	Cr	Ni	Cu	Alt≥
					≤								
GB/T 714—2015	Q370qNHD	≤0.11	0.15～0.50	1.10～1.50	0.025 B 0.0005	0.020 H 0.0002	0.010～0.100	0.010～0.100	0.006～0.030	0.40～0.70	0.30～0.40	0.25～0.50 Mo0.15	0.015～0.050 N≤0.0080

（续）

标准号	牌号 统一数字代号	C	Si	Mn	P	S	Nb	V	Ti	Cr	Ni	Cu	Alt≥
					≤								
JIS G3114:2016	SMA490AW	≤0.18	0.15 ~ 0.65	≤1.40	0.035	0.035	0.15	0.15	0.15	0.45 ~ 0.75	0.05 ~ 0.30	0.30 ~ 0.50	Mo≤0.15
ISO 4952:2006（E）	S390WP	≤0.12	0.15 ~ 0.65	≤1.40	0.07 ~ 0.12	0.035	0.015 ~ 0.060	0.02 ~ 0.15	0.02 ~ 0.10	0.30 ~ 1.25	0.65	0.25 ~ 0.55	0.020

表 5-84　Q370qNHE 钢级牌号及化学成分（质量分数）对照　（%）

标准号	牌号 统一数字代号	C	Si	Mn	P	S	Nb	V	Ti	Cr	Ni	Cu	Alt≥
					≤								
GB/T 714—2015	Q370qNHE	≤0.11	0.15 ~ 0.50	1.10 ~ 1.50	0.020 B 0.0005	0.010 H 0.0002	0.010 ~ 0.100	0.010 ~ 0.100	0.006 ~ 0.030	0.40 ~ 0.70	0.30 ~ 0.40	0.25 ~ 0.50 Mo 0.15	0.015 ~ 0.050 N≤0.0080
JIS G3114:2016	SMA490AW	≤0.18	0.15 ~ 0.65	≤1.40	0.035	0.035	0.15	0.15	0.15	0.45 ~ 0.75	0.05 ~ 0.30	0.30 ~ 0.50	Mo≤0.15
ISO 4952:2006（E）	S390WP	≤0.12	0.15 ~ 0.65	≤1.40	0.07 ~ 0.12	0.035	0.015 ~ 0.060	0.02 ~ 0.15	0.02 ~ 0.10	0.30 ~ 1.25	0.65	0.25 ~ 0.55	0.020

表 5-85 Q370qNHF 钢级牌号及化学成分（质量分数）对照 （%）

标准号	牌号 统一数字代号	C	Si	Mn	P	S	Nb	V	Ti	Cr	Ni	Cu	Alt≥
					≤								
GB/T 714—2015	Q370qNHF	≤0.11	0.15~0.50	1.10~1.50	0.015 B: 0.0005	0.006 H: 0.0002	0.010~0.100	0.010~0.100	0.006~0.030	0.40~0.70	0.30~0.40	0.25~0.50 Mo: 0.15	0.015~0.050 N≤0.0080
JIS G3114:2016	SMA490AW	≤0.18	0.15~0.65	≤1.40	0.035	0.035	0.15	0.15	0.15	0.45~0.75	0.05~0.30	0.30~0.50	Mo≤0.15
ISO 4952:2006（E）	S390WP	≤0.12	0.15~0.65	≤1.40	0.07~0.12	0.035	0.015~0.060	0.02~0.15	0.02~0.10	0.30~1.25	0.65	0.25~0.55	0.020

表 5-86 Q420qNHD 钢级牌号及化学成分（质量分数）对照 （%）

标准号	牌号 统一数字代号	C	Si	Mn	P	S	Nb	V	Ti	Cr	Ni	Cu	Alt≥
					≤								
GB/T 714—2015	Q420qNHD	≤0.11	0.15~0.50	1.10~1.50	0.025 B: 0.0005	0.020 H: 0.0002	0.010~0.100	0.010~0.100	0.006~0.030	0.40~0.70	0.30~0.40	0.25~0.50 Mo: 0.20	0.015~0.050 N≤0.0080
ASTM A871/A871M—2014	Type IV 60 [415]	≤0.17	0.25~0.50	0.50~1.20	0.030	0.030	0.005~0.05	—	—	0.40~0.70	0.40	0.30~0.50	Mo≤0.10
ISO 4952:2006（E）	S415WP	≤0.20	0.15~0.65	0.50~1.35	0.040	0.035	0.015~0.060	0.02~0.15	0.02~0.10	0.40~0.80	0.65	0.25~0.55	0.020
EN 10025-3:2004	S420N 1.8902	≤0.20	≤0.60	1.00~1.70	0.030	0.025	0.05	0.20	0.05 Mo: 0.10	0.30	0.80	0.55	0.02 N≤0.025

表 5-87 Q420qNHE 钢级牌号及化学成分（质量分数）对照 （%）

标准号	牌号 统一数字代号	C	Si	Mn	P	S	Nb	V	Ti	Cr	Ni	Cu	Alt≥
					≤								
GB/T 714—2015	Q420qNHE	≤0.11	0.15 ~ 0.50	1.10 ~ 1.50	0.020 B：0.0005	0.010 H：0.0002	0.010 ~ 0.100	0.010 ~ 0.100	0.006 ~ 0.030	0.40 ~ 0.70	0.30 ~ 0.40	0.25 ~ 0.50 Mo：0.20	0.015 ~ 0.050 N≤0.0080
ASTM A871/ A871M—2014	Type Ⅳ 60 [415]	≤0.17	0.25 ~ 0.50	0.50 ~ 1.20	0.030	0.030	0.005 ~ 0.05	—	—	0.40 ~ 0.70	0.40	0.30 ~ 0.50	Mo≤ 0.10
ISO 4952:2006（E）	S415WP	≤0.20	0.15 ~ 0.65	0.50 ~ 1.35	0.040	0.035	0.015 ~ 0.060	0.02 ~ 0.15	0.02 ~ 0.10	0.40 ~ 0.80	0.65	0.25 ~ 0.55	0.020
EN 10025-3:2004	S420NL 1.8912	≤0.20	≤0.60	1.00 ~ 1.70	0.025	0.020	0.05	0.20	0.05 Mo：0.10	0.30	0.80	0.55	0.02 N≤0.025

表 5-88 Q420qNHF 钢级牌号及化学成分（质量分数）对照 （%）

标准号	牌号 统一数字代号	C	Si	Mn	P	S	Nb	V	Ti	Cr	Ni	Cu	Alt≥
					≤								
GB/T 714—2015	Q420qNHF	≤0.11	0.15 ~ 0.50	1.10 ~ 1.50	0.015 B：0.0005	0.006 H：0.0002	0.010 ~ 0.100	0.010 ~ 0.100	0.006 ~ 0.030	0.40 ~ 0.70	0.30 ~ 0.40	0.25 ~ 0.50 Mo 0.20	0.015 ~ 0.050 N≤0.0080
ASTM A871/ A871M—2014	Type Ⅳ 60 [415]	≤0.17	0.25 ~ 0.50	0.50 ~ 1.20	0.030	0.030	0.005 ~ 0.05	—	—	0.40 ~ 0.70	0.40	0.30 ~ 0.50	Mo≤ 0.10

ISO 4952：2006（E）	S415WP	≤0.20	0.15～0.65	0.50～1.35	0.040	0.035	0.015～0.060	0.02～0.15	0.02～0.10	0.40～0.80	0.65	0.25～0.55	0.020
EN 10025－3：2004	S420NL 1.8912	≤0.20	≤0.60	1.00～1.70	0.025	0.020	0.05	0.20	0.05 Mo：0.10	0.30	0.80	0.55	0.02 N≤0.025

表5-89　Q460qNHD钢级牌号及化学成分（质量分数）对照　（%）

标准号	牌号 统一数字代号	C	Si	Mn	P	S	Nb	V	Ti	Cr	Ni	Cu	Alt≥
					≤								
GB/T 714—2015	Q460qNHD	≤0.11	0.15～0.50	1.10～1.50	0.025 B：0.0005	0.020 H：0.0002	0.010～0.100	0.010～0.100	0.006～0.030	0.40～0.70	0.30～0.40	0.25～0.50 Mo 0.20	0.015～0.050 N≤0.0080
JIS G3114：2016	SMA570W	≤0.18	≤0.55	≤1.40	0.035	0.035	0.15	0.15	0.15	0.30～0.55	0.05～0.30	0.20～0.35	Mo≤0.15
ASTM A871/A871M—2014	Type Ⅲ 65［450］	≤0.20	0.15～0.50	0.70～1.15	0.030	0.030	—	0.01～0.10	—	0.40～0.70	0.50	0.20～0.40	—
ISO 4952：2006（E）	S460W	≤0.20	0.15～0.65	≤1.40	0.040	0.035	0.015～0.060	0.02～0.15	0.02～0.10	0.40～0.80	0.65	0.25～0.55	0.020
EN 10025－3：2004	S460N 1.8901	≤0.20	≤0.60	1.00～1.70	0.030	0.025	0.05	0.20	0.05 Mo：0.10	0.30	0.80	0.55	0.02 N≤0.025

表 5-90 Q460qNHE 钢级牌号及化学成分（质量分数）对照 （%）

标准号	牌号 统一数字代号	C	Si	Mn	P	S	Nb	V	Ti	Cr	Ni	Cu	Alt≥
					≤								
GB/T 714—2015	Q460qNHE	≤0.11	0.15 ~ 0.50	1.10 ~ 1.50	0.020 B: 0.0005	0.010 H: 0.0002	0.010 ~ 0.100	0.010 ~ 0.100	0.006 ~ 0.030	0.40 ~ 0.70	0.30 ~ 0.40	0.25 ~ 0.50 Mo: 0.20	0.015 ~ 0.050 N≤0.0080
JIS G3114:2016	SMA570W	≤0.18	≤0.55	≤1.40	0.035	0.035	0.15	0.15	0.15	0.30 ~ 0.55	0.05 ~ 0.30	0.20 ~ 0.35	Mo≤0.15
ASTM A871/ A871M—2014	Type Ⅲ 65 [450]	≤0.20	0.15 ~ 0.50	0.70 ~ 1.15	0.030	0.030	—	0.01 ~ 0.10	—	0.40 ~ 0.70	0.50	0.20 ~ 0.40	—
ISO 4952:2006 (E)	S460W	≤0.20	0.15 ~ 0.65	≤1.40	0.040	0.035	0.015 ~ 0.060	0.02 ~ 0.15	0.02 ~ 0.10	0.40 ~ 0.80	0.65	0.25 ~ 0.55	0.020
EN 10025-3:2004	S460NL 1.8903	≤0.20	≤0.60	1.00 ~ 1.70	0.025	0.020	0.05	0.20	0.05 Mo: 0.10	0.30	0.80	0.55	0.02 N≤0.025

表 5-91 Q460qNHF 钢级牌号及化学成分（质量分数）对照 （%）

标准号	牌号 统一数字代号	C	Si	Mn	P	S	Nb	V	Ti	Cr	Ni	Cu	Alt≥
					≤								
GB/T 714—2015	Q460qNHF	≤0.11	0.15 ~ 0.50	1.10 ~ 1.50	0.015 B: 0.0005	0.006 H: 0.0002	0.010 ~ 0.100	0.010 ~ 0.100	0.006 ~ 0.030	0.40 ~ 0.70	0.30 ~ 0.40	0.25 ~ 0.50 Mo: 0.20	0.015 ~ 0.050 N≤0.0080

JIS G3114:2016	SMA570W	≤0.18	≤0.55	≤1.40	0.035	0.035	0.15	0.15	0.15	0.30 ~ 0.55	0.05 ~ 0.30	0.20 ~ 0.35	Mo≤0.15
ASTM A871/ A871M—2014	Type Ⅲ 65 [450]	≤0.20	0.15 ~ 0.50	0.70 ~ 1.15	0.030	0.030	—	0.01 ~ 0.10	—	0.40 ~ 0.70	0.50	0.20 ~ 0.40	—
ISO 4952:2006 (E)	S460W	≤0.20	0.15 ~ 0.65	≤1.40	0.040	0.035	0.015 ~ 0.060	0.02 ~ 0.15	0.02 ~ 0.10	0.40 ~ 0.80	0.65	0.25 ~ 0.55	0.020
EN 10025-3:2004	S460NL 1.8903	≤0.20	≤0.60	1.00 ~ 1.70	0.025	0.020	0.05	0.20	0.05 Mo: 0.10	0.30	0.80	0.55	0.02 N≤0.025

表 5-92 Q500qNHD 钢级牌号及化学成分（质量分数）对照 (%)

标准号	牌号 统一数字代号	C	Si	Mn	P	S	Nb	V	Ti	Cr	Ni	Cu	Alt≥
					≤								
GB/T 714—2015	Q500qNHD	≤0.11	0.15 ~ 0.50	1.10 ~ 1.50	0.025 B: 0.0005	0.020 H: 0.0002	0.010 ~ 0.100	0.010 ~ 0.100	0.006 ~ 0.030	0.45 ~ 0.70	0.30 ~ 0.45	0.25 ~ 0.55 Mo: 0.25	0.015 ~ 0.050 N≤0.0080
ASTM A588/ A588M—2015	Grde K 70 [485]	≤0.17	0.25 ~ 0.50	0.50 ~ 1.20	0.030	0.030	0.005 ~ 0.05	—	—	0.40 ~ 0.70	0.40	0.30 ~ 0.50	Mo≤0.10

表 5-93 Q500qNHE 钢级牌号及化学成分（质量分数）对照

（%）

标准号	牌号 统一数字代号	C	Si	Mn	P	S	Nb	V	Ti	Cr	Ni	Cu	Alt≥
					≤								
GB/T 714—2015	Q500qNHE	≤0.11	0.15 ~ 0.50	1.10 ~ 1.50	0.020 B：0.0005	0.010 H：0.0002	0.010 ~ 0.100	0.010 ~ 0.100	0.006 ~ 0.030	0.45 ~ 0.70	0.30 ~ 0.45	0.25 ~ 0.55 Mo：0.25	0.015 ~ 0.050 N≤0.0080
ASTM A588/ A588M—2015	Grde K 70［485］	≤0.17	0.25 ~ 0.50	0.50 ~ 1.20	0.030	0.030	0.005 ~ 0.05	—	—	0.40 ~ 0.70	0.40	0.30 ~ 0.50	Mo≤0.10

表 5-94 Q500qNHF 钢级牌号及化学成分（质量分数）对照

（%）

标准号	牌号 统一数字代号	C	Si	Mn	P	S	Nb	V	Ti	Cr	Ni	Cu	Alt≥
					≤								
GB/T 714—2015	Q500qNHF	≤0.11	0.15 ~ 0.50	1.10 ~ 1.50	0.015 B：0.0005	0.006 H：0.0002	0.010 ~ 0.100	0.010 ~ 0.100	0.006 ~ 0.030	0.45 ~ 0.70	0.30 ~ 0.45	0.25 ~ 0.55 Mo：0.25	0.015 ~ 0.050 N≤0.0080
ASTM A588/ A588M—2015	Grde K 70［485］	≤0.17	0.25 ~ 0.50	0.50 ~ 1.20	0.030	0.030	0.005 ~ 0.05	—	—	0.40 ~ 0.70	0.40	0.30 ~ 0.50	Mo≤0.10

表 5-95　Q550qNHD 钢级牌号及化学成分（质量分数）对照　（%）

标准号	牌号 统一数字代号	C	Si	Mn	P	S	Nb	V	Ti	Cr	Ni	Cu	Alt≥
					≤								
GB/T 714—2015	Q550qNHD	≤0. 11	0. 15 ~ 0. 50	1. 10 ~ 1. 50	0. 025 B：0. 0005	0. 020 H：0. 0002	0. 010 ~ 0. 100	0. 010 ~ 0. 100	0. 006 ~ 0. 030	0. 45 ~ 0. 70	0. 30 ~ 0. 45	0. 25 ~ 0. 55 Mo：0. 25	0. 015 ~ 0. 050 N≤0. 0080
ASTM A871/ A871M—2014	Type Ⅰ80［550］	≤0. 19	0. 35 ~ 0. 65	0. 80 ~ 1. 35	0. 030	0. 030	—	0. 02 ~ 0. 10	—	0. 40 ~ 0. 70	0. 40	0. 25 ~ 0. 40	—

表 5-96　Q550qNHE 钢级牌号及化学成分（质量分数）对照　（%）

标准号	牌号 统一数字代号	C	Si	Mn	P	S	Nb	V	Ti	Cr	Ni	Cu	Alt≥
					≤								
GB/T 714—2015	Q550qNHE	≤0. 11	0. 15 ~ 0. 50	1. 10 ~ 1. 50	0. 020 B：0. 0005	0. 010 H：0. 0002	0. 010 ~ 0. 100	0. 010 ~ 0. 100	0. 006 ~ 0. 030	0. 45 ~ 0. 70	0. 30 ~ 0. 45	0. 25 ~ 0. 55 Mo：0. 25	0. 015 ~ 0. 050 N≤0. 0080
ASTM A871/ A871M—2014	Type Ⅰ80［550］	≤0. 19	0. 35 ~ 0. 65	0. 80 ~ 1. 35	0. 030	0. 030	—	0. 02 ~ 0. 10	—	0. 40 ~ 0. 70	0. 40	0. 25 ~ 0. 40	—

表 5-97 Q550qNHF 钢级牌号及化学成分（质量分数）对照 （%）

标准号	牌号 统一数字代号	C	Si	Mn	P	S	Nb	V	Ti	Cr	Ni	Cu	Alt≥
					≤								
GB/T 714—2015	Q550qNHF	≤0.11	0.15~0.50	1.10~1.50	0.015 B：0.0005	0.006 H：0.0002	0.010~0.100	0.010~0.100	0.006~0.030	0.45~0.70	0.30~0.45	0.25~0.55 Mo：0.25	0.015~0.050 N≤0.0080
ASTM A871/A871M—2014	Type Ⅰ80［550］	≤0.19	0.35~0.65	0.80~1.35	0.030	0.030	—	0.02~0.10	—	0.40~0.70	0.40	0.25~0.40	—

5.5 矿用焊接圆环链用钢牌号及化学成分

矿用焊接圆环链用钢牌号及化学成分对照见表 5-98~表 5-110。

表 5-98 20Mn2K 钢牌号及化学成分（质量分数）对照 （%）

标准号	牌号 统一数字代号	C	Si	Mn	P	S	V	Cr	Ni	Mo	Alt	B
					≤							
GB/T 10560—2017	20Mn2K	0.17~0.24	0.17~0.37	1.40~1.80	0.030	0.030	—	—	—	—	0.020~0.050	—
JIS G4053:2008	SMn420	0.17~0.23	0.15~0.35	1.20~1.50	0.030	0.030	—	≤0.35	≤0.25	—	—	—

标准号	牌号 统一数字代号	C	Si	Mn	P	S	V	Cr	Ni	Mo	Alt	N
ASTM A29/A29M—2015	1524	0.19 ~ 0.25	—	1.35 ~ 1.65	0.040	0.050	—	—	—	—	—	—
ISO 683 - 1:2016（E）	23Mn6	0.19 ~ 0.26	0.10 ~ 0.40	1.30 ~ 1.65	0.025	0.035	—	≤0.40 Cr + Mo + Ni≤0.63	≤0.40	≤0.10	Cu≤0.30	—
EN 10250 - 2:1999	20Mn5 1.1133	0.17 ~ 0.23	≤0.40	1.00 ~ 1.50	0.035	0.035	—	≤0.40 Cr + Mo + Ni≤0.63	≤0.40	≤0.10	≥0.020	—

表 5-99　20MnVK 钢牌号及化学成分（质量分数）对照　（%）

标准号	牌号 统一数字代号	C	Si	Mn	P ≤	S ≤	V	Cr	Ni	Mo	Alt	N
GB/T 10560—2017	20MnVK	0.17 ~ 0.23	0.17 ~ 0.37	1.20 ~ 1.60	0.030	0.030	0.10 ~ 0.20	—	—	—	—	—
ГОСТ 19281—1989	18Г2Фпс	0.14 ~ 0.22	≤0.17	1.30 ~ 1.70	0.035	0.040	0.08 ~ 0.15	≤0.30	≤0.30	—	Cu≤0.30	—
ISO 11692:1994（E）	19MnVS6	0.15 ~ 0.22	≤0.80	1.20 ~ 1.60	0.035	0.020 ~ 0.060	0.08 ~ 0.20	—	—	—	—	—
EN 10267:1998	19MnVS6 1.1301	0.15 ~ 0.22	0.15 ~ 0.80	1.20 ~ 1.60	0.025	0.020 ~ 0.060	0.08 ~ 0.20	≤0.30	—	≤0.08	≥0.020	0.010 ~ 0.020

表 5-100 25MnVK 钢牌号及化学成分（质量分数）对照 （%）

标准号	牌号 统一数字代号	C	Si	Mn	P	S	V	Cr	Ni	Mo	Alt	B
					≤							
GB/T 10560—2017	25MnVK	0.21 ~ 0.28	0.17 ~ 0.37	1.20 ~ 1.60	0.030	0.030	0.10 ~ 0.20	—	—	—	—	—
ISO 11692:1994（E）	30MnVS6	0.26 ~ 0.33	≤0.80	1.20 ~ 1.60	0.035	0.020 ~ 0.060	0.08 ~ 0.20	—	—	—	—	—
EN 10267:1998	30MnVS6 1.1302	0.26 ~ 0.33	0.15 ~ 0.80	1.20 ~ 1.60	0.025	0.020 ~ 0.060	0.08 ~ 0.20	≤0.30	—	≤0.08	≥0.020	0.010 ~ 0.020

表 5-101 25MnVBK 钢牌号及化学成分（质量分数）对照 （%）

标准号	牌号 统一数字代号	C	Si	Mn	P	S	V	Cr	Ni	Mo	Alt	B
					≤							
GB/T 10560—2017	25MnVBK	0.21 ~ 0.28	0.17 ~ 0.37	1.20 ~ 1.60	0.030	0.030	0.10 ~ 0.20	—	—	—	—	0.0005 ~ 0.0035
ISO 683 - 2:2016（E）	30MnB5	0.27 ~ 0.33	≤0.40	1.15 ~ 1.45	0.025	0.035	—	—	—	—	Cu≤0.40	0.0008 ~ 0.0050
EN 10263 - 4:2017（E）	23MnB4 1.5535	0.20 ~ 0.25	≤0.30	0.90 ~ 1.20	0.025	0.025	—	≤0.30	—	—	Cu≤0.25	0.0008 ~ 0.005

表 5-102 25MnSiMoVK 钢牌号及化学成分（质量分数）对照 （%）

标准号	牌号 统一数字代号	C	Si	Mn	P	S	V	Cr	i	Mo	Alt	B
					≤							
GB/T 10560—2017	25MnSiMoVK	0.21 ~ 0.28	0.80 ~ 1.10	1.20 ~ 1.60	0.020	0.020	0.10 ~ 0.20	—	—	0.15 ~ 0.25	—	—
EN 10222 - 2:2017（E）	15MnMoV4 - 5 1.5402	≤0.18	≤0.40	0.90 ~ 1.40	0.025	0.010	0.04 ~ 0.08	—	—	0.40 ~ 0.60	≥0.020	N≤0.012

表5-103　25MnSiNiMoK钢牌号及化学成分（质量分数）对照　（%）

标准号	牌号 统一数字代号	C	Si	Mn	P	S	V	Cr	Ni	Mo	Alt	B
					≤							
GB/T 10560—2017	25MnSiNiMoK	0.21～0.28	0.60～0.90	1.10～1.40	0.020	0.015	—	—	0.80～1.10	0.10～0.20	0.020～0.050	—
EN 10222－2:2017（E）	18MnMoNi5－5 1.6308	≤0.20	≤0.40	1.15～1.55	0.025	0.010	≤0.03	—	0.50～0.80	0.45～0.55	—	—

表5-104　20NiCrMoK钢牌号及化学成分（质量分数）对照　（%）

标准号	牌号 统一数字代号	C	Si	Mn	P	S	V	Cr	Ni	Mo	Alt	B
					≤							
GB/T 10560—2017	20NiCrMoK	0.17～0.23	≤0.25	0.60～0.90	0.020	0.015	—	0.35～0.65	0.40～0.70	0.15～0.25	0.020～0.050	—
JIS G4053:2008	SNCM220	0.17～0.23	0.15～0.35	0.60～0.90	0.030	0.030	—	0.40～0.60	0.40～0.70	0.15～0.25	—	—
ASTM A29/A29M—2015	8620	0.18～0.23	0.15～0.35	0.70～0.90	0.035	0.040	—	0.40～0.60	0.40～0.70	0.15～0.25	—	—
ISO 683－3:2019（E）	20NiCrMo2－2	0.17～0.23	0.15～0.40	0.65～0.95	0.025	0.035	—	0.35～0.70	0.40～0.70	0.15～0.25	—	Cu≤0.40
EN 10263－3:2017（E）	20NiCrMo2－2 1.6523	0.17～0.23	≤0.30	0.65～0.95	0.025	0.025	—	0.35～0.70	0.40～0.70	0.15～0.25	—	Cu≤0.25

表 5-105 15CrNi6K 钢牌号及化学成分（质量分数）对照 （%）

标准号	牌号 统一数字代号	C	Si	Mn	P	S	V	Cr	Ni	Mo	Alt	N
					≤							
GB/T 10560—2017	15CrNi6K	0.12～0.18	≤0.25	0.40～0.70	0.020	0.015	—	1.35～1.65	1.35～1.65	—	0.025～0.050	—
JIS G4053:2008	SNC415	0.12～0.18	0.15～0.35	0.35～0.65	0.030	0.030	—	0.20～0.50	2.00～2.50	—	—	—
ASTM A29/A29M—2015	4715	0.13～0.18	0.15～0.35	0.70～0.90	0.035	0.040	—	0.45～0.65	0.70～1.00	0.45～0.60	—	—
ISO 683-3:2019(E)	17CrNi6-6	0.14～0.20	0.15～0.40	0.50～0.90	0.025	0.035	—	1.40～1.70	1.40～1.70	—	—	Cu≤0.40
EN 10263-3:2017(E)	17CrNi6-6 1.5918	0.14～0.20	≤0.30	0.50～0.90	0.025	0.025	—	1.40～1.70	1.40～1.70	—	—	Cu≤0.25
DIN 17115:2012	15CrNi6 1.5919	0.12～0.18	≤0.25	0.40～0.70	0.020	0.015	—	1.35～1.65	1.35～1.65	Cu≤0.20	0.025～0.050	≤0.012

表 5-106 20MnNiCrMo32K 钢牌号及化学成分（质量分数）对照 （%）

标准号	牌号 统一数字代号	C	Si	Mn	P	S	Cu	Cr	Ni	Mo	Alt	N
					≤							
GB/T 10560—2017	20MnNiCrMo32K	0.17～0.23	≤0.25	0.70～1.00	0.020	0.015	—	0.40～0.60	0.40～0.70	0.15～0.25	0.025～0.050	—
JIS G4053:2008	SNCM220	0.17～0.23	0.15～0.35	0.60～0.90	0.030	0.030	—	0.40～0.60	0.40～0.70	0.15～0.25	—	—

ASTM A519/A519M—2017	8620	0.18 ~ 0.23	0.15 ~ 0.35	0.70 ~ 0.90	0.040	0.040	—	0.40 ~ 0.60	0.40 ~ 0.70	0.15 ~ 0.25	—	—
ISO 683 -3:2019 (E)	20NiCrMo2 -2	0.17 ~ 0.23	0.15 ~ 0.40	0.65 ~ 0.95	0.025	0.035	≤0.40	0.35 ~ 0.70	0.40 ~ 0.70	0.15 ~ 0.25	—	—
EN 10263 -3:2017 (E)	20NiCrMo2 -2 1.6523	0.17 ~ 0.23	≤0.30	0.65 ~ 0.95	0.025	0.025	≤0.25	0.35 ~ 0.70	0.40 ~ 0.70	0.15 ~ 0.25	—	—
DIN 17115: 2012	20MnNiCrMo3 -2 1.6522	0.17 ~ 0.23	≤0.25	0.70 ~ 1.00	0.020	0.015	≤0.20	0.40 ~ 0.60	0.40 ~ 0.70	0.15 ~ 0.25	0.025 ~ 0.050	≤0.012

表 5-107 20MnNiCrMo33K 钢牌号及化学成分（质量分数）对照 （%）

标准号	牌号 统一数字代号	C	Si	Mn	P	S	Cu	Cr	Ni	Mo	Alt	N
					≤							
GB/T 10560—2017	20MnNiCrMo33K	0.17 ~ 0.23	≤0.25	0.70 ~ 1.00	0.020	0.015	—	0.40 ~ 0.60	0.70 ~ 0.90	0.15 ~ 0.25	0.025 ~ 0.050	—
ASTM A519/A519M—2017	4718	0.16 ~ 0.21	0.15 ~ 0.35	0.70 ~ 0.90	0.040	0.040	—	0.35 ~ 0.55	0.90 ~ 1.20	0.30 ~ 0.40	—	—
ISO 683 -3:2019 (E)	20NiCrMo2—2	0.17 ~ 0.23	0.15 ~ 0.40	0.65 ~ 0.95	0.025	0.035	≤0.40	0.35 ~ 0.70	0.40 ~ 0.70	0.15 ~ 0.25	—	—
EN 10263 -3:2017 (E)	20NiCrMo2 -2 1.6523	0.17 ~ 0.23	≤0.30	0.65 ~ 0.95	0.025	0.025	≤0.25	0.35 ~ 0.70	0.40 ~ 0.70	0.15 ~ 0.25	—	—
DIN 17115:2012	20MnNiCrMo3 -3 1.6527	0.17 ~ 0.23	≤0.25	0.70 ~ 1.00	0.020	0.015	≤0.20	0.40 ~ 0.60	0.70 ~ 0.90	0.15 ~ 0.25	0.025 ~ 0.050	≤0.012

表 5-108 23MnNiCrMo52K 钢牌号及化学成分（质量分数）对照 （%）

标准号	牌号 统一数字代号	C	Si	Mn	P	S	Cu	Cr	Ni	Mo	Alt	N
					≤							
GB/T 10560—2017	23MnNiCrMo52K	0.20 ~ 0.26	≤0.25	1.10 ~ 1.40	0.020	0.015	—	0.40 ~ 0.60	0.40 ~ 0.70	0.20 ~ 0.30	0.025 ~ 0.050	—
DIN 17115:2012	23MnNiCrMo5 -2 1.6541	0.20 ~ 0.26	≤0.25	1.10 ~ 1.40	0.020	0.015	≤0.20	0.40 ~ 0.60	0.40 ~ 0.70	0.15 ~ 0.25	0.025 ~ 0.050	≤0.012

表 5-109 23MnNiCrMo53K 钢牌号及化学成分（质量分数）对照 （%）

标准号	牌号 统一数字代号	C	Si	Mn	P	S	Cu	Cr	Ni	Mo	Alt	N
					≤							
GB/T 10560—2017	23MnNiCrMo53K	0.20 ~ 0.26	≤0.25	1.10 ~ 1.40	0.020	0.015	—	0.40 ~ 0.60	0.70 ~ 0.90	0.20 ~ 0.30	0.025 ~ 0.050	—
DIN 17115:2012	23MnNiCrMo5 -3 1.6640	0.20 ~ 0.26	≤0.25	1.10 ~ 1.40	0.020	0.015	≤0.20	0.40 ~ 0.60	0.70 ~ 0.90	0.15 ~ 0.25	0.025 ~ 0.050	≤0.012

表 5-110 23MnNiMoCr54K 钢牌号及化学成分（质量分数）对照 （%）

标准号	牌号 统一数字代号	C	Si	Mn	P	S	Cu	Cr	Ni	Mo	Alt	N
					≤							
GB/T 10560—2017	23MnNiMoCr54K	0.20 ~ 0.26	≤0.25	1.10 ~ 1.40	0.020	0.015	—	0.40 ~ 0.60	0.90 ~ 1.10	0.50 ~ 0.60	0.025 ~ 0.050	—
DIN 17115:2012	23MnNiMoCr5 -4 1.6751	0.20 ~ 0.26	≤0.25	1.10 ~ 1.40	0.020	0.015	≤0.20	0.40 ~ 0.60	0.90 ~ 1.10	0.50 ~ 0.60	0.025 ~ 0.050	≤0.012

5.6　石油天然气输送管用热轧宽钢带牌号及化学成分

GB/T 14164—2013《石油天然气输送管用热轧宽钢带》中共有31个牌号。其中，PSL1 牌号及化学成分对照见表5-111 ~ 表5-121；PSL2 牌号及化学成分对照，见表5-122 ~ 表5-141。

（1）PSL1 中牌号的化学成分说明

1）碳的质量分数比规定最大碳的质量分数每降低0.01%，锰的质量分数则允许比规定最大锰的质量分数高0.05%。但对 L245/B ~ L360/X52，最大锰的质量分数不得超过1.65%；对于 L360/X52 ~ L485/X70，最大锰的质量分数不得超过1.75%；对于L485/X70，锰的质量分数不得超过2.00%。

2）除非另有规定，否则不得有意加入硼，残余硼的质量分数应不大于0.001%。

3）铌、钒的质量分数之和不大于0.06%。

4）铌、钒、钛的质量分数之和不大于0.15%。

5）铜的质量分数不大于0.50%，镍的质量分数不大于0.50%，铬的质量分数不大于0.50%，铝的质量分数不大于0.15%

（2）PSL2 中牌号的化学成分说明

1）碳的质量分数大于0.12%时，碳当量 CEV 适用；碳的质量分数不大于0.12%时，碳当量 Pcm 适用。

2）碳的质量分数比规定最大碳的质量分数每降低0.01%，则允许锰的质量分数比规定值提高0.05%。但对 L245/B ~ L360/X52，锰的质量分数最大不得超过1.65%；对于 L390/X55 ~ L450/X65，锰的质量分数最大不得超过1.75%；对于 L485/X70 ~ L555/X80，锰的质量分数最大不得超过2.00%；对于 L625/X90 ~ L830/X120，锰的质量分数最大得不超过2.20%。

3）铌、钒的质量分数之和不大于0.06%。

4）铌、钒、钛的质量分数之和不大于0.15%。

5）铜的质量分数不大于0.50%，镍的质量分数不大于0.30%，铬的质量分数不大于0.30%，钼的质量分数不大于0.15%，或供需双方协商。

6）铜的质量分数不大于0.50%，镍的质量分数不大于0.50%，铬的质量分数不大于0.50%，钼的质量分数不大于0.50%，或供需双方协商。

7）铜的质量分数不大于0.50%，镍的质量分数不大于1.00%，铬的质量分数不大于0.50%，钼的质量分数不大于0.50%，或供需双方协商。

8）一般情况下不得有意加入硼，残余硼的质量分数应不大于0.001%，若双方协商同意，硼的质量分数应不大于0.001%。

表 5-111 L175/A25 钢牌号及化学成分（质量分数）对照 （%）

标准号	牌号 统一数字代号	C	Si	Mn	P	S	Cu	Ni	Cr	其他	碳当量	
		≤									CEV≤	Pcm≤
GB/T 14164—2013	L175/A25	0.21	0.35	0.60	0.030	0.030	0.50	0.50	0.50	Mo：0.15	—	—
ISO 3183:2012（E）	L175/A25	0.21	—	0.60	0.030	0.030	0.50	0.50	0.50	Mo：0.15	—	—

表 5-112 L175P/A25P 钢牌号及化学成分（质量分数）对照 （%）

标准号	牌号 统一数字代号	C	Si	Mn	P	S	Cu	Ni	Cr	其他	碳当量	
		≤									CEV≤	Pcm≤
GB/T 14164—2013	L175P/A25P	0.21	0.35	0.60	0.045～0.080	0.030	0.50	0.50	0.50	Mo：0.15	—	—
ISO 3183:2012（E）	L175P/A25P	0.21	—	0.60	0.045～0.080	0.030	0.50	0.50	0.50	Mo：0.15	—	—

表 5-113 L210/A 钢牌号及化学成分（质量分数）对照 （%）

标准号	牌号 统一数字代号	C	Si	Mn	P	S	Cu	Ni	Cr	其他	碳当量	
		≤									CEV≤	Pcm≤
GB/T 14164—2013	L210/A	0.22	0.35	0.90	0.030	0.030	0.50	0.50	0.50	Mo：0.15	—	—
ISO 3183:2012（E）	L210/A	0.21	—	0.90	0.030	0.030	0.50	0.50	0.50	Mo：0.15	—	—

表 5-114 L245/B 钢牌号及化学成分（质量分数）对照 （%）

标准号	牌号 统一数字代号	C	Si	Mn	P	S	Cu	Ni	Cr	其他	碳当量	
		≤									CEV≤	Pcm≤
GB/T 14164—2013	L245/B	0.26	0.35	1.20	0.030	0.030	0.50 Mo：0.15	0.50	0.50	Nb+V：0.06 Nb+V+Ti：0.15	—	—
ISO 3183:2012（E）	L245/B	0.26	—	1.20	0.030	0.030	0.50 Mo：0.15	0.50	0.50	Nb+V：0.06 Nb+V+Ti：0.15	—	—

表 5-115 L290/X42 钢牌号及化学成分（质量分数）对照 （%）

标准号	牌号 统一数字代号	C	Si	Mn	P	S	Cu	Ni	Cr	其他	碳当量	
		≤									CEV≤	Pcm≤
GB/T 14164—2013	L290/X42	0.26	0.35	1.30	0.030	0.030	0.50 Mo：0.15	0.50	0.50	Nb+V+Ti：0.15	—	—
ISO 3183:2012（E）	L290/X42	0.26	—	1.30	0.030	0.030	0.50 Mo：0.15	0.50	0.50	Nb+V+Ti：0.15	—	—

表5-116 L320/X46钢牌号及化学成分（质量分数）对照 （%）

标准号	牌号 统一数字代号	C	Si	Mn	P	S	Cu	Ni	Cr	其他	碳当量	
		≤									CEV≤	Pcm≤
GB/T 14164—2013	L320/X46	0.26	0.35	1.40	0.030	0.030	0.50 Mo：0.15	0.50	0.50	Nb+V+Ti：0.15	—	—
ISO 3183:2012（E）	L320/X46	0.26	—	1.40	0.030	0.030	0.50 Mo：0.15	0.50	0.50	Nb+V+Ti：0.15	—	—

表5-117 L360/X52钢牌号及化学成分（质量分数）对照 （%）

标准号	牌号 统一数字代号	C	Si	Mn	P	S	Cu	Ni	Cr	其他	碳当量	
		≤									CEV≤	Pcm≤
GB/T 14164—2013	L360/X52	0.26	0.35	1.40	0.030	0.030	0.50 Mo：0.15	0.50	0.50	Nb+V+Ti：0.15	—	—
ISO 3183:2012（E）	L360/X52	0.26	—	1.40	0.030	0.030	0.50 Mo：0.15	0.50	0.50	Nb+V+Ti：0.15	—	—

表5-118 L390/X56钢牌号及化学成分（质量分数）对照 （%）

标准号	牌号 统一数字代号	C	Si	Mn	P	S	Cu	Ni	Cr	其他	碳当量	
		≤									CEV≤	Pcm≤
GB/T 14164—2013	L390/X56	0.26	0.40	1.40	0.030	0.030	0.50 Mo：0.15	0.50	0.50	Nb+V+Ti：0.15	—	—
ISO 3183:2012（E）	L390/X56	0.26	—	1.40	0.030	0.030	0.50 Mo：0.15	0.50	0.50	Nb+V+Ti：0.15	—	—

表5-119　L415/X60钢牌号及化学成分（质量分数）对照　（%）

标准号	牌号 统一数字代号	C	Si	Mn	P	S	Cu	Ni	Cr	其他	碳当量	
		≤									CEV≤	Pcm≤
GB/T 14164—2013	L415/X60	0.26	0.40	1.40	0.030	0.030	0.50	0.50	0.50	Mo：0.15 Nb+V+Ti：0.15	—	—
ISO 3183:2012（E）	L415/X60	0.26	—	1.40	0.030	0.030	0.50	0.50	0.50	Mo：0.15 Nb+V+Ti：0.15	—	—

表5-120　L450/X65钢牌号及化学成分（质量分数）对照　（%）

标准号	牌号 统一数字代号	C	Si	Mn	P	S	Cu	Ni	Cr	其他	碳当量	
		≤									CEV≤	Pcm≤
GB/T 14164—2013	L450/X65	0.26	0.40	1.45	0.030	0.030	0.50	0.50	0.50	Mo：0.15 Nb+V+Ti：0.15	—	—
ISO 3183:2012（E）	L450/X65	0.26	—	1.45	0.030	0.030	0.50	0.50	0.50	Mo：0.15 Nb+V+Ti：0.15	—	—

表5-121　L485/X70钢牌号及化学成分（质量分数）对照　（%）

标准号	牌号 统一数字代号	C	Si	Mn	P	S	Cu	Ni	Cr	其他	碳当量	
		≤									CEV≤	Pcm≤
GB/T 14164—2013	L485/X70	0.26	0.40	1.65	0.030	0.030	0.50	0.50	0.50	Mo：0.15 Nb+V+Ti：0.15	—	—
ISO 3183:2012（E）	L485/X70	0.26	—	1.65	0.030	0.030	0.50	0.50	0.50	Mo：0.15 Nb+V+Ti 0.15	—	—

表 5-122 L245R/BR 钢牌号及化学成分（质量分数）对照 （%）

标准号	牌号 统一数字代号	C	Si	Mn	P	S	Cu	Ni	Cr	其他	碳当量	
		≤									CEV≤	Pcm≤
GB/T 14164—2013	L245R/BR	0.24	0.40	1.20	0.025	0.015	Nb + V：0.06	0.04	Cu：0.50 Ni：0.30 Cr：0.30 Mo：0.15	0.43	0.25	—
ISO 3183:2012（E）	L245R/BR	0.24	0.40	1.20	0.025	0.015	Nb + V：0.06	0.04	Cu：0.50 Ni：0.30 Cr：0.30 Mo：0.15	0.43	0.25	—

表 5-123 L290R/X42R 钢牌号及化学成分（质量分数）对照 （%）

标准号	牌号 统一数字代号	C	Si	Mn	P	S	Cu	Ni	Cr	其他	碳当量	
		≤									CEV≤	Pcm≤
GB/T 14164—2013	L290R/X42R	0.24	0.40	1.20	0.025	0.015	0.06	0.05	0.04	Cu：0.50 Ni：0.30 Cr：0.30 Mo：0.15	0.43	0.25
ISO 3183:2012（E）	L290R/X42R	0.24	0.40	1.20	0.025	0.015	0.06	0.05	0.04	Cu：0.50 Ni：0.30 Cr：0.30 Mo：0.15	0.43	0.25

表 5-124　L245N/BN 钢牌号及化学成分（质量分数）对照　（%）

标准号	牌号 统一数字代号	C	Si	Mn	P	S	Cu	Ni	Cr	其他	碳当量	
		≤									CEV≤	Pcm≤
GB/T 14164—2013	L245N/BN	0.24	0.40	1.20	0.025	0.015	Nb+ V：0.06	0.04	Cu：0.50 Ni：0.30 Cr：0.30 Mo：0.15	0.43	0.25	—
ISO 3183:2012（E）	L245N/BN	0.24	0.40	1.20	0.025	0.015	Nb+ V：0.06	0.04	Cu：0.50 Ni：0.30 Cr：0.30 Mo：0.15	0.43	0.25	—

表 5-125　L290N/X42N 钢牌号及化学成分（质量分数）对照　（%）

标准号	牌号 统一数字代号	C	Si	Mn	P	S	Cu	Ni	Cr	其他	碳当量	
		≤									CEV≤	Pcm≤
GB/T 14164—2013	L290N/X42N	0.24	0.40	1.20	0.025	0.015	0.06	0.05	0.04	Cu：0.50 Ni：0.30 Cr：0.30 Mo：0.15	0.43	0.25
ISO 3183:2012（E）	L290N/X42N	0.24	0.40	1.20	0.025	0.015	0.06	0.05	0.04	Cu：0.50 Ni：0.30 Cr：0.30 Mo：0.15	0.43	0.25

表 5-126 L320N/X46N 钢牌号及化学成分（质量分数）对照 （%）

标准号	牌号 统一数字代号	C	Si	Mn	P	S	Cu	Ni	Cr	其他	碳当量	
		≤									CEV≤	Pcm≤
GB/T 14164—2013	L320N/X46N	0.24	0.40	1.40	0.025	0.015	0.07	0.05	0.04	Cu：0.50 Ni：0.30 Cr：0.30 Mo：0.15	0.43	0.25
							Nb+V+Ti：0.15					
ISO 3183:2012（E）	L320N/X46N	0.24	0.40	1.40	0.025	0.015	0.07	0.05	0.04	Cu：0.50 Ni：0.30 Cr：0.30 Mo：0.15	0.43	0.25
							Nb+V+Ti：0.15					

表 5-127 L360N/X52N 钢牌号及化学成分（质量分数）对照 （%）

标准号	牌号 统一数字代号	C	Si	Mn	P	S	Cu	Ni	Cr	其他	碳当量	
		≤									CEV≤	Pcm≤
GB/T 14164—2013	L360N/X52N	0.24	0.45	1.40	0.025	0.015	0.10	0.05	0.04	Cu：0.50 Ni：0.30 Cr：0.30 Mo：0.15	0.43	0.25
							Nb+V+Ti：0.15					
ISO 3183:2012（E）	L360N/X52N	0.24	0.45	1.40	0.025	0.015	0.10	0.05	0.04	Cu：0.50 Ni：0.30 Cr：0.30 Mo：0.15	0.43	0.25
							Nb+V+Ti：0.15					

表5-128 L390N/X56N 钢牌号及化学成分（质量分数）对照 （%）

标准号	牌号 统一数字代号	C	Si	Mn	P	S	Cu	Ni	Cr	其他	碳当量	
		≤									CEV≤	Pcm≤
GB/T 14164—2013	L390N/X56N	0.24	0.45	1.40	0.025	0.015	0.10	0.05	0.04	Cu：0.50 Ni：0.30 Cr：0.30 Mo：0.15	0.43	0.25
							Nb+V+Ti：0.15					
ISO 3183:2012（E）	L390N/X56N	0.24	0.45	1.40	0.025	0.015	0.10	0.05	0.04	Cu：0.50 Ni：0.30 Cr：0.30 Mo：0.15	0.43	0.25
							Nb+V+Ti：0.15					

表5-129 L415N/X60N 钢牌号及化学成分（质量分数）对照 （%）

标准号	牌号 统一数字代号	C	Si	Mn	P	S	Cu	Ni	Cr	其他	碳当量	
		≤									CEV≤	Pcm≤
GB/T 14164—2013	L415N/X60N	0.24	0.45	1.40	0.025	0.015	0.10	0.05	0.04	Cu：0.50 Ni：0.30 Cr：0.30 Mo：0.15	协商	
							Nb+V+Ti：0.15					
ISO 3183:2012（E）	L415N/X60N	0.24	0.45	1.40	0.025	0.015	0.10	0.05	0.04	Cu：0.50 Ni：0.30 Cr：0.30 Mo：0.15	协商	
							Nb+V+Ti：0.15					

表5-130　L245M/BM 钢牌号及化学成分（质量分数）对照

（%）

标准号	牌号 统一数字代号	C	Si	Mn	P	S	Cu	Ni	Cr	其他	碳当量	
		≤									CEV≤	Pcm≤
GB/T 14164—2013	L245M/BM	0.22	0.45	1.20	0.025	0.015	0.05	0.05	0.04	Cu：0.50 Ni：0.30 Cr：0.30 Mo：0.15	0.43	0.25
ISO 3183:2012（E）	L245M/BM	0.22	0.45	1.20	0.025	0.015	0.05	0.05	0.04	Cu：0.50 Ni：0.30 Cr：0.30 Mo：0.15	0.43	0.25

表5-131　L290M/X42M 钢牌号及化学成分（质量分数）对照

（%）

标准号	牌号 统一数字代号	C	Si	Mn	P	S	Cu	Ni	Cr	其他	碳当量	
		≤									CEV≤	Pcm≤
GB/T 14164—2013	L290M/X42M	0.22	0.45	1.30	0.025	0.015	0.05	0.05	0.04	Cu：0.50 Ni：0.30 Cr：0.30 Mo：0.15	0.43	0.25
ISO 3183:2012（E）	L290M/X42M	0.22	0.45	1.30	0.025	0.015	0.05	0.05	0.04	Cu：0.50 Ni：0.30 Cr：0.30 Mo：0.15	0.43	0.25

表5-132 L320M/X46M钢牌号及化学成分（质量分数）对照 （%）

标准号	牌号 统一数字代号	C	Si	Mn	P	S	Cu	Ni	Cr	其他	碳当量	
		≤									CEV≤	Pcm≤
GB/T 14164—2013	L320M/X46M	0.22	0.45	1.30	0.025	0.015	0.05	0.05	0.04	Cu：0.50 Ni：0.30 Cr：0.30 Mo：0.15	0.43	0.25
ISO 3183:2012（E）	L320M/X46M	0.22	0.45	1.30	0.025	0.015	0.05	0.05	0.04	Cu：0.50 Ni：0.30 Cr：0.30 Mo：0.15	0.43	0.25

表5-133 L360M/X52M钢牌号及化学成分（质量分数）对照 （%）

标准号	牌号 统一数字代号	C	Si	Mn	P	S	Cu	Ni	Cr	其他	碳当量	
		≤									CEV≤	Pcm≤
GB/T 14164—2013	L360M/X52M	0.22	0.45	1.40	0.025	0.015	Nb+V+Ti：0.15			Cu：0.50 Ni：0.30 Cr：0.30 Mo：0.15	0.43	0.25
ISO 3183:2012（E）	L360M/X52M	0.22	0.45	1.40	0.025	0.015	Nb+V+Ti：0.15			Cu：0.50 Ni：0.30 Cr：0.30 Mo：0.15	0.43	0.25

表 5-134 L390M/X56M 钢牌号及化学成分（质量分数）对照 （%）

标准号	牌号 统一数字代号	C	Si	Mn	P	S	Cu	Ni	Cr	其他	碳当量	
		≤									CEV≤	Pcm≤
GB/T 14164—2013	L390M/X56M	0.22	0.45	1.40	0.025	0.015	Nb + V + Ti：0.15			Cu：0.50 Ni：0.30 Cr：0.30 Mo：0.15	0.43	0.25
ISO 3183:2012（E）	L390M/X56M	0.22	0.45	1.40	0.025	0.015	Nb + V + Ti：0.15			Cu：0.50 Ni：0.30 Cr：0.30 Mo：0.15	0.43	0.25

表 5-135 L415M/X60M 钢牌号及化学成分（质量分数）对照 （%）

标准号	牌号 统一数字代号	C	Si	Mn	P	S	Cu	Ni	Cr	其他	碳当量	
		≤									CEV≤	Pcm≤
GB/T 14164—2013	L415M/X60M	0.12	0.45	1.60	0.025	0.015	Nb + V + Ti：0.15			Cu：0.50 Ni：0.50 Cr：0.50 Mo：0.50	—	0.25
ISO 3183:2012（E）	L415M/X60M	0.12	0.45	1.60	0.025	0.015	Nb + V + Ti：0.15			Cu：0.50 Ni：0.50 Cr：0.50 Mo：0.50	0.43	0.25

表 5-136　L450M/X65M 钢牌号及化学成分（质量分数）对照　（%）

标准号	牌号 统一数字代号	C	Si	Mn	P	S	Cu	Ni	Cr	其他	碳当量	
		≤									CEV≤	Pcm≤
GB/T 14164—2013	L450M/X65M	0.12	0.45	1.60	0.025	0.015	Nb+V+Ti：0.15			Cu：0.50 Ni：0.50 Cr：0.50 Mo：0.50	—	0.25
ISO 3183:2012（E）	L450M/X65M	0.12	0.45	1.60	0.025	0.015	Nb+V+Ti：0.15			Cu：0.50 Ni：0.50 Cr：0.50 Mo：0.50	0.43	0.25

表 5-137　L485M/X70M 钢牌号及化学成分（质量分数）对照　（%）

标准号	牌号 统一数字代号	C	Si	Mn	P	S	Cu	Ni	Cr	其他	碳当量	
		≤									CEV≤	Pcm≤
GB/T 14164—2013	L485M/X70M	0.12	0.45	1.70	0.025	0.015	Nb+V+Ti：0.15			Cu：0.50 Ni：0.50 Cr：0.50 Mo：0.50	—	0.25
ISO 3183:2012（E）	L485M/X70M	0.12	0.45	1.70	0.025	0.015	Nb+V+Ti：0.15			Cu：0.50 Ni：0.50 Cr：0.50 Mo：0.50	0.43	0.25

表 5-138 L555M/X80M 钢牌号及化学成分（质量分数）对照 （%）

标准号	牌号 统一数字代号	C	Si	Mn	P	S	Cu	Ni	Cr	其他	碳当量	
		≤									CEV≤	Pcm≤
GB/T 14164—2013	L555M/X80M	0.12	0.45	1.85	0.025	0.015	Nb+V+Ti：0.15			Cu：0.50 Ni：1.00 Cr：0.50 Mo：0.50	—	0.25
ISO 3183:2012（E）	L555M/X80M	0.12	0.45	1.85	0.025	0.015	Nb+V+Ti：0.15			Cu：0.50 Ni：1.00 Cr：0.50 Mo：0.50	0.43	0.25

表 5-139 L625M/X90M 钢牌号及化学成分（质量分数）对照 （%）

标准号	牌号 统一数字代号	C	Si	Mn	P	S	Cu	Ni	Cr	其他	碳当量	
		≤									CEV≤	Pcm≤
GB/T 14164—2013	L625M/X90M	0.10	0.55	2.10	0.020	0.010	Nb+V+Ti：0.15			Cu：0.50 Ni：1.00 Cr：0.50 Mo：0.50	—	0.25
ISO 3183:2012（E）	L625M/X90M	0.10	0.55	2.10	0.020	0.010	Nb+V+Ti：0.15			Cu：0.50 Ni：1.00 Cr：0.50 Mo：0.50	—	0.25

表 5-140 L690M/X100M 钢牌号及化学成分（质量分数）对照 （%）

标准号	牌号 统一数字代号	C	Si	Mn	P	S	Cu	Ni	Cr	其他	碳当量	
		≤									CEV≤	Pcm≤
GB/T 14164—2013	L690M/X100M	0.10	0.55	2.10	0.020	0.010	Nb + V + Ti：0.15			Cu：0.50 Ni：1.00 Cr：0.50 Mo：0.50 B：0.001	—	0.25
ISO 3183:2012（E）	L690M/X100M	0.10	0.55	2.10	0.020	0.010	Nb + V + Ti：0.15			Cu：0.50 Ni：1.00 Cr：0.50 Mo：0.50 B：0.004	—	0.25

表 5-141 L830M/X120M 钢牌号及化学成分（质量分数）对照 （%）

标准号	牌号 统一数字代号	C	Si	Mn	P	S	Cu	Ni	Cr	其他	碳当量	
		≤									CEV≤	Pcm≤
GB/T 14164—2013	L830M/X120M	0.10	0.55	2.10	0.020	0.010	Nb + V + Ti：0.15			Cu：0.50 Ni：1.00 Cr：0.50 Mo：0.50 B：0.001	—	0.25
ISO 3183:2012（E）	L830M/X120M	0.10	0.55	2.10	0.020	0.010	Nb + V + Ti：0.15			Cu：0.50 Ni：1.00 Cr：0.50 Mo：0.50 B：0.004	—	0.25

第6章　中外建筑用钢牌号及化学成分

6.1　建筑结构用钢板牌号及化学成分

建筑结构用钢板牌号及化学成分对照见表6-1～表6-4。GB/T 19879—2015中规定，当V、Nb、Ti组合加入时，对于Q235GJ、Q245GJ，V、Nb与Ti的质量分数之和≤0.15%，对于Q390GJ、Q420GJ、Q460GJ，V、Nb与Ti的质量分数之和≤0.22%。添加硼时，Q550GJ、Q620GJ、Q690GJ及淬火加回火状态钢中B的质量分数≤0.003%。

表6-1　Q235GJ（B～E）钢牌号及化学成分（质量分数）对照　　（%）

标准号	牌号	质量等级	厚度/mm	C ≤	Si ≤	Mn	P ≤	S ≤	Cr ≤	Ni ≤	Cu ≤	V ≤	Alt[①] ≥
GB/T 19879—2015	Q235GJ	B	6～200	0.20	0.35	0.60～1.50	0.025	0.015	0.30	0.30	0.30	Mo：0.08	0.015
		C											
		D		0.18			0.020	0.010					
		E											
JIS G3136:2012	SN400	A	6～100	0.24	—	—	0.050	0.050	—	—	—	—	—
		B	6～50	0.20	0.35	0.60～1.50	0.030	0.015	—	—	—	—	—
			50～100	0.22									
		C	16～50	0.20	0.35	0.60～1.50	0.020	0.008	—	—	—	—	—
			50～100	0.22									

① 允许用全铝含量（Alt）来代替酸溶铝含量。此时Alt的质量分数应不小于0.020%，如果钢中添加V、Nb或Ti任何一种元素，且其质量分数不低于0.015%时，最小铝含量不适用。

表 6-2 Q345GJ（B～E）钢牌号及化学成分（质量分数）对照 （%）

标准号	牌号[3]	质量等级	厚度/mm	C ≤	Si ≤	Mn	P ≤	S ≤	Cr ≤	Ni ≤	Cu ≤	V ≤	Alt[1] ≥
GB/T 19879—2015	Q345GJ	B	6～200	0.20	0.55	≤1.60	0.025	0.015	0.30	0.30	0.30	0.150 Mo 0.20	0.015 Nb≤0.070 Ti≤0.035
		C											
		D		0.18			0.020	0.010					
		E											
JIS G3136:2012	SN490	B	6～50	0.18	0.55	≤1.65	0.030	0.015	—	—	—	—	—
			50～100	0.22									
		C	16～50	0.18	0.35	0.60～1.50	0.020	0.008	—	—	—	—	—
			50～100	0.20									

① 见表6-1①。

表 6-3 Q390GJ(B～E)～Q390GJ(B～E)钢牌号及化学成分（质量分数） （%）

标准号	牌号[3]	质量等级	厚度/mm	C ≤	Si ≤	Mn ≤	P ≤	S ≤	Cr ≤	Ni ≤	Cu ≤	V ≤	Alt[1] ≥
GB/T 19879—2015	Q390GJ	B	6～200	0.20	0.55	≤1.70	0.025	0.015	0.30	0.70	0.30	0.200 Mo: 0.50	0.015 Nb≤0.070 Ti≤0.030
		C											
		D		0.18			0.020	0.010					
		E											
	Q420GJ	B	6～200	0.20	0.55	≤1.70	0.025	0.015	0.80	1.00	0.30	0.200 Mo: 0.50	0.015 Nb≤0.070 Ti≤0.030
		C											
		D		0.18			0.020	0.010					
		E											
	Q460GJ	B	6～200	0.20	0.55	≤1.70	0.025	0.015	1.20	1.20	0.50	0.200 Mo: 0.50	0.015 Nb≤0.110 Ti≤0.030
		C											
		D		0.18			0.020	0.010					
		E											

① 见表6-1①。

表6-4 Q500GJ（C～E）～Q690GJ（C～E）钢牌号及化学成分（质量分数） （%）

标准号	牌号③	质量等级	厚度/mm	C	Si	Mn	P	S	Cr	Ni	Cu	V	Alt①
				≤									≥
GB/T 19879—2015	Q500GJ	C	6～200	0.18	0.60	≤1.80	0.025	0.015	1.20	1.20	0.50	0.120 Mo：0.60	0.015 Nb≤0.110 Ti≤0.030
		D					0.020	0.010					
		E											
	Q550GJ	C	6～200	0.18	0.60	≤2.00	0.025	0.015	1.20	2.00	0.50	0.120 Mo：0.60	0.015 Nb≤0.110 Ti≤0.030
		D					0.020	0.010					
		E											
	Q620GJ	C	6～200	0.18	0.60	≤2.00	0.025	0.015	1.20	2.00	0.50	0.120 Mo：0.60	0.015 Nb≤0.110 Ti≤0.030
		D					0.020	0.010					
		E											
	Q690GJ	C	6～200	0.18	0.60	≤2.20	0.025	0.015	1.20	2.00	0.50	0.120 Mo：0.60	0.015 Nb≤0.110 Ti≤0.030
		D					0.020	0.010					
		E											

① 见表6-1①。

6.2 冷轧带肋钢筋牌号及化学成分

冷轧带肋钢筋牌号和化学成分见表6-5。

表6-5 CRB550/Q215 钢牌号及化学成分（质量分数） （%）

标 准 号	钢筋牌号	盘条牌号	C	Si	Mn	V	Ti	P	S	Cr	Ni	Cu
								≤				
	CRB550	Q215	0.09～0.15	≤0.30	0.25～0.55	—	—	0.045	0.050	—	—	—

GB/T 12788—2017	CRB650H	Q235	0.14~0.22	≤0.30	0.30~0.65	—	—	0.045	0.050	—	—	—
	CRB800	24MnTi	0.19~0.27	0.17~0.37	1.20~1.60	—	0.01~0.05	0.045	0.045	—	—	—
		20MnSi	0.17~0.25	0.40~0.80	1.20~1.60	—	—	0.045	0.045	—	—	—
	CRB970	41MnSiV	0.37~0.45	0.60~1.10	1.00~1.40	0.05~0.12	—	0.045	0.045	—	—	—
		60	0.57~0.65	0.17~0.37	0.50~0.80	—	—	0.035	0.035	—	—	—

6.3 热轧带肋钢筋牌号及化学成分

热轧带肋钢筋牌号及化学成分对照见表6-6~表6-8。

表6-6 HRB400~HRBF400E 钢牌号及化学成分（质量分数）对照 （%）

标准号	牌号	C	Si	Mn	P	S	N	碳当量 Ceq
		≤						
GB/T 1499.2—2018	HRB400 HRBF400 HRB400E HRBF400E	0.25	0.80	1.60	0.045	0.045	0.012	0.54

（续）

标准号	牌号	C	Si	Mn	P	S	N	碳当量 Ceq
		≤						
СТО АСЧМ 7—1993	A400C	0. 22	0. 90	1. 60	0. 050	0. 050	0. 12	0. 50
JIS G3112:2004	SD 390	0. 29	0. 55	1. 80	0. 040	0. 040	—	0. 55
ASTM A706/A706M—2014	Grade 60［420］	0. 30	0. 50	1. 50	0. 035	0. 045		
ISO 6935－2:2015（E）	B400AWR B400BWR B400CWR	0. 22	0. 60	1. 60	0. 050	0. 050	0. 012	0. 50

表6-7 HRB500～HRBF500E钢牌号及化学成分（质量分数）对照 （%）

标准号	牌号	C	Si	Mn	P	S	N	碳当量 Ceq
		≤						
GB/T 1499. 2—2018	HRB500 HRBF500 HRB500E HRBF500E	0. 25	0. 80	1. 60	0. 045	0. 045	0. 012	0. 55
СТО АСЧМ 7—1993	A500C	0. 24	0. 95	1. 70	0. 055	0. 055	0. 12	0. 52
JIS G3112:2004	SD 490	0. 32	0. 55	1. 80	0. 040	0. 040	—	0. 60
ISO 6935－2:2015（E）	B500AWR B500BWR B500CWR	0. 22	0. 60	1. 60	0. 050	0. 050	0. 012	0. 50

表 6-8 HRB600 钢牌号及化学成分（质量分数）对照 （%）

标准号	牌号	C	Si	Mn	P	S	N	碳当量 Ceq
		≤						
GB/T 1499.2—2018	HRB600	0.28	0.80	1.60	0.045	0.045	0.012	0.58
ASTM A706/A706M—2014	Grade 80［560］	0.33	0.55	1.56	0.043	0.053	—	—
ISO 6935－2:2015（E）	B600A－R B600B－R B600C－R	—	—	—	0.060	0.060	—	—

6.4 热轧光圆钢筋牌号及化学成分

热轧光圆钢筋牌号及化学成分对照见表 6-9。

表 6-9 HPB300 钢牌号及化学成分（质量分数）对照 （%）

标准号	牌号	C	Si	Mn	P	S	N	碳当量 Ceq
		≤						
GB/T 1499.1—2017	HPB300	0.25	0.55	1.50	0.045	0.045	—	—
ГОСТ 5781—1982	10ГТ	0.13	0.45～0.60	1.00～1.40	0.030	0.040	Ti: 0.015～0.05	Al: 0.02～0.05
ASTM A615/A615M—2016	Grade 40［280］	按协议			0.060	按协议	—	—
ISO 6935－1:2007	B300D－P	—	—	—	0.050	0.050	—	—

第 7 章　中外不锈钢和耐热钢牌号及化学成分

7.1　奥氏体型不锈钢和耐热钢牌号及化学成分

奥氏体型不锈钢和耐热钢牌号及化学成分对照见表 7-1 ~ 表 7-69。

表 7-1　12Cr17Mn6Ni5N 钢牌号及化学成分（质量分数）对照　（%）

标准号	牌号 统一数字代号（旧牌号）	C	Si	Mn	Cr	Ni	Mo	N	其他	P	S
										≤	
GB/T 20878—2007	12Cr17Mn6Ni5N S35350 （1Cr17Mn6Ni5N）	≤0. 15	≤1. 00	5. 50 ~ 7. 50	16. 00 ~ 18. 00	3. 50 ~ 5. 50	—	0. 05 ~ 0. 25	—	0. 050	0. 030
JIS G4309:2013	SUS201	≤0. 15	≤1. 00	5. 50 ~ 7. 50	16. 00 ~ 18. 00	3. 50 ~ 5. 50	—	≤0. 25	—	0. 060	0. 030
ASTM A959—2016	201 S20100	≤0. 15	≤1. 00	5. 5 ~ 7. 5	16. 0 ~ 18. 0	3. 5 ~ 5. 5	—	≤0. 25	—	0. 060	0. 030

标准号	牌号 统一数字代号（旧牌号）	C	Si	Mn	Cr	Ni	Mo	N	其他	P	S
ISO 15510:2014（E）	X12CrMnNiN17-7-5	≤0.15	≤1.00	5.5~7.5	16.0~18.0	3.5~5.5	—	0.05~0.25	—	0.045	0.030
EN 10088-1:2014（E）	X12CrMnNiN17-7-5 1.4372	≤0.15	≤1.00	5.5~7.5	16.0~18.0	3.5~5.5	—	0.05~0.25	—	0.045	0.015

表7-2　10Cr17Mn9Ni4N钢牌号及化学成分（质量分数）对照　（%）

标准号	牌号 统一数字代号（旧牌号）	C	Si	Mn	Cr	Ni	Mo	N	其他	P	S
										≤	
GB/T 20878—2007	10Cr17Mn9Ni4N S35950	≤0.12	≤0.80	8.00~10.50	16.00~18.00	3.50~4.50	—	0.15~0.25	—	0.035	0.025
ГОСТ 5632—1972	12Х17Г9АН4	≤0.12	≤0.8	8.0~10.5	16.0~18.0	3.5~4.5	0.30	0.15~0.25	W≤0.30 Ti≤0.30	0.035	0.02

表7-3　12Cr18Mn9Ni5N钢牌号及化学成分（质量分数）对照　（%）

标准号	牌号 统一数字代号（旧牌号）	C	Si	Mn	Cr	Ni	Mo	N	其他	P	S
										≤	
GB/T 20878—2007	12Cr18Mn9Ni5N S35450 （1Cr18Mn9Ni5N）	≤0.15	≤1.00	7.50~10.00	17.00~19.00	4.00~6.00	—	0.05~0.25	—	0.050	0.030
JIS G4303:2012	SUS202	≤0.15	≤1.00	7.50~10.00	17.00~19.00	4.00~6.00	—	≤0.25	—	0.060	0.030

（续）

标准号	牌号 统一数字代号（旧牌号）	C	Si	Mn	Cr	Ni	Mo	N	其他	P	S
										≤	
ASTM A959—2016	202 S20200	≤0.15	≤1.00	7.5～10.0	17.0～19.0	4.0～6.0	—	≤0.25	—	0.060	0.030
ISO 15510:2014（E）	X12CrMnNiN18-9-5	≤0.15	≤1.00	7.5～10.0	17.0～19.0	4.0～6.0	—	0.15～0.30	—	0.060	0.030
EN 10088-1:2014（E）	X12CrMnNiN18-9-5 1.4373	≤0.15	≤1.00	7.5～10.0	17.0～19.0	4.0～6.0	—	0.05～0.25	—	0.045	0.015

表7-4　20Cr13Mn9Ni4钢牌号及化学成分（质量分数）对照　（%）

标准号	牌号 统一数字代号（旧牌号）	C	Si	Mn	Cr	Ni	Mo	N	其他	P	S
										≤	
GB/T 20878—2007	20Cr13Mn9Ni4 S35020 （2Cr13Mn9Ni4）	0.15～0.25	≤0.80	8.00～10.00	12.00～14.00	3.70～5.00	—	—	—	0.035	0.025
ГОСТ 5632—1972	20X13H4Г9	0.15～0.30	≤0.8	8.0～10.0	12.0～14.0	3.7～4.7	—	—	—	0.050	0.025

表7-5　20Cr15Mn15Ni2N钢牌号及化学成分（质量分数）对照　（%）

标准号	牌号 统一数字代号（旧牌号）	C	Si	Mn	Cr	Ni	Mo	N	其他	P	S
										≤	
GB/T 20878—2007	20Cr15Mn15Ni2N S35550 （2Cr15Mn15Ni2N）	0.15～0.25	≤1.00	14.00～16.00	14.00～15.00	1.50～3.00	—	0.15～0.30	—	0.050	0.030
ASTM A959—2016	206 S20600	0.12～0.25	≤1.00	14.0～15.0	16.5～18.0	1.00～1.75	—	0.32～0.40	—	0.060	0.030

表7-6　53Cr21Mn9Ni4N 钢牌号及化学成分（质量分数）对照　（%）

标准号	牌号 统一数字代号（旧牌号）	C	Si	Mn	Cr	Ni	Mo	N	其他	P ≤	S ≤
GB/T 20878—2007	53Cr21Mn9Ni4N S35650 (5Cr21Mn9Ni4N)	0.48 ~ 0.58	≤0.35	8.00 ~ 10.00	20.00 ~ 22.00	3.25 ~ 4.50	—	0.35 ~ 0.50	—	0.040	0.030
ГОСТ 5632—1972	55Х20Г9АН4	0.50 ~ 0.60	≤0.45	8.0 ~ 10.0	20.0 ~ 22.0	3.5 ~ 4.5	—	0.30 ~ 0.60	—	0.040	0.030
JIS G4311:2011	SUH35	0.48 ~ 0.58	≤0.35	8.00 ~ 10.00	20.00 ~ 22.00	3.25 ~ 4.50	—	0.35 ~ 0.50	—	0.040	0.030
ISO 15510:2014（E）	X53CrMnNiN21-9-4	0.48 ~ 0.58	≤0.35	8.0 ~ 10.0	20.0 ~ 22.0	3.25 ~ 4.5	—	0.35 ~ 0.50	—	0.040	0.030
EN 10088-1:2014（E）	X53CrMnNiN21-9-4 1.4871	0.48 ~ 0.58	≤0.35	8.0 ~ 10.0	20.0 ~ 22.0	3.25 ~ 4.5	—	0.35 ~ 0.50	—	0.040	0.030

表7-7　26Cr18Mn12Si2N 钢牌号及化学成分（质量分数）　（%）

标准号	牌号 统一数字代号（旧牌号）	C	Si	Mn	Cr	Ni	Mo	N	其他	P ≤	S ≤
GB/T 20878—2007	26Cr18Mn12Si2N S35750 (3Cr18Mn12Si2N)	0.22 ~ 0.30	1.40 ~ 2.20	10.50 ~ 12.50	17.00 ~ 19.00	—	—	0.22 ~ 0.33	—	0.050	0.030

表7-8　22Cr20Mn10Ni2Si2N 钢牌号及化学成分（质量分数）　（%）

标准号	牌号 统一数字代号（旧牌号）	C	Si	Mn	Cr	Ni	Mo	N	其他	P ≤	S ≤
GB/T 20878—2007	22Cr20Mn10Ni2Si2N S35850 (2Cr20Mn9Ni2Si2N)	0.17 ~ 0.26	1.80 ~ 2.70	8.50 ~ 11.00	18.00 ~ 21.00	2.00 ~ 3.00	—	0.20 ~ 0.30	—	0.050	0.030

表 7-9 12Cr17Ni7 钢牌号及化学成分（质量分数）对照 （%）

标 准 号	牌号 统一数字代号（旧牌号）	C	Si	Mn	Cr	Ni	Mo	N	其他	P	S
										≤	
GB/T 20878—2007	12Cr17Ni7 S30110 （1Cr17Ni7）	≤0.15	≤1.00	≤2.00	16.00 ~ 18.00	6.00 ~ 8.00	—	≤0.10	—	0.045	0.030
JIS G4303:2012	SUS301	≤0.15	≤1.00	≤2.00	16.00 ~ 18.00	6.00 ~ 8.00	—	—	—	0.045	0.030
ASTM A959—2016	301 S30100	≤0.15	≤1.00	≤2.00	16.0 ~ 18.0	6.0 ~ 8.0	—	≤0.10	—	0.045	0.030
ISO 15510:2014（E）	X12CrNi17-7	≤0.15	≤1.00	≤2.00	16.0 ~ 18.0	6.0 ~ 8.0	—	—	—	0.045	0.030
EN 10088-1:2014（E）	X12CrNi17-7 （1.4319）	≤0.15	≤1.00	≤2.00	16.0 ~ 18.0	6.0 ~ 8.0	—	≤0.10	—	0.045	0.030

表 7-10 022Cr17Ni7 钢牌号及化学成分（质量分数）对照 （%）

标 准 号	牌号 统一数字代号（旧牌号）	C	Si	Mn	Cr	Ni	Mo	N	其他	P	S
										≤	
GB/T 20878—2007	022Cr17Ni7 S30103	≤0.030	≤1.00	≤2.00	16.00 ~ 18.00	5.00 ~ 8.00	—	≤0.20	—	0.045	0.030
JIS G4304:2012	SUS301L	≤0.030	≤1.00	≤2.00	16.00 ~ 18.00	6.00 ~ 8.00	—	≤0.20	—	0.045	0.030
ASTM A959—2016	301L S30103	≤0.030	≤1.00	≤2.00	16.0 ~ 18.0	5.0 ~ 8.0	—	≤0.20	—	0.045	0.030

标准号	牌号 统一数字代号（旧牌号）	C	Si	Mn	Cr	Ni	Mo	N	其他	P	S
ISO 15510:2014（E）	X5CrNi17－7	≤0.07	≤1.00	≤2.00	16.0～18.0	6.0～8.0	—	≤0.10	—	0.045	0.030
EN 10088－1:2014（E）	X5CrNi17－7 1.4319	≤0.07	≤1.00	≤2.00	16.0～18.0	6.0～8.0	—	≤0.10	—	0.045	0.030

表7-11　022Cr17Ni7N钢牌号及化学成分（质量分数）对照　（%）

标准号	牌号 统一数字代号（旧牌号）	C	Si	Mn	Cr	Ni	Mo	N	其他	P	S
										≤	
GB/T 20878—2007	022Cr17Ni7N S30153	≤0.030	≤1.00	≤2.00	16.00～18.00	5.00～8.00	—	0.07～0.20	—	0.045	0.030
ASTM A959—2016	301LN S30153	≤0.030	≤1.00	≤2.00	16.0～18.0	5.0～8.0	—	0.07～0.20	—	0.045	0.030
ISO 9328－7:2018（E）	X2CrNiN18－7	≤0.030	≤1.00	≤2.00	16.5～18.5	6.0～8.0	—	0.10～0.20	—	0.045	0.015
EN 10088－1:2014（E）	X2CrNiN18－7 1.4318	≤0.030	≤1.00	≤2.00	16.0～18.0	6.0～8.0	—	0.10～0.20	—	0.045	0.015

表7-12　17Cr18Ni9钢牌号及化学成分（质量分数）对照　（%）

标准号	牌号 统一数字代号（旧牌号）	C	Si	Mn	Cr	Ni	Mo	N	其他	P	S
										≤	
GB/T 20878—2007	17Cr18Ni9 S30220 （2Cr18Ni9）	0.13～0.21	≤1.00	≤2.00	17.00～19.00	8.00～10.50	—	—	—	0.035	0.025

（续）

标准号	牌号 统一数字代号（旧牌号）	C	Si	Mn	Cr	Ni	Mo	N	其他	P	S
										≤	
ГОСТ 5632—1972	17X18H9	0.13 ~ 0.21	≤0.8	≤2.0	17.0 ~ 19.0	8.0 ~ 10.0	≤0.30	W≤0.20	Ti≤0.20	0.035	0.020

表7-13　12Cr18Ni9钢牌号及化学成分（质量分数）对照　　（%）

标准号	牌号 统一数字代号（旧牌号）	C	Si	Mn	Cr	Ni	Mo	N	其他	P	S
										≤	
GB/T 20878—2007	12Cr18Ni9 S30210 （1Cr18Ni9）	≤0.15	≤1.00	≤2.00	17.00 ~ 19.00	8.00 ~ 10.00	—	≤0.10	—	0.045	0.030
ГОСТ 5632—1972	12X18H9	≤0.12	≤0.8	≤2.00	17.0 ~ 19.0	8.0 ~ 10.0	≤0.30	W≤0.20	Ti≤0.50	0.035	0.020
JIS G4303：2012	SUS302	≤0.15	≤1.00	≤2.00	17.00 ~ 19.00	8.00 ~ 10.00	—	—	—	0.045	0.030
ASTM A959—2016	302 S30200	≤0.15	≤1.00	≤2.00	17.0 ~ 19.0	8.0 ~ 10.0	—	≤0.10	—	0.045	0.030
ISO 15510：2014（E）	X9CrNi18 - 9	0.03 ~ 0.15	≤1.00	≤2.00	17.0 ~ 19.0	8.0 ~ 10.0	—	≤0.10	—	0.045	0.030
EN 10088 - 1：2014（E）	X9CrNi18 - 9 1.4325	0.03 ~ 0.15	≤1.00	≤2.00	17.0 ~ 19.0	8.0 ~ 10.0	—	—	—	0.045	0.030

表7-14 12Cr18Ni9Si3钢牌号及化学成分（质量分数）对照 （%）

标准号	牌号 统一数字代号（旧牌号）	C	Si	Mn	Cr	Ni	Mo	N	其他	P	S
										≤	
GB/T 20878—2007	12Cr18Ni9Si3 S30240 （1Cr18Ni9Si3）	≤0.15	2.00～3.00	≤2.00	17.00～19.00	8.00～10.00	—	≤0.10	—	0.045	0.030
JIS G4304:2012	SUS302B	≤0.15	2.00～3.00	≤2.00	17.00～19.00	8.00～10.00	—	—	—	0.045	0.030
ASTM A959—2016	302B S30215	≤0.15	2.00～3.00	≤2.00	17.0～19.0	8.0～10.0	—	≤0.10	—	0.045	0.030
ISO 15510:2014（E）	X12CrNiSi18-9-3	≤0.15	2.00～3.00	≤2.00	17.0～19.0	8.0～10.0	—	—	—	0.045	0.030

表7-15 Y12Cr18Ni9钢牌号及化学成分（质量分数）对照 （%）

标准号	牌号 统一数字代号（旧牌号）	C	Si	Mn	Cr	Ni	Mo	N	其他	P	S
										≤	
GB/T 20878—2007	Y12Cr18Ni9 S30317 （Y1Cr18Ni9）	≤0.15	≤1.00	≤2.00	17.00～19.00	8.00～10.00	（0.60）	—	—	0.20	≥0.15
JIS G4303:2012	SUS303	≤0.15	≤1.00	≤2.00	17.00～19.00	8.00～10.00	—	—	—	0.20	≥0.15
ASTM A959—2016	303 S30300	≤0.15	≤1.00	≤2.00	17.0～19.0	8.0～10.0	—	—	—	0.20	≥0.15
ISO 15510:2014（E）	X10CrNiS18-9	≤0.12	≤1.00	≤2.00	17.0～19.0	8.0～10.0	—	≤0.10	Cu≤1.00	0.060	≥0.15
EN 10088-1:2014（E）	X8CrNiS18-9 1.4305	≤0.10	≤1.00	≤2.00	17.0～19.0	8.0～10.0	—	≤0.10	Cu≤1.00	0.045	0.15～0.35

表7-16 Y12Cr18Ni9Se钢牌号及化学成分（质量分数）对照 （%）

标准号	牌号 统一数字代号（旧牌号）	C	Si	Mn	Cr	Ni	Mo	N	其他	P	S
										≤	
GB/T 20878—2007	Y12Cr18Ni9Se S30327 （Y1Cr18Ni9Se）	≤0.15	≤1.00	≤2.00	17.00～19.00	8.00～10.00	—	—	Se≥0.15	0.20	0.060
ГОСТ 5632—1972	12X18H10E	≤0.12	≤0.8	≤2.0	17.0～19.0	9.0～11.0	—	—	Se：0.18～0.35	0.035	0.020
JIS G4303:2012	SUS303Se	≤0.15	≤1.00	≤2.00	17.00～19.00	8.00～10.00	—	—	Se≥0.15	0.20	0.060
ASTM A959—2016	303Se S30323	≤0.15	≤1.00	≤2.00	17.0～19.0	8.0～10.0	—	—	Se≥0.15	0.20	0.06
ISO 15510:2014（E）	X10CrNiSe18－9	≤0.15	≤1.00	≤2.00	17.0～19.0	8.0～10.0	—	—	Se≥0.15	0.20	0.060

表7-17 06Cr19Ni10钢牌号及化学成分（质量分数）对照 （%）

标准号	牌号 统一数字代号（旧牌号）	C	Si	Mn	Cr	Ni	Mo	N	其他	P	S
										≤	
GB/T 20878—2007	06Cr19Ni10 S30408 （0Cr18Ni9）	≤0.08	≤1.00	≤2.00	18.00～20.00	8.00～11.00	—	—	—	0.045	0.030
ГОСТ 5632—1972	08X18H10	≤0.08	≤0.8	≤2.0	17.0～19.0	9.0～11.0	≤0.30	W≤0.20	Ti≤0.50	0.035	0.020
JIS G4303:2012	SUS304	≤0.08	≤1.00	≤2.00	18.00～20.00	8.00～10.50	—	—	—	0.045	0.030

ASTM A959—2016	304 S30400	≤0.07	≤1.00	≤2.00	17.5~19.5	8.0~11.0	—	—	—	0.045	0.030
ISO 9328-7:2018（E）	X5CrNi18-10	≤0.07	≤1.00	≤2.00	17.5~19.5	8.0~10.5	—	≤0.10	—	0.045	0.015
EN 10222-5:2017（E）	X5CrNi18-10 1.4301	≤0.07	≤1.00	≤2.00	17.5~19.5	8.0~10.5	—	≤0.10	—	0.045	0.015

表7-18 022Cr19Ni10钢牌号及化学成分（质量分数）对照 （%）

标准号	牌号 统一数字代号（旧牌号）	C	Si	Mn	Cr	Ni	Mo	N	其他	P	S
										≤	
GB/T 20878—2007	022Cr19Ni10 S30403 （00Cr19Ni10）	≤0.030	≤1.00	≤2.00	18.00~20.00	8.00~12.00	—	—	—	0.045	0.030
ГОСТ 5632—1972	03X18H11	≤0.03	≤0.8	≤2.0	17.0~19.0	10.5~12.5	≤0.10	W≤0.20	Ti≤0.20	0.035	0.020
JIS G4303:2012	SUS304L	≤0.030	≤1.00	≤2.00	18.00~20.00	9.00~13.00	—	—	—	0.045	0.030
ASTM A959—2016	304L S30403	≤0.030	≤1.00	≤2.00	17.5~19.5	8.0~12.0	—	—	—	0.045	0.030
ISO 9328-7:2018（E）	X2CrNi19-11	≤0.030	≤1.00	≤2.00	18.0~20.0	10.0~12.0	—	≤0.10	—	0.045	0.015
EN 10222-5:2017（E）	X2CrNi19-11 1.4306	≤0.030	≤1.00	≤2.00	18.0~20.0	10.0~12.0	—	≤0.10	—	0.045	0.015

表7-19 07Cr19Ni10钢牌号及化学成分（质量分数）对照 （%）

标准号	牌号 统一数字代号（旧牌号）	C	Si	Mn	Cr	Ni	Mo	N	其他	P	S
										≤	
GB/T 20878—2007	07Cr19Ni10 S30409	0.04～0.10	≤1.00	≤2.00	18.00～20.00	8.00～11.00	—	—	—	0.045	0.030
JIS G3459:2004	SUS304HTP	0.04～0.10	≤0.75	≤2.00	18.00～20.00	8.00～11.00	—	—	—	0.040	0.030
ASTM A959—2016	304H S30409	0.04～0.10	≤1.00	≤2.00	18.0～20.0	8.0～11.0	—	—	—	0.045	0.030
ISO 4955:2016E)	X7CrNi18-9	0.04～0.10	≤1.00	≤2.00	17.0～19.0	8.0～11.0	—	—	—	0.045	0.030
EN 10222-5:2017（E）	X6CrNi18-10 1.4948	0.04～0.08	≤1.00	≤2.00	17.0～19.0	8.0～11.0	—	≤0.10	—	0.035	0.015

表7-20 05Cr19Ni10Si2CeN钢牌号及化学成分（质量分数）对照 （%）

标准号	牌号 统一数字代号（旧牌号）	C	Si	Mn	Cr	Ni	Mo	N	其他	P	S
										≤	
GB/T 20878—2007	05Cr19Ni10Si2CeN S30450	0.04～0.06	1.00～2.00	≤0.80	18.00～19.00	9.00～10.00	—	0.12～0.18	Ce: 0.03～0.08	0.045	0.030
ASTM A959—2016	S30415	0.04～0.06	1.00～2.00	≤0.80	18.0～19.0	9.0～10.0	—	0.12～0.18	Ce: 0.03～0.08	0.045	0.030
ISO 4955:2016E)	X6CrNiSiNCe19-10	0.04～0.08	1.00～2.00	≤1.00	18.0～20.0	9.0～11.0	—	0.12～0.20	Ce: 0.03～0.08	0.045	0.015
EN 10088-1:2014（E）	X6CrNiSiNCe19-10 1.4818	0.04～0.08	1.00～2.00	≤1.00	18.0～20.0	9.0～11.0	—	0.12～0.20	Ce: 0.03～0.08	0.045	0.015

表7-21　08Cr21Ni11Si2CeN钢牌号及化学成分（质量分数）对照　（%）

标准号	牌号 统一数字代号（旧牌号）	C	Si	Mn	Cr	Ni	Mo	N	其他	P	S
										≤	
GB/T 3280—2015	08Cr21Ni11Si2CeN S30859	0.05～0.10	1.40～2.00	≤0.80	20.00～22.00	10.00～12.00	—	0.14～0.20	Ce：0.03～0.08	0.040	0.030
ASTM A959—2016	S30815	0.05～0.10	1.40～2.00	≤0.80	20.0～22.0	10.0～12.0	—	0.14～0.20	Ce：0.03～0.08	0.040	0.030
ISO 15510:2014（E）	X7CrNiSiNCe21－11	0.05～0.10	1.40～2.00	≤0.80	20.0～22.0	10.0～12.0	—	0.14～0.20	Ce：0.03～0.08	0.040	0.030

表7-22　06Cr18Ni9Cu2钢牌号及化学成分（质量分数）对照　（%）

标准号	牌号 统一数字代号（旧牌号）	C	Si	Mn	Cr	Ni	Mo	N	其他	P	S
										≤	
GB/T 20878—2007	06Cr18Ni9Cu2 S30480 （0Cr18Ni9Cu2）	≤0.08	≤1.00	≤2.00	17.00～19.00	8.00～10.50	—	—	Cu：1.00～3.00	0.045	0.030
JIS G4303:2012	SUS304J3	≤0.08	≤1.00	≤2.00	17.00～19.00	8.00～10.50	—	—	Cu：1.00～3.00	0.045	0.030
ASTM A959—2016	S30435	≤0.08	≤1.00	≤2.00	16.0～18.0	7.0～9.0	—	—	Cu：1.50～3.00	0.045	0.030
ISO 15510:2014（E）	X6CrNiCu18－9－2	≤0.08	≤1.00	≤2.00	17.0～19.0	8.0～10.5	—	—	Cu：1.00～3.00	0.045	0.030

表 7-23 06Cr18Ni9Cu3 钢牌号及化学成分（质量分数）对照 （%）

标准号	牌号 统一数字代号（旧牌号）	C	Si	Mn	Cr	Ni	Mo	N	其他	P	S
										≤	
GB/T 20878—2007	06Cr18Ni9Cu3 S30488 （0Cr18Ni9Cu3）	≤0.08	≤1.00	≤2.00	17.00～19.00	8.50～10.50	—	—	Cu：3.00～4.00	0.045	0.030
JIS G4303:2012	SUSXM7	≤0.08	≤1.00	≤2.00	17.00～19.00	8.50～10.50	—	—	Cu：3.00～4.00	0.045	0.030
ASTM A959—2016	S30430	≤0.03	≤1.00	≤2.00	17.0～19.0	8.0～10.0	—	—	Cu：3.0～4.0	0.045	0.030
ISO 15510:2014（E）	X3CrNiCu18-9-4	≤0.04	≤1.00	≤2.00	17.0～19.0	8.0～10.5	—	≤0.10	Cu：3.0～4.0	0.045	0.030
EN 10263-5:2017（E）	X3CrNiCu18-9-4 1.4567	≤0.04	≤1.00	≤2.00	17.0～19.0	8.5～10.5	—	≤0.10	Cu：3.00～4.00	0.045	0.030

表 7-24 06Cr19Ni10N 钢牌号及化学成分（质量分数）对照 （%）

标准号	牌号 统一数字代号（旧牌号）	C	Si	Mn	Cr	Ni	Mo	N	其他	P	S
										≤	
GB/T 20878—2007	06Cr19Ni10N S30458 （0Cr19Ni9N）	≤0.08	≤1.00	≤2.00	18.00～20.00	8.00～11.00	—	0.10～0.16	—	0.045	0.030
JIS G4303:2012	SUS304N1	≤0.08	≤1.00	≤2.50	18.00～20.00	7.00～10.50	—	0.10～0.25	—	0.045	0.030
ASTM A959—2016	304N S30451	≤0.08	≤1.00	≤2.00	18.0～20.0	8.0～11.0	—	0.10～0.16	—	0.045	0.030

标准号	牌号 统一数字代号（旧牌号）	C	Si	Mn	Cr	Ni	Mo	N	其他	P ≤	S ≤
ISO 15510:2014（E）	X5CrNiN19-9	≤0.06	≤1.00	≤2.00	18.0~20.0	8.0~11.0	—	0.12~0.22	—	0.045	0.015
EN 10028-7:2016（E）	X5CrNiN19-9 1.4315	≤0.06	≤1.00	≤2.00	18.0~20.0	8.0~11.0	—	0.12~0.22	—	0.045	0.015

表7-25　06Cr19Ni10NbN 钢牌号及化学成分（质量分数）对照　（%）

标准号	牌号 统一数字代号（旧牌号）	C	Si	Mn	Cr	Ni	Mo	N	其他	P	S
										≤	
GB/T 20878—2007	06Cr19Ni10NbN S30478 （0Cr19Ni9NbN）	≤0.08	≤1.00	≤2.50	18.00~20.00	7.50~10.50	—	0.15~0.30	Nb≤0.15	0.045	0.030
JIS G4303:2012	SUS304N1	≤0.08	≤1.00	≤2.50	18.00~20.00	7.50~10.50	—	0.15~0.30	Nb≤0.15	0.045	0.030
ASTM A959—2016	XM-21 S30452	≤0.08	≤1.00	≤2.00	18.0~20.0	8.0~10.0	—	0.16~0.30	—	0.045	0.030
ISO 15510:2014（E）	X6CrNiN19-9	≤0.08	≤1.00	≤2.50	18.0~20.0	7.0~10.5	—	0.10~0.30	—	0.045	0.030

表7-26　022Cr19Ni10N 钢牌号及化学成分（质量分数）对照　（%）

标准号	牌号 统一数字代号（旧牌号）	C	Si	Mn	Cr	Ni	Mo	N	其他	P	S
										≤	
GB/T 20878—2007	022Cr19Ni10N S30453 （00Cr18Ni10N）	≤0.030	≤1.00	≤2.00	18.00~20.00	8.00~11.00	—	0.10~0.16	—	0.045	0.030

（续）

标准号	牌号 统一数字代号（旧牌号）	C	Si	Mn	Cr	Ni	Mo	N	其他	P	S
										≤	
JIS G4303:2012	SUS304LN	≤0.030	≤1.00	≤2.00	17.00 ~ 19.00	8.50 ~ 11.50	—	0.12 ~ 0.22	—	0.045	0.030
ASTM A959—2016	304LN S30453	≤0.030	≤1.00	≤2.00	18.0 ~ 20.0	8.0 ~ 11.0	—	0.10 ~ 0.16	—	0.045	0.030
ISO 9328 - 7:2018 (E)	X2CrNiN18 - 10	≤0.030	≤1.00	≤2.00	17.5 ~ 19.5	8.0 ~ 11.5	—	0.12 ~ 0.22	—	0.045	0.015
EN 10222 - 5:2017 (E)	X2CrNiN18 - 10 1.4311	≤0.030	≤1.00	≤2.00	17.5 ~ 19.5	8.5 ~ 11.5	—	0.12 ~ 0.22	—	0.045	0.015

表7-27　10Cr18Ni12钢牌号及化学成分（质量分数）对照　（%）

标准号	牌号 统一数字代号（旧牌号）	C	Si	Mn	Cr	Ni	Mo	N	其他	P	S
										≤	
GB/T 20878—2007	10Cr18Ni12 S30510 （1Cr18Ni12）	≤0.12	≤1.00	≤2.00	17.00 ~ 19.00	10.50 ~ 13.00	—	—	—	0.045	0.030
JIS G4303:2012	SUS305	≤0.12	≤1.00	≤2.00	17.00 ~ 19.00	10.50 ~ 13.00	—	—	—	0.045	0.030
ASTM A959—2016	305 S30500	≤0.12	≤1.00	≤2.00	17.0 ~ 19.0	11.0 ~ 13.0	—	—	—	0.045	0.030

表7-28 06Cr18Ni12钢牌号及化学成分（质量分数）对照 （%）

标准号	牌号 统一数字代号（旧牌号）	C	Si	Mn	Cr	Ni	Mo	N	其他	P	S
										≤	
GB/T 20878—2007	06Cr18Ni12 S30508 （0Cr18Ni12）	≤0.08	≤1.00	≤2.00	16.50～19.00	11.00～13.50	—	—	—	0.045	0.030
JIS G4309:2013	SUS305J1	≤0.08	≤1.00	≤2.00	16.50～19.00	11.00～13.50	—	—	—	0.045	0.030
ISO 15510:2014（E）	X6CrNi18－12	≤0.08	≤1.00	≤2.00	17.0～19.0	10.5～13.0	—	≤0.10	—	0.045	0.030
EN 10263－5:2017（E）	X4CrNi18－12 1.4303	≤0.06	≤1.00	≤2.00	17.0～19.0	11.0～13.0	—	≤0.10	—	0.045	0.030

表7-29 06Cr16Ni18钢牌号及化学成分（质量分数）对照 （%）

标准号	牌号 统一数字代号（旧牌号）	C	Si	Mn	Cr	Ni	Mo	N	其他	P	S
										≤	
GB/T 20878—2007	06Cr16Ni18 S30608 （0Cr16Ni18）	≤0.08	≤1.00	≤2.00	15.00～17.00	17.00～19.00	—	—	—	0.045	0.030
ASTM A959—2016	S38400	≤0.04	≤1.00	≤2.00	15.0～17.0	17.0～19.0	—	—	—	0.045	0.030

表 7-30 06Cr20Ni11 钢牌号及化学成分（质量分数）对照 （%）

标准号	牌号 统一数字代号（旧牌号）	C	Si	Mn	Cr	Ni	Mo	N	其他	P	S
										≤	
GB/T 20878—2007	06Cr20Ni11 S30808	≤0.08	≤1.00	≤2.00	19.00～21.00	10.00～12.00	—	—	—	0.045	0.030
ASTM A959—2016	308 S30800	≤0.08	≤1.00	≤2.00	19.00～21.00	10.00～12.00	—	—	—	0.045	0.030

表 7-31 22Cr21Ni12N 钢牌号及化学成分（质量分数）对照 （%）

标准号	牌号 统一数字代号（旧牌号）	C	Si	Mn	Cr	Ni	Mo	N	其他	P	S
										≤	
GB/T 20878—2007	22Cr21Ni12N S30850 （2Cr21Ni12N）	0.15～0.28	0.75～1.25	1.00～1.60	20.00～22.00	10.50～12.50	—	0.15～0.30	—	0.040	0.030
JIS G4311:2011	SUH37	0.15～0.25	≤1.00	1.00～1.60	20.50～22.50	10.00～12.00	—	0.15～0.30	—	0.040	0.030
ISO 4955:2016（E）	X15CrNiSi20－12	≤0.20	1.50～2.50	≤2.00	19.0～21.0	11.0～13.0	—	≤0.10	—	0.045	0.030
EN 10095:1999（E）	X15CrNiSi20－12 1.4828	≤0.20	1.50～2.50	≤2.00	19.0～21.0	11.0～13.0	—	≤0.11	—	0.045	0.015

表 7-32 16Cr23Ni13 钢牌号及化学成分（质量分数）对照 （%）

标准号	牌号 统一数字代号（旧牌号）	C	Si	Mn	Cr	Ni	Mo	N	其他	P	S
										≤	
GB/T 20878—2007	16Cr23Ni13 S30920 （2Cr23Ni13）	≤0.20	≤1.00	≤2.00	22.00～24.00	12.00～15.00	—	—	—	0.040	0.030

ГОСТ 5632—1972	20X23H12	≤0.20	≤1.0	≤2.0	22.0~25.0	12.0~15.0	—	—	—	0.035	0.025
JIS G4311:2011	SUH309	≤0.20	≤1.00	≤2.00	22.00~24.00	12.00~15.00	—	—	—	0.040	0.030
ASTM A959—2016	309 S30900	≤0.20	≤1.00	≤2.00	22.00~24.00	12.00~15.00	—	—	—	0.045	0.030
ISO 4955:2016（E）	X18CrNi23-13	≤0.20	≤1.00	≤2.00	22.00~24.00	12.00~15.00	—	≤0.10	—	0.045	0.030
EN 10095:1999（E）	X12CrNi23-13 1.4833	≤0.15	≤1.00	≤2.00	22.00~24.00	12.00~14.00	—	≤0.11	—	0.045	0.015

表7-33 06Cr23Ni13钢牌号及化学成分（质量分数）对照 （%）

标准号	牌号 统一数字代号（旧牌号）	C	Si	Mn	Cr	Ni	Mo	N	其他	P	S
										≤	
GB/T 20878—2007	06Cr23Ni13 S30908 （0Cr23Ni13）	≤0.08	≤1.00	≤2.00	22.00~24.00	12.00~15.00	—	—	—	0.045	0.030
ГОСТ 5632—1972	0X23H13	≤0.08	≤1.0	≤2.0	22.0~25.0	12.0~15.0	—	—	—	0.035	0.025
JIS G4303:2012	SUS309S	≤0.08	≤1.00	≤2.00	22.00~24.00	12.00~15.00	—	—	—	0.045	0.030

（续）

标准号	牌号 统一数字代号（旧牌号）	C	Si	Mn	Cr	Ni	Mo	N	其他	P	S
										≤	
ASTM A959—2016	309S S30908	≤0.08	≤1.00	≤2.00	22.00 ~ 24.00	12.00 ~ 15.00	—	—	—	0.045	0.030
ISO 9328 - 7:2018（E）	X6CrNi23 - 13	0.04 ~ 0.08	≤0.70	≤2.00	22.00 ~ 24.00	12.00 ~ 15.00	—	≤0.10	—	0.035	0.015
EN 10028 - 7:2016（E）	X6CrNi23 - 13 1.4950	0.04 ~ 0.08	≤0.70	≤2.00	22.0 ~ 24.0	12.0 ~ 15.0	—	≤0.10	—	0.035	0.015

表 7-34　14Cr23Ni18 钢牌号及化学成分（质量分数）对照　（%）

标准号	牌号 统一数字代号（旧牌号）	C	Si	Mn	Cr	Ni	Mo	N	其他	P	S
										≤	
GB/T 20878—2007	14Cr23Ni18 S31010 （1Cr23Ni18）	≤0.18	≤1.00	≤2.00	22.00 ~ 25.00	17.00 ~ 20.00	—	—	—	0.035	0.025
ГОСТ 5632—1972	20Х23Н18	≤0.20	≤1.0	≤2.0	22.0 ~ 25.0	17.0 ~ 20.0	—	—	—	0.035	0.020

表 7-35　20Cr25Ni20 钢牌号及化学成分（质量分数）对照　（%）

标准号	牌号 统一数字代号（旧牌号）	C	Si	Mn	Cr	Ni	Mo	N	其他	P	S
										≤	
GB/T 20878—2007	20Cr25Ni20 S31020 （2Cr25Ni20）	≤0.25	≤1.50	≤2.00	24.00 ~ 26.00	19.00 ~ 22.00	—	—	—	0.040	0.030

标准号	牌号 统一数字代号（旧牌号）	C	Si	Mn	Cr	Ni	Mo	N	其他	P	S
JIS G4311:2011	SUH310	≤0.25	≤1.50	≤2.00	24.00～26.00	19.00～22.00	—	—	—	0.040	0.030
ASTM A959—2016	310 S31000	≤0.25	≤1.50	≤2.00	24.00～26.00	19.00～22.00	—	—	—	0.045	0.030
ISO 15510:2014（E）	X23CrNi25－21	≤0.25	≤1.50	≤2.00	24.00～26.00	19.00～22.00	—	—	—	0.040	0.030

表7-36 06Cr25Ni20钢牌号及化学成分（质量分数）对照 （%）

标准号	牌号 统一数字代号（旧牌号）	C	Si	Mn	Cr	Ni	Mo	N	其他	P	S
										≤	
GB/T 20878—2007	06Cr25Ni20 S31008 （0Cr25Ni20）	≤0.08	≤1.50	≤2.00	24.00～26.00	19.00～22.00	—	—	—	0.045	0.030
ГОСТ 5632—1972	08X23H20	≤0.08	≤0.8	≤2.0	21.0～26.0	19.0～21.0	≤0.30	W≤0.20	Ti≤0.20	0.035	0.020
JIS G4303:2012	SUS310S	≤0.08	≤1.50	≤2.00	24.00～26.00	19.00～22.00	—	—	—	0.045	0.030
ASTM A959—2016	310S S31008	≤0.08	≤1.00	≤2.00	24.00～26.00	19.00～22.00	—	—	—	0.045	0.030
ISO 9328－7:2018（E）	X6CrNi25－20	0.04～0.08	≤0.70	≤2.00	24.00～26.00	19.00～22.00	—	≤0.10	—	0.035	0.015
EN 10028－7:2016（E）	X6CrNi25－20 1.4951	0.04～0.08	≤0.70	≤2.00	24.0～26.0	19.0～22.0	—	≤0.10	—	0.035	0.015

表7-37 022Cr25Ni22Mo2N 钢牌号及化学成分（质量分数）对照 （%）

标准号	牌号 统一数字代号（旧牌号）	C	Si	Mn	Cr	Ni	Mo	N	其他	P	S
										≤	
GB/T 20878—2007	022Cr25Ni22Mo2N S31253	≤0.030	≤0.40	≤2.00	24.00～26.00	21.00～23.00	2.00～3.00	0.10～0.16	—	0.030	0.015
ASTM A959—2016	310MoLN S31050	≤0.030	≤0.40	≤2.00	24.0～26.0	21.0～23.0	2.00～3.00	0.10～0.16	—	0.030	0.015
ISO 9328－7:2018（E）	X1CrNiMoN25－22－2	≤0.020	≤0.70	≤2.00	24.0～26.0	21.0～23.0	2.00～2.50	0.10～0.16	—	0.025	0.010
EN 10028－7:2016（E）	X1CrNiMoN25－22－2 1.4466	≤0.02	≤0.70	≤2.00	24.0～26.0	21.0～23.0	2.00～2.50	0.10～0.16	—	0.025	0.010

表7-38 015Cr20Ni18Mo6CuN 钢牌号及化学成分（质量分数）对照 （%）

标准号	牌号 统一数字代号（旧牌号）	C	Si	Mn	Cr	Ni	Mo	N	其他	P	S
										≤	
GB/T 20878—2007	015Cr20Ni18Mo6CuN S31252	≤0.020	≤0.80	≤1.00	19.50～20.50	17.50～18.50	6.00～6.50	0.18～0.22	Cu：0.50～1.00	0.030	0.010
ASTM A959—2016	S31254	≤0.020	≤0.80	≤1.00	19.5～20.5	17.5～18.5	6.0～6.5	0.18～0.22	Cu：0.50～1.00	0.030	0.010
ISO 9328－7:2018（E）	X1CrNiMoCuN20－18－7	≤0.020	≤0.70	≤1.00	19.5～20.5	17.5～18.5	6.0～7.0	0.18～0.25	Cu：0.50～1.00	0.030	0.010
EN 10222－5:2017（E）	X1CrNiMoCuN20－18－7 1.4547	≤0.020	≤0.70	≤1.00	19.5～20.5	17.5～18.5	6.0～7.0	0.18～0.25	Cu：0.50～1.00	0.030	0.010

表7-39 015Cr20Ni25Mo7CuN 钢牌号及化学成分（质量分数）对照 （%）

标准号	牌号 统一数字代号（旧牌号）	C	Si	Mn	Cr	Ni	Mo	N	其他	P	S
										≤	
GB/T 3280—2015	015Cr20Ni25Mo7CuN S38926	≤0.020	≤0.50	≤2.00	19.00～21.00	24.00～26.00	6.00～7.00	0.15～0.25	Cu：0.50～1.50	0.030	0.010
ASTM A959—2016	N08926	≤0.020	≤0.50	≤2.00	19.0～21.0	24.0～26.0	6.0～7.0	0.15～0.25	Cu：0.50～1.50	0.030	0.010
ISO 15510:2014（E）	X1NiCrMoCuN25－20－7	≤0.020	≤0.75	≤2.00	19.0～21.0	24.0～26.0	6.0～7.0	0.15～0.25	Cu：0.50～1.50	0.035	0.015
EN 10222－5:2017（E）	X1NiCrMoCuN25－20－7 1.4529	≤0.020	≤0.50	≤1.00	19.0～21.0	24.0～26.0	6.00～7.00	0.15～0.25	Cu：0.50～1.50	0.030	0.010

表7-40 022Cr21Ni25Mo7N 钢牌号及化学成分（质量分数）对照 （%）

标准号	牌号 统一数字代号（旧牌号）	C	Si	Mn	Cr	Ni	Mo	N	其他	P	S
										≤	
GB/T 3280—2015	02Cr21Ni25Mo7N S38367	≤0.030	≤1.00	≤2.00	20.00～22.00	23.50～25.50	6.00～7.00	0.18～0.25	Cu≤0.75	0.040	0.030
ASTM A959—2016	N08367	≤0.030	≤1.00	≤2.00	20.0～22.0	23.5～25.5	6.0～7.0	0.18～0.25	Cu≤0.75	0.040	0.030
ISO 15510:2014（E）	X2NiCrMoN25－21－7	≤0.030	≤1.00	≤2.00	20.0～22.0	23.5～25.5	6.0～7.0	0.18～0.25	Cu≤0.75	0.040	0.030

表7-41 06Cr17Ni12Mo2 钢牌号及化学成分（质量分数）对照 （%）

标准号	牌号 统一数字代号（旧牌号）	C	Si	Mn	Cr	Ni	Mo	N	其他	P	S
										≤	
GB/T 20878—2007	06Cr17Ni12Mo2 S31608 （0Cr17Ni12Mo2）	≤0.08	≤1.00	≤2.00	16.00～18.00	10.00～14.00	2.00～3.00	—	—	0.045	0.030

（续）

标准号	牌号 统一数字代号（旧牌号）	C	Si	Mn	Cr	Ni	Mo	N	其他	P	S
										≤	
JIS G4303:2012	SUS316	≤0.08	≤1.00	≤2.00	16.00~18.00	10.00~14.00	2.00~3.00	—	—	0.045	0.030
ASTM A959—2016	316 S31600	≤0.08	≤1.00	≤2.00	16.0~18.0	10.0~14.0	2.00~3.00	—	—	0.045	0.030
ISO 9328-7:2018（E）	X5CrNiMo17-12-2	≤0.07	≤1.00	≤2.00	16.5~18.5	10.0~13.0	2.00~2.50	≤0.10	—	0.045	0.015
EN 10222-5:2017（E）	X5CrNiMo17-12-2 1.4401	≤0.07	≤1.00	≤2.00	16.5~18.5	10.0~13.0	2.00~2.50	≤0.10	—	0.045	0.015

表7-42 022Cr17Ni12Mo2钢牌号及化学成分（质量分数）对照

（%）

标准号	牌号 统一数字代号（旧牌号）	C	Si	Mn	Cr	Ni	Mo	N	其他	P	S
										≤	
GB/T 20878—2007	022Cr17Ni12Mo2 S31603 （00Cr17Ni12Mo2）	≤0.030	≤1.00	≤2.00	16.00~18.00	10.00~14.00	2.00~3.00	—	—	0.045	0.030
ГОСТ 5632—1972	03X17H14M2	≤0.03	≤0.8	1.0~2.0	16.0~18.0	13.0~15.0	2.0~2.8	W≤0.20	Ti≤0.20	0.035	0.020
JIS G4303:2012	SUS316L	≤0.030	≤1.00	≤2.00	16.00~18.00	12.00~15.00	2.00~3.00	—	—	0.045	0.030
ASTM A959—2016	316L S31603	≤0.030	≤1.00	≤2.00	16.0~18.0	10.0~14.0	2.00~3.00	—	—	0.045	0.030

ISO 9328-7:2018(E)	X2CrNiMo17—12—2	≤0.030	≤1.00	≤2.00	16.5~18.5	10.0~13.0	2.00~2.50	≤0.10	—	0.045	0.015
EN 10222-5:2017(E)	X2CrNiMo17-12-2 1.4404	≤0.030	≤1.00	≤2.00	16.5~18.5	10.0~13.0	2.00~2.50	≤0.10	—	0.045	0.015

表7-43 07Cr17Ni12Mo2钢牌号及化学成分（质量分数）对照 （%）

标准号	牌号 统一数字代号（旧牌号）	C	Si	Mn	Cr	Ni	Mo	N	其他	P ≤	S ≤
GB/T 20878—2007	07Cr17Ni12Mo2 S31609 (1Cr17Ni12Mo2)	0.04~0.10	≤1.00	≤2.00	16.00~18.00	10.00~14.00	2.00~3.00	—	—	0.045	0.030
ASTM A959—2016	316H S31609	0.04~0.10	≤1.00	≤2.00	16.0~18.0	10.0~14.0	2.00~3.00	—	—	0.045	0.030
ISO 15510:2014(E)	X5CrNiMo17-12-2	≤0.08	≤1.00	≤2.00	16.0~18.0	10.0~13.0	2.00~3.00	≤0.10	—	0.045	0.030
EN 10028-7:2017(E)	X5CrNiMo17-12-2 1.4401	≤0.07	≤1.00	≤2.00	16.5~18.5	10.0~13.0	2.00~3.00	≤0.10	—	0.045	0.015

表7-44 06Cr17Ni12Mo2Ti钢牌号及化学成分（质量分数）对照 （%）

标准号	牌号 统一数字代号（旧牌号）	C	Si	Mn	Cr	Ni	Mo	N	其他	P ≤	S ≤
GB/T 20878—2007	06Cr17Ni12Mo2Ti S31668 (0Cr18Ni12Mo3Ti)	≤0.08	≤1.00	≤2.00	16.00~18.00	10.00~14.00	2.00~3.00	—	Ti≥5C	0.045	0.030

（续）

标准号	牌号 统一数字代号（旧牌号）	C	Si	Mn	Cr	Ni	Mo	N	其他	P	S
										≤	
ГОСТ 5632—1972	08X17H13M3T	≤0.08	≤0.8	≤2.0	16.0 ~ 18.0	12.0 ~ 14.0	2.0 ~ 3.0	W≤ 0.20	Ti：5C ~0.70	0.035	0.20
JIS G4303：2012	SUS316Ti	≤0.08	≤1.00	≤2.00	16.00 ~ 18.00	10.00 ~ 14.00	2.00 ~ 3.00		Ti≥ 5C	0.045	0.030
ASTM A959—2016	316Ti S31635	≤0.08	≤1.00	≤2.00	16.0 ~ 18.0	10.0 ~ 14.0	2.00 ~ 3.00	≤0.10	Ti：5（C + N）~0.70	0.045	0.030
ISO 9328 - 7：2018（E）	X6CrNiMoTi17 - 12 - 2	≤0.08	≤1.00	≤2.00	16.5 ~ 18.5	10.5 ~ 13.5	2.00 ~ 2.50	—	Ti：5C ~0.70	0.045	0.015
EN 10222 - 5：2017（E）	X6CrNiMoTi17 - 12 - 2 1.4571	≤0.08	≤1.00	≤2.00	16.5 ~ 18.5	10.5 ~ 13.5	2.00 ~ 2.50	—	Ti：5C ~0.70	0.045	0.015

表7-45 06Cr17Ni12Mo2Nb 钢牌号及化学成分（质量分数）对照

（%）

标准号	牌号 统一数字代号（旧牌号）	C	Si	Mn	Cr	Ni	Mo	N	其他	P	S
										≤	
GB/T 20878—2007	06Cr17Ni12Mo2Nb S31678	≤0.08	≤1.00	≤2.00	16.00 ~ 18.00	10.00 ~ 14.00	2.00 ~ 3.00	≤0.10	Nb：10C ~ 1.10	0.045	0.030
ГОСТ 5632—1972	08X16H13M2Б	0.06 ~ 0.12	≤0.8	≤1.0	15.0 ~ 17.0	12.5 ~ 14.5	2.0 ~ 2.5	W≤ 0.20	Nb：0.9 ~ 1.3 Ti≤0.20	0.035	0.20
ASTM A959—2016	316Nb S31640	≤0.08	≤1.00	≤2.00	16.0 ~ 18.0	10.0 ~ 14.0	2.00 ~ 3.00	≤0.10	Nb：10C ~ 1.10	0.045	0.030

ISO 9328－7:2018（E）	X6CrNiMoNb17－12－2	≤0.08	≤1.00	≤2.00	16.5～18.5	10.5～13.5	2.00～2.50	—	Nb：10C～1.00	0.045	0.015
EN 10028－7:2016（E）	X6CrNiMoNb17－12－2 1.4580	≤0.08	≤1.00	≤2.00	16.5～18.5	10.5～13.5	2.00～2.50	—	Nb：10C～1.00	0.045	0.015

表7-46　06Cr17Ni12Mo2N钢牌号及化学成分（质量分数）对照　（%）

标准号	牌号 统一数字代号（旧牌号）	C	Si	Mn	Cr	Ni	Mo	N	其他	P	S
										≤	
GB/T 20878—2007	06Cr17Ni12Mo2N S31658 （0Cr17Ni12Mo2N）	≤0.08	≤1.00	≤2.00	16.00～18.00	10.00～13.00	2.00～3.00	0.10～0.16	—	0.045	0.030
JIS G4303:2012	SUS316N	≤0.08	≤1.00	≤2.00	16.00～18.00	10.00～14.00	2.00～3.00	0.10～0.22	—	0.045	0.030
ASTM A959—2016	316N S31651	≤0.08	≤1.00	≤2.00	16.0～18.0	10.0～13.0	2.00～3.00	0.10～0.16	—	0.045	0.030
ISO 15510:2014（E）	X6CrNiMoN17－12－3	≤0.08	≤1.00	≤2.00	16.0～18.0	10.0～14.0	2.00～3.0	0.10～0.22	—	0.045	0.030

表7-47　022Cr17Ni12Mo2N钢牌号及化学成分（质量分数）对照　（%）

标准号	牌号 统一数字代号（旧牌号）	C	Si	Mn	Cr	Ni	Mo	N	其他	P	S
										≤	
GB/T 20878—2007	022Cr17Ni12Mo2N S31653 （00Cr17Ni13Mo2N）	≤0.030	≤1.00	≤2.00	16.00～18.00	10.00～13.00	2.00～3.00	0.10～0.16	—	0.045	0.030

（续）

标准号	牌号 统一数字代号（旧牌号）	C	Si	Mn	Cr	Ni	Mo	N	其他	P	S
										≤	
JIS G4303:2012	SUS316LN	≤0.030	≤1.00	≤2.00	16.50～18.50	10.50～14.50	2.00～3.00	0.10～0.22	—	0.045	0.030
ASTM A959—2016	316LN S31653	≤0.030	≤1.00	≤2.00	16.0～18.0	10.0～13.0	2.00～3.00	0.10～0.16	—	0.045	0.030
ISO 9328－7:2018（E）	X2CrNiMoN17－13－3	≤0.030	≤1.00	≤2.00	16.5～18.5	11.0～14.0	2.50～3.00	0.12～0.22	—	0.045	0.015
EN 10222－5:2017（E）	X2CrNiMoN17－13－3 1.4429	≤0.030	≤1.00	≤2.00	16.5～18.5	11.0～14.0	2.50～3.00	0.12～0.22	—	0.045	0.015

表7-48 06Cr18Ni12Mo2Cu2钢牌号及化学成分（质量分数）对照 （%）

标准号	牌号 统一数字代号（旧牌号）	C	Si	Mn	Cr	Ni	Mo	N	其他	P	S
										≤	
GB/T 20878—2007	06Cr18Ni12Mo2Cu2 S31688 （0Cr18Ni12Mo2Cu2）	≤0.08	≤1.00	≤2.00	17.00～19.00	10.00～14.00	1.20～2.75	—	Cu：1.00～2.50	0.045	0.030
JIS G4303:2012	SUS316J1	≤0.08	≤1.00	≤2.00	17.00～19.00	10.00～14.00	1.20～2.75	—	Cu：1.00～2.50	0.045	0.030
ISO 15510:2014（E）	X6CrNiMoCu18－12－2－2	≤0.08	≤1.00	≤2.00	17.0～19.0	10.0～14.0	1.20～2.75	—	Cu：1.00～2.50	0.045	0.030

表7-49　022Cr18Ni14Mo2Cu2 钢牌号及化学成分（质量分数）对照　（%）

标准号	牌号 统一数字代号（旧牌号）	C	Si	Mn	Cr	Ni	Mo	N	其他	P	S
										≤	
GB/T 20878—2007	022Cr18Ni14Mo2Cu2 S31683 （00Cr18Ni14Mo2Cu2）	≤0.030	≤1.00	≤2.00	17.00 ~ 19.00	12.00 ~ 16.00	1.20 ~ 2.75	—	Cu：1.00 ~ 2.50	0.045	0.030
JIS G4303:2012	SUS316J1L	≤0.030	≤1.00	≤2.00	17.00 ~ 19.00	12.00 ~ 16.00	1.20 ~ 2.75	—	Cu：1.00 ~ 2.50	0.045	0.030
ISO 15510:2014（E）	X2CrNiMoCu18 - 14 - 2 - 2	≤0.030	≤1.00	≤2.00	17.0 ~ 19.0	12.0 ~ 16.0	1.20 ~ 2.75	—	Cu：1.00 ~ 2.50	0.045	0.030

表7-50　022Cr18Ni15Mo3N 钢牌号及化学成分（质量分数）对照　（%）

标准号	牌号 统一数字代号（旧牌号）	C	Si	Mn	Cr	Ni	Mo	N	其他	P	S
										≤	
GB/T 20878—2007	022Cr18Ni15Mo3N S31693 （00Cr18Ni15Mo3N）	≤0.030	≤1.00	≤2.00	17.00 ~ 19.00	14.00 ~ 16.00	2.35 ~ 4.20	0.10 ~ 0.20	Cu≤0.50	0.025	0.010
ISO 15510:2014（E）	X2CrNiMo18 - 14 - 3	≤0.030	≤1.00	≤2.00	17.0 ~ 19.0	12.5 ~ 15.0	2.50 ~ 3.00	≤0.10	—	0.045	0.030
EN 10222 - 5:2017（E）	X2CrNiMo18 - 14 - 3 1.4435	≤0.030	≤1.00	≤2.00	17.0 ~ 19.0	12.5 ~ 15.0	2.50 ~ 3.00	≤0.10	—	0.045	0.015

表7-51　015Cr21Ni26Mo5Cu2 钢牌号及化学成分（质量分数）对照　（%）

标准号	牌号 统一数字代号（旧牌号）	C	Si	Mn	Cr	Ni	Mo	N	其他	P	S
										≤	
GB/T 20878—2007	015Cr21Ni26Mo5Cu2 S31782	≤0.020	≤1.00	≤2.00	19.00 ~ 23.00	23.00 ~ 28.00	4.00 ~ 5.00	≤0.10	Cu：1.00 ~ 2.00	0.045	0.035

（续）

标准号	牌号 统一数字代号（旧牌号）	C	Si	Mn	Cr	Ni	Mo	N	其他	P	S
										≤	
JIS G4303:2012	SUS890L	≤0.020	≤1.00	≤2.00	19.00～23.00	23.00～28.00	4.00～5.00	—	Cu：1.00～2.00	0.045	0.030
ASTM A959—2016	904L N08904	≤0.020	≤1.00	≤2.00	19.0～23.0	23.0～28.0	4.0～5.0	≤0.10	Cu：1.00～2.0	0.040	0.030
ISO 932－7:2018（E）	X1NiCrMoCu25－20－5	≤0.020	≤0.70	≤2.00	19.0～21.0	24.0～26.0	4.0～5.0	≤0.15	Cu：1.20～2.00	0.030	0.010
EN 10222－5:2017（E）	X1NiCrMoCu25－20－5 1.4539	≤0.020	≤0.70	≤2.00	19.0～21.0	24.0～26.0	4.0～5.0	≤0.15	Cu：1.20～2.00	0.030	0.010

表 7-52　06Cr19Ni13Mo3 钢牌号及化学成分（质量分数）对照　　（%）

标准号	牌号 统一数字代号（旧牌号）	C	Si	Mn	Cr	Ni	Mo	N	其他	P	S
										≤	
GB/T 20878—2007	06Cr19Ni13Mo3 S31708 （0Cr19Ni13Mo3）	≤0.08	≤1.00	≤2.00	18.00～20.00	11.00～15.00	3.00～4.00	—	—	0.045	0.030
JIS G4303:2012	SUS317	≤0.08	≤1.00	≤2.00	18.00～20.00	11.00～15.00	3.00～4.00	—	—	0.045	0.030
ASTM A959—2016	317 S31700	≤0.08	≤1.00	≤2.00	18.0～20.0	11.0～15.0	3.0～4.0	—	—	0.045	0.030
ISO 15510:2014（E）	X6CrNiMo19－13－4	≤0.08	≤1.00	≤2.00	18.0～20.0	11.0～15.0	3.0～4.0	≤0.10	—	0.045	0.030

表7-53 022Cr19Ni13Mo3钢牌号及化学成分（质量分数）对照 （%）

标准号	牌号 统一数字代号（旧牌号）	C	Si	Mn	Cr	Ni	Mo	N	其他	P	S
										≤	
GB/T 20878—2007	022Cr19Ni13Mo3 S31703 （00Cr19Ni13Mo3）	≤0.030	≤1.00	≤2.00	18.00～20.00	11.00～15.00	3.00～4.00	—	—	0.045	0.030
ГОСТ 5632—1972	03X19H13M3	≤0.030	≤0.6	≤0.8	18.0～20.00	11.0～15.00	3.00～4.00	W≤0.20	Ti≤0.20	0.020	0.015
JIS G4303:2012	SUS317L	≤0.030	≤1.00	≤2.00	18.00～20.00	11.00～15.00	3.00～4.00	—	—	0.045	0.030
ASTM A959—2016	317L S31703	≤0.030	≤1.00	≤2.00	18.0～20.0	11.0～15.0	3.0～4.0	—	—	0.045	0.030
ISO 15510:2014（E）	X2CrNiMo19-14-4	≤0.030	≤1.00	≤2.00	17.5～20.0	12.0～15.0	3.0～4.0	≤0.10	—	0.045	0.030
EN 10028-7:2016（E）	X2CrNiMo18-15-4 1.4438	≤0.030	≤1.00	≤2.00	17.5～19.5	13.0～16.0	3.0～4.0	≤0.10	—	0.045	0.015

表7-54 022Cr18Ni14Mo3钢牌号及化学成分（质量分数）对照 （%）

标准号	牌号 统一数字代号（旧牌号）	C	Si	Mn	Cr	Ni	Mo	N	其他	P	S
										≤	
GB/T 20878—2007	022Cr18Ni14Mo3 S31793 （00Cr18Ni14Mo3）	≤0.030	≤1.00	≤2.00	17.00～19.00	13.00～15.00	2.25～3.50	≤0.10	Cu≤0.50	0.025	0.010
ASTM A959—2016	317LN S31753	≤0.030	≤1.00	≤2.00	18.0～20.0	11.0～14.0	3.0～4.0	0.10～0.22	—	0.045	0.030

（续）

标准号	牌号 统一数字代号（旧牌号）	C	Si	Mn	Cr	Ni	Mo	N	其他	P	S
										≤	
ISO 9328-7:2018（E）	X2CrNiMo18-14-3	≤0.030	≤1.00	≤2.00	17.0~19.0	12.5~15.0	2.50~3.00	≤0.10	—	0.045	0.015
EN 10222-5:2017（E）	X2CrNiMo18-14-3 1.4435	≤0.030	≤1.00	≤2.00	17.0~19.0	12.5~15.0	2.50~3.00	≤0.10	—	0.045	0.015

表7-55 03Cr18Ni16Mo5钢牌号及化学成分（质量分数）对照 （%）

标准号	牌号 统一数字代号（旧牌号）	C	Si	Mn	Cr	Ni	Mo	N	其他	P	S
										≤	
GB/T 20878—2007	03Cr18Ni16Mo5 S31794 （0Cr18Ni16Mo5）	≤0.04	≤1.00	≤2.50	16.00~19.00	15.00~17.00	4.00~6.00	—	—	0.045	0.030
JIS G4303:2012	SUS317J1	≤0.040	≤1.00	≤2.50	16.00~19.00	15.00~17.00	4.00~6.00	—	—	0.045	0.030
ASTM A959—2016	317LM S31725	≤0.030	≤1.00	≤2.00	18.0~20.0	13.5~17.5	4.0~5.0	≤0.20	—	0.045	0.030
ISO 9328-7:2018（E）	X3CrNiMo18-16-5	≤0.04	≤1.00	≤2.50	16.0~19.0	15.0~17.0	4.0~6.0	—	—	0.045	0.030

表7-56 022Cr19Ni16Mo5N钢牌号及化学成分（质量分数）对照 （%）

标准号	牌号 统一数字代号（旧牌号）	C	Si	Mn	Cr	Ni	Mo	N	其他	P	S
										≤	
GB/T 20878—2007	022Cr19Ni16Mo5N S31723	≤0.030	≤1.00	≤2.00	17.00~20.00	13.50~17.50	4.00~5.00	0.10~0.20	—	0.045	0.030

标准号	牌号 统一数字代号（旧牌号）	C	Si	Mn	Cr	Ni	Mo	N	其他	P	S
ASTM A959—2016	317LMN S31726	≤0.030	≤1.00	≤2.00	17.0～20.0	13.5～17.5	4.0～5.0	0.10～0.20	—	0.045	0.030
ISO 15510:2014（E）	X2CrNiMoN18－15－5	≤0.030	≤1.00	≤2.00	17.0～20.0	13.5～17.5	4.0～5.0	0.10～0.20	—	0.045	0.030

表7-57 022Cr19Ni13Mo4N钢牌号及化学成分（质量分数）对照 （%）

标准号	牌号 统一数字代号（旧牌号）	C	Si	Mn	Cr	Ni	Mo	N	其他	P	S
										≤	
GB/T 20878—2007	022Cr19Ni13Mo4N S31753	≤0.030	≤1.00	≤2.00	18.00～20.00	11.00～15.00	3.00～4.00	0.10～0.22	—	0.045	0.030
JIS G4304:2012	SUS317LN	≤0.030	≤1.00	≤2.00	18.00～20.00	11.00～15.00	3.00～4.00	0.10～0.22	—	0.045	0.030
ASTM A959—2016	317LN S31753	≤0.030	≤1.00	≤2.00	18.0～20.0	11.0～14.0	3.0～4.0	0.10～0.22	—	0.045	0.030
ISO 15510:2014（E）	X2CrNiMoN18－12－4	≤0.030	≤1.00	≤2.00	17.5～20.0	11.0～14.0	3.0～4.0	0.10～0.20	—	0.045	0.030
EN 10028－7:2016（E）	X2CrNiMoN18－12－4 1.4434	≤0.030	≤1.00	≤2.00	16.5～19.5	10.5～14.0	3.0～4.0	0.10～0.20	—	0.045	0.015

表7-58 06Cr18Ni11Ti钢牌号及化学成分（质量分数）对照 （%）

标准号	牌号 统一数字代号（旧牌号）	C	Si	Mn	Cr	Ni	Mo	N	其他	P	S
										≤	
GB/T 20878—2007	06Cr18Ni11Ti S32168 （0Cr18Ni10Ti）	≤0.08	≤1.00	≤2.00	17.00～19.00	9.00～12.00	—	—	Ti: 5C～ 0.70	0.045	0.030

（续）

标准号	牌号 统一数字代号（旧牌号）	C	Si	Mn	Cr	Ni	Mo	N	其他	P	S
										≤	
ГОСТ 5632—1972	08X18H10T	≤0.08	≤0.8	≤2.0	17.0～19.0	9.0～11.0	—	—	Ti：5C～0.70	0.035	0.020
JIS G4304:2012	SUS321	≤0.08	≤1.00	≤2.00	17.00～19.00	9.00～13.00	—	—	Ti≥5C	0.045	0.030
ASTM A959—2016	321 S32100	≤0.08	≤1.00	≤2.00	17.0～19.0	9.0～12.0	—	≥0.10	Ti：5（C+N）～0.70	0.045	0.030
ISO 9328-7:2018（E）	X6CrNiTi18-10	≤0.08	≤1.00	≤2.00	17.0～19.0	9.0～12.0	—	—	Ti：5C～0.70	0.045	0.015
EN 10222-5:2017（E）	X6CrNiTi18-10 1.4541	≤0.08	≤1.00	≤2.00	17.0～19.0	9.0～12.0	—	—	Ti：5C～0.70	0.045	0.015

表7-59 07Cr19Ni11Ti钢牌号及化学成分（质量分数）对照 （%）

标准号	牌号 统一数字代号（旧牌号）	C	Si	Mn	Cr	Ni	Mo	N	其他	P	S
										≤	
GB/T 20878—2007	07Cr19Ni11Ti S32169 （1Cr18Ni11Ti）	0.04～0.10	≤0.75	≤2.00	17.00～20.00	9.00～13.00	—	—	Ti：4C～0.60	0.030	0.030
JIS G3459:2004	SUS321HTP	0.04～0.10	≤0.75	≤2.00	17.00～20.00	9.00～13.00	—	—	Ti：4C～0.60	0.030	0.030
ASTM A959—2016	321H S32109	0.04～0.10	≤1.00	≤2.00	17.0～19.0	9.0～12.0	—	≥0.10	Ti：4（C+N）～0.70	0.045	0.030

标准号	牌号 统一数字代号（旧牌号）	C	Si	Mn	Cr	Ni	Mo	N	其他	P	S
ISO 15510:2014（E）	X7CrNiTi18－10	0.04～0.10	≤1.00	≤2.00	17.0～19.0	9.0～12.0	—	—	Ti：5C～0.80	0.045	0.030
EN 10222－5:2017（E）	X6CrNiTiB18－10 1.4941	0.04～0.08	≤1.00	≤2.00	17.0～19.0	9.0～12.0	B：0.0015～0.0050		Ti：5C～0.80	0.035	0.015

表7-60 45Cr14Ni14W2Mo钢牌号及化学成分（质量分数）对照 （%）

标准号	牌号 统一数字代号（旧牌号）	C	Si	Mn	Cr	Ni	Mo	N	其他	P	S
										≤	
GB/T 20878—2007	45Cr14Ni14W2Mo S32590 （4Cr14Ni14W2Mo）	0.40～0.50	≤0.80	≤0.70	13.00～15.00	13.00～15.00	0.25～0.40	—	W：2.00～2.75	0.040	0.030
ГОСТ 5632—1972	45X14H14B2M	0.40～0.50	≤0.8	≤0.7	13.0～15.0	13.0～15.0	0.25～0.40	—	W：2.0～2.8	0.035	0.020
ISO 15510:2014（E）	X40CrNiWSi15－14－3－2	0.35～0.45	1.50～2.50	≤0.60	14.0～16.0	13.0～15.0	—	—	W：2.00～3.00	0.040	0.030

表7-61 015Cr24Ni22Mo8Mn3CuN钢牌号及化学成分（质量分数）对照 （%）

标准号	牌号 统一数字代号（旧牌号）	C	Si	Mn	Cr	Ni	Mo	N	其他	P	S
										≤	
GB/T 20878—2007	015Cr24Ni22Mo8Mn3CuN S32652	≤0.020	≤0.50	2.00～4.00	24.00～25.00	21.00～23.00	7.00～8.00	0.45～0.55	Cu：0.30～0.60	0.030	0.005

（续）

标准号	牌号 统一数字代号（旧牌号）	C	Si	Mn	Cr	Ni	Mo	N	其他	P	S
										≤	
ASTM A959—2016	S32654	≤0.020	≤0.50	2.0～4.0	24.0～25.0	21.0～23.0	7.0～8.0	0.45～0.55	Cu：0.30～0.60	0.030	0.005
ISO 15510:2014（E）	X1CrNiMoCuN24-22-8	≤0.020	≤0.50	2.0～4.0	23.0～25.0	21.0～23.0	7.0～8.0	0.45～0.55	Cu：0.30～0.60	0.030	0.005
EN 10088-2:2014（E）	X1CrNiMoCuN24-22-8 1.4652	≤0.020	≤0.50	2.0～4.0	23.0～25.0	21.0～23.0	7.0～8.0	0.45～0.55	Cu：0.30～0.60	0.030	0.005

表7-62　24Cr18Ni8W2钢牌号及化学成分（质量分数）对照　（%）

标准号	牌号 统一数字代号（旧牌号）	C	Si	Mn	Cr	Ni	Mo	N	其他	P	S
										≤	
GB/T 20878—2007	24Cr18Ni8W2 S32720 （2Cr18Ni8W2）	0.21～0.28	0.30～0.80	≤0.70	17.00～19.00	7.50～8.50	—	—	W：2.00～2.50	0.030	0.025
ГОСТ 5632—1972	25X18H8B2	0.21～0.28	0.3～0.8	≤0.7	17.0～19.0	7.5～8.5	—	—	W：2.0～2.5	0.035	0.020

表7-63　12Cr16Ni35钢牌号及化学成分（质量分数）对照　（%）

标准号	牌号 统一数字代号（旧牌号）	C	Si	Mn	Cr	Ni	Mo	N	其他	P	S
										≤	
GB/T 20878—2007	12Cr16Ni35 S33010 （1Cr16Ni35）	≤0.15	≤1.50	≤2.00	14.00～17.00	33.00～37.00	—	—	—	0.040	0.030

标准号	牌号 统一数字代号（旧牌号）	C	Si	Mn	Cr	Ni	Mo	N	其他	P	S
JIS G4311:2011	SUH330	≤0.15	≤1.50	≤2.00	14.00～17.00	33.00～37.00	—	—	—	0.040	0.030
ISO 15510:2014（E）	X13NiCr35－16	≤0.15	≤1.50	≤2.00	14.00～17.00	33.00～37.00	—	—	—	0.040	0.030
EN 10095:1999	X12NiCrSi35－16 1.4864	≤0.15	1.00～2.00	≤2.00	15.0～17.0	33.00～37.00	—	≤0.11	—	0.045	0.015

表7-64　022Cr24Ni17Mn6Mo5NbN钢牌号及化学成分（质量分数）对照　（%）

标准号	牌号 统一数字代号（旧牌号）	C	Si	Mn	Cr	Ni	Mo	N	其他	P	S
										≤	
GB/T 20878—2007	022Cr24Ni17Mn6Mo5NbN S34553	≤0.030	≤1.00	5.00～7.00	23.00～25.00	16.00～18.00	4.00～5.00	0.40～0.60	Nb≤0.10	0.030	0.010
ASTM A959—2016	S34565	≤0.030	≤1.00	5.0～7.0	23.0～25.0	16.0～18.0	4.0～5.0	0.40～0.60	Nb≤0.10	0.030	0.010
ISO 15510:2014（E）	X2CrNiMnMoN25－18－6－5	≤0.030	≤1.00	5.0～7.0	24.0～26.0	16.0～19.0	4.0～5.0	0.30～0.60	Nb≤0.15	0.030	0.015
EN 10088－3:2014（E）	X2CrNiMnMoN25－18－6－5 1.4565	≤0.030	≤1.00	5.0～7.0	24.0～26.0	16.0～19.0	4.0～5.0	0.30～0.60	Nb≤0.15	0.030	0.015

表 7-65 06Cr18Ni11Nb 钢牌号及化学成分（质量分数）对照 （%）

标准号	牌号 统一数字代号（旧牌号）	C	Si	Mn	Cr	Ni	Mo	N	其他	P	S
										≤	
GB/T 20878—2007	06Cr18Ni11Nb S34778 （0Cr18Ni11Nb）	≤0.08	≤1.00	≤2.00	17.00～19.00	9.00～12.00	—	—	Nb：10C～1.10	0.045	0.030
ГОСТ 5632—1972	08X18H12Б	≤0.08	≤0.8	≤2.0	17.0～19.0	11.0～13.0	≤0.10	W≤0.20	Nb：10C～1.10 Ti≤0.20	0.035	0.020
JIS G4303:2012	SUS347	≤0.08	≤1.00	≤2.00	17.00～19.00	9.00～12.00	—	—	Nb≥10C	0.045	0.030
ASTM A959—2016	347 S34700	≤0.08	≤1.00	≤2.00	17.0～19.0	9.0～12.0	—	—	Nb：10C～1.10	0.045	0.030
ISO 9328－7:2018（E）	X6CrNiNb18－10	≤0.08	≤1.00	≤2.00	17.0～19.0	9.0～12.0	—	—	Nb：10C～1.00	0.045	0.015
EN 10222－5:2017（E）	X6CrNiNb18－10 1.4550	≤0.08	≤1.00	≤2.00	17.0～19.0	9.0～12.0	—	—	Nb：10C～1.00	0.045	0.015

表 7-66 07Cr18Ni11Nb 钢牌号及化学成分（质量分数）对照 （%）

标准号	牌号 统一数字代号（旧牌号）	C	Si	Mn	Cr	Ni	Mo	N	其他	P	S
										≤	
GB/T 20878—2007	07Cr18Ni11Nb S34779 （1Cr19Ni11Nb）	0.04～0.10	≤1.00	≤2.00	17.00～19.00	9.00～12.00	—	—	Nb：8C～1.10	0.045	0.030

标准号	牌号 统一数字代号（旧牌号）	C	Si	Mn	Cr	Ni	Mo	N	其他	P ≤	S ≤
JIS G4303:2012	SUS347HTP	0.04 ~ 0.10	≤1.00	≤2.00	17.00 ~ 19.00	9.00 ~ 12.00	—	—	Nb：8C ~ 1.00	0.030	0.030
ASTM A959—2016	347H S34709	0.04 ~ 0.10	≤1.00	≤2.00	17.0 ~ 19.0	9.0 ~ 12.0	—	—	Nb：8C ~ 1.10	0.045	0.030
ISO 4955:2016（E）	X7CrNiNb18 - 10	0.04 ~ 0.10	≤1.00	≤2.00	17.0 ~ 19.0	9.0 ~ 12.0	—	—	Nb：10C ~ 1.20	0.045	0.030
EN 10222 - 5:2017（E）	X7CrNiNb18 - 10 1.4912	0.04 ~ 0.10	≤1.00	≤2.00	17.0 ~ 19.0	9.0 ~ 12.0	—	—	Nb：10C ~ 1.20	0.045	0.015

表7-67 06Cr18Ni13Si4钢牌号及化学成分（质量分数）对照 （%）

标准号	牌号 统一数字代号（旧牌号）	C	Si	Mn	Cr	Ni	Mo	N	其他	P	S
										≤	
GB/T 20878—2007	06Cr18Ni13Si4 S38148 （0Cr18Ni13Si4）	≤0.08	3.00 ~ 5.00	≤2.00	15.00 ~ 20.00	11.50 ~ 15.00	—	—	—	0.045	0.030
JIS G4303:2012	SUSXM15J1	≤0.08	3.00 ~ 5.00	≤2.00	15.00 ~ 20.00	11.50 ~ 15.00	—	—	—	0.045	0.030
ASTM A959—2016	XM - 15 S38100	≤0.08	1.50 ~ 2.50	≤2.00	17.0 ~ 19.0	17.5 ~ 18.5	—	—	—	0.030	0.030
ISO 15510:2014（E）	X6CrNiSi18 - 13 - 4	≤0.08	3.0 ~ 5.0	≤2.00	15.0 ~ 20.0	11.5 ~ 15.0	—	—	—	0.045	0.030
EN 10028 - 7:2016（E）	X1CrNiSi18 - 15 - 4 1.4361	≤0.015	3.7 ~ 4.5	≤2.00	16.5 ~ 18.5	14.0 ~ 16.0	≤0.20	≤0.10	—	0.025	0.010

表7-68 16Cr20Ni14Si2钢牌号及化学成分（质量分数）对照 （%）

标准号	牌号 统一数字代号（旧牌号）	C	Si	Mn	Cr	Ni	Mo	N	其他	P	S
										≤	
GB/T 20878—2007	16Cr20Ni14Si2 S38240 （1Cr20Ni14Si2）	≤0.20	1.50～2.50	≤1.50	19.00～22.00	12.00～15.00	—	—	—	0.040	0.030
ГОСТ 5632—1972	20X20H14C2	≤0.20	2.0～3.0	≤1.5	19.0～22.0	12.0～15.0	—	—	—	0.035	0.025
ISO 4955:2016（E）	X15CrNiSi20-12	≤0.20	1.50～2.50	≤2.00	19.0～21.0	11.0～13.0	—	≤0.10	—	0.045	0.030
EN 10095:1999	X15CrNiSi20-12 1.4828	≤0.20	1.50～2.50	≤2.00	19.0～21.0	11.0～13.0	—	≤0.11	—	0.045	0.015

表7-69 16Cr25Ni20Si2钢牌号及化学成分（质量分数）对照 （%）

标准号	牌号 统一数字代号（旧牌号）	C	Si	Mn	Cr	Ni	Mo	N	其他	P	S
										≤	
GB/T 20878—2007	16Cr25Ni20Si2 S38340 （1Cr25Ni20Si2）	≤0.20	1.50～2.50	≤1.50	24.00～27.00	18.00～21.00	—	—	—	0.040	0.030
ГОСТ 5632—1972	20X25H20C2	≤0.20	2.00～3.00	≤1.50	24.0～27.0	18.0～21.0	—	—	—	0.035	0.020
ISO 4955:2016（E）	X15CrNiSi25-21	≤0.20	1.50～2.50	≤2.00	24.0～26.0	19.0～22.0	—	≤0.10	—	0.045	0.015
EN 10095:1999	X15CrNiSi25-21 1.4841	≤0.20	1.50～2.50	≤2.00	24.0～26.0	19.0～22.0	—	≤0.11	—	0.045	0.015

7.2 奥氏体型-铁素体型不锈钢牌号及化学成分

奥氏体型-铁素体型不锈钢牌号及化学成分对照见表7-70~表7-90。

表7-70 14Cr18Ni11Si4AlTi 钢牌号及化学成分（质量分数）对照 (%)

标准号	牌号 统一数字代号（旧牌号）	C	Si	Mn	Cr	Ni	Mo	N	其他	P	S
										≤	
GB/T 20878—2007	14Cr18Ni11Si4AlTi S21860 (1Cr18Ni11Si4AlTi)	0.10~0.18	3.40~4.00	≤0.80	17.50~19.50	10.00~12.00	—	—	Ti：0.40~0.70 Al：0.10~0.30	0.035	0.030
ГОСТ 5632—1972	15X18H12C4TЮ	0.12~0.17	3.8~4.5	0.5~1.0	17.0~19.0	11.0~13.0	≤0.30	W≤0.20	Ti：0.4~0.7 Al：0.13~0.35	0.035	0.030

表 7-71 022Cr19Ni5Mo3Si2N 钢牌号及化学成分（质量分数）对照 （%）

标准号	牌号 统一数字代号（旧牌号）	C	Si	Mn	Cr	Ni	Mo	N	P	S
									≤	
GB/T 20878—2007	022Cr19Ni5Mo3Si2N S21953 （00Cr18Ni5Mo3Si2N）	≤0.030	1.80 ~ 2.00	1.20 ~ 2.00	18.00 ~ 19.00	4.50 ~ 5.50	2.50 ~ 3.00	0.05 ~ 0.12	0.035	0.030
ASTM A790/A790M—2018	S31500	≤0.030	1.40 ~ 2.00	1.20 ~ 2.00	18.0 ~ 19.0	4.2 ~ 5.2	2.50 ~ 3.00	0.05 ~ 0.10	0.030	0.030
ISO 15510:2104（E）	X2CrNiMoSiMnN 19-5-3-2-2	≤0.030	1.40 ~ 2.00	1.20 ~ 2.00	18.0 ~ 19.0	4.3 ~ 5.2	2.50 ~ 3.0	0.05 ~ 0.10	0.035	0.030
EN 10088-2:2014（E）	X2CrNiMoSi18-5-3 1.4424	≤0.030	1.40 ~ 2.00	1.20 ~ 2.00	18.0 ~ 19.0	4.5 ~ 5.2	2.50 ~ 3.0	0.05 ~ 0.10	0.035	0.015

表 7-72 12Cr21Ni5Ti 钢牌号及化学成分（质量分数）对照 （%）

标准号	牌号 统一数字代号（旧牌号）	C	Si	Mn	Cr	Ni	Mo	N	其他	P	S
										≤	
GB/T 20878—2007	12Cr21Ni5Ti S22160 （1Cr21Ni5Ti）	0.09 ~ 0.14	≤0.80	≤0.80	20.00 ~ 22.00	4.80 ~ 5.80	—	—	Ti：5（C- 0.02 ~ 0.80）	0.035	0.030
ГОСТ 5632—1972	12X21H5T	0.09 ~ 0.14	≤0.8	≤0.8	20.0 ~ 22.0	4.8 ~ 5.8	≤0.30	W≤ 0.20	Ti：0.25 ~ 0.50 Al≤0.08	0.035	0.025

表 7-73　022Cr22Ni5Mo3N 钢牌号及化学成分（质量分数）对照　（%）

标准号	牌号 统一数字代号（旧牌号）	C	Si	Mn	Cr	Ni	Mo	N	P	S
									≤	
GB/T 20878—2007	022Cr22Ni5Mo3N S22253	≤0.030	≤1.00	≤2.00	21.00 ~ 23.00	4.50 ~ 6.50	2.50 ~ 3.50	0.08 ~ 0.20	0.030	0.020
JIS G4303:2012	SUS329J3L	≤0.030	≤1.00	≤2.00	21.00 ~ 24.00	4.50 ~ 6.50	2.50 ~ 3.50	0.08 ~ 0.20	0.040	0.030
ASTM A790/A790M—2018	S31803	≤0.030	≤1.00	≤2.00	21.0 ~ 23.0	4.5 ~ 6.5	2.5 ~ 3.5	0.08 ~ 0.20	0.030	0.020
ISO 9328-7:2018（E）	X2CrNiMoN22-5-3	≤0.030	≤1.00	≤2.00	21.0 ~ 23.0	4.5 ~ 6.5	2.50 ~ 3.5	0.10 ~ 0.22	0.035	0.015
EN 10222-5:2017（E）	X2CrNiMoN22-5-3 1.4462	≤0.030	≤1.00	≤2.00	21.0 ~ 23.0	4.5 ~ 6.5	2.50 ~ 3.5	0.10 ~ 0.22	0.035	0.015

表 7-74　022Cr23Ni5Mo3N 钢牌号及化学成分（质量分数）对照　（%）

标准号	牌号 统一数字代号（旧牌号）	C	Si	Mn	Cr	Ni	Mo	N	P	S
									≤	
GB/T 20878—2007	022Cr23Ni5Mo3N S22053	≤0.030	≤1.00	≤2.00	22.00 ~ 23.00	4.50 ~ 6.50	3.00 ~ 3.50	0.14 ~ 0.20	0.030	0.020
ASTM A790/A790M—2018	2205 S32205	≤0.030	≤1.00	≤2.00	22.0 ~ 23.0	4.5 ~ 6.5	3.0 ~ 3.5	0.14 ~ 0.20	0.030	0.020

表 7-75 022Cr23Ni4MoCuN 钢牌号及化学成分（质量分数）对照 （%）

标准号	牌号 统一数字代号（旧牌号）	C	Si	Mn	Cr	Ni	Mo	N	其他	P	S
										≤	
GB/T 20878—2007	022Cr23Ni4MoCuN S23043	≤0.030	≤1.00	≤2.50	21.50~24.50	3.00~5.50	0.05~0.60	0.05~0.20	Cu：0.05~0.60	0.035	0.030
ASTM A790/A790M—2018	2304 S32304	≤0.030	≤1.00	≤2.50	21.5~24.5	3.0~5.5	0.05~0.60	0.05~0.20	Cu：0.05~0.60	0.040	0.040
ISO 9328-7:2018（E）	X2CrNiN23-4	≤0.030	≤1.00	≤2.00	22.0~24.0	3.5~5.5	0.10~0.60	0.05~0.20	Cu：0.10~0.60	0.035	0.015
EN 10222-5:2017（E）	X2CrNiN23-4 1.4362	≤0.030	≤1.00	≤2.00	22.0~24.0	3.5~5.5	0.10~0.60	0.05~0.20	Cu：0.10~0.60	0.035	0.015

表 7-76 022Cr25Ni6Mo2N 钢牌号及化学成分（质量分数）对照 （%）

标准号	牌号 统一数字代号（旧牌号）	C	Si	Mn	Cr	Ni	Mo	N	P	S
									≤	
GB/T 20878—2007	022Cr25Ni6Mo2N S22553	≤0.030	≤1.00	≤2.00	24.00~26.00	5.50~6.50	1.20~2.00	0.14~0.20	0.030	0.030
ASTM A790/A790M—2018	S31200	≤0.030	≤1.00	≤2.00	24.0~26.0	5.50~6.50	1.20~2.00	0.14~0.20	0.045	0.030

表 7-77 022Cr25Ni7Mo3WCuN 钢牌号及化学成分（质量分数）对照 （%）

标准号	牌号 统一数字代号（旧牌号）	C	Si	Mn	Cr	Ni	Mo	N	其他	P	S
										≤	
GB/T 20878—2007	022Cr25Ni7Mo3WCuN S22583	≤0.030	≤0.75	≤1.00	24.00~26.00	5.50~7.50	2.50~3.50	0.10~0.30	Ti≤0.05 Cu：0.20~0.80	0.030	0.030
							W：0.10~0.50				

JIS G4303:2012	SUS329J4L	≤0.030	≤1.00	≤1.50	24.00~26.00	5.50~7.50	2.50~3.50	0.08~0.30	—	0.040	0.030
ASTM A790/A790M—2018	S32160	≤0.030	≤0.75	≤1.00	24.0~26.0	5.5~7.5	2.5~3.5	0.10~0.30	Cu：0.20~0.80 W：0.10~0.50	0.030	0.030
ISO 15510:2014（E）	X2CrNiMoN25-7-3	≤0.030	≤1.00	≤1.50	24.0~26.0	5.5~7.5	2.50~3.5	0.08~0.30	—	0.040	0.030

表7-78 03Cr25Ni6Mo3Cu2N钢牌号及化学成分（质量分数）对照 （%）

标准号	牌号 统一数字代号（旧牌号）	C	Si	Mn	Cr	Ni	Mo	N	其他	P	S
										≤	
GB/T 20878—2007	03Cr25Ni6Mo3Cu2N S25554	≤0.04	≤1.00	≤1.50	24.00~27.00	4.50~6.50	2.90~3.90	0.10~0.25	Cu：1.50~2.50	0.035	0.030
ASTM A790/A790M—2018	255 S32550	≤0.04	≤1.00	≤1.50	24.0~27.0	4.5~6.5	2.9~3.9	0.10~0.25	Cu：1.50~2.50	0.030	0.030
ISO 9328-7:2018（E）	X2CrNiMoCuN25-6-3	≤0.030	≤0.70	≤2.00	24.0~26.0	6.0~8.0	3.0~4.0	0.20~0.30	Cu：1.00~2.50	0.035	0.015
EN 10222-5:2017（E）	X2CrNiMoCuN25-6-3 1.4507	≤0.030	≤0.70	≤2.00	24.0~26.0	6.0~8.0	3.00~4.0	0.20~0.30	Cu：1.00~2.50	0.035	0.015

表 7-79 022Cr25Ni7Mo4N 钢牌号及化学成分（质量分数）对照 （%）

标准号	牌号 统一数字代号（旧牌号）	C	Si	Mn	Cr	Ni	Mo	N	其他	P	S
										≤	
GB/T 20878—2007	022Cr25Ni7Mo4N S25073	≤0. 030	≤0. 80	≤1. 20	24. 00 ~ 26. 00	6. 00 ~ 8. 00	3. 00 ~ 5. 00	0. 24 ~ 0. 32	Cu≤0. 50	0. 035	0. 020
ASTM A790/A790M—2018	2507 S32750	≤0. 030	≤0. 80	≤1. 20	24. 0 ~ 26. 0	6. 0 ~ 8. 0	3. 0 ~ 5. 0	0. 24 ~ 0. 32	Cu≤0. 5	0. 035	0. 020
ISO 9328 - 7:2018（E）	X2CrNiMoN25 - 7 - 4	≤0. 030	≤1. 00	≤2. 00	24. 0 ~ 26. 0	6. 0 ~ 8. 0	3. 0 ~ 4. 5	0. 24 ~ 0. 35	—	0. 035	0. 015
EN 10222 - 5:2017（E）	X2CrNiMoN25 - 7 - 4 1. 4410	≤0. 030	≤1. 00	≤2. 00	24. 0 ~ 26. 0	6. 0 ~ 8. 0	3. 00 ~ 4. 5	0. 24 ~ 0. 35	—	0. 035	0. 015

表 7-80 022Cr25Ni7Mo4WCuN 钢牌号及化学成分（质量分数）对照 （%）

<table>
<tr><th rowspan="2">标准号</th><th rowspan="2">牌号
统一数字代号（旧牌号）</th><th rowspan="2">C</th><th rowspan="2">Si</th><th rowspan="2">Mn</th><th rowspan="2">Cr</th><th rowspan="2">Ni</th><th rowspan="2">Mo</th><th rowspan="2">N</th><th rowspan="2">其他</th><th>P</th><th>S</th></tr>
<tr><th colspan="2">≤</th></tr>
<tr><td rowspan="2">GB/T 20878—2007</td><td rowspan="2">022Cr25Ni7Mo4WCuN
S27603</td><td rowspan="2">≤0. 030</td><td rowspan="2">≤1. 00</td><td rowspan="2">≤1. 00</td><td rowspan="2">24. 00 ~
26. 00</td><td rowspan="2">6. 00 ~
8. 00</td><td>3. 00 ~
4. 00</td><td>0. 20 ~
0. 30</td><td rowspan="2">Cu：0. 50 ~
1. 00</td><td>0. 030</td><td>0. 010</td></tr>
<tr><td colspan="2">W：0. 50 ~ 1. 00</td><td colspan="2">Cr + 3. 3Mo +
16N≥40</td></tr>
<tr><td rowspan="2">ASTM A790/A790M—2018</td><td rowspan="2">S32760</td><td rowspan="2">≤0. 030</td><td rowspan="2">≤1. 00</td><td rowspan="2">≤1. 00</td><td rowspan="2">24. 0 ~
26. 0</td><td rowspan="2">6. 0 ~
8. 0</td><td rowspan="2">3. 0 ~
4. 0</td><td rowspan="2">0. 20 ~
0. 30</td><td rowspan="2">Cu：0. 50 ~
1. 00
W：0. 50 ~
1. 00</td><td>0. 030</td><td>0. 010</td></tr>
<tr><td colspan="2">Cr + 3. 3Mo +
16 + N≥40</td></tr>
</table>

标准号	牌号 统一数字代号（旧牌号）	C	Si	Mn	Cr	Ni	Mo	N	其他	P ≤	S ≤
ISO 15510:2014（E）	X2CrNiMoCuWN 25－7－4	≤0.030	≤1.00	≤1.00	24.0～26.0	6.0～8.0	3.0～4.0 W：0.50～1.00	0.20～0.30	Cu：0.50～1.00	0.030	0.010
EN 10222－5:2017（E）	X2CrNiMoCuWN 25－7－4／1.4501	≤0.030	≤1.00	≤1.00	24.0～26.0	6.0～8.0	3.00～4.0 W：0.50～1.00	0.20～0.30	Cu：0.50～1.00	0.030	0.015

表7-81　03Cr22Mn5Ni2MoCuN钢牌号及化学成分（质量分数）对照　（%）

标准号	牌号 统一数字代号（旧牌号）	C	Si	Mn	Cr	Ni	Mo	N	其他	P	S
										≤	
GB/T 3280—2015	03Cr22Mn5Ni2MoCuN S22294	≤0.04	≤1.00	4.00～6.00	21.00～22.00	1.35～1.70	0.10～0.80	0.20～0.25	Cu：0.10～0.80	0.040	0.030
ASTM A790/A790M—2018	S32101	≤0.04	≤1.00	4.0～6.0	21.0～22.0	1.35～1.70	0.10～0.80	0.20～0.25	Cu：0.10～0.80	0.040	0.030
ISO 9328－7:2018（E）	X2CrMnNiN21－5－1	≤0.040	≤1.00	4.0～6.0	21.0～22.0	1.35～1.90	0.10～0.80	0.20～0.25	Cu：0.10～0.80	0.035	0.005
EN 10088－2:2014（E）	X2CrMnNiN21－5－1 1.4162	≤0.040	≤1.00	4.0～6.0	21.0～22.0	1.35～1.90	0.10～0.80	0.20～0.25	Cu：0.10～0.80	0.035	0.030

表 7-82 022Cr21Ni3Mo2N 钢牌号及化学成分（质量分数）对照 （%）

标准号	牌号 统一数字代号（旧牌号）	C	Si	Mn	Cr	Ni	Mo	N	P	S
									≤	
GB/T 3280—2015	022Cr21Ni3Mo2N S22153	≤0.030	≤1.00	≤2.00	19.50 ~ 22.50	3.00 ~ 4.00	1.50 ~ 2.00	0.14 ~ 0.20	0.030	0.020
ASTM A790/A790M—2018	S32003	≤0.030	≤1.00	≤2.00	19.5 ~ 22.5	3.0 ~ 4.0	1.50 ~ 2.00	0.14 ~ 0.20	0.030	0.020

表 7-83 022Cr24Ni7Mo4CuN 钢牌号及化学成分（质量分数）对照 （%）

标准号	牌号 统一数字代号（旧牌号）	C	Si	Mn	Cr	Ni	Mo	N	其他	P	S
										≤	
GB/T 31303—2014	022Cr24Ni7Mo4CuN S25203	≤0.030	≤0.80	≤1.50	23.00 ~ 25.00	5.50 ~ 8.00	3.00 ~ 5.00	0.20 ~ 0.35	Ti≤0.05 Cu：0.50 ~ 3.00	0.035	0.020
ASTM A790/A790M -2018	S32003	≤0.030	≤0.80	≤1.50	24.0 ~ 26.0	5.5 ~ 8.0	3.0 ~ 5.0	0.20 ~ 0.35	Cu：0.5 ~ 3.00	0.035	0.020
ISO 15510:2014（E）	X2CrNiMoCuN25 -6 -3	≤0.030	≤0.70	≤2.00	24.0 ~ 26.0	6.0 ~ 8.0	3.0 ~ 4.0	0.20 ~ 0.30	Cu：1.00 ~ 2.50	0.035	0.015
EN 10222 -5:2017（E）	X2CrNiMoCuN25 -6 -3 1.4507	≤0.030	≤0.70	≤2.00	24.0 ~ 26.0	6.0 ~ 8.0	3.00 ~ 4.0	0.20 ~ 0.30	Cu：1.00 ~ 2.50	0.035	0.015

表7-84 06Cr26Ni4Mo2钢牌号及化学成分（质量分数）对照 （%）

标准号	牌号 统一数字代号（旧牌号）	C	Si	Mn	Cr	Ni	Mo	N	其他	P	S
										≤	
GB/T 31303—2014	06Cr26Ni4Mo2 S22693 （0Cr2Ni5Mo2）	≤0.08	≤0.75	≤1.00	23.00～28.00	2.50～5.00	1.00～2.00	—	Ti≤0.05 Cu≤0.50	0.035	0.030
JIS G4303:2012	SUS329J1	≤0.08	≤1.00	≤1.50	23.00～28.00	3.00～6.00	1.00～3.00	—	—	0.040	0.030
ASTM A790/A790M—2018	329 S32900	≤0.08	≤0.75	≤1.00	23.0～28.0	2.5～5.0	1.00～2.00	—	—	0.040	0.030
ISO 15510:2014（E）	X6CrNiMo26－4－2	≤0.08	≤0.75	≤1.00	23.0～28.0	2.5～5.0	1.00～2.00	—	—	0.040	0.030

表7-85 022Cr29Ni5Mo2N钢牌号及化学成分（质量分数）对照 （%）

标准号	牌号 统一数字代号（旧牌号）	C	Si	Mn	Cr	Ni	Mo	N	其他	P	S
										≤	
GB/T 31303—2014	022Cr29Ni5Mo2N S29503	≤0.030	≤0.60	≤2.00	26.00～29.00	3.50～5.20	1.00～2.50	0.15～0.35	Ti≤0.05 Cu≤0.50	0.035	0.010
ASTM A790/A790M—2018	S32950	≤0.030	≤0.60	≤2.00	26.0～29.0	3.5～5.2	1.00～2.50	0.15～0.35	—	0.035	0.010
ISO 15510:2014（E）	X3CrNiMoN27－5－2	≤0.050	≤1.00	≤2.00	25.0～28.0	4.5～6.5	1.30～2.00	0.05～0.20	—	0.035	0.030
EN 10088－3:2014（E）	X3CrNiMoN27－5－2 1.4460	≤0.05	≤1.00	≤2.00	25.0～28.0	4.5～6.5	1.30～2.00	0.05～0.20	—	0.035	0.030

表 7-86 022Cr21Mn3Ni3Mo2N 钢牌号及化学成分（质量分数）对照 （%）

标准号	牌号 统一数字代号（旧牌号）	C	Si	Mn	Cr	Ni	Mo	N	其他	P ≤	S ≤
GB/T 3280—2015	022Cr21Mn3Ni3Mo2N S22193	≤0.030	≤1.00	2.00 ~ 4.00	19.00 ~ 22.00	2.00 ~ 4.00	1.00 ~ 2.00	0.14 ~ 0.20	—	0.040	0.030
ASTM A790/A790M—2018	S81921	≤0.030	≤1.00	2.00 ~ 4.00	19.0 ~ 22.0	2.00 ~ 4.00	1.00 ~ 2.00	0.14 ~ 0.20	—	0.040	0.030

表 7-87 022Cr21Mn5Ni2N 钢牌号及化学成分（质量分数）对照 （%）

标准号	牌号 统一数字代号（旧牌号）	C	Si	Mn	Cr	Ni	Mo	N	其他	P ≤	S ≤
GB/T 3280—2015	022Cr21Mn5Ni2N S22152	≤0.030	≤1.00	4.00 ~ 6.00	19.50 ~ 21.50	1.00 ~ 3.00	≤0.60	0.05 ~ 0.17	Cu≤1.00	0.040	0.030
ASTM A789/A789M—2017	S32001	≤0.030	≤1.00	4.00 ~ 6.00	19.5 ~ 21.5	1.00 ~ 3.00	≤0.60	0.05 ~ 0.17	Cu≤1.00	0.040	0.030
ISO 15510:2014（E）	X3CrMnNiMoN21-5-3	≤0.030	≤1.00	4.00 ~ 6.00	19.5 ~ 21.5	1.50 ~ 3.50	0.10 ~ 0.60	0.05 ~ 0.20	Cu≤1.00	0.035	0.030
EN 10028-7:2016（E）	X2CrMnNiMoN21-5-3 1.4482	≤0.030	≤1.00	4.0 ~ 6.0	19.5 ~ 21.5	1.50 ~ 3.50	0.10 ~ 0.60	0.05 ~ 0.20	Cu≤1.00	0.035	0.030

表 7-88 022Cr22Mn3Ni2MoN 钢牌号及化学成分（质量分数）对照 （%）

标准号	牌号 统一数字代号（旧牌号）	C	Si	Mn	Cr	Ni	Mo	N	其他	P ≤	S ≤
GB/T 3280—2015	022Cr22Mn3Ni2MoN S22253	≤0.030	≤1.00	2.00 ~ 3.00	20.50 ~ 23.50	1.00 ~ 2.00	0.10 ~ 1.00	0.15 ~ 0.27	Cu≤0.50	0.040	0.020
ASTM A790/A790M—2018	S82011	≤0.030	≤1.00	2.00 ~ 3.00	20.5 ~ 23.5	1.00 ~ 2.00	0.10 ~ 1.00	0.15 ~ 0.27	Cu≤0.50	0.040	0.020

表7-89　022Cr23Ni2N钢牌号及化学成分（质量分数）对照　（%）

标准号	牌号 统一数字代号（旧牌号）	C	Si	Mn	Cr	Ni	Mo	N	其他	P	S
										≤	
GB/T 3280—2015	022Cr23Ni2N S22353	≤0.030	≤1.00	≤2.00	21.50～24.00	1.00～2.80	≤0.45	0.18～0.26	—	0.040	0.010
ASTM A790/A790M—2018	S32202	≤0.030	≤1.00	≤2.00	21.5～24.0	1.00～2.80	≤0.45	0.18～0.26	—	0.040	0.010
ISO 9328-7:2018（E）	X2CrNiN22-2	≤0.030	≤1.00	≤2.00	21.0～23.8	1.5～2.9	≤0.45	0.16～0.28	—	0.040	0.010
EN 10028-7:2016（E）	X2CrNiN22-2 1.4062	≤0.030	≤1.00	≤2.00	21.5～24.0	1.00～2.90	≤0.45	0.16～0.28	—	0.040	0.010

表7-90　022Cr24Ni4Mn3Mo2CuN钢牌号及化学成分（质量分数）对照　（%）

标准号	牌号 统一数字代号（旧牌号）	C	Si	Mn	Cr	Ni	Mo	N	其他	P	S
										≤	
GB/T 3280—2015	022Cr24Ni4Mn3Mo2CuN S22493	≤0.030	≤0.70	2.50～4.00	23.00～25.00	3.00～4.50	1.00～2.00	0.20～0.30	Cu：0.10～0.80	0.035	0.005
ASTM A790/A790M—2018	S82441	≤0.030	≤0.70	2.5～4.0	23.0～25.0	3.0～4.5	1.00～2.00	0.20～0.30	Cu：0.10～0.80	0.035	0.005
ISO 9328-7:2018（E）	X2CrNiMnMoCuN 24-4-3-2	≤0.030	≤0.70	2.50～4.0	23.5～25.0	3.0～4.5	1.00～2.00	0.20～0.30	Cu：0.10～0.80	0.035	0.005
EN 10088-1:2014（E）	X2CrNiMnMoCuN 24-4-3-2/1.4552	≤0.030	≤0.70	2.50～4.0	23.5～25.0	3.0～4.5	1.00～2.00	0.20～0.30	Cu：0.10～0.80	0.035	0.005

7.3 铁素体型不锈钢和耐热钢牌号及化学成分

铁素体型不锈钢和耐热钢牌号及化学成分对照见表7-91～表7-116。

表7-91 06Cr13Al钢牌号及化学成分（质量分数）对照 （%）

标准号	牌号 统一数字代号（旧牌号）	C	Si	Mn	Cr	Ni	Mo	N	其他	P	S
										≤	
GB/T 20878—2007	06Cr13Al S11348 （1Cr13Al）	≤0.08	≤1.00	≤1.00	11.50～14.50	≤0.60	—	—	Al：0.10～0.30	0.040	0.030
JIS G4303—2012	SUS405	≤0.08	≤1.00	≤1.00	11.50～14.50	—	—	—	Al：0.10～0.30	0.040	0.030
ASTM A959—2016	405 S40500	≤0.08	≤1.00	≤1.00	11.5～14.5	≤0.50	—	—	Al：0.10～0.30	0.040	0.030
ISO 15510:2014（E）	XCrAl13	≤0.08	≤1.00	≤1.00	11.5～14.5	—	—	—	Al：0.10～0.30	0.040	0.030
EN 10088-2:2014（E）	XCrAl13 1.4002	≤0.08	≤1.00	≤1.00	12.0～14.0	—	—	—	Al：0.10～0.30	0.040	0.015

表 7-92 06Cr11Ti 钢牌号及化学成分（质量分数）对照 （%）

标准号	牌号 统一数字代号（旧牌号）	C	Si	Mn	Cr	Ni	Mo	N	其他	P ≤	S ≤
GB/T 20878—2007	06Cr11Ti S11168 （0Cr11Ti）	≤0.08	≤1.00	≤1.00	10.50～11.70	≤0.60	—	—	Ti：5C～0.75	0.045	0.030
JIS G4312—2012	SUH409	≤0.08	≤1.00	≤1.00	10.50～11.75	≤0.60	—	—	Ti：6C～0.75	0.040	0.030
ASTM A959—2016	409 S40900	≤0.08	≤1.00	≤1.00	10.5～11.7	≤0.50	—	—	Ti：6C～0.75	0.045	0.030

表 7-93 022Cr11Ti 钢牌号及化学成分（质量分数）对照 （%）

标准号	牌号 统一数字代号（旧牌号）	C	Si	Mn	Cr	Ni	Mo	N	其他	P ≤	S ≤
GB/T 20878—2007	022Cr11Ti S11163	≤0.030	≤1.00	≤1.00	10.50～11.70	≤0.60	Nb≤0.10	≤0.030	Ti：0.15～0.50 Ti≥8（C+N）	0.040	0.020
JIS G4312—2012	SUH409L	≤0.030	≤1.00	≤1.00	10.50～11.75	≤0.60	—	—	Ti：6C～0.75	0.040	0.030
ASTM A959—2016	S40910	≤0.030	≤1.00	≤1.00	10.5～11.7	≤0.50	—	≤0.030	Ti:6(C+N)～0.50	0.045	0.020
ISO 4955:2016（E）	X2CrTi12	≤0.030	≤1.00	≤1.00	10.5～12.5	≤0.50	—	≤0.030	Ti:6(C+N)～0.65	0.040	0.015
EN 10088-1:2014（E）	X2CrTi12 1.4512	≤0.030	≤1.00	≤1.00	10.5～12.5	—	—	—	Ti:6(C+N)～0.65	0.040	0.015

表 7-94 022Cr11NbTi 钢牌号及化学成分（质量分数）对照 （%）

标准号	牌号 统一数字代号（旧牌号）	C	Si	Mn	Cr	Ni	Mo	N	其他	P	S
										≤	
GB/T 20878—2007	022Cr11NbTi S11173	≤0.030	≤1.00	≤1.00	10.50 ~ 11.70	≤0.60	Nb≤0.10	≤0.030	Ti + Nb：8（C + N）+ 0.08 ~ 0.75 Ti≥0.05	0.040	0.020
ASTM A959—2016	S40930	≤0.030	≤1.00	≤1.00	10.5 ~ 11.7	≤0.50	—	≤0.030	Nb + Ti：0.08 + 8（C + N）~ 0.75 Ti≥0.05	0.045	0.020

表 7-95 022Cr12Ni 钢牌号及化学成分（质量分数）对照 （%）

标准号	牌号 统一数字代号（旧牌号）	C	Si	Mn	Cr	Ni	Mo	N	其他	P	S
										≤	
GB/T 20878—2007	022Cr12Ni S11213	≤0.030	≤1.00	≤1.50	10.50 ~ 12.50	0.30 ~ 1.00	—	≤0.030	—	0.040	0.015
ASTM A959—2016	S40977	≤0.030	≤1.00	≤1.50	10.5 ~ 12.5	0.30 ~ 1.00	—	≤0.030	—	0.045	0.015
ISO 9328 - 7:2018（E）	X2CrNi12	≤0.030	≤1.00	≤1.50	10.5 ~ 12.5	0.30 ~ 1.10	—	≤0.030	—	0.045	0.015
EN 10088 - 1:2014（E）	X2CrNi12 1.4003	≤0.030	≤1.00	≤1.50	10.5 ~ 12.5	0.30 ~ 1.00	—	≤0.030	—	0.045	0.015

表 7-96 022Cr12 钢牌号及化学成分（质量分数）对照 （%）

标准号	牌号 统一数字代号（旧牌号）	C	Si	Mn	Cr	Ni	Mo	N	其他	P	S
										≤	
GB/T 20878—2007	022Cr12 S11203 （00Cr12）	≤0.030	≤1.00	≤1.00	11.00～13.50	≤0.60	—	—	—	0.040	0.030
JIS G4303:2012	SUS410L	≤0.030	≤1.00	≤1.00	11.00～13.50	≤0.60	—	—	—	0.040	0.030
ISO 15510:2014（E）	X2Cr12	≤0.030	≤1.00	≤1.00	11.0～13.0	—	—	—	—	0.040	0.030

表 7-97 10Cr15 钢牌号及化学成分（质量分数）对照 （%）

标准号	牌号 统一数字代号（旧牌号）	C	Si	Mn	Cr	Ni	Mo	N	其他	P	S
										≤	
GB/T 20878—2007	10Cr15 S11510 （1Cr15）	≤0.12	≤1.00	≤1.00	14.00～16.00	≤0.60	—	—	—	0.040	0.030
JIS G4304:2012	SUS429	≤0.12	≤1.00	≤1.00	14.00～16.00	≤0.60	—	—	—	0.040	0.030
ASTM A959—2016	429 S42900	≤0.12	≤1.00	≤1.00	14.0～16.0	—	—	—	—	0.040	0.030
ISO 15510:2014（E）	X10Cr15	≤0.12	≤1.00	≤1.00	14.0～16.0	—	—	—	—	0.040	0.030

表 7-98 022Cr15NbTi 钢牌号及化学成分（质量分数）对照 （%）

标准号	牌号 统一数字代号（旧牌号）	C	Si	Mn	Cr	Ni	Mo	N	其他	P ≤	S ≤
GB/T 3280—2015	022Cr15NbTi S11573	≤0.030	≤1.20	≤1.20	14.00~16.00	≤0.60	≤0.50	≤0.030	Ti+Nb：0.30~0.80	0.040	0.030
JIS G4304:2012	SUS429	≤0.12	≤1.00	≤1.00	14.00~16.00	—	—	—	—	0.040	0.030
ASTM A959—2016	429 S42900	≤0.12	≤1.00	≤1.00	14.0~16.0	—	—	—	—	0.040	0.030
ISO 15510:2014（E）	X1CrNb15	≤0.020	≤1.00	≤1.00	14.0~16.0	—	—	≤0.020	Nb：0.20~0.60	0.035	0.015
EN 10088-1:2014（E）	X1CrNb15 1.4596	≤0.020	≤1.00	≤1.00	14.0~16.0	—	—	≤0.020	Nb：0.20~0.60	0.025	0.015

表 7-99 10Cr17 钢牌号及化学成分（质量分数）对照 （%）

标准号	牌号 统一数字代号（旧牌号）	C	Si	Mn	Cr	Ni	Mo	N	其他	P ≤	S ≤
GB/T 20878—2007	10Cr17 S11710 （1Cr17）	≤0.12	≤1.00	≤1.00	16.00~18.00	≤0.60	—	—	—	0.040	0.030
ГОСТ 5632—1972	12X17	≤0.12	≤0.8	≤0.8	16.0~18.0	—	—	—	—	0.035	0.025
JIS G4303:2012	SUS430	≤0.12	≤0.75	≤1.00	16.00~18.00	≤0.60	—	—	—	0.040	0.030

ASTM A959—2016	430 S43000	≤0.12	≤1.00	≤1.00	16.0 ~ 18.0	—	—	—	—	0.040	0.030
ISO 15510:2014（E）	X6Cr17	≤0.08	≤1.00	≤1.00	16.0 ~ 18.0	—	—	—	—	0.040	0.030
EN 10263 -5:2017（E）	X6Cr17 1.4016	≤0.08	≤1.00	≤1.00	16.0 ~ 18.0	—	—	—	—	0.040	0.015

表 7-100 Y10Cr17 钢牌号及化学成分（质量分数）对照 （%）

标准号	牌号 统一数字代号（旧牌号）	C	Si	Mn	Cr	Ni	Mo	N	其他	P	S
										≤	
GB/T 20878—2007	Y10Cr17 S11717 （Y1Cr17）	≤0.12	≤1.00	≤1.25	16.00 ~ 18.00	≤ （0.60）	≤ （0.60）	—	—	0.060	≥0.15
JIS G4309:2013	SUS430F	≤0.12	≤1.00	≤1.25	16.00 ~ 18.00	≤0.60	≤0.60	—	—	0.060	≥0.15
ASTM A959—2016	430F S43020	≤0.12	≤1.00	≤1.25	16.0 ~ 18.0	—	—	—	—	0.060	≥0.15
ISO 15510:2014（E）	X7CrS17	≤0.09	≤1.50	≤1.50	16.0 ~ 18.0	—	≤0.60	—	—	0.040	≥0.15

表 7-101 022Cr17NbTi 钢牌号及化学成分（质量分数）对照 （%）

标准号	牌号 统一数字代号（旧牌号）	C	Si	Mn	Cr	Ni	Mo	N	其他	P	S
										≤	
GB/T 3280—2015	022Cr17NbTi S11763	≤0.030	≤0.75	≤1.00	16.00～19.00	—	—	—	Ti+Nb：0.10～1.00	0.035	0.020
ГОСТ 5632—1972	08X17T	≤0.08	≤0.8	≤0.8	16.0～18.0	—	—	—	Ti：5C～0.80	0.035	0.025
JIS G4304:2012	SUS430LX	≤0.030	≤0.75	≤1.00	16.00～19.00	≤0.60	—	—	Ti或Nb：0.10～1.00	0.040	0.030
ISO 9328-7:2018（E）	X2CrTi17	≤0.025	≤0.50	≤0.50	16.0～18.0	—	—	≤0.015	Ti：0.30～0.60	0.040	0.015
EN 10088-1:2014（E）	X2CrTi17 1.4520	≤0.025	≤0.50	≤0.50	16.0～18.0	—	—	≤0.015	Ti:4(C+N)+0.15～0.80	0.040	0.015

表 7-102 10Cr17Mo 钢牌号及化学成分（质量分数）对照 （%）

标准号	牌号 统一数字代号（旧牌号）	C	Si	Mn	Cr	Ni	Mo	N	其他	P	S
										≤	
GB/T 20878—2007	10Cr17Mo S11790 （1Cr17Mo）	≤0.12	≤1.00	≤1.00	16.00～18.00	≤(0.60)	0.75～1.25	—	—	0.040	0.030
JIS G4303:2012	SUS434	≤0.12	≤1.00	≤1.00	16.00～18.00	≤0.60	0.75～1.25	—	—	0.040	0.030

ASTM A959—2016	434 S43400	≤0.12	≤1.00	≤1.00	16.0 ~ 18.0	—	0.75 ~ 1.25	—	—	0.040	0.030
ISO 15510:2014（E）	X6CrMo17 - 1	≤0.08	≤1.00	≤1.00	16.0 ~ 18.0	—	0.75 ~ 1.40	—	—	0.040	0.030
EN 10263—5:2017（E）	X6CrMo17 - 1 1.4113	≤0.08	≤1.00	≤1.00	16.0 ~ 18.0	—	0.90 ~ 1.40	—	—	0.040	0.030

表7-103 10Cr17MoNb钢牌号及化学成分（质量分数）对照 （%）

标准号	牌号 统一数字代号（旧牌号）	C	Si	Mn	Cr	Ni	Mo	N	其他	P	S
										≤	
GB/T 20878—2007	10Cr17MoNb S11770	≤0.12	≤1.00	≤1.00	16.00 ~ 18.00	—	0.75 ~ 1.25	—	Nb: 5C ~ 0.80	0.040	0.030
ASTM A959—2016	436 S43600	≤0.12	≤1.00	≤1.00	16.0 ~ 18.0	—	0.75 ~ 1.25	—	Nb 5C ~ 0.80	0.040	0.030
ISO 9328 - 7:2018（E）	X6CrMoNb17 - 1	≤0.08	≤1.00	≤1.00	16.0 ~ 18.0	—	0.80 ~ 1.40	≤0.040	Nb:7(C + N) + 0.10 ~ 1.00	0.040	0.015
EN 10088 - 1:2014（E）	X6CrMoNb17 - 1 1.4526	≤0.08	≤1.00	≤1.00	16.0 ~ 18.0	—	0.80 ~ 1.40	≤0.040	Nb:7(C + N) + 0.10 ~ 1.00	0.040	0.015

表 7-104 022Cr18Ti 钢牌号及化学成分（质量分数）对照 （%）

标准号	牌号 统一数字代号（旧牌号）	C	Si	Mn	Cr	Ni	Mo	N	其他	P	S
										≤	
GB/T 3280—2015	022Cr18Ti S11863	≤0.030	≤1.00	≤1.00	17.00 ~ 19.00	≤0.50	Al≤0.15	≤0.030	Ti:0.20 +4（C+N）~1.10	0.040	0.030
ASTM A959—2016	439 S43035	≤0.030	≤1.00	≤1.00	17.0 ~ 19.0	≤0.50	Al≤0.15	≤0.030	Ti:0.20 +4(C+N) ~1.10	0.040	0.030

表 7-105 019Cr18MoTi 钢牌号及化学成分（质量分数）对照 （%）

标准号	牌号 统一数字代号（旧牌号）	C	Si	Mn	Cr	Ni	Mo	N	其他	P	S
										≤	
GB/T 20878—2007	019Cr18MoTi S11862	≤0.025	≤1.00	≤1.00	16.00 ~ 19.00	≤0.60	0.75 ~ 1.50	≤0.025	Ti、Nb、Zr 或其组合 8（C+N）~ 0.80	0.040	0.030
JIS G4304:2012	SUS436L	≤0.025	≤1.00	≤1.00	16.00 ~ 19.00	≤0.60	0.75 ~ 1.50	≤0.025	Ti、Nb、Zr: 8（C+N）~ 0.80	0.040	0.030
ISO 15510:2014（E）	X2CrMoTi18 - 1	≤0.025	≤1.00	≤1.00	16.0 ~ 19.0	—	0.75 ~ 1.50	≤0.025	Ti、Nb、Zr: 8（C+N）~ 0.80	0.040	0.030

表7-106 022Cr18NbTi钢牌号及化学成分（质量分数）对照 （%）

标准号	牌号 统一数字代号（旧牌号）	C	Si	Mn	Cr	Ni	Mo	N	其他	P	S
										≤	
GB/T 20878—2007	022Cr18NbTi S11873	≤0.030	≤1.00	≤1.00	17.50~18.50	≤0.60	0.10~0.60	—	Nb≥0.30+3C	0.040	0.015
ASTM A959—2016	S43940	≤0.030	≤1.00	≤1.00	17.5~18.5	—	0.10~0.60	—	Nb≥0.30+3C	0.040	0.015
	S43932				17.00~19.00	≤0.50	Al≤0.15	≤0.030	Ti+Nb:0.20+4(C+N)~0.75	0.040	0.030
ISO 9328-7:2018（E）	X2CrTiNb18	≤0.03	≤1.00	≤1.00	17.5~18.5	—	0.10~0.60	—	Nb:3C+0.30~1.00	0.040	0.015
EN 10088-1:2014（E）	X2CrTiNb18 1.4509	≤0.03	≤1.00	≤1.00	17.5~18.5	—	0.10~0.60	—	Nb:3C+0.30~1.00	0.040	0.015

表7-107 019Cr18CuNb钢牌号及化学成分（质量分数）对照 （%）

标准号	牌号 统一数字代号（旧牌号）	C	Si	Mn	Cr	Ni	Mo	N	其他	P	S
										≤	
GB/T 3280—2015	019Cr18CuNb 11882	≤0.025	≤1.00	≤1.00	16.00~20.00	≤0.60	—	≤0.025	Cu：0.30~0.80 Nb：8（C+N）~0.8	0.040	0.030
JIS G4305:2012	SUS430J1L	≤0.025	≤1.00	≤1.00	16.00~20.00	≤0.60	—	≤0.025	Ti、Nb、Zr:8(C+N)~0.80 Cu:0.30~0.80	0.040	0.030

（续）

标准号	牌号 统一数字代号（旧牌号）	C	Si	Mn	Cr	Ni	Mo	N	其他	P	S
										≤	
ISO 15510:2014（E）	X2CrCuTi18	≤0.025	≤1.00	≤1.00	16.0～20.0	—	—	≤0.025	Ti:8(C+N)～0.80 Cu:0.30～0.80	0.040	0.030

表 7-108　019Cr19Mo2NbTi 钢牌号及化学成分（质量分数）对照　（%）

标准号	牌号 统一数字代号（旧牌号）	C	Si	Mn	Cr	Ni	Mo	N	其他	P	S
										≤	
GB/T 20878—2007	019Cr19Mo2NbTi S11972 (00Cr18Mo2)	≤0.025	≤1.00	≤1.00	17.50～19.50	≤1.00	1.75～2.50	≤0.035	Ti+Nb: 0.20+4(C+N)～0.80	0.040	0.030
JIS G4304:2012	SUS444	≤0.025	≤1.00	≤1.00	17.00～20.00	≤0.60	1.75～2.50	≤0.025	Ti、Nb、Zr:8(C+N)～0.80	0.040	0.030
ASTM A959—2016	444 S44400	≤0.025	≤1.00	≤1.00	17.5～19.5	≤1.00	1.75～2.50	≤0.025	Ti+Nb:0.20+4(C+N)～0.80	0.040	0.030
ISO 9328-7:2018（E）	X2CrMoTi18-2	≤0.025	≤1.00	≤1.00	17.0～20.0	—	1.80～2.50	≤0.030	Ti:4(C+N)+0.15～0.80	0.040	0.015
EN 10088-1:2014（E）	X2CrMoTi18-2 1.4521	≤0.025	≤1.00	≤1.00	17.0～20.0	—	1.80～2.60	≤0.030	Ti:4(C+N)+0.15～0.80	0.040	0.015

表 7-109 019Cr21CuTi 钢牌号及化学成分（质量分数）对照 （%）

标准号	牌号 统一数字代号（旧牌号）	C	Si	Mn	Cr	Ni	Cu	N	其他	P	S
										≤	
GB/T 3280—2015	019Cr21CuTi S12182	≤0.025	≤1.00	≤1.00	20.50~23.00	—	0.30~0.80	≤0.025	Ti、Nb、Zr 或其组合 8(C+N)~0.80	0.030	0.030
JIS G4305:2012	SUS443J1	≤0.025	≤1.00	≤1.00	20.00~23.00	≤0.60	0.30~0.80	≤0.025	Ti、Nb、Zr:8(C+N)~0.80	0.040	0.030
ASTM A959—2016	S44330	≤0.025	≤1.00	≤1.00	20.0~23.0		0.30~0.80	≤0.025	Ti+Nb:8(C+N)~0.80	0.040	0.030
ISO 15510:2014（E）	X2CrTiCu22	≤0.025	≤1.00	≤1.00	20.0~23.0	—	0.30~0.80	≤0.030	Ti:8(C+N)~0.80	0.040	0.030

表 7-110 019Cr23Mo2Ti 钢牌号及化学成分（质量分数）对照 （%）

标准号	牌号 统一数字代号（旧牌号）	C	Si	Mn	Cr	Ni	Mo	N	其他	P	S
										≤	
GB/T 3280—2015	019Cr23Mo2Ti S12361	≤0.025	≤1.00	≤1.00	21.00~24.00	Cu≤0.60	1.50~2.50	≤0.025	Ti、Nb、Zr 或其组合 8(C+N)~0.80	0.040	0.030
JIS G4305:2012	SUS445J2	≤0.025	≤1.00	≤1.00	21.00~24.00	—	1.50~2.50	≤0.025	—	0.040	0.030
ISO 15510:2014（E）	X2CrMo23-2	≤0.025	≤1.00	≤1.00	21.00~24.00	—	1.50~2.50	≤0.025	—	0.040	0.030

表7-111 019Cr23MoTi钢牌号及化学成分（质量分数）对照 （%）

标准号	牌号 统一数字代号（旧牌号）	C	Si	Mn	Cr	Ni	Mo	N	其他	P	S
										≤	
GB/T 3280—2015	019Cr23MoTi S12362	≤0.025	≤1.00	≤1.00	21.00 ~ 24.00	Cu≤ 0.60	0.70 ~ 1.50	≤0.025	Ti、Nb、Zr 或其组合 8(C+N) ~0.80	0.040	0.030
JIS G4305:2012	SUS445J1	≤0.025	≤1.00	≤1.00	21.00 ~ 24.00	—	0.70 ~ 1.50	≤0.025	—	0.040	0.030
ISO 15510:2014（E）	X2CrMo23-1	≤0.025	≤1.00	≤1.00	21.00 ~ 24.00	—	0.70 ~ 1.50	≤0.025	—	0.040	0.030

表7-112 16Cr25N钢牌号及化学成分（质量分数）对照 （%）

标准号	牌号 统一数字代号（旧牌号）	C	Si	Mn	Cr	Ni	Mo	N	其他	P	S
										≤	
GB/T 20878—2007	16Cr25N S12550 （2Cr25N）	≤0.20	≤1.00	≤1.50	23.00 ~ 27.00	≤(0.60)	—	≤0.25	Cu≤ 0.30	0.040	0.030
JIS G4312:2011	SUH446	≤0.20	≤1.00	≤1.50	23.00 ~ 27.00	≤0.60	—	≤0.25	—	0.040	0.030
ASTM A959—2016	446 S44600	≤0.20	≤1.00	≤1.50	23.0 ~ 27.0	≤0.75	—	≤0.25	—	0.040	0.030
ISO 4955:2016（E）	X15CrN26	≤0.20	≤1.00	≤1.00	24.0 ~ 28.0	≤1.00	—	0.15 ~ 0.25	—	0.040	0.030

表 7-113 008Cr27Mo 钢牌号及化学成分（质量分数）对照 （%）

标准号	牌号 统一数字代号（旧牌号）	C	Si	Mn	Cr	Ni	Mo	N	其他	P	S
										≤	
GB/T 20878—2007	008Cr27Mo S12791 （00Cr27Mo）	≤0.010	≤0.40	≤0.40	25.00 ~ 27.50	—	0.75 ~ 1.50	≤0.015	—	0.030	0.020
JIS G4303:2012	SUSXM27	≤0.010	≤0.40	≤0.40	25.00 ~ 27.50	—	0.75 ~ 1.50	≤0.015	—	0.030	0.020
ASTM A959—2016	XM-27 S44627	≤0.010	≤0.40	≤0.40	25.0 ~ 27.5	≤0.50	0.75 ~ 1.50	≤0.015	Cu≤0.20 Ni + Cu≤0.50 Nb：0.05 ~ 0.20	0.030	0.020
ISO 15510:2014（E）	X1CrMo26-1	≤0.010	≤0.40	≤0.40	25.0 ~ 27.5	—	0.75 ~ 1.50	≤0.015	—	0.030	0.020

表 7-114 022Cr27Ni2Mo4NbTi 钢牌号及化学成分（质量分数）对照 （%）

标准号	牌号 统一数字代号（旧牌号）	C	Si	Mn	Cr	Ni	Mo	N	其他	P	S
										≤	
GB/T 3280—2015	022Cr27Ni2Mo4NbTi S12763	≤0.030	≤1.00	≤1.00	25.00 ~ 28.00	1.00 ~ 3.50	3.00 ~ 4.00	≤0.040	Ti + Nb： 0.20 ~ 1.00 或 Ti + Nb≥6(C + N)	0.040	0.030
ASTM A959—2016	26-3-3 S44660	≤0.030	≤1.00	≤1.00	25.0 ~ 28.0	1.0 ~ 3.5	3.0 ~ 4.0	≤0.040	Ti + Nb≥6(C + N)或 Ti + Nb： 0.20 ~ 1.00	0.040	0.030
ISO 15510:2014（E）	X2CrMoNi27-4-2	≤0.030	≤1.00	≤1.00	25.00 ~ 28.00	1.00 ~ 3.5	3.0 ~ 4.0	≤0.040	Ti + Nb:0.20 + 6(C + N) ~ 1.00	0.040	0.030

表 7-115 022Cr29Mo4NbTi 钢牌号及化学成分（质量分数）对照 （%）

标准号	牌号 统一数字代号（旧牌号）	C	Si	Mn	Cr	Ni	Mo	N	其他	P	S
										≤	
GB/T 3280—2015	022Cr29Mo4NbTi S12963	≤0.030	≤1.00	≤1.00	28.00～30.00	≤1.00	3.60～4.20	≤0.045	Ti + Nb：0.20～1.00 或 Ti + Nb≥6（C + N）	0.040	0.030
ASTM A959—2016	S44735	≤0.030	≤1.00	≤1.00	28.0～30.0	≤1.00	3.6～4.2	≤0.045	Ti + Nb≥6（C + N）或 Ti + Nb：0.20～1.00	0.040	0.030
EN 10088-1:2014（E）	X2CrMoTi29-4 1.4992	≤0.025	≤1.00	≤1.00	28.0～30.0	—	3.60～4.50	≤0.045	4（C + N）+0.15～0.80	0.030	0.010

表 7-116 008Cr30Mo2 钢牌号及化学成分（质量分数）对照 （%）

标准号	牌号 统一数字代号（旧牌号）	C	Si	Mn	Cr	Ni	Mo	N	其他	P	S
										≤	
GB/T 20878—2007	008Cr30Mo2 S13091 （00Cr30Mo2）	≤0.010	≤0.40	≤0.40	28.00～32.00	—	1.50～2.50	≤0.015	—	0.030	0.020
JIS G4303:2012	SUS447J1	≤0.010	≤0.40	≤0.40	28.00～32.00	—	1.50～2.50	≤0.015	—	0.030	0.020
ASTM A959-2016	S44725	≤0.015	≤0.40	≤0.40	25.0～28.5	≤0.30	1.5～2.5	≤0.015	Ti + Nb≥8（C + N）	0.040	0.020
ISO 15510:2014（E）	X1CrMo30-2	≤0.010	≤0.40	≤0.40	28.5～32.0	—	1.50～2.50	≤0.015	—	0.030	0.020

7.4 马氏体型不锈钢和耐热钢牌号及化学成分

马氏体型不锈钢和耐热钢牌号及化学成分对照见表7-117～表7-155。

表7-117 12Cr12钢牌号及化学成分（质量分数）对照（%）

标准号	牌号 统一数字代号 （旧牌号）	C	Si	Mn	Cr	Ni	Mo	N	其他	P	S
										≤	
GB/T 20878—2007	12Cr12 S40310 （1Cr12）	≤0.15	≤0.50	≤1.00	11.50～13.00	≤0.60	—	—	—	0.040	0.030
JIS G4303:2012	SUS403	≤0.15	≤0.50	≤1.00	11.50～13.00	≤0.60	—	—	—	0.040	0.030
ASTM A959—2016	403 S40300	≤0.15	≤0.50	≤1.00	11.5～13.0	—	—	—	—	0.040	0.030

表7-118 06Cr13钢牌号及化学成分（质量分数）对照（%）

标准号	牌号 统一数字代号 （旧牌号）	C	Si	Mn	Cr	Ni	Mo	N	其他	P	S
										≤	
GB/T 20878—2007	06Cr13 S41008 （0Cr13）	≤0.08	≤1.00	≤1.00	11.50～13.50	≤0.60	—	—	—	0.040	0.030
ГОСТ 5632—1972	08X13	≤0.08	≤0.8	≤0.8	12.0～14.0	≤0.60	—	—	—	0.030	0.025

（续）

标准号	牌号 统一数字代号 （旧牌号）	C	Si	Mn	Cr	Ni	Mo	N	其他	P	S
										≤	
JIS G4304:2012	SUS410S	≤0.08	≤1.00	≤1.00	11.50～13.50	≤0.60		—	—	0.040	0.030
ASTM A959—2016	410S S41008	≤0.08	≤1.00	≤1.00	11.5～13.5	—	—	—	—	0.040	0.030
ISO 4955:2016（E）	X06Cr13	≤0.08	≤1.00	≤1.00	12.0～14.0	≤1.00	—	—	—	0.040	0.030
EN 10088-2:2014（E）	X06Cr13 1.4000	≤0.08	≤1.00	≤1.00	12.0～14.0	—	—	—	—	0.040	0.015

表 7-119 12Cr13 钢牌号及化学成分（质量分数）对照 （%）

标准号	牌号 统一数字代号 （旧牌号）	C	Si	Mn	Cr	Ni	Mo	N	其他	P	S
										≤	
GB/T 20878—2007	12Cr13 S41010 （1Cr13）	≤0.15	≤1.00	≤1.00	11.50～13.50	≤0.60	—	—	—	0.040	0.030
ГОСТ 5632—1972	12X13	0.09～0.15	≤0.8	≤0.8	12.0～14.0	≤0.60	—	—	Ti≤0.20	0.030	0.025
JIS G4303:2012	SUS410	≤0.15	≤1.00	≤1.00	11.50～13.50	≤0.60	—	—	—	0.040	0.030
ASTM A959—2016	410 S41000	≤0.15	≤1.00	≤1.00	11.5～13.5	—	—	—	—	0.040	0.030
ISO 15510:2014（E）	X12Cr13	0.08～0.15	≤1.00	≤1.50	11.5～13.5	≤0.75	—	—	—	0.040	0.030
EN 10263-5:2017（E）	X12Cr13 1.4006	0.08～0.15	≤1.00	≤1.50	11.5～13.5	≤0.75	—	—	—	0.040	0.030

表7-120　04Cr13Ni5Mo钢牌号及化学成分（质量分数）对照　（%）

标准号	牌号 统一数字代号 （旧牌号）	C	Si	Mn	Cr	Ni	Mo	N	其他	P	S
										≤	
GB/T 20878—2007	04Cr13Ni5Mo S41595	≤0.05	≤0.60	0.50~1.00	11.50~14.00	3.50~5.50	0.50~1.00	—	—	0.030	0.030
ASTM A959—2016	S41500	≤0.05	≤0.60	0.50~1.00	11.5~14.0	3.5~5.5	0.50~1.00	—	—	0.030	0.030
ISO 15510:2014（E）	X3CrNiMo13-4	≤0.05	≤0.70	0.50~1.00	12.0~14.0	3.5~4.5	0.30~1.00	—	—	0.040	0.015
EN 10088-1:2014（E）	X3CrNiMo13-4 1.4313	≤0.05	≤0.70	0.50~1.00	12.0~14.0	3.5~4.5	0.30~0.70	≥0.020	—	0.040	0.015

表7-121　Y12Cr13钢牌号及化学成分（质量分数）对照　（%）

标准号	牌号 统一数字代号 （旧牌号）	C	Si	Mn	Cr	Ni	Mo	N	其他	P	S
										≤	
GB/T 20878—2007	Y12Cr13 S41617 （Y1Cr13）	≤0.15	≤1.00	≤1.25	12.00~14.00	≤0.60	≤0.60	—	—	0.060	≥0.15
JIS G4303:2012	SUS416	≤0.15	≤1.00	≤1.25	12.00~14.00	≤0.60	≤0.60	—	—	0.060	≥0.15
ASTM A959—2016	416 S41600	≤0.15	≤1.00	≤1.25	12.0~14.0	—	—	—	—	0.06	≥0.15
ISO 15510:2014（E）	X12CrS13	0.08~0.15	≤1.00	≤1.50	12.0~14.0	—	≤0.60	—	—	0.040	≥0.15
EN 10088-1:2014（E）	X12CrS13 1.4005	0.08~0.15	≤1.00	≤1.50	12.0~14.0	—	≤0.60	—	—	0.040	0.15~0.35

表7-122　20Cr13钢牌号及化学成分（质量分数）对照　（%）

标准号	牌号 统一数字代号 （旧牌号）	C	Si	Mn	Cr	Ni	Mo	N	其他	P	S
										≤	
GB/T 20878—2007	20Cr13 S42020 （2Cr13）	0.16～0.25	≤1.00	≤1.00	12.00～14.00	≤0.60	—	—	—	0.040	0.030
ГОСТ 5632—1972	20X13	0.16～0.25	≤0.8	≤0.8	12.0～14.0	≤0.60	—	—	Ti≤0.20	0.030	0.025
JIS G4303:2012	SUS420J1	0.16～0.25	≤1.00	≤1.00	12.00～14.00	≤0.60	—	—	—	0.040	0.030
ASTM A959—2016	420 S42000	≤0.15	≤1.00	≤1.00	12.0～14.0	—	—	—	—	0.040	0.030
ISO 15510:2014（E）	X20Cr13	0.16～0.25	≤1.00	≤1.50	12.0～14.0	—	—	—	—	0.040	0.030
EN 10088-1:2014（E）	X20Cr13 1.4021	0.16～0.25	≤1.00	≤1.50	12.0～14.0	—	—	—	—	0.040	0.015

表7-123　30Cr13钢牌号及化学成分（质量分数）对照　（%）

标准号	牌号 统一数字代号 （旧牌号）	C	Si	Mn	Cr	Ni	Mo	N	其他	P	S
										≤	
GB/T 20878—2007	30Cr13 S42030 （3Cr13）	0.26～0.35	≤1.00	≤1.00	12.00～14.00	≤0.60	—	—	—	0.040	0.030
ГОСТ 5632—1972	30X13	0.26～0.35	≤0.8	≤0.8	12.0～14.0	≤0.60	—	—	Ti≤0.20	0.030	0.020
JIS G4303:2012	SUS420J2	0.26～0.40	≤1.00	≤1.00	12.00～14.00	≤0.60	—	—	—	0.040	0.030

ASTM A959—2016	420 S42000	≤0.15	≤1.00	≤1.00	12.0 ~ 14.0	—	—	—	—	0.040	0.030
ISO 15510:2014 (E)	X30Cr13	0.26 ~ 0.35	≤1.00	≤1.50	12.0 ~ 14.0	—	—	—	—	0.040	0.030
EN 10088-1:2014 (E)	X30Cr13 1.4028	0.26 ~ 0.35	≤1.00	≤1.50	12.0 ~ 14.0	—	—	—	—	0.040	0.015

表 7-124　Y30Cr13 钢牌号及化学成分（质量分数）对照　（%）

标准号	牌号 统一数字代号 （旧牌号）	C	Si	Mn	Cr	Ni	Mo	N	其他	P	S
										≤	
GB/T 20878—2007	Y30Cr13 S42037 （Y3Cr13）	0.26 ~ 0.35	≤1.00	≤1.25	12.00 ~ 14.00	≤0.60	≤0.60	—	—	0.060	≥0.15
JIS G4303:2012	SUS420F	0.26 ~ 0.40	≤1.00	≤1.25	12.00 ~ 14.00	≤0.60	≤0.60	—	—	0.060	≥0.15
ASTM A959—2016	420G S42020	0.30 ~ 0.40	≤1.00	≤1.25	12.0 ~ 14.0	—	≤0.50	—	—	0.06	≥0.15
ISO 15510:2014 (E)	X33CrS13	0.25 ~ 0.40	≤1.00	≤1.50	12.0 ~ 14.0	≤0.60	≤0.60	—	—	0.040	≥0.15
EN 10088-1:2014 (E)	X29CrS13 1.4029	0.26 ~ 0.32	≤1.00	≤1.50	12.0 ~ 13.5	—	≤0.60	—	—	0.040	0.15 ~ 0.25

表 7-125 40Cr13 钢牌号及化学成分（质量分数）对照 （%）

标准号	牌号 统一数字代号 （旧牌号）	C	Si	Mn	Cr	Ni	Mo	N	其他	P	S
										≤	
GB/T 20878—2007	40Cr13 S42040 （4Cr13）	0.36 ~ 0.45	≤0.80	≤0.80	12.00 ~ 14.00	≤0.60	—	—	—	0.040	0.030
ГОСТ 5632—1972	40X13	0.36 ~ 0.45	≤0.8	≤0.8	12.0 ~ 14.0	≤0.60	—	—	Ti≤0.20	0.030	0.025
ISO 15510:2014（E）	X39Cr13	0.36 ~ 0.42	≤1.00	≤1.00	12.5 ~ 14.5	—	—	—	—	0.040	0.030
EN 10088—1:2014（E）	X39Cr13 1.4031	0.36 ~ 0.42	≤1.00	≤1.00	12.5 ~ 14.5	—	—	—	—	0.040	0.015

表 7-126 Y25Cr13Ni2 钢牌号及化学成分（质量分数）对照 （%）

标准号	牌号 统一数字代号 （旧牌号）	C	Si	Mn	Cr	Ni	Mo	N	其他	P	S
										≤	
GB/T 20878—2007	Y25Cr13Ni2 S41427 （Y2Cr13Ni2）	0.20 ~ 0.30	≤0.50	0.80 ~ 1.20	12.00 ~ 14.00	1.50 ~ 2.00	≤0.60	—	—	0.08 ~ 0.12	0.16 ~ 0.25
ГОСТ 5632—1972	A25X13H2	0.20 ~ 0.30	≤0.8	0.8 ~ 1.2	12.0 ~ 14.0	1.5 ~ 2.0	—	—	Ti≤0.20	0.08 ~ 0.12	0.16 ~ 0.25

表 7-127 14Cr17Ni2 钢牌号及化学成分（质量分数）对照 （%）

标准号	牌号 统一数字代号 （旧牌号）	C	Si	Mn	Cr	Ni	Mo	N	其他	P	S
										≤	
GB/T 20878—2007	14Cr17Ni2 S43110 （1Cr17Ni2）	0.11 ~ 0.17	≤0.80	≤0.80	16.00 ~ 18.00	1.50 ~ 2.50	—	—	—	0.040	0.030
ГОСТ 5632—1972	14X17H2	0.11 ~ 0.17	≤0.8	≤0.8	16.0 ~ 18.0	1.5 ~ 2.5	≤0.30	W≤0.20	Ti≤0.20	0.030	0.025

表7-128　17Cr16Ni2钢牌号及化学成分（质量分数）对照　（%）

标准号	牌号 统一数字代号 （旧牌号）	C	Si	Mn	Cr	Ni	Mo	N	其他	P	S
										≤	
GB/T 20878—2007	17Cr16Ni2 S43120	0.12～0.22	≤1.00	≤1.50	15.00～17.00	1.50～2.50	—	—	—	0.040	0.030
JIS G4303:2012	SUS431	≤0.20	≤1.00	≤1.00	15.00～17.00	1.25～2.50	—	—	—	0.040	0.030
ASTM A959—2016	431 S43100	≤0.20	≤1.00	≤1.00	15.0～17.0	1.25～2.50	—	—	—	0.040	0.030
ISO 15510:2014（E）	X17CrNi16-2	0.12～0.22	≤1.00	≤1.50	15.0～17.0	1.50～2.50	—	—	—	0.040	0.030
EN 10088-1:2014（E）	X17CrNi16-2 1.4057	0.12～0.22	≤1.00	≤1.50	15.0～17.0	1.50～2.50	—	—	—	0.040	0.015

表7-129　68Cr17钢牌号及化学成分（质量分数）对照　（%）

标准号	牌号 统一数字代号 （旧牌号）	C	Si	Mn	Cr	Ni	Mo	N	其他	P	S
										≤	
GB/T 20878—2007	68Cr17 S44070 （7Cr17）	0.60～0.75	≤1.00	≤1.00	16.00～18.00	≤0.60	≤0.75	—	—	0.040	0.030
JIS G4303:2012	SUS440A	0.60～0.75	≤1.00	≤1.00	16.00～18.00	≤0.60	≤0.75	—	—	0.040	0.030
ASTM A959—2016	440A S44002	0.60～0.75	≤1.00	≤1.00	16.0～18.0	—	≤0.75	—	—	0.040	0.030
ISO 15510:2014（E）	X68Cr17	0.60～0.75	≤1.00	≤1.00	16.0～18.0	≤0.60	≤0.75	—	—	0.040	0.030

表 7-130 85Cr17 钢牌号及化学成分（质量分数）对照 （%）

标准号	牌号 统一数字代号 （旧牌号）	C	Si	Mn	Cr	Ni	Mo	N	其他	P	S
										≤	
GB/T 20878—2007	85Cr17 S44080 （8Cr17）	0.75～0.95	≤1.00	≤1.00	16.00～18.00	≤0.60	≤0.75	—	—	0.040	0.030
JIS G4303:2012	SUS440B	0.75～0.95	≤1.00	≤1.00	16.00～18.00	≤0.60	≤0.75	—	—	0.040	0.030
ASTM A959—2016	440B S44003	0.75～0.95	≤1.00	≤1.00	16.0～18.0	—	≤0.75	—	—	0.040	0.030
ISO 15510:2014（E）	X85Cr17	0.75～0.95	≤1.00	≤1.00	16.0～18.0	≤0.60	≤0.75	—	—	0.040	0.030

表 7-131 108Cr17 钢牌号及化学成分（质量分数）对照 （%）

标准号	牌号 统一数字代号 （旧牌号）	C	Si	Mn	Cr	Ni	Mo	N	其他	P	S
										≤	
GB/T 20878—2007	108Cr17 S44096 （11Cr17）	0.95～1.20	≤1.00	≤1.00	16.00～18.00	≤0.60	≤0.75	—	—	0.040	0.030
JIS G4303:2012	SUS440C	0.95～1.20	≤1.00	≤1.00	16.00～18.00	≤0.60	≤0.75	—	—	0.040	0.030
ASTM A959—2016	440C S44004	0.95～1.20	≤1.00	≤1.00	16.0～18.0	—	≤0.75	—	—	0.040	0.030
ISO 15510:2014（E）	X110Cr17	0.95～1.20	≤1.00	≤1.00	16.0～18.0	≤0.60	≤0.75	—	—	0.040	0.030

表7-132 Y108Cr17钢牌号及化学成分（质量分数）对照 （%）

标准号	牌号 统一数字代号 （旧牌号）	C	Si	Mn	Cr	Ni	Mo	N	其他	P	S
										≤	
GB/T 20878—2007	Y108Cr17 S44097 （Y11Cr17）	0.95～1.20	≤1.00	≤1.25	16.00～18.00	≤0.60	≤0.75	—	—	0.060	≥0.15
JIS G4303:2012	SUS440F	0.95～1.20	≤1.00	≤1.25	16.00～18.00	≤0.60	≤0.75	—	—	0.060	≥0.15
ASTM A959—2016	440F S44020	0.95～1.20	≤1.00	≤1.25	16.0～18.0	—	—	—	—	0.06	≥0.15
ISO 15510:2014（E）	X110CrS17	0.95～1.20	≤1.00	≤1.25	16.0～18.0	≤0.60	≤0.75	—	—	0.060	≥0.15

表7-133 95Cr18钢牌号及化学成分（质量分数）对照 （%）

标准号	牌号 统一数字代号 （旧牌号）	C	Si	Mn	Cr	Ni	Mo	N	其他	P	S
										≤	
GB/T 20878—2007	95Cr18 S44090 （9Cr18）	0.90～1.00	≤0.80	≤0.80	17.00～19.00	≤0.60	—	—	—	0.040	0.030
ГОСТ 5632—1972	95X18	0.9～1.0	≤0.8	≤0.8	17.0～19.0	≤0.60	—	—	Ti≤0.20	0.030	0.025

表7-134 12Cr5Mo钢牌号及化学成分（质量分数）对照 （%）

标准号	牌号 统一数字代号 （旧牌号）	C	Si	Mn	Cr	Ni	Mo	N	其他	P	S
										≤	
GB/T 20878—2007	12Cr5Mo S45110 （1Cr5Mo）	≤0.15	≤0.50	≤0.60	4.00～6.00	≤0.60	0.40～0.60	—	—	0.040	0.030
ГОСТ 5632—1972	15X5M	≤0.15	≤0.5	≤0.5	4.5～6.0	W≤0.03	0.45～0.60	V≤0.05	Ti≤0.03	0.030	0.025

表 7-135 12Cr12Mo 钢牌号及化学成分（质量分数）对照 （%）

标准号	牌号 统一数字代号 （旧牌号）	C	Si	Mn	Cr	Ni	Mo	N	其他	P ≤	S ≤
GB/T 20878—2007	12Cr12Mo S45610 （1Cr12Mo）	0.10 ~ 0.15	≤0.50	0.30 ~ 0.50	11.50 ~ 13.00	0.30 ~ 0.60	0.30 ~ 0.60	—	Cu≤ 0.30	0.040	0.030
ASTM A959—2016	S41005	0.10 ~ 0.15	≤0.50	0.25 ~ 0.80	11.5 ~ 13.0	≤0.08	≤0.60	W≤0.10	Cu≤0.15 Al≤0.025 Nb≤0.20	0.018 Sn≤0.05	0.015 Ti≤0.15

表 7-136 13Cr13Mo 钢牌号及化学成分（质量分数）对照 （%）

标准号	牌号 统一数字代号 （旧牌号）	C	Si	Mn	Cr	Ni	Mo	N	其他	P ≤	S ≤
GB/T 20878—2007	13Cr13Mo S45710 （1Cr13Mo）	0.08 ~ 0.18	≤0.60	≤1.00	11.50 ~ 14.00	≤(0.60)	0.30 ~ 0.60	—	Cu≤ 0.30	0.040	0.030
JIS G4303:2012	SUS410J1	0.08 ~ 0.18	≤0.60	≤1.00	11.50 ~ 14.00	≤0.60	0.30 ~ 0.60	—	—	0.040	0.030
ISO 15510:2014（E）	X13CrMo13	0.08 ~ 0.18	≤0.60	≤1.00	11.5 ~ 14.0	—	0.30 ~ 0.60	—	—	0.040	0.030

表 7-137 32Cr13Mo 钢牌号及化学成分（质量分数）对照 （%）

标准号	牌号 统一数字代号 （旧牌号）	C	Si	Mn	Cr	Ni	Mo	N	其他	P ≤	S ≤
GB/T 20878—2007	32Cr13Mo S45830 （3Cr13Mo）	0.28 ~ 0.35	≤0.80	≤1.00	12.00 ~ 14.00	≤0.60	0.50 ~ 1.00	—	—	0.040	0.030
ISO 15510:2014（E）	X38CrMo14	0.36 ~ 0.42	≤1.00	≤1.00	13.0 ~ 14.5	—	0.60 ~ 1.00	—	—	0.040	0.015
EN 10088-1:2014（E）	X38CrMo14 1.4419	0.36 ~ 0.42	≤1.00	≤1.00	13.0 ~ 14.5	—	0.60 ~ 1.00	—	—	0.040	0.015

表 7-138 102Cr17Mo 钢牌号及化学成分（质量分数）对照 （%）

标准号	牌号 统一数字代号 （旧牌号）	C	Si	Mn	Cr	Ni	Mo	N	其他	P	S
										≤	
GB/T 20878—2007	102Cr17Mo S45990 （9Cr18Mo）	0.95 ~ 1.10	≤0.80	≤0.80	16.00 ~ 18.00	≤0.60	0.40 ~ 0.70	—	—	0.040	0.030
JIS G4303:2012	SUS440C	0.95 ~ 1.20	≤1.00	≤1.00	16.00 ~ 18.00	≤0.60	≤0.75	—	—	0.040	0.030
ASTM A959—2016	S44025	0.95 ~ 1.10	0.30 ~ 1.00	0.30 ~ 1.00	16.0 ~ 18.0	≤0.75	0.40 ~ 0.65	—	Cu≤ 0.50	0.025	0.025
ISO 683 -17:2014（E）	X108CrMo17	0.95 ~ 1.20	≤1.00	≤1.00	16.0 ~ 18.0	—	0.40 ~ 0.80	—	—	0.040	0.015
EN 10088 -1:2014（E）	X105CrMo17 1.4125	0.95 ~ 1.20	≤1.00	≤1.00	16.0 ~ 18.0	—	0.40 ~ 0.80	—	—	0.040	0.015

表 7-139 90Cr18MoV 钢牌号及化学成分（质量分数）对照 （%）

标准号	牌号 统一数字代号 （旧牌号）	C	Si	Mn	Cr	Ni	Mo	N	其他	P	S
										≤	
GB/T 20878—2007	90Cr18MoV S46990 （9Cr18MoV）	0.85 ~ 0.95	≤0.80	≤0.80	17.00 ~ 19.00	≤0.60	1.00 ~ 1.30	—	V: 0.07 ~ 0.12	0.040	0.030
ASTM A756/A756M—2017	ISO X89CrMoV18 -1	0.85 ~ 0.95	≤1.00	≤1.00	17.00 ~ 19.00	—	0.90 ~ 1.30	O≤ 0.0020	V: 0.07 ~0.12	0.040	0.015
EN 10088 -1:2014（E）	X90CrMoV18 1.4112	0.85 ~ 0.95	≤0.80	≤0.80	17.0 ~ 19.0	—	0.90 ~ 1.30	—	V: 0.07 ~0.12	0.040	0.015

表7-140 14Cr11MoV钢牌号及化学成分（质量分数）对照 （%）

标准号	牌号 统一数字代号 （旧牌号）	C	Si	Mn	Cr	Ni	Mo	N	其他	P	S
										≤	
GB/T 20878—2007	14Cr11MoV S46010 （1Cr11MoV）	0.11～0.18	≤0.50	≤0.60	10.00～11.50	≤0.60	0.50～0.70	—	V：0.25～0.40	0.035	0.030
ГОСТ 5632—1972	15X11MФ	0.12～0.19	≤0.5	≤0.7	10.0～11.5	≤0.60	0.6～0.8	Ti≤0.20	V：0.25～0.40	0.030	0.020
ASTM A959—2016	S44226	0.15～0.20	0.20～0.60	0.50～0.80	10.0～11.5	0.30～0.60	0.80～1.10	0.04～0.08	V：0.15～0.25 Nb：0.35～0.55 W≤0.25	0.020 Al≤0.05	0.010

表7-141 158Cr12MoV钢牌号及化学成分（质量分数）对照 （%）

标准号	牌号 统一数字代号 （旧牌号）	C	Si	Mn	Cr	Ni	Mo	N	其他	P	S
										≤	
GB/T 20878—2007	158Cr12MoV S46110 （1Cr12MoV）	1.45～1.70	≤0.40	≤0.35	11.00～12.50	—	0.40～0.60	—	V：0.15～0.30	0.030	0.025
JIS G 4404:2015	SKD10	1.45～1.60	0.10～0.60	0.20～0.60	11.00～13.00	—	0.70～1.00	—	V：0.70～1.00	0.030	0.030
ASTM A681—2015	D2 T30420	1.40～1.60	0.10～0.60	0.10～0.60	11.0～13.0	—	0.70～1.20	—	V：0.50～1.10	0.030	0.030
EN ISO 4957:2017（D）	X153CrMoV12	1.45～1.60	0.10～0.60	0.20～0.60	11.0～13.0	—	0.70～1.00	—	V：0.70～1.00	0.030	0.030
EN ISO 4957:2017（D）	X153CrMoV12 1.2379	1.45～1.60	0.10～0.60	0.20～0.60	11.0～13.0	—	0.70～1.00	—	V：0.70～1.00	0.030	0.030

表 7-142 21Cr12MoV 钢牌号及化学成分（质量分数）对照 （%）

标准号	牌号 统一数字代号 （旧牌号）	C	Si	Mn	Cr	Ni	Mo	N	其他	P	S
										≤	
GB/T 20878—2007	21Cr12MoV S46020 （2Cr12MoV）	0.18～0.24	0.10～0.50	0.30～0.80	11.00～12.50	0.30～0.60	0.80～1.20	—	V：0.25～0.35	0.030	0.025
ISO 4955:2016（E）	X22CrMoV12－1	0.18～0.24	≤0.50	0.40～0.90	11.0～12.5	0.30～0.80	0.80～1.20	—	V：0.25～0.35	0.025	0.015

表 7-143 18Cr12MoVNbN 钢牌号及化学成分（质量分数）对照 （%）

标准号	牌号 统一数字代号 （旧牌号）	C	Si	Mn	Cr	Ni	Mo	N	其他	P	S
										≤	
GB/T 20878—2007	18Cr12MoVNbN S46250 （2Cr12MoVNbN）	0.15～0.20	≤0.50	0.50～1.00	10.00～13.00	≤(0.60)	0.30～0.90	0.05～0.10	V：0.10～0.40 Nb：0.20～0.60	0.035	0.030
JIS G4311:2011	SUH600	0.15～0.20	≤0.50	0.50～1.00	10.00～13.00	≤0.60	0.30～0.90	0.05～0.10	V：0.10～0.40 Nb：0.20～0.60	0.040	0.030
ISO 15510:2014（E）	X18CrMnMoNbVN12	0.15～0.20	≤0.50	0.50～1.00	10.0～13.0	≤0.60	0.30～0.90	0.05～0.10	V：0.10～0.40 Nb：0.20～0.60	0.040	0.030

表 7-144 15Cr12WMoV 钢牌号及化学成分（质量分数）对照 （%）

标准号	牌号 统一数字代号 （旧牌号）	C	Si	Mn	Cr	Ni	Mo	其他	P	S
									≤	
GB/T 20878—2007	15Cr12WMoV S47010 （1Cr12WMoV）	0.12 ~ 0.18	≤0.50	0.50 ~ 0.90	11.00 ~ 13.00	0.40 ~ 0.80	0.50 ~ 0.70	W：0.70 ~ 1.10 V：0.15 ~ 0.30	0.035	0.030
ГОСТ 5632—1972	15Х12ВНМФ	0.12 ~ 0.18	≤0.5	0.5 ~ 0.9	11.0 ~ 13.0	0.4 ~ 0.8	0.50 ~ 0.70	W：0.70 ~ 1.10 V：0.15 ~ 0.30	0.035	0.025
ASTM A959—2016	S42226	0.20 ~ 0.25	0.20 ~ 0.50	0.50 ~ 1.00	11.0 ~ 12.0	0.50 ~ 1.00	0.90 ~ 1.25	W：0.90 ~ 1.25 V：0.20 ~ 0.30 Sn≤0.02	0.020 Ti≤ 0.025	0.010 Nb≤ 0.05
		Cu≤0.15		Al≤0.025		Co≤0.20				

表 7-145 22Cr12NiWMoV 钢牌号及化学成分（质量分数）对照 （%）

标准号	牌号 统一数字代号 （旧牌号）	C	Si	Mn	Cr	Ni	Mo	其他	P	S
									≤	
GB/T 20878—2007	22Cr12NiWMoV S47220 （2Cr12NiWMoV）	0.20 ~ 0.25	≤0.50	0.50 ~ 1.00	11.00 ~ 13.00	0.50 ~ 1.00	0.75 ~ 1.25	W：0.75 ~ 1.25 V：0.20 ~ 0.40	0.040	0.030
JIS G4311:2011	SUH616	0.20 ~ 0.25	≤0.50	0.50 ~ 1.00	11.00 ~ 13.00	0.50 ~ 1.00	0.75 ~ 1.25	W：0.75 ~ 1.25 V：0.20 ~ 0.30	0.040	0.030
ASTM A959—2016	616 S42200	0.20 ~ 0.25	≤0.50	0.50 ~ 1.00	11.0 ~ 12.5	0.50 ~ 1.00	0.90 ~ 1.25	W：0.90 ~ 1.25 V：0.20 ~ 0.30	0.025	0.025
ISO 15510:2014（E）	X23CrMoWMnNiV 12-1-1	0.20 ~ 0.25	≤0.50	0.50 ~ 1.00	11.0 ~ 12.5	0.50 ~ 1.00	0.75 ~ 1.25	W：0.75 ~ 1.25 V：0.20 ~ 0.30	0.040	0.025

表 7-146 13Cr11Ni2W2MoV 钢牌号及化学成分（质量分数）对照 （%）

标准号	牌号 统一数字代号 （旧牌号）	C	Si	Mn	Cr	Ni	Mo	其他	P	S
									≤	
GB/T 20878—2007	13Cr11Ni2W2MoV S47310 （1Cr11Ni2W2MoV）	0.10 ~ 0.16	≤0.50	≤0.40	10.50 ~ 12.00	1.40 ~ 1.80	0.35 ~ 0.50	W：1.50 ~ 2.00 V：0.18 ~ 0.30	0.035	0.030
ГОСТ 5632—1972	13X11H2B2MФ	0.10 ~ 0.16	≤0.5	≤0.4	10.0 ~ 12.0	1.4 ~ 1.8	0.35 ~ 0.50	W：1.5 ~ 2.0 V：0.18 ~ 0.30	0.035	0.025

表 7-147 14Cr12Ni2WMoVNb 钢牌号及化学成分（质量分数）对照 （%）

标准号	牌号 统一数字代号 （旧牌号）	C	Si	Mn	Cr	Ni	Mo	其他	P	S
									≤	
GB/T 20878—2007	14Cr12Ni2WMoVNb S47410 （1Cr11Ni2WMoVNb）	0.11 ~ 0.17	≤0.60	≤0.60	11.00 ~ 12.00	1.80 ~ 2.20	0.80 ~ 1.20	W：0.70 ~ 1.00 V：0.20 ~ 0.30 Nb：0.15 ~ 0.30	0.030	0.025
ГОСТ 5632—1972	14X12H2MBФБ	0.11 ~ 0.17	≤0.6	≤0.6	11.0 12.0	1.8 ~ 2.2	0.80 ~ 1.20	W：0.70 ~ 1.00 V：0.20 ~ 0.30 Nb：0.15 ~ 0.30	0.030 B≤ 0.004	0.025

表 7-148 10Cr12Ni3Mo2VN 钢牌号及化学成分（质量分数）对照 （%）

标准号	牌号 统一数字代号 （旧牌号）	C	Si	Mn	Cr	Ni	Mo	N	其他	P	S
										≤	
GB/T 20878—2007	10Cr12Ni3Mo2VN S47250	0.08 ~ 0.13	≤0.40	0.50 ~ 0.90	11.00 ~ 12.50	2.00 ~ 3.00	1.50 ~ 2.00	0.020 ~ 0.04	V：0.25 ~ 0.40	0.030	0.025
ASTM A959—2016	XM - 32 S64152	0.08 ~ 0.15	≤0.35	0.50 ~ 0.90	11.0 ~ 12.5	2.00 ~ 3.00	1.50 ~ 2.00	0.01 ~ 0.05	V：0.25 ~ 0.40	0.025	0.025

表 7-149 18Cr11NiMoNbVN 钢牌号及化学成分（质量分数）对照 （%）

标准号	牌号 统一数字代号 （旧牌号）	C	Si	Mn	Cr	Ni	Mo	N	其他	P	S
										≤	
GB/T 20878—2007	18Cr11NiMoNbVN S47450 （2Cr11NiMoNbVN）	0.15 ~ 0.20	≤0.50	0.50 ~ 0.80	10.00 ~ 12.00	0.30 ~ 0.60	0.60 ~ 0.90	0.04 ~ 0.09	V：0.20 ~0.30 Nb：0.20 ~0.60 Al≤0.30	0.020	0.015
ISO 15510:2014（E）	X18CrMnMoNbVN12	0.15 ~ 0.20	≤0.50	0.50 ~ 1.00	10.0 ~ 13.0	≤0.60	0.30 ~ 0.90	0.05 ~ 0.10	V：0.10 ~0.40 Nb：0.20 ~0.60	0.040	0.030

表 7-150 13Cr14Ni3W2VB 钢牌号及化学成分（质量分数） （%）

标准号	牌号 统一数字代号 （旧牌号）	C	Si	Mn	Cr	Ni	Mo	N	其他	P	S
										≤	
GB/T 20878—2007	13Cr14Ni3W2VB S47710 （1Cr14Ni3W2VB）	0.10 ~ 0.16	≤0.60	≤0.60	13.00 ~ 15.00	2.80 ~ 3.40	B≤ 0.004	Ti≤0.05	W：1.60 ~2.20 V：0.18 ~0.28	0.030	0.030

表7-151　42Cr9Si2钢牌号及化学成分（质量分数）对照　（%）

标准号	牌号 统一数字代号 （旧牌号）	C	Si	Mn	Cr	Ni	Mo	N	其他	P	S
										≤	
GB/T 20878—2007	42Cr9Si2 S448040 （4Cr9Si2）	0.35～0.50	2.00～3.00	≤0.70	8.00～10.00	≤0.60	—	—	—	0.035	0.030
ГОСТ 5632—1972	40X9C2	0.35～0.45	2.0～3.0	≤0.8	8.0～10.0	≤0.60	—	—	Ti≤0.20	0.030	0.025
JIS G4311:2011	SUH11	0.45～0.55	1.00～2.00	≤0.60	7.50～9.50	≤0.60	—	—	—	0.030	0.030

表7-152　45Cr9Si3钢牌号及化学成分（质量分数）对照　（%）

标准号	牌号 统一数字代号 （旧牌号）	C	Si	Mn	Cr	Ni	Mo	N	其他	P	S
										≤	
GB/T 20878—2007	45Cr9Si3 S448045	0.40～0.50	3.00～3.50	≤0.60	7.50～9.50	≤0.60	—	—	—	0.030	0.030
JIS G4311:2011	SUH1	0.40～0.50	3.00～3.50	≤0.60	7.50～9.50	≤0.60	—	—	—	0.030	0.030

表7-153　40Cr10Si2Mo钢牌号及化学成分（质量分数）对照　（%）

标准号	牌号 统一数字代号 （旧牌号）	C	Si	Mn	Cr	Ni	Mo	N	其他	P	S
										≤	
GB/T 20878—2007	40Cr10Si2Mo S48140 （4Cr10Si2Mo）	0.35～0.45	1.90～2.60	≤0.70	9.00～10.50	—	0.70～0.90	—	—	0.035	0.030
ГОСТ 5632—1972	40X10C2M	0.35～0.45	1.9～2.6	≤0.8	9.0～10.5	≤0.60	0.7～0.9	—	—	0.030	0.025
JIS G4311:2011	SUH3	0.35～0.45	1.80～2.50	≤0.60	10.00～12.00	≤0.60	0.70～1.30	—	—	0.030	0.030

表 7-154 50Cr15MoV 钢牌号及化学成分（质量分数）对照 （%）

标准号	牌号 统一数字代号 （旧牌号）	C	Si	Mn	Cr	Ni	Mo	N	其他	P	S
										≤	
GB/T 3280—2015	50Cr15MoV S46050	0.45 ~ 0.55	≤1.00	≤1.00	14.00 ~ 15.00	—	0.50 ~ 0.80	—	V：0.10 ~0.20	0.040	0.015
ISO 15510:2014（E）	X50CrMoV15	0.45 ~ 0.55	≤1.00	≤1.00	14.0 ~ 15.0	—	0.50 ~ 0.80	≤0.15	V：0.10 ~0.20	0.040	0.015
EN 10088 -2:2014（E）	X50CrMoV15 1.4416	0.45 ~ 0.55	≤1.00	≤1.00	14.0 ~ 15.0	—	0.50 ~ 0.80	≤0.10	V：0.10 ~0.20	0.040	0.015

表 7-155 80Cr20Si2Ni 钢牌号及化学成分（质量分数）对照 （%）

标准号	牌号 统一数字代号 （旧牌号）	C	Si	Mn	Cr	Ni	Mo	N	其他	P	S
										≤	
GB/T 20878—2007	80Cr20Si2Ni S48380 （8Cr20Si2Ni）	0.75 ~ 0.85	1.75 ~ 2.75	0.20 ~ 0.60	19.00 ~ 20.50	1.15 ~ 1.65	—	—	—	0.030	0.030
JIS G4311:2011	SUH4	0.75 ~ 0.85	1.75 ~ 2.75	0.20 ~ 0.60	19.00 ~ 20.50	1.15 ~ 1.65	—	—	—	0.030	0.030
ISO 15510:2014（E）	X80CrSiNi20 -2	0.75 ~ 0.85	1.75 ~ 2.75	0.20 ~ 0.60	19.00 ~ 20.50	1.15 ~ 1.65	—	—	—	0.030	0.030

7.5 沉淀硬化型不锈钢和耐热钢牌号及化学成分

沉淀硬化型不锈钢和耐热钢牌号及化学成分对照见表 7-156 ~ 表 7-165。

表 7-156　04Cr13Ni8Mo2Al 钢牌号及化学成分（质量分数）对照　（%）

标准号	牌号 统一数字代号 （旧牌号）	C	Si	Mn	Cr	Ni	Mo	N	其他	P	S
										≤	
GB/T 20878—2007	04Cr13Ni8Mo2Al S51380	≤0.05	≤0.10	≤0.20	12.30～13.20	7.50～8.50	2.00～3.00	≤0.01	Al：0.90～1.35	0.010	0.008
ASTM A959—2016	XM－13 S13800	≤0.05	≤0.10	≤0.20	12.3～13.2	7.5～8.5	2.00～3.00	≤0.01	Al：0.90～1.35	0.010	0.008
ISO 15510:2014（E）	X3CrNiMoAl13－8－3	≤0.05	≤0.10	≤0.20	12.3～13.2	7.5～8.5	2.00～3.00	≤0.010	Al：0.90～1.35	0.010	0.008

表 7-157　022Cr12Ni9Cu2NbTi 钢牌号及化学成分（质量分数）对照　（%）

标准号	牌号 统一数字代号 （旧牌号）	C	Si	Mn	Cr	Ni	Cu	Mo	其他	P	S
										≤	
GB/T 20878—2007	022Cr12Ni9Cu2NbTi S51290	≤0.030	≤0.50	≤0.50	11.00～12.50	7.50～9.50	1.50～2.50	≤0.50	Ti：0.80～1.40 Nb：0.10～0.50	0.040	0.030
ASTM A959—2016	XM－16 S45500	≤0.030	≤0.50	≤0.50	11.0～12.5	7.5～9.5	1.50～2.50	≤0.50	Ti：0.80～1.40 Nb：0.10～0.50	0.040	0.030

表7-158 05Cr15Ni5Cu4Nb钢牌号及化学成分（质量分数）对照 （%）

标准号	牌号 统一数字代号 （旧牌号）	C	Si	Mn	Cr	Ni	Cu	N	其他	P	S
										≤	
GB/T 20878—2007	05Cr15Ni5Cu4Nb S51550	≤0.07	≤1.00	≤1.00	14.00～15.50	3.50～5.50	2.50～4.50	—	Nb：0.15～0.45	0.040	0.030
ASTM A959—2016	XM-12 S15500	≤0.07	≤1.00	≤1.00	14.0～15.5	3.5～5.5	2.5～4.5	—	Nb：0.15～0.45	0.040	0.030

表7-159 05Cr17Ni4Cu4Nb钢牌号及化学成分（质量分数）对照 （%）

标准号	牌号 统一数字代号 （旧牌号）	C	Si	Mn	Cr	Ni	Cu	N	其他	P	S
										≤	
GB/T 20878—2007	05Cr17Ni4Cu4Nb S51740 （0Cr17Ni4Cu4Nb）	≤0.07	≤1.00	≤1.00	15.00～17.50	3.00～5.00	3.00～5.00	—	Nb：0.15～0.45	0.040	0.030
JIS G4303:2012	SUS630	≤0.07	≤1.00	≤1.00	15.00～17.50	3.00～5.00	3.00～5.00	—	Nb：0.15～0.45	0.040	0.030
ASTM A959—2016	630 S17400	≤0.07	≤1.00	≤1.00	15.0～17.0	3.0～5.0	3.0～5.0	—	Nb：0.15～0.45	0.040	0.030
ISO 15510:2014（E）	X5CrNiCuNb16-4	≤0.07	≤1.00	≤1.50	15.0～17.0	3.0～5.0	3.0～5.0	Mo≤0.60	Nb：0.15～0.45	0.040	0.030
EN 10088-1:2014（E）	X5CrNiCuNb16-4 1.4542	≤0.07	≤0.70	≤1.50	15.0～17.0	3.0～5.0	3.0～5.0	Mo≤0.60	Nb：5C～0.45	0.040	0.015

表 7-160 07Cr17Ni7Al 钢牌号及化学成分（质量分数）对照 （%）

标准号	牌号 统一数字代号 （旧牌号）	C	Si	Mn	Cr	Ni	Cu	N	其他	P	S
										≤	
GB/T 20878—2007	07Cr17Ni7Al S51770 （0Cr17Ni7Al）	≤0.09	≤1.00	≤1.00	16.00 ~ 18.00	6.50 ~ 7.50	—	—	Al：0.75 ~ 1.50	0.040	0.030
ГОСТ 5632—1972	09Х17Н7Ю	≤0.09	≤0.8	≤0.8	16.5 ~ 18.0	6.5 ~ 7.5	Mo≤ 0.30	W≤0.20	Al：0.7 ~ 1.1 Ti≤0.20	0.035	0.025
JIS G4303:2012	SUS631	≤0.09	≤1.00	≤1.00	16.00 ~ 18.00	6.50 ~ 7.50	—	—	Al：0.75 ~ 1.50	0.040	0.030
ASTM A959—2016	631 S17700	≤0.09	≤1.00	≤1.00	16.0 ~ 18.0	6.5 ~ 7.7		—	Al：0.75 ~ 1.50	0.040	0.030
ISO 15510:2014 (E)	X7CrNiAl17 -7	≤0.09	≤1.00	≤1.00	16.0 ~ 18.0	6.5 ~ 7.8	—	—	Al：0.75 ~ 1.50	0.040	0.015
EN 10088 -1:2014 (E)	X7CrNiAl17 -7 1.4568	≤0.09	≤0.70	≤1.00	16.0 ~ 18.0	6.5 ~ 7.8	—	—	Al：0.75 ~ 1.50	0.040	0.015

表 7-161 07Cr15Ni7Mo2Al 钢牌号及化学成分（质量分数）对照 （%）

标准号	牌号 统一数字代号 （旧牌号）	C	Si	Mn	Cr	Ni	Mo	N	其他	P	S
										≤	
GB/T 20878—2007	07Cr15Ni7Mo2Al S51570 （0Cr15Ni7Mo2Al）	≤0.09	≤1.00	≤1.00	14.00 ~ 16.00	6.50 ~ 7.75	2.00 ~ 3.00	—	Al：0.75 ~ 1.50	0.040	0.030

（续）

标准号	牌号 统一数字代号 （旧牌号）	C	Si	Mn	Cr	Ni	Mo	N	其他	P	S
										≤	
ASTM A959—2016	632 S15700	≤0.09	≤1.00	≤1.00	14.0 ~ 16.0	6.5 ~ 7.7	2.00 ~ 3.00	—	Al：0.75 ~ 1.50	0.040	0.030
ISO 15510:2014（E）	X8CrNiMoAl15 - 7 - 2	≤0.10	≤1.00	≤1.20	14.0 ~ 16.0	6.5 ~ 7.8	2.00 ~ 3.00	—	Al：0.75 ~ 1.50	0.040	0.015

表 7-162　07Cr12Ni4Mn5Mo3Al 钢牌号及化学成分（质量分数）　（%）

标准号	牌号 统一数字代号 （旧牌号）	C	Si	Mn	Cr	Ni	Mo	N	其他	P	S
										≤	
GB/T 20878—2007	07Cr12Ni4Mn5Mo3Al S51240 （0Cr12Ni4Mn5Mo3Al）	≤0.09	≤0.80	4.40 ~ 5.30	11.00 ~ 12.00	4.00 ~ 5.00	2.70 ~ 3.30	—	Al：0.50 ~ 1.00	0.030	0.025

表 7-163　09Cr17Ni5Mo3N 钢牌号及化学成分（质量分数）对照　（%）

标准号	牌号 统一数字代号 （旧牌号）	C	Si	Mn	Cr	Ni	Mo	N	其他	P	S
										≤	
GB/T 20878—2007	09Cr17Ni5Mo3N S51750	0.07 ~ 0.11	≤0.50	0.50 ~ 1.25	16.00 ~ 17.00	4.00 ~ 5.00	2.50 ~ 3.20	0.07 ~ 0.13	—	0.040	0.030
ASTM A959—2016	633 S35000	0.07 ~ 0.11	≤0.50	0.50 ~ 1.25	16.0 ~ 17.0	4.0 ~ 5.0	2.5 ~ 3.2	0.07 ~ 0.13	—	0.040	0.030
ISO 15510:2014（E）	X9CrNiMoN17 - 5 - 3	0.07 ~ 0.11	≤0.50	0.50 ~ 1.25	16.0 ~ 17.0	4.0 ~ 5.0	2.5 ~ 3.2	0.07 ~ 0.13	—	0.040	0.030

表 7-164 06Cr17Ni7AlTi 钢牌号及化学成分（质量分数）对照 （%）

标准号	牌号 统一数字代号 （旧牌号）	C	Si	Mn	Cr	Ni	Mo	N	其他	P	S
										≤	
GB/T 20878—2007	06Cr17Ni7AlTi S51778	≤0.08	≤1.00	≤1.00	16.00 ~ 17.50	6.00 ~ 7.50	—	—	Ti：0.40 ~ 1.20 Al≤0.40	0.040	0.030
ASTM A959—2016	635 S17600	≤0.08	≤1.00	≤1.00	16.0 ~ 17.5	6.0 ~ 7.5	—	—	Ti：0.40 ~ 1.20 Al≤0.40	0.040	0.030

表 7-165 06Cr15Ni25Ti2MoAlVB 钢牌号及化学成分（质量分数）对照 （%）

标准号	牌号 统一数字代号 （旧牌号）	C	Si	Mn	Cr	Ni	Mo	Ti	其他	P	S
										≤	
GB/T 20878—2007	06Cr15Ni25Ti2MoAlVB S51525 （0Cr15Ni25Ti2MoAlVB）	≤0.08	≤1.00	≤2.00	13.50 ~ 16.00	24.00 ~ 27.00	1.00 ~ 1.50	1.90 ~ 2.35	V：0.10 ~ 0.50 B：0.001 ~ 0.010	0.040	0.030
										Al≤0.35	
JIS G 4311:2011	SUH660	≤0.08	≤1.00	≤2.00	13.50 ~ 16.00	24.00 ~ 27.00	1.00 ~ 1.50	1.90 ~ 2.35	V：0.10 ~ 0.50 B：0.001 ~ 0.010	0.040	0.030
										Al≤0.35	
ASTM A959—2016	660 S66286	≤0.08	≤1.00	≤2.00	13.5 ~ 16.0	24.0 ~ 27.0	1.00 ~ 1.50	1.90 ~ 2.35	V：0.10 ~ 0.50 B：0.001 ~ 0.010	0.040	0.030
										Al≤0.35	

（续）

标准号	牌号 统一数字代号 （旧牌号）	C	Si	Mn	Cr	Ni	Mo	Ti	其他	P	S
										≤	
ISO 15510:2014 （E）	X6NiCrTiMoVB25 – 15 – 2	≤0.08	≤1.00	≤2.00	13.5 ~ 16.0	24.0 ~ 27.0	1.00 ~ 1.50	1.90 ~ 2.35	V：0.10 ~ 0.50 B：0.001 ~ 0.010	0.040	0.030
										Al≤0.35	
EN 10088 – 1:2014 （E）	X6NiCrTiMoVB25 – 15 – 2 1.4606	≤0.08	≤1.00	1.00 ~ 2.00	13.0 ~ 16.0	24.0 ~ 27.0	1.00 ~ 1.50	1.90 ~ 2.35	V：0.10 ~ 0.50 B：0.001 ~ 0.010	0.025	0.015
										Al≤0.35	

第 8 章　中外工模具钢和高速工具钢牌号及化学成分

8.1　工模具钢牌号及化学成分

8.1.1　刃具模具用非合金钢

刃具模具用非合金钢牌号及化学成分对照见表 8-1 ~ 表 8-8。

表 8-1　T7 钢牌号及化学成分（质量分数）对照

（%）

标准号	牌号 统一数字代号	C	Si	Mn	Cr	W	Mo	V	其他	P	S
										≤	
GB/T 1299—2014	T7 T00070	0.65 ~ 0.74	≤0.35	≤0.40	≤0.25	—	—	—	Cu≤0.25 Ni≤0.25	0.030	0.020
ГОСТ 1435—1999	У7 SK65	0.65 ~ 0.74	0.17 ~ 0.33	0.17 ~ 0.33	≤0.20	—	—	—	Cu≤0.25 Ni≤0.25	0.030	0.028
JIS G4401:2009	SK70	0.65 ~ 0.75	0.10 ~ 0.35	0.10 ~ 0.50	≤0.30	—	—	—	Cu≤0.25 Ni≤0.25	0.030	0.030
ASTM A684/A684M—2015	1070	0.65 ~ 0.70	—	0.60 ~ 0.90	—	—	—	—	—	0.030	0.035
ISO 4957:2018（E）	C70U	0.65 ~ 0.75	0.10 ~ 0.30	0.10 ~ 0.40	—	—	—	—	—	0.030	0.030
EN ISO 4957:2017(D)	C70U 1.1520	0.65 ~ 0.75	0.10 ~ 0.30	0.10 ~ 0.40	—	—	—	—	—	0.030	0.030

表 8-2 T8 钢牌号及化学成分（质量分数）对照

（%）

标准号	牌号 统一数字代号	C	Si	Mn	Cr	W	Mo	V	其他	P	S
										≤	
GB/T 1299—2014	T8 T00080	0. 75 ~ 0. 84	≤0. 35	≤0. 40	≤0. 25	—	—	—	Cu≤0. 25 Ni≤0. 25	0. 030	0. 020
ГОСТ 1435—1999	У8	0. 75 ~ 0. 84	0. 17 ~ 0. 33	0. 17 ~ 0. 33	≤0. 20	—	—	—	Cu≤0. 25 Ni≤0. 25	0. 030	0. 028
JIS G4401:2009	SK80	0. 75 ~ 0. 85	0. 10 ~ 0. 35	0. 10 ~ 0. 50	≤0. 30	—	—	—	Cu≤0. 25 Ni≤0. 25	0. 030	0. 030
ASTM A686—2016	W1 - 8 A T72301	0. 80 ~ 0. 90	0. 10 ~ 0. 40	0. 10 ~ 0. 40	≤0. 15	≤0. 15	≤0. 10	≤0. 10	Cu≤0. 20 Ni≤0. 20	0. 030	0. 030
ISO 4957:2018（E）	C80U	0. 75 ~ 0. 85	0. 10 ~ 0. 30	0. 10 ~ 0. 40	—	—	—	—	—	0. 030	0. 030
EN ISO 4957:2017(D)	C80U 1. 1525	0. 75 ~ 0. 85	0. 10 ~ 0. 30	0. 10 ~ 0. 40	—	—	—	—	—	0. 030	0. 030

表 8-3 T8Mn 钢牌号及化学成分（质量分数）对照

（%）

标准号	牌号 统一数字代号	C	Si	Mn	Cr	W	Mo	V	其他	P	S
										≤	
GB/T 1299—2014	T8Mn T01080	0. 80 ~ 0. 90	≤0. 35	0. 40 ~ 0. 60	≤0. 25	—	—	—	Cu≤0. 25 Ni≤0. 25	0. 030	0. 020
ГОСТ 1435—1999	У8Г	0. 80 ~ 0. 90	0. 17 ~ 0. 33	0. 33 ~ 0. 58	0. 20 ~ 0. 40	—	—	—	Cu≤0. 25 Ni≤0. 25	0. 030	0. 028
JIS G4401:2009	SK85 （SK5）	0. 80 ~ 0. 90	0. 10 ~ 0. 35	0. 10 ~ 0. 50	≤0. 30	—	—	—	Cu≤0. 25 Ni≤0. 25	0. 030	0. 030
ASTM A686—2016	W1 - 8 C T72301	0. 80 ~ 0. 90	0. 10 ~ 0. 40	0. 10 ~ 0. 40	≤0. 30	≤0. 15	≤0. 10	≤0. 10	Cu≤0. 20 Ni≤0. 20	0. 030	0. 030

表 8-4　T9 钢牌号及化学成分（质量分数）对照　（%）

标准号	牌号 统一数字代号	C	Si	Mn	Cr	W	Mo	V	其他	P	S
										≤	
GB/T 1299—2014	T9 T00090	0.85 ~ 0.94	≤0.35	≤0.40	≤0.25	—	—	—	Cu≤0.25 Ni≤0.25	0.030	0.020
ГОСТ 1435—1999	У9	0.85 ~ 0.94	0.17 ~ 0.33	0.17 ~ 0.33	≤0.20	—	—	—	Cu≤0.25 Ni≤0.25	0.030	0.028
JIS G4401:2009	SK90	0.85 ~ 0.95	0.10 ~ 0.35	0.10 ~ 0.50	≤0.30	—	—	—	Cu≤0.25 Ni≤0.25	0.030	0.030
ASTM A686—2016	W1 -8 1/2 T72301	0.85 ~ 0.95	0.10 ~ 0.40	0.10 ~ 0.40	≤0.15	≤0.15	≤0.10	≤0.10	Cu≤0.20 Ni≤0.20	0.030	0.030
ISO 4957:2018（E）	C90U	0.85 ~ 0.95	0.10 ~ 0.30	0.10 ~ 0.40	—	—	—	—	—	0.030	0.030
EN ISO 4957:2017(D)	C90U 1.1535	0.85 ~ 0.95	0.10 ~ 0.30	0.10 ~ 0.40	—	—	—	—	—	0.030	0.030

表 8-5　T10 钢牌号及化学成分（质量分数）对照　（%）

标准号	牌号 统一数字代号	C	Si	Mn	Cr	W	Mo	V	其他	P	S
										≤	
GB/T 1299—2014	T10 T00100	0.95 ~ 1.04	≤0.35	≤0.40	≤0.25	—	—	—	Cu≤0.25 Ni≤0.25	0.030	0.020
ГОСТ 1435—1999	У10	0.95 ~ 1.09	0.17 ~ 0.33	0.17 ~ 0.33	≤0.20	—	—	—	Cu≤0.25 Ni≤0.25	0.030	0.025
JIS G4401:2009	SK95 (SK4)	0.90 ~ 1.00	0.10 ~ 0.35	0.10 ~ 0.50	≤0.30	—	—	—	Cu≤0.25 Ni≤0.25	0.030	0.030
ASTM A686—2016	W1 -9 1/2 T72301	0.95 ~ 1.05	0.10 ~ 0.40	0.10 ~ 0.40	≤0.15	≤0.15	≤0.10	≤0.10	Cu≤0.20 Ni≤0.20	0.030	0.030

（续）

标准号	牌号 统一数字代号	C	Si	Mn	Cr	W	Mo	V	其他	P	S
										≤	
ISO 4957:2018（E）	C105U	1.00～1.10	0.10～0.30	0.10～0.40	—	—	—	—	—	0.030	0.030
EN ISO 4957:2017(D)	C105U 1.1545	1.00～1.10	0.10～0.30	0.10～0.40	—	—	—	—	—	0.030	0.030

表 8-6 T11 钢牌号及化学成分（质量分数）对照

（%）

标准号	牌号 统一数字代号	C	Si	Mn	Cr	W	Mo	V	其他	P	S
										≤	
GB/T 1299—2014	T11 T00110	1.05～1.14	≤0.35	≤0.40	≤0.25	—	—	—	Cu≤0.25 Ni≤0.25	0.030	0.020
JIS G4401:2009	SK105 （SK3）	1.00～1.10	0.10～0.35	0.10～0.50	≤0.30	—	—	—	Cu≤0.25 Ni≤0.25	0.030	0.030
ASTM A686—2016	W1-10 1/2 T72301	1.05～1.15	0.10～0.40	0.10～0.40	≤0.15	≤0.15	≤0.10	≤0.10	Cu≤0.20 Ni≤0.20	0.030	0.030
ISO 4957:2018（E）	C105U	1.00～1.10	0.10～0.30	0.10～0.40	—	—	—	—	—	0.030	0.030
EN ISO 4957:2017(D)	C105U 1.1545	1.00～1.10	0.10～0.30	0.10～0.40	—	—	—	—	—	0.030	0.030

表 8-7　T12 钢牌号及化学成分（质量分数）对照　（%）

标准号	牌号 统一数字代号	C	Si	Mn	Cr	W	Mo	V	其他	P	S
										≤	
GB/T 1299—2014	T12 T00120	1. 15 ~ 1. 24	≤0. 35	≤0. 40	≤0. 25	—	—	—	Cu≤0. 25 Ni≤0. 25	0. 030	0. 020
ГОСТ 1435—1999	У12	1. 10 ~ 1. 29	0. 17 ~ 0. 33	0. 17 ~ 0. 33	≤0. 20	—	—	—	Cu≤0. 25 Ni≤0. 25	0. 030	0. 025
JIS G4401:2009	SK120 (SK2)	1. 15 ~ 1. 25	0. 10 ~ 0. 35	0. 10 ~ 0. 50	≤0. 30	—	—	—	Cu≤0. 25 Ni≤0. 25	0. 030	0. 030
ASTM A686—2016	W1 -11 1/2 T72301	1. 15 ~ 1. 25	0. 10 ~ 0. 40	0. 10 ~ 0. 40	≤0. 15	≤0. 15	≤0. 10	≤0. 10	Cu≤0. 20 Ni≤0. 20	0. 030	0. 030
ISO 4957:2018（E）	C120U	1. 15 ~ 1. 25	0. 10 ~ 0. 30	0. 10 ~ 0. 40	—	—	—	—	—	0. 030	0. 030
EN ISO 4957:2017(D)	C120U 1. 1555	1. 15 ~ 1. 25	0. 10 ~ 0. 30	0. 10 ~ 0. 40	—	—	—	—	—	0. 030	0. 030

表 8-8　T13 钢牌号及化学成分（质量分数）对照　（%）

标准号	牌号 统一数字代号	C	Si	Mn	Cr	W	Mo	V	其他	P	S
										≤	
GB/T 1299—2014	T13 T00130	1. 25 ~ 1. 35	≤0. 35	≤0. 40	≤0. 25	—	—	—	Cu≤0. 25 Ni≤0. 25	0. 030	0. 020
JIS G4401:2009	SK140 (SK1)	1. 30 ~ 1. 50	0. 10 ~ 0. 35	0. 10 ~ 0. 50	≤0. 30	—	—	—	Cu≤0. 25 Ni≤0. 25	0. 030	0. 030
ASTM A686—2016	W2 -13 A T72302	1. 30 ~ 1. 50	0. 10 ~ 0. 40	0. 10 ~ 0. 40	≤0. 15	≤0. 15	≤0. 10	0. 10 ~ 0. 35	Cu≤0. 20 Ni≤0. 20	0. 030	0. 030

8.1.2 量具刃具用钢

量具刃具用钢牌号及化学成分对照见表8-9～表8-14。

表8-9 9SiCr钢牌号及化学成分（质量分数）对照 （%）

标准号	牌号 统一数字代号	C	Si	Mn	Cr	W	Mo	V	其他	P	S
										≤	
GB/T 1299—2014	9SiCr T31219	0.85～0.95	1.20～1.60	0.30～0.60	0.95～1.25	—	—	—	Cu≤0.25 Ni≤0.25	0.030	0.030
ГОСТ 5950—2000	9ХС	0.85～0.95	1.20～1.60	0.30～0.60	0.95～1.25	≤0.20	≤0.20	≤0.15	Cu≤0.30 Ni≤0.35	0.030	0.030

表8-10 8MnSi钢牌号及化学成分（质量分数）对照 （%）

标准号	牌号 统一数字代号	C	Si	Mn	Cr	W	Mo	V	其他	P	S
										≤	
GB/T 1299—2014	8MnSi T30108	0.75～0.85	0.30～0.60	0.80～1.10	≤0.25	—	—	—	Cu≤0.25 Ni≤0.25	0.030	0.030
JIS G4404:2015	SKS95	0.80～0.90	≤0.50	0.80～1.10	0.20～0.60	—	—	—	Cu≤0.25 Ni≤0.25	0.030	0.030

表8-11 Cr06钢牌号及化学成分（质量分数）对照 （%）

标准号	牌号 统一数字代号	C	Si	Mn	Cr	W	Mo	V	其他	P	S
										≤	
GB/T 1299—2014	Cr06 T30200	1.30～1.45	≤0.40	≤0.40	0.50～0.70	—	—	—	Cu≤0.25 Ni≤0.25	0.030	0.030
ГОСТ 5950—2000	13Х	1.25～1.40	0.10～0.40	0.15～0.45	0.40～0.70	—	—	—	—	0.030	0.030
JIS G4404:2015	SKS8	1.30～1.50	≤0.35	≤0.50	0.20～0.50	—	—	—	Cu≤0.25 Ni≤0.25	0.030	0.030

表 8-12　Cr2 钢牌号及化学成分（质量分数）对照　（%）

标准号	牌号 统一数字代号	C	Si	Mn	Cr	W	Mo	V	其他	P	S
										≤	
GB/T 1299—2014	Cr2 T31200	0.95～1.10	≤0.40	≤0.40	1.30～1.65	—	—	—	Cu≤0.25 Ni≤0.25	0.030	0.030
ГОСТ 5950—2000	X	0.95～1.10	0.10～0.40	0.15～0.40	1.30～1.65	≤0.20	≤0.20	≤0.15	Cu≤0.30 Ni≤0.35 Ti≤0.03	0.030	0.030
JIS G 4805:2008	SUJ2	0.95～1.10	0.15～0.35	≤0.50	1.30～1.60	—	≤0.08	—	Cu≤0.20 Ni≤0.25	0.025	0.025
ASTM A681—2015	L3 T61203	0.95～1.10	0.10～0.50	0.25～0.80	1.30～1.70	—	—	0.10～0.30	Ni+Cu≤0.75	0.030	0.030
ISO 4957:2018（E）	102Cr6	0.95～1.10	0.15～0.35	0.25～0.40	1.35～1.65	—	—	—	—	0.030	0.030
EN ISO 4957:2017(D)	102Cr6 1.2067	0.95～1.10	0.15～0.35	0.25～0.40	1.35～1.65	—	—	—	—	0.030	0.030

表 8-13　9Cr2 钢牌号及化学成分（质量分数）对照　（%）

标准号	牌号 统一数字代号	C	Si	Mn	Cr	W	Mo	V	其他	P	S
										≤	
GB/T 1299—2014	9Cr2 T31200	0.80～0.95	≤0.40	≤0.40	1.30～1.70	—	—	—	Cu≤0.25 Ni≤0.25	0.030	0.030
ГОСТ 5950—2000	9X1	0.80～0.95	0.25～0.45	0.15～0.40	1.40～1.70	≤0.20	≤0.20	≤0.15	Cu≤0.30 Ni≤0.35 Ti≤0.03	0.030	0.030
ASTM A681—2015	L2 T61202	0.45～1.00	0.10～0.50	0.10～0.90	0.70～1.20	—	—	0.10～0.30	Ni+Cu≤0.75	0.030	0.030

表 8-14 W 钢牌号及化学成分（质量分数）对照 （%）

标准号	牌号 统一数字代号	C	Si	Mn	Cr	W	Mo	V	其他	P ≤	S ≤
GB/T 1299—2014	W T30800	1.05 ~ 1.25	≤0.40	≤0.40	0.10 ~ 0.30	0.80 ~ 1.20	—	—	Cu≤0.25 Ni≤0.25	0.030	0.030
JIS G4404:2015	SKS21	1.00 ~ 1.10	≤0.35	≤0.50	0.20 ~ 0.50	0.50 ~ 1.00	—	0.10 ~ 0.25	Cu≤0.25 Ni≤0.25	0.030	0.030
ASTM A681—2015	F1 T60601	0.95 ~ 1.25	0.10 ~ 0.50	≤0.50	—	1.00 ~ 1.75	—	—	Ni + Cu≤ 0.75	0.030	0.030

8.1.3 耐冲击工具用钢

耐冲击工具用钢牌号及化学成分对照见表 8-15 ~ 表 8-20。

表 8-15 4CrW2Si 钢牌号及化学成分（质量分数）对照 （%）

标准号	牌号 统一数字代号	C	Si	Mn	Cr	W	Mo	V	其他	P ≤	S ≤
GB/T 1299—2014	4CrW2Si T40294	0.35 ~ 0.45	0.80 ~ 1.10	≤0.40	1.00 ~ 1.30	2.00 ~ 2.50	—	—	Cu≤0.25 Ni≤0.25	0.030	0.030
ГОСТ 5950—2000	4XB2C	0.35 ~ 0.45	0.60 ~ 0.90	0.15 ~ 0.40	1.00 ~ 1.30	2.00 ~ 2.50	—	≤0.15	Cu≤0.30 Ni≤0.35	0.030	0.030
JIS G4404:2015	SKS41	0.35 ~ 0.45	≤0.35	≤0.50	1.00 ~ 1.50	2.50 ~ 3.50	—	—	Cu≤0.25 Ni≤0.25	0.030	0.030

表8-16 5CrW2Si钢牌号及化学成分（质量分数）对照 （%）

标准号	牌号 统一数字代号	C	Si	Mn	Cr	W	Mo	V	其他	P	S
										≤	
GB/T 1299—2014	5CrW2Si T40295	0.45～0.55	0.50～0.80	≤0.40	1.00～1.30	2.00～2.50	—	—	Cu≤0.25 Ni≤0.25	0.030	0.030
ГОСТ 5950—2000	5XB2CФ	0.45～0.55	0.80～1.10	0.15～0.45	0.90～1.20	1.80～2.30	—	0.15～0.30	Cu≤0.30 Ni≤0.35	0.030	0.030
JIS G4404:2015	SKS4	0.45～0.55	≤0.35	≤0.50	0.50～1.00	0.50～1.00	—	—	Cu≤0.25 Ni≤0.25	0.030	0.030
ASTM A681—2015	S1 T41901	0.40～0.55	0.15～1.20	0.10～0.40	1.00～1.80	1.50～3.00	≤0.50	0.15～0.30	Ni+Cu≤0.75	0.030	0.030
ISO 4957:2018（E）	50WCrV8	0.45～0.55	0.70～1.00	0.15～0.45	0.90～1.20	1.70～2.20	—	0.10～0.20	—	0.030	0.030
EN ISO 4957:2017(D)	50WCrV8 1.2549	0.45～0.55	0.70～1.00	0.15～0.45	0.90～1.20	1.70～2.20	—	0.10～0.20	—	0.030	0.030

表8-17 6CrW2Si钢牌号及化学成分（质量分数）对照 （%）

标准号	牌号 统一数字代号	C	Si	Mn	Cr	W	Mo	V	其他	P	S
										≤	
GB/T 1299—2014	6CrW2Si T40296	0.55～0.65	0.50～0.80	≤0.40	1.10～1.30	2.20～2.70	—	—	Cu≤0.25 Ni≤0.25	0.030	0.030
ГОСТ 5950—2000	6XB2C	0.55～0.65	0.50～0.80	0.15～0.45	1.00～1.30	2.20～2.70	—	≤0.15	Cu≤0.30 Ni≤0.35	0.030	0.030

表8-18 6CrMnSi2Mo1V 钢牌号及化学成分（质量分数）对照（%）

标准号	牌号 统一数字代号	C	Si	Mn	Cr	W	Mo	V	其他	P	S
										≤	
GB/T 1299—2014	6CrMnSi2Mo1V T40356	0.50~0.65	1.75~2.25	0.60~1.00	0.10~0.50	—	0.20~1.35	0.15~0.35	Cu≤0.25 Ni≤0.25	0.030	0.030
ASTM A681—2015	S5 T41905	0.50~0.65	1.75~2.25	0.60~1.00	0.10~0.50	—	0.20~1.35	0.15~0.35	Ni+Cu≤0.75	0.030	0.030

表8-19 5Cr3MnSiMo1 钢牌号及化学成分（质量分数）对照（%）

标准号	牌号 统一数字代号	C	Si	Mn	Cr	W	Mo	V	其他	P	S
										≤	
GB/T 1299—2014	5Cr3MnSiMo1 T40355	0.45~0.55	0.20~1.00	0.20~0.90	3.00~3.50	—	1.30~1.80	≤0.35	Cu≤0.25 Ni≤0.25	0.030	0.030
ASTM A681—2015	S7 T41907	0.45~0.55	0.20~1.00	0.20~0.90	3.00~3.50	—	1.30~1.80	≤0.35	Ni+Cu≤0.75	0.030	0.030

表8-20 6CrW2SiV 钢牌号及化学成分（质量分数）对照（%）

标准号	牌号 统一数字代号	C	Si	Mn	Cr	W	Mo	V	其他	P	S
										≤	
GB/T 1299—2014	6CrW2SiV T40376	0.55~0.65	0.70~1.00	0.15~0.45	0.90~1.20	1.70~2.20	—	0.10~0.20	Cu≤0.25 Ni≤0.25	0.030	0.030
ISO 4957:2018（E）	60WCrV8	0.55~0.65	0.70~1.00	0.15~0.45	0.90~1.20	1.70~2.20	—	0.10~0.20	—	0.030	0.030
EN ISO 4957:2017(D)	60WCrV8 1.2550	0.55~0.65	0.70~1.00	0.15~0.45	0.90~1.20	1.70~2.20	—	0.10~0.20	—	0.030	0.030

8.1.4　轧辊用钢

轧辊用钢牌号及化学成分对照见表8-21～表8-25。

表8-21　9Cr2V钢牌号及化学成分（质量分数）对照　（%）

标准号	牌号 统一数字代号	C	Si	Mn	Cr	W	Mo	V	其他	P	S
										≤	
GB/T 1299—2014	9Cr2V T42239	0.85～0.95	0.20～0.40	0.20～0.45	1.40～1.70	—	—	0.10～0.25	Cu≤0.25 Ni≤0.25	0.030	0.030
ГОСТ 5950—2000	9Х2Ф	0.80～0.95	0.25～0.45	0.15～0.40	1.40～1.70	≤0.20	≤0.20	0.10～0.25	Cu≤0.30 Ni≤0.35 Ti≤0.03	0.030	0.030
ASTM A681—2015	L2 T61202	0.45～1.00	0.10～0.50	0.10～0.90	0.70～1.20	—	—	0.10～0.30	Ni+Cu≤0.75	0.030	0.030

表8-22　9Cr2Mo钢牌号及化学成分（质量分数）对照　（%）

标准号	牌号 统一数字代号	C	Si	Mn	Cr	W	Mo	V	其他	P	S
										≤	
GB/T 1299—2014	9Cr2Mo T42309	0.85～0.95	0.20～0.45	0.20～0.35	1.70～2.10	—	0.20～0.40	—	Cu≤0.25 Ni≤0.25	0.030	0.030
ASTM A681—2015	A4 T30104	0.95～1.05	0.10～0.70	1.80～2.20	0.90～2.20	—	0.90～1.40	—	Ni+Cu≤0.75	0.030	0.030

表 8-23 9Cr2MoV 钢牌号及化学成分（质量分数） （%）

标准号	牌号 统一数字代号	C	Si	Mn	Cr	W	Mo	V	其他	P	S
										≤	
GB/T 1299—2014	9Cr2MoV T42319	0.80 ~ 0.90	0.15 ~ 0.40	0.25 ~ 0.55	1.80 ~ 2.40	—	0.20 ~ 0.40	0.05 ~ 0.15	Cu≤0.25 Ni≤0.25	0.030	0.030
ISO 683-17:2014(E)	100CrMo7	0.93 ~ 1.05	0.15 ~ 0.45	0.25 ~ 0.45	1.65 ~ 1.95	—	0.15 ~ 0.30	Cu≤ 0.30	Al≤0.050 O≤0.0015	0.025	0.015

表 8-24 8Cr3NiMoV 钢牌号及化学成分（质量分数） （%）

标准号	牌号 统一数字代号	C	Si	Mn	Cr	W	Mo	V	其他	P	S
										≤	
GB/T 1299—2014	8Cr3NiMoV T42518	0.82 ~ 0.90	0.30 ~ 0.50	0.20 ~ 0.45	2.80 ~ 3.20	—	0.20 ~ 0.40	0.05 ~ 0.15	Cu≤0.25 Ni：0.60 ~ 0.80	0.020	0.015

表 8-25 9Cr5NiMoV 钢牌号及化学成分（质量分数） （%）

标准号	牌号 统一数字代号	C	Si	Mn	Cr	W	Mo	V	其他	P	S
										≤	
GB/T 1299—2014	9Cr5NiMoV T42519	0.82 ~ 0.90	0.50 ~ 0.80	0.20 ~ 0.50	4.80 ~ 5.20	—	0.20 ~ 0.40	0.10 ~ 0.20	Cu≤0.25 Ni：0.30 ~ 0.50	0.020	0.015

8.1.5 冷作模具用钢

冷作模具用钢牌号及化学成分对照见表 8-26 ~ 表 8-44。

表8-26 9Mn2V钢牌号及化学成分（质量分数）对照 （%）

标准号	牌号 统一数字代号	C	Si	Mn	Cr	W	Mo	V	其他	P	S
										≤	
GB/T 1299—2014	9Mn2V T20019	0.85～0.95	≤0.40	1.70～2.00	≤0.25	—	—	0.10～0.25	Cu≤0.25 Ni≤0.25	0.030	0.020
ASTM A681—2015	O2 T31502	0.85～0.95	≤0.50	1.40～1.80	≤0.50	—	≤0.30	≤0.30	Ni+Cu≤0.75	0.030	0.030
ISO 4957:2018（E）	90MnCrV8	0.85～0.95	0.10～0.40	1.80～2.20	0.20～0.50	—	—	0.05～0.20	—	0.030	0.030
EN ISO 4957:2017(D)	90MnCrV8 1.2842	0.85～0.95	0.10～0.40	1.80～2.20	0.20～0.50	—	—	0.05～0.20	—	0.030	0.030

表8-27 9CrWMn钢牌号及化学成分（质量分数）对照 （%）

标准号	牌号 统一数字代号	C	Si	Mn	Cr	W	Mo	V	其他	P	S
										≤	
GB/T 1299—2014	9CrWMn T20299	0.85～0.95	≤0.40	0.90～1.20	0.50～0.80	0.50～0.80	—	—	Cu≤0.25 Ni≤0.25	0.030	0.020
ГОСТ 5950—2000	9ХВГ	0.85～0.95	0.15～0.35	0.90～1.20	0.50～0.80	0.50～0.80	Ti≤0.03	≤0.15	Cu≤0.30 Ni≤0.35	0.030	0.030
JIS G4404:2015	SKS3	0.90～1.00	≤0.35	0.90～1.20	0.50～1.00	0.50～1.00	—	—	Cu≤0.25 Ni≤0.25	0.030	0.030
ASTM A681—2015	O1 T31501	0.85～1.00	0.10～0.50	1.00～1.40	0.40～0.70	0.40～0.60	—	≤0.30	Ni+Cu≤0.75	0.030	0.030
ISO 4957:2018（E）	95MnWCr5	0.90～1.00	0.10～0.40	1.05～1.35	0.40～0.65	0.40～0.70	—	0.05～0.20	—	0.030	0.030
EN ISO 4957:2017(D)	95MnWCr5 1.2825	0.90～1.00	0.10～0.40	1.05～1.35	0.40～0.65	0.40～0.70	—	0.05～0.20	—	0.030	0.030

表8-28 CrWMn钢牌号及化学成分（质量分数）对照 （%）

标准号	牌号 统一数字代号	C	Si	Mn	Cr	W	Mo	V	其他	P	S
										≤	
GB/T 1299—2014	CrWMn T21290	0.90～1.05	≤0.40	0.80～1.10	0.90～1.20	1.20～1.60	—	—	Cu≤0.25 Ni≤0.25	0.030	0.020
ГОСТ 5950—2000	ХВГ	0.90～1.05	0.10～0.40	0.80～1.10	0.90～1.20	1.20～1.60	≤0.30	≤0.15	Cu≤0.30 Ni≤0.35 Ti≤0.03	0.030	0.030
JIS G4404:2015	SKS31	0.95～1.05	≤0.35	0.90～1.20	0.80～1.20	1.00～1.50	—	—	Cu≤0.25 Ni≤0.25	0.030	0.030
ASTM A681—2015	O7 T31507	1.10～1.30	0.10～0.60	0.20～1.00	0.35～0.85	1.00～2.00	≤0.30	0.15～0.40	Ni+Cu≤0.75	0.030	0.030

表8-29 MnCrWV钢牌号及化学成分（质量分数）对照 （%）

标准号	牌号 统一数字代号	C	Si	Mn	Cr	W	Mo	V	其他	P	S
										≤	
GB/T 1299—2014	MnCrWV T20250	0.90～1.05	0.10～0.40	1.05～1.35	0.50～0.70	0.50～0.70	—	0.05～0.15	Cu≤0.25 Ni≤0.25	0.030	0.020
ISO 4957:2018（E）	95MnWCr5	0.90～1.00	0.10～0.40	1.05～1.35	0.40～0.65	0.40～0.70	—	0.05～0.20	—	0.030	0.030
EN ISO 4957:2017(D)	95MnWCr5 1.2825	0.90～1.00	0.10～0.40	1.05～1.35	0.40～0.65	0.40～0.70	—	0.05～0.20	—	0.030	0.030

表 8-30 7CrMn2Mo 钢牌号及化学成分（质量分数）对照 （%）

标准号	牌号 统一数字代号	C	Si	Mn	Cr	W	Mo	V	其他	P	S
										≤	
GB/T 1299—2014	7CrMn2Mo T21347	0.65 ~ 0.75	0.10 ~ 0.50	1.80 ~ 2.50	0.90 ~ 1.20	—	0.90 ~ 1.40	—	Cu≤0.25 Ni≤0.25	0.030	0.020
ASTM A681—2015	A6 T30106	0.65 ~ 0.75	0.10 ~ 0.70	1.80 ~ 2.50	0.90 ~ 1.40	—	0.90 ~ 1.40	—	Ni + Cu≤0.75	0.030	0.030
ISO 4957:2018（E）	70MnMoCr8	0.65 ~ 0.75	0.10 ~ 0.50	1.80 ~ 2.50	0.90 ~ 1.20	—	0.90 ~ 1.40	—	—	0.030	0.030
EN ISO 4957:2017(D)	70MnMoCr8 1.2824	0.65 ~ 0.75	0.10 ~ 0.50	1.80 ~ 2.50	0.90 ~ 1.20	—	0.90 ~ 1.40	—	—	0.030	0.030

表 8-31 5Cr8MoVSi 钢牌号及化学成分（质量分数） （%）

标准号	牌号 统一数字代号	C	Si	Mn	Cr	W	Mo	V	其他	P	S
										≤	
GB/T 1299—2014	5Cr8MoVSi T21355	0.48 ~ 0.53	0.75 ~ 1.05	0.35 ~ 0.50	8.00 ~ 9.00	—	1.25 ~ 1.70	0.30 ~ 0.55	Cu≤0.25 Ni≤0.25	0.030	0.015

表 8-32 7CrSiMnMoV 钢牌号及化学成分（质量分数） （%）

标准号	牌号 统一数字代号	C	Si	Mn	Cr	W	Mo	V	其他	P	S
										≤	
GB/T 1299—2014	7CrSiMnMoV T21357	0.65 ~ 0.75	0.85 ~ 1.15	0.65 ~ 1.05	0.90 ~ 1.20	—	0.20 ~ 0.50	0.15 ~ 0.30	Cu≤0.25 Ni≤0.25	0.030	0.020

表 8-33 Cr8Mo2SiV 钢牌号及化学成分（质量分数） （%）

标准号	牌号 统一数字代号	C	Si	Mn	Cr	W	Mo	V	其他	P	S
										≤	
GB/T 1299—2014	Cr8Mo2SiV T21350	0.95 ~ 1.03	0.80 ~ 1.20	0.20 ~ 0.50	7.80 ~ 8.30	—	2.00 ~ 2.80	0.25 ~ 0.40	Cu≤0.25 Ni≤0.25	0.030	0.020

表 8-34 Cr4W2MoV 钢牌号及化学成分（质量分数） （%）

标准号	牌号 统一数字代号	C	Si	Mn	Cr	W	Mo	V	其他	P	S
										≤	
GB/T 1299—2014	Cr4W2MoV T21320	1.12 ~ 1.25	0.40 ~ 0.70	≤0.40	3.50 ~ 4.00	1.90 ~ 2.60	0.80 ~ 1.20	0.80 ~ 1.10	Cu≤0.25 Ni≤0.25	0.030	0.020

表 8-35 6Cr4W3Mo2VNb 钢牌号及化学成分（质量分数） （%）

标准号	牌号 统一数字代号	C	Si	Mn	Cr	W	Mo	V	其他	P	S
										≤	
GB/T 1299—2014	6Cr4W3Mo2VNb T21386	0.60 ~ 0.70	≤0.40	≤0.40	3.80 ~ 4.40	2.50 ~ 3.50	1.80 ~ 2.50	0.80 ~ 1.20	Nb：0.20 ~ 0.35 Cu≤0.25 Ni≤0.25	0.030	0.020

表 8-36 6W6Mo5Cr4V 钢牌号及化学成分（质量分数）对照 （%）

标准号	牌号 统一数字代号	C	Si	Mn	Cr	W	Mo	V	其他	P	S
										≤	
GB/T 1299—2014	6W6Mo5Cr4V T21836	0.55 ~ 0.65	≤0.40	≤0.60	3.70 ~ 4.30	6.00 ~ 7.00	4.50 ~ 5.50	0.70 ~ 1.10	Cu≤0.25 Ni≤0.25	0.030	0.020
ASTM A681—2015	H42 T20642	0.55 ~ 0.70	0.20 ~ 0.45	0.15 ~ 0.40	3.75 ~ 4.50	5.50 ~ 6.75	4.50 ~ 5.50	1.75 ~ 2.20	Ni + Cu≤0.75	0.030	0.030

表 8-37　W6Mo5Cr4V2 钢牌号及化学成分（质量分数）对照　（%）

标准号	牌号 统一数字代号	C	Si	Mn	Cr	W	Mo	V	其他	P	S
										≤	
GB/T 1299—2014	W6Mo5Cr4V2 T21830	0.80 ~ 0.90	0.15 ~ 0.40	0.20 ~ 0.45	3.80 ~ 4.40	5.50 ~ 6.75	4.50 ~ 5.50	1.75 ~ 2.20	Cu≤0.25 Ni≤0.25	0.030	0.020
JIS G4403:2006	SKH51	0.80 ~ 0.88	≤0.45	≤0.40	3.80 ~ 4.50	5.90 ~ 6.70	4.70 ~ 5.20	1.70 ~ 2.10	Cu≤0.25	0.030	0.030
ASTM A600—2016	M2 T11302	0.78 ~ 0.88	0.20 ~ 0.45	0.15 ~ 0.40	3.75 ~ 4.50	5.50 ~ 6.75	4.50 ~ 5.50	1.75 ~ 2.20	Ni + Cu≤0.75	0.03	0.03
ISO 4957:2018（E）	HS6 - 5 - 2	0.80 ~ 0.88	≤0.45	≤0.40	3.8 ~ 4.5	5.9 ~ 6.7	4.7 ~ 5.2	1.70 ~ 2.10	—	0.030	0.030
EN ISO 4957:2017(D)	HS6 - 5 - 2 1.3339	0.80 ~ 0.88	≤0.45	≤0.40	3.8 ~ 4.5	5.9 ~ 6.7	4.7 ~ 5.2	1.70 ~ 2.10	—	0.030	0.030

表 8-38　Cr8 钢牌号及化学成分（质量分数）　（%）

标准号	牌号 统一数字代号	C	Si	Mn	Cr	W	Mo	V	其他	P	S
										≤	
GB/T 1299—2014	Cr8 T21209	1.60 ~ 1.90	0.20 ~ 0.60	0.20 ~ 0.60	7.50 ~ 8.50	—	—	—	Cu≤0.25 Ni≤0.25	0.030	0.020

表 8-39　Cr12 钢牌号及化学成分（质量分数）对照　（%）

标准号	牌号 统一数字代号	C	Si	Mn	Cr	W	Mo	V	其他	P	S
										≤	
GB/T 1299—2014	Cr12 T21200	2.00 ~ 2.30	≤0.40	≤0.40	11.50 ~ 13.00	—	—	—	Cu≤0.25 Ni≤0.25	0.030	0.020

（续）

标准号	牌号 统一数字代号	C	Si	Mn	Cr	W	Mo	V	其他	P	S
										≤	
ГОСТ 5950—2000	X12	2.00 ~ 2.20	0.10 ~ 0.40	0.15 ~ 0.45	11.50 ~ 13.00	≤0.20	—	≤0.15	Cu≤0.30 Ni≤0.35 Ti≤0.03	0.030	0.030
JIS G4404:2015	SKD1	1.90 ~ 2.20	0.10 ~ 0.60	0.20 ~ 0.60	11.00 ~ 13.00	—	—	≤0.30	Cu≤0.25 Ni≤0.25	0.030	0.030
ASTM A681—2015	D3 T30403	2.00 ~ 2.35	0.10 ~ 0.60	0.10 ~ 0.60	11.00 ~ 13.50	≤1.00	—	≤1.00	Ni + Cu≤0.75	0.030	0.030
ISO 4957:2018（E）	X210Cr12	1.90 ~ 2.20	0.10 ~ 0.60	0.20 ~ 0.60	11.0 ~ 13.0	—	—	—	—	0.030	0.030
EN ISO 4957:2017(D)	X210Cr12 1.2080	1.90 ~ 2.20	0.10 ~ 0.60	0.20 ~ 0.60	11.0 ~ 13.0	—	—	—	—	0.030	0.030

表 8-40　Cr12W 钢牌号及化学成分（质量分数）对照

（%）

标准号	牌号 统一数字代号	C	Si	Mn	Cr	W	Mo	V	其他	P	S
										≤	
GB/T 1299—2014	Cr12W T21290	2.00 ~ 2.30	0.10 ~ 0.40	0.30 ~ 0.60	11.00 ~ 13.00	0.60 ~ 0.80	—	—	Cu≤0.25 Ni≤0.25	0.030	0.020
JIS G4404:2015	SKD2	2.00 ~ 2.30	0.10 ~ 0.40	0.30 ~ 0.60	11.00 ~ 13.00	0.60 ~ 0.80	—	≤0.30	Cu≤0.25 Ni≤0.25	0.030	0.030
ISO 4957:2018（E）	X210CrW12	2.00 ~ 2.30	0.10 ~ 0.40	0.30 ~ 0.60	11.0 ~ 13.0	0.60 ~ 0.80	—	—	—	0.030	0.030
EN ISO 4957:2017(D)	X210CrW12 1.2436	2.00 ~ 2.30	0.10 ~ 0.40	0.30 ~ 0.60	11.0 ~ 13.0	0.60 ~ 0.80	—	—	—	0.030	0.030

表 8-41 7Cr7Mo2V2Si 钢牌号及化学成分（质量分数） （%）

标准号	牌号 统一数字代号	C	Si	Mn	Cr	W	Mo	V	其他	P	S
										≤	
GB/T 1299—2014	7Cr7Mo2V2Si T21317	0.68 ~ 0.78	0.70 ~ 1.20	≤0.40	6.50 ~ 7.50	—	1.90 ~ 2.30	1.80 ~ 2.20	Cu≤0.25 Ni≤0.25	0.030	0.020

表 8-42 Cr5Mo1V 钢牌号及化学成分（质量分数）对照 （%）

标准号	牌号 统一数字代号	C	Si	Mn	Cr	W	Mo	V	其他	P	S
										≤	
GB/T 1299—2014	Cr5Mo1V T21318	0.95 ~ 1.05	≤0.50	≤1.00	4.75 ~ 5.50	—	0.90 ~ 1.10	0.15 ~ 0.50	Cu≤0.25 Ni≤0.25	0.030	0.020
JIS G4404:2015	SKD12	0.95 ~ 1.05	0.10 ~ 0.40	0.40 ~ 0.80	4.80 ~ 5.50	—	0.90 ~ 1.20	0.15 ~ 0.35	Cu≤0.25 Ni≤0.25	0.030	0.030
ASTM A681—2015	A2 T30102	0.95 ~ 1.05	0.10 ~ 0.50	0.40 ~ 1.00	4.75 ~ 5.50	—	0.90 ~ 1.40	0.15 ~ 0.50	Ni + Cu≤0.75	0.030	0.030
ISO 4957:2018 (E)	X100CrMoV5	0.95 ~ 1.05	0.10 ~ 0.40	0.40 ~ 0.80	4.80 ~ 5.50	—	0.90 ~ 1.20	0.15 ~ 0.35	—	0.030	0.030
EN ISO 4957:2017(D)	X100CrMoV5 1.2363	0.95 ~ 1.05	0.10 ~ 0.40	0.40 ~ 0.80	4.80 ~ 5.50	—	0.90 ~ 1.20	0.15 ~ 0.35	—	0.030	0.030

表 8-43 Cr12MoV 钢牌号及化学成分（质量分数）对照 （%）

标准号	牌号 统一数字代号	C	Si	Mn	Cr	W	Mo	V	其他	P	S
										≤	
GB/T 1299—2014	Cr12MoV T21319	1.45 ~ 1.70	≤0.40	≤0.40	11.00 ~ 12.50	—	0.40 ~ 0.60	0.15 ~ 0.30	Cu≤0.25 Ni≤0.25	0.030	0.020

（续）

标准号	牌号 统一数字代号	C	Si	Mn	Cr	W	Mo	V	其他	P	S
										≤	
ГОСТ 5950—2000	X12MΦ	1.45 ~ 1.65	0.10 ~ 0.40	0.15 ~ 0.45	11.00 ~ 12.50	≤0.20	0.40 ~ 0.60	0.15 ~ 0.30	Cu≤0.30 Ni≤0.35 Ti≤0.03	0.030	0.030
JIS G4404:2015	SKD11	1.40 ~ 1.60	≤0.40	≤0.40	11.00 ~ 13.00	—	0.80 ~ 1.20	0.20 ~ 0.50	Cu≤0.25 Ni≤0.25	0.030	0.030
ASTM A681—2015	D4 T30404	2.05 ~ 2.40	0.10 ~ 0.60	0.10 ~ 0.40	11.00 ~ 13.00	—	0.70 ~ 1.20	0.15 ~ 1.00	Ni + Cu≤ 0.75	0.030	0.030

表 8-44 Cr12Mo1V1 钢牌号及化学成分（质量分数）对照

（%）

标准号	牌号 统一数字代号	C	Si	Mn	Cr	W	Mo	V	其他	P	S
										≤	
GB/T 1299—2014	Cr12Mo1V1 T21310	1.40 ~ 1.60	≤0.60	≤0.60	11.00 ~ 13.00	—	0.70 ~ 1.20	0.50 ~ 1.10	Cu≤0.25 Ni≤0.25 Co≤1.00	0.030	0.020
ГОСТ 5950—2000	X12M1Φ1	1.45 ~ 1.65	0.10 ~ 0.40	0.15 ~ 0.45	11.00 ~ 12.50	≤0.20	0.70 ~ 1.20	0.30 ~ 1.10	Cu≤0.30 Ni≤0.35 Ti≤0.03	0.030	0.030
JIS G4404:2015	SKD10	1.45 ~ 1.60	0.10 ~ 0.60	0.20 ~ 0.60	11.00 ~ 13.00	—	0.70 ~ 1.00	0.70 ~ 1.00	Cu≤0.25 Ni≤0.25	0.030	0.030
ASTM A681—2015	D2 T30402	1.40 ~ 1.60	0.10 ~ 0.60	0.10 ~ 0.60	11.00 ~ 13.00	—	0.70 ~ 1.20	0.50 ~ 1.10	Ni + Cu≤ 0.75	0.030	0.030
ISO 4957:2018（E）	X153CrMoV12	1.45 ~ 1.60	0.10 ~ 0.60	0.20 ~ 0.60	11.0 ~ 13.0	—	0.70 ~ 1.00	0.70 ~ 1.00	—	0.030	0.030
EN ISO 4957:2017(D)	X153CrMoV12 1.2379	1.45 ~ 1.60	0.10 ~ 0.60	0.20 ~ 0.60	11.0 ~ 13.0	—	0.70 ~ 1.00	0.70 ~ 1.00	—	0.030	0.030

8.1.6 热作模具用钢

热作模具用钢牌号及化学成分对照见表8-45～表8-66。

表8-45 5CrMnMo钢牌号及化学成分（质量分数）对照 （%）

标准号	牌号 统一数字代号	C	Si	Mn	Cr	W	Mo	V	其他	P	S
										≤	
GB/T 1299—2014	5CrMnMo T22345	0.50～0.60	0.25～0.60	1.20～1.60	0.60～0.90	—	0.15～0.30	—	Cu≤0.25 Ni≤0.25	0.030	0.030
ГОСТ 5950—2000	5ХГМ	0.50～0.60	0.25～0.60	1.20～1.60	0.60～0.90	≤0.20	0.15～0.30	≤0.15	Cu≤0.30 Ni≤0.35 Ti≤0.03	0.030	0.030

表8-46 5CrNiMo钢牌号及化学成分（质量分数）对照 （%）

标准号	牌号 统一数字代号	C	Si	Mn	Cr	W	Mo	V	其他	P	S
										≤	
GB/T 1299—2014	5CrNiMo T22505	0.50～0.60	≤0.40	0.50～0.80	0.50～0.80	—	0.15～0.30	—	Ni：1.40～1.80 Cu≤0.25	0.030	0.030
ГОСТ 5950—2000	5ХНМ	0.50～0.60	0.10～0.40	0.50～0.80	0.50～0.80	≤0.20	0.15～0.30	≤0.15	Ni：1.40～1.80 Cu≤0.30 Ti≤0.03	0.030	0.030
ASTM A681—2015	L6 T61206	0.65～0.75	0.10～0.50	0.25～0.80	0.60～1.20	—	≤0.50	—	Ni：1.25～2.00 Ni + Cu≤0.75	0.030	0.030

表8-47 4CrNi4Mo钢牌号及化学成分（质量分数）对照 （%）

标准号	牌号 统一数字代号	C	Si	Mn	Cr	W	Mo	V	其他	P	S
										≤	
GB/T 1299—2014	4CrNi4Mo T23504	0.40～0.50	0.10～0.40	0.20～0.50	1.20～1.50	—	0.15～0.35	—	Ni：3.80～4.30 Cu≤0.25	0.030	0.030
JIS G4404:2015	SKT6	0.40～0.50	0.10～0.40	0.20～0.50	1.20～1.50	—	0.15～0.35	—	Ni：3.80～4.30 Cu≤0.25	0.030	0.020
ISO 4957:2018（E）	45NiCrMo16	0.40～0.50	0.10～0.40	0.20～0.50	1.20～1.50	—	0.15～0.35	—	Ni：3.80～4.30	0.030	0.020
EN ISO 4957:2017(D)	45NiCrMo16 1.2767	0.40～0.50	0.10～0.40	0.20～0.50	1.20～1.50	—	0.15～0.35	—	Ni：3.80～4.30	0.030	0.020

表8-48 4Cr2NiMoV钢牌号及化学成分（质量分数） （%）

标准号	牌号 统一数字代号	C	Si	Mn	Cr	W	Mo	V	其他	P	S
										≤	
GB/T 1299—2014	4Cr2NiMoV T23514	0.35～0.45	≤0.40	≤0.40	1.80～2.20	—	0.45～0.60	0.10～0.30	Ni：1.10～1.50 Cu≤0.25	0.030	0.030

表 8-49　5CrNi2MoV 钢牌号及化学成分（质量分数）对照　（%）

标准号	牌号 统一数字代号	C	Si	Mn	Cr	W	Mo	V	其他	P	S
										≤	
GB/T 1299—2014	5CrNi2MoV T23515	0.50～0.60	0.10～0.40	0.60～0.90	0.80～1.20	—	0.35～0.55	0.05～0.15	Ni：1.50～1.80 Cu≤0.25	0.030	0.030
JIS G4404:2015	SKT4	0.50～0.60	0.10～0.40	0.60～0.90	0.80～1.20	—	0.35～0.55	0.05～0.15	Ni：1.50～1.80 Cu≤0.25	0.030	0.020
ISO 4957:2018（E）	55NiCrMoV7	0.50～0.60	0.10～0.40	0.60～0.90	0.80～1.20	—	0.35～0.55	0.05～0.15	Ni：1.50～1.80	0.030	0.020
EN ISO 4957:2017(D)	55NiCrMoV7 1.2714	0.50～0.60	0.10～0.40	0.60～0.90	0.80～1.20	—	0.35～0.55	0.05～0.15	Ni：1.50～1.80	0.030	0.020

表 8-50　5Cr2NiMoVSi 钢牌号及化学成分（质量分数）　（%）

标准号	牌号 统一数字代号	C	Si	Mn	Cr	W	Mo	V	其他	P	S
										≤	
GB/T 1299—2014	5Cr2NiMoVSi T23535	0.46～0.54	0.60～0.90	0.40～0.60	1.50～2.00	—	0.80～1.20	0.30～0.50	Ni：0.80～1.20 Cu≤0.25	0.030	0.030

表 8-51　8Cr3 钢牌号及化学成分（质量分数）对照　（%）

标准号	牌号 统一数字代号	C	Si	Mn	Cr	W	Mo	V	其他	P	S
										≤	
GB/T 1299—2014	8Cr3 T23208	0.75～0.85	≤0.40	≤0.40	3.20～3.80	—	—	—	Cu≤0.25 Ni≤0.25	0.030	0.030

（续）

标准号	牌号 统一数字代号	C	Si	Mn	Cr	W	Mo	V	其他	P ≤	S ≤
ГОСТ 5950—2000	8X3	0.75 ~ 0.85	0.15 ~ 0.35	0.15 ~ 0.40	3.20 ~ 3.80	≤0.20	≤0.20	≤0.15	Cu≤0.30 Ni≤0.35 Ti≤0.03	0.030	0.030

表 8-52 4Cr5W2VSi 钢牌号及化学成分（质量分数）（%）

标准号	牌号 统一数字代号	C	Si	Mn	Cr	W	Mo	V	其他	P ≤	S ≤
GB/T 1299—2014	4Cr5W2VSi T23274	0.32 ~ 0.42	0.80 ~ 1.20	≤0.40	4.50 ~ 5.50	1.60 ~ 2.40	—	0.60 ~ 1.00	Cu≤0.25 Ni≤0.25	0.030	0.030

表 8-53 3Cr2W8V 钢牌号及化学成分（质量分数）对照（%）

标准号	牌号 统一数字代号	C	Si	Mn	Cr	W	Mo	V	其他	P ≤	S ≤
GB/T 1299—2014	3Cr2W8V T23273	0.30 ~ 0.40	≤0.40	≤0.40	2.20 ~ 2.70	7.50 ~ 9.00	—	0.20 ~ 0.50	Cu≤0.25 Ni≤0.25	0.030	0.030
ГОСТ 5950—2000	3X2B8Ф	0.27 ~ 0.33	0.15 ~ 0.40	0.30 ~ 0.60	2.00 ~ 2.50	7.50 ~ 8.50	—	0.20 ~ 0.50	Cu≤0.30 Ni≤0.35 Ti≤0.03	0.030	0.030
JIS G4404:2015	SKD5	0.25 ~ 0.35	0.10 ~ 0.40	0.15 ~ 0.45	2.50 ~ 3.20	8.50 ~ 9.50	—	0.30 ~ 0.50	Cu≤0.25 Ni≤0.25	0.030	0.020
ASTM A681—2015	H21 T20821	0.26 ~ 0.36	0.15 ~ 0.40	0.15 ~ 0.50	3.00 ~ 3.75	8.50 ~ 10.00	—	0.30 ~ 0.60	Ni + Cu≤ 0.75	0.030	0.030

ISO 4957:2018（E）	X30WCrV9－3	0.25～0.35	0.10～0.40	0.15～0.45	2.5～3.2	8.5～9.5	—	0.30～0.50	—	0.030	0.020
EN ISO 4957:2017(D)	X30WCrV9－3 1.2581	0.25～0.35	0.10～0.40	0.15～0.45	2.5～3.2	8.5～9.5	—	0.30～0.50	—	0.030	0.020

表8-54　4Cr5MoSiV钢牌号及化学成分（质量分数）对照　　（%）

标准号	牌　号 统一数字代号	C	Si	Mn	Cr	W	Mo	V	其他	P	S
										≤	
GB/T 1299—2014	4Cr5MoSiV T23352	0.33～0.43	0.80～1.20	0.20～0.50	4.75～5.50	—	1.10～1.60	0.30～0.60	Cu≤0.25 Ni≤0.25	0.030	0.030
ГОСТ 5950—2000	4X5MФC	0.32～0.40	0.90～1.20	0.20～0.50	4.50～5.50	≤0.20	1.20～1.50	0.30～0.50	Cu≤0.30 Ni≤0.35 Ti≤0.03	0.030	0.030
JIS G4404:2015	SKD6	0.32～0.42	0.80～1.20	≤0.50	4.50～5.50	—	1.00～1.50	0.30～0.50	Cu≤0.25 Ni≤0.25	0.030	0.020
ASTM A681—2015	H11 T20811	0.33～0.43	0.80～1.25	0.20～0.60	4.75～5.50	—	1.10～1.60	0.30～0.60	Ni＋Cu≤0.75	0.030	0.030
ISO 4957:2018（E）	X37CrMoV5－1	0.33～0.41	0.90～1.20	0.25～0.50	4.8～5.5	—	1.10～1.50	0.30～0.50	—	0.030	0.020
EN ISO 4957:2017(D)	X37CrMoV5－1 1.2343	0.33～0.41	0.90～1.20	0.25～0.50	4.8～5.5	—	1.10～1.50	0.30～0.50	—	0.030	0.020

表 8-55 4Cr5MoSiV1 钢牌号及化学成分（质量分数）对照 （%）

标准号	牌号 统一数字代号	C	Si	Mn	Cr	W	Mo	V	其他	P	S
										≤	
GB/T 1299—2014	4Cr5MoSiV1 T23353	0.32~ 0.45	0.80~ 1.20	0.20~ 0.50	4.75~ 5.50	—	1.10~ 1.75	0.80~ 1.20	Cu≤0.25 Ni≤0.25	0.030	0.030
ГОСТ 5950—2000	4X5MΦ1C	0.37~ 0.44	0.90~ 1.20	0.20~ 0.50	4.50~ 5.50	≤0.20	1.20~ 1.50	0.80~ 1.10	Cu≤0.30 Ni≤0.35 Ti≤0.03	0.030	0.030
JIS G4404:2015	SKD61	0.35~ 0.42	0.80~ 1.20	0.25~ 0.50	4.80~ 5.50	—	1.00~ 1.50	0.80~ 1.15	Cu≤0.25 Ni≤0.25	0.030	0.020
ASTM A681—2015	H13 T20813	0.32~ 0.45	0.80~ 1.25	0.20~ 0.60	4.75~ 5.50	—	1.10~ 1.75	0.80~ 1.20	Ni+Cu≤ 0.75	0.030	0.030
ISO 4957:2018（E）	X40CrMoV5-1	0.35~ 0.42	0.90~ 1.20	0.25~ 0.50	4.8~ 5.5	—	1.20~ 1.50	0.85~ 1.15	—	0.030	0.020
EN ISO 4957:2017(D)	X40CrMoV5-1 1.2344	0.35~ 0.42	0.90~ 1.20	0.25~ 0.50	4.8~ 5.5	—	1.20~ 1.50	0.85~ 1.15	—	0.030	0.020

表 8-56 4Cr3Mo3SiV 钢牌号及化学成分（质量分数）对照 （%）

标准号	牌号 统一数字代号	C	Si	Mn	Cr	W	Mo	V	其他	P	S
										≤	
GB/T 1299—2014	4Cr3Mo3SiV T23353	0.35~ 0.45	0.80~ 1.20	0.25~ 0.70	3.00~ 3.75	—	2.00~ 3.00	0.25~ 0.75	Cu≤0.25 Ni≤0.25	0.030	0.030
ГОСТ 5950—2000	4X3M3Φ	0.24~ 0.34	0.10~ 0.40	0.20~ 0.50	2.80~ 3.50	≤0.20	2.50~ 3.00	0.40~ 0.60	Cu≤0.30 Ni≤0.35 Ti≤0.03	0.030	0.030
ASTM A681—2015	H10 T20810	0.35~ 0.45	0.80~ 1.25	0.20~ 0.70	3.00~ 3.75	—	2.00~ 3.00	0.25~ 0.75	Ni+Cu≤ 0.75	0.030	0.030

表8-57 5Cr4Mo3SiMnVAl钢牌号及化学成分（质量分数） （%）

标准号	牌号 统一数字代号	C	Si	Mn	Cr	W	Mo	V	其他	P	S
										≤	
GB/T 1299—2014	5Cr4Mo3SiMnVAl T23355	0.47～0.57	0.80～1.10	0.80～1.10	3.80～4.30	—	2.80～3.40	0.80～1.20	Al：0.30～0.70 Cu≤0.25 Ni≤0.25	0.030	0.030

表8-58 4CrMnSiMoV钢牌号及化学成分（质量分数） （%）

标准号	牌号 统一数字代号	C	Si	Mn	Cr	W	Mo	V	其他	P	S
										≤	
GB/T 1299—2014	4CrMnSiMoV T23364	0.35～0.45	0.80～1.10	0.80～1.10	1.30～1.50	—	0.40～0.60	0.20～0.40	Cu≤0.25 Ni≤0.25	0.030	0.030

表8-59 5Cr5WMoSi钢牌号及化学成分（质量分数）对照 （%）

标准号	牌号 统一数字代号	C	Si	Mn	Cr	W	Mo	V	其他	P	S
										≤	
GB/T 1299—2014	5Cr5WMoSi T23375	0.50～0.60	0.75～1.10	0.20～0.50	4.75～5.50	1.00～1.50	1.15～1.65	—	Cu≤0.25 Ni≤0.25	0.030	0.030
ASTM A681—2015	A8 T30108	0.50～0.60	0.75～1.10	0.20～0.50	4.75～5.50	1.00～1.50	1.15～1.65	—	Ni+Cu≤0.75	0.030	0.030

表 8-60 4Cr5MoWVSi 钢牌号及化学成分（质量分数）对照 （%）

标准号	牌号 统一数字代号	C	Si	Mn	Cr	W	Mo	V	其他	P	S
										≤	
GB/T 1299—2014	4Cr5MoWVSi T23324	0.32～0.40	0.80～1.20	0.20～0.50	4.75～5.50	1.10～1.60	1.25～1.60	0.20～0.50	Cu≤0.25 Ni≤0.25	0.030	0.030
JIS G4404:2015	SKD62	0.32～0.40	0.80～1.20	0.20～0.50	4.75～5.50	1.00～1.60	1.00～1.60	0.20～0.50	Cu≤0.25 Ni≤0.25	0.030	0.020
ASTM A681—2015	H12 T20812	0.30～0.40	0.80～1.25	0.20～0.60	4.75～5.50	1.00～1.70	1.25～1.75	0.20～0.50	Ni+Cu≤0.75	0.030	0.030
ISO 4957:2018（E）	X35CrWMoV5	0.32～0.40	0.80～1.20	0.20～0.50	4.75～5.5	1.10～1.60	1.25～1.60	0.20～0.50	—	0.030	0.020
EN ISO 4957:2017(D)	X35CrWMoV5 1.2605	0.32～0.40	0.80～1.20	0.20～0.50	4.75～5.5	1.10～1.60	1.25～1.60	0.20～0.50	—	0.030	0.020

表 8-61 3Cr3Mo3W2V 钢牌号及化学成分（质量分数） （%）

标准号	牌号 统一数字代号	C	Si	Mn	Cr	W	Mo	V	其他	P	S
										≤	
GB/T 1299—2014	3Cr3Mo3W2V T23323	0.32～0.42	0.60～0.90	≤0.65	2.80～3.30	1.20～1.80	2.50～3.00	0.80～1.20	Cu≤0.25 Ni≤0.25	0.030	0.030

表 8-62 5Cr4W5Mo2V 钢牌号及化学成分（质量分数） （%）

标准号	牌号 统一数字代号	C	Si	Mn	Cr	W	Mo	V	其他	P	S
										≤	
GB/T 1299—2014	5Cr4W5Mo2V T23325	0.40～0.50	≤0.40	≤0.40	3.40～4.40	4.50～5.30	1.50～2.10	0.70～1.10	Cu≤0.25 Ni≤0.25	0.030	0.030

表 8-63　4Cr5Mo2V 钢牌号及化学成分（质量分数）　（%）

标准号	牌号 统一数字代号	C	Si	Mn	Cr	W	Mo	V	其他	P	S
										≤	
GB/T 1299—2014	4Cr5Mo2V T23314	0.35～0.42	0.25～0.50	0.40～0.60	5.00～5.50	—	2.30～2.60	0.60～0.80	Cu≤0.25 Ni≤0.25	0.020	0.008

表 8-64　3Cr3Mo3V 钢牌号及化学成分（质量分数）对照　（%）

标准号	牌号 统一数字代号	C	Si	Mn	Cr	W	Mo	V	其他	P	S
										≤	
GB/T 1299—2014	3Cr3Mo3V T23313	0.28～0.35	0.10～0.40	0.15～0.45	2.70～3.20	—	2.50～3.00	0.40～0.70	Cu≤0.25 Ni≤0.25	0.030	0.020
JIS G4404:2015	SKD7	0.28～0.35	0.10～0.40	0.15～0.45	2.70～3.20	—	2.50～3.00	0.40～0.70	Cu≤0.25 Ni≤0.25	0.030	0.020
ISO 4957:2018（E）	32CrMoV12－28	0.28～0.35	0.10～0.40	0.15～0.45	2.70～3.2	—	2.50～3.00	0.40～0.70	—	0.030	0.020
EN ISO 4957:2017(D)	32CrMoV12－28 1.2365	0.28～0.35	0.10～0.40	0.15～0.45	2.70～3.2	—	2.50～3.00	0.40～0.70	—	0.030	0.020

表 8-65　4Cr5Mo3V 钢牌号及化学成分（质量分数）对照　（%）

标准号	牌号 统一数字代号	C	Si	Mn	Cr	W	Mo	V	其他	P	S
										≤	
GB/T 1299—2014	4Cr5Mo3V T23314	0.35～0.40	0.30～0.50	0.30～0.50	4.80～5.20	—	2.70～3.20	0.40～0.60	Cu≤0.25 Ni≤0.25	0.030	0.020
ISO 4957:2018（E）	X38CrMoV5－3	0.35～0.40	0.30～0.50	0.30～0.50	4.8～5.2	—	2.70～3.2	0.40～0.60	—	0.030	0.020

表 8-66 3Cr3Mo3VCo3 钢牌号及化学成分（质量分数）对照 （%）

标准号	牌号 统一数字代号	C	Si	Mn	Cr	W	Mo	V	其他	P	S
										≤	
GB/T 1299—2014	3Cr3Mo3VCo3 T23393	0.28～0.35	0.10～0.40	0.15～0.45	2.70～3.20	—	2.60～3.00	0.40～0.70	Co：2.50～3.00 Cu≤0.25 Ni≤0.25	0.030	0.020
JIS G4404:2015	SKD8	0.35～0.45	0.15～0.30	0.20～0.50	4.00～4.70	3.80～4.50	0.30～0.50	1.70～2.10	Co：4.00～4.50 Cu≤0.25 Ni≤0.25	0.030	0.020
ASTM A681—2015	H19 T20819	0.32～0.45	0.15～0.50	0.20～0.50	4.00～4.75	3.75～4.50	0.30～0.55	1.75～2.20	Co：4.00～4.50 Ni+Cu≤0.75	0.030	0.030
ISO 4957:2018（E）	38CrCoWV18－17－17	0.35～0.45	0.15～0.30	0.20～0.50	4.0～4.7	3.8～4.5	0.30～0.50	1.70～2.10	Co：4.0～4.5	0.030	0.020
EN ISO 4957:2017(D)	38CrCoWV18－17－17 1.2661	0.35～0.45	0.15～0.30	0.20～0.50	4.0～4.7	3.8～4.5	0.30～0.50	1.70～2.10	Co：4.0～4.5	0.030	0.020

8.1.7 塑料模具用钢

塑料模具用钢牌号及化学成分对照见表 8-67～表 8-87。

表8-67　SM45钢牌号及化学成分（质量分数）对照　（%）

标准号	牌号 统一数字代号	C	Si	Mn	Cr	W	Mo	V	其他	P	S
										≤	
GB/T 35840.1—2018	SM45 T10450	0.42~ 0.48	0.17~ 0.37	0.50~ 0.80	≤0.20	—	—	—	Cu≤0.25 Ni≤0.20	0.025	
GB/T 1299—2014					≤0.25				Cu≤0.25 Ni≤0.25	0.030	
ГОСТ 1050—1988	45	0.42~ 0.50	0.17~ 0.37	0.50~ 0.80	≤0.25				Cu≤0.25 Ni≤0.25	0.035	0.040
JIS G4051:2009	S45C	0.42~ 0.48	0.15~ 0.35	0.60~ 0.90	≤0.20	—	—	—	Cu≤0.25 Ni≤0.20 Ni+Cu≤ 0.35	0.030	0.035
ASTM A519/A519M—2017	1045	0.43~ 0.50	—	0.60~ 0.90	—	—	—	—	Cu≤0.20	0.040	0.050
ISO 4957:2018（E）	C45U	0.42~ 0.50	0.15~ 0.40	0.60~ 0.80	—	—	—	—	—	0.030	0.030
EN ISO 4957:2017(D)	C45U	0.42~ 0.50	0.15~ 0.40	0.60~ 0.80	—	—	—	—	—	0.030	0.030

表8-68　SM50钢牌号及化学成分（质量分数）对照　（%）

标准号	牌号 统一数字代号	C	Si	Mn	Cr	W	Mo	V	其他	P	S
										≤	
GB/T 35840.1—2018	SM50 T10500	0.47~ 0.53	0.17~ 0.37	0.50~ 0.80	≤0.20	—	—	—	Cu≤0.25 Ni≤0.20	0.025	0.020
GB/T 1299—2014					≤0.25				Cu≤0.25 Ni≤0.25	0.030	0.020

（续）

标准号	牌号 统一数字代号	C	Si	Mn	Cr	W	Mo	V	其他	P	S
										≤	
ГОСТ 1050—1988	50	0.47 ~ 0.55	0.17 ~ 0.37	0.50 ~ 0.80	≤0.25				Cu≤0.25 Ni≤0.25	0.035	0.040
JIS G4051：2009	S50C	0.47 ~ 0.53	0.15 ~ 0.35	0.60 ~ 0.90	≤0.20	—	—	—	Cu≤0.25 Ni≤0.20 Ni + Cu≤0.35	0.030	0.035
ASTM A519/A519M—2017	1050	0.48 ~ 0.55	—	0.60 ~ 0.90	—	—	—	—	Cu≤0.20	0.040	0.050
ISO 683 - 1:2016（E）	C50E	0.47 ~ 0.55	0.10 ~ 0.40	0.60 ~ 0.90	≤0.40	—	≤0.10	—	Cu≤0.30 Ni≤0.40	0.025	0.035
						Cr + Mo + Ni≤0.63					
EN 10083 - 2:2006(E)	C50E 1.1206	0.47 ~ 0.55	≤0.40	0.60 ~ 0.90	≤0.40	—	≤0.10	—	Cu≤0.30 Ni≤0.40	0.030	0.035
						Cr + Mo + Ni≤0.63					

表 8-69 SM55 钢牌号及化学成分（质量分数）对照　（%）

标准号	牌号 统一数字代号	C	Si	Mn	Cr	W	Mo	V	其他	P	S
										≤	
GB/T 35840.1—2018	SM55 T10550	0.52 ~ 0.58	0.17 ~ 0.37	0.50 ~ 0.80	≤0.20	—	—	—	Cu≤0.25 Ni≤0.20	0.025	0.020
GB/T 1299—2014					≤0.25				Cu≤0.25 Ni≤0.25	0.030	0.020
ГОСТ 1050—1988	55	0.52 ~ 0.60	0.17 ~ 0.37	0.50 ~ 0.80	≤0.25				Cu≤0.25 Ni≤0.25	0.035	0.040

<table>
<tr><td rowspan="2">JIS G4051:2009</td><td rowspan="2">S55C</td><td rowspan="2">0.52～0.58</td><td rowspan="2">0.15～0.35</td><td rowspan="2">0.60～0.90</td><td rowspan="2">≤0.20</td><td rowspan="2">—</td><td rowspan="2">—</td><td rowspan="2">—</td><td rowspan="2">Cu≤0.25
Ni≤0.20
Ni+Cu≤0.35</td><td rowspan="2">0.030</td><td rowspan="2">0.035</td></tr>
<tr></tr>
<tr><td>ASTM A29/A29M—2015</td><td>1055</td><td>0.50～0.60</td><td>—</td><td>0.60～0.90</td><td>—</td><td>—</td><td>—</td><td>—</td><td>Cu≤0.20</td><td>0.040</td><td>0.050</td></tr>
<tr><td rowspan="2">ISO 683-1:2016（E）</td><td rowspan="2">C55E</td><td rowspan="2">0.52～0.60</td><td rowspan="2">0.10～0.40</td><td rowspan="2">0.60～0.90</td><td rowspan="2">≤0.40</td><td>—</td><td>≤0.10</td><td>—</td><td rowspan="2">Cu≤0.30
Ni≤0.40</td><td rowspan="2">0.025</td><td rowspan="2">0.035</td></tr>
<tr><td colspan="3">Cr+Mo+Ni≤0.63</td></tr>
<tr><td rowspan="2">EN 10083-2:2006(E)</td><td rowspan="2">C50E
1.1203</td><td rowspan="2">0.52～0.60</td><td rowspan="2">≤0.40</td><td rowspan="2">0.60～0.90</td><td rowspan="2">≤0.40</td><td>—</td><td>≤0.10</td><td>—</td><td rowspan="2">Cu≤0.30
Ni≤0.40</td><td rowspan="2">0.030</td><td rowspan="2">0.035</td></tr>
<tr><td colspan="3">Cr+Mo+Ni≤0.63</td></tr>
</table>

表8-70 3Cr2Mo钢牌号及化学成分（质量分数）对照 （%）

标准号	牌号 统一数字代号	C	Si	Mn	Cr	W	Mo	V	其他	P	S
										≤	
GB/T 1299—2014	3Cr2Mo T25303	0.28～0.40	0.20～0.80	0.60～1.00	1.40～2.00	—	0.30～0.55	—	Cu≤0.25 Ni≤0.25	0.030	0.030
ASTM A681—2015	P20 T51620	0.28～0.40	0.20～0.80	0.60～1.00	1.40～2.00	—	0.30～0.55	—	Ni+Cu≤0.75	0.030	0.030
ISO 4957:2018（E）	35CrMo7	0.30～0.40	0.30～0.70	0.60～1.00	1.50～2.00	—	0.35～0.55	—	—	0.030	0.030
EN ISO 4957:2017(D)	35CrMo7 1.2302	0.30～0.40	0.30～0.70	0.60～1.00	1.50～2.00	—	0.35～0.55	—	—	0.030	0.030

表 8-71 3Cr2MnNiMo 钢牌号及化学成分（质量分数）对照 （%）

标准号	牌号 统一数字代号	C	Si	Mn	Cr	W	Mo	V	其他	P	S
										≤	
GB/T 1299—2014	3Cr2MnNiMo T25553	0.32～0.40	0.20～0.40	1.10～1.50	1.70～2.00	—	0.25～0.40	—	Ni：0.85～1.15 Cu≤0.25	0.030	0.030
ISO 4957:2018（E）	40CrMnNiMo8－6－4	0.35～0.45	0.20～0.40	1.30～1.60	1.80～2.10	—	0.15～0.25	—	Ni：0.90～1.20	0.030	0.030
EN ISO 4957:2017(D)	40CrMnNiMo8－6－4 1.2738	0.35～0.45	0.20～0.40	1.30～1.60	1.80～2.10	—	0.15～0.25	—	Ni：0.90～1.20	0.030	0.030

表 8-72 4Cr2Mn1MoS 钢牌号及化学成分（质量分数） （%）

标准号	牌号 统一数字代号	C	Si	Mn	Cr	Ni	Mo	V	其他	P	S
										≤	
GB/T 1299—2014	4Cr2Mn1MoS T25344	0.35～0.45	0.30～0.50	1.40～1.60	1.80～2.00	≤0.25	0.15～0.25	—	Cu≤0.25	0.030	0.05～0.10

表 8-73 8Cr2MnWMoVS 钢牌号及化学成分（质量分数） （%）

标准号	牌号 统一数字代号	C	Si	Mn	Cr	W	Mo	V	其他	P	S
										≤	
GB/T 1299—2014	8Cr2MnWMoVS T25378	0.75～0.85	≤0.40	1.30～1.70	2.30～2.60	0.70～1.10	0.50～0.80	0.10～0.25	Cu≤0.25 Ni≤0.25	0.030	0.08～0.15

表 8-74　5CrNiMnMoVSCa 钢牌号及化学成分（质量分数）　（%）

标准号	牌号 统一数字代号	C	Si	Mn	Cr	Ni	Mo	V	其他	P	S
										≤	
GB/T 1299—2014	5CrNiMnMoVSCa T25515	0.50～0.60	≤0.45	0.80～1.20	0.80～1.20	0.80～1.20	0.30～0.60	0.15～0.30	Ca：0.002～0.008 Cu≤0.25	0.030	0.06～0.15

表 8-75　2CrNiMoMnV 钢牌号及化学成分（质量分数）　（%）

标准号	牌号 统一数字代号	C	Si	Mn	Cr	Ni	Mo	V	其他	P	S
										≤	
GB/T 1299—2014	2CrNiMoMnV T25512	0.24～0.30	≤0.30	1.40～1.60	1.25～1.45	0.80～1.20	0.45～0.60	0.10～0.20	Cu≤0.25	0.025	0.015

表 8-76　2CrNi3MoAl 钢牌号及化学成分（质量分数）　（%）

标准号	牌号 统一数字代号	C	Si	Mn	Cr	Ni	Mo	V	其他	P	S
										≤	
GB/T 1299—2014	2CrNi3MoAl T25572	0.20～0.30	0.20～0.50	0.50～0.80	1.20～1.80	3.00～4.00	0.20～0.40	—	Al：1.00～1.60 Cu≤0.25	0.030	0.030

表 8-77　1Ni3MnCuMoAl 钢牌号及化学成分（质量分数）　（%）

标准号	牌号 统一数字代号	C	Si	Mn	Cr	Ni	Mo	V	其他	P	S
										≤	
GB/T 1299—2014	1Ni3MnCuMoAl T25611	0.10～0.20	≤0.45	1.40～2.00	≤0.25	2.90～3.40	0.20～0.50	—	Al：0.70～1.20 Cu：0.80～1.20	0.030	0.015

表 8-78 06Ni6CrMoVTiAl 钢牌号及化学成分（质量分数）（%）

标准号	牌号 统一数字代号	C	Si	Mn	Cr	Ni	Mo	V	其他	P	S
										≤	
GB/T 1299—2014	06Ni6CrMoVTiAl A64060	≤0.06	≤0.50	≤0.50	1.30 ~ 1.60	5.50 ~ 6.50	0.90 ~ 1.20	0.08 ~ 0.16	Al：0.50 ~ 0.90 Ti：0.90 ~ 1.30 Cu≤0.25	0.030	0.030

表 8-79 00Ni18Co8Mo5TiAl 钢牌号及化学成分（质量分数）（%）

标准号	牌号 统一数字代号	C	Si	Mn	Cr	Ni	Mo	Co	其他	P	S
										≤	
GB/T 1299—2014	00Ni18Co8Mo5TiAl A64000	≤0.03	≤0.10	≤0.15	≤0.60	17.5 ~ 18.5	4.50 ~ 5.00	8.50 ~ 10.0	Al：0.05 ~ 0.15 Ti：0.80 ~ 1.10 Cu≤0.25	0.010	0.010

表 8-80 2Cr13 钢牌号及化学成分（质量分数）对照（%）

标准号	牌号 统一数字代号	C	Si	Mn	Cr	Ni	Mo	Ti	其他	P	S
										≤	
GB/T 1299—2014	2Cr13 S42023	0.16 ~ 0.25	≤1.00	≤1.00	12.00 ~ 14.00	≤0.60	—	—	Cu≤0.25	0.030	0.030
ГОСТ 5632—1972	20X13	0.16 ~ 0.25	≤0.8	≤0.8	12.0 ~ 14.0	≤0.60	—	≤0.20	—	0.030	0.025
JIS G4303:2012	SUS420J1	0.16 ~ 0.25	≤1.00	≤1.00	12.00 ~ 14.00	≤0.60	—	—	—	0.040	0.030

ASTM A959—2016	420 S42000	≤0.15	≤1.00	≤1.00	12.0 ~ 14.0	—	—	—	—	0.040	0.030
ISO 15510:2014（E）	X20Cr13	0.16 ~ 0.25	≤1.00	≤1.50	12.0 ~ 14.0	—	—	—	—	0.040	0.030
EN 10088 -1:2014(E)	X20Cr13 1.4021	0.16 ~ 0.25	≤1.00	≤1.50	12.0 ~ 14.0	—	—	—	—	0.040	0.015

表8-81 4Cr13钢牌号及化学成分（质量分数）对照 （%）

标准号	牌号 统一数字代号	C	Si	Mn	Cr	Ni	Mo	Ti	其他	P	S
										≤	
GB/T 1299—2014	4Cr13 S42043	0.36 ~ 0.45	≤0.60	≤0.80	12.00 ~ 14.00	≤0.60	—	—	Cu≤0.25	0.030	0.030
ГOCT 5632—1972	40X13	0.36 ~ 0.45	≤0.8	≤0.8	12.0 ~ 14.0	≤0.60	—	≤0.20	—	0.030	0.025
ISO 4957:2018（E）	X40Cr14	0.36 ~ 0.42	≤1.00	≤1.00	12.5 ~ 14.5	—	—	—	—	0.030	0.030
EN 10088 -1:2014(E)	X39Cr13 1.4031	0.36 ~ 0.42	≤1.00	≤1.00	12.5 ~ 14.5	—	—	—	—	0.040	0.015

表8-82 4Cr13NiVSi钢牌号及化学成分（质量分数） （%）

标准号	牌号 统一数字代号	C	Si	Mn	Cr	Ni	Mo	V	其他	P	S
										≤	
GB/T 1299—2014	4Cr13NiVSi T25444	0.36 ~ 0.45	0.90 ~ 1.20	0.40 ~ 0.70	13.00 ~ 14.00	0.15 ~ 0.30	—	0.25 ~ 0.35	Cu≤0.25	0.010	0.003

表 8-83 2Cr17Ni2 钢牌号及化学成分（质量分数）对照 （%）

标准号	牌号 统一数字代号	C	Si	Mn	Cr	Ni	Mo	V	其他	P	S
										≤	
GB/T 1299—2014	2Cr17Ni2 T25402	0.12 ~ 0.22	≤1.00	≤1.50	15.00 ~ 17.00	1.50 ~ 2.50	—	—	Cu≤0.25	0.030	0.030
JIS G4303:2012	SUS431	≤0.20	≤1.00	≤1.00	15.00 ~ 17.00	1.25 ~ 2.50	—	—	—	0.040	0.030
ASTM A959—2016	431 S43100	≤0.20	≤1.00	≤1.00	15.0 ~ 17.0	1.25 ~ 2.50	—	—	—	0.040	0.030
ISO 15510:2014（E）	X17CrNi16－2	0.12 ~ 0.22	≤1.00	≤1.50	15.0 ~ 17.0	1.50 ~ 2.50	—	—	—	0.040	0.030
EN 10088－1:2014(E)	X17CrNi16－2 1.4057	0.12 ~ 0.22	≤1.00	≤1.50	15.0 ~ 17.0	1.50 ~ 2.50	—	—	—	0.040	0.015

表 8-84 3Cr17Mo 钢牌号及化学成分（质量分数）对照 （%）

标准号	牌号 统一数字代号	C	Si	Mn	Cr	Ni	Mo	V	其他	P	S
										≤	
GB/T 1299—2014	3Cr17Mo T25303	0.33 ~ 0.45	≤1.00	≤1.50	15.50 ~ 17.50	≤1.00	0.80 ~ 1.30	—	Cu≤0.25	0.030	0.030
ISO 4957:2018（E）	X38CrMo16	0.33 ~ 0.45	≤1.00	≤1.50	15.50 ~ 17.50	≤1.00	0.80 ~ 1.30	—	—	0.030	0.030
EN ISO 4957:2017(D)	X38CrMo16 1.2316	0.33 ~ 0.45	≤1.00	≤1.50	15.50 ~ 17.50	≤1.00	0.80 ~ 1.30	—	—	0.030	0.030

表 8-85 3Cr17NiMoV 钢牌号及化学成分（质量分数） （%）

标准号	牌号 统一数字代号	C	Si	Mn	Cr	Ni	Mo	V	其他	P	S
										≤	
GB/T 1299—2014	3Cr17NiMoV T25513	0.32 ~ 0.40	0.30 ~ 0.60	0.60 ~ 0.80	16.00 ~ 18.00	0.60 ~ 1.00	1.00 ~ 1.30	0.15 ~ 0.35	Cu≤0.25	0.025	0.005

表 8-86 9Cr18 钢牌号及化学成分（质量分数）对照 （%）

标准号	牌号 统一数字代号	C	Si	Mn	Cr	Ni	Mo	V	其他	P	S
										≤	
GB/T 1299—2014	9Cr18 S44093	0.90 ~ 1.00	≤0.80	≤0.80	17.00 ~ 19.00	≤0.60	—	—	Cu≤0.25	0.030	0.030
ГОСТ 5632—1972	95X18	0.9 ~ 1.0	≤0.8	≤0.8	17..0 ~ 19.0	≤0.60	—	—	Ti≤0.20	0.030	0.025

表 8-87 9Cr18MoV 钢牌号及化学成分（质量分数）对照 （%）

标准号	牌号 统一数字代号	C	Si	Mn	Cr	Ni	Mo	V	其他	P	S
										≤	
GB/T 1299—2014	9Cr18MoV S46993	0.85 ~ 0.95	≤0.80	≤0.80	17.00 ~ 19.00	≤0.60	1.00 ~ 1.30	0.07 ~ 0.12	Cu≤0.25	0.030	0.030
ASTM A756/A756M—2017	ISO X89CrMoV18 - 1	0.85 ~ 0.95	≤1.00	≤1.00	17.00 ~ 19.00	—	0.90 ~ 1.30	0.07 ~ 0.12	O≤0.0020	0.040	0.015
EN 10088 - 1:2014(E)	X90CrMoV18 1.4112	0.85 ~ 0.95	≤0.80	≤0.80	17.0 ~ 19.0	—	0.90 ~ 1.30	0.07 ~ 0.12	—	0.040	0.015

8.1.8 特殊用途模具用钢

特殊用途模具用钢牌号及化学成分对照见表 8-88 ~ 表 8-92。

表 8-88 7Mn15Cr2Al3V2WMo 钢牌号及化学成分（质量分数） （%）

标准号	牌号 统一数字代号	C	Si	Mn	Cr	W	Mo	V	其他	P	S
										≤	
GB/T 1299—2014	7Mn15Cr2Al3V2WMo T26377	0.65 ~ 0.75	≤0.80	14.50 ~ 16.50	2.00 ~ 2.50	0.50 ~ 0.80	0.50 ~ 0.80	1.50 ~ 2.00	Al：2.30 ~ 3.30 Cu≤0.25 Ni≤0.25	0.030	0.030

表 8-89 2Cr25Ni20Si2 钢牌号及化学成分（质量分数）对照 （%）

标准号	牌号 统一数字代号	C	Si	Mn	Cr	Ni	Mo	V	其他	P	S
										≤	
GB/T 1299—2014	2Cr25Ni20Si2 S31049	≤0.25	1.50 ~ 2.50	≤1.50	24.00 ~ 27.00	18.00 ~ 21.00	—	—	Cu≤0.25	0.030	0.030
ГОСТ 5632—1972	20X25H20C2	≤0.20	2.00 ~ 3.00	≤1.50	24.0 ~ 27.0	18.0 ~ 21.0	—	—	—	0.035	0.020
ISO 4955:2016（E）	X15CrNiSi25 -21	≤0.20	1.50 ~ 2.50	≤2.00	24.0 ~ 26.0	19.0 ~ 22.0	—	≤0.10	—	0.045	0.015
EN 10095:1999	X15CrNiSi25 -21 1.4841	≤0.20	1.50 ~ 2.50	≤2.00	24.0 ~ 26.0	19.0 ~ 22.0	—	≤0.11	—	0.045	0.015

表 8-90 0Cr17Ni4Cu4Nb 钢牌号及化学成分（质量分数）对照 （%）

标准号	牌号 统一数字代号	C	Si	Mn	Cr	Ni	Cu	Mo	其他	P	S
										≤	
GB/T 1299—2014	0Cr17Ni4Cu4Nb S51740	≤0.07	≤1.00	≤1.00	15.00 ~ 17.00	3.00 ~ 5.00	3.00 ~ 5.00	—	Nb：0.15 ~ 0.45	0.030	0.030

JIS G4303:2012	SUS630	≤0.07	≤1.00	≤1.00	15.00~17.50	3.00~5.00	3.00~5.00	—	Nb：0.15~0.45	0.040	0.030
ASTM A959—2016	630 S17400	≤0.07	≤1.00	≤1.00	15.0~17.0	3.0~5.0	3.0~5.0	—	Nb：0.15~0.45	0.040	0.030
ISO 15510:2014（E）	X5CrNiCuNb16-4	≤0.07	≤1.00	≤1.50	15.0~17.0	3.0~5.0	3.0~5.0	≤0.60	Nb：0.15~0.45	0.040	0.030
EN 10088-1:2014(E)	X5CrNiCuNb16-4 1.4542	≤0.07	≤0.70	≤1.50	15.0~17.0	3.0~5.0	3.0~5.0	≤0.60	Nb：5×C~0.45	0.040	0.015

表8-91 Ni25Cr15Ti2MoMn钢牌号及化学成分（质量分数）对照 （%）

标准号	牌号 统一数字代号	C	Si	Mn	Cr	Ni	Mo	V	其他	P	S
										≤	
GB/T 1299—2014	Ni25Cr15Ti2MoMn H07718	≤0.08	≤1.00	≤2.00	13.50~17.00	22.00~26.00	1.00~1.50	0.10~0.50	Ti：1.80~2.50 B：0.001~0.010 Al≤0.40	0.030	0.020
ASTM A959—2016	S66266	≤0.08	≤1.00	≤2.00	13.5~16.0	24.0~27.0	1.00~1.50	0.10~0.50	Ti：1.90~2.35 B：0.003~0.010 Al≤0.35	0.040	0.030

表 8-92 Ni53Cr19Mo3TiNb 钢牌号及化学成分（质量分数） （%）

标准号	牌号 统一数字代号	C	Si	Mn	Cr	Ni	Ti	Mo	其他	P	S
										≤	
GB/T 1299—2014	Ni53Cr19Mo3TiNb H07718	≤0.08	≤0.35	≤0.35	17.00 ~ 21.00	50.00 ~ 55.00	0.65 ~ 1.15	2.80 ~ 3.30	Nb + Ta：4.75 ~ 5.50 Al：0.20 ~ 0.80 Co≤1.00	0.015	0.015
										B≤0.006	

8.2 高速工具钢牌号及化学成分

高速工具钢牌号及化学成分对照见表 8-93 ~ 表 8-111。

表 8-93 W3Mo3Cr4V2 钢牌号及化学成分（质量分数）对照 （%）

标准号	牌号 统一数字代号	C	Si	Mn	Cr	W	Mo	V	其他	P	S
										≤	
GB/T 9943—2008	W3Mo3Cr4V2 T63342	0.95 ~ 1.03	≤0.45	≤0.40	3.80 ~ 4.50	2.70 ~ 3.00	2.50 ~ 2.90	2.20 ~ 2.50	Ni≤0.30 Cu≤0.25	0.030	0.030
ГОСТ 19265—1973	Р3М3Ф2	1.02 ~ 1.12	0.20 ~ 0.50	0.20 ~ 0.50	3.80 ~ 4.40	2.50 ~ 3.30	2.50 ~ 3.30	2.30 ~ 2.70	N：0.05 ~ 0.10 Nb：0.05 ~ 0.20 Ni≤0.60	0.030	0.030
										Cu≤0.25	

ISO 4957:2018（E）	HS3-3-2	0.95~1.03	≤0.45	≤0.40	3.8~4.5	2.70~3.00	2.50~2.90	2.20~2.50	—	0.030	0.030
EN ISO 4957:2017(D)	HS3-3-2 1.3333	0.95~1.03	≤0.45	≤0.40	3.8~4.5	2.70~3.00	2.50~2.90	2.20~2.50	—	0.030	0.030

表8-94　W4Mo3Cr4VSi钢牌号及化学成分（质量分数）　（%）

标准号	牌号 统一数字代号	C	Si	Mn	Cr	W	Mo	V	其他	P	S
										≤	
GB/T 9943—2008	W4Mo3Cr4VSi T64340	0.83~0.93	0.70~1.00	0.20~0.40	3.80~4.40	3.50~4.50	2.50~3.50	1.20~1.80	Ni≤0.30 Cu≤0.25	0.030	0.030

表8-95　W18Cr4V钢牌号及化学成分（质量分数）对照　（%）

标准号	牌号 统一数字代号	C	Si	Mn	Cr	W	Mo	V	其他	P	S
										≤	
GB/T 9943—2008	W18Cr4V T51841	0.73~0.83	0.20~0.40	0.10~0.40	3.80~4.50	17.20~18.70	—	1.00~1.20	Ni≤0.30 Cu≤0.25	0.030	0.030
ГОСТ 19265—1973	P18	0.73~0.83	0.20~0.50	0.20~0.50	3.80~4.40	17.0~18.5	≤1.00	1.00~1.40	Ni≤0.60 Cu≤0.25	0.030	0.030
JIS G4403:2006	SKH2	0.73~0.83	≤0.45	≤0.40	3.80~4.50	17.20~18.70	—	1.00~1.20	Cu≤0.25	0.030	0.030
ASTM A600—2016	T1 T12001	0.65~0.80	0.20~0.40	0.10~0.40	3.75~4.50	17.25~18.75	—	0.90~1.30	Ni+Cu≤0.75	0.03	0.03
ISO 4957:2018（E）	HS18-0-1	0.73~0.83	≤0.45	≤0.40	3.8~4.5	17.2~18.7	—	1.00~1.20	—	0.030	0.030

（续）

标准号	牌号 统一数字代号	C	Si	Mn	Cr	W	Mo	V	其他	P	S
										≤	
EN ISO 4957:2017(D)	HS18-0-1 1.3355	0.73~ 0.83	≤0.45	≤0.40	3.8~ 4.5	17.2~ 18.7	—	1.00~ 1.20	—	0.030	0.030

表8-96 W2Mo8Cr4V钢牌号及化学成分（质量分数）对照 （%）

标准号	牌号 统一数字代号	C	Si	Mn	Cr	W	Mo	V	其他	P	S
										≤	
GB/T 9943—2008	W2Mo8Cr4V T62841	0.77~ 0.87	≤0.70	≤0.40	3.50~ 4.50	1.40~ 2.00	8.00~ 9.00	1.00~ 1.40	Ni≤0.30 Cu≤0.25	0.030	0.030
JIS G4403:2006	SKH50	0.77~ 0.87	≤0.70	≤0.45	3.50~ 4.50	1.40~ 2.00	8.00~ 9.00	1.00~ 1.40	Cu≤0.25	0.030	0.030
ASTM A600—2016	M1 T11301	0.78~ 0.88	0.20~ 0.50	0.15~ 0.40	3.50~ 4.00	1.40~ 2.10	8.20~ 9.20	1.00~ 1.35	Ni+Cu≤0.75	0.03	0.03
ISO 4957:2018（E）	HS1-8-1	0.77~ 0.87	≤0.70	≤0.40	3.5~ 4.5	1.40~ 2.00	8.0~ 9.0	1.00~ 1.40	—	0.030	0.030
EN ISO 4957:2017(D)	HS1-8-1 1.3327	0.77~ 0.87	≤0.70	≤0.40	3.5~ 4.5	1.40~ 2.00	8.0~ 9.0	1.00~ 1.40	—	0.030	0.030

表8-97 W2Mo9Cr4V2钢牌号及化学成分（质量分数）对照 （%）

标准号	牌号 统一数字代号	C	Si	Mn	Cr	W	Mo	V	其他	P	S
										≤	
GB/T 9943—2008	W2Mo9Cr4V2 T62942	0.95~ 1.05	≤0.70	0.15~ 0.40	3.50~ 4.50	1.50~ 2.10	8.20~ 9.20	1.75~ 2.20	Ni≤0.30 Cu≤0.25	0.030	0.030
JIS G4403:2006	SKH58	0.95~ 1.05	≤0.70	≤0.40	3.50~ 4.50	1.50~ 2.10	8.20~ 9.20	1.70~ 2.20	Cu≤0.25	0.030	0.030

ASTM A600—2016	M7 T11307	0.97 ~ 1.05	0.20 ~ 0.55	0.15 ~ 0.40	3.50 ~ 4.00	1.40 ~ 2.10	8.20 ~ 9.20	1.75 ~ 2.25	Ni + Cu≤0.75	0.03	0.03
ISO 4957:2018（E）	HS2 - 9 - 2	0.95 ~ 1.05	≤0.70	≤0.40	3.5 ~ 4.5	1.50 ~ 2.10	8.2 ~ 9.2	1.70 ~ 2.20	—	0.030	0.030
EN ISO 4957:2017(D)	HS2 - 8 - 2 1.3348	0.95 ~ 1.05	≤0.70	≤0.40	3.5 ~ 4.5	1.50 ~ 2.10	8.2 ~ 9.2	1.70 ~ 2.20	—	0.030	0.030

表 8-98 W6Mo5Cr4V2 钢牌号及化学成分（质量分数）对照 （%）

标准号	牌号 统一数字代号	C	Si	Mn	Cr	W	Mo	V	其他	P	S
										≤	
GB/T 9943—2008	W6Mo5Cr4V2 T66541	0.80 ~ 0.90	0.20 ~ 0.45	0.15 ~ 0.40	3.80 ~ 4.40	5.50 ~ 6.75	4.50 ~ 5.50	1.75 ~ 2.20	Ni≤0.30 Cu≤0.25	0.030	0.030
ГОСТ 19265—1973	Р6М5Ф2	0.80 ~ 0.88	0.20 ~ 0.50	0.20 ~ 0.50	3.80 ~ 4.40	5.50 ~ 6.50	4.80 ~ 5.30	1.70 ~ 2.10	Ni≤0.60 Cu≤0.25	0.030	0.030
JIS G4403:2006	SKH51	0.80 ~ 0.88	≤0.45	≤0.40	3.80 ~ 4.50	5.90 ~ 6.70	4.70 ~ 5.20	1.70 ~ 2.10	Cu≤0.25	0.030	0.030
ASTM A600—2016	M2 T11302	0.78 ~ 0.88	0.20 ~ 0.45	0.15 ~ 0.40	3.75 ~ 4.50	5.50 ~ 6.75	4.50 ~ 5.50	1.75 ~ 2.20	Ni + Cu≤0.75	0.03	0.03
ISO 4957:2018（E）	HS6 - 5 - 2	0.80 ~ 0.88	≤0.45	≤0.40	3.8 ~ 4.5	5.9 ~ 6.7	4.7 ~ 5.2	1.70 ~ 2.10	—	0.030	0.030
EN ISO 4957:2017(D)	HS6 - 5 - 2 1.3339	0.80 ~ 0.88	≤0.45	≤0.40	3.8 ~ 4.5	5.9 ~ 6.7	4.7 ~ 5.2	1.70 ~ 2.10	—	0.030	0.030

表 8-99 CW6Mo5Cr4V2 钢牌号及化学成分（质量分数）对照 （%）

标准号	牌号 统一数字代号	C	Si	Mn	Cr	W	Mo	V	其他	P	S
										≤	
GB/T 9943—2008	CW6Mo5Cr4V2 T66542	0.86～0.94	0.20～0.45	0.15～0.40	3.80～4.50	5.90～6.70	4.70～5.20	1.75～2.10	Ni≤0.30 Cu≤0.25	0.030	0.030
ГОСТ 19265—1973	100Р6М5Ф2	0.90～1.00	0.20～0.50	0.20～0.50	3.80～4.40	5.50～6.50	4.80～5.30	1.70～2.10	Ni≤0.60 Cu≤0.25	0.030	0.030
ASTM A600—2016	M2C T11302	0.95～1.05	0.20～0.45	0.15～0.40	3.75～4.50	5.50～6.75	4.50～5.50	1.75～2.20	Ni+Cu≤0.75	0.03	0.03
ISO 4957:2018（E）	HS6-5-2C	0.86～0.94	≤0.45	≤0.40	3.8～4.5	5.9～6.7	4.7～5.2	1.70～2.10	—	0.030	0.030
EN ISO 4957:2017(D)	HS6-5-2 1.3343	0.86～0.94	≤0.45	≤0.40	3.8～4.5	5.9～6.7	4.7～5.2	1.70～2.10	—	0.030	0.030

表 8-100 W6Mo6Cr4V2 钢牌号及化学成分（质量分数）对照 （%）

标准号	牌号 统一数字代号	C	Si	Mn	Cr	W	Mo	V	其他	P	S
										≤	
GB/T 9943—2008	W6Mo6Cr4V2 T66642	1.00～1.10	≤0.45	≤0.40	3.80～4.50	5.90～6.70	5.50～6.50	2.30～2.60	Ni≤0.30 Cu≤0.25	0.030	0.030
JIS G4403:2006	SKH52	1.00～1.10	≤0.45	≤0.40	3.80～4.50	5.90～6.70	5.50～6.50	2.30～2.60	Cu≤0.25	0.030	0.030
ISO 4957:2018（E）	HS6-6-2	1.00～1.10	≤0.45	≤0.40	3.8～4.5	5.9～6.7	5.5～6.5	2.30～2.60	—	0.030	0.030
EN ISO 4957:2017(D)	HS6-6-2 1.3350	1.00～1.10	≤0.45	≤0.40	3.8～4.5	5.9～6.7	5.5～6.5	2.30～2.60	—	0.030	0.030

表 8-101　W9Mo3Cr4V 钢牌号及化学成分（质量分数）　（%）

标准号	牌号 统一数字代号	C	Si	Mn	Cr	W	Mo	V	其他	P	S
										≤	
GB/T 9943—2008	W9Mo3Cr4V T69341	0.77～0.87	0.20～0.40	0.20～0.40	3.80～4.40	8.50～9.50	2.70～3.30	1.30～1.70	Ni≤0.30 Cu≤0.25	0.030	0.030

表 8-102　W6Mo5Cr4V3 钢牌号及化学成分（质量分数）对照　（%）

标准号	牌号 统一数字代号	C	Si	Mn	Cr	W	Mo	V	其他	P	S
										≤	
GB/T 9943—2008	W6Mo5Cr4V3 T66543	1.15～1.25	0.20～0.45	0.15～0.40	3.80～4.50	5.90～6.70	4.70～5.20	2.70～3.20	Ni≤0.30 Cu≤0.25	0.030	0.030
ГОСТ 19265—1973	Р6М5Ф3	1.15～1.25	≤0.45	≤0.40	3.80～4.50	5.90～6.70	4.70～5.20	2.70～3.20	Cu≤0.25	0.030	0.030
JIS G4403:2006	SKH53	1.15～1.25	≤0.45	≤0.40	3.80～4.50	5.90～6.70	4.70～5.20	2.70～3.20	—	0.030	0.030
ASTM A600—2016	Class 2 T11323	1.15～1.25	0.20～0.45	0.15～0.40	3.75～4.50	5.00～6.75	4.75～6.50	2.75～3.25	Ni + Cu≤0.75	0.03	0.03
ISO 4957:2018（E）	HS6-5-3	1.15～1.25	≤0.45	≤0.40	3.8～4.5	4.7～5.2	5.9～6.7	2.70～3.2	—	0.030	0.030
EN ISO 4957:2017(D)	HS6-5-3 1.3344	1.15～1.25	≤0.45	≤0.40	3.8～4.5	4.7～5.2	5.9～6.7	2.70～3.2	—	0.030	0.030

表 8-103　CW6Mo5Cr4V3 钢牌号及化学成分（质量分数）对照　（%）

标准号	牌号 统一数字代号	C	Si	Mn	Cr	W	Mo	V	其他	P	S
										≤	
GB/T 9943—2008	CW6Mo5Cr4V3 T66545	1.25～1.32	≤0.70	0.15～0.40	3.75～4.50	5.90～6.70	4.70～5.20	2.70～3.20	Ni≤0.30 Cu≤0.25	0.030	0.030

（续）

标准号	牌号 统一数字代号	C	Si	Mn	Cr	W	Mo	V	其他	P	S
										≤	
ISO 4957:2018（E）	HS6-5-3C	1.25~1.32	≤0.70	≤0.40	3.8~4.5	4.7~5.2	5.9~6.7	2.70~3.2	—	0.030	0.030
EN ISO 4957:2017(D)	HS6-5-3C 1.3345	1.25~1.32	≤0.70	≤0.40	3.8~4.5	4.7~5.2	5.9~6.7	2.70~3.2	—	0.030	0.030

表8-104 W6Mo5Cr4V4钢牌号及化学成分(质量分数)对照 （%）

标准号	牌号 统一数字代号	C	Si	Mn	Cr	W	Mo	V	其他	P	S
										≤	
GB/T 9943—2008	W6Mo5Cr4V4 T66544	1.25~1.40	≤0.45	≤0.40	3.80~4.50	5.20~6.00	4.20~5.00	3.70~4.20	Ni≤0.30 Cu≤0.25	0.030	0.030
JIS G4403:2006	SKH54	1.25~1.40	≤0.45	≤0.40	3.80~4.50	5.20~6.00	4.20~5.00	3.70~4.20	—	0.030	0.030
ASTM A600—2016	M4 T11304	1.25~1.40	0.20~0.45	0.15~0.40	3.75~4.75	5.25~6.50	4.25~5.50	3.75~4.50	Ni+Cu≤0.75	0.03	0.03
ISO 4957:2018(E)	HS6-5-4	1.25~1.40	≤0.45	≤0.40	3.8~4.5	5.2~6.0	4.2~5.0	3.7~4.2	—	0.030	0.030
EN ISO 4957:2017(D)	HS6-5-4 1.3351	1.25~1.40	≤0.45	≤0.40	3.8~4.5	5.2~6.0	4.2~5.0	3.7~4.2	—	0.030	0.030

表8-105 W6Mo5Cr4V2Al钢牌号及化学成分（质量分数） （%）

标准号	牌号 统一数字代号	C	Si	Mn	Cr	W	Mo	V	其他	P	S
										≤	
GB/T 9943—2008	W6Mo5Cr4V2Al T66546	1.05~1.15	0.20 0.60	0.15~0.40	3.80~4.40	5.50~6.75	4.50~5.50	1.75~2.20	Al：0.80~1.20 Ni≤0.30 Cu≤0.25	0.030	0.030

表8-106　W12Cr4V5Co5钢牌号及化学成分（质量分数）对照　（%）

标准号	牌号 统一数字代号	C	Si	Mn	Cr	W	Co	V	其他	P	S
										≤	
GB/T 9943—2008	W12Cr4V5Co5 T71245	1.50～1.60	0.15～0.40	0.15～0.40	3.75～5.00	11.75～13.00	4.75～5.25	4.50～5.25	Ni≤0.30 Cu≤0.25	0.030	0.030
ГОСТ 19265—1973	P12K5V5	1.45～1.55	≤0.5	≤0.4	4.0～6.0	11.5～13.0	5.0～6.0	4.3～5.1	Mo≤1.0 Ni≤0.4	0.035	0.030
JIS G4403:2006	SKH10	1.45～1.60	≤0.45	≤0.40	3.80～4.50	11.50～13.50	4.20～5.20	4.20～5.20	Cu≤0.25	0.030	0.030
ASTM A600—2016	T15 T12015	1.50～1.60	0.15～0.40	0.15～0.40	3.75～5.00	11.75～13.00	4.75～5.25	4.50～5.25	Mo≤1.00	0.03	0.03

表8-107　W6Mo5Cr4V2Co5钢牌号及化学成分（质量分数）对照　（%）

标准号	牌号 统一数字代号	C	Si	Mn	Cr	W	Mo	V	其他	P	S
										≤	
GB/T 9943—2008	W6Mo5Cr4V2Co5 T76545	0.87～0.95	0.20～0.45	0.15～0.40	3.80～4.50	5.90～6.70	4.70～5.20	1.70～2.10	Co：4.50～5.00 Ni≤0.30 Cu≤0.25	0.030	0.030
ГОСТ 19265—1973	P6M5K5	0.86～0.94	0.20～0.50	0.20～0.50	3.80～4.30	5.70～6.70	4.80～5.30	1.70～2.10	Co：4.70～5.20 Ni≤0.60 Cu≤0.25	0.035	0.030
JIS G4403:2006	SKH55	0.87～0.95	≤0.45	≤0.40	3.80～4.50	5.90～6.70	4.70～5.20	1.70～2.10	Co：4.50～5.00 Cu≤0.25	0.030	0.030

（续）

标准号	牌号 统一数字代号	C	Si	Mn	Cr	W	Mo	V	其他	P	S
										≤	
ISO 4957:2018（E）	HS6-5-2-5	0.87～0.95	≤0.45	≤0.40	3.8～4.5	5.9～6.7	4.7～5.2	1.70～2.10	Co：4.5～5.0	0.030	0.030
EN ISO 4957:2017(D)	HS6-5-2-5 1.3243	0.87～0.95	≤0.45	≤0.40	3.8～4.5	5.9～6.7	4.7～5.2	1.70～2.10	Co：4.5～5.0	0.030	0.030

表 8-108 W6Mo5Cr4V3Co8 钢牌号及化学成分（质量分数）对照 （%）

标准号	牌号 统一数字代号	C	Si	Mn	Cr	W	Mo	V	其他	P	S
										≤	
GB/T 9943—2008	W6Mo5Cr4V3Co8 T76438	1.23～1.33	≤0.70	≤0.40	3.80～4.50	5.90～6.70	4.70～5.30	2.70～3.20	Co：8.00～8.80 Ni≤0.30 Cu≤0.25	0.030	0.030
JIS G4403:2006	SKH40	1.23～1.33	≤0.45	≤0.40	3.80～4.50	5.70～6.70	4.70～5.30	2.70～3.20	Co：8.00～8.80	0.030	0.030
ASTM A600—2016	M36 T11336	0.80～0.90	0.20～0.45	0.15～0.40	3.75～4.50	5.50～6.50	4.50～5.50	1.75～2.25	Co：7.75～8.75 Ni+Cu≤0.75	0.03	0.03
ISO 4957:2018（E）	HS6-5-3-8	1.23～1.33	≤0.70	≤0.40	3.8～4.5	5.9～6.7	4.7～5.3	2.70～3.2	Co：8.0～8.8	0.030	0.030
EN ISO 4957:2017(D)	HS6-5-3-8 1.3244	1.23～1.33	≤0.70	≤0.40	3.8～4.5	5.9～6.7	4.7～5.3	2.70～3.2	Co：8.0～8.8	0.030	0.030

表8-109 W7Mo4Cr4V2Co5钢牌号及化学成分（质量分数）对照 （%）

标准号	牌号 统一数字代号	C	Si	Mn	Cr	W	Mo	V	其他	P	S
										≤	
GB/T 9943—2008	W7Mo4Cr4V2Co5 T77445	1.05～1.15	0.15～0.50	0.20～0.60	3.75～4.50	6.25～7.00	3.25～4.25	1.75～2.25	Co：4.75～5.75 Ni≤0.30 Cu≤0.25	0.030	0.030
ASTM A600—2016	M41 T11341	1.05～1.15	0.15～0.50	0.20～0.60	3.75～4.50	6.25～7.00	3.25～4.25	1.75～2.25	Co：4.75～5.75 Ni+Cu≤0.75	0.03	0.03

表8-110 W2Mo9Cr4VCo8钢牌号及化学成分（质量分数）对照 （%）

标准号	牌号 统一数字代号	C	Si	Mn	Cr	W	Mo	V	其他	P	S
										≤	
GB/T 9943—2008	W2Mo9Cr4VCo8 T72948	1.05～1.15	0.15～0.65	0.15～0.40	3.50～4.25	1.15～1.85	9.00～10.00	0.95～1.35	Co：7.75～8.75 Ni≤0.30 Cu≤0.25	0.030	0.030
ГОСТ 19265—1973	P2M9K8Ф	1.00～1.10	0.20～0.50	0.20～0.50	3.80～4.40	1.20～1.90	9.0～10.0	0.95～1.35	Co：7.75～8.70 Ni≤0.60 Cu≤0.25	0.030	0.030
JIS G4403:2006	SKH59	1.05～1.15	≤0.70	≤0.40	3.50～4.50	1.20～1.90	9.00～10.00	0.90～1.30	Co：7.50～8.50	0.030	0.030

（续）

标准号	牌号 统一数字代号	C	Si	Mn	Cr	W	Mo	V	其他	P	S
										≤	
ASTM A600—2016	M42 T11342	1.05 ~ 1.15	0.15 ~ 0.65	0.15 ~ 0.40	3.50 ~ 4.25	1.15 ~ 1.85	9.00 ~ 10.00	0.95 ~ 1.35	Co：7.75 ~ 8.75 Ni + Cu≤ 0.75	0.03	0.03
ISO 4957:2018（E）	HS2 - 9 - 1 - 8	1.05 ~ 1.15	≤0.70	≤0.40	3.8 ~ 4.5	1.20 ~ 1.90	9.0 ~ 10.0	0.90 ~ 1.30	Co：7.5 ~ 8.5	0.030	0.030
EN ISO 4957:2017(D)	HS2 - 9 - 1 - 8 1.3247	1.05 ~ 1.15	≤0.70	≤0.40	3.8 ~ 4.5	1.20 ~ 1.90	9.0 ~ 10.0	0.90 ~ 1.30	Co：7.5 ~ 8.5	0.030	0.030

表 8-111　W10Mo4Cr4V3Co10 钢牌号及化学成分（质量分数）对照　（%）

标准号	牌号 统一数字代号	C	Si	Mn	Cr	W	Mo	V	其他	P	S
										≤	
GB/T 9943—2008	W10Mo4Cr4V3Co10 T71010	1.20 ~ 1.35	≤0.45	≤0.40	3.80 ~ 4.50	9.00 ~ 10.00	3.20 ~ 3.90	3.00 ~ 3.50	Co：9.50 ~ 10.50 Ni≤0.30 Cu≤0.25	0.030	0.030
JIS G4403:2006	SKH57	1.20 ~ 1.35	≤0.45	≤0.40	3.80 ~ 4.50	9.00 ~ 10.00	3.20 ~ 3.90	3.00 ~ 3.50	Co：9.50 ~ 10.50	0.030	0.030
ASTM A600—2016	M48 T11348	1.42 ~ 1.52	0.15 ~ 0.40	0.15 ~ 0.40	3.50 ~ 4.00	9.50 ~ 10.50	4.75 ~ 5.50	2.75 ~ 3.25	Co：8.00 ~ 10.00 Ni + Cu≤0.75	0.03	0.03
ISO 4957:2018（E）	HS10 - 4 - 3 - 10	1.20 ~ 1.35	≤0.45	≤0.40	3.8 ~ 4.5	9.0 ~ 10.0	3.2 ~ 3.9	3.0 ~ 3.5	Co：9.5 ~ 10.5	0.030	0.030
EN ISO 4957:2017(D)	HS10 - 4 - 3 - 10 1.3207	1.20 ~ 1.35	≤0.45	≤0.40	3.8 ~ 4.5	9.0 ~ 10.0	3.2 ~ 3.9	3.0 ~ 3.5	Co：9.5 ~ 10.5	0.030	0.030

第 9 章　轧辊用钢铁材料牌号及化学成分

9.1　锻钢冷轧辊辊坯钢牌号及化学成分

锻钢冷轧辊辊坯钢牌号及化学成分见表 9-1。

表 9-1　锻钢冷轧辊辊坯钢牌号及化学成分（质量分数）　（%）

标准号	牌号 统一数字代号	C	Si	Mn	Cr	Mo	V	Ni	Cu	P	S
								≤			
GB/T 15547—2012	8CrMoV	0.75～0.85	0.20～0.40	0.20～0.40	0.80～1.10	0.55～0.70	0.06～0.12	0.25	0.25	0.025	0.025
	9Cr2V T42239 （GB/T 1299—2014）	0.85～0.95	0.20～0.40	0.20～0.45	1.40～1.70	—	0.10～0.25	0.25	0.25	0.025	0.025
	9Cr2Mo T42309 （GB/T 1299—2014）	0.85～0.95	0.25～0.45	0.20～0.35	1.70～2.10	0.20～0.40	—	0.25	0.25	0.025	0.025
	9Cr2W	0.85～0.95	0.15～0.40	0.20～0.35	1.70～2.10	—	W0.30～0.60	0.25	0.25	0.025	0.025
	9Cr2MoV T42319 （GB/T 1299—2014）	0.80～0.90	0.15～0.40	0.25～0.55	1.80～2.40	0.240～0.40	0.05～0.15	0.25	0.25	0.025	0.025

（续）

标准号	牌号 统一数字代号	C	Si	Mn	Cr	Mo	V	Ni	Cu	P	S
								≤			
GB/T 15547—2012	85Cr2MoV	0.80～0.90	0.15～0.40	0.30～0.50	1.80～2.40	0.20～0.40	0.05～0.15	0.25	0.25	0.025	0.025
	9Cr3Mo	0.85～0.95	0.25～0.45	0.20～0.35	2.50～3.50	0.20～0.40	—	0.25	0.25	0.025	0.025
	55Cr	0.50～0.60	0.20～0.40	0.35～0.65	1.00～1.30	—	—	—	0.30	0.030	0.030
	9Cr2	按 GB/T 1299—2014 的规定									
	9SiCr	按 GB/T 1299—2014 的规定									
	40Cr	按 GB/T 3077—2015 的规定									
	35CrMo										
	42CrMo										
	40CrNiMoA										
	45CrNiMoVA										

9.2 锻钢冷轧工作辊钢牌号及化学成分

锻钢冷轧工作辊钢牌号及化学成分见表9-2。

表9-2　锻钢冷轧工作辊钢牌号及化学成分（质量分数）　（%）

标准号	牌号 统一数字代号	C	Si	Mn	Cr	Mo	V	Ni	Cu	P	S
								≤			
GB/T 13314—2008	9Cr2	0.80～0.95	≤0.40	≤0.40	1.30～1.70	—	—	—	—	0.030	
	8Cr2MoV	0.80～0.90	0.15～0.40	0.30～0.50	1.80～2.40	0.20～0.40	0.05～0.15	0.25		0.025	
	9Cr2Mo	0.85～0.95	0.25～0.45	0.20～0.35	1.70～2.10	0.20～0.40	—				
	9Cr2MoV					0.20～0.30	0.10～0.20				
	9Cr3Mo				2.50～3.50	0.20～0.40	—				
	8Cr3MoV	0.78～1.10	0.40～1.10	0.20～0.50	2.80～3.20	0.20～0.60	0.05～0.15	0.80	0.25	0.025	
	8Cr5MoV	0.78～0.90			4.80～5.50		0.10～0.20			0.020	

9.3　铸钢轧辊材质代码及化学成分

铸钢轧辊材质代码及化学成分见表9-3～表9-6。

表 9-3 合金钢铸钢轧辊材质代码及化学成分（质量分数） （%）

标准号	材质代码	C	Si	Mn	Cr	Ni	Mo	V	W	Nb	P	S
											≤	
GB/T 1503—2008	AS 40	0.35~0.45	0.20~0.60	0.60~1.20	2.00~3.50	0.00~0.80	0.30~0.70	0.015~0.15	—	—	0.035	0.030
	AS 50	0.45~0.55	0.20~0.60	0.60~1.20	1.00~3.00	0.30~1.00	0.30~0.70	0.015~0.15	—	—	0.035	0.030
	AS 60	0.55~0.65	0.20~0.45	0.90~1.20	0.80~1.20	—	0.20~0.45	—	—	—	0.035	0.030
	AS 60 Ⅰ	0.55~0.65	0.20~0.60	0.50~1.00	0.80~1.20	0.20~1.50	0.20~0.60	—	—	—	0.035	0.030
	AS 65	0.60~0.70	0.20~0.60	0.70~1.20	0.80~1.20	—	0.20~0.45	—	—	0.06~0.10	0.035	0.030
	AS 65 Ⅰ	0.60~0.70	0.20~0.60	0.50~0.80	0.80~1.20	0.20~0.50	0.20~0.45	—	—	—	0.035	0.030
	AS 70	0.65~0.75	0.20~0.45	0.90~1.20	—	—	—	—	—	—	0.035	0.030
	AS 70 Ⅰ	0.65~0.75	0.20~0.45	1.40~1.80	—	—	—	—	—	—	0.035	0.030
	AS 70 Ⅱ	0.65~0.75	0.20~0.45	1.40~1.80	—	—	0.20~0.45	—	—	—	0.035	0.030

	AS 75	0.70 ~ 0.80	0.20 ~ 0.45	0.60 ~ 0.70	0.75 ~ 1.00	—	0.20 ~ 0.45	—	—	—	0.035	0.030
	AS 75 Ⅰ	0.70 ~ 0.80	0.20 ~ 0.70	0.70 ~ 1.10	0.80 ~ 1.50	≥0.20	0.20 ~ 0.60	—	—	—	0.035	0.030

表 9-4　半钢轧辊材质代码及化学成分（质量分数）　（%）

标准号	材质代码	C	Si	Mn	Cr	Ni	Mo	P	S
								≤	
GB/T 1503—2008	AD 140	1.30 ~ 1.50	0.30 ~ 0.60	0.70 ~ 1.40	0.80 ~ 1.60	—	0.20 ~ 0.60	0.035	0.030
	AD 140 Ⅰ	1.30 ~ 1.50	0.30 ~ 0.60	0.70 ~ 1.10	0.80 ~ 1.20	0.50 ~ 1.20	0.20 ~ 0.60	0.035	0.030
	AD 160	1.50 ~ 1.70	0.30 ~ 0.60	0.70 ~ 1.10	0.80 ~ 1.20	—	0.20 ~ 0.60	0.035	0.030
	AD 160 Ⅰ	1.50 ~ 1.70	0.30 ~ 0.60	0.80 ~ 1.30	0.80 ~ 2.00	≥0.20	0.20 ~ 0.60	0.035	0.030
	AD 180	1.70 ~ 1.90	0.30 ~ 0.80	0.60 ~ 1.20	0.80 ~ 1.50	0.50 ~ 2.00	0.20 ~ 0.60	0.035	0.030
	AD 190	1.80 ~ 2.00	0.30 ~ 0.80	0.60 ~ 1.20	1.50 ~ 3.50	1.00 ~ 2.00	0.20 ~ 0.60	0.035	0.030
	AD 200	1.90 ~ 2.10	0.30 ~ 0.80	0.80 ~ 1.20	0.60 ~ 2.00	0.60 ~ 2.50	0.20 ~ 0.80	0.035	0.030

表9-5 石墨钢轧辊材质代码及化学成分（质量分数）（%）

标准号	材质代码	C	Si	Mn	Cr	Ni	Mo	P	S
								≤	
GB/T 1503—2008	GS 140	1.30～1.50	1.30～1.60	0.50～1.00	0.40～1.00	—	0.20～0.50	0.035	0.030
	GS 150	1.40～1.60	1.00～1.70	0.60～1.00	0.60～1.00	0.20～1.00	0.20～0.50	0.035	0.030
	GS 160	1.50～1.70	0.80～1.50	0.60～1.00	0.50～1.00	0.20～1.00	0.20～0.80	0.035	0.030
	GS 190	1.80～2.00	0.80～1.50	0.60～1.00	0.50～2.00	0.60～2.20	0.20～0.80	0.035	0.030

表9-6 高铬钢、高速钢等轧辊材质代码及化学成分（质量分数）（%）

标准号	材质类别	材质代码	C	Si	Mn	Cr	Ni	Mo	V	W	Nb	P	S
												≤	
GB/T 1503—2008	高铬钢	HCrS	1.00～1.80	0.40～1.00	0.50～1.00	8.00～15.00	0.50～1.50	1.50～4.50	—	—	—	0.030	0.025
	高速钢	HSS	1.50～2.20	0.30～1.00	0.40～1.20	3.00～8.00	0.00～1.50	2.00～8.00	2.00～9.00	0.00～8.00	≤5.00 Co ≤8.00	0.030	0.025
	半高速钢	S-HSS	0.60～1.20	0.80～1.50	0.50～1.00	3.00～9.00	0.20～1.20	2.00～5.00	0.40～3.00	0.00～3.00	—	0.030	0.025

9.4　铸铁轧辊细分类和材质代码及化学成分

铸铁轧辊细分类和材质代码及化学成分见表9-7～表9-10。

表9-7　冷硬铸铁轧辊细分类和材质代码及化学成分（质量分数）　（%）

标准号	材质类别	材质代码	C	Si	Mn	Cr	Ni	Mo	P	S
									≤	
GB/T 1504—2008	铬钼冷硬	CC	2.90～3.60	0.25～0.80	0.20～1.00	0.20～0.60	—	0.20～0.60	0.40	0.08
	镍铬钼冷硬Ⅰ	CCⅠ	2.90～3.60	0.25～0.80	0.20～1.00	—	0.50～1.00	0.20～0.60	0.40	0.08
	镍铬钼冷硬Ⅱ	CCⅡ	2.90～3.60	0.25～0.80	0.20～1.00	0.30～1.20	1.01～2.00	0.20～0.60	0.40	0.08
	镍铬钼冷硬离心复合Ⅲ	CCⅢ	2.90～3.60	0.25～0.80	0.20～1.00	0.50～1.60	2.01～3.00	0.20～0.60	0.40	0.08
	镍铬钼冷硬离心复合Ⅳ	CCⅣ	2.90～3.60	0.25～0.80	0.20～1.00	0.50～1.70	3.01～4.50	0.20～0.60	0.40	0.08

表 9-8 无限冷硬铸铁轧辊细分类和材质代码及化学成分（质量分数） （%）

标准号	材质类别	材质代码	C	Si	Mn	Cr	Ni	Mo	V	W	Nb	P	S
												≤	
GB/T 1504—2008	铬钼无限冷硬	IC	2.90～3.60	0.60～1.20	0.40～1.20	0.60～1.20		0.20～0.60	—	—	—	0.25	0.08
	镍铬钼无限冷硬Ⅰ	ICⅠ	2.90～3.60	0.60～1.20	0.40～1.20	0.70～1.20	0.50～1.00	0.20～0.60	—	—	—	0.25	0.08
	镍铬钼无限冷硬Ⅱ	ICⅡ	2.90～3.60	0.60～1.20	0.40～1.20	0.70～1.20	1.01～2.00	0.20～0.60	—	—	—	0.25	0.08
	镍铬钼无限冷硬Ⅲ	ICⅢ	2.90～3.60	0.60～1.20	0.40～1.20	0.70～1.20	2.01～3.00	0.20～1.00	—	—	—	0.25	0.05
	高镍铬钼无限冷硬离心复合Ⅳ	ICⅣ	2.90～3.60	0.60～1.50	0.40～1.20	1.00～1.20	3.01～4.80	0.20～1.00	—	—	—	0.10	0.05
	高镍铬钼无限冷硬离心复合Ⅴ	ICⅤ	2.90～3.60	0.60～1.50	0.40～1.20	1.00～1.20	3.01～4.80	0.20～2.00	0.20～2.00	0.00～2.00	0.00～2.00	0.10	0.05

注：在满足轧机使用条件下，复合轧辊或辊环芯部可采用球墨铸铁材质。

表 9-9 球墨铸铁轧辊细分类和材质代码及化学成分（质量分数） （%）

标准号	材质类别	材质代码	C	Si	Mn	Cr	Ni	Mo	Cu	Mg	P	S
										≥	≤	
	铬钼球墨半冷硬	SGⅠ	2.90～3.60	0.80～2.50	0.40～1.20	0.20～0.60	—	0.20～0.60	—	0.04	0.25	0.03

GB/T 1504—2008	铬钼球墨无限冷硬	SG Ⅱ	2.90 ~ 3.60	0.80 ~ 2.50	0.40 ~ 1.20	0.20 ~ 0.60	—	0.20 ~ 0.60	—	0.04	0.25	0.03
	铬钼铜球墨无限冷硬	SG Ⅲ	2.90 ~ 3.60	0.80 ~ 2.50	0.40 ~ 1.20	0.20 ~ 0.60	—	0.20 ~ 0.60	0.40 ~ 1.00	0.04	0.25	0.03
	镍铬钼球墨无限冷硬 Ⅰ	SG Ⅳ	2.90 ~ 3.60	0.80 ~ 2.50	0.40 ~ 1.20	0.20 ~ 0.60	0.50 ~ 1.00	0.20 ~ 0.80	—	0.04	0.25	0.03
	镍铬钼球墨无限冷硬 Ⅱ	SG Ⅴ	2.90 ~ 3.60	0.80 ~ 2.50	0.40 ~ 1.20	0.30 ~ 1.20	1.01 ~ 2.00	0.20 ~ 0.80	—	0.04	0.20	0.03
	珠光体球墨 Ⅰ	SGP Ⅰ	2.90 ~ 3.60	1.40 ~ 2.20	0.40 ~ 1.00	0.10 ~ 0.60	1.50 ~ 2.00	0.20 ~ 0.80	—	0.04	0.15	0.03
	珠光体球墨 Ⅱ	SGP Ⅱ	2.90 ~ 3.60	1.20 ~ 2.00	0.40 ~ 1.00	0.20 ~ 1.00	2.01 ~ 2.50	0.20 ~ 0.80	—	0.04	0.15	0.03
	珠光体球墨 Ⅲ	SGP Ⅲ	2.90 ~ 3.60	1.00 ~ 2.00	0.40 ~ 1.00	0.20 ~ 1.20	2.51 ~ 3.00	0.20 ~ 0.80	—	0.04	0.15	0.03
	贝氏体球墨离心复合 Ⅰ	SGA Ⅰ	2.90 ~ 3.60	1.20 ~ 2.20	0.20 ~ 0.80	0.20 ~ 1.00	3.01 ~ 3.50	0.50 ~ 1.00	—	0.04	0.10	0.03
	贝氏体球墨离心复合 Ⅱ	SGA Ⅱ	2.90 ~ 3.60	1.00 ~ 2.00	0.20 ~ 0.80	0.30 ~ 1.50	3.51 ~ 4.50	0.50 ~ 1.00	—	0.04	0.10	0.03

注：球墨铸铁轧辊中含有稀土元素时，残留 Mg 的质量分数不得小于 0.03%。

表 9-10 高铬铸铁轧辊细分类和材质代码及化学成分（质量分数） （%）

标准号	材质类别	材质代码	C	Si	Mn	Cr	Ni	Mo	V	W	Nb	P	S
												≤	
GB/T 1504—2008	高铬离心复合Ⅰ	HCrⅠ	2.30 ~ 3.30	0.30 ~ 1.00	0.50 ~ 1.20	12.00 ~ 15.00	0.70 ~ 1.70	0.70 ~ 1.50	0.00 ~ 0.60	—	—	0.10	0.05
	高铬离心复合Ⅱ	HCrⅡ	2.30 ~ 3.30	0.30 ~ 1.00	0.50 ~ 1.20	15.01 ~ 18.00	0.70 ~ 1.70	0.70 ~ 1.50	0.00 ~ 0.60	—	—	0.10	0.05
	高铬离心复合Ⅲ	HCrⅢ	2.30 ~ 3.30	0.30 ~ 1.00	0.50 ~ 1.20	18.01 ~ 22.00	0.70 ~ 1.70	1.51 ~ 3.00	0.00 ~ 0.60	—	—	0.10	0.05

注：在满足轧机使用条件下，复合轧辊或辊环芯部可采用球墨铸铁材质。

第10章　中外铸钢牌号及化学成分

10.1　一般工程用铸造碳钢牌号及化学成分

一般工程用铸造碳钢牌号及化学成分对照见表10-1～表10-5。

表10-1　ZG200-400铸造碳钢牌号及化学成分（质量分数）对照　（%）

标准号	牌号 统一数字代号	C	Si	Mn	P	S	Cr	Ni	Mo	V	Cu	残余元素总量
							≤					
GB/T 11352—2009	ZG200-400	≤0.20	≤0.60	≤0.80	≤0.035	≤0.035	0.35	0.40	0.20	0.05	0.40	1.00
ГОСТ 977—1988	15Л	0.12～0.20	0.20～0.52	0.45～0.90	≤0.040	≤0.040	0.30	0.30	—	—	0.30	—
JIS G7821:2000	200-400W	≤0.25	≤0.60	≤1.00	≤0.035	≤0.035	0.35	0.40	0.15	0.05	0.40	—
ASTM A27/A27M—2017	Grade U60-30 [415-205] J02500	≤0.25	≤0.60	≤0.75	≤0.035	≤0.035	—	—	—	—	—	—
ISO 3755:1991	200-400W	≤0.25	≤0.60	≤1.00	≤0.035	≤0.035	0.35	0.40	0.15	0.05	0.40	1.00
EN 10213:2016	GP240GH 1.0619	0.18～0.23	≤0.60	0.50～1.20	≤0.030	≤0.020	0.30	0.40	0.12	0.03	0.30	—
							Cr+Mo+Ni+V+Cu≤1.00					

表10-2 ZG230-450 铸造碳钢牌号及化学成分（质量分数）对照 （%）

标准号	牌号 统一数字代号	C	Si	Mn	P	S	Cr	Ni	Mo	V	Cu	残余元素总量
							≤					
GB/T 11352—2009	ZG230-450	≤0.30	≤0.60	≤0.90	≤0.035	≤0.035	0.35	0.40	0.20	0.05	0.40	1.00
ГОСТ 977—1988	25Л	0.22～0.30	0.20～0.52	0.45～0.90	≤0.040	≤0.040	0.30	0.30	—	—	0.30	—
JIS G7821:2000	230－450W	≤0.25	≤0.60	≤1.20	≤0.035	≤0.035	0.35	0.40	0.15	0.05	0.40	—
ASTM A27/A27M—2017	Grade U65－35 [450－240] J03001	≤0.30	≤0.60	≤0.70	≤0.035	≤0.035	—	—	—	—	—	—
ISO 3755:1991	230－450W	≤0.25	≤0.60	≤1.20	≤0.035	≤0.035	0.35	0.40	0.15	0.05	0.40	1.00

表10-3 ZG270-500 铸造碳钢牌号及化学成分（质量分数）对照 （%）

标准号	牌号 统一数字代号	C	Si	Mn	P	S	Cr	Ni	Mo	V	Cu	残余元素总量
							≤					
GB/T 11352—2009	ZG270-500	≤0.40	≤0.60	≤0.90	≤0.035	≤0.035	0.35	0.40	0.20	0.05	0.40	1.00
ГОСТ 977—1988	35Л	0.32～0.40	0.20～0.52	0.45～0.90	≤0.040	≤0.040	0.30	0.30	—	—	0.30	—
JIS G7821:2000	270－480W	≤0.25	≤0.60	≤1.20	≤0.035	≤0.035	0.35	0.40	0.15	0.05	0.40	—
ASTM A27/A27M—2017	Grade U70－36 [485－250] J03501	≤0.35	≤0.60	≤0.70	≤0.035	≤0.035	—	—	—	—	—	—
ISO 3755:1991	270－480W	≤0.25	≤0.60	≤1.20	≤0.035	≤0.035	0.35	0.40	0.15	0.05	0.40	1.00
EN 10213:2016	GP280GH 1.0625	0.18～0.25	≤0.60	0.80～1.20	≤0.030	≤0.020	0.30	0.40	0.12	0.03	0.30	—
							Cr＋Mo＋Ni＋V＋Cu≤1.00					

表10-4 ZG310-570铸造碳钢牌号及化学成分（质量分数）对照 （%）

标准号	牌号 统一数字代号	C	Si	Mn	P	S	Cr	Ni	Mo	V	Cu	残余元素总量
							≤					
GB/T 11352—2009	ZG 310-570	≤0.50	≤0.60	≤0.90	≤0.035	≤0.035	0.35	0.40	0.20	0.05	0.40	1.00
ГОСТ 977—1988	45Л	0.42~0.50	0.20~0.52	0.45~0.90	≤0.040	≤0.040	0.30	0.30	—	—	0.30	—
JIS G7821:2000	340-550W	≤0.25	≤0.60	≤1.50	≤0.035	≤0.035	0.35	0.40	0.15	0.05	0.40	—
ASTM A148/A148M—2015a	Grade U80-50 [550-345] D50500	≤0.50	≤0.60	≤0.90	≤0.05	≤0.06	—	—	—	—	—	—
ISO 3755:1991	340-550W	≤0.25	≤0.60	≤1.50	≤0.035	≤0.035	0.35	0.40	0.15	0.05	0.40	1.00

表10-5 ZG340-640铸造碳钢牌号及化学成分（质量分数）对照 （%）

标准号	牌号 统一数字代号	C	Si	Mn	P	S	Cr	Ni	Mo	V	Cu	残余元素总量
							≤					
GB/T 11352—2009	ZG 340-640	≤0.60	≤0.60	≤0.90	≤0.035	≤0.035	0.35	0.40	0.20	0.05	0.40	1.00
ГОСТ 977—1988	60Л	0.52~0.60	0.20~0.52	0.45~0.90	≤0.040	≤0.040	0.30	0.30	—	—	0.30	—
ASTM A148/A148M—2015a	Grade U90-60 [620-415] D50600	≤0.60	≤0.60	≤0.90	≤0.05	≤0.06	—	—	—	—	—	—

10.2 焊接结构用铸钢件牌号及化学成分

焊接结构用铸钢件牌号及化学成分对照见表10-6~表10-10。

表 10-6　ZG200-400H 碳素铸钢牌号及化学成分（质量分数）对照　（%）

标准号	牌号 统一数字代号	主要元素					残余元素≤					
		C	Si	Mn	P	S	Cr	Ni	Mo	V	Cu	总和
GB/T 7659—2010	ZG200-400H	≤0.20	≤0.60	≤0.80	≤0.025	≤0.025	0.40	0.25	0.40	0.15	0.05	1.0
ГОСТ 977—1988	15Л	0.12～0.20	0.20～0.52	0.45～0.90	≤0.040	≤0.040	0.30	0.30	—	—	0.30	—
JIS G5102:1991	SCW 410	≤0.22	≤0.80	≤1.50	≤0.040	≤0.040	—	—	—	—	—	0.40
ASTM A216/A216M—2014	Grade WCA J02502	≤0.25	≤0.60	≤0.70	≤0.035	≤0.035	0.50	0.50	0.20	0.03	0.30	1.00
ISO 3755:1991	200-400W	≤0.25	≤0.60	≤1.00	≤0.035	≤0.035	0.35	0.40	0.15	0.05	0.40	1.00
EN 10213:2016	GP240GH 1.0619	0.18～0.23	≤0.60	0.50～1.20	≤0.030	≤0.020	0.30	0.40	0.12	0.03	0.30	—
							Cr+Mo+Ni+V+Cu≤1.00					

表 10-7　ZG230-450H 碳素铸钢牌号及化学成分（质量分数）对照　（%）

标准号	牌号 统一数字代号	主要元素					残余元素≤					
		C	Si	Mn	P	S	Cr	Ni	Mo	V	Cu	总和
GB/T 7659—2010	ZG230-450H	≤0.20	≤0.60	≤1.20	≤0.025	≤0.025	0.40	0.25	0.40	0.15	0.05	1.0
ГОСТ 977—1988	20Л	0.17～0.25	0.20～0.52	0.45～0.90	≤0.040	≤0.040	0.30	0.30	—	—	0.30	—
JIS G5102:1991	SCW 450	≤0.22	≤0.80	≤1.50	≤0.040	≤0.040	—	—	—	—	—	0.43
ASTM A216/A216M—2014	Grade WCB J03002	≤0.30	≤0.60	≤1.00	≤0.035	≤0.035	0.50	0.50	0.20	0.03	0.30	1.00
ISO 3755:1991	230-450W	≤0.25	≤0.60	≤1.20	≤0.035	≤0.035	0.35	0.40	0.15	0.05	0.40	1.00
EN 10213:2016	GP240GH 1.0619	0.18～0.23	≤0.60	0.50～1.20	≤0.030	≤0.020	0.30	0.40	0.12	0.03	0.30	—
							Cr+Mo+Ni+V+Cu≤1.00					

表10-8 ZG270-480H 碳素铸钢牌号及化学成分（质量分数）对照 （%）

标准号	牌号 统一数字代号	主要元素					残余元素≤					
		C	Si	Mn	P	S	Cr	Ni	Mo	V	Cu	总和
GB/T 7659—2010	ZG270-480H	0.17~0.25	≤0.60	0.80~1.20	≤0.025	≤0.025	0.40	0.25	0.40	0.15	0.05	1.0
JIS G5102:1991	SCW 480	≤0.22	≤0.80	≤1.50	≤0.040	≤0.040	0.50	0.50	—	—	—	0.45
ASTM A216/A216M—2014	Grade WCC J02503	≤0.25	≤0.60	≤1.20	≤0.035	≤0.035	0.50	0.50	0.20	0.03	0.30	1.00
ISO 3755:1991	270-480W	≤0.25	≤0.60	≤1.20	≤0.035	≤0.035	0.35	0.40	0.15	0.05	0.40	1.00
EN 10213:2016	GP280GH 1.0625	0.18~0.25	≤0.60	0.80~1.20	≤0.030	≤0.020	0.30	0.40	0.12	0.03	0.30	—
							Cr+Mo+Ni+V+Cu≤1.00					

表10-9 ZG300-500H 碳素铸钢牌号及化学成分（质量分数）对照 （%）

标准号	牌号 统一数字代号	主要元素					残余元素≤					
		C	Si	Mn	P	S	Cr	Ni	Mo	V	Cu	总和
GB/T 7659—2010	ZG 300-500H	0.17~0.25	≤0.60	1.00~1.60	≤0.025	≤0.025	0.40	0.25	0.40	0.15	0.05	1.0
ГОСТ 977—1988	20ГЛ	0.15~0.25	0.20~0.40	1.20~1.60	≤0.040	≤0.040	—	—	—	—	—	—

表10-10 ZG340-550H 碳素铸钢牌号及化学成分（质量分数）对照 （%）

标准号	牌号 统一数字代号	主要元素					残余元素≤					
		C	Si	Mn	P	S	Cr	Ni	Mo	V	Cu	总和
GB/T 7659—2010	ZG 340-550H	0.17~0.25	≤0.80	1.00~1.60	≤0.025	≤0.025	0.40	0.25	0.40	0.15	0.05	1.0
JIS G5102:1991	SCW 550	≤0.22	≤0.80	≤1.50	≤0.040	≤0.040	0.50	2.50	0.30	0.20	—	0.48
ISO 3755:1991	340-550	≤0.25	≤0.60	≤1.50	≤0.035	≤0.035	0.35	0.40	0.15	0.05	0.40	1.00

10.3 工程结构用中、高强度不锈钢铸件牌号及化学成分

工程结构用中、高强度不锈钢铸件牌号及化学成分对照见表10-11～表10-19。

表10-11 ZG20Cr13 不锈铸钢牌号及化学成分（质量分数）对照 （%）

标准号	牌号 统一数字代号	C	Si	Mn	P	S	Cr	Ni	Mo	残余元素≤			
										Cu	V	W	总量
GB/T 6967—2009	ZG20Cr13	0.15～0.24	≤0.80	≤0.80	≤0.035	≤0.025	11.5～13.5	—	—	0.50	0.05	0.10	0.50
ГОСТ 977—1988	20Х13Л	0.16～0.25	0.20～0.80	0.30～0.80	≤0.030	≤0.025	12.0～14.0	—	—	—	—	—	—
JIS G5121:2003	SCS 2	0.16～0.24	≤1.50	≤1.00	≤0.040	≤0.040	11.50～14.00	≤1.00	≤0.50	—	—	—	—
ASTM A743/A743M—2013a	CA40 J91153	0.20～0.40	≤1.50	≤1.00	≤0.04	≤0.04	11.5～14.0	≤1.0	≤0.5	—	—	—	—

表10-12 ZG15Cr13 不锈铸钢牌号及化学成分（质量分数）对照 （%）

标准号	牌号 统一数字代号	C	Si	Mn	P	S	Cr	Ni	Mo	残余元素≤			
										Cu	V	W	总量
GB/T 6967—2009	ZG15Cr13	≤0.15	≤0.80	≤0.80	≤0.035	≤0.025	11.5～13.5	—	—	0.50	0.05	0.10	0.50
ГОСТ 977—1988	15Х13Л	≤0.15	0.20～0.80	0.30～0.80	≤0.030	≤0.025	12.0～14.0	≤0.50	—	0.30	—	—	—
JIS G5121:2003	SCS 1X	≤0.15	≤0.80	≤0.80	≤0.035	≤0.025	11.50～13.50	≤1.00	≤0.50	—	—	—	—
ASTM A743/A743M—2013a	CA15 J91150	≤0.15	≤1.50	≤1.00	≤0.04	≤0.04	11.5～14.0	≤1.00	≤0.5	—	—	—	—

ISO 11972:2015(E)	GX12Cr12	≤0.15	≤1.0	≤1.0	≤0.035	≤0.025	11.5~13.5	≤1.0	≤0.5	—	—	—	—
EN 10283:2010(E)	GX12Cr12 1.4011	≤0.15	≤1.00	≤1.00	≤0.035	≤0.025	11.50~13.50	≤1.00	≤0.50	—	—	—	—

表10-13 ZG15Cr13Ni1不锈铸钢牌号及化学成分（质量分数）对照 （%）

标准号	牌号 统一数字代号	C	Si	Mn	P	S	Cr	Ni	Mo	残余元素≤			
										Cu	V	W	总量
GB/T 6967—2009	ZG15Cr13Ni1	≤0.15	≤0.80	≤0.80	≤0.035	≤0.025	11.5~13.5	≤1.00	≤0.50	0.50	0.05	0.10	0.50
JIS G5121:2003	SCS 3	≤0.15	≤1.00	≤1.00	≤0.040	≤0.040	11.50~14.00	0.50~1.50	0.15~1.00	—	—	—	—
ASTM A743/A743M—2013a	CA15M J91151	≤0.15	≤0.65	≤1.00	≤0.040	≤0.040	11.5~14.0	≤1.0	0.15~1.0	—	—	—	—

表10-14 ZG10Cr13Ni1Mo不锈铸钢牌号及化学成分（质量分数）对照 （%）

标准号	牌号 统一数字代号	C	Si	Mn	P	S	Cr	Ni	Mo	残余元素≤			
										Cu	V	W	总量
GB/T 6967—2009	ZG10Cr13Ni1Mo	≤0.10	≤0.80	≤0.80	≤0.035	≤0.025	11.5~13.5	0.8~1.80	0.20~0.50	0.50	0.05	0.10	0.50
JIS G5121:2003	SCS 3X	≤0.10	≤0.80	≤0.80	≤0.035	≤0.025	11.50~13.00	0.80~1.80	0.20~0.50	—	—	—	—
ISO 11972:2015(E)	GX7CrNiMo12-1	≤0.10	≤1.0	≤1.0	≤0.035	≤0.025	12.0~13.5	1.0~2.0	0.20~0.50	—	—	—	—
EN 10283:2010(E)	GX7CrNiMo12-1 1.4008	≤0.10	≤1.00	≤1.00	≤0.035	≤0.025	12.00~13.50	1.00~2.00	0.20~0.50	—	—	—	—

表 10-15 ZG06Cr13Ni4Mo 不锈铸钢牌号及化学成分（质量分数）对照 （%）

标准号	牌号 统一数字代号	C	Si	Mn	P	S	Cr	Ni	Mo	残余元素≤			
										Cu	V	W	总量
GB/T 6967—2009	ZG06Cr13Ni4Mo	≤0.06	≤0.80	≤1.00	≤0.035	≤0.025	11.5～13.5	3.5～5.0	0.40～1.00	0.50	0.05	0.10	0.50
ГОСТ 977—1988	06X13H4MЛ	≤0.06	≤0.70	≤1.00	≤0.030	≤0.030	11.5～13.5	3.5～5.0	0.40～1.00	0.30	—	—	—
JIS G5121:2003	SCS 6	≤0.06	≤1.00	≤1.00	≤0.040	≤0.030	11.50～14.00	3.50～4.50	0.40～1.00	—	—	—	—
ASTM A743/A743M—2013a	CA6NM J91540	≤0.06	≤1.00	≤1.00	≤0.04	≤0.03	11.5～14.0	3.5～4.5	0.40～1.0	—	—	—	—
ISO 4991:2015(E)	GX4CrNi13－4	≤0.06	≤1.00	≤1.00	≤0.035	≤0.025	12.00～13.50	3.50～5.00	≤0.70	0.30	0.08	—	—
EN 10213:2016(D)	GX4CrNi13－4 1.4317	≤0.06	≤1.00	≤1.00	≤0.035	≤0.025	12.00～13.50	3.50～5.00	≤0.70	0.30	0.08	—	—

表 10-16 ZG06Cr13Ni5Mo 不锈铸钢牌号及化学成分（质量分数）对照 （%）

标准号	牌号 统一数字代号	C	Si	Mn	P	S	Cr	Ni	Mo	残余元素≤			
										Cu	V	W	总量
GB/T 6967—2009	ZG06Cr13Ni5Mo	≤0.06	≤0.80	≤1.00	≤0.035	≤0.025	11.5～13.5	4.5～6.0	0.40～1.00	0.50	0.05	0.10	0.50
ГОСТ 977—1988	06X13H5MЛ	≤0.06	0.20～0.70	0.30～0.90	≤0.030	≤0.030	11.5～13.5	4.5～6.0	0.50～1.00	0.30	—	—	—
JIS G5121:2003	SCS 6X	≤0.06	≤1.00	≤1.50	≤0.035	≤0.025	11.50～13.00	3.50～5.00	≤1.00	—	—	—	—

表10-17 ZG06Cr16Ni5Mo 不锈铸钢牌号及化学成分（质量分数）对照 （%）

标准号	牌号 统一数字代号	C	Si	Mn	P	S	Cr	Ni	Mo	残余元素≤			
										Cu	V	W	总量
GB/T 6967—2009	ZG06Cr16Ni5Mo	≤0.06	≤0.80	≤1.00	≤0.035	≤0.025	15.5~17.0	4.5~6.0	0.40~1.00	0.50	0.05	0.10	0.50
ГОСТ 977—1988	09Х17Н5МЛ	0.05~0.12	≤0.80	≤0.80	≤0.035	≤0.030	15.00~18.00	4.80~5.80	0.40~1.00	0.30	—	—	—
JIS G5121:2003	SCS 31	≤0.06	≤0.80	≤0.80	≤0.035	≤0.025	15.00~17.00	4.00~6.00	0.70~1.50	—	—	—	—
ASTM A743/A743M—2013a	CB6 J91604	≤0.06	≤1.00	≤1.00	≤0.04	≤0.03	15.5~17.5	3.5~5.5	≤0.5	—	—	—	—
ISO 4991:2015(E)	GX4CrNiMo 16-5-1	≤0.06	≤0.80	≤1.00	≤0.035	≤0.025	15.00~17.00	4.00~6.00	0.70~1.50	0.30	0.08	—	—
EN 10213:2016(D)	GX4CrNiMo 16-5-1/1.4406	≤0.06	≤0.80	≤1.00	≤0.035	≤0.025	15.00~17.00	4.00~6.00	0.70~1.50	0.30	0.08	—	—

表10-18 ZG04Cr13Ni4Mo 不锈铸钢牌号及化学成分（质量分数） （%）

标准号	牌号 统一数字代号	C	Si	Mn	P	S	Cr	Ni	Mo	残余元素≤			
										Cu	V	W	总量
GB/T 6967—2009	ZG04Cr13Ni4Mo	≤0.04	≤0.80	≤1.50	≤0.030	≤0.010	11.5~13.5	3.5~5.0	0.40~1.00	0.50	0.05	0.10	0.50

表10-19 ZG04Cr13Ni5Mo 不锈铸钢牌号及化学成分（质量分数） （%）

标准号	牌号 统一数字代号	C	Si	Mn	P	S	Cr	Ni	Mo	残余元素≤			
										Cu	V	W	总量
GB/T 6967—2009	ZG04Cr13Ni5Mo	≤0.04	≤0.80	≤1.50	≤0.030	≤0.010	11.5~13.5	4.5~6.0	0.40~1.00	0.50	0.05	0.10	0.50

10.4　通用耐蚀钢铸件牌号及化学成分

通用耐蚀钢铸件牌号及化学成分对照见表10-20～表10-46。

表10-20　ZG15Cr13铸钢牌号及化学成分（质量分数）对照　（%）

标准号	牌号 统一数字代号	C	Si	Mn	P	S	Cr	Ni	Mo	Cu	N	其他
GB/T 2100—2017	ZG15Cr13	≤0.15	≤0.80	≤0.80	≤0.035	≤0.025	11.50～13.50	≤1.00	≤0.50	—	—	—
ГОСТ 977—1988	15Х13Л	≤0.15	0.20～0.80	0.30～0.80	≤0.030	≤0.025	12.0～14.0	≤0.50	—	≤0.30	—	—
JIS G5121:2003	SCS 1X	≤0.15	≤0.80	≤0.80	≤0.035	≤0.025	11.50～13.50	≤1.00	≤0.50	—	—	—
ASTM A743/A743M—2013a	CA15 J91150	≤0.15	≤1.50	≤1.00	≤0.04	≤0.04	11.5～14.0	≤1.00	≤0.5	—	—	—
ISO 11972:2015（E）	GX12Cr12 1.4011	≤0.15	≤1.0	≤1.0	≤0.035	≤0.025	11.5～13.5	≤1.0	≤0.5	—	—	—
EN 10283:2010（E）	GX12Cr12 1.4011	≤0.15	≤1.00	≤1.00	≤0.035	≤0.025	11.50～13.50	≤1.00	≤0.50	—	—	—

表10-21　ZG20Cr13铸钢牌号及化学成分（质量分数）对照　（%）

标准号	牌号 统一数字代号	C	Si	Mn	P	S	Cr	Ni	Mo	Cu	N	其他
GB/T 2100—2017	ZG20Cr13	0.16～0.24	≤1.00	≤0.60	≤0.035	≤0.025	11.50～14.00	—	—	—	—	—
ГОСТ 977—1988	20Х13Л	0.16～0.25	0.20～0.80	0.30～0.80	≤0.030	≤0.025	12.0～14.0	—	—	—	—	—
JIS G5121:2003	SCS 2	0.16～0.24	≤1.50	≤1.00	≤0.040	≤0.040	11.50～14.00	≤1.00	≤0.50	—	—	—
ASTM A743/A743M—2013a	CA40 J91153	0.20～0.40	≤1.50	≤1.00	≤0.04	≤0.04	11.5～14.0	≤1.0	≤0.5	—	—	—

表 10-22 ZG10Cr13Ni2Mo 铸钢牌号及化学成分（质量分数）对照 （%）

标准号	牌号 统一数字代号	C	Si	Mn	P	S	Cr	Ni	Mo	Cu	N	其他
GB/T 2100—2017	ZG10Cr13Ni2Mo	≤0.10	≤1.00	≤1.00	≤0.035	≤0.025	12.00～13.50	1.00～2.00	0.20～0.50	—	—	—
ГОСТ 977—1988	10X12НМДЛ	≤0.10	0.17～0.40	0.20～0.60	≤0.025	≤0.025	12.00～13.50	1.00～1.50	0.20～0.50	≤1.10	—	—
JIS G5121:2003	SCS 3X	≤0.10	≤0.80	≤0.80	≤0.035	≤0.025	11.50～13.00	0.80～1.80	0.20～0.50	—	—	—
ASTM A743/A743M—2013a	CA15M J91151	≤0.15	≤0.65	≤1.00	≤0.040	≤0.040	11.5～14.0	≤1.0	0.15～1.0	—	—	—
ISO 11972:2015（E）	GX7CrNiMo12－1 1.4008	≤0.10	≤1.0	≤1.0	≤0.035	≤0.025	12.0～13.5	1.0～2.0	0.20～0.50	—	—	—
EN 10283:2010（E）	GX7CrNiMo12－1 1.4008	≤0.10	≤1.00	≤1.00	≤0.035	≤0.025	12.00～13.50	1.00～2.00	0.20～0.50	—	—	—

表 10-23 ZG06Cr13Ni4Mo 铸钢牌号及化学成分（质量分数）对照 （%）

标准号	牌号 统一数字代号	C	Si	Mn	P	S	Cr	Ni	Mo	Cu	N	其他
GB/T 2100—2017	ZG06Cr13Ni4Mo	≤0.06	≤1.00	≤1.00	≤0.035	≤0.025	12.00～13.50	3.50～5.00	≤0.70	≤0.50	—	V≤0.05 W≤0.10
ГОСТ 977—1988	06X13H4MЛ	≤0.06	≤0.70	≤1.00	≤0.030	≤0.030	11.5～13.5	3.5～5.0	0.40～1.00	0.30	—	—
JIS G5121:2003	SCS 6X	≤0.06	≤1.00	≤1.50	≤0.035	≤0.025	11.50～13.00	3.50～5.00	≤1.00	—	—	—
ASTM A743/A743M—2013a	CA6NM J91540	≤0.06	≤1.00	≤1.00	≤0.04	≤0.03	11.5～14.0	3.5～4.5	0.40～1.0	—	—	—
ISO 11972:2015（E）	GX4CrNi13－4 （QT1）1.4317	≤0.06	≤1.0	≤1.0	≤0.035	≤0.025	12.0～13.5	3.5～5.0	≤0.70	—	—	—
EN 10283:2010（E）	GX4CrNi13－4 1.4317	≤0.06	≤1.00	≤1.00	≤0.035	≤0.025	12.00～13.50	3.50～5.00	≤0.70	—	—	—

表 10-24 ZG06Cr13Ni4 铸钢牌号及化学成分（质量分数）对照 （%）

标准号	牌号 统一数字代号	C	Si	Mn	P	S	Cr	Ni	Mo	Cu	N	其他
GB/T 2100—2017	ZG06Cr13Ni4	≤0.06	≤1.00	≤1.00	≤0.035	≤0.025	12.00 ~ 13.00	3.50 ~ 5.00	—	—	—	—
JIS G5121:2003	SCS 5	≤0.06	≤1.00	≤1.00	≤0.040	≤0.040	11.50 ~ 14.00	3.50 ~ 4.50	—	—	—	—
ISO 11972:2015（E）	GX4CrNi13 -4（QT2） 1.4317	≤0.06	≤1.0	≤1.0	≤0.035	≤0.025	12.0 ~ 13.5	3.5 ~ 5.0	≤0.70	—	—	—

表 10-25 ZG06Cr16Ni5Mo 铸钢牌号及化学成分（质量分数）对照 （%）

标准号	牌号 统一数字代号	C	Si	Mn	P	S	Cr	Ni	Mo	Cu	N	其他
GB/T 2100—2017	ZG06Cr16Ni5Mo	≤0.06	≤0.80	≤1.00	≤0.035	≤0.025	15.00 ~ 17.00	4.00 ~ 6.00	0.70 ~ 1.50	—	—	—
ГОСТ 977—1988	06Х17Н5Л	≤0.06	≤0.80	0.30 ~ 0.80	≤0.035	≤0.030	15.00 ~ 18.00	4.80 ~ 5.80	—	≤0.30	—	—
JIS G5121:2003	SCS 31	≤0.06	≤0.80	≤0.80	≤0.035	≤0.025	15.00 ~ 17.00	4.00 ~ 6.00	0.70 ~ 1.50	—	—	—
ASTM A743/ A743M—2013a	CB6 J91604	≤0.06	≤1.00	≤1.00	≤0.04	≤0.03	15.5 ~ 17.5	3.5 ~ 5.5	≤0.5	—	—	—
ISO 11972:2015（E）	GX4CrNiMo16 -5 -1 1.4405	≤0.06	≤0.8	≤1.0	≤0.035	≤0.025	15.0 ~ 17.0	4.0 ~ 6.0	0.70 ~ 1.50	—	—	—
EN 10283:2010（E）	GX4CrNiMo16 -5 -1 1.4405	≤0.06	≤0.80	≤1.00	≤0.035	≤0.025	15.00 ~ 17.00	4.00 ~ 6.00	0.70 ~ 1.50	—	—	—

表10-26 ZG10Cr12Ni1 铸钢牌号及化学成分（质量分数）对照 （%）

标准号	牌号 统一数字代号	C	Si	Mn	P	S	Cr	Ni	Mo	Cu	N	其他
GB/T 2100—2017	ZG10Cr12Ni1	≤0.10	≤0.40	0.50～0.80	≤0.030	≤0.020	11.5～12.50	0.8～1.5	—	≤0.30	—	V≤0.30
JIS G5121:2003	SCS 3X	≤0.10	≤0.80	≤0.80	≤0.035	≤0.025	11.50～13.00	0.80～1.80	0.20～0.50	—	—	—
ISO 11972:2015（E）	GX7CrNiMo12－1 1.4008	≤0.10	≤1.0	≤1.0	≤0.035	≤0.025	12.0～13.5	1.0～2.0	0.20～0.50	—	—	—
EN 10283:2010（E）	GX7CrNiMo12－1 1.4008	≤0.10	≤1.00	≤1.00	≤0.035	≤0.025	12.00～13.50	1.00～2.00	0.20～0.50	—	—	—

表10-27 ZG03Cr19Ni11 铸钢牌号及化学成分（质量分数）对照 （%）

标准号	牌号 统一数字代号	C	Si	Mn	P	S	Cr	Ni	Mo	Cu	N	其他
GB/T 2100—2017	ZG03Cr19Ni11	≤0.03	≤1.50	≤2.00	≤0.035	≤0.025	18.00～20.00	9.00～11.00	—	—	≤0.20	—
ГОСТ 977—1988	03Х18Н9Л	≤0.03	0.20～1.00	1.00～2.00	≤0.035	≤0.030	17.00～20.00	8.00～11.00	—	≤0.30	—	—
JIS G5121:2003	SCS 36	≤0.03	≤1.50	≤1.50	≤0.040	≤0.030	17.00～19.00	9.00～12.00	—	—	—	—
ASTM A743/A743M—2013a	CF3 J92500	≤0.03	≤1.50	≤2.00	≤0.04	≤0.04	17.0～21.0	8.0～12.0	—	—	—	—
ISO 11972:2015（E）	GX2CrNi19－11 1.4309	≤0.03	≤1.5	≤2.0	≤0.035	≤0.025	18.0～20.0	9.0～12.0	—	—	≤0.20	—
EN 10283:2010（E）	GX2CrNi19－11 1.4309	≤0.030	≤1.50	≤2.00	≤0.035	≤0.025	18.00～20.00	9.00～12.00	—	—	≤0.20	—

表 10-28 ZG03Cr19Ni11N 铸钢牌号及化学成分（质量分数）对照 （%）

标准号	牌号 统一数字代号	C	Si	Mn	P	S	Cr	Ni	Mo	Cu	N	其他
GB/T 2100—2017	ZG03Cr19Ni11N	≤0.03	≤1.50	≤2.00	≤0.040	≤0.030	18.00～20.00	9.00～12.00	—	—	0.12～0.20	—
ГОСТ 977—1988	03X18H9AЛ	≤0.03	0.20～1.00	1.00～2.00	≤0.035	≤0.030	17.00～20.00	8.00～11.00	—	≤0.30	0.10～0.20	—
JIS G5121:2003	SCS 36N	≤0.03	≤1.50	≤1.50	≤0.040	≤0.030	17.00～19.00	9.00～12.00	—	—	0.10～0.20	—
ISO 11972:2015（E）	GX2CrNiN19－11 1.4487	≤0.03	≤1.5	≤1.5	≤0.040	≤0.030	18.0～20.0	9.0～12.0	—	—	0.12～0.20	—

表 10-29 ZG07Cr19Ni10 铸钢牌号及化学成分（质量分数）对照 （%）

标准号	牌号 统一数字代号	C	Si	Mn	P	S	Cr	Ni	Mo	Cu	N	其他
GB/T 2100—2017	ZG07Cr19Ni10	≤0.07	≤1.50	≤1.50	≤0.040	≤0.030	18.00～20.00	8.00～11.00	—	—	—	—
ГОСТ 977—1988	07X19H9Л	≤0.07	0.20～1.00	1.00～2.00	≤0.035	≤0.030	18.00～21.00	8.00～11.00	—	≤0.30	—	—
JIS G5121:2003	SCS 13X	≤0.07	≤1.50	≤1.50	≤0.040	≤0.030	18.00～20.00	8.00～11.00	—	—	—	—
ASTM A743/ A743M—2013a	CF8 J92600	≤0.08	≤1.50	≤2.00	≤0.04	≤0.04	18.0～21.0	8.0～11.0	—	—	—	—
ISO 11972:2015（E）	GXCrNi19－10 1.4308	≤0.07	≤1.5	≤1.5	≤0.040	≤0.030	18.0～20.0	8.0～11.0	—	—	—	—
EN 10283:2010（E）	GXCrNi19－10 1.4308	≤0.07	≤1.50	≤1.50	≤0.040	≤0.030	18.00～20.00	8.00～11.00	—	—	—	—

表10-30 ZG07Cr19Ni11Nb铸钢牌号及化学成分（质量分数）对照 （%）

标准号	牌号 统一数字代号	C	Si	Mn	P	S	Cr	Ni	Mo	Cu	N	其他
GB/T 2100—2017	ZG07Cr19Ni11Nb	≤0.07	≤1.50	≤1.50	≤0.040	≤0.030	18.00～20.00	9.00～12.00	—	—	—	Nb：8C～1.00
ГОСТ 977—1988	08Х18Н11БЛ	≤0.08	0.20～1.00	1.00～2.00	≤0.035	≤0.030	17.00～20.00	8.00～12.00	—	—	—	Nb：0.45～0.90
JIS G5121：2003	SCS 21X	≤0.08	≤1.50	≤1.50	≤0.040	≤0.030	18.00～21.00	9.00～12.00	—	—	—	Nb：8C～1.00
ASTM A743/A743M—2013a	CF8C J92710	≤0.08	≤1.50	≤2.00	≤0.04	≤0.04	18.0～21.0	9.0～12.0	—	—	—	Nb：8C～1.0
ISO 11972：2015（E）	GX5CrNiNb19-11 1.4552	≤0.07	≤1.5	≤1.5	≤0.040	≤0.030	18.0～20.0	9.0～12.0	—	—	—	Nb：8C～1.00
EN 10283：2010（E）	GX5CrNiNb19-11 1.4552	≤0.07	≤1.50	≤1.50	≤0.040	≤0.030	18.00～20.00	9.00～12.00	—	—	—	Nb:8C≤1.00

表10-31 ZG03Cr19Ni11Mo2铸钢牌号及化学成分（质量分数）对照 （%）

标准号	牌号 统一数字代号	C	Si	Mn	P	S	Cr	Ni	Mo	Cu	N	其他
GB/T 2100—2017	ZG03Cr19Ni11Mo2	≤0.03	≤1.50	≤2.00	≤0.035	≤0.025	18.00～20.00	9.00～12.00	2.00～2.50	—	≤0.20	—
ГОСТ 977—1988	03Х18Н11М2Л	≤0.03	≤2.00	≤2.00	≤0.040	≤0.040	17.0～20.0	9.00～12.00	2.00～2.50	—	—	—
JIS G5121：2003	SCS 16AX	≤0.03	≤1.50	≤1.50	≤0.040	≤0.030	17.00～20.00	9.00～12.00	2.00～2.50	—	—	—
ASTM A743/A743M—2013a	CF3M J92800	≤0.03	≤1.50	≤1.50	≤0.04	≤0.04	17.0～21.0	9.0～13.0	2.0～3.0	—	—	—
ISO 11972：2015（E）	GX2CrNiMo19-11-2 1.4409	≤0.03	≤1.5	≤2.0	≤0.035	≤0.025	18.0～20.0	9.0～12.0	2.00～2.50	—	≤0.20	—
EN 10283：2010（E）	GX2CrNiMo19-11-2 1.4409	≤0.03	≤1.50	≤2.00	≤0.035	≤0.025	18.00～20.00	9.00～12.00	2.00～2.50	—	≤0.20	—

表 10-32 ZG03Cr19Ni11Mo2N 铸钢牌号及化学成分（质量分数）对照 （%）

标准号	牌号 统一数字代号	C	Si	Mn	P	S	Cr	Ni	Mo	Cu	N	其他
GB/T 2100—2017	ZG03Cr19Ni11Mo2N	≤0.03	≤1.50	≤2.00	≤0.035	≤0.030	18.00～20.00	9.00～12.00	2.00～2.50	—	0.10～0.20	—
ГОСТ 977—1988	03Х19Н11М2АЛ	≤0.03	≤2.00	≤2.00	≤0.040	≤0.040	17.0～20.0	9.00～12.00	2.00～2.50	—	0.10～0.20	—
JIS G5121:2003	SCS 16AXN	≤0.03	≤1.50	≤1.50	≤0.040	≤0.030	17.00～20.00	9.00～12.00	2.00～2.50	—	0.10～0.20	—
ASTM A743/A743M—2013a	CF3MN J92804	≤0.03	≤1.50	≤1.50	≤0.040	≤0.040	17.0～22.0	9.0～13.0	2.0～3.0	—	0.10～0.20	—
ISO 11972:2015（E）	GX2CrNiMoN19-11-2 1.4490	≤0.03	≤1.5	≤2.0	≤0.035	≤0.030	18.0～20.0	9.0～12.0	2.00～2.50	—	0.12～0.20	—

表 10-33 ZG05Cr26Ni6Mo2N 铸钢牌号及化学成分（质量分数）对照 （%）

标准号	牌号 统一数字代号	C	Si	Mn	P	S	Cr	Ni	Mo	Cu	N	其他
GB/T 2100—2017	ZG05Cr26Ni6Mo2N	≤0.05	≤1.00	≤2.00	≤0.035	≤0.025	25.00～27.00	4.50～6.50	1.30～2.00	—	0.12～0.20	—
ISO 11972:2015（E）	GX4CrNiMoN26-5-2 1.4474	≤0.05	≤1.0	≤2.0	≤0.035	≤0.025	25.0～27.0	4.5～6.5	1.30～2.00	—	0.12～0.20	—
EN 10283:2010（E）	GX4CrNiMoN26-5-2 1.4474	≤0.05	≤1.00	≤2.00	≤0.035	≤0.025	25.00～27.00	4.50～6.50	1.30～2.00	—	0.12～0.20	—

表10-34 ZG07Cr19Ni11Mo2铸钢牌号及化学成分（质量分数）对照 （%）

标准号	牌号 统一数字代号	C	Si	Mn	P	S	Cr	Ni	Mo	Cu	N	其他
GB/T 2100—2017	ZG07Cr19Ni11Mo2	≤0.07	≤1.50	≤1.50	≤0.040	≤0.030	18.00～20.00	9.00～12.00	2.00～2.50	—	—	—
ГОСТ 977—1988	07X19H11M2Л	≤0.07	≤2.00	≤2.00	≤0.040	≤0.040	17.0～20.0	9.00～12.00	2.00～2.50	—	—	—
JIS G5121:2003	SCS 14X	≤0.07	≤1.50	≤1.50	≤0.040	≤0.030	17.00～20.00	9.00～12.00	2.00～2.50	—	—	—
ASTM A743/A743M—2013a	CF8M J92900	≤0.08	≤1.50	≤2.00	≤0.04	≤0.04	18.0～21.0	9.0～12.0	2.0～3.0	—	—	—
ISO 11972:2015（E）	GX5CrNiMo19-11-2 1.4408	≤0.07	≤1.5	≤1.5	≤0.040	≤0.030	18.0～20.0	9.0～12.0	2.00～2.50	—	—	—
EN 10283:2010（E）	GX5CrNiMo19-11-2 1.4408	≤0.07	≤1.50	≤1.50	≤0.040	≤0.030	18.00～20.00	9.00～12.00	2.00～2.50	—	—	—

表10-35 ZG07Cr19Ni11Mo2Nb铸钢牌号及化学成分（质量分数）对照 （%）

标准号	牌号 统一数字代号	C	Si	Mn	P	S	Cr	Ni	Mo	Cu	N	其他
GB/T 2100—2017	ZG07Cr19Ni11Mo2Nb	≤0.07	≤1.50	≤1.50	≤0.040	≤0.030	18.00～20.00	9.00～12.00	2.00～2.50	—	—	Nb:8C～1.00
ГОСТ 977—1988	07X19H11M2БЛ	≤0.07	≤2.00	≤2.00	≤0.040	≤0.040	17.0～20.0	9.00～12.00	2.00～2.50	—	—	Nb:8 C～1.00
JIS G5121:2003	SCS 14XNb	≤0.08	≤1.50	≤1.50	≤0.040	≤0.030	17.00～20.00	9.00～12.00	2.00～2.50	—	—	Nb:8 C～1.00
ISO 11972:2015（E）	GX5CrNiMoNb19-11-2 1.4581	≤0.07	≤1.5	≤1.5	≤0.040	≤0.030	18.0～20.0	9.0～12.0	2.00～2.50	—	—	Nb:8 C≤1.00
EN 10283:2010（E）	GX5CrNiMoNb19-11-2 1.4581	≤0.07	≤1.50	≤1.50	≤0.040	≤0.030	18.00～20.00	9.00～12.00	2.00～2.50	—	—	Nb:8 C≤1.00

表 10-36 ZG03Cr19Ni11Mo3 铸钢牌号及化学成分（质量分数）对照 （%）

标准号	牌号 统一数字代号	C	Si	Mn	P	S	Cr	Ni	Mo	Cu	N	其他
GB/T 2100—2017	ZG03Cr19Ni11Mo3	≤0.03	≤1.50	≤1.50	≤0.040	≤0.030	18.00～20.00	9.00～12.00	3.00～3.50	—	—	—
ГОСТ 977—1988	03Х19Н11М3Л	≤0.03	≤2.00	≤2.00	≤0.040	≤0.040	17.0～20.0	9.00～12.00	3.00～3.50	—	—	—
JIS G5121:2003	SCS 35	≤0.03	≤1.50	≤1.50	≤0.040	≤0.030	17.00～20.00	9.00～12.00	3.00～3.50	—	—	—
ASTM A743/A743M—2013a	CG3M J92999	≤0.03	≤1.50	≤1.50	≤0.04	≤0.04	18.0～21.0	9.0～13.0	3.0～4.0	—	—	—
ISO 11972:2015（E）	GX2CrNiMo19-11-3 1.4518	≤0.03	≤1.5	≤1.5	≤0.040	≤0.030	18.0～20.0	9.0～12.0	3.00～3.50	—	—	—

表 10-37 ZG03Cr19Ni11Mo3N 铸钢牌号及化学成分（质量分数）对照 （%）

标准号	牌号 统一数字代号	C	Si	Mn	P	S	Cr	Ni	Mo	Cu	N	其他
GB/T 2100—2017	ZG03Cr19Ni11Mo3N	≤0.03	≤1.50	≤1.50	≤0.040	≤0.030	18.00～20.00	9.00～12.00	3.00～3.50	—	0.10～0.20	—
ГОСТ 977—1988	03Х19Н11М3АЛ	≤0.03	≤2.00	≤2.00	≤0.040	≤0.040	17.00～20.00	9.00～12.00	3.00～3.50	—	0.10～0.20	—
JIS G5121:2003	SCS 35N	≤0.03	≤1.50	≤1.50	≤0.040	≤0.030	17.00～20.00	9.00～12.00	3.00～3.50	—	0.10～0.20	—
ISO 11972:2015（E）	GX2CrNiMoN19-11-3 1.4508	≤0.03	≤1.5	≤1.5	≤0.040	≤0.030	18.0～20.0	9.0～12.0	3.00～3.50	—	0.10～0.20	—

表10-38 ZG03Cr22Ni6Mo3N铸钢牌号及化学成分（质量分数）对照 （%）

标准号	牌号 统一数字代号	C	Si	Mn	P	S	Cr	Ni	Mo	Cu	N	其他
GB/T 2100—2017	ZG03Cr22Ni6Mo3N	≤0.03	≤1.00	≤2.00	≤0.035	≤0.025	21.00～23.00	4.50～6.50	2.50～3.50	—	0.12～0.20	—
ISO 11972:2015（E）	GX2CrNiMoN22－5－3 1.4470	≤0.03	≤1.0	≤2.0	≤0.035	≤0.025	21.0～23.0	4.5～6.5	2.50～3.50	—	0.12～0.20	—
EN 10283:2010（E）	GX2CrNiMoN22－5－3 1.4470	≤0.03	≤1.00	≤2.00	≤0.035	≤0.025	21.00～23.00	4.50～6.50	2.50～3.50	—	0.12～0.20	—

表10-39 ZG03Cr25Ni7Mo4WCuN铸钢牌号及化学成分（质量分数）对照 （%）

标准号	牌号 统一数字代号	C	Si	Mn	P	S	Cr	Ni	Mo	Cu	N	其他
GB/T 2100—2017	ZG03Cr25Ni7Mo4WCuN	≤0.03	≤1.00	≤1.50	≤0.030	≤0.020	24.00～26.00	6.00～8.50	3.00～4.00	≤1.00	0.15～0.25	W≤1.00
ISO 11972:2015（E）	GX2CrNiMoN25－7－3 1.4417	≤0.03	≤1.0	≤1.5	≤0.030	≤0.020	24.0～26.0	6.0～8.5	3.00～4.00	≤1.00	0.15～0.25	W≤1.00
EN 10283:2010（E）	GX2CrNiMoN25－7－3 1.4417	≤0.03	≤1.00	≤1.50	≤0.030	≤0.020	24.00～26.00	6.00～8.50	3.00～4.00	≤1.00	0.15～0.25	W≤1.00

表10-40 ZG03Cr26Ni7Mo4CuN铸钢牌号及化学成分（质量分数）对照 （%）

标准号	牌号 统一数字代号	C	Si	Mn	P	S	Cr	Ni	Mo	Cu	N	其他
GB/T 2100—2017	ZG03Cr26Ni7Mo4CuN	≤0.03	≤1.00	≤1.00	≤0.035	≤0.025	25.00～27.00	6.00～8.00	3.00～5.00	≤1.30	0.12～0.22	—
ISO 11972:2015（E）	GX2CrNiMoN26－7－4 1.4469	≤0.03	≤1.0	≤1.0	≤0.035	≤0.025	25.0～27.0	6.0～8.0	3.00～5.00	≤1.30	0.12～0.22	—
EN 10283:2010（E）	GX2CrNiMoN26－7－4 1.4469	≤0.03	≤1.00	≤1.00	≤0.035	≤0.025	25.00～27.00	6.00～8.00	3.00～5.00	≤1.30	0.12～0.22	—

表 10-41 ZG07Cr19Ni12Mo3 铸钢牌号及化学成分（质量分数）对照 （%）

标准号	牌号 统一数字代号	C	Si	Mn	P	S	Cr	Ni	Mo	Cu	N	其他
GB/T 2100—2017	ZG07Cr19Ni12Mo3	≤0.07	≤1.50	≤1.50	≤0.040	≤0.030	18.00 ~ 20.00	10.00 ~ 13.00	3.00 ~ 3.50	—	—	—
ГОСТ 977—1988	07X19H11M3Л	≤0.07	≤2.00	≤2.00	≤0.040	≤0.040	17.00 ~ 20.00	9.00 ~ 12.00	3.00 ~ 3.50	—	—	—
JIS G5121:2003	SCS 34	≤0.07	≤1.50	≤1.50	≤0.040	≤0.030	17.00 ~ 19.00	9.00 ~ 12.00	3.00 ~ 3.50	—	—	—
ASTM A743/ A743M—2013a	CG8M J93000	≤0.08	≤1.50	≤1.50	≤0.04	≤0.04	18.0 ~ 21.0	9.0 ~ 13.0	3.0 ~ 4.0	—	—	—
ISO 11972:2015（E）	GX5CrNiMo19－11－3 1.4412	≤0.07	≤1.5	≤1.5	≤0.040	≤0.030	18.0 ~ 20.0	10.0 ~ 13.0	3.00 ~ 3.50	—	—	—
EN 10283:2010（E）	GX5CrNiMo19－11－3 1.4412	≤0.07	≤1.50	≤1.50	≤0.040	≤0.030	18.00 ~ 20.00	10.00 ~ 13.00	3.00 ~ 3.50	—	—	—

表 10-42 ZG025Cr20Ni25Mo7Cu1N 铸钢牌号及化学成分（质量分数）对照 （%）

标准号	牌号 统一数字代号	C	Si	Mn	P	S	Cr	Ni	Mo	Cu	N	其他
GB/T 2100—2017	ZG025Cr20Ni25- Mo7Cu1N	≤0.025	≤1.00	≤2.00	≤0.035	≤0.020	19.00 ~ 21.00	24.00 ~ 26.00	6.00 ~ 7.00	0.50 ~ 1.50	0.15 ~ 0.25	—
ASTM A743/ A743M—2013a	CN3MN J94651	≤0.03	≤1.00	≤2.00	≤0.040	≤0.010	20.0 ~ 22.0	23.5 ~ 25.5	6.0 ~ 7.0	≤0.75	0.18 ~ 0.26	—
ISO 11972:2015（E）	GX2NiCrMoCu- N25－20－6 1.4588	≤0.02	≤1.0	≤2.00	≤0.035	≤0.020	19.0 ~ 21.0	24.0 ~ 26.0	6.00 ~ 7.00	0.50 ~ 1.50	0.10 ~ 0.25	—
EN 10283:2010（E）	GX2NiCrMoCu- N25－20－6 1.4588	≤0.025	≤1.00	≤2.00	≤0.035	≤0.020	19.00 ~ 21.00	24.00 ~ 26.00	6.00 ~ 7.00	0.50 ~ 1.50	0.10 ~ 0.25	—

表10-43 ZG025Cr20Ni19Mo7CuN铸钢牌号及化学成分（质量分数）对照 （%）

标准号	牌号 统一数字代号	C	Si	Mn	P	S	Cr	Ni	Mo	Cu	N	其他
GB/T 2100—2017	ZG025Cr20Ni19Mo7CuN	≤0.025	≤1.00	≤1.20	≤0.030	≤0.010	19.50～20.50	17.50～19.50	6.00～7.00	0.50～1.00	0.18～0.24	—
ASTM A743/A743M—2013a	CK3MCuN J93254	≤0.025	≤1.00	≤1.20	≤0.045	≤0.010	19.5～20.5	17.5～19.5	6.0～7.0	0.50～1.00	0.180～0.240	—
ISO 11972:2015（E）	GX2CrNiMoCuN-20-18-6 1.4557	≤0.02	≤1.0	≤1.20	≤0.030	≤0.010	19.5～20.5	17.5～19.5	6.00～7.00	0.50～1.00	0.18～0.24	—
EN 10283:2010（E）	GX2CrNiMoCuN-20-18-6 1.4557	≤0.025	≤1.00	≤1.20	≤0.030	≤0.010	19.50～20.50	17.50～19.50	6.00～7.00	0.50～1.00	0.18～0.24	—

表10-44 ZG03Cr26Ni6Mo3Cu3N铸钢牌号及化学成分（质量分数）对照 （%）

标准号	牌号 统一数字代号	C	Si	Mn	P	S	Cr	Ni	Mo	Cu	N	其他
GB/T 2100—2017	ZG03Cr26Ni6Mo3Cu3N	≤0.03	≤1.00	≤1.50	≤0.035	≤0.025	24.50～26.50	5.00～7.00	2.50～3.50	2.75～3.50	0.12～0.22	—
ГОСТ 977—1988	03Х26Н5Д3М3АЛ	≤0.03	≤2.00	≤2.00	≤0.040	≤0.040	25.00～27.00	4.5～6.0	2.40～3.50	2.50～3.50	0.12～0.25	—
JIS G5121:2003	SCS 32	≤0.03	≤1.00	≤1.50	≤0.035	≤0.025	25.00～27.00	4.50～6.50	2.50～3.50	2.50～3.50	0.12～0.25	—
ISO 11972:2015（E）	GX2CrNiMoCuN25-6-3-3 1.4517	≤0.03	≤1.0	≤1.50	≤0.035	≤0.025	24.5～26.5	5.0～7.0	2.50～3.50	2.75～3.50	0.12～0.22	—
EN 10283:2010（E）	GX2CrNiMoCuN25-6-3-3 1.4517	≤0.03	≤1.00	≤1.50	≤0.035	≤0.025	24.50～26.50	5.00～7.00	2.50～3.50	2.75～3.50	0.12～0.22	—

表 10-45 ZG03Cr26Ni6Mo3Cu1N 铸钢牌号及化学成分（质量分数）对照 （%）

标准号	牌号 统一数字代号	C	Si	Mn	P	S	Cr	Ni	Mo	Cu	N	其他
GB/T 2100—2017	ZG03Cr26Ni6Mo3Cu1N	≤0.03	≤1.00	≤2.00	≤0.030	≤0.020	24.50 ~ 26.50	5.50 ~ 7.00	2.50 ~ 3.50	0.80 ~ 1.30	0.12 ~ 0.25	—
ISO 11972:2015（E）	GX3CrNiMoCuN 26 - 6 - 3 1.4515	≤0.03	≤1.0	≤2.00	≤0.030	≤0.020	24.5 ~ 26.5	5.5 ~ 7.0	2.50 ~ 3.50	0.80 ~ 1.30	0.12 ~ 0.25	—

表 10-46 ZG03Cr26Ni6Mo3N 铸钢牌号及化学成分（质量分数）对照 （%）

标准号	牌号 统一数字代号	C	Si	Mn	P	S	Cr	Ni	Mo	Cu	N	其他
GB/T 2100—2017	ZG03Cr26Ni6Mo3N	≤0.03	≤1.00	≤2.00	≤0.035	≤0.025	24.50 ~ 26.50	5.50 ~ 7.00	2.50 ~ 3.50	—	0.12 ~ 0.25	—
ГОСТ 977—1988	03Х26Н5М3АЛ	≤0.03	≤2.00	≤2.00	≤0.040	≤0.040	25.0 ~ 27.0	4.5 ~ 6.5	2.5 ~ 3.5	—	0.12 ~ 0.25	—
JIS G5121:2003	SCS 33	≤0.03	≤1.00	≤1.50	≤0.035	≤0.025	25.00 ~ 27.00	4.50 ~ 6.50	2.50 ~ 3.50	—	0.12 ~ 0.25	—
ISO 11972:2015（E）	GX2CrNiMoN25 - 6 - 3 1.4468	≤0.03	≤1.0	≤2.0	≤0.035	≤0.025	24.5 ~ 26.5	5.5 ~ 7.0	2.50 ~ 3.50	—	0.12 ~ 0.25	—
EN 10283:2010（E）	GX3CrNiMoN25 - 6 - 3 1.4468	≤0.03	≤1.00	≤2.00	≤0.035	≤0.025	24.50 ~ 26.50	5.50 ~ 7.00	2.50 ~ 3.50	—	0.12 ~ 0.25	—

10.5 一般用途耐热钢和合金铸件牌号及化学成分

一般用途耐热钢和合金铸件牌号及化学成分对照见表 10-47 ~ 表 10-72。

表10-47 ZG30Cr7Si2铸钢牌号及化学成分（质量分数）对照 （%）

标准号	牌号 统一数字代号	C	Si	Mn	P	S	Cr	Ni	Mo	Cu	Nb	其他
GB/T 8492—2014	ZG30Cr7Si2	0.20～0.35	1.0～2.5	0.5～1.0	≤0.04	≤0.04	6～8	≤0.5	≤0.5	—	—	—
ГОСТ 977—1988	30X7C2MЛ	0.20～0.35	1.00～2.50	0.40～0.60	≤0.040	≤0.040	6.00～8.00	≤0.50	≤0.40	—	—	Cu≤0.30
JIS G5122:2003	SCH 4	0.20～0.35	1.00～2.50	0.50～1.00	≤0.040	≤0.040	6.00～8.00	≤0.50	≤0.50	—	—	—
ISO 11973:2015（E）	GX30CrSi7 1.4710	0.20～0.35	1.0～2.5	0.5～1.0	≤0.035	≤0.030	6.0～8.0	≤0.5	≤0.15	—	—	—
EN 10295:2002（E）	GX30CrSi7 1.4710	0.20～0.35	1.00～2.00	0.50～1.00	≤0.035	≤0.030	6.00～8.00	≤0.50	≤0.15	—	—	—

表10-48 ZG40Cr13Si2铸钢牌号及化学成分（质量分数）对照 （%）

标准号	牌号 统一数字代号	C	Si	Mn	P	S	Cr	Ni	Mo	Cu	Nb	其他
GB/T 8492—2014	ZG40Cr13Si2	0.30～0.50	1.0～2.5	0.5～1.0	≤0.04	≤0.03	12～14	≤1	≤0.5	—	—	—
ГОСТ 977—1988	40X13C2Л	0.30～0.50	1.00～2.50	≤1.00	≤0.040	≤0.030	12.0～14.0	≤1.00	≤0.50	—	—	—
JIS G5122:2003	SCH 1X	0.30～0.50	1.00～2.50	0.50～1.00	≤0.040	≤0.030	12.00～14.00	≤1.00	≤0.50	—	—	—
ISO 11973:2015（E）	GX40CrSi13 1.4729	0.30～0.50	1.0～2.5	≤1.0	≤0.040	≤0.030	12.0～14.0	≤0.5	≤0.15	—	—	—
EN 10295:2002（E）	GX40CrSi13 1.4729	0.30～0.50	1.00～2.50	≤1.00	≤0.040	≤0.030	12.00～14.00	≤1.00	≤0.50	—	—	—

表 10-49 ZG40Cr17Si2 铸钢牌号及化学成分（质量分数）对照 （%）

标准号	牌号 统一数字代号	C	Si	Mn	P	S	Cr	Ni	Mo	Cu	Nb	其他
GB/T 8492—2014	ZG40Cr17Si2	0.30～0.50	1.0～2.5	0.5～1.0	≤0.04	≤0.03	16～19	≤1	≤0.5	—	—	—
ГОСТ 977—1988	40Х17С2Л	0.30～0.50	1.00～2.50	≤1.50	≤0.040	≤0.040	16.0～19.0	≤1.00	≤0.50	—	—	—
JIS G5122:2003	SCH 5	0.30～0.50	1.00～2.50	0.50～1.00	≤0.040	≤0.030	16.00～19.00	≤1.00	≤0.50	—	—	—
ISO 11973:2015（E）	GX40CrSi17 1.4740	0.30～0.50	1.0～2.5	≤1.0	≤0.040	≤0.030	16.0～19.0	≤1.0	≤0.50	—	—	—
EN 10295:2002（E）	GX40CrSi17 1.4740	0.30～0.50	1.00～2.50	≤1.00	≤0.040	≤0.030	16.00～19.00	≤1.00	≤0.50	—	—	—

表 10-50 ZG40Cr24Si2 铸钢牌号及化学成分（质量分数）对照 （%）

标准号	牌号 统一数字代号	C	Si	Mn	P	S	Cr	Ni	Mo	Cu	Nb	其他
GB/T 8492—2014	ZG40Cr24Si2	0.30～0.50	1.0～2.5	0.5～1.0	≤0.04	≤0.03	23～26	≤1	≤0.5	—	—	—
ГОСТ 977—1988	40Х25С2Л	0.30～0.50	1.00～2.50	0.50～0.80	≤0.035	≤0.030	23.0～27.0	≤0.50	—	—	—	Cu≤0.30
JIS G5122:2003	SCH 2X1	0.30～0.50	1.00～2.50	0.50～1.00	≤0.040	≤0.030	23.00～26.00	≤1.00	≤0.50	—	—	—
ISO 11973:2015（E）	GX40CrSi24 1.4745	0.30～0.50	1.0～2.5	≤1.0	≤0.040	≤0.030	23.0～26.0	≤1.0	≤0.50	—	—	—
EN 10295:2002（E）	GX40CrSi24 1.4745	0.30～0.50	1.00～2.50	≤1.00	≤0.040	≤0.030	23.00～26.00	≤1.00	≤0.50	—	—	—

表10-51 ZG40Cr28Si2铸钢牌号及化学成分（质量分数）对照 （%）

标准号	牌号 统一数字代号	C	Si	Mn	P	S	Cr	Ni	Mo	Cu	Nb	其他
GB/T 8492—2014	ZG40Cr28Si2	0.30~0.50	1.0~2.5	0.5~1.0	≤0.04	≤0.03	27~30	≤1	≤0.5	—	—	—
ГОСТ 977—1988	40X28C2Л	0.30~0.50	1.00~2.50	0.50~0.80	≤0.035	≤0.030	26.0~30.0	≤0.50	—	—	—	Cu≤0.30
JIS G5122:2003	SCH 2X2	0.30~0.50	1.00~2.50	0.50~1.00	≤0.040	≤0.030	27.00~30.00	≤1.00	≤0.50	—	—	—
ASTM A297/A297M—2017	HC J92605	≤0.50	≤2.00	≤1.00	≤0.04	≤0.04	26.0~30.0	≤4.00	≤0.50	—	—	—
ISO 11973:2015（E）	GX40CrSi28 1.4776	0.30~0.50	1.0~2.5	≤1.0	≤0.040	≤0.030	27.0~30.0	≤1.0	≤0.50	—	—	—
EN 10295:2002（E）	GX40CrSi28 1.4776	0.30~0.50	1.00~2.50	≤1.00	≤0.040	≤0.030	27.00~30.00	≤1.00	≤0.50	—	—	—

表10-52 ZGCr29Si2铸钢牌号及化学成分（质量分数）对照 （%）

标准号	牌号 统一数字代号	C	Si	Mn	P	S	Cr	Ni	Mo	Cu	Nb	其他
GB/T 8492—2014	ZGCr29Si2	1.20~1.40	1.0~2.5	≤1.0	≤0.04	≤0.03	27~30	≤1	≤0.5	—	—	—
ГОСТ 977—1988	130X29C2Л	1.20~1.40	1.00~2.50	0.50~1.00	≤0.040	≤0.040	27.0~30.0	≤1.0	≤0.5	—	—	—
JIS G5122:2003	SCH 6	1.20~1.40	1.00~2.50	0.50~1.00	≤0.040	≤0.030	27.00~30.00	≤1.00	≤0.50	—	—	—
ISO 11973:2015（E）	GX130CrSi29 1.4777	1.20~1.40	1.0~2.5	0.5~1.0	≤0.035	≤0.030	27.0~30.0	≤1.0	≤0.50	—	—	—
EN 10295:2002（E）	GX130CrSi29 1.4777	1.20~1.40	1.00~2.50	0.50~1.00	≤0.035	≤0.030	27.00~30.00	≤1.00	≤0.50	—	—	—

表 10-53 ZG25Cr18Ni9Si2 铸钢牌号及化学成分（质量分数）对照 （%）

标准号	牌号 统一数字代号	C	Si	Mn	P	S	Cr	Ni	Mo	Cu	Nb	其他
GB/T 8492—2014	ZG25Cr18Ni9Si2	0.15 ~ 0.35	1.0 ~ 2.5	≤2.0	≤0.04	≤0.03	17 ~ 19	8 ~ 10	≤0.5	—	—	—
ГОСТ 977—1988	25Х18Н9С2Л	0.15 ~ 0.35	1.00 ~ 2.50	≤2.00	≤0.035	≤0.030	17.0 ~ 20.0	8.0 ~ 11.0	—	—	—	Cu≤0.30
JIS G5122:2003	SCH 31	0.15 ~ 0.35	1.00 ~ 2.50	≤2.00	≤0.040	≤0.030	17.00 ~ 19.00	8.00 ~ 10.00	≤0.50	—	—	—
ASTM A297/A297M—2017	HF J92603	0.20 ~ 0.40	≤2.00	≤2.00	≤0.04	≤0.04	19.0 ~ 23.0	8.0 ~ 12.0	≤0.50	—	—	—
ISO 11973:2015（E）	GX25CrNiSi18 – 9 1.4825	0.15 ~ 0.35	0.5 ~ 2.5	≤2.0	≤0.040	≤0.030	17.0 ~ 19.0	8.0 ~ 10.0	≤0.50	—	—	—
EN 10295:2002（E）	GX25CrNiSi18 – 9 1.4825	0.15 ~ 0.35	0.50 ~ 2.50	≤2.00	≤0.040	≤0.030	17.00 ~ 19.00	8.00 ~ 10.00	≤0.50	—	—	—

表 10-54 ZG25Cr20Ni14Si2 铸钢牌号及化学成分（质量分数）对照 （%）

标准号	牌号 统一数字代号	C	Si	Mn	P	S	Cr	Ni	Mo	Cu	Nb	其他
GB/T 8492—2014	ZG25Cr20Ni14Si2	0.15 ~ 0.35	1.0 ~ 2.5	≤2.0	≤0.04	≤0.03	19 ~ 21	13 ~ 15	≤0.5	—	—	—
ГОСТ 977—1988	25Х20Н14С2Л	≤0.20	2.00 ~ 3.00	≤1.50	≤0.035	≤0.025	19.0 ~ 22.0	12.0 ~ 15.0	—	—	—	Cu≤0.30
JIS G5122:2003	SCH 32	0.15 ~ 0.35	1.00 ~ 2.50	≤2.00	≤0.040	≤0.030	19.00 ~ 21.00	13.00 ~ 15.00	≤0.50	—	—	—
ISO 11973:2015（E）	GX25CrNiSi20 – 14 1.4832	0.15 ~ 0.35	0.5 ~ 2.5	≤2.0	≤0.040	≤0.030	19.0 ~ 21.0	13.0 ~ 15.0	≤0.50	—	—	—
EN 10295:2002（E）	GX25CrNiSi20 – 14 1.4832	0.15 ~ 0.35	0.50 ~ 2.50	≤2.00	≤0.040	≤0.030	19.00 ~ 21.00	13.00 ~ 15.00	≤0.50	—	—	—

表10-55 ZG40Cr22Ni10Si2 铸钢牌号及化学成分（质量分数）对照 （%）

标准号	牌号 统一数字代号	C	Si	Mn	P	S	Cr	Ni	Mo	Cu	Nb	其他
GB/T 8492—2014	ZG40Cr22Ni10Si2	0.30 ~ 0.50	1.0 ~ 2.5	≤2.0	≤0.04	≤0.03	21 ~ 23	9 ~ 11	≤0.5	—	—	—
ГОСТ 977—1988	40Х22Н10С2Л	≤0.40	1.0 ~ 2.50	0.30 ~ 0.80	≤0.035	≤0.030	21.0 ~ 23.0	9.0 ~ 11.0	—	—	—	Cu≤0.30
JIS G5122:2003	SCH 12X	0.30 ~ 0.50	1.00 ~ 2.50	≤2.00	≤0.040	≤0.030	21.00 ~ 23.00	9.00 ~ 11.00	≤0.50	—	—	—
ASTM A297/A297M—2017	HF J92603	0.20 ~ 0.40	≤2.00	≤2.00	≤0.04	≤0.04	19.0 ~ 23.0	8.0 ~ 12.0	≤0.50	—	—	—
ISO 11973:2015（E）	GX40CrNiSi22-10 1.4826	0.30 ~ 0.50	1.0 ~ 2.5	≤2.0	≤0.040	≤0.030	21.0 ~ 23.0	9.0 ~ 11.0	≤0.50	—	—	—
EN 10295:2002（E）	GX25CrNiSi22-10 1.4826	0.30 ~ 0.50	1.00 ~ 2.50	≤2.00	≤0.040	≤0.030	21.00 ~ 23.00	9.00 ~ 11.00	≤0.50	—	—	—

表10-56 ZG40Cr24Ni24Si2Nb1 铸钢牌号及化学成分（质量分数）对照 （%）

标准号	牌号 统一数字代号	C	Si	Mn	P	S	Cr	Ni	Mo	Cu	Nb	其他
GB/T 8492—2014	ZG40Cr24Ni24Si2Nb1	0.25 ~ 0.50	1.0 ~ 2.5	≤2.0	≤0.04	≤0.03	23 ~ 25	23 ~ 25	≤0.5	—	1.2 ~ 1.8	—
ГОСТ 977—1988	40Х24Н24С2Б1Л	0.30 ~ 0.50	1.0 ~ 2.5	≤1.5	≤0.040	≤0.040	23.0 ~ 25.0	23.0 ~ 25.0	≤0.5	—	1.2 ~ 1.8	—
JIS G5122:2003	SCH 33	0.25 ~ 0.50	1.00 ~ 2.50	≤2.00	≤0.040	≤0.030	23.00 ~ 25.00	23.00 ~ 25.00	≤0.50	—	1.20 ~ 1.80	—
ISO 11973:2015（E）	GX40CrNiSiNb24-24 1.4855	0.30 ~ 0.50	1.0 ~ 2.5	≤2.0	≤0.040	≤0.030	23.0 ~ 25.0	23.0 ~ 25.0	≤0.50	—	0.80 ~ 1.80	—
EN 10295:2002（E）	GX40CrNiSiNb24-24 1.4855	0.30 ~ 0.50	1.00 ~ 2.50	≤2.00	≤0.040	≤0.030	23.00 ~ 25.00	23.00 ~ 25.00	≤0.50	—	0.80 ~ 1.80	—

表 10-57 ZG40Cr25Ni12Si2 铸钢牌号及化学成分（质量分数）对照 （%）

标准号	牌号 统一数字代号	C	Si	Mn	P	S	Cr	Ni	Mo	Cu	Nb	其他
GB/T 8492—2014	ZG40Cr25Ni12Si2	0.30～0.50	1.0～2.5	≤2.0	≤0.04	≤0.03	24～27	11～14	≤0.5	—	—	—
ГОСТ 977—1988	40Х24Н12С2Л	≤0.40	1.0～2.5	0.30～0.80	≤0.040	≤0.030	22.0～26.0	11.0～13.0	—	—	—	Cu≤0.30
JIS G5122:2003	SCH 13X	0.30～0.50	1.00～2.50	≤2.00	≤0.040	≤0.030	24.00～27.00	11.00～14.00	≤0.50	—	—	—
ASTM A297/A297M—2017	HH J93503	0.20～0.50	≤2.00	≤2.00	≤0.04	≤0.04	24.0～28.0	11.0～14.0	≤0.50	—	—	—
ISO 11973:2015（E）	GX40CrNiSi25-12 1.4837	0.30～0.50	1.0～2.5	0.5～2.0	≤0.040	≤0.030	24.0～27.0	11.0～14.0	≤0.50	—	—	—
EN 10295:2002（E）	GX40CrNiSi25-12 1.4837	0.30～0.50	1.00～2.50	≤2.00	≤0.040	≤0.030	24.00～27.00	11.00～14.00	≤0.50	—	—	—

表 10-58 ZG40Cr25Ni20Si2 铸钢牌号及化学成分（质量分数）对照 （%）

标准号	牌号 统一数字代号	C	Si	Mn	P	S	Cr	Ni	Mo	Cu	Nb	其他
GB/T 8492—2014	ZG40Cr25Ni20Si2	0.30～0.50	1.0～2.5	≤2.0	≤0.04	≤0.03	24～27	19～22	≤0.5	—	—	—
ГОСТ 977—1988	40Х25Н20С2Л	0.30～0.50	1.0～2.5	≤1.50	≤0.030	≤0.030	24.00～27.00	19.00～21.00	≤0.5	—	—	—
JIS G5122:2003	SCH 22X	0.30～0.50	1.00～2.50	≤2.00	≤0.040	≤0.030	24.00～27.00	19.00～22.00	≤0.50	—	—	—
ASTM A297/A297M—2017	HK J94224	0.20～0.60	≤2.00	≤2.00	≤0.04	≤0.04	24.0～28.0	18.0～22.0	≤0.50	—	—	—
ISO 11973:2015（E）	GX40CrNiSi25-20 1.4848	0.30～0.50	1.0～2.5	≤2.0	≤0.040	≤0.030	24.0～27.0	19.0～22.0	≤0.50	—	—	—
EN 10295:2002（E）	GX40CrNiSi25-20 1.4848	0.30～0.50	1.00～2.50	≤2.00	≤0.040	≤0.030	24.00～27.00	19.00～22.00	≤0.50	—	—	—

表 10-59　ZG40Cr27Ni4Si2 铸钢牌号及化学成分（质量分数）对照　（%）

标准号	牌号 统一数字代号	C	Si	Mn	P	S	Cr	Ni	Mo	Cu	Nb	其他
GB/T 8492—2014	ZG40Cr27Ni4Si2	0.30 ~ 0.50	1.0 ~ 2.5	≤1.5	≤0.04	≤0.03	25 ~ 28	3 ~ 6	≤0.5	—	—	—
ГОСТ 977—1988	40X27H4C2Л	0.30 ~ 0.50	1.0 ~ 2.5	≤1.5	≤0.040	≤0.040	26.00 ~ 28.00	3.0 ~ 5.0	≤0.50	—	—	—
JIS G5122:2003	SCH 11X	0.30 ~ 0.50	1.00 ~ 2.50	≤1.50	≤0.040	≤0.030	25.00 ~ 28.00	3.00 ~ 6.00	≤0.50	—	—	—
ASTM A297/A297M—2017	HD J93005	≤0.50	≤2.00	≤1.50	≤0.04	≤0.04	26.0 ~ 30.0	4.0 ~ 7.0	≤0.50	—	—	—
ISO 11973:2015（E）	GX40CrNiSi27 – 4 1.4823	0.30 ~ 0.50	1.0 ~ 2.5	≤1.5	≤0.040	≤0.030	25.0 ~ 28.0	3.0 ~ 6.0	≤0.50	—	—	—
EN 10295:2002（E）	GX40CrNiSi27 – 4 1.4823	0.30 ~ 0.50	1.00 ~ 2.50	≤1.50	≤0.040	≤0.030	25.00 ~ 28.00	3.00 ~ 6.00	≤0.50	—	—	—

表 10-60　ZG45Cr20Co20Ni20Mo3W3 铸钢牌号及化学成分（质量分数）对照　（%）

标准号	牌号 统一数字代号	C	Si	Mn	P	S	Cr	Ni	Mo	W	其他
GB/T 8492—2014	ZG45Cr20Co20Ni20Mo3W3	0.35 ~ 0.60	≤1.0	≤2.0	≤0.04	≤0.03	19 ~ 22	18 ~ 22	2.5 ~ 3.0	2 ~ 3	Co:18 ~ 22
ГОСТ 977—1988	45X20H20K20M3B3Л	0.35 ~ 0.60	≤1.00	≤1.50	≤0.040	≤0.040	19.00 ~ 22.00	18.0 ~ 22.0	2.5 ~ 3.0	2.0 ~ 3.0	Co:18.0 ~ 22.0
JIS G5122:2003	SCH 41	0.35 ~ 0.60	≤1.00	≤2.00	≤0.040	≤0.030	19.00 ~ 22.00	18.00 ~ 22.00	2.50 ~ 3.00	2.00 ~ 3.00	Co:18.00 ~ 22.00
ISO 11973:2015（E）	GX50NiCrCo20 – 20 – 20 1.4874	0.35 ~ 0.65	≤1.0	≤2.0	≤0.040	≤0.030	19.0 ~ 22.0	18.0 ~ 22.0	2.50 ~ 3.00	2.0 ~ 3.0	Co:18.5 ~ 22.0 Nb:0.75 ~ 1.25
EN 10295:2002（E）	GX50NiCrCo20 – 20 – 20 1.4874	0.35 ~ 0.65	≤1.00	≤2.00	≤0.040	≤0.030	19.00 ~ 22.00	18.00 ~ 22.00	2.50 ~ 3.00	2.00 ~ 3.00	Co:18.50 ~ 22.00 Nb:0.75 ~ 1.25

表 10-61 ZG10Ni31Cr20Nb1 铸钢牌号及化学成分（质量分数）对照 （%）

标准号	牌号 统一数字代号	C	Si	Mn	P	S	Cr	Ni	Mo	Cu	Nb	其他
GB/T 8492—2014	ZG10Ni31Cr20Nb1	0.05 ~ 0.12	≤1.2	≤1.2	≤0.04	≤0.03	19 ~ 23	30 ~ 34	≤0.5	—	0.8 ~ 1.5	—
ГОСТ 977—1988	10Х20Н32Б1Л	≤0.10	≤1.5	≤1.5	≤0.040	≤0.040	19.0 ~ 21.0	30.0 ~ 33.0	≤0.50	—	0.80 ~ 1.50	—
JIS G5122:2003	SCH 34	0.05 ~ 0.12	≤1.20	≤1.20	≤0.040	≤0.030	19.00 ~ 23.00	30.00 ~ 34.00	≤0.50	—	0.80 ~ 1.50	—
ASTM A297/A297M—2017	CT15C N08151	0.05 ~ 0.15	0.15 ~ 1.50	0.15 ~ 1.50	≤0.03	≤0.03	19.0 ~ 21.0	31.0 ~ 34.0	—	—	0.50 ~ 1.50	—
ISO 11973:2015（E）	GX10NiCrSiNb32 - 20 1.4859	0.05 ~ 0.15	0.5 ~ 1.5	≤2.0	≤0.040	≤0.030	19.0 ~ 21.0	31.0 ~ 33.0	≤0.50	—	0.50 ~ 1.50	—
EN 10295:2002（E）	GX10NiCrSiNb32 - 20 1.4859	0.05 ~ 0.15	0.50 ~ 1.50	≤2.00	≤0.040	≤0.030	19.00 ~ 21.00	31.00 ~ 33.00	≤0.50	—	0.50 ~ 1.50	—

表 10-62 ZG40Ni35Cr17Si2 铸钢牌号及化学成分（质量分数）对照 （%）

标准号	牌号 统一数字代号	C	Si	Mn	P	S	Cr	Ni	Mo	Cu	Nb	其他
GB/T 8492—2014	ZG40Ni35Cr17Si2	0.30 ~ 0.50	1.0 ~ 2.5	≤2.0	≤0.04	≤0.03	16 ~ 18	34 ~ 36	≤0.5	—	—	—
JIS G5122:2003	SCH 15X	0.30 ~ 0.50	1.00 ~ 2.50	≤2.00	≤0.040	≤0.030	16.00 ~ 18.00	34.00 ~ 36.00	≤0.50	—	—	—
ASTM A297/A297M—2017	HT N08606	0.35 ~ 0.75	≤2.50	≤2.00	≤0.04	≤0.04	15.0 ~ 19.0	33.0 ~ 37.0	≤0.50	—	—	—
ISO 11973:2015（E）	GX40NiCrSi35 - 17 1.4806	0.30 ~ 0.50	1.0 ~ 2.5	≤2.0	≤0.040	≤0.030	16.0 ~ 18.0	34.0 ~ 36.0	≤0.50	—	—	—
EN 10295:2002（E）	GX40NiCrSi35 - 17 1.4806	0.30 ~ 0.50	1.00 ~ 2.50	≤2.00	≤0.040	≤0.030	16.00 ~ 18.00	34.00 ~ 36.00	≤0.50	—	—	—

表10-63　ZG40Ni35Cr26Si2 铸钢牌号及化学成分（质量分数）对照　（%）

标准号	牌号 统一数字代号	C	Si	Mn	P	S	Cr	Ni	Mo	Cu	Nb	其他
GB/T 8492—2014	ZG40Ni35Cr26Si2	0.30～0.50	1.0～2.5	≤2.0	≤0.04	≤0.03	24～27	33～36	≤0.5	—	—	—
ГОСТ 977—1988	40Х26Н35С2Л	0.30～0.50	1.00～2.50	≤2.00	≤0.040	≤0.040	24.0～27.0	33.0～36.0	≤0.50	—	—	—
JIS G5122:2003	SCH 24X	0.30～0.50	1.00～2.50	≤2.00	≤0.040	≤0.030	24.00～27.00	33.00～36.00	≤0.50	—	—	—
ASTM A297/A297M—2017	HP N08706	0.35～0.75	≤2.50	≤2.00	≤0.04	≤0.04	24～28	33～37	≤0.50	—	—	—
ISO 11973:2015（E）	GX40NiCrSi35-26 1.4857	0.30～0.50	1.0～2.5	≤2.0	≤0.040	≤0.030	24.0～27.0	33.0～36.0	≤0.50	—	—	—
EN 10295:2002（E）	GX40NiCrSi35-26 1.4857	0.30～0.50	1.00～2.50	≤2.00	≤0.040	≤0.030	24.00～27.00	33.00～36.00	≤0.50	—	—	—

表10-64　ZG40Ni35Cr26Si2Nb1 铸钢牌号及化学成分（质量分数）对照　（%）

标准号	牌号 统一数字代号	C	Si	Mn	P	S	Cr	Ni	Mo	Cu	Nb	其他
GB/T 8492—2014	ZG40Ni35Cr26Si2Nb1	0.30～0.50	1.0～2.5	≤2.0	≤0.04	≤0.03	24～27	33～36	≤0.5	—	0.8～1.8	—
ГОСТ 977—1988	40Х26Н35С2Б1Л	0.30～0.50	1.00～2.50	≤2.00	≤0.040	≤0.040	24.0～27.0	33.0～36.0	≤0.50	—	0.80～1.80	—
JIS G5122:2003	SCH 24XNb	0.30～0.50	1.00～2.50	≤2.00	≤0.040	≤0.030	24.00～27.00	33.00～36.00	≤0.50	—	0.80～1.80	—
ISO 11973:2015（E）	GX40NiCrSiNb35-26 1.4852	0.30～0.50	1.0～2.5	≤2.0	≤0.040	≤0.030	24.0～27.0	33.0～36.0	≤0.50	—	0.80～1.80	—
EN 10295:2002（E）	GX40NiCrSiNb35-26 1.4852	0.30～0.50	1.00～2.50	≤2.00	≤0.040	≤0.030	24.00～27.00	33.00～36.00	≤0.50	—	0.80～1.80	—

表 10-65 ZG40Ni38Cr19Si2 铸钢牌号及化学成分（质量分数）对照 （%）

标准号	牌号 统一数字代号	C	Si	Mn	P	S	Cr	Ni	Mo	Cu	Nb	其他
GB/T 8492—2014	ZG40Ni38Cr19Si2	0.30 ~ 0.50	1.0 ~ 2.5	≤2.0	≤0.04	≤0.03	18 ~ 21	36 ~ 39	≤0.5	—	—	—
JIS G5122:2003	SCH 20X	0.30 ~ 0.50	1.00 ~ 2.50	≤2.00	≤0.040	≤0.030	18.00 ~ 21.00	36.00 ~ 39.00	≤0.50	—	—	—
ASTM A297/A297M—2017	HU N08004	0.35 ~ 0.75	≤2.50	≤2.00	≤0.04	≤0.04	17.0 ~ 21.0	37.0 ~ 41.0	≤0.50	—	—	—
ISO 11973:2015（E）	GX40NiCrSi38 - 19 1.4865	0.30 ~ 0.50	1.0 ~ 2.5	≤2.0	≤0.040	≤0.030	18.0 ~ 21.0	36.0 ~ 39.0	≤0.50	—	—	—
EN 10295:2002（E）	GX40NiCrSi38 - 19 1.4865	0.30 ~ 0.50	1.00 ~ 2.50	≤2.00	≤0.040	≤0.030	18.00 ~ 21.00	36.00 ~ 39.00	≤0.50	—	—	—

表 10-66 ZG40Ni38Cr19Si2Nb1 铸钢牌号及化学成分（质量分数）对照 （%）

标准号	牌号 统一数字代号	C	Si	Mn	P	S	Cr	Ni	Mo	Cu	Nb	其他
GB/T 8492—2014	ZG40Ni38Cr19Si2Nb1	0.30 ~ 0.50	1.0 ~ 2.5	≤2.0	≤0.04	≤0.03	18 ~ 21	36 ~ 39	≤0.5	—	1.2 ~ 1.8	—
JIS G5122:2003	SCH 20XNb	0.30 ~ 0.50	1.00 ~ 2.50	≤2.00	≤0.040	≤0.030	18.00 ~ 21.00	36.00 ~ 39.00	≤0.50	—	1.20 ~ 1.80	—
ISO 11973:2015（E）	GX40NiCrSiNb38 - 19 1.4849	0.30 ~ 0.50	1.0 ~ 2.5	≤2.0	≤0.040	≤0.030	18.0 ~ 21.0	36.0 ~ 39.0	≤0.50	—	1.20 ~ 1.80	—
EN 10295:2002（E）	GX40NiCrSiNb38 - 19 1.4849	0.30 ~ 0.50	1.00 ~ 2.50	≤2.00	≤0.040	≤0.030	18.00 ~ 21.00	36.00 ~ 39.00	≤0.50	—	1.20 ~ 1.80	—

表10-67 ZNiCr28Fe17W5Si2C0.4铸钢牌号及化学成分（质量分数）对照 （%）

标准号	牌号 统一数字代号	C	Si	Mn	P	S	Cr	Ni	Fe	N	W	其他
GB/T 8492—2014	ZNiCr28Fe17W5Si2C0.4	0.35～0.55	1.0～2.5	≤1.5	≤0.04	≤0.03	27～30	47～50	—	—	4～6	—
JIS G5122:2003	SCH 42	0.35～0.55	1.00～2.50	≤1.50	≤0.040	≤0.030	27.00～30.00	47.00～50.00	余量	—	4.00～6.00	Mo≤0.50
ISO 11973:2015（E）	G－NiCr28W 2.4879	0.35～0.55	1.0～2.0	≤1.5	≤0.040	≤0.030	27.0～30.0	47.0～50.0	余量	—	4.0～6.0	Mo≤0.50
EN 10295:2002（E）	G－NiCr28W 2.4879	0.35～0.55	1.00～2.00	≤1.50	≤0.040	≤0.030	27.00～30.00	47.00～50.00	余量	—	4.00～6.00	Mo≤0.50

表10-68 ZNiCr50Nb1C0.1铸钢牌号及化学成分（质量分数）对照 （%）

标准号	牌号 统一数字代号	C	Si	Mn	P	S	Cr	Ni	Mo	N	N+C	其他
GB/T 8492—2014	ZNiCr50Nb1C0.1	≤0.10	≤0.50	≤0.50	≤0.02	≤0.02	47～52	余量	≤0.5	≤0.16	≤0.2	Nb:1.4～1.7
JIS G5122:2003	SCH 43	≤0.10	≤0.50	≤0.50	≤0.020	≤0.020	47.00～52.00	余量	≤0.50	≤0.16	≤0.20	Nb:1.40～1.70
ASTM A560/A560M—2018	50Cr－50Ni－Cb R20501	≤0.10	≤0.50	≤0.30	≤0.02	≤0.02	47.0～52.0	余量	Al≤0.25	≤0.16 Fe≤1.00	≤0.20	Nb:1.40～1.70 Ti≤0.50
ISO 11973:2015（E）	G－NiCr50Nb 2.4680	≤0.10	≤1.0	≤1.0	≤0.020	≤0.020	48.0～52.0	余量	≤0.5	≤0.16	Fe≤1.00	Nb:1.00～1.80
EN 10295:2002（E）	G－NiCr50Nb 2.4680	≤0.10	≤1.00	≤0.50	≤0.020	≤0.020	48.0～52.0	余量	≤0.50	≤0.16	Fe≤1.00	Nb:1.00～1.80

表 10-69 ZNiCr19Fe18Si1C0.5 铸钢牌号及化学成分（质量分数）对照 （%）

标准号	牌号 统一数字代号	C	Si	Mn	P	S	Cr	Ni	Mo	Fe	其他
GB/T 8492—2014	ZNiCr19Fe18Si1C0.5	0.40～0.60	0.5～2.0	≤1.5	≤0.04	≤0.03	16～21	50～55	≤0.5	—	—
JIS G5122:2003	SCH 44	0.40～0.60	0.50～2.00	≤1.50	≤0.040	≤0.030	16.00～21.00	50.00～55.00	≤0.50	—	—
ISO 11973:2015（E）	G－NiCr19 2.4687	0.40～0.60	0.5～2.0	≤1.5	≤0.040	≤0.030	16.0～21.0	50.0～55.0	≤0.50	—	—

表 10-70 ZNiFe18Cr15Si1C0.5 铸钢牌号及化学成分（质量分数）对照 （%）

标准号	牌号 统一数字代号	C	Si	Mn	P	S	Cr	Ni	Mo	Fe	其他
GB/T 8492—2014	ZNiFe18Cr15Si1C0.5	0.35～0.65	≤2.0	≤1.3	≤0.04	≤0.03	13～19	64～69	—	—	—
JIS G5122:2003	SCH 45	0.35～0.65	≤2.00	≤1.30	≤0.040	≤0.030	13.00～19.00	64.00～69.00	≤0.50	—	—
ASTM A297/A297M—2017	HX N08006	0.35～0.75	≤2.50	≤2.00	≤0.04	≤0.04	15.0～19.0	64.0～68.0	≤0.50	—	—
ISO 11973:2015（E）	G－NiCr15 2.4815	0.35～0.65	≤2.0	≤1.3	≤0.040	≤0.030	13.0～19.0	64.0～69.0	—	—	—
EN 10295:2002（E）	G－NiCr15 2.4815	0.35～0.65	1.00～2.50	≤2.00	≤0.040	≤0.030	12.00～18.00	58.00～66.00	≤1.00	余量	—

表 10-71 ZNiCr25Fe20Co15W5Si1C0.46 铸钢牌号及化学成分（质量分数）对照 （%）

标准号	牌号 统一数字代号	C	Si	Mn	P	S	Cr	Ni	Co	其他
GB/T 8492—2014	ZNiCr25Fe20Co15W5Si1C0.46	0.44～0.48	1.0～2.0	≤2.0	≤0.04	≤0.03	24～26	33～37	14～16	W:4～6

JIS G5122:2003	SCH 46	0.44 ~ 0.48	1.00 ~ 2.00	≤2.00	≤0.040	≤0.030	24.00 ~ 26.00	33.00 ~ 37.00	14.00 ~ 16.00	W:4.00 ~ 6.00 Mo≤0.50
ISO 11973:2015(E)	GX50NiCrCoW35 - 25 - 15 - 5 1.4869	0.45 ~ 0.55	1.0 ~ 2.0	≤1.0	≤0.040	≤0.030	24.0 ~ 26.0	33.0 ~ 37.0	14.0 ~ 16.0	W:4.0 ~ 6.0

表10-72 ZCoCr28Fe18C0.3 铸钢牌号及化学成分（质量分数）对照 （%）

标准号	牌号 统一数字代号	C	Si	Mn	P	S	Cr	Co	Ni	Mo	其他
GB/T 8492—2014	ZCoCr28Fe18C0.3	≤0.50	≤1.0	≤1.0	≤0.04	≤0.03	25 ~ 30	48 ~ 52	≤1	≤0.5	Fe≤20
JIS G5122:2003	SCH 47	≤0.50	≤1.00	≤1.00	≤0.040	≤0.030	25.00 ~ 30.00	48.00 ~ 52.00	≤1.00	≤0.50	Fe≤20.0
ISO 11973:2015 (E)	G - CoCr28 2.4778	0.05 ~ 0.25	0.5 ~ 1.5	≤1.5	≤0.040	≤0.030	27.0 ~ 30.0	48.0 ~ 52.0	≤4.0	≤0.50	Fe 余量
EN 10295:2002 (E)	G - CoCr28 2.4778	0.05 ~ 0.25	0.50 ~ 1.00	≤1.50	≤0.040	≤0.030	27.00 ~ 30.00	48.00 ~ 52.00	≤4.00	≤0.50	Fe 余量 Nb≤0.50

10.6 奥氏体锰钢铸件牌号及化学成分

奥氏体锰钢铸件牌号及化学成分对照见表10-73 ~ 表10-82。

表10-73 ZG120Mn7Mo1 铸钢牌号及化学成分（质量分数）对照 （%）

标准号	牌号 统一数字代号	C	Si	Mn	P	S	Cr	Mo	Ni	W
GB/T 5680—2010	ZG120Mn7Mo1	1.05～1.35	0.3～0.9	6～8	≤0.060	≤0.040	—	0.9～1.2	—	—
ГОСТ 977—1988	110Г7МЛ	0.90～1.50	0.30～1.00	6.0～8.0	≤0.120	≤0.050	≤1.00	0.9～1.2	—	—
JIS G5131:2008	GX120MnMo7-1 （SCMnH31）	1.05～1.35	0.3～0.9	6～8	≤0.060	≤0.045	—	0.9～1.2	—	—
ASTM A128/A128M—2017	F J91340	1.05～1.35	≤1.00	6.0～8.0	≤0.07	—	—	0.9～1.2	—	—
ISO 13521:2015（E）	GX120MnMo7-1 1.3415	1.05～1.35	0.3～0.9	6.0～8.0	≤0.060	≤0.045	—	0.9～1.2	—	—

表10-74 ZG110Mn13Mo1 铸钢牌号及化学成分（质量分数）对照 （%）

标准号	牌号 统一数字代号	C	Si	Mn	P	S	Cr	Mo	Ni	W
GB/T 5680—2010	ZG110Mn13Mo1	0.75～1.35	0.3～0.9	11～14	≤0.060	≤0.040	—	0.9～1.2	—	—
ГОСТ 977—1988	110Г13МЛ	0.90～1.35	0.30～1.00	11.5～15.0	≤0.120	≤0.050	≤1.00	0.9～1.2	—	—
JIS G5131:2008	GX110MnMo13-1 （SCMnH32）	0.75～1.35	0.3～0.9	11～14	≤0.060	≤0.045	—	0.9～1.2	—	—
ASTM A128/A128M—2017	E-1	0.7～1.3	≤1.00	11.5 14.0	≤0.07	—	—	0.9～1.2	—	—
ISO 13521:2015（E）	GX110MnMo13-1 1.3416	0.75～1.35	0.3～0.9	11.0～14.0	≤0.060	≤0.045	—	0.9～1.2	—	—

表10-75 ZG100Mn13铸钢牌号及化学成分（质量分数）对照 （%）

标准号	牌号 统一数字代号	C	Si	Mn	P	S	Cr	Mo	Ni	W
GB/T 5680—2010	ZG100Mn13	0.90～1.05	0.3～0.9	11～14	≤0.060	≤0.040	—	—	—	—
ГОСТ 977—1988	110Г13Л	0.90～1.50	0.30～1.00	11.5～15.0	≤0.120	≤0.050	≤1.00	≤1.00	—	—
JIS G5131:2008	GX100Mn13 (SCMnH2X1)	0.90～1.05	0.3～0.9	11～14	≤0.060	≤0.045	—	—	—	—
ASTM A128/A128M—2017	B-1	0.9～1.05	≤1.00	11.5 14.0	≤0.07	—	—	—	—	—
ISO 13521:2015（E）	GX100Mn13 1.3406	0.90～1.05	0.3～0.9	11.0～14.0	≤0.060	≤0.045	—	—	—	—

表10-76 ZG120Mn13铸钢牌号及化学成分（质量分数）对照 （%）

标准号	牌号 统一数字代号	C	Si	Mn	P	S	Cr	Mo	Ni	W
GB/T 5680—2010	ZG120Mn13	1.05～1.35	0.3～0.9	11～14	≤0.060	≤0.040	—	—	—	—
ГОСТ 977—1988	110Г13Л	0.90～1.50	0.30～1.00	11.5～15.0	≤0.120	≤0.050	≤1.00	≤1.00	—	—
JIS G5131:2008	GX120Mn13 (SCMnH2X2)	1.05～1.35	0.3～0.9	11～14	≤0.060	≤0.045	—	—	—	—
ASTM A128/A128M—2017	B-3	1.12～1.28	≤1.00	11.5 14.0	≤0.07	—	—	—	—	—
ISO 13521:2015（E）	GX120Mn13 1.3802	1.05～1.35	0.3～0.9	11.0～14.0	≤0.060	≤0.045	—	—	—	—

表 10-77 ZG120Mn13Cr2 铸钢牌号及化学成分（质量分数）对照 （%）

标准号	牌号 统一数字代号	C	Si	Mn	P	S	Cr	Mo	Ni	W
GB/T 5680—2010	ZG120Mn13Cr2	1.05 ~ 1.35	0.3 ~ 0.9	11 ~ 14	≤0.060	≤0.040	1.5 ~ 2.5	—	—	—
ГОСТ 977—1988	110Г13Х2БРЛ	0.90 ~ 1.50	0.30 ~ 1.00	11.5 ~ 15.0	≤0.120	≤0.050	1.0 ~ 2.0	Nb：0.08 ~ 0.12	B：0.001 ~ 0.006	—
JIS G5131：2008	GX120MnCr13 - 2 （SCMnH11X）	1.05 ~ 1.35	0.3 ~ 0.9	11 ~ 14	≤0.060	≤0.045	1.5 ~ 2.5	—	—	—
ASTM A128/A128M—2017	C	1.05 ~ 1.35	≤1.00	11.5 14.0	≤0.07	—	1.5 ~ 2.5	—	—	—
ISO 13521：2015（E）	GX120MnCr13 - 2 1.3410	1.05 ~ 1.35	0.3 ~ 0.9	11.0 ~ 14.0	≤0.060	≤0.045	1.5 ~ 2.5	—	—	—

表 10-78 ZG120Mn13W1 铸钢牌号及化学成分（质量分数）对照 （%）

标准号	牌号 统一数字代号	C	Si	Mn	P	S	Cr	Mo	Ni	W
GB/T 5680—2010	ZG120Mn13W1	1.05 ~ 1.35	0.3 ~ 0.9	11 ~ 14	≤0.060	≤0.040	—	—	—	0.9 ~ 1.2
ГОСТ 977—1988	110Г13В1Л	0.90 ~ 1.50	0.30 ~ 1.00	11.5 ~ 15.0	≤0.120	≤0.050	≤1.00	—	—	0.90 ~ 1.2

表 10-79 ZG120Mn13Ni3 铸钢牌号及化学成分（质量分数）对照 （%）

标准号	牌号 统一数字代号	C	Si	Mn	P	S	Cr	Mo	Ni	W
GB/T 5680—2010	ZG120Mn13Ni3	1.05 ~ 1.35	0.3 ~ 0.9	11 ~ 14	≤0.060	≤0.040	—	—	3 ~ 4	—
ГОСТ 977—1988	110Г13Н3Л	0.90 ~ 1.50	0.30 ~ 1.00	11.5 ~ 15.0	≤0.120	≤0.050	≤1.00	—	3.0 ~ 4.0	—

JIS G5131:2008	GX120MnNi13－3 (SCMnH41)	1.05～1.35	0.3～0.9	11～14	≤0.060	≤0.045	—	—	3～4	—
ASTM A128/A128M—2017	D	0.7～1.3	≤1.00	11.5 14.0	≤0.07	—	—	—	3.0～4.0	—
ISO 13521:2015 (E)	GX120MnNi13－3 1.3425	1.05～1.35	0.3～0.9	11.0～14.0	≤0.060	≤0.045	—	—	3.0～4.0	—

表10-80 ZG90Mn14Mo1铸钢牌号及化学成分（质量分数）对照 （%）

标准号	牌号 统一数字代号	C	Si	Mn	P	S	Cr	Mo	Ni	W
GB/T 5680—2010	ZG90Mn14Mo1	0.70～1.00	0.3～0.6	13～15	≤0.070	≤0.040	—	1.0～1.8	—	—
JIS G5131:2008	GX90MnMo14 (SCMnH33)	0.70～1.00	0.3～0.6	13～15	≤0.070	≤0.045	—	1.0～1.8	—	—
ISO 13521:2015 (E)	GX90MnMo14 1.3417	0.70～1.00	0.3～0.6	13.0～15.0	≤0.070	≤0.045	—	1.0～1.8	—	—

表10-81 ZG120Mn17铸钢牌号及化学成分（质量分数）对照 （%）

标准号	牌号 统一数字代号	C	Si	Mn	P	S	Cr	Mo	Ni	W
GB/T 5680—2010	ZG120Mn17	1.05～1.35	0.3～0.9	16～19	≤0.060	≤0.040	—	—	—	—
JIS G5131:2008	GX120Mn17 (SCMnH4)	1.05～1.35	0.3～0.9	16～19	≤0.060	≤0.045	—	—	—	—
ISO 13521:2015 (E)	GX120Mn18 1.3407	1.05～1.35	0.3～0.9	16.0～19.0	≤0.060	≤0.045	—	—	—	—

表 10-82 ZG120Mn17Cr2 铸钢牌号及化学成分（质量分数）对照 （%）

标准号	牌号 统一数字代号	C	Si	Mn	P	S	Cr	Mo	Ni	W
GB/T 5680—2010	ZG120Mn17Cr2	1.05 ~ 1.35	0.3 ~ 0.9	16 ~ 19	≤0.060	≤0.040	1.5 ~ 2.5	—	—	—
JIS G5131:2008	GX120MnCr17 - 2 （SCMnH12）	1.05 ~ 1.35	0.3 ~ 0.9	16 ~ 19	≤0.060	≤0.045	1.5 ~ 2.5	—	—	—
ISO 13521:2015（E）	GX120MnCr18 - 2 1.3411	1.05 ~ 1.35	0.3 ~ 0.9	16.0 ~ 19.0	≤0.060	≤0.045	1.5 ~ 2.5	—	—	—

第 11 章　中外铸铁牌号及化学成分

11.1　灰铸铁牌号

灰铸铁件牌号对照见表 11-1。

表 11-1　灰铸铁件牌号对照

GB/T 9439—2010	ГОСТ 1412—1985	JIS G5501:1995	ASTM A48/A48M—2016	ISO 185:2005（E）	EN 1561:2011（E）
HT100	СЧ10	FC100	No60	ISO 185/JL/100	EN - GJL - 100 5.1100
HT150	СЧ15	FC150	No150	ISO 185/JL/150	EN - GJL - 150 5.1200
HT200	СЧ20	FC200	No200	ISO 185/JL/200	EN - GJL - 200 5.1300
HT225	СЧ23	—	No225	ISO 185/JL/225	—
HT250	СЧ25	FC250	No250	ISO 185/JL/250	EN - GJL - 250 5.1301
HT275	СЧ28	—	No275	ISO 185/JL/275	—
HT300	СЧ30	FC300	No300	ISO 185/JL/300	EN - GJL - 300 5.1302
HT350	СЧ35	FC350	No350	ISO 185/JL/350	EN - GJL - 350 5.1303

注：欧洲标准（EN）中第 2 行为数字牌号。

11.2　球墨铸铁牌号

球墨铸铁件牌号对照见表11-2。

表 11-2　球墨铸铁件牌号对照

GB/T 1348—2009	ГОСТ 7293—1985	JIS G5502:2001	ASTM A536/A536M—2014	ISO 1083:2018（E）	EN 1563:2016（D）
QT350-22AL	ВЧ35	FCD 350-22L	—	ISO1083/JS/350-22LT	EN-GJS-350-22-LT 5.3100
QT350-22AR	ВЧ35	—	—	ISO1083/JS/350-22RT	EN-GJS-350-22-RT 5.3101
QT350-22A	ВЧ35	FCD 350-22	—	ISO1083/JS/350-22	EN-GJS-350-22 5.3102
QT400-18AL	ВЧ40	FCD 400-18L	—	ISO1083/JS/400-18LT	EN-GJS-400-18-LT 5.3103
QT400-18AR	ВЧ40	—	—	ISO1083/JS/400-18RT	EN-GJS-400-18-RT 5.3104
QT400-18A	ВЧ40	FCD 400-18	60-40-18	ISO1083/JS/400-18	EN-GJS-400-18 5.3105
QT400-15A	ВЧ40	FCD 400-15	—	ISO1083/JS/400-15	EN-GJS-400-15 5.3106
QT450-10A	ВЧ45	FCD 450-10	65-45-12	ISO1083/JS/450-10	EN-GJS-450-10 5.3107
QT500-7A	ВЧ50	FCD 500-7	—	ISO1083/JS/500-7	EN-GJS-500-7 5.3200
QT550-5A	ВЧ55	—	80-55-06	ISO1083/JS/550-5	—
QT600-3A	ВЧ60	FCD 600-3	—	ISO1083/JS/600-3	EN-GJS-600-3 5.3201

QT700-2A	ВЧ70	FCD 700-2	100-70-03	ISO1083/JS/700-2	EN-GJS-700-2 5.3300
QT800-2A	ВЧ80	FCD 800-2	—	ISO1083/JS/800-2	EN-GJS-800-2 5.3301
QT900-2A	ВЧ100	—	120-90-02	ISO1083/JS/900-2	EN-GJS-900-2 5.3302

注：欧洲标准（EN）中第2行为数字牌号。

11.3 可锻铸铁牌号

1. 黑心可锻铸铁和珠光体可锻铸铁牌号

黑心可锻铸铁和珠光体可锻铸铁牌号对照见表11-3。

表11-3 黑心可锻铸铁和珠光体可锻铸铁牌号对照

GB/T 9440—2010	ГОСТ 1215—1979	JIS G5705:2000	ASTM A47/A47M—2014 ASTM A220/A220M—2014	ISO 5922:2013（E）	EN 1562:2012（D）
KTH 275-05	KЧ28-05	FCMB27-05	—	JMB/275-5	—
KTH 300-06	KЧ30-06	FCMB30-06	—	JMB/300-6	EN-GJMB-300-6 5.4100
KTH 330-08	KЧ33-08	FCMB31-08	22010	—	—
KTH 350-10	KЧ35-10	FCMB35-10	32510	JMB/350-10	EN-GJMB-350-10 4.5101

（续）

GB/T 9440—2010	ГОСТ 1215—1979	JIS G5705:2000	ASTM A47/A47M—2014 ASTM A220/A220M—2014	ISO 5922:2013（E）	EN 1562:2012（D）
KTH 370－12	КЧ37－12	—	—	—	—
KTZ 450－06	КЧ45－06	FCMP45－06	45006	JMB/450－6	EN－GJMB－450－6 5.4205
KTZ 500－05	КЧ50－05	FCMP50－05	50005	JMB/500－5	EN－GJMB－500－5 5.4206
KTZ 550－04	КЧ55－04	FCMP55－04	—	JMB/550－4	EN－GJMB－550－4 5.4207
KTZ 600－03	КЧ60－03	FCMP60－03	60004	JMB/600－3	EN－GJMB－600－3 5.4208
KTZ 650－02	КЧ65－02	FCMP65－02	—	JMB/650－2	EN－GJMB－650－2 5.4300
KTZ 700－02	КЧ70－02	FCMP70－02	70003	JMB/700－2	EN－GJMB－700－2 5.4301
KTZ 800－01	КЧ80－01	FCMP80－01	80002	JMB/800－1	EN－GJMB－800－1 5.4302

注：欧洲标准（EN）中第2行为数字牌号。

2. 白心可锻铸铁牌号

白心可锻铸铁牌号对照见表11-4。

表11-4 白心可锻铸铁牌号对照

GB/T 9440—2010	JIS G5705:2000	ISO 5922:2013（E）	EN 1562:2012（D）
KTB 350－04	FCMW35－04	ISO 5922/JMW/350－4	EN－GJMW－350－4 5.4200

KTB 360 - 12	FCMW38 - 12	ISO 5922/JMW/360 - 12	EN - GJMW - 360 - 12 5.4201
KTB 400 - 05	FCMW40 - 05	ISO 5922/JMW/400 - 5	EN - GJMW - 400 - 5 5.4202
KTB 450 - 07	FCMW45 - 07	ISO 5922/JMW/450 - 7	EN - GJMW - 450 - 7 5.4203
KTB 550 - 04	—	ISO 5922/JMW/550 - 4	EN - GJMW - 550 - 4 5.4204

注：欧洲标准（EN）中第 2 行为数字牌号。

11.4　耐热铸铁牌号及化学成分

耐热铸铁件牌号及化学成分对照见表 11-5 ~ 表 11-15。

表 11-5　HTRCr 耐热铸铁牌号及化学成分（质量分数）对照　（%）

标准号	铸铁牌号	C	Si	Mn	P	S	Cr	Al	Mo	Mg
				≤						
GB/T 9437—2009	HTRCr	3.0 ~ 3.8	1.5 ~ 2.5	1.0	0.10	0.08	0.50 ~ 1.00	—	—	—
ГОСТ 7769—1982	ЧХ1	3.0 ~ 3.8	1.5 ~ 2.0	1.0	0.30	0.12	0.40 ~ 1.00	—	—	—

表 11-6 HTRCr2 耐热铸铁牌号及化学成分（质量分数）对照 （%）

标准号	铸铁牌号	C	Si	Mn	P	S	Cr	Al	Mo	Mg
				≤						
GB/T 9437—2009	HTRCr2	3.0~3.8	2.0~3.0	1.0	0.10	0.08	1.00~2.00	—	—	—
ГОСТ 7769—1982	ЧХ2	3.0~3.8	2.0~3.0	1.0	0.30	0.12	1.00~2.00	—	—	—

表 11-7 HTRCr16 耐热铸铁牌号及化学成分（质量分数）对照 （%）

标准号	铸铁牌号	C	Si	Mn	P	S	Cr	Al	Mo	Mg
				≤						
GB/T 9437—2009	HTRCr16	1.6~2.4	1.5~2.2	1.0	0.10	0.05	15.00~18.00	—	—	—
ГОСТ 7769—1982	ЧХ16	1.6~2.4	1.5~2.2	1.0	0.10	0.05	13.00~19.00	—	—	—

表 11-8 HTRSi5 耐热铸铁牌号及化学成分（质量分数）对照 （%）

标准号	铸铁牌号	C	Si	Mn	P	S	Cr	Al	Mo	Mg
				≤						
GB/T 9437—2009	HTRSi5	2.4~3.2	4.5~5.5	0.8	0.10	0.08	0.5~1.00	—	—	—
ГОСТ 7769—1982	ЧС5	2.5~3.2	4.5~6.0	0.8	0.20	0.12	0.5~1.0	—	—	—

表 11-9 HTRSi4 耐热铸铁牌号及化学成分（质量分数）对照 （%）

标准号	铸铁牌号	C	Si	Mn	P	S	Cr	Al	Mo	Mg
				≤						
GB/T 9437—2009	HTRSi4	2.4~3.2	3.5~4.5	0.7	0.07	0.015	—	—	—	—
ГОСТ 7769—1982	ЧС4	2.5~3.2	3.5~4.5	0.8	0.20	0.12	0.5~1.0	—	—	—

表 11-10 HTRSi4Mo 耐热铸铁牌号及化学成分（质量分数） （%）

标准号	铸铁牌号	C	Si	Mn	P	S	Cr	Al	Mo	Mg
				≤						
GB/T 9437—2009	HTRSi4Mo	2.7~3.5	3.5~4.5	0.5	0.07	0.015	—	—	0.5~0.9	—

表 11-11 HTRSi4Mo1 耐热铸铁牌号及化学成分（质量分数） （%）

标准号	铸铁牌号	C	Si	Mn	P	S	Cr	Al	Mo	Mg
				≤						
GB/T 9437—2009	HTRSi4Mo1	2.7~3.5	4.0~4.5	0.3	0.05	0.015	—	—	1.0~1.5	0.01~0.05

表 11-12 QTRSi5 耐热铸铁牌号及化学成分（质量分数）对照 （%）

标准号	铸铁牌号	C	Si	Mn	P	S	Cr	Al	Mo	Mg
				≤						
GB/T 9437—2009	QTRSi5	2.4~3.2	4.5~5.5	0.7	0.07	0.015	—	—	—	—
ГОСТ 7769—1982	ЧС5Ш	2.7~3.3	4.5~5.5	0.8	0.10	0.03	—	0.1~0.3	—	—

表 11-13 QTRAl4Si4 耐热铸铁牌号及化学成分（质量分数）对照 （%）

标准号	铸铁牌号	C	Si	Mn	P	S	Cr	Al	Mo	Mg
				≤						
GB/T 9437—2009	QTRAl4Si4	2.5~3.0	3.5~4.5	0.5	0.07	0.015	—	4.0~5.0	—	—
ГОСТ 7769—1982	ЧЮ4С4	1.8~2.4	3.5~4.5	0.8	0.30	0.12	—	4.0~5.0	—	—

表 11-14 QTRAl5Si5 耐热铸铁牌号及化学成分（质量分数）对照 （%）

标准号	铸铁牌号	C	Si	Mn	P	S	Cr	Al	Mo	Mg
				≤						
GB/T 9437—2009	QTRAl5Si5	2.3～2.8	4.5～5.2	0.5	0.07	0.015	—	5.0～5.8	—	—
ГОСТ 7769—1982	ЧЮ6С5	1.8～2.4	4.5～6.0	0.8	0.30	0.12	—	5.5～7.0	—	—

表 11-15 QTRAl22 耐热铸铁牌号及化学成分（质量分数）对照 （%）

标准号	铸铁牌号	C	Si	Mn	P	S	Cr	Al	Mo	Mg
				≤						
GB/T 9437—2009	QTRAl22	1.6～2.2	1.0～2.0	0.7	0.07	0.015	—	20.0～24.0	—	—
ГОСТ 7769—1982	ЧЮ22Ш	1.6～2.5	1.0～2.0	0.8	0.20	0.03	—	19.0～25.0	—	—

11.5 高硅耐蚀铸铁牌号及化学成分

高硅耐蚀铸铁件牌号及化学成分对照见表 11-16～表 11-19。

表 11-16 HTSSi11Cu2CrR 高硅耐蚀铸铁件牌号及化学成分（质量分数）对照 （%）

标准号	铸铁牌号	C	Si	Mn	P	S	Cr	Mo	Cu	RE 残留量 ≤
				≤						
GB/T 8491—2009	HTSSi11Cu2CrR	≤1.20	10.00～12.00	0.50	0.10	0.10	0.60～0.80	—	1.80～2.20	0.10
ГОСТ 7769—1982	ЧС11Д2Х	0.60～1.40	10.00～12.00	0.80	0.10	0.07	0.60～0.80	—	1.80～2.20	—

表 11-17 HTSSi15R 高硅耐蚀铸铁件牌号及化学成分（质量分数）对照 （%）

标准号	铸铁牌号	C	Si	Mn	P	S	Cr	Mo	Cu	RE 残留量
				≤						≤
GB/T 8491—2009	HTSSi15R	0.65～1.10	14.20～14.75	1.50	0.10	0.10	≤0.50	≤0.50	≤0.50	0.10
ГОСТ 7769—1982	ЧС15	0.50～0.90	14.00～16.00	0.80	0.10	0.07	—	—	—	—
ASTM A/518/A518M—2012	Grade 1	0.65～1.10	14.20～14.75	1.50	—	—	≤0.50	≤0.50	≤0.50	—

表 11-18 HTSSi15Cr4MoR 高硅耐蚀铸铁件牌号及化学成分（质量分数）对照 （%）

标准号	铸铁牌号	C	Si	Mn	P	S	Cr	Mo	Cu	RE 残留量
				≤						≤
GB/T 8491—2009	HTSSi15Cr4MoR	0.75～1.15	14.20～14.75	1.50	0.10	0.10	3.25～5.00	0.40～0.60	≤0.50	0.10
ГОСТ 7769—1982	ЧС15Х4М	0.50～0.90	14.00～16.00	0.80	0.10	0.10	3.00～5.00	0.40～0.60	—	—
ASTM A/518/A518M—2012	Grade 2	0.75～1.15	14.20～14.75	1.50	—	—	3.25～5.00	0.40～0.60	≤0.50	—

表 11-19 HTSSi15Cr4R 高硅耐蚀铸铁件牌号及化学成分（质量分数）对照 （%）

标准号	铸铁牌号	C	Si	Mn	P	S	Cr	Mo	Cu	RE 残留量
				≤						≤
GB/T 8491—2009	HTSSi15Cr4R	0.70～1.10	14.20～14.75	1.50	0.10	0.10	3.25～5.00	≤0.20	≤0.50	0.10
ГОСТ 7769—1982	ЧС15Х4	0.70～1.10	14.00～16.00	0.80	0.10	0.07	3.00～5.00	—	—	—

（续）

标准号	铸铁牌号	C	Si	Mn	P	S	Cr	Mo	Cu	RE残留量
					≤					≤
ASTM A/518/A518M—2012	Grade 3	0.70 ~ 1.10	14.20 ~ 14.75	1.50	—	—	3.25 ~ 5.00	≤0.20	≤0.50	—

11.6 抗磨白口铸铁牌号及化学成分

抗磨白口铸铁件牌号及化学成分对照见表11-20 ~ 表11-29。

表11-20 BTMNi4Cr2 - DT 抗磨白口铸铁件牌号及化学成分（质量分数）对照 （%）

标准号	铸铁牌号	C	Si	Mn	P	S	Mo	Cu	Cr	Ni
				≤						
GB/T 8263—2010	BTMNi4Cr2 - DT	2.4 ~ 3.0	≤0.8	2.0	0.10	0.10	1.0	—	1.5 ~ 3.0	3.3 ~ 5.0
ГОСТ 7769—1982	ЧН4Х2	2.4 ~ 3.0	0.7 ~ 1.5	1.0	0.30	0.12	1.0	—	2.0 ~ 3.0	3.3 ~ 5.0
ASTM A532/A532M—2014	Ⅰ B Ni - Cr - Lc	2.4 ~ 3.0	≤0.8	2.0	0.3	0.15	1.0	—	1.4 ~ 4.0	3.3 ~ 5.0

注：“DT”为“低碳”汉语拼音的首个大写字母。

表11-21　BTMNi4Cr2 – GT 抗磨白口铸铁件牌号及化学成分（质量分数）对照　（%）

标准号	铸铁牌号	C	Si	Mn	P	S	Mo	Cu	Cr	Ni
				≤						
GB/T 8263—2010	BTMNi4Cr2 – GT	3.0 ~ 3.6	≤0.8	2.0	0.10	0.10	1.0	—	1.5 ~ 3.0	3.3 ~ 5.0
ГОСТ 7769—1982	АЧС – 2 ЧН4Х2	3.0 ~ 3.6	0.2 ~ 0.8	0.3 ~ 0.7	0.15	0.12	1.0	—	2.0 ~ 3.0	3.3 ~ 5.0
ASTM A532/A532M—2014	Ⅰ A Ni – Cr – Hc	2.8 ~ 3.6	≤0.8	2.0	0.3	0.15	1.0	—	1.4 ~ 4.0	3.3 ~ 5.0

注：“GT”为“高碳”汉语拼音的首个大写字母。

表11-22　BTMCr9Ni5 抗磨白口铸铁件牌号及化学成分（质量分数）对照　（%）

标准号	铸铁牌号	C	Si	Mn	P	S	Mo	Cu	Cr	Ni
				≤						
GB/T 8263—2010	BTMCr9Ni5	2.5 ~ 3.6	1.5 ~ 2.2	2.0	0.06	0.06	1.0	—	8.0 ~ 10.0	4.5 ~ 7.0
ГОСТ 7769—1982	ЧХ9Н5	2.8 ~ 3.6	1.2 ~ 2.0	0.5 ~ 1.5	0.10	0.06	—	—	8.0 ~ 9.5	4.6 ~ 6.0
ASTM A532/A532M—2014	Ⅰ D Ni – HiCr	2.5 ~ 3.6	≤2.0	2.0	0.10	0.15	1.5	—	7.0 ~ 11.0	4.5 ~ 7.0

表 11-23 BTMCr2 抗磨白口铸铁件牌号及化学成分（质量分数）对照 （%）

标准号	铸铁牌号	C	Si	Mn	P	S	Mo	Cu	Cr	Ni
				≤						
GB/T 8263—2010	BTMCr2	2.1～3.6	≤1.5	2.0	0.10	0.10	—	—	1.0～3.0	—
ГОСТ 7769—1982	ЧХ2	3.0～3.8	2.0～3.0	1.0	0.30	0.12	—	—	1.0～2.0	—
ASTM A532/A532M—2014	Ⅰ C Ni-Cr-GB	2.5～3.7	≤0.8	2.0	0.3	0.15	—	—	1.0～2.5	≤4.0

表 11-24 BTMCr8 抗磨白口铸铁件牌号及化学成分（质量分数）对照 （%）

标准号	铸铁牌号	C	Si	Mn	P	S	Mo	Cu	Cr	Ni
				≤						
GB/T 8263—2010	BTMCr8	2.1～3.6	1.5～2.2	2.0	0.06	0.06	3.0	1.2	7.0～10.0	≤1.0
ГОСТ 7769—1982	ЧХ8	2.1～3.6	1.2～2.0	0.15～1.50	0.10	0.05	0.4	—	7.0～9.5	≤1.0

表 11-25 BTMCr12-DT 抗磨白口铸铁件牌号及化学成分（质量分数）对照 （%）

标准号	铸铁牌号	C	Si	Mn	P	S	Mo	Cu	Cr	Ni
				≤						
GB/T 8263—2010	BTMCr12-DT	1.1～2.0	≤1.5	2.0	0.06	0.06	3.0	1.2	11.0～14.0	≤2.5
ГОСТ 7769—1982	ЧХ12	1.6～2.4	≤1.5	1.0	0.10	0.05	3.0	1.2	11.0～14.0	≤2.5

注：“DT”为“低碳”汉语拼音的首个大写字母。

表 11-26 BTMCr12-GT 抗磨白口铸铁件牌号及化学成分（质量分数）对照 （%）

标准号	铸铁牌号	C	Si	Mn	P	S	Mo	Cu	Cr	Ni
				≤						
GB/T 8263—2010	BTMCr12-GT	2.0~3.6	≤1.5	2.0	0.06	0.06	3.0	1.2	11.0~14.0	≤2.5
ASTM A532/A532M—2014	ⅡA 12（%）Cr	2.0~3.3	≤1.5	2.0	0.10	0.06	3.0	1.2	11.0~14.0	≤2.5

注：“GT”为“高碳”汉语拼音的首个大写字母。

表 11-27 BTMCr15 抗磨白口铸铁件牌号及化学成分（质量分数）对照 （%）

标准号	铸铁牌号	C	Si	Mn	P	S	Mo	Cu	Cr	Ni
				≤						
GB/T 8263—2010	BTMCr15	2.0~3.6	≤1.2	2.0	0.06	0.06	3.0	1.2	14.0~18.0	≤2.5
ГОСТ 7769—1982	ЧХ16	1.6~2.4	1.5~2.2	1.0	0.10	0.05	—	—	13.0~19.0	—
ASTM A532/A532M—2014	ⅡB 15（%）Cr-Mo	2.0~3.3	≤1.5	2.0	0.10	0.06	3.0	1.2	14.0~18.0	≤2.5

表 11-28 BTMCr20 抗磨白口铸铁件牌号及化学成分（质量分数）对照 （%）

标准号	铸铁牌号	C	Si	Mn	P	S	Mo	Cu	Cr	Ni
				≤						
GB/T 8263—2010	BTMCr20	2.0~3.3	≤1.2	2.0	0.06	0.06	3.0	1.2	18.0~23.0	≤2.5

（续）

标准号	铸铁牌号	C	Si	Mn	P	S	Mo	Cu	Cr	Ni
				≤						
ГОСТ 7769—1982	ЧХ22	2.4～3.6	0.2～1.0	1.5～2.5	0.10	0.08	—	—	19.0～25.0	V:0.15～0.35 Ti:0.15～0.35
ASTM A532/A532M—2014	ⅡD 20（%）Cr－Mo	2.0～3.3	1.0～2.2	2.0	0.10	0.06	3.0	1.2	18.0～23.0	≤2.5

表 11-29 BTMCr26 抗磨白口铸铁件牌号及化学成分（质量分数）对照 （%）

标准号	铸铁牌号	C	Si	Mn	P	S	Mo	Cu	Cr	Ni
				≤						
GB/T 8263—2010	BTMCr26	2.0～3.3	≤1.2	2.0	0.06	0.06	3.0	1.2	23.0～30.0	≤2.5
ГОСТ 7769—1982	ЧХ26	1.6～3.2	≤1.5	1.0	0.10	0.08	3.0	1.2	23.0～30.0	≤2.5
ASTM A532/A532M—2014	ⅢA 25（%）Cr	2.0～3.3	≤1.5	2.0	0.10	0.06	3.0	1.2	23.0～30.0	≤2.5

11.7 蠕墨铸铁件牌号

蠕墨铸铁件牌号对照见表 11-30。

表 11-30　蠕墨铸铁件牌号对照

标准号	牌　号（级别）				
GB/T 26655—2011	RuT300	RuT350	RuT400	RuT450	RuT500
ASTM A842—2011a	300	350	400	450	—

第12章　废　钢　铁

GB/T 4223—2017《废钢铁》中将废钢铁分为非熔炼用废钢铁和熔炼用废钢铁。非熔炼用废钢铁是指不能按原用途使用，又不作为熔炼回收和轧制钢材使用而改做它用的钢铁制品。熔炼用废钢铁是指不能按原用途使用，且必须作为熔炼回收使用的钢铁碎料及钢铁制品。熔炼用合金废钢的分类见表12-1。

表12-1　熔炼用合金废钢分类

钢类	序号	钢组	典型牌号	合金元素含量（质量分数）（%）					
				Cr	Ni	Mo	W	Mn	其他
合金结构钢	1	Cr（Si，V）	40Cr，38Cr，40CrV	0.7~1.60	—	—	—	—	—
	2	CrMn（Si，Ti）	40CrMn，20CrMnSi，20CrMnTi	0.40~1.40	—	—	—	0.80~1.40	—
	3	CrMnMo	20CrMnMo，40CrMnMo	0.90~1.40	—	0.20~0.30	—	0.90~1.20	—
	4	CrMnNiMoA	18CrNiMnMoA	1.00~1.30	1.00~1.30	0.20~0.30	—	1.10~1.40	—
	5	CrMo（V，Al）	42CrMo，35CrMoV，25Cr2Mo1VA，38CrMoAl	0.30~2.50	—	0.15~1.10	—	—	V:0.30~0.60 Al:0.70~1.10
	6	CrNi	20CrNi	0.45~0.75	1.00~1.40	—	—	—	—
			12CrNi2	0.60~0.90	1.50~1.90	—	—	—	—
			20CrNi3	0.60~1.60	2.75~3.15	—	—	—	—
			20Cr2Ni4	1.25~1.65	3.00~3.65	—	—	—	—

	7	CrNiMo（V）	20CrNiNiMoA	0.40~0.70	0.35~0.75	0.20~0.30	—	—	—
			40CrNiMo，45CrNiMoV	0.60~1.10	1.25~1.80	0.15~0.30	—	—	—
	8	CrNiW	25Cr2Ni4W	1.35~1.65	4.00~4.50	—	0.80~1.20	—	—
弹簧钢	9	Mn（Si，V，B）	65Mn，60Si2Mn，55SiMnVB，55Si2MnB	—	—	—	—	0.60~1.30	Si:0.70~2.00
	10	Cr（V，Si）	60Si2CrA，60Si2CrVA，50CrVA	0.70~1.20	—	—	—	—	Si:1.40~1.80
	11	CrMn（B）	60CrMn，60CrMnB	0.65~1.00	—	—	—	0.65~1.00	—
	12	CrMnMo	60CrMnMoA	0.70~0.90	—	0.25~0.35	—	0.70~1.00	—
	13	WCrV	30W4Cr2VA	2.00~2.50	—	—	4.00~4.50	—	V:0.50~0.80
轴承钢	14	Cr	GCr15	0.35~1.65	—	—	—	—	—
	15	CrMn（Si）	GCr15SiMn	1.40~1.65	—	—	—	0.95~1.25	—
	16	CrMo（Si）	GCr18Mo，G20CrMo，G20Cr15SiMo	0.35~1.95	—	0.08~0.40	—	—	—
	17	CrNi	G20Cr2Ni4	1.25~1.75	3.25~3.75	—	—	—	—
	18	CrNiMo	G20CrNiMo	0.35~0.65	0.40~0.70	0.15~0.30	—	—	—
			G20CrNi2Mo，G10CrNi3Mo	0.35~1.40	1.60~3.50	0.08~0.30	—	—	—
	19	CrMnMo	G20Cr2Mn2Mo	1.70~2.00	—	0.20~0.30	—	1.30~1.60	—

（续）

钢类	序号	钢组	典型牌号	合金元素含量（质量分数）（%）					
				Cr	Ni	Mo	W	Mn	其他
合金工具钢	20	Cr（Si）	9SiCr，Cr06，	0.50～1.35	—	—	—	—	Si:1.20～1.60
			Cr2，8Cr3	1.30～3.80	—	—	—	—	—
			Cr12	11.50～13.00	—	—	—	—	—
	21	CrMnMo（V，Si）	5CrMnMo，4CrMnSiMoV	0.60～1.50	—	0.15～0.60	—	0.80～1.60	—
			6CrMnSi2Mo1	0.10～0.50	—	0.20～1.35	—	0.60～1.00	Si:1.75～2.25
			5Cr3Mn1SiMo1V	3.00～3.50	—	1.30～1.80	—	0.20～0.90	—
	22	CrMo（V，Si）	3Cr2Mo	1.40～2.00	—	0.30～0.55	—	—	—
			Cr5Mo1V，4Cr5MoSiV1	4.75～5.50	—	0.90～1.75	—	—	V:0.30～1.20
			4Cr3Mo3SiV	3.00～3.75	—	2.00～3.00	—	—	V:0.25～0.75
			Cr12MoV，Cr12Mo1V1	11.00～13.00	—	0.40～1.20	—	—	V:0.30～1.10
	23	CrW（V，Si）	4CrW2Si	1.00～1.30	—	—	2.00～2.70	—	—
			3Cr2W8V	2.20～2.70	—	—	7.50～9.00	—	V:0.30～0.50
			4Cr5W2VSi	4.50～5.50	—	—	1.60～2.40	—	V:0.60～1.00
	24	CrWMn	CrWMn	0.50～1.20	—	—	0.50～1.60	0.80～1.20	—
	25	CrWMoV（Nb）	Cr4W2MoV	3.50～4.00	—	0.80～1.20	1.90～2.60	—	V:0.80～1.10

	25	CrWMoV（Nb）	6Cr4W3Mo2VNb	3.80～4.40	—	1.80～2.50	2.50～3.50	—	V:0.80～1.20 Nb:0.20～0.35
			3Cr3Mo3W2V	2.80～3.30	—	2.50～3.00	1.20～1.80	—	V:0.80～1.20
			5Cr4W5Mo2V	3.40～4.40	—	1.50～2.10	4.50～5.30	—	V:0.70～1.10
			6W6Mo5Cr4V	3.70～4.30	—	4.50～5.50	6.00～7.00	—	V:0.70～1.10
	26	CrNiMo	5CrNiMo	0.50～0.80	1.40～1.80	0.15～0.30	—	—	—
	27	CrMoMnV（Al，Si）	5Cr4Mo3SiMnVAl	3.80～4.30	—	2.80～3.40	—	0.80～1.10	V:0.80～1.20
	28	MnCrWMoVAl	7Mn15Cr2Al3V2WMo	2.00～2.50	—	0.50～0.80	0.50～0.80	14.50～16.50	V:1.50～2.00 Al:2.30～3.30
	29	Mn（V）	9Mn2V	—	—	—	—	1.70～2.00	—
	30	W	W	0.10～0.30	—	—	0.80～1.20	—	—
高速工具钢	31	WCrV	W18Cr4V	3.80～4.40	—	—	17.50～19.00	—	V:1.00～1.40
	32	WCrCoV	W18Cr4V2Co8	3.75～5.00	—	0.50～1.25	17.50～19.00	—	V:1.80～2.40 Co:7.00～9.50

（续）

钢类	序号	钢组	典型牌号	合金元素含量（质量分数）（%）					
				Cr	Ni	Mo	W	Mn	其他
高速工具钢	33	WMoCrV（Al）	W6Mo5Cr4V2 W6Mo5Cr4V2Al	3.80～4.40	—	4.50～5.50	5.50～6.75	—	V:1.75～2.20 Al:0.80～1.20
			W6Mo5Cr4V3	3.75～4.50	—	4.75～6.50	5.00～6.75	—	V:2.25～2.75
			W2Mo9Cr4V2	3.50～4.00	—	8.20～9.20	1.40～2.10	—	V:1.75～2.25
			W9Mo3Cr4V	3.80～4.40	—	2.70～3.30	8.50～9.50	—	V:1.30～1.70
	34	WMoCrCoV	W6Mo5Ct4V2Co5	3.75～4.50	—	4.50～5.50	5.50～6.50	—	V:1.75～2.25 Co:4.50～5.50
	35	Cr（Al，N，Si）	4Cr9Si2	8.00～10.00	—	—	—	—	Si:2.00～3.00
			1Cr12，2Cr13，0Cr13Al	11.00～14.50	—	—	—	—	—
			1Cr17，9Cr18	16.00～19.00	—	—	—	—	—
	36	CrMo（V，Si）	1Cr5Mo	4.00～6.00	—	0.45～0.60	—	—	—
			4Cr10Si2Mo	9.00～10.50	—	0.70～0.90	—	—	Si:1.90～2.60
			1Cr11MoV，1Cr13Mo	10.00～14.00	—	0.30～1.00	—	—	—

不锈耐热耐蚀钢	36	CrMo（V，Si）	9Cr18Mo，9Cr18MoV	16.00~18.00	—	0.40~1.30	—	—	—
	37	CrNi（Al，Nb，Ti，N，Si）	1Cr17Ni2	16.00~18.00	1.50~2.50	—	—	—	—
			0Cr17Ni7Al，0Cr19Ni9N	16.00~20.00	6.00~11.00	—	—	—	Al:0.75~1.50
			00Cr19Ni10，1Cr18Ni12 0Cr19Ni10NbN	17.00~20.00	7.50~13.00	—	—	—	—
	38	CrNiMo（Al，Ti，N，Si）	8Cr20Si2Ni	19.00~20.50	1.15~1.65	—	—	—	Si:1.75~2.25
			0Cr15Ni7Mo2Al	14.00~16.00	6.50~7.50	2.00~3.00	—	—	Al:0.75~1.50
			0Cr17Ni12Mo2	16.00~20.00	10.00~15.00	1.80~4.00	—	—	—
			00Cr17Ni14Mo2						
			0Cr19Ni13Mo3						
	39	CrMoNi（N，Si）	00Cr18Ni5Mo3Si2	18.00~19.50	4.50~5.50	2.50~3.00	—	—	Si:1.30~2.00
			1Cr17Mn6Ni5N	16.00~19.00	3.50~6.00	—	—	5.50~10.00	—
			1Cr18Mn8Ni5N						
			5Cr21Mn9Ni4N	20.00~22.00	3.25~4.50	—	—	8.00~10.00	—

（续）

钢类	序号	钢组	典型牌号	合金元素含量（质量分数）（%）					
				Cr	Ni	Mo	W	Mn	其他
不锈耐热耐蚀钢	39	CrMoNi（N，Si）	2Cr20Mn9Ni2Si2N	18.00～21.00	2.00～3.00	—	—	8.50～11.00	Si:1.80～2.70
	40	CrMnNiMo（N）	1Cr18Mn10Ni5Mo3N	17.00～19.00	4.00～6.00	2.80～3.50	—	8.50～12.00	—
	41	CrNiCu（Nb）	0Cr18Ni9Cu3	17.00～19.00	8.50～10.50	—	—	—	Cu:3.00～4.00
			0Cr17Ni4Cu4Nb	15.50～17.50	3.00～5.00	—	—	—	Cu:3.00～5.00 Nb:0.15～0.45
	42	CrNiMoCu	0Cr18Ni12Mo2Cu2	17.00～19.00	10.00～16.00	1.20～2.75	—	—	Cu:1.00～2.50
			00Cr18Ni14Mo2Cu2						
	43	CtNiMoTi（Al，V，B）	0Cr15Ni25Ti2MoAlVB	13.50～16.00	24.00～27.00	1.00～1.50	—	—	Ti:1.90～2.35
	44	CrNiWMo（V）	4Cr14Ni14W2Mo	13.00～15.00	13.00～15.00	0.25～0.40	2.00～2.75	—	—
			1Cr11Ni2W2MoV	10.50～12.00	1.40～1.80	0.35～0.50	1.50～2.00	—	—
			2Cr12NiMoWV	11.00～13.00	0.50～1.00	0.75～1.25	0.70～1.25	—	—
	45	CrMn（Si，N）	3Cr18Mn12Si2N	17.00～19.00	—	—	—	10.50～12.50	Si:1.40～2.20
	46	CrWMo（V）	1Cr12WMoV	11.00～13.00	—	0.50～0.70	0.70～1.10	—	—

管线钢	47	NiMoCu（Mn）	X70，X80	—	0.10 ~ 0.40	0.10 ~ 0.40	—	1.30 ~ 2.00	Cu:0.10 ~ 0.30
耐候钢	48	CuNiCr（Mn）	Q460NH，Q650NH	0.3 ~ 1.25	0.12 ~ 0.65	—	—	0.9 ~ 1.5	Cu:0.20 ~ 0.50
	49	CuNiCrP	Q310GNH，Q355GNH	0.3 ~ 1.25	0.25 ~ 0.50	—	—	0.20 ~ 0.50	Cu:0.20 ~ 0.55 P:0.07 ~ 0.35

注：1. 熔炼用合金废钢分组原则是按钢类和钢中所含合金元素分组，钢组内合金钢牌号按元素含量不同分成不同等级。

2. 在分类钢组后“( )”内的元素是易氧化或微量添加的元素如：B、Si、Al、Ti、V、Nb、N等，在钢组中不予考虑；在各钢组中或“合金元素含量”一列中没有标明成分的元素，在钢组中不予考虑。

3. 废钢钢组后所列“典型牌号”是国内牌号，国外牌号应对照国内牌号纳入相应钢组。

4. 没被列入或没有对应分组牌号的国内外合金废钢，应按其中所含元素种类及元素含量范围分类后，纳入相应钢组，不符合钢组条件的合金废钢应单列。

5. 高温合金、精密合金、高锰合金、含铜钢均按牌号需单独存放、管理、供应。

第 13 章　中国常用钢铁材料新旧标准牌号对照

13.1　通用钢新旧标准牌号对照

13.1.1　碳素结构钢新旧标准牌号对照（见表 13-1）

表 13-1　碳素结构钢新旧标准牌号对照

序号	GB/T 700—2006 《碳素结构钢》	GB/T 700—1988 《碳素结构钢》	GB/T 700—1979 《普通碳素结构钢技术条件》
1	Q195	Q195	A1、B1
2	Q215（A、B）	Q215（A、B）	A2、C2
3	Q235（A～D）	Q235（A～D）	A3、C3
4	Q275（A～D）	Q275	C5

注：在 GB/T 700—1988 中，还有 Q255（A、B）这个牌号；GB/T 700—1979 中，与 Q235（A、B）对应的牌号是 A4、C4；GB/T 700—2006 中，取消了 Q255（A、B）这个牌号。

13.1.2　低合金高强度结构钢新旧标准牌号对照（见表 13-2）

表 13-2　低合金高强度结构钢新旧标准牌号对照

序号	GB/T 1591—2018 《低合金高强度结构钢》			GB/T 1591—2008 《低合金高强度结构钢》	GB/T 1591—1994 《低合金高强度结构钢》
	热轧钢	正火、正火轧制钢	热机械轧制钢		
1	—	—	—	—	Q295（A、B）
2	Q355（B～D）	Q355N（B～F）	Q355M（B～F）	Q345（A～E）	Q345（A～E）
3	Q390（B～D）	Q390N（B～E）	Q355M（B～E）	Q390（A～E）	Q390（A～E）
4	Q420（B、C）	Q420N（B～E）	Q420M（B～E）	Q420（A～E）	Q420（A～E）
5	Q460（C）	Q460N（C～E）	Q460M（C～E）	Q460（C～E）	Q460（C～E）
6	—	—	Q500M（C～E）	Q500（C～E）	—

（续）

序号	GB/T 1591—2018《低合金高强度结构钢》			GB/T 1591—2008《低合金高强度结构钢》	GB/T 1591—1994《低合金高强度结构钢》
	热轧钢	正火、正火轧制钢	热机械轧制钢		
7	—	—	Q550M（C～E）	Q550（C～E）	—
8	—	—	Q620M（C～E）	Q620（C～E）	—
9	—	—	Q690M（C～E）	Q690（C～E）	—

13.1.3　保证淬透性结构钢新旧标准牌号对照（见表13-3）

表13-3　保证淬透性结构钢新旧标准牌号对照

序号	GB/T 5216—2014《保证淬透性结构钢》		GB/T 5216—1985《保证淬透性结构钢技术条件》
	统一数字代号	牌　号	牌　号
1	U59455	45H	45H
2	A20155	15CrH	—
3	A20205	20CrH	20CrH
4	A20215	20Cr1H	—
5	A20405	40CrH	40CrH
6	A20455	45CrH	45CrH
7	A22165	16CrMnH	—
8	A22205	20CrMnH	—
9	A25155	15CrMnBH	—
10	A25175	17CrMnBH	—
11	A71405	40MnBH	40MnBH
12	A71455	45MnBH	45MnBH
13	A73205	20MnVBH	20MnVBH
14	A74205	20MnTiBH	20MnTiBH
15	A30155	15CrMoH	—
16	A30205	20CrMoH	—
17	A30225	22CrMoH	—
18	A30425	42CrMoH	—
19	A34205	20CrMnMoH	20CrMnMoH

（续）

序号	GB/T 5216—2014《保证淬透性结构钢》		GB/T 5216—1985《保证淬透性结构钢技术条件》
	统一数字代号	牌　号	牌　号
20	A26205	20CrMnTiH	20CrMnTiH
21	A43125	12Cr2Ni4H	12Cr2N4H
22	A42205	20CrNi3H	20CrNi3H
23	A50205	20CrNiMoH	20CrNiMoH
24	A50215	20CrNi2MoH	—

注：在 GB/T 5216—1985 中，还有 22MnVBH、20MnMoBH 两个牌号，在 GB/T 5216—2014 中已被取消。

13.1.4　冷镦和冷挤压用钢新旧标准牌号对照（见表 13-4）

表 13-4　冷镦和冷挤压用钢新旧标准牌号对照

序号	GB/T 6478—2015《冷镦和冷挤压用钢》		GB/T 6478—1986《冷镦钢技术条件》
	统一数字代号	牌　号	牌　号
1	U40048	ML04Al	—
2	U40088	ML08Al	ML08Al
3	U40108	ML10Al	ML10Al
4	U40158	ML15Al	—
5	U40152	ML15	ML15
6	U40208	ML20Al	—
7	U40202	ML20	ML20
8	U41188	ML18Mn	—
9	U41208	ML20Mn	—
10	A20204	ML20Cr	ML20Cr
11	U40252	ML25	ML25
12	U40302	ML30	ML30
13	U40352	ML35	ML35
14	U40402	ML40	ML40
15	U40452	ML45	ML45
16	L20151	ML15Mn	—

（续）

序号	GB/T 6478—2015《冷镦和冷挤压用钢》		GB/T 6478—1986《冷镦钢技术条件》
	统一数字代号	牌号	牌号
17	U41252	ML25Mn	ML25Mn
18	U41302	ML30Mn	ML30Mn
19	U41352	ML35Mn	ML35Mn
20	A20354	ML35Cr	—
21	A20404	ML40Cr	ML40Cr
22	A30304	ML30CrMo	ML30CrMo
23	A30354	ML35CrMo	ML35CrMo
24	A30404	ML40CrMo	ML42CrMo
25	A70204	ML20B	—
26	A70254	ML25B	—
27	A70354	ML35B	—
28	A71154	ML15MnB	ML15MnB
29	A71204	ML20MnB	—
30	A71354	ML35MnB	—
31	A20374	ML37CrB	—
32	A74204	ML20MnTiB	ML20MnTiB
33	A73154	ML15MnVB	ML15MnVB
34	A73204	ML20MnVB	—

注：在GB/T 6478—1986中，还有ML40Mn、ML45Mn和ML15Cr三个牌号，在GB/T 6478—2015中已被取消。

13.1.5 非调质机械结构钢新旧标准牌号对照（见表13-5）

表13-5 非调质机械结构钢新旧标准牌号对照

序号	GB/T 15712—2016《非调质机械结构钢》		GB/T 15712—1995《非调质机械结构钢》
	统一数字代号	牌号	牌号
1	L22358	F35VS	YF35V
2	L22408	F40VS	YF40V

（续）

序号	GB/T 15712—2016《非调质机械结构钢》		GB/T 15712—1995《非调质机械结构钢》
	统一数字代号	牌　号	牌　号
3	L22468	F45VS	YF45V、F45V
4	L22308	F30MnVS	—
5	L22378	F35MnVS	YF35MnV、YF35MnVN
6	L22388	F38MnVS	—
7	L22428	F40MnVS	YF40MnV、F40MnV
8	L22478	F45MnVS	YF45MnV
9	L22498	F49MnVS	—
10	L27128	F12Mn2VBS	—

13.1.6 易切削结构钢新旧标准牌号对照（见表13-6）

表13-6 易切削结构钢新旧标准牌号对照

类别	GB/T 8731—2008《易切削结构钢》	GB/T 8731—1988《易切削结构钢技术条件》
硫系	Y08	—
	Y12	Y12
	Y15	Y15
	Y20	Y20
	Y30	Y30
	Y35	Y35Mn
	Y40	—
	Y08MnS	—
	Y15Mn	—
	Y20Mn	—
	Y40Mn	Y40Mn
	Y45Mn	—
	Y45MnS	—
铅系	Y08Pb	—

（续）

类别	GB/T 8731—2008《易切削结构钢》	GB/T 8731—1988《易切削结构钢技术条件》
铅系	Y12Pb	Y12Pb
	Y15Pb	Y15Pb
	Y45MnSPb	—
钙系	Y45Ca	Y45Ca

13.1.7　耐候结构钢新旧标准牌号对照（见表13-7）

表13-7　耐候结构钢新旧标准牌号对照

序号	GB/T 4171—2008《耐候结构钢》	GB/T 4171—2002《高耐候结构钢》	GB/T 4172—2002《焊接结构用耐候钢》	GB/T 18982—2003《集装箱用耐腐蚀性钢板及钢带》
1	Q265GNH	—	—	—
2	Q295GNH	Q295GNH、Q295GNHL	—	Q295GNHJ
3	Q310GNH	—	—	Q310GNHJ、Q310GNHLJ
4	Q355GNH	Q345GNH、Q345GNHL	—	Q345GNHJ、Q345GNHLJ
5	Q235NH	—	Q235NH	Q235NHYJ、Q245NHYJ
6	Q295NH	—	Q295NH	—
7	Q355NH	—	Q355NH	—
8	Q415NH	—	—	—
9	Q460NH	—	Q460NH	—
10	Q500NH	—	—	—
11	Q550NH	—	—	—
12	—	Q390GNH	—	—

13.1.8 弹簧钢新旧标准牌号对照（见表13-8）

表13-8 弹簧钢新旧标准中牌号对照

序号	GB/T 1222—2016《弹簧钢》		GB/T 1222—2007《弹簧钢》
	统一数字代号	牌　　号	牌　　号
1	U20652	65	65
2	U20702	70	70
3	U20852	85	85
4	U21653	65Mn	65Mn
5	A77552	55SiMnVB	55SiMnVB
6	A11602	60Si2Mn	60Si2Mn
7	A11603	60Si2MnA	60Si2MnA
8	A21603	60Si2CrA	60Si2CrA
9	A28603	60Si2CrVA	60Si2CrVA
10	A21553	55SiCrA	—
11	A22553	55CrMnA	55CrMnA
12	A22603	60CrMnA	60CrMnA
13	A23503	50CrVA	50CrVA
14	A22613	60CrMnBA	60CrMnBA
15	A27303	30W4Cr2VA	30W4Cr2VA
附录B	A76282	28MnSi8	—

注：GB/T 1222—1984 中，还有 55Si2Mn、55Si2MnB 和 60CrMnMoA 三个牌号，在 GB/T 1222—2016 中已被取消。

13.1.9 高碳铬轴承钢新旧标准牌号对照（见表13-9）

表13-9 高碳铬轴承钢新旧标准中牌号对照

序号	GB/T 18254—2016《高碳铬轴承钢》		GB/T 18254—2000《高碳铬轴承钢》	YB 9—1968《铬轴承钢技术条件》
	统一数字代号	牌　号	牌　号	牌　号
1	B00151	G8Cr15	—	—
2	B00150	GCr15	GCr15	GCr15
3	B01150	GCr15SiMn	GCr15SiMn	GCr15SiMn

（续）

序号	GB/T 18254—2016《高碳铬轴承钢》		GB/T 18254—2000《高碳铬轴承钢》	YB 9—1968《铬轴承钢技术条件》
	统一数字代号	牌　号	牌　号	牌　号
4	B03150	GCr15SiMo	GCr15SiMo	—
5	B02180	GCr18Mo	GCr18Mo	—

注：在YB 9—1968中，还有GCr6、GCr9和GCr9SiMn三个牌号，在GB/T 18254—2000、GB/T 18254—2002中已被取消。

13.1.10　高碳铬不锈轴承钢新旧标准牌号对照（见表13-10）

表13-10　高碳铬不锈轴承钢新旧标准牌号对照

序号	GB/T 3086—2008《高碳铬不锈轴承钢》	GB/T 3086—1982《高碳铬不锈轴承钢》
1	G95Cr18	9Cr18
2	G102Cr18Mo	9Cr18Mo
3	G65Cr14Mo	—

13.1.11　高速工具钢新旧标准牌号对照（见表13-11）

表13-11　高速工具钢新旧标准中牌号对照

序号	GB/T 9943—2008《高速工具钢》		GB/T 9943—1988《高速工具钢棒技术条件》
	统一数字代号	牌　号	牌　号
1	T63342	W3Mo3Cr4V2	—
2	T64340	W4Mo3Cr4VSi	—
3	T51841	W18Cr4V	W18Cr4V
4	T62841	W2Mo8Cr4V	—
5	T62942	W2Mo9Cr4V2	W2Mo9Cr4V2
6	T66541	W6Mo5Cr4V2	W6Mo5Cr4V2
7	T66542	CW6Mo5Cr4V2	CW6Mo5Cr4V2
8	T66642	W6Mo6Cr4V2	—
9	T69341	W9Mo3Cr4V	W9Mo3Cr4V
10	T66543	W6Mo5Cr4V3	W6Mo5Cr4V3
11	T66545	CW6Mo5Cr4V3	CW6Mo5Cr4V3

（续）

序号	GB/T 9943—2008《高速工具钢》		GB/T 9943—1988《高速工具钢棒技术条件》
	统一数字代号	牌　号	牌　号
12	T66544	W6Mo5Cr4V4	—
13	T66546	W6Mo5Cr4V2Al	W6Mo5Cr4V2Al
14	T71245	W12Cr4V5Co5	W12Cr4V5Co5
15	T76545	W6Mo5Cr4V2Co5	W6Mo5Cr4V2Co5
16	T76438	W6Mo5Cr4V3Co8	—
17	T77445	W7Mo4Cr4V2Co5	W7Mo4Cr4V2Co5
18	T72948	W2Mo9Cr4VCo8	W2Mo9Cr4VCo8
19	T71010	W10Mo4Cr4V3Co10	—

注：在 GB/T 9943—1988 中，还有 W18Cr4VCo5 和 W18Cr4V2Co8 两个牌号，在 GB/T 9943—2008 中已被取消。

13.2 不锈钢和耐热钢棒新旧标准牌号对照

13.2.1 不锈钢棒新旧标准牌号对照（见表13-12）

表 13-12 不锈钢棒新旧标准牌号对照

GB/T 20878—2007 中序号	GB/T 1220—2016《不锈钢棒》		GB/T 1220—1992《不锈钢棒》
	统一数字代号	牌　号	牌　号
	奥氏体型不锈钢		
1	S35350	12Cr17Mn6Ni5N	1Cr17Mn6Ni5N
3	S35450	12Cr18Mn9Ni5N	1Cr18Mn8Ni5N
9	S30110	12Cr17Ni7	1Cr17Ni7
13	S30210	12Cr18Ni9	1Cr18Ni9
15	S30317	Y12Cr18Ni9	Y1Cr18Ni9
16	S30327	Y12Cr18Ni9Se	Y1Cr18Ni9Se
17	S30408	06Cr19Ni10	0Cr18Ni9
18	S30403	022Cr19Ni10	00Cr19Ni10

（续）

GB/T 20878—2007 中序号	GB/T 1220—2016《不锈钢棒》		GB/T 1220—1992《不锈钢棒》
	统一数字代号	牌　号	牌　号
	奥氏体型不锈钢		
22	S30488	06Cr18Ni9Cu3	0Cr18Ni9Cu3
23	S30458	06Cr19Ni10N	0Cr19Ni9N
24	S30478	06Cr19Ni9NbN	0Cr19Ni10NbN
25	S30453	022Cr19Ni10N	00Cr18Ni10N
26	S30510	10Cr18Ni12	1Cr18Ni12
32	S30908	06Cr23Ni13	0Cr23Ni13
35	S31008	06Cr25Ni20	0Cr25Ni20
38	S31608	06Cr17Ni12Mo2	0Cr17Ni12Mo2
39	S31603	022Cr17Ni12Mo2	00Cr17Ni14Mo2
41	S31668	06Cr17Ni12Mo2Ti	0Cr18Ni12Mo3Ti
43	S31658	06Cr17Ni12Mo2N	0Cr17Ni12Mo2N
44	S31653	022Cr17Ni12Mo2N	00Cr17Ni13Mo2N
45	S31688	06Cr18Ni12Mo2Cu2	0Cr18Ni12Mo2Cu2
46	S31683	022Cr18Ni14Mo2Cu2	00Cr18Ni14Mo2Cu2
49	S31708	06Cr19Ni13Mo3	0Cr19Ni13Mo3
50	S31703	022Cr19Ni13Mo3	00Cr19Ni13Mo3
52	S31794	03Cr18Ni16Mo5	0Cr18Ni16Mo5
55	S32168	06Cr18Ni11Ti	0Cr18Ni10Ti
62	S34778	06Cr18Ni11Nb	0Cr18Ni11Nb
64	S38148	06Cr18Ni13Si4	0Cr18Ni13Si4
奥氏体-铁素体型不锈钢			
67	S21860	14Cr18Ni11Si4AlTi	1Cr18Ni11Si4AlTi
68	S21953	022Cr19Ni5Mo3Si2N	00Cr18Ni5Mo3Si2
70	S22253	022Cr22Ni5Mo3N	—
71	S22053	022Cr23Ni5Mo3N	—

（续）

GB/T 20878—2007 中序号	GB/T 1220—2016《不锈钢棒》		GB/T 1220—1992《不锈钢棒》
	统一数字代号	牌　号	牌　号
	奥氏体-铁素体型不锈钢		
73	S22553	022Cr25Ni6Mo2N	—
75	S25554	03Cr25Ni6Mo3Cu2N	—
	铁素体型不锈钢		
78	S11348	06Cr13Al	0Cr13Al
83	S11203	022Cr12	00Cr12
85	S11710	10Cr17	1Cr17
86	S11717	Y10Cr17	Y1Cr17
88	S11790	10Cr17Mo	1Cr17Mo
94	S12791	008Cr27Mo	00Cr27Mo
95	S13091	008Cr30Mo2	00Cr30Mo2
	马氏体型不锈钢		
96	S40310	12Cr12	1Cr12
97	S41008	06Cr13	0Cr13
98	S41010	12Cr13	1Cr13
100	S41617	Y12Cr13	Y1Cr13
101	S42020	20Cr13	2Cr13
102	S42030	30Cr13	3Cr13
103	S42037	Y30Cr13	Y3Cr13
104	S42040	40Cr13	4Cr13
106	S43110	14Cr17Ni2	1Cr17Ni2
107	S43120	17Cr16Ni2	—
108	S44070	68Cr17	7Cr17
109	S44080	85Cr17	8Cr17
110	S44096	108Cr17	11Cr17
111	S44097	Y108Cr17	Y11Cr17

（续）

GB/T 20878—2007 中序号	GB/T 1220—2016《不锈钢棒》		GB/T 1220—1992《不锈钢棒》
	统一数字代号	牌　号	牌　号
	马氏体型不锈钢		
112	S44090	95Cr18	9Cr18
115	S45710	13Cr13Mo	1Cr13Mo
116	S45830	32Cr13Mo	3Cr13Mo
117	S45990	102Cr17Mo	9Cr18Mo
118	S46990	90Cr18MoV	9Cr18MoV
沉淀硬化型不锈钢			
136	S51550	05Cr15Ni5Cu4Nb	—
137	S51740	05Cr17Ni4Cu4Nb	0Cr17Ni4Cu4Nb
138	S51770	07Cr17Ni7Al	0Cr17Ni7Al
139	S51570	07Cr15Ni7Mo2Al	0Cr15Ni7Mo2Al

注：在 GB/T 1220—1992 中，还有 1Cr18Mn10Ni5Mo3N、1Cr18Mi12Mo2Ti、0Cr18Ni12Mo2Ti、1Cr18Ni12Mo3Ti、1Cr18Ni9Ti 和 0Cr26Ni5Mo2 六个牌号，在 GB/T 1220—2016 中已被取消。

13.2.2　耐热钢棒新旧标准牌号对照（见表 13-13）

表 13-13　耐热钢棒新旧标准牌号对照

GB/T 20878—2007 中序号	GB/T 1221—2007《耐热钢棒》		GB/T 1221—1992《耐热钢棒》
	统一数字代号	牌　号	牌　号
	奥氏体型耐热钢		
6	S35650	53Cr21Mn9Ni4N	5Cr21Mn9Ni4N
7	S35750	26Cr18Mn12Si2N	3Cr18Mn12Si2N
8	S35850	22Cr20Mn10Ni2Si2N	2Cr20Mn9Ni2Si2N
17	S30408	06Cr19Ni10	0Cr18Ni9
30	S30850	22Cr21Ni12N	2Cr21Ni12N
31	S30902	16Cr23Ni13	2Cr23Ni13
32	S30908	06Cr23Ni13	0Cr23Ni13

（续）

GB/T 20878—2007 中序号	GB/T 1221—2007《耐热钢棒》		GB/T 1221—1992《耐热钢棒》
	统一数字代号	牌　号	牌　号
	奥氏体型耐热钢		
34	S31020	20Cr25Ni20	2Cr25Ni20
35	S31008	06Cr25Ni20	0Cr25Ni20
38	S31608	06Cr17Ni12Mo2	0Cr17Ni12Mo2
49	S31708	06Cr19Ni13Mo3	0Cr19Ni13Mo3
55	S32168	06Cr18Ni11Ti	0Cr18Ni10Ti
57	S32590	45Cr14Ni14W2Mo	4Cr14Ni14W2Mo
60	S33010	12Cr16Ni35	1Cr16Ni35
62	S34778	06Cr18Ni11Nb	0Cr18Ni11Nb
64	S38148	06Cr18Ni13Si4	0Cr18Ni13Si4
65	S38240	16Cr20Ni14Si2	1Cr20Ni14Si2
66	S38340	16Cr25Ni20Si2	1Cr25Ni20Si2
78	S11348	06Cr13Al	0Cr13Al
83	S11203	022Cr12	00Cr12
85	S11710	10Cr17	1Cr17
93	S12550	16Cr25N	2Cr25N
	马氏体型耐热钢		
98	S41010	12Cr13	1Cr13
101	S42020	20Cr13	2Cr13
106	S43110	14Cr17Ni2	1Cr17Ni2
107	S43120	17Cr16Ni2	—
113	S45110	12Cr5Mo	1Cr5Mo
114	S45610	12Cr12Mo	1Cr12Mo
115	S45710	13Cr13Mo	1Cr13Mo
119	S46010	14Cr11MoV	1Cr11MoV
122	S46250	18Cr12MoVNbN	2Cr12MoVNbN

（续）

GB/T 20878—2007 中序号	GB/T 1221—2007《耐热钢棒》		GB/T 1221—1992《耐热钢棒》
	统一数字代号	牌号	牌号
	马氏体型耐热钢		
123	S47010	15Cr12WMoV	1Cr12WMoV
124	S47220	22Cr12NiWMoV	2Cr12NiMoWV
125	S47310	15Cr11Ni2W2MoV	1Cr11Ni2W2MoV
128	S47450	18Cr11NiMoNbVN	—
130	S48040	42Cr9Si2	4Cr9Si2
131	S48045	45Cr9Si3	—
132	S48140	40Cr10Si2Mo	4Cr10Si2Mo
133	S48380	80Cr20Si2Ni	8Cr20Si2Ni
沉淀硬化型不锈钢			
137	S51740	05Cr17Ni4Cu4Nb	0Cr17Ni4Cu4Nb
138	S51770	07Cr17Ni7A	0Cr17Ni7Al
143	S51525	06Cr15Ni25Ti2MoAlVB	0Cr15Ni25Ti2MoAlVB

注：GB/T 1221—2007 中取消了 GB/T 1221—1992 中的 1Cr18Ni9Ti 牌号，将 0Cr15Ni25Ti2MoAlVB 调整为沉淀硬化型耐热钢，牌号为 06Cr15Ni25Ti2MoAlVB。

13.3 铸造钢铁材料新旧标准牌号对照

13.3.1 一般用途耐蚀钢铸件新旧标准牌号（见表 13-14）

表 13-14 一般用途耐蚀钢铸件新旧标准牌号①

序号	GB/T 2100—2017《一般用途耐蚀钢铸件》	GB/T 2100—1980《不锈耐酸钢铸件技术条件》
1	ZG15Cr12	ZG1Cr13
2	ZG20Cr13	ZG2Cr13
3	ZG10Cr12NiMo	ZG1Cr17
4	ZG06Cr12Ni4（QT1）	ZG1Cr19Mo2

（续）

序号	GB/T 2100—2017《一般用途耐蚀钢铸件》	GB/T 2100—1980《不锈耐酸钢铸件技术条件》
5	ZG06Cr12Ni4（QT2）	ZGCr28
6	ZG06Cr16Ni5Mo	ZG00Cr14Ni14Si4
7	ZG03Cr18Ni10	ZG00Cr18Ni10
8	ZG03Cr18Ni10N	ZG0Cr18Ni9
9	ZG07Cr19Ni9	ZG1Cr18Ni9
10	ZG08Cr19Ni10Nb	ZG0Cr18Ni9Ti
11	ZG03Cr19Ni11Mo2	ZG1Cr18Ni9Ti
12	ZG03Cr19Ni11Mo2N	ZG0Cr18Ni12Mo2Ti
13	ZG07Cr19Ni11Mo2	ZG1Cr18Ni12Mo2Ti
14	ZG08Cr19Ni11Mo2N	ZG1Cr24Ni20MoCu3
15	ZG03Cr19Ni11Mo3	ZG1Cr18Mn8Ni4N
16	ZG03Cr19Ni11Mo3N	ZG1Cr19Mn7Ni4Mo3Cu2N
17	ZG07Cr19Ni11Mo3	ZG1Cr18Mn13MoCuN
18	ZG03Cr25Ni5Mo3N	ZG0Cr17Ni14Cu4Nb
19	ZG03Cr26Ni5Cu3Mo3N	—
20	ZG03Cr14Ni14Si4	—

① 由于新旧标准牌号变化很大，此表只分别列出了新旧标准中各自的牌号，没有进行对照。

13.3.2 一般用途耐热钢和合金铸件新旧标准牌号（见表 13-15）

表 13-15 一般用途耐热钢和合金铸件新旧标准牌号①

序号	GB/T 8492—2014《一般用途耐热钢和合金铸件》	GB/T 8492—1987《普通工程用耐热铸钢》
1	ZG30Cr17Si2	ZG40Cr9Si2
2	ZG40Cr13Si2	ZG30Cr18Mn12Si2N
3	ZG40Cr17Si2	ZG35Cr24Ni7SiN
4	ZG40Cr24Si2	ZG30Cr26Si5
5	ZG40Cr28Si2	ZG30Cr20Ni10

（续）

序号	GB/T 8492—2014《一般用途耐热钢和合金铸件》	GB/T 8492—1987《普通工程用耐热铸钢》
6	ZGCr29Si2	ZG35Cr26Ni12
7	ZG25Cr18Ni9Si2	ZG40Cr28Ni16
8	ZG25Cr20Ni14Si2	ZG40Cr25Ni20
9	ZG40Cr22Ni10Si2	ZG40Cr30Ni20
10	ZG40Cr24Ni24Si2Nb1	ZG35Ni24Cr18Si2
11	ZG40Cr25Ni12Si2	ZG30Ni35Cr15
12	ZG40Cr25Ni20Si2	ZG45Ni3526
13	ZG40Cr27Ni4Si2	—
14	ZG45Cr20Co20Ni20Mo3W3	—
15	ZG40Ni35Cr17Si2	—
16	ZG40Ni35Cr26Si2	—
17	ZG10Ni31Cr20Nb1	—
18	ZG40Ni35Cr26Si2Nb1	—
19	ZG40Ni38Cr19Si2	—
20	ZG40Ni38Cr19Si2Nb1	—
21	ZNiCr28Fe17W5Si2C0. 4	—
22	ZNiCr50Nb1C0. 1	—
23	ZNi19Fe18Si1C0. 5	—
24	ZNiFe18Cr15Si1C0. 5	—
25	ZNiCr20Fe20Co15W5Si1C0. 46	—
26	ZCoCr28Ni18C0. 3	—

① 由于新旧标准牌号变化很大，此表只分别列出了新旧标准中各自的牌号，没有进行对照。

13.3.3　高锰钢铸件新旧标准牌号对照（见表13-16）

表13-16　高锰钢铸件新旧标准中牌号对照

序号	GB/T 5680—2010《高锰钢铸件》	GB/T 5680—1998《高锰钢铸件》
1	ZGMn13	ZGMn13-1
2	ZG120Mn13W1	ZGMn13-2、ZGMn13-4
3	ZG120Mn13Ni3	ZGMn13-3
4	ZG120Mn13Cr2	—
5	ZG110Mn13Mo1	—

13.3.4　铸钢轧辊新旧标准牌号对照（见表13-17）

表13-17　铸钢轧辊新旧标准牌号对照

序号	GB/T 1503—2008《铸钢轧辊》		GB/T 1503—1989《铸钢轧辊》	
	类别	材质代码	类别	牌号
1	—	—	碳素钢	ZU70、ZU80
2	合金钢	AS40	合金钢	—
		AS50		—
		AS60		ZU60CrMnMo
		AS60 Ⅰ		—
		AS65		—
		AS65 Ⅰ		ZU65CrNiMo
		AS70		ZU70Mn
		AS70 Ⅰ		ZU70Mn2
		AS70 Ⅱ		ZU70Mn2Mo
		AS75		ZU75CrMo
		AS75 Ⅰ		ZU75CrNiMnMo
3	半钢	AD140	半钢	ZUB140CrMo
		AD140 Ⅰ		ZUB140CrNiMo
		AD160		ZUB160CrMo
		AD160 Ⅰ		ZUB160CrNiMo

（续）

序号	GB/T 1503—2008《铸钢轧辊》		GB/T 1503—1989《铸钢轧辊》	
	类别	材质代码	类别	牌号
3	半钢	AD180	半钢	—
		AD190		—
		AD200		—
4	石墨钢	GS140	石墨钢	ZUS140SiCrMo
		GS150		ZUS150SiCrNiMo
		GS160		—
		GS190		—
5	高铬钢	HCrS		—
6	高速钢	HSS		—
7	半高速钢	S-HSS		—

13.3.5　铸铁轧辊新旧标准牌号对照（见表13-18）

表13-18　铸铁轧辊新旧标准牌号对照

GB/T 1504—2008《铸铁轧辊》			GB/T 1504—1991《铸铁轧辊》	
分类	材质类别	材质代码	分类	名　称
冷硬铸铁	铬钼冷硬	CC	冷硬铸铁轧辊	普通冷硬铸铁轧辊
	镍铬钼冷硬Ⅰ	CCⅠ		钼冷硬铸铁轧辊
	镍铬钼冷硬Ⅱ	CCⅡ		铬钼冷硬铸铁轧辊
	镍铬钼冷硬离心复合Ⅲ	CCⅢ		镍铬冷硬铸铁轧辊
	镍铬钼冷硬离心复合Ⅳ	CCⅣ		镍铬钼冷硬铸铁轧辊（Ⅰ）
无限冷硬铸件	铬钼无限冷硬	IC		镍铬钼冷硬铸铁轧辊（Ⅱ）
	镍铬钼无限冷硬Ⅰ	ICⅠ		镍铬钼冷硬铸铁轧辊（Ⅲ）
	镍铬钼无限冷硬Ⅱ	ICⅡ		普通冷硬球墨复合铸铁轧辊
	镍铬钼无限冷硬离心复合Ⅲ	ICⅢ		钼冷硬球墨复合铸铁轧辊
	高镍铬钼无限冷硬离心复合Ⅳ	ICⅣ		铬钼冷硬球墨复合铸铁轧辊
	高镍铬钼无限冷硬离心复合Ⅴ	ICⅤ		铬钼钒冷硬球墨复合铸铁轧辊
				铬钼铜冷硬球墨复合铸铁轧辊

（续）

GB/T 1504—2008《铸铁轧辊》			GB/T 1504—1991《铸铁轧辊》	
分类	材质类别	材质代码	分类	名　称
球墨铸铁	铬钼球墨半冷硬	SG Ⅰ	无限冷硬铸铁轧辊	铬钼无限冷硬铸铁轧辊
	铬钼球墨无限冷硬	SG Ⅱ		镍铬钼无限冷硬铸铁轧辊（Ⅰ）
	铬钼铜球墨无限冷硬	SG Ⅲ		镍铬钼无限冷硬铸铁轧辊（Ⅱ）
	镍铬钼球墨无限冷硬Ⅰ	SG Ⅳ		镍铬钼无限冷硬铸铁轧辊（Ⅲ）
	镍铬钼球墨无限冷硬Ⅱ	SG Ⅴ		镍铬钼无限冷硬铸铁轧辊（Ⅳ）
	球光体球墨Ⅰ	SGP Ⅰ	球墨铸铁轧辊	普通半冷硬球墨铸铁轧辊
	球光体球墨Ⅱ	SGP Ⅱ		低铬半冷硬球墨铸铁轧辊
	珠光体球墨Ⅲ	SGP Ⅲ		铬钼半冷硬球墨铸铁轧辊
	贝氏体球墨离心复合Ⅰ	SGA Ⅰ		低铬钼钒钛半冷硬球墨铸铁轧辊
	贝氏体球墨离心复合Ⅱ	SGA Ⅱ		铬钼铜半冷硬球墨铸铁轧辊
高铬铸铁	高铬离心复合Ⅰ	HCr Ⅰ		铬钼无限冷硬球墨铸铁轧辊
	高铬离心复合Ⅱ	HCr Ⅱ		铬钼铜无限冷硬球墨铸铁轧辊
	高铬离心复合Ⅲ	HCr Ⅲ		低铬无限冷硬球墨铸铁轧辊
				低铬钼钒钛无限冷硬球墨铸铁轧辊
				镍铬钼无限冷硬球墨铸铁轧辊（Ⅰ）
				镍铬钼无限冷硬球墨铸铁轧辊（Ⅱ）
				镍钼球墨铸铁轧辊（Ⅰ）
				镍钼球墨铸铁轧辊（Ⅱ）
				镍钼球墨铸铁轧辊（Ⅲ）
			高铬铸铁轧辊	高铬铸铁轧辊

13.4　专用产品结构钢新旧标准牌号对照

13.4.1　汽车大梁用热轧钢板和钢带新旧标准牌号对照（见表13-19）

表13-19 汽车大梁用热轧钢板和钢带新旧标准及牌号对照

序号	GB/T 3273—2015《汽车大梁用热轧钢板和钢带》	GB/T 3273—1989《汽车大梁用热轧钢板》
1	307L	06TiL
2	420L	—
3	440L	
4	510L	10TiL、09SiVL、16MnL、16MnREL
5	550L	—

13.4.2 矿山巷道支护用热轧U型钢新旧标准牌号对照（见表13-20）

表13-20 矿山巷道支护用热轧U型钢新旧标准及牌号对照

序号	GB/T 4697—2008《矿山巷道支护用热轧U型钢》	GB/T 4697—1991《矿山巷道支护用热轧U型钢》
1	20MnK	20MnK
2	25MnK	25MnK
3	20MnVK	20MnVK

注：GB/T 4697—1991中，还有16MnK、25MnVK两个牌号，在GB/T 4697—2008中已被取消。

13.4.3 高压锅炉用无缝钢管新旧标准牌号对照（见表13-21）

表13-21 高压锅炉用无缝钢管新旧标准牌号对照

序号	GB 5310—2017《高压锅炉用无缝钢管》	GB 5310—1995《高压锅炉用无缝钢管》
1	20G	20G
2	20MnG	20MnG
3	25MnG	25MnG
4	15MoG	15MoG
5	20MoG	20MoG
6	12CrMoG	12CrMoG
7	15CrMoG	15CrMoG
8	12Cr2MoG	12Cr2MoG
9	12Cr1MoVG	12Cr1MoVG
10	12Cr2MoWVTiB	12Cr2MoWVTiB
11	07Cr2MoW2VNbB	—
12	12Cr3MoVSiTiB	12Cr3MoVSiTiB
13	15Ni1MnMoNbCu	—
14	10Cr9Mo1VNbN	10Cr9Mo1VNb
15	10Cr9MoW2VNbBN	—
16	10Cr11MoW2VNbCu1BN	—

（续）

序号	GB 5310—2017《高压锅炉用无缝钢管》	GB 5310—1995《高压锅炉用无缝钢管》
17	11Cr9Mo1W1VNbBN	—
18	07Cr19Ni10	—
19	10Cr18Ni9NbCu3BN	—
20	07Cr25Ni21NbN	—
21	07Cr19Ni11Ti	—
22	07Cr18Ni11Nb	1Cr19Ni11Nb
23	08Cr18Ni11NbFG	—

13.4.4 锅炉和压力容器用钢板新旧标准牌号对照（见表13-22）

表13-22 锅炉和压力容器用钢板新旧标准及牌号

序号	GB 713—2014《锅炉和压力容器用钢板》	GB 713—1997《锅炉用钢》	GB 6654—1996《压力容器用钢板》
1	Q245R	20g	20R
2	Q345R	16Mng、19Mng	16MnR
3	Q370R	—	15MnNbR
4	Q420R		
5	18MnMoNbR	—	18MnMoNbR
6	13MnNiMoR	13MnNiCrMoNbg	13MnNiMoNbR
7	15CrMoR	15CrMog	15CrMoR
8	14Cr1MoR	—	—
9	12Cr2Mo1R	—	—
10	12Cr1MoVR	12Cr1MoVg	—
11	12Cr2Mo1VR	—	—
12	07Cr2AlMoR	—	—

注：在GB 713—1997中还有22Mng；在GB 6654—1996中还有15MnVR、15MnVNR，在GB 713—2014中均已取消。

13.4.5 桥梁用结构钢新旧标准牌号对照（见表13-23）

表13-23 桥梁用结构钢新旧标准及牌号对照

序号	GB/T 714—2015《桥梁用结构钢》	GB/T 714—2000《桥梁用结构钢》
1	—	—
2	Q345q（C、D、E）	Q345q
3	Q370q（D、E）	Q370q
4	Q420q（D、E、F）	Q420q
5	Q460q（D、E、F）	—
6	Q500q（D、E、F）	—
7	Q550q（D、E、F）	—
8	Q620q（D、E、F）	—
9	Q690q（D、E、F）	—

13.4.6　矿用高强度圆环链用钢新旧标准牌号对照（见表13-24）

表13-24　矿用高强度圆环链用钢新旧标准牌号对照

序号	GB/T 10560—2017《矿用高强度圆环链用钢》	GB/T 10560—1989《矿用高强度圆环链用钢技术条件》
1	20Mn2A	—
2	20MnV	20MnV
3	25MnV	25MnV
4	25MnVB	23MnSiV
5	25MnSiMoVA	25MnSiMoV
6	25MnSiNiMoA	25MnSiMoVA
7	20NiCrMoA	—
8	23MnNiCrMoA	25MnSiNiMoVA
9	23MnNiMoCrA	—

13.4.7　石油天然气输送管用热轧宽钢带新旧标准牌号对照（见表13-25）

表13-25　石油天然气输送管用热轧宽钢带新旧标准牌号对照

序号	GB/T 14164—2013《石油天然气输送管用热轧宽钢带》		GB/T 14164—1993《石油天然气输送管用热轧宽钢带》
	类别		—
	PLS1	PLS2	
1	S175 Ⅰ	—	—
2	S175 Ⅱ	—	—
3	S210	—	S205
4	S245	S245	S240
5	S290	S290	S290
6	S320	S320	S315
7	S360	S360	S360
8	S390	S390	S385
9	S415	S415	S415
10	S450	S450	S450
11	S485	S485	S485
12	—	S555	—

13.5 建筑用钢新旧标准牌号对照

13.5.1 钢筋混凝土用热轧带肋钢筋新旧标准牌号对照（表13-26）

表13-26 钢筋混凝土用热轧带肋钢筋新旧标准牌号对照

序号	GB/T 1499.2—2018《钢筋混凝土用钢 第2部分：热轧带肋钢筋》	GB 1499—1998《钢筋混凝土用热轧带肋钢筋》
1	HRB335	HRB335
2	HRBF335	—
3	HRB400	HRB400
4	HRBF400	—
5	HRB500	HRB500
6	HRBF500	—

13.5.2 钢筋混凝土用热轧光圆钢筋新旧标准牌号对照（见表13-27）

表13-27 钢筋混凝土用热轧光圆钢筋新旧标准牌号对照

序号	GB/T 1499.1—2017《钢筋混凝土用钢 第1部分：热轧光圆钢筋》	GB/T 701—1997《低碳钢热轧圆盘条》（部分替代）	GB 13013—1991《钢筋混凝土用热轧光圆钢筋》
1	HPB235	Q235A～B	Q235
2	HPB300	—	—

注：在GB/T 701—1997中，还有Q195、Q195C、Q215A～C。

13.5.3 冷轧带肋钢筋新旧标准牌号对照（见表13-28）

表13-28 冷轧带肋钢筋新旧标准及牌号

<table>
<tr><th rowspan="2">序号</th><th colspan="2">GB 13788—2017《冷轧带肋钢筋》</th><th rowspan="2">GB 13788—2000《冷轧带肋钢筋》</th></tr>
<tr><th>钢筋</th><th>盘条</th></tr>
<tr><td>1</td><td>CRB500</td><td>Q215</td><td>CRB550</td></tr>
<tr><td>2</td><td>CRB650</td><td>Q235</td><td>CRB650</td></tr>
<tr><td rowspan="2">3、4</td><td rowspan="2">CRB800</td><td>20MnTi</td><td>CRB800</td></tr>
<tr><td>20MnSi</td><td>—</td></tr>
<tr><td rowspan="2">5、6</td><td rowspan="2">CRB970</td><td>41MnSiV</td><td>CRB970</td></tr>
<tr><td>6</td><td>CRB1170</td></tr>
</table>

附　　录

附录 A　中外常用钢铁材料相关标准目录

A1　中国（GB、YB）常用钢铁材料相关标准目录

A1.1　GB/T 13304.1—2008《钢分类　第1部分：按化学成分分类》

A1.2　GB/T 13304.2—2008《钢分类　第2部分：按主要质量等级和主要性能或使用特性分类》

A1.3　GB/T 222—2006《钢的成品化学成分允许偏差》

A1.4　GB/T 20066—2006《钢和铁　化学成分测定用试样的取样和制作方法》

A1.5　GB/T 221—2008《钢铁产品牌号表示方法》

A1.6　GB/T 5612—2008《铸铁牌号表示方法》

A1.7　GB/T 5613—2014《铸钢牌号表示方法》

A1.8　GB/T 17616—2013《钢铁及合金牌号数字统一代号体系》

A1.9　GB/T 700—2006《碳素结构钢》

A1.10　GB/T 699—2015《优质碳素结构钢》

A1.11　GB/T 1591—2018《低合金高强度结构钢》

A1.12　GB/T 3077—2015《合金结构钢》

A1.13　GB/T 5216—2014《保证淬透性结构钢》

A1.14　GB/T 8731—2008《易切削结构钢》

A1.15　GB/T 6478—2015《冷镦和冷挤压用钢》

A1.16　GB/T 5213—2008《冷轧低碳钢板和钢带》

A1.17　GB/T 4171—2008《耐候结构钢》

A1.18　GB/T 15712—2016《非调质机械结构钢》

A1.19　GB/T 16270—2009《高强度结构钢用调质钢板》

A1.20　GB/T 1222—2016《弹簧钢》

A1.21　GB/T 18254—2016《高碳铬轴承钢》

A1.22　GB/T 3203—2016《渗碳轴承钢》

A1.23　GB/T 3086—2008《高碳铬不锈轴承钢》

A1.24　YB/T 4105—2000《高温轴承钢》

A1.25　GB/T 3273—2015《汽车大梁用热轧钢板和钢带》

A1.26　GB/T 20564.1—2017《汽车用高强度冷连轧钢板及钢带　第1部分：烘烤硬化钢》

A1.27　GB/T 20564.2—2017《汽车用高强度冷连轧钢板及钢带　第2部分：双相钢》

A1.28　GB/T 712—2011《船舶及海洋工程用结构钢》

A1.29　GB/T 18669—2012《船用锚链用钢》

A1.30　GB 714—2015《桥梁用结构钢》

A1.31　GB 713—2014《锅炉和压力容器用钢板》

A1.32　GB 3531—2014《低温压力容器用低合金钢钢带》

A1.33　GB/T 5310—2017《高压锅炉用无缝钢管》

A1.34　GB/T 10560—2017《矿用焊接圆环链用钢》

A1.35　GB/T 4697—2017《矿山巷道支护用热轧U型钢》

A1.36　GB/T 14164—2013《石油天然气输送管用热轧宽钢带》

A1.37　YB/T 5318—2010《合金弹簧钢丝》

A1.38　GB 19879—2015《建筑结构用钢板》

A1.39　GB/T 13788—2017《冷轧带肋钢筋》

A1.40　GB/T 1499.1—2017《钢筋混凝土用钢　第1部分：热轧光圆钢筋》

A1.41　GB/T 1499.2—2018《钢筋混凝土用钢　第2部分：热轧带肋钢筋》

A1.42　GB/T 1499.3—2010《钢筋混凝土用钢　第3部分：钢筋焊接网》

A1.43　GB/T 20878—2007《不锈钢和耐热钢　牌号和化学成分》

A1.44　GB/T 1220—2016《不锈钢棒》

A1.45　GB/T 1221—2007《耐热钢棒》

A1.46　GB/T 3280—2015《不锈钢冷轧钢板和钢带》

A1.47　GB/T 4237—2015《不锈钢热轧钢板和钢带》

A1.48　GB/T 4238—2015《耐热钢钢板和钢带》

A1.49　GB/T 31303—2014《奥氏体型 - 铁素体型双相不锈钢棒》

A1.50　GB/T 1299—2014《工模具钢》

A1.51　GB/T 9943—2008《高速工具钢》

A1.52　GB/T 11352—2009《一般工程用铸造碳钢件》

A1.53　GB/T 7659—2010《焊接结构用铸钢件》

A1.54　GB/T 14408—2014《一般工程与结构用低合金钢铸件》

A1.55　GB/T 6967—2009《工程结构用中、高强度不锈钢铸件》

A1.56　GB/T 2100—2017《通用耐蚀钢铸件》

A1.57　GB/T 8492—2014《一般用途耐热钢和合金铸件》

A1.58　GB/T 5680—2010《奥氏体锰钢铸件》

A1.59　GB/T 9439—2010《灰铸铁件》

A1.60　GB/T 1348—2009《球墨铸铁件》

A1.61　GB/T 9440—2010《可锻铸铁件》

A1.62　GB/T 9437—2009《耐热铸铁件》

A1.63　GB/T 8491—2009《高硅耐蚀铸铁件》

A1.64　GB/T 8263—2010《抗磨白口铸铁件》

A1.65　GB/T 26655—2011《蠕墨铸铁件》

A1.66　GB/T 4223—2017《废钢铁》

A2　俄罗斯（ГОСТ）常用钢铁材料相关标准目录

A2.1　ГОСТ 16432—1970《再生的黑色金属　术语和定义》

A2.2　ГОСТ 380—1994《普通碳素结构钢》

A2.3　ГОСТ 1050—1988《优质碳素结构钢》

A2.4　ГОСТ 14159—1979《碳素及合金结构钢　分类及技术条件》

A2.5　ГОСТ 19281—1989《低合金高强度钢》

A2.6　ГОСТ 4543—1971《合金结构钢》

A2.7　ГОСТ 4041—1993《冷冲压用热轧钢板》

A2.8　ГОСТ 9045—1993《冷冲压用冷轧优质低碳薄钢板》

A2.9　ГОСТ 10702—1978《冷冲压顶锻用优质碳素结构钢和合金钢》

A2.10　ГОСТ 1414—1975《易切削结构钢》

A2.11　ГОСТ 6713—1991《桥梁结构用钢》

A2.12　ГОСТ 8320.3—1983《汽车制造用的横向螺旋轧制周期断面钢材　品种》

A2.13　ГОСТ 5520—1979《锅炉和压力容器碳素低合金钢和合金钢板　技术条件》

A2.14　ГОСТ 5781—1982《钢筋混凝土结构钢筋用的热轧钢》

A2.15　ГОСТ 7419.0—1990《热轧弹簧钢　一般要求》

A2.16　ГОСТ 7419.1—1978《热轧弹簧钢　弹簧钢品种》

A2.17　ГОСТ 801—1978《高碳铬轴承钢　技术条件》

A2.18　ГОСТ 21022—1975《含铬精密轴承钢》

A2.19　ГОСТ 20072—1994《高温用合金结构钢》

A2.20　ГОСТ 5632—1972《高合金钢及耐蚀、耐热和热强度合金钢及合金牌号　技术条件》

A2.21　СТОАСЦМ 7—1993《建筑用钢筋》

A2.22　ГОСТ 1435—1999《碳素工具钢》

A2.23　ГОСТ 5950—2000《合金工具钢》

A2.24　ГОСТ 19265—1973《高速工具钢》

A2.25　ГОСТ 977—1988《碳素铸钢、合金铸钢、不锈和耐热铸钢、高锰铸钢》

A2.26　ГОСТ 21357—1987《低温耐磨铸钢》

A2.27　ГОСТ 1412—1985《灰铸铁》

A2.28　ГОСТ 7293—1985《球墨铸铁》

A2.29　ГОСТ 1215—1979《可锻铸铁》

A2.30　ГОСТ 1585—1985《抗磨白口铸铁》

A2.31　ГОСТ 7769—1982《特殊性能合金铸铁》

A3　日本（JIS）常用钢铁材料相关标准目录

A3.1　JIS G0203:2009《钢铁术语（产品和质量）》

A3.2　JIS G0204:2010《钢产品　定义和分类》

A3.3　JIS G0320:2015《钢的熔炼分析用标准试验方法》

A3.4　JIS G0321:2010《锻钢的产品分析及其误差》

A3.5　JIS G0404:2014《钢和钢制品一般技术交付要求》

A3.6　JIS G3101:2015《普通结构用轧制钢材》

A3.7　JIS G3103:2007《锅炉和压力容器用碳素钢及钼合金钢板》

A3.8　JIS G3106:2008《焊接结构用轧制钢材》

A3.9　JIS G3109:2008《预应力混凝土用钢筋》

A3.10　JIS G3112:2010《钢筋混凝土用钢筋》

A3.11　JIS G3113:2006《汽车结构用热轧钢板、薄板及钢带》

A3.12　JIS G3134:2006《汽车结构用改良加工性能的热轧高强度钢板、薄板及钢带》

A3.13　JIS G3135:2006《汽车结构用改善加工性的冷轧高强度薄钢板和钢带》

A3.14　JIS G3114:2016《焊接结构用耐大气腐蚀热轧钢材》

A3.15　JIS G3115:2010《中温设备压力容器用钢板》

A3.16　JIS G3118:2017《中温和常温设备压力容器用碳素钢板》

A3.17　JIS G3119:2013《锅炉及压力容器用锰钼钢及锰钼镍合金钢钢板》

A3.18　JIS G3124:2017《中、常温压力容器用高强度钢板》

A3.19　JIS G3125:2015《高级耐大气腐蚀轧制钢材》

A3.20　JIS G3126:2015《低温压力容器用碳素钢板》

A3.21　JIS G3128: 2009《焊接结构用高屈服强度钢材》

A3.22　JIS G3474:2008《塔结构用高强度钢钢管》

A3.23　JIS G3131:2010《热轧低碳钢板、薄板及钢带》

A3.24　JIS G3467:2013《加热炉用钢管》

A3.25　JIS G3141:2009《冷轧碳素薄钢板及钢带》

A3.26　JIS G3461:2005《锅炉与热交换器用碳素钢管》

A3.27　JIS G3462:2014《锅炉及热变换器用合金钢钢管》

A3.28　JIS G3463:2012《锅炉与热交换器用不锈钢钢管》

A3.29　JIS G3136:2012《建筑结构用轧制钢》

A3.30　JIS G3507-1:2010《冷镦用碳素钢　第1部分：盘条》

A3.31　JIS G3507-2:2005《冷镦用碳素钢　第2部分：线材》

A3.32　JIS G3508-1:2005《冷镦加工用硼钢棒　第1部分：盘条》

A3.33　JIS G3508-2:2005《冷镦加工用硼钢棒　第2部分：线材》

A3.34　JIS G3509-1:2010《冷镦用低合金钢　第1部分：线材》

A3.35　JIS G3509-2:2003《冷镦用低合金钢　第2部分：金属丝》

A3.36　JIS G7401:2000《冷镦或冷挤压加工用钢材》

A3.37　JIS G4051:2009《机械构造用碳素钢钢材》

A3.38　JIS G4052:2008《保证淬硬性的结构用钢材（H钢）》

A3.39　JIS G4053:2016《机械构造用合金钢钢材》

A3.40　JIS G4107:2007《高温合金钢螺栓钢材》

A3.41　JIS G4202:2005《铝铬钼钢钢材》

A3.42　JIS G4303:2012《不锈钢棒》

A3.43　JIS G4304:2012《热轧不锈钢板材、薄板和带材》

A3.44　JIS G4305:2012《冷轧不锈钢板材、薄板和带材》

A3.45　JIS G4309:2013《不锈钢丝》

A3.46　JIS G4315:2013《冷镦和冷锻用不锈钢丝》

A3.47　JIS G3459:2004《不锈钢管》

A3.48　JIS G4311:2011《耐热钢棒和线》

A3.49　JIS G4312:2011《耐热钢板、薄板和带材》

A3.50　JIS G4313:2011《弹簧用冷轧不锈钢带》

A3.51　JIS G4801:2011《弹簧钢钢材》

A3.52　JIS G4802:2011《弹簧用冷轧钢带》

A3.53　JIS G4804:2008《易切削钢钢材》

A3.54　JIS G4805:2008《高碳铬轴承钢》

A3.55 JIS G4401:2009《碳素工具钢》

A3.56 JIS G4404:2015《合金工具钢》

A3.57 JIS G4403:2006《高速工具钢》

A3.58 JIS G5101:1991《碳素钢铸件》

A3.59 JIS G5102:1991《焊接结构用铸钢件》

A3.60 JIS G7821:2000《一般工程用铸造碳素钢》

A3.61 JIS G5111:1991《结构用高抗拉强度碳素钢及低合金钢铸件》

A3.62 JIS G5121:2003《一般用途的耐腐蚀铸钢件》

A3.63 JIS G5122:2003《一般用途的耐热铸铁及合金铸件》

A3.64 JIS G5131:2008《高锰钢铸件》

A3.65 JIS G5151:1991《高温高压装置用铸钢件》

A3.66 JIS G5152:1991《低温高压装置用铸钢件》

A3.67 JIS G5501:1995《灰铸铁件》

A3.68 JIS G5502:2001《球墨铸铁件》

A3.69 JIS G5503:1995《奥氏体等温淬火球墨铸铁件》

A3.70 JIS G5504:2005《低温用厚壁铁素体球墨铸铁件》

A3.71 JIS G5510:2012《奥氏体铸铁件》

A3.72 JIS G5705:2000《可锻铸铁件》

A4 美国（ASTM）常用钢铁材料相关标准目录

A4.1 ASTM A1—2000（2018）《碳钢三通轨》

A4.2 ASTM A2—2014《普通、带槽和防护型碳钢梁轨》

A4.3 ASTM A3—2001（2012）《低、中高碳钢连接棒（非热处理）》

A4.4 ASTM A6/A6M—2017《轧制结构钢棒材、板材和板桩》

A4.5 ASTM A36/A36M—2014《碳素结构钢》

A4.6 ASTM A242/A242M—2013（2018）《高强度低合金结构钢》

A4.7 ASTM A283/A283M—2013《低、中抗拉强度碳素钢板》

A4.8 ASTM A434/A434M—2017《热轧、冷精轧并经淬火、回火的合金棒》

A4.9 ASTM A529/A529M—2014《结构质量的高强度碳锰钢》

A4.10 ASTM A572/A572M—2015《高强度低合金铌-钒结构钢》

A4.11 ASTM A573/A573M—2013《改良韧性的结构碳钢钢板》

A4.12 ASTM A588/A588M—2015《耐大气腐蚀的最低屈服强度为345MPa的高强度低合金结构钢》

A4.13 ASTM A633/A633M—2013《正火的高强度低合金钢板》

A4.14 ASTM A606/A606M—2015《高强度低合金热轧和冷轧薄钢板和钢带》

A4.15 ASTM A871/A871M—2014《抗大气腐蚀的高强度低合金钢板》

A4.16 ASTM A656/A656M—2013《改进成形性的高强度低合金热轧结构钢》

A4.17 ASTM A514/A514M—2014《适用于焊接的高屈服强度调质合金钢板》

A4.18 ASTM A579/A579M—2017《超强合金锻件》

A4.19 ASTM A1008/A1008M—2015《高强度低合金改进形性的冷轧结构碳钢薄钢板和钢带》

A4.20 ASTM A1011/A1011M—2017a《高强度低合金可成形性和超高强度碳结构热轧薄板和带材》

A4.21 ASTM A1018/A1018M—2018《高强度低合金、可成形性提高强度和超高强度热轧碳钢板和带材》

A4.22 ASTM A29/A29M—2015《热锻及冷加工碳素钢和合金钢棒》

A4.23 ASTM A519/A519M—2017《无缝碳钢和合金钢机械管》

A4.24 ASTM A304—2016《末端淬透性要求的碳钢和合金钢棒》

A4.25 ASTM A515/A515M—2017《中温和高温压力容器用碳钢板》

A4.26 ASTM A516/A516M—2015《中温和低温压力容器用碳钢板》

A4.27　ASTM A537/A537M—2013《压力容器用热处理碳锰硅钢板》

A4.28　ASTM A612/A612M—2012《中低温压力容器用高强度碳钢板》

A4.29　ASTM A662/A662M—2017《中低温压力容器用碳锰硅钢板》

A4.30　ASTM A479/A479M—2017《锅炉和其他压力容器用不锈钢棒材》

A4.31　ASTM A737/A737M—2017《高强度低合金压力容器用钢板》

A4.32　ASTM A738/A738M—2012a《中低温压力容器用热处理碳锰硅钢板》

A4.33　ASTM A841/A841M—2013《热机械控制的压力容器用钢板》

A4.34　ASTM A225/A225M—2017《压力容器用锰钒镍合金钢板》

A4.35　ASTM A209/A209M—2003（2017）《锅炉和过热器用碳钼合金钢无缝钢管》

A4.36　ASME SA－213/SA－213M—2017《高压锅炉用低合金钢和耐热不锈钢无缝钢管》

A4.37　ASTM A913/A913M—2015《用淬火和自回火工艺制作的高强度低合金优质结构型钢》

A4.38　ASTM A945/A945M—2016《改进焊接性、成形性和韧性用低碳和限制硫的高强度低合金钢板》

A4.39　ASTM A709/A709M—2016《桥梁用结构钢》

A4.40　ASTM A615/A615M—2016《钢筋混凝土用热轧光圆钢筋》

A4.41　ASTM A706/A706M—2016《钢筋混凝土用低合金变形光面钢棒》

A4.42　ASTM A355—1989（2017）《表面氮化合金钢棒》

A4.43　ASTM A689—1997（2013）《弹簧用碳素钢和合金钢棒》

A4.44　ASTM A959—2016《锻制不锈钢棒》

A4.45　ASTM A790/A790M—2018《无缝焊接铁素体－奥氏体不锈钢管》

A4.46　ASTM A789/A789M—2017《通用缝焊接铁素体－奥氏体不锈钢管》

A4.47　ASTM A276/A276M—2017《不锈和耐热钢棒材和型材》

A4.48　ASTM A484/A484M—2018《不锈钢棒、钢坯和锻件通用要求》

A4.49　ASTM A582/A582M—2012（2017）《高速切削不锈钢棒材》

A4.50　ASTM A295/A295M—2014《高碳耐磨轴承钢》

A4.51　ASTM A756—2017《不锈耐磨轴承钢》

A4.52　ASTM A534—2017《抗磨轴承用渗碳钢》

A4.53　ASTM A485—2014《高淬透性减摩轴承钢》

A4.54　ASTM A686—1992（2016）《碳素工具钢》

A4.55　ASTM A681—2008（2015）《合金工具钢》

A4.56　ASTM A600—1992a（2016）《高速模具钢》

A4.57　ASTM A27/A27M—2017《一般用途碳素钢铸件》

A4.58　ASTM A743/A743M—2013a《一般用途的耐腐蚀铁铬镍合金铸钢件》

A4.59　ASTM A297/A297M—2017《通用耐热铬铁和铁铬镍合金钢铸件》

A4.60　ASTM A216/A216M—2016《焊接用碳素钢铸件》

A4.61　ASTM A217/A217M—2014《适合高温受压零件用马氏体不锈钢和合金钢铸件》

A4.62　ASTM A148/A148M—2015a《结构用高强度钢铸件》

A4.63　ASTM A128/A128M—1993（2017）《奥氏体锰钢铸件》

A4.64　ASTM A487/A487M—2014《承压铸钢件》

A4.65　ASTM A703/A703M—2017《通用承压零件用铸钢件》

A4.66　ASTM A744/A744M—2013《恶劣工作条件下用的耐蚀铸钢》

A4.67　ASTM A747/A747M—2016《沉淀硬化型不锈钢铸件》

A4.68　ASTM A48/A48M—2003（2016）《灰铁铸件》

A4.69　ASTM A536—1984（2014）《球墨铸铁件》

A4.70　ASTM A47/A47M—1999（2014）《铁素体可锻铸铁件》

A4.71　ASTM A220/A220M—1999（2014）《珠光体可锻铸铁件》

A4.72　ASTM A439/A439M—1983（2009）《奥氏体可锻铸铁件》

A4.73　ASTM A532/A532M—2010（2014）《耐磨铸铁件》

A4.74　ASTM A197/A197M—2000（2015）《化铁炉可锻铸铁件》

A4.75　ASTM A518/A518M—1999（2012）《高硅耐蚀铸铁件》

A4.76　ASTM A897/A897M—2016《等温淬火球墨铸铁件》

A4.77　ASTM A571/A571M—2001（2015）《低温承压用奥氏体球墨铸铁件》

A4.78　ASTM A842—2011a《蠕墨铸铁件》

A5　国际标准化组织（ISO）常用钢铁材料相关标准目录

A5.1　ISO 4948-1:2007《钢分类　第1部分：化学成分对非合金钢和合金钢的分类》

A5.2　ISO 4948-2:2007《钢分类　第2部分：主要质量等级和主要性能或应用特性对非合金钢和合金钢的分类》

A5.3　ISO/TR 7003:2004《金属命名的统一格式》

A5.4　ISO 6929:2013（E）《钢制品　定义和分类》

A5.5　ISO 404:2013（E）《钢铁产品　一般技术交货要求》

A5.6　ISO 10474:2013（E）《钢铁产品　检验文件》

A5.7　ISO 630-1:2011（E）《结构钢　第1部分：热轧产品的一般技术条件》

A5.8　ISO 630-2:2011（E）《结构钢　第2部分：通用结构钢的交货技术条件》

A5.9　ISO 630-3:2012（E）《结构钢　第3部分：细晶粒结构钢交货条件》

A5.10　ISO 630-4:2012（E）《结构钢　第4部分：高屈服强

度淬火和回火结构钢板的交货技术条件》

A5.11　ISO 630-5:2014（E）《结构钢　第5部分：改进耐大气腐蚀性能的结构钢交货技术条件》

A5.12　ISO 630-6:2014（E）《结构钢　第6部分：建筑物用改良抗震结构钢交货技术条件》

A5.13　ISO 1052:2013（E）《通用工程低碳钢丝》

A5.14　ISO 4950-1:2003（E）《高屈服强度扁钢　第1部分：一般要求》

A5.15　ISO 4950-2:1995（E）《高屈服强度扁钢　第2部分：按正火或受控轧制条件提供的钢材》

A5.16　ISO 4950-3:1995（E）《高屈服强度扁钢　第3部分：热处理（淬火+回火）条件下提供的产品》

A5.17　ISO 4951-1:2001（E）《高屈服强度钢棒材和型钢　第1部分：交货一般要求》

A5.18　ISO 4951-2:2001（E）《高屈服强度钢棒材和型钢　第2部分：正火和正火轧制钢交货技术条件》

A5.19　ISO 4951-3:2001（E）《高屈服强度钢棒材和型钢　第3部分：热轧钢交货技术条件》

A5.20　ISO 4952:2006（E）《改进的耐大气腐蚀结构钢》

A5.21　ISO 5952:2019（E）《改进的耐大气腐蚀性能的连续热轧结构钢板》

A5.22　ISO 4954:2018（E）《冷镦和冷挤压用钢》

A5.23　ISO 3574:2012（E）《冷轧碳钢板》

A5.24　ISO 6935-1:2007（E）《混凝土钢筋　第1部分：普通钢筋》

A5.25　ISO 6935-2:2015（E）《混凝土钢筋　第2部分：带肋钢筋》

A5.26　ISO 6935-3:1992（E）《混凝土钢筋　第3部分：焊接织物》

A5.27　ISO 8458-1:2002（E）《机械弹簧用钢丝　第1部分：一般要求》

A5.28　ISO 8458－2:2002（E）《机械弹簧用钢丝　第2部分：铅淬冷拔非合金钢丝》

A5.29　ISO 8458－3:2002（E）《机械弹簧用钢丝　第3部分：油淬和回火钢丝》

A5.30　ISO 11692:2014（E）《加热温度下沉淀硬化的铁素体－珠光体工程用钢》（非调质机械结构钢）

A5.31　ISO 4996:2014（E）《高屈服应力热轧结构钢板》（非调质机械结构钢）

A5.32　ISO 4999:2014（E）《商业、拉伸和结构质量的连续热浸镀（铅合金）涂层冷还原碳钢板》

A5.33　ISO 683－1:2016（E）《热处理钢、合金钢和易切削钢　第1部分：淬火和回火用非合金钢》

A5.34　ISO 683－2:2016（E）《热处理钢、合金钢和易切削钢　第2部分：淬火和回火用合金钢》

A5.35　ISO 683－3:2019（E）《热处理钢、合金钢和易切削钢　第3部分：表面硬化钢》

A5.36　ISO 683－4:2016（E）《热处理钢、合金钢和易切削钢　第4部分：易切削钢》

A5.37　ISO 683－5:2017（E）《热处理钢、合金钢和易切削钢　第5部分：氮化钢》

A5.38　ISO 683－9:1988（E）《热处理钢、合金钢和易切削钢　第9部分：锻造易切削钢》

A5.39　ISO 683－10:1987（E）《热处理钢、合金钢和易切削钢　第10部分：压力加工渗氮化钢》

A5.40　ISO 683－11:2012（E）《热处理钢、合金钢和易切削钢　第11部分：表面硬化钢》

A5.41　ISO 683－13:1986（E）《热处理钢、合金钢和易切削钢　第13部分：不锈耐热钢》

A5.42　ISO 683－14:2004（E）《热处理钢、合金钢和易切削钢　第14部分：淬硬回火弹簧用热轧钢》

A5.43　ISO 683－15:1992（E）《热处理钢、合金钢和易切削钢

第15部分：内燃机气门用钢》

A5.44　ISO 683－16:1976（E）《热处理钢、合金钢和易切削钢　第16部分：沉淀硬化不锈钢》

A5.45　ISO 683－17:2014（E）《热处理钢、合金钢和易切削钢　第17部分：球轴承和滚动轴承钢》

A5.46　ISO 683－18:2014（E）《热处理钢、合金钢和易切削钢　第18部分：非合金钢和低合金钢光亮产品

A5.47　ISO 9328－1:2018（E）《压力用钢扁平产品　第1部分：一般要求》

A5.48　ISO 9328－2:2018（E）《压力用钢扁平产品　第2部分：特定高温性能的非合金钢和合金钢》

A5.49　ISO 9328－3:2018（E）《压力用钢扁平产品　第3部分：可焊接细晶粒钢》

A5.50　ISO 9328－4:2018（E）《压力用钢扁平产品　第4部分：规定低温性能的镍合金钢》

A5.51　ISO 9328－5:2018（E）《压力用钢扁平产品　第5部分：热机械轧制钢的可焊接细晶粒钢》

A5.52　ISO 9328－6:2018（E）《压力用钢扁平产品　第6部分：淬火和回火的可焊接细晶粒钢》

A5.53　ISO 9328－7:2018（E）《压力用钢扁平产品　第7部分：不锈钢》

A5.54　ISO 9329－1:1989（E）《压力用无缝钢管　第1部分：规定室温性能的非合金钢》

A5.55　ISO 9329－2:1997（E）《压力用无缝钢管　第2部分：规定高温性能的非合金钢和合金钢》

A5.56　ISO 9329－3:1997（E）《压力用无缝钢管　第3部分：规定低温性能的非合金钢和合金钢》

A5.57　ISO 9329－4:1997（E）《压力用无缝钢管　第4部分：奥氏体不锈钢》

A5.58　ISO 3183:2012（E）《石油和天然气工业管道用钢管》

A5.59　ISO 4957：2018（E）《工具钢》

A5.60　ISO/TR 15510:2014（E）《不锈钢　化学成分》

A5.61　ISO 4955:2016（E）《耐热钢和耐热合金》

A5.62　ISO 4990:2015（E）《铸钢件交货一般技术要求》

A5.63　ISO 3755:1991（E）《一般工程用铸造碳钢》

A5.64　ISO 9477:2015（E）《一般工程和结构用高强度铸钢》

A5.65　ISO 4991:2015（E）《承压用铸造不锈钢》

A5.66　ISO 11972:2015（E）《一般用途耐蚀铸钢件》

A5.67　ISO 11973:2015（E）《一般用途耐热铸钢及合金》

A5.68　ISO 13521:2015（E）《奥氏体锰钢铸件》

A5.69　ISO 185:2005（E）《灰铸铁》

A5.70　ISO 1083:2018（E）《球墨铸铁》

A5.71　ISO 5922:2005（E）《可锻铸铁》

A5.72　ISO 2892:2007（E）《高镍奥氏体球墨铸铁》

A6　欧洲标准化委员会（EN）常用钢铁材料相关标准目录

A6.1　EN 10020:2000《钢的等级定义和划分》

A6.2　EN 10021:2006（E）《钢制品的一般技术要求》

A6.3　EN 10027-1:2016（E）《钢的命名系统　第1部分：以符号表示的钢牌号》

A6.4　EN 10027-2:2015（E）《钢的命名系统　第2部分：以数字号码表示的钢牌号》

A6.5　EN 10079:2007（E）《钢产品定义》

A6.6　EN 10025-1:2016（E）《热轧结构钢制品　第1部分：一般交货技术条件》

A6.7　EN 10025-2:2004（E）《热轧结构钢制品　第2部分：非合金结构钢交货技术条件》

A6.8　EN 10025-3:2004（E）《热轧结构钢制品　第3部分：正火/正火轧制焊接用细晶粒结构钢交货技术条件》

A6.9　EN 10025-4:2004（E）《热轧结构钢制品　第4部分：热机械轧制可焊接细晶粒结构钢交货技术条件》

A6.10　EN 10025-5:2004（E）《热轧结构钢制品　第5部分：改进的耐大气腐蚀结构钢交货技术条件》

A6.11　EN 10025-6:2004+A1：2009（D）《热轧结构钢制品

第6部分：调质高屈服强度结构钢扁平制品交货技术条件》

A6.12　EN 10028－1:2017（E）《承压扁平钢轧制品　第1部分：一般要求》

A6.13　EN 10028－2:2017（E）《承压扁平钢轧制品　第2部分：规定耐高温性能的非合金钢和合金钢》

A6.14　EN 10028－3:2017（E）《承压扁平钢轧制品　第3部分：正火处理的可焊接细晶粒钢》

A6.15　EN 10028－4:2017（E）《承压扁平钢轧制品　第4部分：具有规定低温特性的镍合金钢》

A6.16　EN 10028－5:2017（E）《承压扁平钢轧制品　第5部分：热轧的可焊接细晶粒钢》

A6.17　EN 10028－6:2017（E）《承压扁平钢轧制品　第6部分：经淬火和回火处理的可焊接细晶粒钢》

A6.18　EN 10028－7:2016（E）《承压扁平钢轧制品　第7部分：不锈钢管》

A6.19　EN 10083－1:2006（E）《淬火和回火钢　第1部分：一般交货技术条件》

A6.20　EN 10083－2:2006（E）《淬火和回火钢　第2部分：非合金优质钢供货技术条件》

A6.21　EN 10083－3:2006（E）《淬火和回火钢　第3部分：合金钢交货技术条件》

A6.22　EN 10084:2008（E）《渗碳钢交货技术条件》

A6.23　EN 10085:2001（E）《氮化钢交货技术条件》

A6.24　EN 10087:1999（E）《易切削钢半成品热轧钢棒交货技术条件》

A6.25　EN 10222－1:2017（E）《压力容器用钢制锻件　第1部分：自由成型锻件》

A6.26　EN 10222－2:2017（E）《压力容器用钢制锻件　第2部分：具有高温特性的铁素体和马氏体钢》

A6.27　EN 10222－3:2017（E）《压力容器用钢制锻件　第3部分：具有特定低温特性的镍钢》

A6.28　EN 10222－4:2017（E）《压力容器用钢制锻件　第4

部分：具有高验收强度的可焊接细晶粒钢》

A6.29 EN 10222－5:2017（E）《压力容器用钢制锻件 第5部分：马氏体、奥氏体和奥氏体－铁素体不锈钢》

A6.30 EN 10216－1:2013（E）《承压用无缝钢管 第1部分：规定室温特性的非合金钢管》

A6.31 EN 10216－2:2013（E）《承压用无缝钢管 第2部分：规定高温性能的合金和非合金钢管》

A6.32 EN 10216－3:2013（E）《承压用无缝钢管 第3部分：细晶粒合金钢管》

A6.33 EN 10216－4:2013（E）《承压用无缝钢管 第4部分：规定低温性能的合金和非合金钢管》

A6.34 EN 10216－5:2013（E）《承压用无缝钢管 第5部分：不锈钢管》

A6.35 EN 10263－1:2017（E）《冷加工和冷挤压钢棒、钢筋和钢丝 第1部分：一般交货技术条件》

A6.36 EN 10263－2:2017（E）《冷加工和冷挤压钢棒、钢筋和钢丝 第2部分：冷处理后不用于热处理的钢》

A6.37 EN 10263－3:2017（E）《冷加工和冷挤压钢棒、钢筋和钢丝 第3部分：表面硬化钢》

A6.38 EN 10263－4:2017（E）《冷加工和冷挤压钢棒、钢筋和钢丝 第4部分：调质钢》

A6.39 EN 10263－5:2017（E）《冷加工和冷挤压钢棒、钢筋和钢丝 第5部分：不锈钢》

A6.40 EN 10089:2002（E）《淬火和回火弹簧用热轧弹簧钢交货技术条件》

A6.41 EN 10270－1：2011/FprA1:2016（D）《机械用弹簧钢丝 第1部分：冷拔非合金弹簧钢丝》

A6.42 EN 10270－2:2011（E）《机械用弹簧钢丝 第2部分：油淬火－回火弹簧钢丝》

A6.43 EN 10270－3:2011（E）《机械用弹簧钢丝 第3部分：不锈钢弹簧钢丝》

A6.44 EN 10016－1:1994《冷拔或冷轧用非合金钢棒 第1部

分：一般要求》

A6.45 EN 10016-2:1994《冷拔或冷轧用非合金钢棒 第2部分：通用钢棒的特殊要求》

A6.46 EN 10016-3:1994《冷拔或冷轧用非合金钢棒 第3部分：沸腾钢代用低碳钢的特殊要求》

A6.47 EN 10016-4:1994《冷拔或冷轧用非合金钢棒 第4部分：特殊用途钢棒的特殊要求》

A6.48 EN 10250-1:2004 一般工程用敞口钢模锻件 第1部分：一般要求》

A6.49 EN 10250-2:2004《一般工程用敞口钢模锻件 第2部分：非合金质量特种钢》

A6.50 EN 10250-3:2004《一般工程用敞口钢模锻件 第3部分：合金特殊钢》

A6.51 EN 10250-4:2004《一般工程用敞口钢模锻件 第4部分：不锈钢》

A6.52 EN 10267:1998《热加工温度沉淀硬化用铁素体珠光体钢》

A6.53 EN 10130:2006（E）《冷成型用冷轧低碳钢扁平轧材》

A6.54 EN 10080:2005（E）《混凝土加筋用可焊性钢筋》

A6.55 EN 10272:2016（E）《承压设备用不锈钢棒》

A6.56 EN 10273:2016（E）《承压设备用规定高温性能的热轧可焊接钢棒》

A6.57 EN 10277-1:2008（E）《光亮钢制品 第1部分：总则》

A6.58 EN 10277-2:2008（E）《光亮钢制品 第2部分：一般工程用钢》

A6.59 EN 10277-3:2008（E）《光亮钢制品 第3部分：易切削钢》

A6.60 EN 10277-4:2008（E）《光亮钢制品 第4部分：表面硬化钢》

A6.61 EN 10277-5:2008（E）《光亮钢制品 第5部分：淬火和回火钢》

A6.62　EN ISO 4957:2017（D）《工具钢》

A6.63　EN ISO 683－17：2014《滚珠和滚动轴承钢》

A6.64　EN 10088－1:2014（E）《不锈钢　第1部分：不锈钢目录》

A6.65　EN 10088－2:2014（E）《不锈钢　第2部分：一般用途耐腐蚀性不锈钢板和钢带》

A6.66　EN 10088－3:2014（E）《不锈钢　第3部分：一般用途耐腐蚀性棒材、线材、型材的半成品和光亮产品交货技术条件》

A6.67　EN 10090:2000（E）《阀门用钢及合金》

A6.68　EN 10095:2000（E）《耐热钢和镍合金》

A6.69　EN 10213:2007＋A1:2016（E）《压力用铸钢件》

A6.70　EN 10283:2010（E）《耐蚀铸钢件》

A6.71　EN 10295:2002（E）《耐热铸钢件》

A6.72　EN 1561:2011（E）《灰铸铁》

A6.73　EN 1562:2012（D）《可锻铸铁》

A6.74　EN 1563:2016（E）《球墨铸铁》

A6.75　EN 12513:2011（E）《耐磨铸铁》

A6.76　EN 1564:2011（E）《奥氏体回火铸铁》

附录B　中外钢铁牌号近似对照

B1　中外通用结构钢牌号近似对照

碳素结构钢牌号近似对照见表B-1。优质碳素结构钢牌号近似对照见表B-2。低合金高强度结构钢牌号近似对照见表B-3。合金结构钢牌号近似对照见表B-4。保证淬透性结构钢（H钢）牌号近似对照见表B-5。易切削结构钢牌号近似对照见表B-6。冷镦和冷挤压用钢牌号近似对照见表B-7。耐候结构钢牌号近似对照见表B-8。冷轧低碳钢板和钢带牌号近似对照见表B-9。非调质机械结构钢牌号近似对照见表B-10。弹簧钢牌号近似对照见表B-11。轴承钢牌号近似对照见表B-12～表B-17。

表 B-1 碳素结构钢牌号近似对照

序号	中国 GB/T 700—2006	俄罗斯 ГОСТ 380—1994	日本 JIS G3101:2015 等	美国 ASTM A573/A573M—2013 等	国际 ISO630-2:2011（E）	欧洲 EN 10025-2:2004
1	Q195 U11952	Ст1сп	SS330	Grade C （ASTM A283/A283M—2013）	—	—
2	Q215A U12152	Ст2сп	SPHC （JIS G3131:2010）	Grade 58 [400]	—	—
3	Q215B U12155	Ст2сп	SPHD （JIS G3131:2010）	Grade 58 [400]	—	—
4	Q235A U12352	Ст3Гпс	SM400 A （JIS G3106:2008）	Grade 65 [450]	S235 B	S235JR 1.0038
5	Q235B U12355	Ст3Гсп	SM400 A （JIS G3106:2008）	Grade 65 [450]	S235 B	S235JR 1.0038
6	Q235C U12358	Ст3Гсп	SM400 C （JIS G3106:2008）	Grade 65 [450]	S235 C	S235J0 1.0114
7	Q235D U12359	Ст3Гсп	—	Grade 65 [450]	S235 D	S235J2 1.0117
8	Q275A U12752	Ст5Гпс	SS490	Grade 70 [485]	S275 B	S275JR 1.0044
9	Q275B U12755	Ст5Гпс	SM490A （JIS G3106:2008）	Grade 70 [485]	S275 B	S275JR 1.0044
10	Q275C U12758	Ст5Гпс	SM490B （JIS G3106:2008）	Grade 70 [485]	S275 C	S275J0 1.0143
11	Q275D U12759	Ст5Гпс	SM490C （JIS G3106:2008）	Grade 70 [485]	S275 D	S275J2 1.0145

表 B-2 优质碳素结构钢牌号近似对照

序号	中国 GB/T 699—2015	俄罗斯 ГОСТ 1050—1988	日本 JIS G4051:2009 等	美国 ASTM A29/A29M—2015	国际 ISO 683 −3:2019（E）等	欧洲 EN 10263 −3:2017（E）等
1	08 U20082	08	S10C	1008	C10E	C10E2C 1.1122
2	10 U20102	10	S10C	1010	C10E	C10E2C 1.1122
3	15 U20152	15	S15C	1015	C15E	C15E2C 1.1132
4	20 U20202	20	S20C	1020	—	1020
5	25 U20252	25	S25C	1025	C25E [ISO 683 −1:2016（E）]	C26D/1.0415 （BS EN 10016 −2:1994）
6	30 U20302	30	S30C	1030	C30E [ISO 683 −1:2016（E）]	—
7	35 U20352	35	S35C	1034	C35E [ISO 683 −1:2016（E）]	C35EC/1.1172 [EN 10263 −4:2017（E）]
8	40 U20402	40	S40C	C40E	C40E [ISO 683 −1:2016（E）]	C40E/1.1186 [EN 10083 −2:2006（E）]
9	45 U20452	45	S45C	1045	C45E [ISO 683 −1:2016（E）]	C45EC/1.1192 [EN 10263 −4:2017（E）]
10	50 U20502	50	S50C	1050	C50E [ISO 683 −1:2016（E）]	C50E/1.1206 [EN 10083 −2:2006（E）]
11	55 U20552	55	S55C	1055	C55E [ISO 683 −1:2016（E）]	C55E/1.1203 [EN 10083 −2:2006（E）]

（续）

序号	中国 GB/T 699—2015	俄罗斯 ГОСТ 1050—1988	日本 JIS G4051:2009 等	美国 ASTM A29/A29M—2015	国际 ISO 683-3:2019（E）等	欧洲 EN 10263-3:2017（E）等
12	60 U20602	60	S60C-CSP (JIS G4802:2005)	1059	C60E [ISO 683-1:2016（E）]	C60E/1.1221 [EN 10083-2:2006（E）]
13	65 U20652	65	S65C-CSP (JIS G4802:2005)	1064	—	C66D/1.0612 (BS EN 10016-2:1994)
14	70 U20702	70	S70C-CSP (JIS G4802:2005)	1069	C70U [EN ISO 4957:2017（D）]	C70D/1.0615 (BS EN 10016-2:1994)
15	75 U20752	75	—	1074	—	C76D/1.0614 (BS EN 10016-2:1994)
16	80 U20802	80	—	1080	C80U [EN ISO 4957:2017（D）]	C80D/1.0622 (BS EN 10016-2:1994)
17	85 U20852	85	—	1084	—	C86D/1.0616 (BS EN 10016-2:1994)
18	15Mn U21152	15Г	SWRCH16A	1016	C16E	C16E/1.1148 [EN 10084-2:2008（E）]
19	20Mn U21202	20Г	SWRCH22A	1022	22Mn6 [ISO 683-3:2019（E）]	C20C/1.0411 (EN 10263-2:2001)
20	25Mn U21252	25Г	SWRCHB323	1026	C25E	C26D/1.0415 (EN 10016-2:1994)
21	30Mn U21302	30Г	SWRCH30K	1030	C30E	—
22	35Mn U21352	35Г	SWRCH35K	1037	C35E	C35EC 1.1172

23	40Mn U21402	40Г	SWRCH40K	1039	C40E	C40E/1. 1186 (EN 10083 -2:2006)
24	45Mn U21452	45Г	SWRCH45K	1046	C45E	C45EC 1. 1192
25	50Mn U21502	50Г	SWRCH50K	1053	C50E	C50E/1. 1206 EN 10083 -2:2006
26	60Mn U21602	60Г	S60C - CSP (JIS G4802:2005)	1060	C60E	C60E/1. 1221 (EN 10083 -2:2006)
27	65Mn U21652	65Г	S65C - CSP (JIS G4802:2005)	1065	FDC (ISO 8458 -3:2002)	—
28	70Mn U21702	70Г	S70C - CSP (JIS G4802:2005)	1572	FDC (ISO 8458 -3:2002)	—

表 B-3 低合金高强度结构钢牌号近似对照

序号	中国 GB/T 1591—2018	日本 JIS G3106:2008 等	美国 ASTM A572/A572M—2018 等	国际 ISO 630 -2:2011 (E) 等	欧洲 EN 10025 -2:2004 等
1	Q355B	—	Grade50S [345S] (ASTM A709/A709M—2017)	S355B	S355JR/1. 0045
2	Q355C	—	Grade50W [345W] (ASTM A709/A709M—2017)	S355C	S355J0/1. 0553
3	Q355D	—	Grade HPS 50W [HPS 345W] (ASTM A709/A709M—2017)	S355D	S355J2/1. 0577

（续）

序号	中国 GB/T 1591—2018	日本 JIS G3106:2008 等	美国 ASTM A572/A572M—2018 等	国际 ISO 630-2:2011（E）等	欧洲 EN 10025-2:2004 等
4	Q390B	SM400B	Grade 55 [380]	PT400N [ISO 9328-3:2018（E）]	—
5	Q390C	SM400C	Grade 55 [380]	PT400NH [ISO 9328-3:2018（E）]	—
6	Q390D	—	Grade 55 [380]	PT400NL1 [ISO 9328-3:2018（E）]	—
7	Q420B	SPV410 (JIS G3115:2010)	Grade 60 [415] (ASTM A656/A656M—2018)	P420NH/1.8932 [ISO 9328-3:2018（E）]	P420NH/1.8932 [EN 10028-3:2017（E）]
8	Q420C	SPV410 (JIS G3115:2010)	Grade 60 [415] (ASTM A656/A656M—2018)	P420NL1/1.8912 [ISO 9328-3:2018（E）]	P420NL1/1.8912 [EN 10028-3:2017（E）]
9	Q460C	SPV450 (JIS G3115:2010)	Grade 65 [450]	S450C [ISO 630-3:2012（E）]	S450J0/1.0590 (EN 10025-3:2004)
10	Q355NB	SEV345 (JIS G3124:2017)	Grade C 50 [345] (ASTM A633/A633M—2018)	P355N/1.0562 [ISO 9328-3:2018（E）]	P355N/1.0562 [EN 10028-3:2017（E）]
11	Q355NC	SEV345 (JIS G3124:2017)	Grade C 50 [345] (ASTM A633/A633M—2018)	P355NH/1.0565 [ISO 9328-3:2018（E）]	P355NH/1.0565 [EN 10028-3:2017（E）]
12	Q355ND	SEV345 (JIS G3124:2017)	Grade C 50 [345] (ASTM A633/A633M—2018)	S355ND [ISO 630-3:2012（E）]	S355N/1.0545 (EN 10025-3:2004)
13	Q355NE	SEV345 (JIS G3124:2017)	Grade C 50 [345] (ASTM A633/A633M—2018)	S355NE [ISO 630-3:2012（E）]	S355NL/1.0546 (EN 10025-3:2004)
14	Q355NF	SEV345 (JIS G3124:2017)	Grade C 50 [345] (ASTM A633/A633M—2018)	S355NL2/1.1106 [ISO 9328-3:2018（E）]	S355NL2/1.1106 [EN 10028-3:2017（E）]

15	Q390NB	SM400B	Grade E 55［380］ （ASTM A633/A633M—2018）	PT400N ［ISO 9328－3:2018（E）］	—
16	Q390NC	SM400C	Grade E 55［380］ （ASTM A633/A633M—2018）	PT400NH ［ISO 9328－3:2018（E）］	—
17	Q390ND	—	Grade E 55［380］ （ASTM A633/A633M—2018）	PT400NHL1 ［ISO 9328－3:2018（E）］	—
18	Q390NE	—	Grade E 55［380］ （ASTM A633/A633M—2018）	—	—
19	Q420NB	—	Grade E 60［415］ （ASTM A633/A633M—2018）	P420NH/1. 8932 ［ISO 9328－3:2018（E）］	P420NH/1. 8932 ［EN 10028－3:2017（E）］
20	Q420NC	—	Grade E 60［415］ （ASTM A633/A633M—2018）	P420NHL1/1. 8912 ［ISO 9328－3:2018（E）］	P420NHL1/1. 8912 ［EN 10028－3:2017（E）］
21	Q420ND	—	Grade E 60［415］ （ASTM A633/A633M—2018）	S420ND ［ISO 630－3:2012（E）］	S420N/1. 8902 （EN 10025－3:2004）
22	Q420NE	—	Grade E 60［415］ （ASTM A633/A633M—2018）	S420NE ［ISO 630－3:2012（E）］	S420NL/1. 8912 （EN 10025－3:2004）
23	Q460NC	—	Grade 65［450］	P460NH/1. 8935 ［ISO 9328－3:2018（E）］	P460NH/1. 8935 ［EN 10028－3:2017（E）］
24	Q460ND	—	Grade 65［450］	S460ND ［ISO 630－3:2012（E）］	S460N/1. 8901 （EN 10025－3:2004）
25	Q460NE	—	Grade 65［450］	S460NE ［ISO 630－3:2012（E）］	S460NL/1. 8903 （EN 10025－3:2004）

（续）

序号	中国 GB/T 1591—2018	日本 JIS G3106:2008 等	美国 ASTM A572/A572M—2018 等	国际 ISO 630-2:2011（E）等	欧洲 EN 10025-2:2004 等
26	Q355MB	SPV355 (JIS G3115:2010)	SS Grade 50 [340] (ASTM A1011/A1011M—2017a)	P355M [ISO 9328-5:2018（E）]	P355M/1.8821 [EN 10028-5:2017（E）]
27	Q355MC	SPV355 (JIS G3115:2010)	SS Grade 50 [340] (ASTM A1011/A1011M—2017a)	P355M [ISO 9328-5:2018（E）]	P355M/1.8832 [EN 10028-5:2017（E）]
28	Q355MD	SPV355 (JIS G3115:2010)	HSLAS Grade 50 [340] (ASTM A1011/A1011M—2017a)	P355MD [ISO 630-3:2012（E）]	S355M/1.8823 [EN 10025-4:2004]
29	Q355ME	SPV355 (JIS G3115:2010)	HSLAS Grade 50 [340] (ASTM A1011/A1011M—2017a)	P355ME [ISO 630-3:2012（E）]	S355ML/1.8834 [EN 10025-4:2004]
30	Q355MF	SPV355 (JIS G3115:2010)	HSLAS-F Grade 50 [340] (ASTM A1011/A1011M—2017a)	P355ML2 [ISO 9328-5:2018（E）]	S355ML2/1.8833 [EN 10028-5:2017（E）]
31	Q390MB	SMA 400BP (JIS G3115:2010)	SS Grade 55 [380] (ASTM A1011/A1011M—2017a)	SG400WB [ISO 630-5:2014（E）]	—
32	Q390MC	SMA 400CP (JIS G3115:2010)	SS Grade 55 [380] (ASTM A1011/A1011M—2017a)	—	—
33	Q390MD	—	HSLAS Grade 55 [380] (ASTM A1011/A1011M—2017a)	—	—
34	Q390ME	—	HSLAS Grade 55 [380] (ASTM A1011/A1011M—2017a)	—	—
35	Q420MB	SPV410 (JIS G3115:2010)	SS Grade 60 [410] (ASTM A1011/A1011M—2017a)	P420M [ISO 9328-5:2018（E）]	P420M/1.8824 [EN 10028-5:2017（E）]
36	Q420MC	SPV410 (JIS G3115:2010)	SS Grade60 [410] (ASTM A1011/A1011M—2017a)	P420ML1 [ISO 9328-5:2018（E）]	P420ML1/1.8835 [EN 10028-5:2017（E）]

37	Q420MD	SPV410 (JIS G3115:2010)	HSLAS Grade 60 [410] (ASTM A1011/A1011M—2017a)	S420MD [ISO 630-3:2012 (E)]	S420M/1.8825 [EN 10025-4:2004]
38	Q420ME	SPV410 (JIS G3115:2010)	HSLAS Grade 60 [410] (ASTM A1011/A1011M—2017a)	S420ME [ISO 630-3:2012 (E)]	S420ML/1.8836 [EN 10025-4:2004]
39	Q460MC	SPV450 (JIS G3115:2010)	HSLAS Grade 65 [450] (ASTM A1011/A1011M—2017a)	P460M [ISO 9328-5:2018 (E)]	P460M/1.8826 [EN 10028-5:2017 (E)]
40	Q460MD	SPV450 (JIS G3115:2010)	HSLAS Grade 65 [450] (ASTM A1011/A1011M—2017a)	S460MD [ISO 630-3:2012 (E)]	S460M/1.8827 [EN 10025-4:2004]
41	Q460ME	SPV450 (JIS G3115:2010)	HSLAS Grade 65 [450] (ASTM A1011/A1011M—2017a)	S460ME [ISO 630-3:2012 (E)]	S460ML/1.8838 [EN 10025-4:2004]
42	Q500MC	SPV490 (JIS G3115:2010)	HSLAS Grade 70 [480] (ASTM A1011/A1011M—2017a)	PT490M [ISO 9328-5:2018 (E)]	P500Q/1.8873 [EN 10028-6:2017 (E)]
43	Q500MD	SPV490 (JIS G3115:2010)	HSLAS Grade 70 [480] (ASTM A1011/A1011M—2017a)	PT490ML1 [ISO 9328-5:2018 (E)]	P500QH/1.8874 [EN 10028-6:2017 (E)]
44	Q500ME	SPV490 (JIS G3115:2010)	HSLAS-F Grade 70 [480] (ASTM A1011/A1011M—2017a)	PT490ML3 [ISO 9328-5:2018 (E)]	P500QL1/1.8875 [EN 10028-6:2017 (E)]
45	Q550MC	SS540 (JIS G3101:2015)	HSLAS-F Grade 80 [550] (ASTM A1011/A1011M—2017a)	PT550M [ISO 9328-5:2018 (E)]	S550Q/1.8904 [EN 10025-6:2009 (D)]
46	Q550MD	SS540 (JIS G3101:2015)	HSLAS-F Grade80 [550] (ASTM A1011/A1011M—2017a)	PT550ML1 [ISO 9328-5:2018 (E)]	S550QL/1.8926 [EN 10025-6:2009 (D)]
47	Q550ME	SS540 (JIS G3101:2015)	HSLAS-F Grade 80 [550] (ASTM A1011/A1011M—2017a)	PT550ML1 [ISO 9328-5:2018 (E)]	S550QL1/1.8986 [EN 10025-6:2009 (D)]

（续）

序号	中国 GB/T 1591—2018	日本 JIS G3106:2008 等	美国 ASTM A572/A572M—2018 等	国际 ISO 630 -2:2011 (E) 等	欧洲 EN 10025 -2:2004 等
48	Q620MC	STKT590 (JIS G3474:2008)	UHSS Grade 90 [620] Type1 (ASTM A1011/A1011M—2017a)	PT610Q [ISO 9328 -6:2018 (E)]	S620Q/1.8914 [EN 10025 -6:2009 (D)]
49	Q620MD	STKT590 (JIS G3474:2008)	UHSS Grade 90 [620] Type2 (ASTM A1011/A1011M—2017a)	PT610QH [ISO 9328 -6:2018 (E)]	S620QL/1.8927 [EN 10025 -6:2009 (D)]
50	Q620ME	STKT590 (JIS G3474:2008)	UHSS Grade 90 [620] Type2 (ASTM A1011/A1011M—2017a)	PT610QH [ISO 9328 -6:2018 (E)]	S620QL1/1.8987 [EN 10025 -6:2009 (D)]
51	Q690MC	SHY685 (JIS G3128:2009)	UHSS Grade 100 [690] Type1 (ASTM A1011/A1011M—2017a)	P690Q [ISO 9328 -6:2018 (E)]	S690Q/1.8931 [EN 10025 -6:2009 (D)]
52	Q690MD	SHY685N (JIS G3128:2009)	UHSS Grade 100 [690] Type2 (ASTM A1011/A1011M—2017a)	P690QL1 [ISO 9328 -6:2018 (E)]	S690QL/1.8928 [EN 10025 -6:2009 (D)]
53	Q690ME	SHY685NS (JIS G3128:2009)	UHSS Grade 100 [690] Type2 (ASTM A1011/A1011M—2017a)	P690QL2 [ISO 9328 -6:2018 (E)]	S690QL1/1.8988 [EN 10025 -6:2009 (D)]

表 B-4 合金结构钢牌号近似对照

序号	中国 GB/T 3077—2015	俄罗斯 ГОСТ 4543—1971 等	日本 JIS G4053:2016 等	美国 ASTM A29/A29M—2015 等	国际 ISO 683 -1:2016 (E) 等	欧洲 EN 10263 -4:2017 (E) 等
1	20Mn2 A00202	20Г	SMn420	1524	22Mn6 [ISO 683 -3:2019 (E)]	18Mn5/1.0436 [EN 10222 -2:2017 (E)]
2	30Mn2 A00302	30Г2	SMn433	1330	28Mn6	28Mn6/1.1170 [EN 10083 -2:2006 (E)]
3	35Mn2 A00352	35Г2	SMn438	1335	36Mn6	—

4	40Mn2 A00402	35Г2	SMn443	1340	42Mn6	—
5	45Mn2 A00452	45Г2	SMn443	1345	42Mn6	—
6	50Mn2 A00502	50Г2	—	—	—	—
7	20MnV A01202	18Г2Фпс (ГОСТ 19281—1989)	—	Grade A (ASTM A588/A588M—2015)	19MnVS6 [ISO 11692:2014 (E)]	19MnVS6/1.1301 (EN 10267:1998)
8	27SiMn A10272	27СГ	—	—	—	—
9	35SiMn A10352	35СГ (ГОСТ 10884—1981)	—	—	38Si7 [ISO 683-14:2004 (E)]	38Si7/1.5023 (EN 10089:2002)
10	42SiMn A10422	—	—	—	46Si7 [ISO 683-14:2004 (E)]	46Si7/1.5024 (EN 10089:2002)
11	20SiMn2MoV A14202	—	—	—	—	—
12	25SiMn2MoV A14262	—	—	—	—	—
13	37SiMn2MoV A14372	—	—	—	—	—
14	40B A70402	—	SWRCHB 237 (JIS G3508-1:2005)	50B40 (ASTM A519/A519M—2017)	—	38B 1.5515

（续）

序号	中国 GB/T 3077—2015	俄罗斯 ГОСТ 4543—1971 等	日本 JIS G4053：2016 等	美国 ASTM A29/A29M—2015 等	国际 ISO 683－1：2016（E）等	欧洲 EN 10263－4：2017（E）等
15	45B A70452	—	—	50B44 （ASTM A519/A519M—2017）	—	—
16	50B A70502	—	—	50B50	—	—
17	25MnB A712502	—	—	—	20MnB5 ［ISO 683－2：2016（E）］	23MnB4 1.5535
18	35MnB A713502	—	—	—	30MnB5 ［ISO 683－2：2016（E）］	37MnB5 1.5538
19	40MnB A71402	—	—	—	39MnB5 ［ISO 683－2：2016（E）］	38MnB5/1.5532 ［EN 10083－3：2006（E）］
20	45MnB A71452	—	—	—	—	—
21	20MnMoB A72202	—	—	94B17	—	—
22	15MnVB A73152	—	—	—	—	—
23	20MnVB A73202	—	—	—	—	—
24	40MnVB A73402	—	—	—	—	—
25	20MnTiB A74202	20ГТР	—	—	—	—

26	25MnTiBRE A74252	—	—	—	—	—
27	15Cr A20152	15X	SCr415	5115	17Cr3	17Cr3/1. 7016 [EN 10263 -3:2017 (E)]
28	20Cr A20202	20X	SCr420	5120	20Cr4	—
29	30Cr A20302	30X	SCr430	5130	28Cr4	34Cr4 1. 7033
30	35Cr A20352	35X	SCr435	5135	37Cr4 [ISO 683 -2:2016 (E)]	37Cr4 1. 7034
31	40Cr A20402	40X	SCr440	5140	41Cr4 [ISO 683 -2:2016 (E)]	41Cr4 1. 7035
32	45Cr A20452	45X	SCr445	5145	—	—
33	50Cr A20502	50X	—	5150	—	—
34	38CrSi A21382	38XC	—	—	—	—
35	12CrMo A30122	12XM	—	—	13CrMo4 -5 [ISO 9328 -2:2018 (E)]	13CrMo4 -5/1. 7335 [EN 10222 -2:2017 (E)]
36	15CrMo A30152	15XM	SCM415	4118	14CrMo4 -5 [ISO 9328 -2:2018 (E)]	18CrMo4/1. 7243 [EN 10263 -3:2017 (E)]

（续）

序号	中国 GB/T 3077—2015	俄罗斯 ГОСТ 4543—1971 等	日本 JIS G4053：2016 等	美国 ASTM A29/A29M—2015 等	国际 ISO 683-1：2016（E）等	欧洲 EN 10263-4：2017（E）等
37	20CrMo A30202	20XM	SCM420	4120 （ASTM A29/A29M—2015）	20MoCr4	20MoCr4/1.7321 [EN 10263-3：2017（E）]
38	25CrMo A30252	—	SCM425	—	25CrMo4	25CrMo4 1.7218
39	30CrMo A30302	30XM	SCM430	4130	—	—
40	35CrMo A30352	35XM	SCM435	4135	34CrMo4	34CrMo4 1.7220
41	42CrMo A30422	38XM	SCM440	4142	42CrMo4 [ISO 683-2：2016（E）]	42CrMo4 1.7225
42	50CrMo A30502	—	SCM445	4150	50CrMo4 [ISO 683-2：2016（E）]	50CrMo4/1.7228 [EN 10083-3：2006（E）]
43	12CrMoV A31122	12XMФ （ГОСТ 5520—1979）	—	—	—	14MoV6-3/1.7715 [EN 10222-2：2017（E）]
44	35CrMoV A31352	40XMФ	—	—	31CrMoV9 [ISO 683-5：2017（E）]	31CrMoV9/1.8519 [EN 10085：2001（E）]
45	12Cr1MoV A31132	12X1MФ （ГОСТ 5520—1979）	—	—	—	—
46	25Cr2MoV A31252	25X1MФA （ГОСТ 20072—1994）	—	—	31CrMoV9 [ISO 683-5：2017（E）]	31CrMoV9/1.8519 [EN 10085：2001（E）]
47	25Cr2Mo1V A31262	25X1M1ФA （ГОСТ 20072—1994）	—	—	33CrMoV12-9 [ISO 683-5：2017（E）]	33CrMoV12-9/1.8572 [EN 10085：2001（E）]

48	38CrMoAl A33382	38X1MЮA	SACM 645 JIS G4202:2005	E7140	41CrAlMo7 - 10 [ISO 683 - 5:2017 (E)]	41CrAlMo7 - 10/1.8509 [EN 10085:2001 (E)]
49	40CrV A23402	40XΦA	—	—	—	—
50	50CrV A23502	50XΦA (ГОСТ 14959—1979)	SUP 10 (JIS G 4801:2011)	6150	51CrV4	51CrV4/1.8159 [EN 10083 - 3:2006 (E)]
51	15CrMn A22152	18XГ	—	5115	16MnCr5 [ISO 683 - 3:2019 (E)]	16MnCr5/1.7131 [EN 10084:2008 (E)]
52	20CrMn A22202	18XГ	SMnC420	5120	20MnCr5 [ISO 683 - 3:2019 (E)]	20MnCr5/1.7147 [EN 10084:2008 (E)]
53	40CrMn A22402	—	SMnC443	5140	41Cr4 [ISO 683 - 18:2014 (E)]	41Cr4/1.7035 [EN 10083 - 2:2006 (E)]
54	20CrMnSi A24202	20XГCA	—	—	—	—
55	25CrMnSi A24252	25XГCA	—	—	—	—
56	30CrMnSi A24302	30XГCA	—	—	—	—
57	35CrMnSi A24352	35XГCA	—	—	—	—
58	20CrMnMo A34202	25XГM	SCM421	4121 (ASTM A29/A29M—2015)	18CrMo4 [ISO 683 - 3:2019 (E)]	18CrMo4/1.7243 [EN 10263 - 3:2017 (E)]

（续）

序号	中国 GB/T 3077—2015	俄罗斯 ГОСТ 4543—1971 等	日本 JIS G4053：2016 等	美国 ASTM A29/A29M—2015 等	国际 ISO 683－1：2016（E）等	欧洲 EN 10263－4：2017（E）等
59	40CrMnMo A34402	—	SCM440	4140	42CrMo4	42CrMo4 1.7225
60	20CrMnTi A26202	20ХГТ	—	—	—	—
61	30CrMnTi A26302	30ХГТ	—	—	—	—
62	20CrNi A40202	20ХН	SNC415	4720	20NiCrMo2－2 [ISO 683－3：2019（E）]	20NiCrMo2－2/1.6523 [EN 10263－3：2017（E）]
63	40CrNi A40402	40ХН	SNC236	3140	36NiCrMo4	41NiCrMo7－3－2 1.6563
64	45CrNi A40452	45ХН	SNC246	8645	—	—
65	50CrNi A40502	50ХН	SNCM447	9850	—	—
66	12CrNi2 A41122	12ХН2	SNC415	—	16NiCr4 [ISO 683－3：2019（E）]	10NiCr5－4/1.5805 [EN 10263－3：2017（E）]
67	34CrNi2 A41342	—	SNC236	4337	34CrNiMo6	34CrNiMo6 1.6582
68	12CrNi3 A42122	12ХН3А	SNC815	E3310	15NiCr13 [ISO 683－3：2019（E）]	15NiCr13/1.5752 [EN 10084：2008（E）]
69	20CrNi3 A42202	20ХН3А	SNC620	—	—	20NiCrMo13－4/1.6660 [EN 10084：2008（E）]

70	30CrNi3 A42302	30XH3A	SNC631	—	—	30NiCrMo16 -6/1. 6747 [EN 10083 -3:2006 (E)]
71	37CrNi3 A42372	—	SNC836	—	—	35NiCrMo16/1. 6773 [EN 10083 -3:2006 (E)]
72	12Cr2Ni4 A43122	12X2H4A	SNCM815	E3310	15NiCr13 [ISO 683 -3:2019 (E)]	14NiCrMo13 -4/1. 6657 [EN 10084:2008 (E)]
73	20Cr2Ni4 A43202	20X2H4A	—	—	—	—
74	15CrNiMo A50152	—	SNCM415	4715 (ASTM A29/A29M—2015)	17NiCrMo6 -4 [ISO 683 -3:2019 (E)]	17NiCrMo6 -4/1. 6566 [EN 10084:2008 (E)]
75	20CrNiMo A50202	20XH2M	SNCM220	8620	20NiCrMo2 -2 [ISO 683 -3:2019 (E)]	20NiCrMo2 -2/1. 6523 [EN 10263 -3:2017 (E)]
76	30CrNiMo A50302	—	SNCM431	8630	—	—
77	30Cr2Ni2Mo A50300	—	SNCM630	—	30CrNiMo8	30NiCrMo8/1. 6580 [EN 10083 -3:2006 (E)]
78	30Cr2Ni4Mo A50300	—	SNCM625	—	—	30NiCrMo16 -6/1. 6747 [EN 10083 -3:2006 (E)]
79	34Cr2Ni2Mo A50342	—	—	—	34CrNiMo6	34CrNiMo6 1. 6582
80	35Cr2Ni4Mo A50352	—	—	—	—	35NiCrMo16/1. 6773 [EN 10083 -3:2006 (E)]

（续）

序号	中国 GB/T 3077—2015	俄罗斯 ГОСТ 4543—1971 等	日本 JIS G4053：2016 等	美国 ASTM A29/A29M—2015 等	国际 ISO 683－1:2016（E）等	欧洲 EN 10263－4:2017（E）等
81	40CrNiMo A50402	40XH2MA	SNCM240	8640	41NiCrMo2	39NiCrMo3/1.6510 ［EN 10083－3:2006（E）］
82	40CrNi2Mo A50400	40XH2MA	SNCM439	4340	36CrNiMo4	41NiCrMo7－3－2 1.6563
83	18CrMnNiMo A50182	18XHГM	SNCM220	4718	17NiCrMo6－4 ［ISO 683－3:2019（E）］	17NiCrMo6－4/1.6566 ［EN 10084:2008（E）］
84	45CrNiMoV A51452	45XH2MФA	SNCM447	4340	—	41NiCrMo7－3－2 1.6563
85	18Cr2Ni4W A52182	18X2H4BA	—	—	—	—
86	25Cr2Ni4W A52252	25X2H4BA	—	—	—	—

表 B-5 保证淬透性结构钢（H钢）牌号近似对照

序号	中国 GB/T 5216—2015	俄罗斯 ГОСТ 4543—1971 等	日本 JIS G 4052:2008 等	美国 ASTM A304—2016	国际 ISO 683－2:2016（E）等	欧洲 EN 10263－4:2017（E）等
1	45H U59455	45（H） （ГОСТ 1050—1988）	S45C JIS G 4051:2009	1045H H10450	C45E ［ISO 683－1:2016（E）］	C45E/1.1191 ［EN 10083－2:2006（E）］
2	15CrH A20155	15X（H）	SCr415H	5118H H51180	17Cr3 ［ISO 683－3:2019（E）］	17Cr3/1.7016 ［EN 10263－3:2017（E）］

3	20CrH A20205	20X (H)	SCr420H	5120H H51200	20Cr4 [ISO 683 -3:2019 (E)]	—
4	20Cr1H A20215	20X (H)	SCr420H	5120H H51200	20Cr4 [ISO 683 -3:2019 (E)]	—
5	25CrH A20255	25X (H)	—	—	—	—
6	28CrH A20285	—	SCr430H	5130H H51300	28Cr4 [ISO 683 -3:2019 (E)]	28Cr4/1.7030 [EN 10084:2008 (E)]
7	40CrH A20405	40X (H)	SCr440H	5140H H51400	41Cr4	28Cr4 1.7035
8	45CrH A20455	45X (H)	—	5145H H51450	—	—
9	16CrMnH A22165	18XГ (H)	SMnC420H	5120H H51200	16MnCr5 [ISO 683 -3:2019 (E)]	16MnCr5/1.7131 [EN 10263 -3:2017 (E)]
10	20CrMnH A22205	18XГ (H)	SMnC420H	5120H H51200	20MnCr5 [ISO 683 -3:2019 (E)]	20MnCr5/1.7147 [EN 10084:2008 (E)]
11	15CrMnBH A25155	—	—	94B15H H94151	16MnCrB5 [ISO 683 -3:2019 (E)]	16MnCrB5/1.7160 [EN 10263 -3:2017 (E)]
12	17CrMnBH A25175	20XГP (H)	—	94B17H H94171	16MnCrB5 [ISO 683 -3:2019 (E)]	16MnCrB5/1.7160 [EN 10263 -3:2017 (E)]
13	40MnBH A71405	40ГP (H)	—	15B41H H15411	39MnB5	37MnB5 1.5538

（续）

序号	中国 GB/T 5216—2015	俄罗斯 ГОСТ 4543—1971 等	日本 JIS G 4052:2008 等	美国 ASTM A304—2016	国际 ISO 683－2:2016（E）等	欧洲 EN 10263－4:2017（E）等
14	45MnBH A71455	—	—	15B48H H15481	—	—
15	20MnVBH A73205	—	—	—	—	—
16	20MnTiBH A74205	—	—	—	—	—
17	15CrMoH A30155	15XM（H）	SCM415H	4118H H41180	18CrMo4 [ISO 683－3:2019（E）]	18CrMo4/1.7243 [EN 10263－3:2017（E）]
18	20CrMoH A30205	20XM（H）	SCM420H	4118H H41180	18CrMo4 [ISO 683－3:2019（E）]	18CrMo4/1.7243 [EN 10263－3:2017（E）]
19	22CrMoH A30225	20XM（H）	SCM822H	—	24CrMo4 [ISO 683－3:2019（E）]	25CrMo4 1.7218
20	35CrMoH A30355	—	SCM435H	4135H H41350	34CrMo4	34CrMo4 1.7220
21	42CrMoH A30425	42XM（H）	SCM440H	4142H H41420	42CrMo4	42CrMo4 1.7225
22	20CrMnMoH A34205	20XΓM（H）	SCM420H	4118H H41180	18CrMo4 [ISO 683－3:2019（E）]	18CrMo4 1.7243
23	20CrMnTiH A26205	20XΓT（H）	—	—	—	—
24	17Cr2Ni2H A42175	—	SNC415H	4320H H43200	17CrNi6－6 [ISO 683－3:2019（E）]	17CrNi6－6/1.5918 [EN 10263－3:2017（E）]

25	20CrNi3H A42205	20XH3A（H）	SNC815H	—	17CrNi6 -6 [ISO 683 -3:2019 (E)]	17CrNi6 -6/1.5918 [EN 10263 -3:2017 (E)]
26	12Cr2Ni4H A43125	—	—	9310H H93100	13NiCr13 [ISO 683 -3:2019 (E)]	13NiCr13/1.5752 [EN 10084:2008 (E)]
27	20CrNiMoH A50205	—	SNCM220H	8620H H86200	20NiCrMo12 -2 [ISO 683 -3:2019 (E)]	20NiCrMo12 -2/1.6523 [EN 10084:2008 (E)]
28	22CrNiMoH A50225	—	—	8622H H86220	—	—
29	27CrNiMoH A50275	—	—	8627H H86270	—	—
30	20CrNi2MoH A50215	20XH2M（H）	SNCM420H	4320H H43200	17NiCrMo6 -4 [ISO 683 -3:2019 (E)]	17NiCrMo6 -4/1.6566 (EN 10084:2008)
31	40CrNi2MoH A50405	—	—	4340H H43400	41CrNiMo2	41NiCrMo7 -3 -2 1.6563
32	18Cr2Ni2MoH A50185	—	—	—	18CrNiMo7 -6	18CrNiMo7 -6/1.6587 [EN 10084:2008 (E)]

表 B-6 易切削结构钢牌号近似对照

序号	中国 GB/T 8731—2008	俄罗斯 ГОСТ 1414—1975	日本 JIS G4804:2008	美国 ASTM A29/A29M—2015 等	国际 ISO 683-4:2016	欧洲 EN 10087:1999
1	Y08	A11	SUM23	1215	9S20	—
2	Y12	A12	—	1211 (ASTM A29/A29M—2011)	10S20	10S20 1.0721
3	Y15	A12	SUM22	1213	11SMn30	11SMn30 1.0715
4	Y20	A20	SUM32	1117	17SMn20	15SMn13 1.0725
5	Y30	A30	—	—	—	—
6	Y35	A35	—	1140	35S20	35S20 1.0726
7	Y45	—	—	1146	46S20	46S20 1.0727
8	Y08MnS	—	SUM23	1215	11SMn37	11SMn37 1.0737
9	Y15Mn	—	SUM31	1117	15SMn13	15SMn13 1.0725
10	Y35Mn	—	SUM41	1137	35SMn20	36SMn14 1.0764

11	Y40Mn	А40Г	SUM42	1139	38SMn28	38SMn28 1.0760
12	Y45Mn	А45Г2	—	1146	46SMn20	46SMn20 1.0727
13	Y45MnS	А45Г2	SUM43	1144	44SMn28	44SMn28 1.0762
14	Y08Pb	—	SUM23L	12L15	10SPb20	10SPb20 1.0722
15	Y12Pb	—	SUM24L	12L14	11SMnPb30	11SMnPb30 1.0718
16	Y15Pb	АС14	SUM24L	12L14	11SMnPb30	11SMnPb30 1.0718
17	Y45MnSPb	АС45Г2	—	—	44SMnPb28	44SMnPb28 1.0763
18	Y08Sn	—	—	—	—	—
19	Y15Sn	—	—	—	—	—
20	Y45Sn	—	—	—	—	—
21	Y45MnSn	—	—	—	—	—
22	Y45Ca	—	—	—	—	—

表 B-7 冷镦和冷挤压用钢牌号近似对照

序号	中国 GB/T 6478—2015	俄罗斯 ГОСТ 4041—1993	日本 JIS G3507－1:2010 等	美国 ASTM A29/A29M—2015	国际 ISO 4954:2018(E)等	欧洲 EN 10263－2:2017(E)等
1	ML04Al U40048	04Ю	—	1005	C4C	C4C 1.0303
2	ML06Al U40068	08Ю	SWRCH6RA	1006	—	—
3	ML08Al U40088	08Ю	SWRCH8RA	1008	C8C	C8C 1.0213
4	ML10Al U40108	10ЮА	SWRCH10RA	1010	C10C	C10C 1.0214
5	ML10 U40102	10	SWRCH10R	1010	C10E2C	C10E2C 1.1122
6	ML12Al U40128	—	SWRCH12RA	1012	—	—
7	ML12 U40122	—	SWRCH12R	1012	—	—
8	ML15Al U40158	15ЮА	SWRCH15RA	1015	C15C	C15C 1.0234
9	ML15 U40152	15	SWRCH15R	1015	C15E2C	C15E2C 1.1132
10	ML20Al U40208	20ЮА	SWRCH20RA	1020	C20C	C20C 1.0411

11	ML20 U40202	20	SWRCH20K	1020	C20E2C	C20E2C 1. 1152
12	ML18Mn U41188	—	SWRCH18A	1018	C17GC	C17E2C/1. 1147 [EN 10263 - 3:2017 (E)]
13	ML20Mn U41208	20Г	SWRCH22A	1022	C20GC	C20C 1. 0411
14	ML15Cr A20154	—	SCr415RCH	5115	17Cr3	17Cr3/1. 7016 [EN 10263 - 3:2017 (E)]
15	ML20Cr A20204	20X	SCr420RCH	5120	20Cr4	—
16	ML25 U40252	25	SWRCH25K	1025	—	—
17	ML30 U40302	30	SWRCH30K	1030	C30EC	—
18	ML35 U40352	35	SWRCH35K	1035	C35EC	C35EC/1. 1172 [EN 10263 - 4:1017 (E)]
19	ML40 U40402	40	SWRCH40K	1040	—	—

（续）

序号	中国 GB/T 6478—2015	俄罗斯 ГОСТ 4041—1993	日本 JIS G3507－1:2010 等	美国 ASTM A29/A29M—2015	国际 ISO 4954:2018(E)等	欧洲 EN 10263－2:2017(E)等
20	ML45 U40452	45	SWRCH45K	1045	C45EC	C45EC/1.1192 [EN 10263－4:1017 (E)]
21	ML15Mn L20151	15Г	SWRCH16K	1518	C17E2C	—
22	ML25Mn U41252	25Г	SWRCH27K	1525	C25GC	—
23	ML30Cr A20304	30X	SCr430RCH (JIS G3509－1:2010)	5130	28Cr4 [ISO 683－3:2019 (E)]	—
24	ML35Cr A20354	35XA	SCr435RCH (JIS G3509－1:2010)	5135	34Cr4	34Cr4/1.7033 [EN 10263－4:2017 (E)]
25	ML40Cr A20404	40X	SCr440RCH (JIS G3509－1:2010)	5140	41Cr4	41Cr4/1.7035 [EN 10263－4:2017 (E)]
26	ML45Cr A20454	—	—	5145	—	—
27	ML20CrMo A30204	—	SCM420RCH (JIS G3509－1:2010)	4120	18CrMo4	18CrMo4/1.7243 [EN 10263－3:2017 (E)]
28	ML25CrMo A30254	—	SCM425RCH (JIS G3509－1:2010)	—	25CrMo4	25CrMo4/1.7218 [EN 10263－4:2017 (E)]
29	ML30CrMo A30304	30XMA	SCM430RCH (JIS G3509－1:2010)	4130	—	—

30	ML35CrMo A30354	35XM	SCM435RCH (JIS G3509 – 1:2010)	4135	34CrMo4	34CrMo4/1. 7220 [EN 10263 – 3:2017 (E)]
31	ML40CrMo A30404	38XM	SCM440RCH [JIS G3509 – 1:2010]	4140	42CrMo4	42CrMo4/1. 7225 [EN 10263 – 3:2017 (E)]
32	ML45CrMo A30454	—	SCM445RCH	4145	—	—
33	ML20B A70204	—	SWRCHB223 (JIS G3508 – 1:2005)	94B17	17B2	18B2/1. 5503 [EN 10263 – 3:2017 (E)]
34	ML25B A70254	—	SWRCHB526	—	23B2	23B2 1. 5508
35	ML30B A70304	—	SWRCHB331	94B30	28B2	28B2 1. 5510
36	ML35B A70354	35PA	SWRCHB334	—	33B2	38B2 1. 5515
37	ML15MnB A71154	—	SWRCHB620	—	17MnB4	18MnB4/1. 5521 [EN 10263 – 3:2017 (E)]
38	ML20MnB A71204	—	SWRCHB320	—	20MnB4	22MnB4/1. 5522 [EN 10263 – 3:2017 (E)]
39	ML25MnB A71254	—	SWRCHB526	15B26	27MnB4	27MnB4 1. 5536

（续）

序号	中国 GB/T 6478—2015	俄罗斯 ГОСТ 4041—1993	日本 JIS G3507－1:2010 等	美国 ASTM A29/A29M—2015	国际 ISO 4954:2018(E)等	欧洲 EN 10263－2:2017(E)等
40	ML30MnB A71304	30ГPA	SWRCHB331	10B30	30MnB4	30MnB4 1.5526
41	ML35MnB A71354	—	SWRCHB734	15B35	34MnB5	37MnB5 1.5538
42	ML40MnB A71404	—	SWRCHB237	50B44	39MnB5 [ISO 683－2:2016（E）]	—
43	ML37CrB A20374	—	—	—	36CrB4	36CrB4 1.7077
44	ML15MnVB A73154	—	—	—	—	—
45	ML20MnVB A73204	—	—	—	—	—
46	ML20MnTiB A74204	—	—	—	—	—
47	MFT8 L27208	—	—	—	—	—
48	MFT9 L27228	—	—	—	—	—
49	MFT10 L27128	—	—	—	—	—

表 B-8　耐候结构钢牌号近似对照

序号	中国 GB/T 4171—2008	俄罗斯 ГОСТ 27772—1988	日本 JIS G3114:2016 等	美国 ASTM A588/A588M—2015 等	国际 ISO 5952:2019(E)	欧洲 EN 10025-5:2004(E)等
1	Q265GNH	—	—	—	HSA245W B	S275N 1.0490
2	Q295GNH	—	—	Grade K 42 [290]	—	S275N/1.0490 [EN 10025-3:2004]
3	Q310GNH	—	SPA-C (JIS G3125:2010)	Grade K 46 [315]	—	—
4	Q355GNH	C345K	SPA-H (JIS G3125:2010)	Grade K 50 [345]	HSA355W1	S355J0WP 1.8945
5	Q235NH	—	SMA400AW	—	HSA235W B	S235J0W 1.8958
6	Q295NH	—	SMA490CW	Type 1 42 [290] (ASTM A242/A242M—2013)	—	S275NL/1.0491 [EN 10025-2:2004 (E)]
7	Q355NH	C375Д	SMA490AW	Grade K 50 [345]	HSA355W2	S355J0W 1.8959

（续）

序号	中国 GB/T 4171—2008	俄罗斯 ГОСТ 27772—1988	日本 JIS G3114:2016 等	美国 ASTM A588/A588M—2015 等	国际 ISO 5952:2019(E)	欧洲 EN 10025-5:2004(E)等
8	Q415NH	—	—	Type IV 60［415］(ASTM A871/A871M—2014)	—	S420N/1.8902［EN 10025-3:2004（E）］
9	Q460NH	—	SMA570W	Type 111 65［450］(ASTM A871/A871M—2014)	—	S460N/1.8901［EN 10025-3:2004（E）］
10	Q500NH	—	—	Type 111 75［520］(ASTM A871/A871M—2014)	—	—
11	Q550NH	—	—	Type 111 80［550］(ASTM A871/A871M—2014)	—	—

表 B-9 冷轧低碳钢板和钢带牌号近似对照

序号	中国 GB/T 5213—2008	日本 JIS G3141:2009	美国 ASTM A1008/A1008M—2015	国际 ISO 3574:2012（E）	欧洲 EN 10310:2006（E）
1	DC01	SPCC	CS Type B	CR1	DC01 1.0330
2	DC03	SPCD	CS Type A	CR2	DC03 1.0347
3	DC04	SPCE	DS Type A	CR3	DC04 1.0338
4	DC05	SPCF	DDS	CR4	DC05 1.0312
5	DC06	SPCG	EDDS	CR5	DC06 1.0873
6	DC07	—	—	—	DC07 1.0898

表 B-10 非调质机械结构钢牌号近似对照

序号	中国 GB/T 15712—2016	国际 ISO 11692：2014（E）	欧洲 EN 10267：1998
1	F35VS L22358	—	—
2	F40VS L22408	—	—
3	F45VS L22458	—	—
4	F70VS L22708	—	—
5	F30VS L22308	30MnVS6	30MnVS6 1.1302
6	F35VS L22358	—	—
7	F38VS L22388	38MnVS6	38MnVS6 1.1303
8	F40VS L22408	—	—
9	F45VS L22458	46MnVS6	46MnVS6 1.1304
10	F49VS L22498	—	—
11	F48MnV L22488	—	—
12	F37MnSiVS L22378	—	—
13	F41MnSiV L22418	—	—
14	F38MnSiNS L26383	—	—
15	F12Mn2VBS L27128	—	—
16	F25Mn2CrVS L28258	—	—

表 B-11 弹簧钢牌号近似对照

序号	中国 GB/T 1222—2016	俄罗斯 ГОСТ 14959—1979	日本 JIS G 4802: 2011 等	美国 ASTM A29/A29M— 2015 等	国际 ISO 683 - 14: 2004 (E) 等	欧洲 EN 10089: 2002 (E) 等
1	65 U20652	65	S65C - CSP	1065	C60E	C60E/1.1221 [EN 10083 - 2:2006 (E)]
2	70 U20702	70	S70C - CSP	1070	VDC [ISO 8458 - 3:2002 (E)]	C70D/1.0615 [EN 10016 - 2:1994]
3	80 U20802	80	—	1080	—	C80D/1.0622 [EN 10016 - 2:1994]
4	85 U20852	85	S85C - CSP	1086	—	C86D/1.0616 [EN 10016 - 2:1994]
5	65Mn U21653	65Г	S65C - CSP	1566	FDC [ISO 8458 - 3:2002 (E)]	—
6	70Mn U21703	70Г	S70C - CSP	1572	—	—
7	28SiMnB A76282	—	—	—	—	—
8	40SiMnVBE A77406	—	—	—	—	—
9	55SiMnVB A77552	—	—	—	—	—

（续）

序号	中国 GB/T 1222—2016	俄罗斯 ГОСТ 14959—1979	日本 JIS G 4802：2011 等	美国 ASTM A29/A29M—2015 等	国际 ISO 683－14：2004（E）等	欧洲 EN 10089：2002（E）等
10	38Si2 A11383	—	—	—	38Si7	38Si7 1.5023
11	60Si2Mn A11603	60C2A	SUP7	9260	60Si8	56Si7 1.5026
12	55CrMn A22553	—	SUP9	5155	55Cr3	55Cr3 1.7176
13	60CrMn A22603	—	SUP9A	5160	60Cr3	60Cr3 1.7177
14	60CrMnB A22609	—	SUP11A	51B60 （ASTM A29/A29M—2015）	—	—
15	60CrMnMo A34603	—	SUP13	4161 （ASTM A29/A29M—2015）	60CrMo3－3	60CrMo3－3 1.7241
16	55SiCr A21553		SUP12	9254 （ASTM A29/A29M—2015）	55SiCr6－3	54SiCr6 1.7102
17	60Si2Cr A21603	60C2XA	—	9262	61SiCr7	61SiCr7 1.710
18	60Si2MnCr A24563	—	—	9255	56SiCr7	56SiCr7 1.7106

19	52SiCrMnNi A45523	—	—	—	—	52SiCrNi5 1.7117
20	55SiCrV A28553	—	—	—	55SiCrV6－3	54SiCrV6 1.8152
21	60Si2CrV A28603	60C2XΦA	—	—	—	—
22	60Si2MnCrV A28600	—	—	—	—	60SiCrV7 1.8153
23	50CrV A23503	50XΦA	SUP10	6150	—	—
24	50CrMnV A25513	—	—	—	51CrV4	51CrV4 1.8159
25	50CrMnMoV A36523	—	—	—	52CrMoV4	52CrMoV4 1.7701
26	30W4Cr2V A27303	—	SKD4 （JIS G 4404：2015）	—	—	—

表 B-12 高碳铬轴承钢牌号近似对照

序号	中国 GB/T 18254—2016	俄罗斯 ГОСТ 801—1978	日本 JIS G 4805：2008	美国 ASTM A295/A295M—2014	国际 ISO 683－17：2014（E）	欧洲 EN ISO 683－17：2014
1	G8Cr15 B00151	—	—	—	—	—
2	GCr15 B00151	ШХ15	SUJ2	52100	100Cr6	100Cr6 1.3505
3	GCr15SiMn B01150	ШХ15СГ	SUJ3	5195	100CrMnSi6－4	100CrMnSi6－4 1.3520
4	GCr15SiMo B03150	—	SUJ5	100CrMnMoSi8－4－6 （ASTM A485—2017）	100CrMnMoSi 8－4－6	100CrMnMoSi 8－4－6/1.3539
5	GCr18Mo B02180	—	SUJ4	100CrMnMoSi8－4－6 （ASTM A485—2017）	100CrMnMoSi 8－4－6	100CrMnMoSi 8－4－6/1.3539

表 B-13 渗碳轴承钢牌号近似对照

序号	中国 GB/T 3203—2016	日本 JIS G 4053:2008	美国 ASTM A534—2017	国际 ISO 683－17:2014（E）	欧洲 EN ISO 683－17:2014
1	G20CrMo	—	4118H	20MnCrMo4－2	20MnCrMo4－2 1.3570

2	G20CrNiMo	SNCM220	8620H	20MnNiCrMo3 - 2	20MnNiCrMo3 - 2 1. 6522
3	G20CrNi2Mo	—	4320H	20NiCrMo7	20NiCrMo7 1. 3576
4	G20Cr2Ni4	—	18NiCrMo14 - 6 + H	18NiCrMo14 - 6	18NiCrMo14 - 6 1. 3533
5	G10CrNi3Mo	—	9310	—	—
6	G20Cr2Mn2Mo	—	—	—	—
7	G23Cr2Ni2Si1Mo	—	—	—	—

表 B-14 碳素轴承钢牌号牌号近似对照

序号	中国 GB/T 28417—2012	美国 ASTM A866—2014	国际 ISO 683 - 17:2014（E）	欧洲 EN ISO 683 - 17:2014
1	G55	B40 C56E2	C56E2	C56E2 1. 1219
2	G55Mn	B41 56Mn4	56Mn4	56Mn4 1. 1233
3	G70Mn	—	70Mn4	70Mn4 1. 1244

表 B-15 高碳铬不锈轴承钢牌号近似对照

序号	中国 GB/T 3086—2008	俄罗斯 ГОСТ 5632—1972	日本 JIS G 4303：2012	美国 ASTM A756—2017	国际 ISO 683－17：2014（E）	欧洲 EN ISO 683－17：2014
1	G95Cr18 B21800	95X18	—	—	—	—
2	G102Cr18Mo B21800	—	SUS440C	440C	X108CrMo17	X108CrMo17 1.3543
3	G65Cr14Mo B21410	—	—	X65Cr14	X65Cr14	X65Cr14 1.3542

表 B-16 高温轴承钢牌号近似对照

中国 YB/T 4105—2000	美国 ASTM A600—2016	国际 ISO 683－17:2014(E)	欧洲 EN ISO 683－17:2014
8Cr4Mo4V B20440	M50 T11350	80MoCrV42－16	80MoCrV42－16 1.3551

表 B-17 高温渗碳轴承钢牌号近似对照

中国 YB/T 4106—2000	国际 ISO 683－17:2014（E）	欧洲 EN ISO 683－17:2014
G13Cr4Mo4Ni4V B20443	13MoCrNi42－16－14	13MoCrNi42－16－14 1.3555

B2　中外专用产品结构钢牌号近似对照

锅炉和压力容器用钢板牌号近似对照见表 B-18。低温压力容器用低合金钢钢板牌号近似对照见表 B-19。高压锅炉用无缝钢管牌号近似对照见表 B-20。桥梁用结构钢牌号近似对照见表 B-21。矿用焊接圆环链用钢牌号近似对照见表 B-22。石油天然气输送管用热轧宽钢带牌号近似对照见表 B-23。

表 B-18　锅炉和压力容器用钢板牌号近似对照

序号	中国 GB 713—2014	俄罗斯 ГОСТ 5520—1979	日本 JIS G 3124:2017 等	美国 ASTM A515/A515M—2015	国际 ISO 9328－2：2018（E）	欧洲 EN 10028－2：2017（E）等
1	Q245R	16ГС	SEV245	Grade 60 32［220］	P235GH	P235GH 1.0345
2	Q345R	17Г1С	SEV345	Grade 50［345］ （ASTM A737/A737M—2013）	P355GH	P355GH 1.0473
3	Q370R	—	SM400B （JIS G 3106:2008）	Grade T1 55［380］ （ASTM A209/A209M—2017）	—	—
4	Q420R	—	SPV410	Grade C 60［415］ （ASTM A737/A737M—2013）	PT410GH	—
5	18MnMoNbR	—	STBA 13 （JIS G3462:2014）	—	18MnMo4－5	18MnMo4－5 1.5414
6	13MnNiMoR	—	SBV 3 （JIS G3119:2013）	Grade B （ASTM A738/A738M—2012a）	20MnMoNi4－5	20MnMoNi4－5 1.6311
7	15CrMoR	12XM	STBA 22	T12 K11562	13CrMo4－5	13CrMo4－5 1.7335

（续）

序号	中国 GB 713—2014	俄罗斯 ГОСТ 5520—1979	日本 JIS G 3124:2017 等	美国 ASTM A515/A515M—2015	国际 ISO 9328－2:2018（E）	欧洲 EN 10028－2:2017（E）等
8	14Cr1MoR	—	STBA 23	T11 K11597	13CrMoSi5－5	13CrMoSi5－5 1.7336
9	12Cr2Mo1R	10X2M	STBA 24	T22 K21590	10CrMo9－10	10CrMo9－10 1.7380
10	12Cr1MoVR	—	—	T17 K12047	—	14MoV6－3/1.7715 [EN 10222－2:2017（E）]
11	12Cr2Mo1VR	—	—	T24 K30736	13CrMoV9－10	13CrMoV9－10 1.7703
12	07Cr2AlMoR	—	—	—	12CrMo9－10	12CrMo9－10 1.7375

表 B-19 低温压力容器用低合金钢钢板牌号近似对照

序号	中国 GB 3531—2014	日本 JIS G 3126:2015 等	美国 ASTM A841/A841M—2013 等	国际 ISO 9328－2:2018（E）等	欧洲 EN 10028－2:2017（E）等
1	16MnDR	SLA325B	Grade B （ASTM A737/A737M—2013）	P355GH （16Mn6）	P355GH 1.0345
2	15MnNiDR	SBV2 （JIS G 3119:2013）	Grade B （ASTM A738/A738M—2012a）	13MnNi6－3 [ISO 9328－4:2018（E）]	13MnNi6－3/1.6217 [EN 10028－4:2017（E）]

3	15MnNiNbDR	—	Grade E (ASTM A738/A738M—2012a)	—	—
4	08Ni3DR	—	Grade F	11MnNi5－3 [ISO 9328－4:2018（E）]	11MnNi5－3/1.6212 [EN 10028－4:2017（E）]
5	08Ni3DR	—	Grade D	12Ni14 [ISO 9328－4:2018（E）]	12Ni14/1.5637 [EN 10028－4:2017（E）]
6	06Ni9DR	—	Grade G	X8Ni9 [ISO 9328－4:2018（E）]	X8Ni9/1.5662 [EN 10028－4:2017（E）]

表 B-20　高压锅炉用无缝钢管牌号近似对照

序号	中国 GB/T 5310—2017	俄罗斯 ГОСТ 9940—1981	日本 JIS G3462:2014 等	美国 ASME SA－213/SA－213M—2017 等	国际 ISO 9328－2:2018(E)等	欧洲 EN 10028－2:2017(E)等
1	24G	—	STB 340 (JIS G3461:2005)	—	P 235GH	P 235GH 1.0345
2	20MnG	—	STB 410 (JIS G3461:2005)	Grade B H001 (ASTM A737/A737M—2013)	P265GH	P265GH 1.0425
3	25MnG	—	STB 510 (JIS G3461:2005)	Grade C H001 (ASTM A737/A737M—2013)	P 355GH	P 355GH 1.0473

（续）

序号	中国 GB/T 5310—2017	俄罗斯 ГОСТ 9940—1981	日本 JIS G3462：2014 等	美国 ASME SA-213/SA-213M—2017 等	国际 ISO 9328-2：2018(E) 等	欧洲 EN 10028-2：2017(E) 等
4	15MoG	—	STBA 12	Grade T1 (ASTM A209/A209M—2017)	16Mo3	16Mo3 1.5415
5	20MoG	—	STBA 13	Grade T1a (ASTM A209/A209M—2017)	19MnMo4-5	18MnMo4-5 1.5414
6	12CrMoG	—	STBA 20	T2 K11547	13CrMo4-5	13CrMo4-5 1.7335
7	15CrMoG	—	STBA 22	T12 K11562	14CrMo4-5	13CrMoSi5-5 1.7336
8	12Cr2MoG	—	STBA 24	T22 K21590	10CrMo9-10	10CrMo9-10 1.7380
9	12Cr1MoVG	—	STBA 22	T17 K12047	14CrMoV9-10	13CrMoV9-10 1.7703
10	12Cr2MoWVTiBG	—	—	T24 K30736	—	7CrMoVTiB10-10/1.7378 [EN 10216-2:2013(E)]
11	07Cr2MoW2VNbB	—	—	T23 K40712	—	7CrWVMoNbB9-6/1.8201 [EN 10216-2:2013(E)]
12	12Cr3MoVSiTiB	—	—	—	12CrMoV12-10	12CrMoV12-10 1.7767
13	15Ni1MnMoNbCu	—	—	T36 K21001	15NiCuMoNb5-6-4	15NiCuMoNb5-6-4 1.6368

14	10Cr9Mo1VNbN	—	—	T91 K90901	X10CrMoVNb9 – 1	X10CrMoVNb9 – 1 1. 4903
15	10Cr9MoW2VNbBN	—	—	T92 K92460	—	X10CrWMoVNb9 – 2/1. 4901 [EN 10216 – 2:2013(E)]
16	10Cr11MoW2V- NbCu1BN	—	—	T122 K91271	—	—
17	11Cr9Mo1W1VNbBN	—	—	T911 K91061	—	—
18	07Cr19Ni10	—	07Cr19Ni10 (JIS G 3463:2012)	TP304 S30400	X6CrNi18 – 10 [ISO 9328 – 7:2018(E)]	X6CrNi18 – 10/1. 4948 [EN 10028 – 7:2016(E)]
19	10Cr18Ni9NbCu3BN	—	—	S30432	—	—
20	07Cr25Ni21	—	SUS310STB (JIS G 3463:2012)	TP310H S31009	X6CrNi25—20 [ISO 9328 – 7:2018(E)]	X6CrNi25—20/1. 4951 [EN 10028 – 7:2016(E)]
21	07Cr25Ni21NbN	—	—	TP310HCbN S31042	—	—
22	07Cr19Ni11Ti	08X18H10T	SUS321HTB (JIS G 3463:2012)	TP321H S32109	X6CrNiTi18 – 10 [ISO 9328 – 7:2018(E)]	X6CrNiTi18 – 10/1. 4541 [EN 10028 – 7:2016(E)]
23	07Cr18Ni11Nb	—	SUS347HTB (JIS G 3463:2012)	TP347H S34709	X6CrNiNb18 – 10 [ISO 9328 – 7:2018(E)]	X6CrNiNb18 – 10/1. 4550 [EN 10028 – 7:2016(E)]
24	08Cr18Ni11NbFG	—	—	TP347HFG S34710	—	—

表 B-21 桥梁用结构钢牌号近似对照

序号	中国 GB/T 714—2015	日本 JIS G 3106:2008 等	美国 ASTM A709/A709M—2016a 等	国际 ISO 9328 -3:2018(E)等	欧洲 EN 10028 -3:2017(E)等
1	Q345qC	—	Type B 50W[345W]	P355N 1.0562	S355N 1.0562
2	Q345qD	—	Type A 50W[345W]	P355NL1 1.0566	S355NL1 1.0566
3	Q345qE	—	Type A 50W[345W]	P355NL1 1.0566	S355NL2 1.1106
4	Q370qC	—	Grade 1 55[380] (ASTM A1011/A1011M—2017a)	—	—
5	Q370qD	—	Grade 2 55[380] (ASTM A1011/A1011M—2017a)	—	—
6	Q370qE	—	Grade 2 55[380] (ASTM A1011/A1011M—2017a)	—	—
7	Q345qC	—	Grade HPS 50W [HPS 345W]	P355M [ISO 9328 -5:2018(E)]	S355M/1.8821 [EN 10028 -5:2017(E)]
8	Q345qD	—	Grade HPS 50W [HPS 345W]	P355ML1 [ISO 9328 -5:2018(E)]	S355ML1/1.8832 [EN 10028 -5:2017(E)]
9	Q345qE	—	Grade HPS 50W [HPS 345W]	P355ML2 [ISO 9328 -5:2018(E)]	S355ML2/1.8833 [EN 10028 -5:2017(E)]
10	Q370qD	—	Grade 55W[380W] (ASTM A1011/A1011M—2017a)	—	—

11	Q370qE	—	Grade 55W[380W] (ASTM A1011/A1011M—2017a)	—	—
12	Q420qD	SM400C	Grade 60W[410W] (ASTM A1011/A1011M—2017a)	P420M [ISO 9328 –5:2018(E)]	S420M/1.8824 [EN 10028 –5:2017(E)]
13	Q420qE	SM400B	Grade 60W[410W] (ASTM A1011/A1011M—2017a)	P420ML1 [ISO 9328 –5:2018(E)]	S420ML1/1.8835 [EN 10028 –5:2017(E)]
14	Q420qF	SM400A	Grade 60W[410W] (ASTM A1011/A1011M—2017a)	P420ML2 [ISO 9328 –5:2018(E)]	S420ML2/1.8828 [EN 10028 –5:2017(E)]
15	Q460qD	—	Grade HPS 70W [HPS 485W]	P460M [ISO 9328 –5:2018(E)]	S460M/1.8826 [EN 10028 –5:2017(E)]
16	Q460qE	—	Grade HPS 70W [HPS 485W]	P460ML1 [ISO 9328 –5:2018(E)]	S460ML1/1.8837 [EN 10028 –5:2017(E)]
17	Q460qF	—	Grade HPS 70W [HPS 485W]	P460ML2 [ISO 9328 –5:2018(E)]	S460ML2/1.8831 [EN 10028 –5:2017(E)]
18	Q500qD	SM490A	—	PT490M [ISO 9328 –5:2018(E)]	P500Q [EN 10028 –5:2017(E)]
19	Q500qE	SM490B	—	PT490ML1 [ISO 9328 –5:2018(E)]	P500QL1/1.8875 [EN 10028 –5:2017(E)]
20	Q500qF	SM490C	—	PT490ML2 [ISO 9328 –5:2018(E)]	P500QL2/1.8865 [EN 10028 –5:2017(E)]

（续）

序号	中国 GB/T 714—2015	日本 JIS G 3106:2008 等	美国 ASTM A709/A709M—2016a 等	国际 ISO 9328-3:2018(E)等	欧洲 EN 10028-3:2017(E)等
21	Q500qD	SM490C	—	P500Q [ISO 9328-6:2018(E)]	P500Q/1.8873 [EN 10028-6:2017(E)]
22	Q500QE	SM490C	—	P500QL1 [ISO 9328-6:2018(E)]	P500QL1/1.8875 [EN 10028-6:2017(E)]
23	Q500qF	SM490C	—	P500QL2 ISO 9328-6:2018(E)	P500QL2/1.8865 EN 10028-6:2017(E)
24	Q550qD	SM520B	—	PT550Q ISO 9328-6:2018(E)	S550Q/1.8904 EN 10025-6:2004+ A1:2009(D)
25	Q550qE	SM520B	—	PT550QH ISO 9328-6:2018(E)	S550QL/1.8926 EN 10025-6:2004+ A1:2009(D)
26	Q550qF	SM520C	—	PT550QL2 ISO 9328-6:2018(E)	S550QL1/1.8986 EN 10025-6:2004+ A1:2009(D)
27	Q620qD	SM570C	Grade 1 90W[620W] (ASTM A1011/A1011M—2017a)	PT610Q ISO 9328-6:2018(E)	S620Q/1.8914 EN 10025-6:2004+ A1:2009(D)
28	Q620qE	SM570C	Grade 1 90W[620W] (ASTM A1011/A1011M—2017a)	PT610QH ISO 9328-6:2018(E)	S620QL/1.8927 EN 10025-6:2004+ A1:2009(D)

29	Q620qF	SM570C	Grade 1 90W[620W] (ASTM A1011/A1011M—2017a)	PT610QH ISO 9328 -6:2018(E)	S620QL1/1.8987 EN 10025 -6:2004 + A1:2009(D)
30	Q690qD	—	Grade HPS 100W [HPS 690W]	P690Q ISO 9328 -6:2018(E)	S690Q/1.8879 EN 10028 -6:2017(E)
31	Q690qE	—	Grade HPS 100W [HPS 690W]	P690QL1 ISO 9328 -6:2018(E)	S620QL1/1.8881 EN 10028 -6:2017(E)
32	Q690qF	—	Grade HPS 100W [HPS 690W]	P690QL2 ISO 9328 -6:2018(E)	P690QL2/1.8888 EN 10028 -6:2017(E)
33	Q345qNH D	SPA - H (JIS G3125:2010)	Grade K 50[345] (ASTM A588/A588M—2015)	S355W (ISO 4952:2006(E))	S355J0W/1.8959 (EN 10025 -5:2004)
34	Q345qNH E	SPA - H (JIS G3125:2010)	Grade K 50[345] (ASTM A588/A588M—2015)	S355W ISO 4952:2006(E)	S355J2W/1.8965 (EN 10025 -5:2004)
35	Q345qNH F	SPA - H (JIS G3125:2010)	Grade K 50[345] (ASTM A588/A588M—2015)	S355W ISO 4952:2006(E)	S355K2W/1.8967 (EN 10025 -5:2004)
36	Q370qNH D	SMA490AW (JIS G3114:2016)	—	S390WP ISO 4952:2006(E)	—
37	Q370qNH E	SMA490AW (JIS G3114:2016)	—	S390WP ISO 4952:2006(E)	—
38	Q370qNH F	SMA490AW (JIS G3114:2016)	—	S390WP ISO 4952:2006(E)	—
39	Q420qNH D	—	Type IV 60[415] (ASTM A871/A871M—2014)	S415WP ISO 4952:2006(E)	S420N/1.8902 (EN 10025 -3:2004)

（续）

序号	中国 GB/T 714—2015	日本 JIS G 3106:2008 等	美国 ASTM A709/A709M—2016a 等	国际 ISO 9328－3:2018(E)等	欧洲 EN 10028－3:2017(E)等
40	Q420qNH E	—	Type IV 60[415] (ASTM A871/A871M—2014)	S415WP ISO 4952:2006(E)	S420NL/1.8912 (EN 10025－3:2004)
41	Q420qNH F	—	Type IV 60[415] (ASTM A871/A871M—2014)	S415WP ISO 4952:2006(E)	S420NL/1.8912 (EN 10025－3:2004)
42	Q460qNH D	SMA570W (JIS G3114:2016)	Type Ⅲ 65[450] (ASTM A871/A871M—2014)	S460W ISO 4952:2006(E)	S460N/1.8901 (EN 10025－3:2004)
43	Q460qNH E	SMA570W (JIS G3114:2016)	Type Ⅲ 65[450] (ASTM A871/A871M—2014)	S460W ISO 4952:2006(E)	S460NL/1.8903 (EN 10025－3:2004)
44	Q460qNH F	SMA570W (JIS G3114:2016)	Type Ⅲ 65[450] (ASTM A871/A871M—2014)	S460W ISO 4952:2006(E)	S460NL/1.8903 (EN 10025－3:2004)
45	Q500qNH D	—	Grde K 70[485] (ASTM A588/A588M—2015)	—	—
46	Q500qNH E	—	Grde K 70[485] (ASTM A588/A588M—2015)	—	—
47	Q500qNH F	—	Grde K 70[485] (ASTM A588/A588M—2015)	—	—
48	Q550qNH D	—	Type Ⅰ 80[550] (ASTM A871/A871M—2014)	—	—
49	Q550qNH E	—	Type Ⅰ 80[550] (ASTM A871/A871M—2014)	—	—
50	Q550qNH F	—	Type Ⅰ 80[550] (ASTM A871/A871M—2014)	—	—

表 B-22 矿用焊接圆环链用钢牌号近似对照

序号	中国 GB/T 10560—2017	俄罗斯 ГОСТ 19281—1989	日本 JIS G4053:2008	美国 ASTM A519/A519M—2017 等	国际 ISO 683-3:2019(E)等	欧洲 EN 10263-3:2017(E)等
1	20Mn2K	—	SMn420	1524 (ASTM A29/A29M—2015)	23Mn6 [ISO 683-1:2016(E)]	20Mn5/1.1133 (EN 10250-2:1999)
2	20MnVK	18Г2Флс	—	—	19MnVS6 [ISO 11692:1994(E)]	19MnVS6/1.1301 (EN 10267:1998)
3	25MnVK	—	—	—	30MnVS6 [ISO 11692:1994(E)]	30MnVS6/1.1302 (EN 10267:1998)
4	25MnVK	—	—	—	30MnB5 [ISO 683-2:2016(E)]	23MnB4/1.5535 [EN 10263-4:2017(E)]
5	25MnSiMoVK	—	—	—	—	15MnMoV4-5/1.5402 [EN 10222-2:2017(E)]
6	25MnSiNiMoK	—	—	—	—	18MnMoNi5-5/1.6308 [EN 10222-2:2017(E)]
7	20NiCrMoK	—	SNCM220	8620 (ASTM A29/A29M—2015)	20NiCrMo2-2	20NiCrMo2-2 1.6523
8	15CrNi6K	—	SNC415	4715 (ASTM A29/A29M—2015)	17CrNi6-6	17CrNi6-6 1.5918
9	20MnNiCrMo32K	—	SNCM220	8620	20NiCrMo2-2	20NiCrMo2-2 1.6523
10	20MnNiCrMo33K	—	—	4718	20NiCrMo2-2	20NiCrMo2-2 1.6523
11	23MnNiCrMo52K	—	—	—	—	—
12	23MnNiCrMo53K	—	—	—	—	—
13	23MnNiMoCr54K	—	—	—	—	—

表 B-23　石油天然气输送管用热轧宽钢带牌号近似对照

序号	中国 GB/T 14164—2013	国际 ISO 3183:2012（E）
1	L175/A25	L175/A25
2	L175P/A25P	L175P/A25P
3	L210/A	L210/A
4	L245/B	L245/B
5	L290/X42	L290/X42
6	L320/X46	L320/X46
7	L360/X52	L360/X52
8	L390/X56	L390/X56
9	L415/X60	L415/X60
10	L450/X65	L450/X65
11	L485/X70	L485/X70
12	L245R/BR	L245R/BR
13	L290R/X42R	L290R/X42R
14	L245N/BN	L245N/BN
15	L290N/X42N	L290N/X42N
16	L320N/X46N	L320N/X46N
17	L360N/X52N	L360N/X52N
18	L390N/X56N	L390N/X56N
19	L415N/X60N	L415N/X60N
20	L245M/BM	L245M/BM
21	L290M/X42M	L290M/X42M
22	L320M/X46M	L320M/X46M
23	L360M/X52M	L360M/X52M
24	L360M/X52M	L390M/X56M
25	L415M/X60M	L415M/X60M
26	L450M/X65M	L450M/X65M
27	L485M/X70M	L485M/X70M
28	L555M/X80M	L555M/X80M
29	L625M/X90M	L625M/X90M
30	L690M/X100M	L690M/X100M
31	L830M/X120M	L830M/X120M

B3　中外建筑结构用钢牌号近似对照

建筑结构用钢牌号近似对照见表 B-24。热轧带肋钢筋牌号近似对照见表 B-25。热轧光圆钢筋牌号近似对照见表 B-26。

表 B-24　建筑结构用钢牌号近似对照

GB/T 19879—2015			JIS G3136：2012		
牌号	质量等级	厚度/mm	牌号	质量等级	厚度/mm
Q235GJ	B	6 ~ 200	SN400	A	6 ~ 100
	C			B	6 ~ 50
	D				50 ~ 100
	E			C	16 ~ 50
					50 ~ 100
Q345GJ	B	6 ~ 200	SN490	B	6 ~ 50
	C				50 ~ 100
	D			C	16 ~ 50
	E				50 ~ 100
Q390GJ	B	6 ~ 200	—		
	C				
	D				
	E				
Q420GJ	B	6 ~ 200	—		
	C				
	D				
	E				
Q460GJ	B	6 ~ 200	—		
	C				
	D				
	E				
Q550GJ	C	6 ~ 200	—		
	D				
	E				
Q620GJ	C	6 ~ 200	—		
	D				
	E				
Q690GJ	C	6 ~ 200			
	D				
	E				

表 B-25 热轧带肋钢筋牌号近似对照

序号	中国 GB/T 1499.2—2018	俄罗斯 СТО АСЧМ 7—1993	日本 JIS G3112:2004	美国 ASTM A706/A706M—2014	国际 ISO 6935-2:2015 (E)
1	HRB400 HRBF400 HRB400E HRBF400E	A400C	SD 390	Grade 60 [420]	B400AWR B400BWR B400CWR
2	HRB500 HRBF500 HRB500E HRBF500E	A500C	SD 490	—	B500AWR B500BWR B500CWR
3	HRB600	—	—	Grade 80 [560]	B600A-R B600B-R B600C-R

表 B-26 热轧光圆钢筋牌号近似对照

中国 GB/T 1499.1—2017	俄罗斯 ГОСТ 5781—1982	美国 ASTM A615/A615M—2016	国际 ISO 6935-1:2007
HPB300	10ГТ	Grade 40 [280]	B300D-P

B4 中外不锈钢和耐热钢牌号近似对照

不锈钢和耐热钢牌号近似对照见表 B-27。

表 B-27 不锈钢和耐热钢牌号近似对照

序号	中国 GB/T 20878—2007 等	俄罗斯 ГОСТ 5632—1972	日本 JIS G4303:2012 等	美国 ASTM A959—2016 等	国际 ISO 15510:2014（E）等	欧洲 EN 10088 -1:2014（E）等
1	12Cr17Mn6Ni5N S35350 （1Cr17Mn6Ni5N）	—	SUS201 JIS G4309:2013	201 S20100	X12CrMnNiN17 -7 -5	X12CrMnNiN17 -7 -5 1. 4372
2	10Cr17Mn9Ni4N S35950	12X17Г9АН4	—	—	—	—
3	12Cr18Mn9Ni5N S35450 （1Cr18Mn9Ni5N）	—	SUS202	202 S20200	X12CrMnNiN18 -9 -5	X12CrMnNiN18 -9 -5 1. 4373
4	20Cr13Mn9Ni4 S35020 （2Cr13Mn9Ni4）	20X13H4Г9	—	—	—	—
5	20Cr15Mn15Ni2N S35550 （2Cr15Mn15Ni2N）	—	—	206 S20600	—	—

（续）

序号	中国 GB/T 20878—2007 等	俄罗斯 ГОСТ 5632—1972	日本 JIS G4303:2012 等	美国 ASTM A959—2016 等	国际 ISO 15510:2014（E）等	欧洲 EN 10088-1:2014（E）等
6	53Cr21Mn9Ni4N S35650 （5Cr21Mn9Ni4N）	55X20Г9AH4	SUH35 （JIS G4311:2011）	—	X53CrMnNiN21-9-4	X53CrMnNiN21-9-4 1.4871
7	26Cr18Mn12Si2N S35750 （3Cr18Mn12Si2N）	—	—	—	—	—
8	22Cr20Mn10Ni2Si2N S35850 （2Cr20Mn9Ni2Si2N）	—	—	—	—	—
9	12Cr17Ni7 S30110 （1Cr17Ni7）	—	SUS301	301 S30100	X12CrNi17-7	X12CrNi17-7 （1.4319）
10	022Cr17Ni7 S30103	—	SUS301L （JIS G4304:2012）	301L S30103	X5CrNi17-7	X5CrNi17-7 1.4319
11	022Cr17Ni7N S30153	—	—	301LN S30153	X2CrNiN18-7 ［ISO 9328-7:2018（E）］	X2CrNiN18-7 1.4318
12	17Cr18Ni9 S30220 （2Cr18Ni9）	17X18H9	—	—	—	—

13	12Cr18Ni9 S30210 (1Cr18Ni9)	12X18H9	SUS302	302 S30200	X9CrNi18 – 9	X9CrNi18 – 9 1. 4325
14	12Cr18Ni9Si3 S30240 (1Cr18Ni9Si3)	—	SUS302B (JIS G4304:2012)	302B S30215	X12CrNiSi18 – 9 – 3	—
15	Y12Cr18Ni9 S30317 (Y1Cr18Ni9)	—	SUS303	303 S30300	X10CrNiS18 – 9	X8CrNiS18 – 9 1. 4305
16	Y12Cr18Ni9Se S30327 (Y1Cr18Ni9Se)	12X18H10E	SUS303Se	303Se S30323	X10CrNiSe18 – 9	—
17	06Cr19Ni10 S30408 (0Cr18Ni9)	08X18H10	SUS304	304 S30400	X5CrNi18 – 10 [ISO 9328 – 7:2018 (E)]	X5CrNi18 – 10/1. 4301 EN [EN 10222 – 5:2017 (E)]

（续）

序号	中国 GB/T 20878—2007 等	俄罗斯 ГОСТ 5632—1972	日本 JIS G4303:2012 等	美国 ASTM A959—2016 等	国际 ISO 15510:2014（E）等	欧洲 EN 10088－1:2014（E）等
18	022Cr19Ni10 S30403 （00Cr19Ni10）	03X18H11	SUS304L	304L S30403	X2CrNi19－11 [ISO 9328－7:2018（E）]	X2CrNi19－11/1.4306 [EN EN 10222－5:2017（E）]
19	07Cr19Ni10 S30409	—	SUS304HTP （JIS G3459:2004）	304H S30409	X7CrNi18－9 [ISO 4955:2016E）]	X6CrNi18－10/1.4948 EN [EN 10222－5:2017（E）]
20	05Cr19Ni10Si2CeN S30450	—	—	S30415	X6CrNiSiNCe19－10 [ISO 4955:2016E）]	X6CrNiSiNCe19－10 1.4818
21	08Cr21Ni11Si2CeN S30859 GB/T 3280—2015	—	—	S30815	X7CrNiSiNCe21－11	—
22	06Cr18Ni9Cu2 S30480 （0Cr18Ni9Cu2）	—	SUS304J3	S30435	X6CrNiCu18－9－2	—
23	06Cr18Ni9Cu3 S30488 （0Cr18Ni9Cu3）	—	SUSXM7	S30430	X3CrNiCu18－9－4	X3CrNiCu18－9－4/1.4567 [EN 10263－5:2017（E）]

24	06Cr19Ni10N S30458 (0Cr19Ni9N)	—	SUS304N1	304N S30451	X5CrNiN19 -9	X5CrNiN19 -9/1. 4315 EN [EN 10028 -7:2016 (E)]
25	06Cr19Ni10NbN S30478 (0Cr19Ni9NbN)	—	SUS304N1	XM -21 S30452	X6CrNiN19 -9	—
26	022Cr19Ni10N S30453 (00Cr18Ni10N)	—	SUS304LN	304LN S30453	X2CrNiN18 -10 [ISO 9328 -7:2018 (E)]	X2CrNiN18 -10/1. 4311 [EN 10222 -5:2017 (E)]
27	10Cr18Ni12 S30510 (1Cr18Ni12)	—	SUS305	305 S30500	—	—
28	06Cr18Ni12 S30508 (0Cr18Ni12)	—	SUS305J1 (JIS G4309:2013)	—	X6CrNi18 -12	X4CrNi18 -12/1. 4303 [EN 10263 -5:2017 (E)]
29	06Cr16Ni18 S30608 (0Cr16Ni18)	—	—	S38400	—	—

（续）

序号	中国 GB/T 20878—2007 等	俄罗斯 ГОСТ 5632—1972	日本 JIS G4303:2012 等	美国 ASTM A959—2016 等	国际 ISO 15510:2014（E）等	欧洲 EN 10088-1:2014（E）等
30	06Cr20Ni11 S30808	—	—	308 S30800	—	—
31	22Cr21Ni12N S30850 （2Cr21Ni12N）	—	SUH37 （JIS G4311:2011）	—	X15CrNiSi20-12 [ISO 4955:2016（E）]	X15CrNiSi20-12/1.4828 [EN 10095:1999（E）]
32	16Cr23Ni13 S30920 （2Cr23Ni13）	20X23H12	SUH309 （JIS G4311:2011）	309 S30900	X18CrNi23-13 [ISO 4955:2016（E）]	X12CrNi23-13/1.4833 [EN 10095:1999（E）]
33	06Cr23Ni13 S30908 （0Cr23Ni13）	0X23H13	SUS309S	309S S30908	X6CrNi23-13 [ISO 9328-7:2018（E）]	X6CrNi23-13/1.4950 [EN 10028-7:2016（E）]
34	14Cr23Ni18 S31010 （1Cr23Ni18）	20X23H18	—	—	—	—
35	20Cr25Ni20 S31020 （2Cr25Ni20）	—	SUH310 （JIS G4311:2011）	310 S31000	X23CrNi25-21	—
36	06Cr25Ni20 S31008 （0Cr25Ni20）	08X23H20	SUS310S	310S S31008	X6CrNi25-20 [ISO 9328-7:2018（E）]	X6CrNi25-20/1.4951 [EN 10028-7:2016（E）]

37	022Cr25Ni22Mo2N S31253	—	—	310MoLN S31050	X1CrNiMoN25 -22 -2 [ISO 9328 -7:2018 (E)]	X1CrNiMoN25 -22 -2 1.4466 [EN 10028 -7:2016 (E)]
38	015Cr20Ni18Mo6CuN S31252	—	—	S31254	X1CrNiMoCuN20 -18 -7 [ISO 9328 -7:2018 (E)]	X1CrNiMoCuN20 -18 -7 1.4547 [EN 10222 -5:2017 (E)]
39	015Cr20Ni25Mo7CuN S38926 (GB/T 3280—2015)	—	—	N08926	X1NiCrMoCuN25 -20 -7	X1NiCrMoCuN25 -20 -7 1.4529 [EN 10222 -5:2017 (E)]
40	02Cr21Ni25Mo7N S38367 (GB/T 3280—2015)	—	—	N08367	X2NiCrMoN25 -21 -7	—
41	06Cr17Ni12Mo2 S31608 (0Cr17Ni12Mo2)	—	SUS316	316 S31600	X5CrNiMo17 -12 -2 [ISO 9328 -7:2018 (E)]	X5CrNiMo17 -12 -2 1.4401 [EN 10222 -5:2017 (E)]
42	022Cr17Ni12Mo2 S31603 (00Cr17Ni12Mo2)	03X17H14M2	SUS316L	316L S31603	X2CrNiMo17 -12 -2 [ISO 9328 -7:2018 (E)]	X2CrNiMo17 -12 -2 1.4404 [EN 10222 -5:2017 (E)]

（续）

序号	中国 GB/T 20878—2007 等	俄罗斯 ГОСТ 5632—1972	日本 JIS G4303:2012 等	美国 ASTM A959—2016 等	国际 ISO 15510:2014（E）等	欧洲 EN 10088－1:2014（E）等
43	07Cr17Ni12Mo2 S31609 （1Cr17Ni12Mo2）	—	—	316H S31609	X5CrNiMo17－12－2	X5CrNiMo17－12－2 1.4401 [EN 10028－7:2017（E）]
44	06Cr17Ni12Mo2Ti S31668 （0Cr18Ni12Mo3Ti）	08X17H13M3T	SUS316Ti	316Ti S31635	X6CrNiMoTi17－12－2 [ISO 9328－7:2018（E）]	X6CrNiMoTi17－12－2 1.4571 [EN 10222－5:2017（E）]
45	06Cr17Ni12Mo2Nb S31678	08X16H13M2Б	—	316Nb S31640	X6CrNiMoNb17－12－2 [ISO 9328－7:2018（E）]	X6CrNiMoNb17－12－2 1.4580 [EN 10028－7:2017（E）]
46	06Cr17Ni12Mo2N S31658 （0Cr17Ni12Mo2N）	—	SUS316N	316N S31651	X6CrNiMoN17－12－3	—
47	022Cr17Ni12Mo2N S31653 （00Cr17Ni13Mo2N）	—	SUS316LN	316LN S31653	X2CrNiMoN17－13－3 [ISO 9328－7:2018（E）]	X2CrNiMoN17－13－3 1.4429 [EN 10028－7:2017（E）]
48	06Cr18Ni12Mo2Cu2 S31688 （0Cr18Ni12Mo2Cu2）	—	SUS316J1	—	X6CrNiMoCu18－12－2－2	—

49	022Cr18Ni14Mo2Cu2 S31683 (00Cr18Ni14Mo2Cu2)	—	SUS316J1L	—	X2CrNiMoCu18 – 14 – 2 – 2	—
50	022Cr18Ni15Mo3N S31693 (00Cr18Ni15Mo3N)	—	—	—	X2CrNiMo18 – 14 – 3	X2CrNiMo18 – 14 – 3 1. 4435 [EN 10222 – 5:2017 (E)]
51	015Cr21Ni26Mo5Cu2 S31782	—	SUS890L	904L N08904	X1NiCrMoCu25 – 20 – 5 [ISO 9328 – 7:2018 (E)]	X1NiCrMoCu25 – 20 – 5 1. 4539 [EN 10222 – 5:2017 (E)]
52	06Cr19Ni13Mo3 S31708 (0Cr19Ni13Mo3)	—	SUS317	317 S31700	X6CrNiMo19 – 13 – 4	—
53	022Cr19Ni13Mo3 S31703 (00Cr19Ni13Mo3)	03X19H13M3	SUS317L	317L S31703	X2CrNiMo19 – 14 – 4	X2CrNiMo18 – 15 – 4 1. 4438 [EN 10028 – 7:2017 (E)]
54	022Cr18Ni14Mo3 S31793 (00Cr18Ni14Mo3)	—	—	317LN S31753	X2CrNiMo18 – 14 – 3 [ISO 9328 – 7:2018 (E)]	X2CrNiMo18 – 14 – 3 1. 4435 [EN 10222 – 5:2017 (E)]

（续）

序号	中国 GB/T 20878—2007 等	俄罗斯 ГОСТ 5632—1972	日本 JIS G4303:2012 等	美国 ASTM A959—2016 等	国际 ISO 15510:2014（E）等	欧洲 EN 10088-1:2014（E）等
55	03Cr18Ni16Mo5 S31794 （0Cr18Ni16Mo5）	—	SUS317J1	317LM S31725	X3CrNiMo18-16-5 [ISO 9328-7:2018（E）]	—
56	022Cr19Ni16Mo5N S31723	—	—	317LMN S31726	X2CrNiMoN18-15-5	—
57	022Cr19Ni13Mo4N S31753	—	SUS317LN （JIS G4304:2012）	317LN S31753	X2CrNiMoN18-12-4	X2CrNiMoN18-12-4 1.4434 [EN 10028-7:2017（E）]
58	06Cr18Ni11Ti S32168 （0Cr18Ni10Ti）	08X18H10T	SUS321 （JIS G4304:2012）	321 S32100	X6CrNiTi18-10 [ISO 9328-7:2018（E）]	X6CrNiTi18-10 1.4541 [EN 10222-5:2017（E）]
59	07Cr19Ni11Ti S32169 （1Cr18Ni11Ti）	—	SUS321HTP （JIS G3459:2004）	321H S32109	X7CrNiTi18-10	X6CrNiTiB18-10 1.4941 [EN 10222-5:2017（E）]
60	45Cr14Ni14W2Mo S32590 （4Cr14Ni14W2Mo）	45X14H14B2M	—	—	X40CrNiWSi15-14-3-2	—

61	015Cr24Ni22Mo8Mn3CuN S32652	—	—	S32654	X1CrNiMoCuN24 – 22 – 8	X1CrNiMoCuN24 – 22 – 8 1.4652 [EN 10088 – 2:2014 (E)]
62	24Cr18Ni8W2 S32720 (2Cr18Ni8W2)	25X18H8B2	—	—	—	—
63	12Cr16Ni35 S33010 (1Cr16Ni35)	—	SUH330 (JIS G4311:2011)	—	X13NiCr35 – 16	X12NiCrSi35 – 16 1.4864 (EN 10095:1999)
64	022Cr24Ni17Mo6Mn5NbN S34553	—	—	S34565	X2CrNiMnMoN 25 – 18 – 6 – 5	X2CrNiMnMoN 25 – 18 – 6 – 5/1.4565 [EN 10088 – 3:2014 (E)]
65	06Cr18Ni11Nb S34778 (0Cr18Ni11Nb)	08X18H12Б	SUS347	347 S34700	X6CrNiNb18 – 10 [ISO 9328 – 7:2018 (E)]	X6CrNiNb18 – 10 1.4550 [EN 10222 – 5:2017 (E)]

（续）

序号	中国 GB/T 20878—2007 等	俄罗斯 ГОСТ 5632—1972	日本 JIS G4303：2012 等	美国 ASTM A959—2016 等	国际 ISO 15510：2014（E）等	欧洲 EN 10088－1：2014（E）等
66	07Cr18Ni11Nb S34779 （1Cr19Ni11Nb）	—	SUS347HTP	347H S34709	X7CrNiNb18－10 ［ISO 4955：2016（E）］	X7CrNiNb18－10 1.4912 ［EN 10222－5：2017（E）］
67	06Cr18Ni13Si4 S38148 （0Cr18Ni13Si4）	—	SUSXM15J1	XM－15 S38100	X6CrNiSi18－13－4	X1CrNiSi18－15－4 1.4361 ［EN 10028－7：2017（E）］
68	16Cr20Ni14Si2 S38240 （1Cr20Ni14Si2）	20X20H14C2	—	—	X15CrNiSi20－12 ［ISO 4955：2016（E）］	X15CrNiSi20－12 1.4828 （EN 10095：1999）
69	16Cr25Ni20Si2 S38340 （1Cr25Ni20Si2）	20X25H20C2	—	—	X15CrNiSi25－21 ［ISO 4955：2016（E）］	X15CrNiSi25－21 1.4841 （EN 10095：1999）
70	14Cr18Ni11Si4AlTi S21860 （1Cr18Ni11Si4AlTi）	15X18H12C4TЮ	—	—	—	—

71	022Cr19Ni5Mo3Si2N S21953 (00Cr19Ni5Mo3Si2N)	—	—	S31500 (ASTM A790/A790M— 2018)	X2CrNiMoSiMnN 19-5-3-2-2	X2CrNiMoSi18-5-3 1.4424 [EN 10088-2:2014 (E)]
72	12Cr21Ni5Ti S22160 (1Cr21Ni5Ti)	12X21H5T	—	—	—	—
73	022Cr22Ni5Mo3N S22253 (00Cr22Ni5Mo3N)	—	SUS329J3L	S31803 (ASTM A790/A790M— 2018)	X2CrNiMoN22-5-3 [ISO 9328-7:2018 (E)]	X2CrNiMoN22-5-3 1.4462 [EN 10222-5:2017 (E)]
74	022Cr23Ni5Mo3N S22053 (00Cr23Ni5Mo3N)	—	—	2205/S32205 (ASTM A790/A790M— 2018)	—	—
75	022Cr23Ni4MoCuN S23043 (00Cr23Ni4N)	—	—	2304/S32304 (ASTM A790/A790M— 2018)	X2CrNiN23-4 [ISO 9328-7:2018 (E)]	X2CrNiN23-4 1.4362 [EN 10222-5:2017 (E)]

（续）

序号	中国 GB/T 20878—2007 等	俄罗斯 ГОСТ 5632—1972	日本 JIS G4303:2012 等	美国 ASTM A959—2016 等	国际 ISO 15510:2014（E）等	欧洲 EN 10088-1:2014（E）等
76	022Cr25Ni6Mo2N S22553	—	—	S31200 (ASTM A790/A790M—2018)	—	—
77	022Cr25Ni7Mo3WCuN S22583	—	SUS329J4L	S32160 (ASTM A790/A790M—2018)	X2CrNiMoN25-7-3	—
78	03Cr25Ni6Mo3Cu2N S25554	—	—	255/S32550 (ASTM A790/A790M—2018)	X2CrNiMoCuN25-6-3 [ISO 9328-7:2018（E）]	X2CrNiMoCuN25-6-3 1.4507 [EN 10222-5:2017（E）]
79	022Cr25Ni7Mo4N S25073 (00Cr25Ni7Mo4N)	—	—	2507/S32750 (ASTM A790/A790M—2018)	X2CrNiMoN25-7-4 [ISO 9328-7:2018（E）]	X2CrNiMoN25-7-4 1.4410 [EN 10222-5:2017（E）]
80	022Cr25Ni7Mo4WCuN S27603	—	—	S32760 (ASTM A790/A790M—2018)	X2CrNiMoCuWN 25-7-4	X2CrNiMoCuWN 25-7-4/1.4501 [EN 10222-5:2017（E）]

81	03Cr22Mn5Ni2MoCuN S22294 (GB/T 3280—2015)	—	—	S32101 (ASTM A790/A790M— 2018)	X2CrMnNiN21 - 5 - 1 [ISO 9328 - 7:2018 (E)]	X2CrMnNiN21 - 5 - 1 1.4162 [EN 10088 - 2:2014 (E)]
82	022Cr21Ni3Mo2N S22153 (GB/T 3280—2015)	—	—	S32003 (ASTM A790/A790M— 2018)	—	—
83	022Cr24Ni7Mo4CuN S25203 (GB/T 31303—2014)	—	—	S32003 (ASTM A790/A790M— 2018)	X2CrNiMoCuN25 - 6 - 3	X2CrNiMoCuN25 - 6 - 3 1.4507 [EN 10222 - 5:2017 (E)]
84	06Cr26Ni4Mo2 S22693 (0Cr2Ni5Mo2) (GB/T 31303—2014)	—	SUS329J1	329/S32900 (ASTM A790/A790M— 2018)	X6CrNiMo26 - 4 - 2	—
85	022Cr29Ni5Mo2N S29503 (GB/T 31303—2014)	—	—	S32950 (ASTM A790/A790M— 2018)	X3CrNiMoN27 - 5 - 2	X3CrNiMoN27 - 5 - 2 1.4460 [EN 10088 - 3:2014 (E)]

（续）

序号	中国 GB/T 20878—2007 等	俄罗斯 ГОСТ 5632—1972	日本 JIS G4303:2012 等	美国 ASTM A959—2016 等	国际 ISO 15510:2014（E）等	欧洲 EN 10088-1:2014（E）等
86	022Cr21Mn3Ni3Mo2N S22193 （GB/T 3280—2015）	—	—	S81921 （ASTM A790/A790M—2018）	—	—
87	022Cr21Mn5Ni2N S22152 （GB/T 3280—2015）	—	—	S32001 （ASTM A789/A789M—2017）	X3CrMnNiMoN21-5-3	X2CrMnNiMoN21-5-3 1.4482 [EN 10028-7:2016（E）]
88	022Cr22Mn3Ni2MoN S22253 （GB/T 3280—2015）	—	—	S82011 （ASTM A790/A790M—2018）	—	—
89	022Cr23Ni2N S22353 （GB/T 3280—2015）	—	—	S32202 （ASTM A790/A790M—2018）	X2CrNiN22-2 [ISO 9328-7:2018（E）]	X2CrNiN22-2 1.4062 [EN 10028-7:2016（E）]
90	022Cr24Ni4Mn3Mo2CuN S22493 （GB/T 3280—2015）	—	—	S82441 （ASTM A790/A790M—2018）	X2CrNiMnMoCuN 24-4-3-2 [ISO 9328-7:2018（E）]	X2CrNiMnMoCuN 24-4-3-2/1.4552

91	06Cr13Al S11348 (1Cr13Al)	—	SUS405	405 S40500	XCrAl13	XCrAl13 1. 4002 [EN 10088 -2:2014 (E)]
92	06Cr11Ti S11168 (0Cr11Ti)	—	SUH409 (JIS G4312:2012)	409 S40900	—	—
93	022Cr11Ti S11163	—	SUH409L (JIS G4312:2012)	S40910	X2CrTi12 [ISO 4955:2016 (E)]	X2CrTi12 1. 4512
94	022Cr11NbTi S11173	—	—	S40930	—	—
95	022Cr12Ni S11213	—	—	S40977	X2CrNi12 [ISO 9328 -7:2018 (E)]	X2CrNi12 1. 4003
96	022Cr12 S11203 (00Cr12)	—	SUS410L	—	X2Cr12	—

（续）

序号	中国 GB/T 20878—2007 等	俄罗斯 ГОСТ 5632—1972	日本 JIS G4303:2012 等	美国 ASTM A959—2016 等	国际 ISO 15510:2014（E）等	欧洲 EN 10088－1:2014（E）等
97	10Cr15 S11510 （1Cr15）	—	SUS429 （JIS G4304:2012）	429 S42900	X10Cr15	—
98	022Cr15NbTi S11573 （GB/T 3280—2015）	—	SUS429 （JIS G4304:2012）	429 S42900	X1CrNb15	X1CrNb15 1.4596
99	10Cr15 S11710 （1Cr17）	12X17	SUS430	430 S43000	X6Cr17	X6Cr17 1.4016 ［EN 10263－5:2017（E）］
100	Y10Cr17 S11717 （Y1Cr17）	—	SUS430F （JIS G4309:2013）	430F S43020	X7CrS17	—
101	022Cr17NbTi S11763 （GB/T 3280—2015）	08X17T	SUS430LX （JIS G4304:2012）	—	X2CrTi17 ［ISO 9328－7:2018（E）］	—

102	10Cr17Mo S11790 (1Cr17Mo)	—	SUS434	434 S43400	X6CrMo17 - 1	X6CrMo17 - 1 1.4113 [EN 10263 - 5:2017 (E)]
103	10Cr17MoNb S11770	—	—	436 S43600	X6CrMoNb17 - 1 [ISO 9328 - 7:2018 (E)]	X6CrMoNb17 - 1 1.4526
104	022Cr18Ti S11863 (GB/T 3280—2015)	—	—	439 S43035	—	—
105	019Cr18MoTi S11862	—	SUS436L (JIS G4304:2012)	—	X2CrMoNbTi18 - 1	—
106	022Cr18NbTi S11873	—	—	S43940	X2CrTiNb18 [ISO 9328 - 7:2018 (E)]	X2CrTiNb18 1.4509
107	019Cr18CuNb 11882 (GB/T 3280—2015)	—	SUS430J1L (JIS G4305:2012)	—	X2CrCuTi18	—

（续）

序号	中国 GB/T 20878—2007 等	俄罗斯 ГОСТ 5632—1972	日本 JIS G4303:2012 等	美国 ASTM A959—2016 等	国际 ISO 15510:2014（E）等	欧洲 EN 10088－1:2014（E）等
108	019Cr19Mo2NbTi S11972 (00Cr18Mo2)	—	SUS444 (JIS G4304:2012)	444 S44400	X2CrMoTi18－2 [ISO 9328－7:2018（E）]	X2CrMoTi18－2 1.4521
109	019Cr21CuTi S12182 (GB/T 3280—2015)	—	SUS443J1 (JIS G4305:2012)	S44330	X2CrTiCu22	—
110	019Cr23Mo2Ti S12361 (GB/T 3280—2015)	—	SUS445J2 (JIS G4305:2012)	—	X2CrMo23－2	—
111	019Cr23MoTi S12362 (GB/T 3280—2015)	—	SUS445J1 (JIS G4305:2012)	—	X2CrMo23－1	—
112	16Cr25N S12550 (2Cr25N)	—	SUH446 (JIS G4312:2011)	446 S44600	X15CrN26 [ISO 4955:2016（E）]	—
113	008Cr27Mo S12791 (00Cr27Mo)	—	SUSXM27	XM－27 S44627	X1CrMo26－1	—

114	022Cr27Ni2Mo4NbTi S12763 (GB/T 3280—2015)	—	—	26-3-3 S44660	X2CrMoNi27-4-2	—
115	022Cr29Mo4NbTi S12963 (GB/T 3280—2015)	—	—	S44735	—	X2CrMoTI29-4 1.4992
116	008Cr30Mo2 S13091 (00Cr30Mo2)	—	SUS447J1	S44725	X1CrMo30-2	—
117	12Cr12 S40310 (1Cr12)	—	SUS403	403 S40300	—	—
118	06Cr13 S41008 (0Cr13)	08X13	SUS410S (JIS G4304:2012)	410S S41008	X06Cr13 [ISO 4955:2016 (E)]	X06Cr13 1.4000 [EN 10088-2:2014 (E)]
119	12Cr13 S41010 (1Cr13)	12X13	SUS410	410 S41000	X12Cr13	X12Cr13 1.4006 [EN 10263-5:2017 (E)]

（续）

序号	中国 GB/T 20878—2007 等	俄罗斯 ГОСТ 5632—1972	日本 JIS G4303:2012 等	美国 ASTM A959—2016 等	国际 ISO 15510:2014（E）等	欧洲 EN 10088－1:2014（E）等
120	04Cr13Ni5Mo S41595	—	—	S41500	X3CrNiMo13－4	X3CrNiMo13－4 1.4313
121	Y12Cr13 S41617 （Y1Cr13）	—	SUS416	416 S41600	X12CrS13	X12CrS13 1.4005
122	20Cr13 S42020 （2Cr13）	20X13	SUS420J1	420 S42000	X20Cr13	X20Cr13 1.4021
123	30Cr13 S42030 （3Cr13）	30X13	SUS420J2	420 S42000	X30Cr13	X30Cr13 1.4028
124	Y30Cr13 S42037 （Y3Cr13）	—	SUS420F	420G S42020	X33CrS13	X29CrS13 1.4029
125	40Cr13 S42040 （4Cr13）	40X13	—	—	X39Cr13	X39Cr13 1.4031

126	Y25Cr13Ni2 S41427 (Y2Cr13Ni2)	A25X13H2	—	—	—	—
127	14Cr17Ni2 S43110 (1Cr17Ni2)	14X17H2	—	—	—	—
128	17Cr16Ni2 S43120	—	SUS431	431 S43100	X17CrNi16 - 2	X17CrNi16 - 2 1.4057
129	68Cr17 S44070 (7Cr17)	—	SUS440A	440A S44002	X68Cr17	—
130	85Cr17 S44080 (8Cr17)	—	SUS440B	440B S44003	X85Cr17	—
131	108Cr17 S44096 (11Cr17)	—	SUS440C	440C S44004	X110Cr17	—

（续）

序号	中国 GB/T 20878—2007 等	俄罗斯 ГОСТ 5632—1972	日本 JIS G4303:2012 等	美国 ASTM A959—2016 等	国际 ISO 15510:2014（E）等	欧洲 EN 10088－1:2014（E）等
132	Y108Cr17 S44097 （Y11Cr17）	—	SUS440F	440F S44020	X110CrS17	—
133	95Cr18 S44090 （9Cr18）	95X18	—	—	—	—
134	12Cr5Mo S45110 （1Cr5Mo）	15X5M	—	—	—	—
135	12Cr12Mo S45610 （1Cr12Mo）	—	—	S41005	—	—
136	13Cr13Mo S45710 （1Cr13Mo）	—	SUS410J1	—	X13CrMo13	—
137	32Cr13Mo S45830 （3Cr13Mo）	—	—	—	X38CrMo14	X38CrMo14 1.4419

138	102Cr17Mo S45990 (9Cr18Mo)	—	SUS440C	S44025	X108CrMo17 [ISO 683－17:2014 (E)]	X105CrMo17 1.4125
139	90Cr18MoV S46990 (9Cr18MoV)	—	—	ISO X89 CrMoV18－1 ASTM (A756/A756M— 2017)	—	X90CrMoV18 1.4112
140	14Cr11MoV S46010 (1Cr11MoV)	15X11MΦ	—	S44226	—	—
141	158Cr12MoV S46110 (1Cr12MoV)	—	SKD10 (JIS G 4404:2015)	D2 T30420 (ASTM A681— 2015)	X153CrMoV12 [EN ISO 4957:2017 (D)]	X153CrMoV12 1.2379 [EN ISO 4957:2017 (D)]

（续）

序号	中国 GB/T 20878—2007 等	俄罗斯 ГОСТ 5632—1972	日本 JIS G4303:2012 等	美国 ASTM A959—2016 等	国际 ISO 15510:2014（E）等	欧洲 EN 10088-1:2014（E）等
142	21Cr12MoV S46020 （2Cr12MoV）	—	—	—	X22CrMoV12-1 ［ISO 4955:2016（E）］	—
143	18Cr12MoVNbN S46250 （2Cr12MoVNbN）	—	SUH600 （JIS G4311:2011）	—	X18CrMnMoNbVN12	—
144	15Cr12WMoV S47010 （1Cr12WMoV）	15X12BHMФ	—	S42226	—	—
145	22Cr12NiWMoV S47220 （2Cr12NiWMoV）	—	SUH616 （JIS G4311:2011）	616 S42200	X23CrMoWMnNiV 12-1-1	—
146	13Cr11Ni2W2MoV S47310 （1Cr11Ni2W2MoV）	1X12H2B2MФ	—	—	—	—
147	14Cr12Ni2WMoVNb S47410 （1Cr11Ni2WMoVNb）	14X12B2MBФБ		—	—	—

148	10Cr12Ni3Mo2VN S47250	—	—	XM－32 S64152	—	—
149	18Cr11NiMoNbVN S47450 (2Cr11NiMoNbVN)	—	—	—	X18CrMnMoNbVN12	—
150	13Cr14Ni3W2VB S47710 (1Cr14Ni3W2VB)	—	—	—	—	—
151	42Cr9Si2 448040 (4Cr9Si2)	40X9C2	SUH11 (JIS G4311:2011)	—	—	—
152	45Cr9Si3 448045	—	SUH1 (JIS G4311:2011)	—	—	—
153	40Cr10Si2Mo 48140 (4Cr10Si2Mo)	40X10C2M	SUH3 (JIS G4311:2011)	—	—	—

（续）

序号	中国 GB/T 20878—2007 等	俄罗斯 ГОСТ 5632—1972	日本 JIS G4303:2012 等	美国 ASTM A959—2016 等	国际 ISO 15510:2014（E）等	欧洲 EN 10088-1:2014（E）等
154	50Cr15MoV 46050 （GB/T 3280—2015）	—	—	—	X50CrMoV15	X50CrMoV15 1.4416 [EN 10088-2:2014（E）]
155	80Cr20Si2Ni 48380 （8Cr20Si2Ni）	—	SUH4 （JIS G4311:2011）	—	X80CrSiNi20-2	—
156	04Cr13Ni8Mo2Al S51380	—	—	XM-13 S13800	X3CrNiMoAl13-8-3	—
157	022Cr12Ni9Cu2NbTi S51290	—	—	XM-16 S45500	—	—
158	05Cr15Ni5Cu4Nb S51550	—	—	XM-12 S15500	—	—

159	05Cr17Ni4Cu4Nb S51740 (0Cr17Ni4Cu4Nb)	—	SUS630	630 S17400	X5CrNiCuNb16 –4	X5CrNiCuNb16 –4 1. 4542
160	07Cr17Ni7Al S51770 (0Cr17Ni7Al)	09X17H7Ю	SUS631	631 S17700	X7CrNiAl17 –7	X7CrNiAl17 –7 1. 4568
161	07Cr15Ni7Mo2Al S51570 (0Cr15Ni7Mo2Al)	—	—	632 S15700	X8CrNiMoAl15 –7 –2	—
162	07Cr12Ni4Mn5Mo3Al S51240 (0Cr12Ni4Mn5Mo3Al)	—	—	—	—	—
163	09Cr17Ni5Mo3N S51750	—	—	633 S35000	X9CrNiMoN17-5-3	—
164	09Cr17Ni5Mo3N S51778	—	—	635 S17600	—	—
165	06Cr15Ni25Ti2MoAlVB S51525 (0Cr15Ni25Ti2MoAlVB)	—	SUH660	660 S66286	X6NiCrTiMoVB25-15-2	X6NiCrTiMoVB25-15-2 1. 4606

B5 中外工模具钢和高速工具钢牌号近似对照

刃具模具用非合金钢牌号近似对照见表B-28。工模具合金钢牌号近似对照见表B-29。高速工具钢牌号近似对照见表B-30。

表B-28 刃具模具用非合金钢牌号近似对照

序号	中国 GB/T 1299—2014	俄罗斯 ГОСТ 1435—1999	日本 JIS G4401:2009	美国 ASTM A686—2016 等	国际 ISO 4957:2018(E)	欧洲 EN ISO 4957:2017(D)
1	T7 T00070	У7 SK65	SK70	1070 ASTM A684/A684M—2015	C70U	C70U 1.1520
2	T8 T00080	У8	SK80	W1-8 A T72301	C80U	C80U 1.1525
3	T8Mn T01080	У8Г	SK85 (SK5)	W1-8 C T72301	—	—
4	T9 T00090	У9	SK90	W1-8 1/2 T72301	C90U	C90U 1.1535
5	T10 T00100	У10	SK95 (SK4)	W1-9 1/2 T72301	C105U	C105U 1.1545
6	T11 T00110	—	SK105 (SK3)	W1-10 1/2 T72301	C105U	C105U 1.1545
7	T12 T00120	У12	SK120 (SK2)	W1-11 1/2 T72301	C120U	C120U 1.1555
8	T13 T00130	—	SK140 (SK1)	W2-13 A T72302	—	—

表 B-29 工模具合金钢牌号近似对照

序号	中国 GB/T 1299—2014	俄罗斯 ГОСТ 5950—2000 等	日本 JIS G4404:2015 等	美国 ASTM A681—2015 等	国际 ISO 4957:2018(E)等	欧洲 EN ISO 4957:2017(D)等
1	9SiCr T31219	9XC	—	—	—	—
2	8MnSi T30108	—	SKS95	—	—	—
3	Cr06 T30200	13X	SKS8	—	—	—
4	Cr2 T31200	X	SUJ2 (JIS G 4805:2008)	L3 T61203	102Cr6	102Cr6 1.2067
5	9Cr2 T31200	9X1	—	L2 T61202	—	—
6	W T30800	—	SKS21	F1 T60601	—	—
7	4CrW2Si T40294	4XB2C	SKS41	—	—	—
8	5CrW2Si T40295	5XB2CФ	SKS4	S1 T41901	50WCrV8	50WCrV8 1.2549
9	6CrW2Si T40296	6XB2C	—	—	—	—
10	6CrMnSi2Mo1V T40356	—	—	S5 T41905	—	—

（续）

序号	中国 GB/T 1299—2014	俄罗斯 ГОСТ 5950—2000 等	日本 JIS G4404:2015 等	美国 ASTM A681—2015 等	国际 ISO 4957:2018(E)等	欧洲 EN ISO 4957:2017(D)等
11	5Cr3MnSiMo1 T40355	—	—	S7 T41907	—	—
12	6CrW2SiV T40376	—	—	—	60WCrV8	60WCrV8 1.2550
13	9Cr2V T42239	9X2Ф	—	L2 T61202	—	—
14	9Cr2Mo T42309	—	—	A4 T30104	—	—
15	9Cr2MoV T42319	—	—	—	100CrMo7 [ISO 683-17: 2014 (E)]	—
16	8Cr3NiMoV T42518	—	—	—	—	—
17	9Cr5NiMoV T42519	—	—	—	—	—
18	9Mn2V T20019	—	—	O2 T31502	90MnCrV8	90MnCrV8 1.2842
19	9CrWMn T20299	9XBГ	SKS3	O1 T31501	95MnWCr5	95MnWCr5 1.2825
20	CrWMn T21290	XBГ	SKS31	O7 T31507	—	—
21	MnCrWV T20250	—	—	—	95MnWCr5	95MnWCr5 1.2825

22	7CrMn2Mo T21347	—	—	A6 T30106	70MnMoCr8	70MnMoCr8 1.2824
23	5Cr8MoVSi T21355	—	—	—	—	—
24	7CrSiMnMoV T21357	—	—	—	—	—
25	Cr8Mo2SiV T21350	—	—	—	—	—
26	Cr4W2MoV T21320	—	—	—	—	—
27	6Cr4W3Mo2VNb T21386	—	—	—	—	—
28	6W6Mo5Cr4V T21836	—	—	H42 T20642	—	—
29	W6Mo5Cr4V2 T21830	—	SKH51 (JIS G4403:2006)	M2 T11302 (ASTM A600—2016)	HS6-5-2	HS6-5-2 1.3339
30	Cr8 T21209	—	—	—	—	—
31	Cr12 T21200	X12	SKD1	D3 T30403	X210Cr12	X210Cr12 1.2080

（续）

序号	中国 GB/T 1299—2014	俄罗斯 ГОСТ 5950—2000 等	日本 JIS G4404:2015 等	美国 ASTM A681—2015 等	国际 ISO 4957:2018(E)等	欧洲 EN ISO 4957:2017(D)等
32	Cr12W T21290	—	SKD2	—	X210CrW12	X210CrW12 1. 2436
33	7Cr7Mo2V2Si T21317	—	—	—	—	—
34	Cr5Mo1V T21318	—	SKD12	A2 T30102	X100CrMoV5	X100CrMoV5 1. 2363
35	Cr12MoV T21319	X12MФ	SKD11	D4 T30404	—	—
36	Cr12Mo1V1 T21310	X12M1Ф1	SKD10	D2 T30402	X153CrMoV12	X153CrMoV12 1. 2379
37	5CrMnMo T22345	5XГM	—	—	—	—
38	5CrNiMo T22505	5XHM	—	L6 T61206	—	—
39	4CrNi4Mo T23504	—	SKT6	—	45NiCrMo16	45NiCrMo16 1. 2767
40	4Cr2NiMoV T23514	—	—	—	—	—
41	5CrNi2MoV T23515	—	SKT4	—	55NiCrMoV7	55NiCrMoV7 1. 2714
42	5Cr2NiMoVSi T23535	—	—	—	—	—

43	8Cr3 T23208	8X3	—	—	—	—
44	4Cr5W2VSi T23274	—	—	—	—	—
45	3Cr2W8V T23273	3X2B8Φ	SKD5	H21 T20821	X30WCrV9-3	X30WCrV9-3 1. 2581
46	4Cr5MoSiV T23352	4X5MΦC	SKD6	H11 T20811	X37CrMoV5-1	X37CrMoV5-1 1. 2343
47	4Cr5MoSiV1 T23353	4X5MΦ1C	SKD61	H13 T20813	X40CrMoV5-1	X40CrMoV5-1 1. 2344
48	4Cr3Mo3SiV T23353	4X3M3Φ	—	H10 T20810	—	—
49	5Cr4Mo3SiMnVAl T23355	—	—	—	—	—
50	4CrMnSiMoV T23364	—	—	—	—	—
51	5Cr5WMoSi T23375	—	—	A8 T30108	—	—
52	4Cr5MoWVSi T23324	—	SKD62	H12 T20812	X35CrWMoV5	X35CrWMoV5 1. 2605
53	3Cr3Mo3W2V T23323	—	—	—	—	—

（续）

序号	中国 GB/T 1299—2014	俄罗斯 ГОСТ 5950—2000 等	日本 JIS G4404:2015 等	美国 ASTM A681—2015 等	国际 ISO 4957:2018(E)等	欧洲 EN ISO 4957:2017(D)等
54	5Cr4W5Mo2V T23325	—	—	—	—	—
55	4Cr5Mo2V T23314	—	—	—	—	—
56	3Cr3Mo3V T23313	—	SKD7	—	32CrMoV12-28	32CrMoV12-28 1. 2365
57	4Cr5Mo3V T23314	—	—	—	X38CrMoV5-3	—
58	3Cr3Mo3VCo3 T23393	—	SKD8	H19 T20819	38CrCoWV18-17-17	38CrCoWV18-17-17 1. 2661
59	SM45 T10450 （GB/T 35840. 1—2018）	45 （ГОСТ 1050—1988）	S45C （JIS G4051:2009）	1045 （ASTM A519/A519M—2017）	C45U	C45U
60	SM50 T10500 （GB/T 35840. 1—2018）	50 （ГОСТ 1050—1988）	S50C （JIS G4051:2009）	1050 （ASTM A519/A519M—2017）	C50E ［ISO 683-1:2016（E）］	C50E 1. 1206 ［EN 10083-2:2006（E）］
61	SM55 T10550 （GB/T 35840. 1—2018）	55 （ГОСТ 1050—1988）	S55C （JIS G4051:2009）	1055 （ASTM A29/A29M—2015）	C55E ［ISO 683-1:2016（E）］	C50E 1. 1203 ［EN 10083-2:2006（E）］

62	3Cr2Mo T25303	—	—	P20 T51620	35CrMo7	35CrMo7 1. 2302
63	3Cr2MnNiMo T25553	—	—	—	40CrMnNiMo8-6-4	40CrMnNiMo8-6-4 1. 2738
64	4Cr2Mn1MoS T25344	—	—	—	—	—
65	8Cr2MnWMoVS T25378	—	—	—	—	—
66	5CrNiMnMoVSCa T25515	—	—	—	—	—
67	2CrNiMoMnV T25512	—	—	—	—	—
68	2CrNi3MoAl T25572	—	—	—	—	—
69	1Ni3MnCuMoAl T25611	—	—	—	—	—
70	06Ni6CrMoVTiAl A64060	—	—	—	—	—
71	00Ni18Co8Mo5TiAl A64000	—	—	—	—	—
72	2Cr13 S42023	20X13 (ГОСТ 5632—1972)	SUS420J1 (JIS G4303:2012)	420 S42000 (ASTM A959—2016)	X20Cr13 [ISO 15510: 2014 (E)]	X20Cr13 1. 4021 [EN 10088-1: 2014 (E)]

（续）

序号	中国 GB/T 1299—2014	俄罗斯 ГОСТ 5950—2000 等	日本 JIS G4404:2015 等	美国 ASTM A681—2015 等	国际 ISO 4957:2018(E)等	欧洲 EN ISO 4957:2017(D)等
73	4Cr13 S42043	40X13 (ГОСТ 5632—1972)	—	—	X40Cr14	X39Cr13 1.4031 [EN 10088-1: 2014 (E)]
74	4Cr13NiVSi T25444	—	—	—	—	—
75	2Cr17Ni2 T25402	—	SUS431 (JIS G4303:2012)	431 S43100 (ASTM A959—2016)	X17CrNi16-2 [ISO 15510: 2014 (E)]	X17CrNi16-2 1.4057 [EN 10088-1: 2014 (E)]
76	3Cr17Mo T25303	—	—	—	X38CrMo16	X38CrMo16 1.2316
77	3Cr17NiMoV T25513	—	—	—	—	—
78	9Cr18 S44093	95X18 (ГОСТ 5632—1972)	—	—	—	—
79	9Cr18MoV S46993	—	—	ISO X89CrMoV18-1 (ASTM A756/A756M—2017)	—	X90CrMoV18 1.4112
80	7Mn15Cr2Al3V2WMo T26377	—	—	—	—	—
81	2Cr25Ni20Si2 S31049	20X25H20C2 (ГОСТ 5632—1972)	—	—	X15CrNiSi25-21 [ISO 4955: 2016 (E)]	X15CrNiSi25-21 1.4841 (EN 10095:1999)

82	0Cr17Ni4Cu4Nb S51740	—	SUS630 （JIS G4303:2012）	630 S17400 （ASTM A959—2016）	X5CrNiCuNb16-4 [ISO 15510:2014（E）]	X5CrNiCuNb16-4 1.4542 [EN 10088-1:2014（E）]
83	Ni25Cr15Ti2MoMn H07718	—	—	S66266 （ASTM A959—2016）	—	—
84	Ni53Cr19Mo3TiNb H07718	—	—	—	—	—

表 B-30　高速工具钢牌号近似对照

序号	中国 GB/T 9943—2008	俄罗斯 ГОСТ 19265—1973	日本 JIS G4403:2006	美国 ASTM A600—2016	国际 ISO 4957:2018(E)	欧洲 EN ISO 4957:2017(D)
1	W3Mo3Cr4V2 T63342	Р3М3Ф2	—	—	HS3-3-2	HS3-3-2 1.3333
2	W4Mo3Cr4VSi T64340	—	—	—	—	—
3	W18Cr4V T51841	Р18	SKH2	T1 T12001	HS18-0-1	HS18-0-1 1.3355
4	W2Mo8Cr4V T62841	—	SKH50	M1 T11301	HS1-8-1	HS1-8-1 1.3327
5	W2Mo9Cr4V2 T62942	—	SKH58	M7 T11307	HS2-9-2	HS2-8-2 1.3348

（续）

序号	中国 GB/T 9943—2008	俄罗斯 ГОСТ 19265—1973	日本 JIS G4403:2006	美国 ASTM A600—2016 等	国际 ISO 4957:2018(E)	欧洲 EN ISO 4957:2017(D)
6	W6Mo5Cr4V2 T66541	P6M5Φ2	SKH51	M2 T11302	HS6-5-2	HS6-5-2 1. 3339
7	CW6Mo5Cr4V2 T66542	100P6M5Φ2	—	M2C T11302	HS6-5-2C	HS6-5-2C 1. 3343
8	W6Mo6Cr4V2 T66642	—	SKH52	—	HS6-6-2	HS6-6-2 1. 3350
9	W9Mo3Cr4V T69341	—	—	—	—	—
10	W6Mo5Cr4V3 T66543	P6M5Φ3	SKH53	Class 2 T11323	HS6-5-3	HS6-5-3 1. 3344
11	CW6Mo5Cr4V3 T66545	—	—	—	HS6-5-3C	HS6-5-3C 1. 3345
12	W6Mo5Cr4V4 T66544	—	SKH54	M4 T11304	HS6-5-4	HS6-5-4 1. 3351
13	W6Mo5Cr4V2Al T66546	—	—	—	—	—
14	W12Cr4V5Co5 T71245	P12K5V5	SKH10	T15 T12015	—	—
15	W6Mo5Cr4V2Co5 T76545	P6M5K5	SKH55	—	HS6-5-2-5	HS6-5-2-5 1. 3243
16	W6Mo5Cr4V3Co8 T76438	—	SKH40	M36 T11336	HS6-5-3-8	HS6-5-3-8 1. 3244
17	W7Mo4Cr4V2Co5 T77445	—	—	M41 T11341	—	—

18	W2Mo9Cr4VCo8 T72948	P2M9K8Φ	SKH59	M42 T11342	HS2-9-1-8	HS2-9-1-8 1.3247
19	W10Mo4Cr4V3Co10 T71010	—	SKH57	M48 T11348	HS10-4-3-10	HS10-4-3-10 1.3207

B6　中外铸钢牌号近似对照

一般工程用铸造碳钢牌号近似对照见表 B-31。焊接结构用铸钢件牌号近似对照见表 B-32。工程结构用中、高强度不锈铸钢牌号近似对照见表 B-33。通用耐蚀钢铸件牌号近似对照见表 B-34。一般用途耐热铸钢和耐热合金铸件牌号近似对照见表 B-35。奥氏体锰钢铸件牌号近似对照见表 B-36。

表 B-31　一般工程用铸造碳钢牌号近似对照

序号	中国 GB/T 11352—2009	俄罗斯 ГОСТ 977—1988	日本 JIS G7821:2000	美国 ASTM A27/A27M—2017	国际 ISO 3755:1991	欧洲 EN 10213:2016
1	ZG 200-400	15Л	200-400W	Grade U60-30 [415—205] J02500	200-400W	GP240GH 1.0619
2	ZG 230-450	25Л	230-450W	Grade U65-35 [450-240] J03001	230-450W	—
3	ZG 270-500	35Л	270-480W	Grade U70-36 [485-250] J03501	270-480W	GP280GH 1.0625
4	ZG 310-570	45Л	340-550W	Grade U80-50 [550-345] D50500	340-550W	—
5	ZG 340-640	60Л	—	Grade U90-60 [620-415] D50600	—	—

表 B-32 焊接结构用铸钢件牌号近似对照牌号近似对照

序号	中国 GB/T 7659—2010	俄罗斯 ГОСТ 977—1988	日本 JIS G5102:1991	美国 ASTM A216/A216M—2014	国际 ISO 3755:1991	欧洲 EN 10213:2016
1	ZG 200-400H	15Л	SCW 410	Grade WCA J02502	200-400W	GP240GH 1.0619
2	ZG 230-450H	20Л	SCW 450	Grade WCB J03002	230-450W	GP240GH 1.0619
3	ZG 270-480H	—	SCW 480	Grade WCC J02503	270-480W	GP280GH 1.0625
4	ZG 300-500H	20ГЛ	—	—	—	—
5	ZG 340-550H	—	SCW 550	—	340-550	—

表 B-33 工程结构用中、高强度不锈铸钢牌号近似对照

序号	中国 GB/T 6967—2009	俄罗斯 ГОСТ 977—1988	日本 JIS G5121:2003	美国 ASTM A743/A743M—2013a	国际 ISO 11972:2015(E)等	欧洲 EN 10283:2010(E)等
1	ZG20Cr13	20X13Л	SCS 2	CA40 J91153	—	—
2	ZG15Cr13	15X13Л	SCS 1X	CA15 J91150	GX12Cr12	GX12Cr12 1.4011
3	ZG15Cr13Ni1	—	SCS 3	CA15M J91151	—	—

4	ZG10Cr13Ni1Mo	—	SCS 3X	—	GX7CrNiMo12-1	GX7CrNiMo12-1 1.4008
5	ZG06Cr13Ni4Mo	06X13H4MЛ	SCS 6	CA6NM J91540	GX4CrNi13-4	GX4CrNi13-4 1.4317 [EN 10213:2016(D)]
6	ZG06Cr13Ni5Mo	06X13H5MЛ	SCS 6X	—	—	—
7	ZG06Cr16Ni5Mo	09X17H5MЛ	SCS 31	CB6 J91604	GX4CrNiMo16-5-1 [ISO 4991:2015(E)]	GX4CrNiMo16-5-1 1.4406 [EN 10213:2016(D)]
8	ZG04Cr13Ni4Mo	—	—	—	—	—
9	ZG04Cr13Ni5Mo	—	—	—	—	—

表 B-34 通用耐蚀钢铸件牌号近似对照

序号	中国 GB/T 2100—2017	俄罗斯 ГОСТ 977—1988	日本 JIS G5121:2003	美国 ASTM A743/A743M—2013a	国际 ISO 11972:2015 (E)	欧洲 EN 10283:2010 (E)
1	ZG15Cr13	15X13Л	SCS 1X	CA15 J91150	GX12Cr12 1.4011	GX12Cr12 1.4011

（续）

序号	中国 GB/T 2100—2017	俄罗斯 ГОСТ 977—1988	日本 JIS G5121:2003	美国 ASTM A743/A743M—2013a	国际 ISO 11972:2015（E）	欧洲 EN 10283:2010（E）
2	ZG20Cr13	20X13Л	SCS 2	CA40 J91153	—	—
3	ZG10Cr13Ni2Mo	10X12HMДЛ	SCS 3X	CA15M J91151	GX7CrNiMo12-1 1.4008	GX7CrNiMo12-1 1.4008
4	ZG06Cr13Ni4Mo	06X13H4MЛ	SCS 6X	CA6NM J91540	GX4CrNi13-4（QT1） 1.4317	GX4CrNi13-4 1.4317
5	ZG06Cr13Ni4	—	SCS 5	—	GX4CrNi13-4（QT2） 1.4317	—
6	ZG06Cr16Ni5Mo	06X17H5Л	SCS 31	CB6 J91604	GX4CrNiMo16-5-1 1.4405	GX4CrNiMo16-5- 1 1.4405
7	ZG10Cr12Ni1	—	SCS 3X	—	GX7CrNiMo12-1 1.4008	GX7CrNiMo12-1 1.4008
8	ZG03Cr19Ni11	03X18H9Л	SCS 36	CF3 J92500	GX2CrNi19-11 1.4309	GX2CrNi19-11 1.4309
9	ZG03Cr19Ni11N	03X18H9AЛ	SCS 36N	—	GX2CrNiN19-11 1.4487	—
10	ZG07Cr19Ni10	07X19H9Л	SCS 13X	CF8 J92600	GXCrNi19-10 1.4308	GXCrNi19-10 1.4308
11	ZG07Cr19Ni11Nb	08X18H11БЛ	SCS 21X	CF8C J92710	GX5CrNiNb19-11 1.4552	GX5CrNiNb19-11 1.4552

12	ZG03Cr19Ni11Mo2	03X18H11M2Л	SCS 16AX	CF3M J92800	GX2CrNiMo19-11-2 1.4409	GX2CrNiMo19-11-2 1.4409
13	ZG03Cr19Ni11Mo2N	03X19H11M2AЛ	SCS 16AXN	CF3MN J92804	GX2CrNiMoN19-11-2 1.4490	—
14	ZG05Cr26Ni6Mo2N	—	—	—	GX4CrNiMoN26-5-2 1.4474	GX4CrNiMoN26-5-2 1.4474
15	ZG07Cr19Ni11Mo2	07X19H11M2Л	SCS 14X	CF8M J92900	GX5CrNiMo19-11-2 1.4408	GX5CrNiMo19-11-2 1.4408
16	ZG07Cr19Ni11Mo2Nb	07X19H11M2БЛ	SCS 14XNb	—	GX5CrNiMoNb19-11-2 1.4581	GX5CrNiMoNb19-11-2 1.4581
17	ZG03Cr19Ni11Mo3	03X19H11M3Л	SCS 35	CG3M J92999	GX2CrNiMo19-11-3 1.4518	—
18	ZG03Cr19Ni11Mo3N	03X19H11M3AЛ	SCS 35N	—	GX2CrNiMoN19-11-3 1.4508	—
19	ZG03Cr22Ni6Mo3N	—	—	—	GX2CrNiMoN22-5-3 1.4470	GX2CrNiMoN22-5-3 1.4470
20	ZG03Cr25Ni7Mo4WCuN	—	—	—	GX2CrNiMoN25-7-3 1.4417	GX2CrNiMoN25-7-3 1.4417
21	ZG03Cr26Ni7Mo4CuN	—	—	—	GX2CrNiMoN26-7-4 1.4469	GX2CrNiMoN26-7-4 1.4469
22	ZG07Cr19Ni12Mo3	07X19H11M3Л	SCS 34	CG8M J93000	GX5CrNiMo19-11-3 1.4412	GX5CrNiMo19-11-3 1.4412

（续）

序号	中国 GB/T 2100—2017	俄罗斯 ГОСТ 977—1988	日本 JIS G5121:2003	美国 ASTM A743/A743M—2013a	国际 ISO 11972:2015（E）	欧洲 EN 10283:2010（E）
23	ZG025Cr20Ni25Mo7Cu1N	—	—	CN3MN J94651	GX2NiCrMoCuN25—20-6 1.4588	GX2NiCrMoCuN25—20-6 1.4588
24	ZG025Cr20Ni19Mo7CuN	—	—	CK3MCuN J93254	GX2CrNiMoCuN20-18-6 1.4557	GX2CrNiMoCuN20-18-6 1.4557
25	ZG03Cr26Ni6Mo3Cu3N	03X26H5Д3M3AЛ	SCS 32	—	GX2CrNiMoCuN25-6-3-3 1.4517	GX2CrNiMoCuN25-6-3-3 1.4517
26	ZG03Cr26Ni6Mo3Cu1N	—	—	—	GX3CrNiMoCuN26-6-3 1.4515	—
27	ZG03Cr26Ni6Mo3N	03X26H5M3AЛ	SCS 33	—	GX2CrNiMoN25-6-3 1.4468	GX3CrNiMoN25-6-3 1.4468

表B-35 一般用途耐热钢和合金铸件牌号近似对照

序号	中国 GB/T 8492—2014	俄罗斯 ГОСТ 977—1988	日本 JIS G5122—2003	美国 ASTM A297/A297M—2017 等	国际 ISO 11973:2015（E）	欧洲 EN 10295:2002（E）
1	ZG30Cr7Si2	30X7C2MЛ	SCH 4	—	GX30CrSi7 1.4710	GX30CrSi7 1.4710
2	ZG40Cr13Si2	40X13C2Л	SCH 1X	—	GX40CrSi13 1.4729	GX40CrSi13 1.4729
3	ZG40Cr17Si2	40X17C2Л	SCH 5	—	GX40CrSi17 1.4740	GX40CrSi17 1.4740
4	ZG40Cr24Si2	40X25C2Л	SCH 2X1	—	GX40CrSi24 1.4745	GX40CrSi24 1.4745
5	ZG40Cr28Si2	40X28C2Л	SCH 2X2	HC J92605	GX40CrSi28 1.4776	GX40CrSi28 1.4776

6	ZGCr29Si2	130X29C2Л	SCH 6	—	GX130CrSi29 1.4777	GX130CrSi29 1.4777
7	ZG25Cr18Ni9Si2	25X18H9C2Л	SCH 31	HF J92603	GX25CrNiSi18-9 1.4825	GX25CrNiSi18-9 1.4825
8	ZG25Cr20Ni14Si2	25X20H14C2Л	SCH 32	—	GX25CrNiSi20-14 1.4832	GX25CrNiSi20-14 1.4832
9	ZG40Cr22Ni10Si2	40X22H10C2Л	SCH 12X	HF J92603	GX40CrNiSi22-10 1.4826	GX25CrNiSi22-10 1.4826
10	ZG40Cr24Ni24Si2Nb1	40X24H24C2Б1Л	SCH 33	—	GX40CrNiSiNb24-24 1.4855	GX40CrNiSiNb24-24 1.4855
11	ZG40Cr25Ni12Si2	40X24H12C2Л	SCH 13X	HH J93503	GX40CrNiSi25-12 1.4837	GX40CrNiSi25-12 1.4837
12	ZG40Cr25Ni20Si2	40X25H20C2Л	SCH 22X	HK J94224	GX40CrNiSi25—20 1.4848	GX40CrNiSi25—20 1.4848
13	ZG40Cr27Ni4Si2	40X27H4C2Л	SCH 11X	HD J93005	GX40CrNiSi27-4 1.4823	GX40CrNiSi27-4 1.4823
14	ZG45Cr20Co20Ni20Mo3W3	45X20H20K20 M3B3Л	SCH 41	—	GX50NiCrCo20—20—20 1.4874	GX50NiCrCo20—20—20 1.4874
15	ZG10Ni31Cr20Nb1	10X20H32Б1Л	SCH 34	CT15C N08151	GX10NiCrSiNb32—20 1.4859	GX10NiCrSiNb32—20 1.4859
16	ZG40Ni35Cr17Si2	—	SCH 15X	HT N08606	GX40NiCrSi35-17 1.4806	GX40NiCrSi35-17 1.4806

（续）

序号	中国 GB/T 8492—2014	俄罗斯 ГОСТ 977—1988	日本 JIS G5122—2003	美国 ASTM A297/A297M—2017 等	国际 ISO 11973:2015（E）	欧洲 EN 10295:2002（E）
17	ZG40Ni35Cr26Si2	40Х26Н35С2Л	SCH 24X	HP N08706	GX40NiCrSi35-26 1.4857	GX40NiCrSi35-26 1.4857
18	ZG40Ni35Cr26Si2Nb1	40Х26Н35С2Б1Л	SCH 24XNb	—	GX40NiCrSiNb35-26 1.4852	GX40NiCrSiNb35-26 1.4852
19	ZG40Ni38Cr19Si2	—	SCH 20X	HU N08004	GX40NiCrSi38-19 1.4865	GX40NiCrSi38-19 1.4865
20	ZG40Ni38Cr19Si2Nb1	—	SCH 20XNb	—	GX40NiCrSiNb38-19 1.4849	GX40NiCrSiNb38-19 1.4849
21	ZNiCr28Fe17W5Si2C0.4	—	SCH 42	—	G-NiCr28W 2.4879	G-NiCr28W 2.4879
22	ZNiCr50Nb1C0.1	—	SCH 43	50Cr-50Ni-Cb R20501 ASTM A560/A560M—2018	G-NiCr50Nb 2.4680	G-NiCr50Nb 2.4680
23	ZNiCr19Fe18Si1C0.5	—	SCH 44	—	G-NiCr19 2.4687	—
24	ZNiFe18Cr15Si1C0.5	—	SCH 45	HX N08006	G-NiCr15 2.4815	G-NiCr15 2.4815
25	ZNiCr25Fe20Co15 W5Si1C0.46	—	SCH 46	—	GX50NiCrCoW 35-25-15-5 1.4869	—
26	ZCoCr28Fe18C0.3	—	SCH 47	—	G-CoCr28 2.4778	G-CoCr28 2.4778

表 B-36 奥氏体锰钢铸件牌号近似对照

序号	中国 GB/T 5680—2010	俄罗斯 ГОСТ 977—1988	日本 JIS G5131:2008	美国 ASTM A128/A128M—2017	国际 ISO 13521:2015（E）
1	ZG120Mn7Mo1	110Г7МЛ	GX120MnMo7-1 （SCMnH31）	F J91340	GX120MnMo7-1 1.3415
2	ZG110Mn13Mo1	110Г13МЛ	GX110MnMo13-1 （SCMnH32）	E-1	GX110MnMo13-1 1.3416
3	ZG100Mn13	110Г13Л	GX100Mn13 （SCMnH2X1）	B-1	GX100Mn13 1.3406
4	ZG120Mn13	110Г13Л	GX120Mn13 （SCMnH2X2）	B-3	GX120Mn13 1.3802
5	ZG120Mn13Cr2	110Г13Х2БРЛ	GX120MnCr13-2 （SCMnH11X）	C	GX120MnCr13-2 1.3410
6	ZG120Mn13W1	110Г13В1Л	—	—	—
7	ZG120Mn13Ni3	110Г13Н3Л	GX120MnNi13-3 （SCMnH41）	D	GX120MnNi13-3 1.3425
8	ZG90Mn14Mo1	—	GX90MnMo14 （SCMnH33）	—	GX90MnMo14 1.3417
9	ZG120Mn17	—	GX120Mn17 （SCMnH4）	—	GX120Mn18 1.3407
10	ZG120Mn17Cr2	—	GX120MnCr17-2 （SCMnH12）	—	GX120MnCr18-2 1.3411

B7　中外铸铁牌号近似对照

灰铸铁牌号近似对照见表11-1。球墨铸铁牌号近似对照见表11-2。黑心可锻铸铁和珠光体可锻铸铁牌号近似对照见表11-3。白心可锻铸铁牌号近似对照见表11-4。耐热铸铁牌号近似对照见表B-37。高硅耐蚀铸铁牌号近似对照见表B-38。抗磨白口铸铁牌号近似对照见表B-39。蠕墨铸铁牌号近似对照见表11-30。

表B-37　耐热铸铁牌号近似对照

序号	中国 GB/T 9437—2009	俄罗斯 ГОСТ 7769—1982
1	HTRCr	ЧХ1
2	HTRCr2	ЧХ2
3	HTRCr16	ЧХ16
4	ЧХ16	ЧС5
5	HTRSi4	ЧС4
6	HTRSi4Mo	—
7	HTRSi4Mo1	—
8	QTRSi5	ЧС5Ш
9	QTRAl4Si4	ЧЮ4С4
10	QTRAl5Si5	ЧЮ6С5
11	QTRAl22	ЧЮ22Ш

表B-38　高硅耐蚀铸铁牌号近似对照

序号	中国 GB/T 8491—2009	俄罗斯 ГОСТ 7769—1982	美国 ASTM A/518/A518M—2012
1	HTSSi11Cu2CrR	ЧС11Д2Х	—
2	HTSSi15R	ЧС15	Grade 1

（续）

序号	中国 GB/T 8491—2009	俄罗斯 ГОСТ 7769-1982	美国 ASTM A/518/A518M—2012
3	HTSSi15Cr4MoR	ЧС15Х4М	Grade 2
4	HTSSi15Cr4R	ЧС15Х4	Grade 3

表 B-39　抗磨白口铸铁牌号近似对照

序号	中国 GB/T 8263—2010	俄罗斯 ГОСТ 7769—1982	美国 ASTM A532/A532M—2014
1	BTMNi4Cr2-DT	ЧН4Х2	Ⅰ B Ni-Cr-Lc
2	BTMNi4Cr2-GT	АЧС-2 ЧН4Х2	Ⅰ A Ni-Cr-Hc
3	BTMCr9Ni5	ЧХ9Н5	Ⅰ D Ni-HiCr
4	BTMCr2	ЧХ2	Ⅰ C Ni-Cr-GB
5	BTMCr8	ЧХ8	—
6	BTMCr12-DT	ЧХ12	—
7	BTMCr12-GT	—	Ⅱ A 12% Cr
8	BTMCr15	ЧХ16	Ⅱ B 15% Cr-Mo
9	BTMCr20	ЧХ22	Ⅱ D 20% Cr-Mo
10	BTMCr26	ЧХ26	Ⅲ A 25% Cr

附录C　钢产品分类（GB/T 15574—2016）

1. 分类

钢产品通常分为液态钢、钢锭和半成品、轧制成品和最终产品、其他产品四大类。

2. 液态钢

通过冶炼或直接熔化原料而获得的液体状态钢称为液态钢。液态钢用于铸锭或连续浇注或铸造铸钢件。

3. 钢锭和半成品

（1）钢锭　将液态钢浇注到具有一定形状的锭模中得到的产品称为钢锭。钢锭模的形状应与经热轧或锻制加工成材的形状近似。

用于轧制型材的钢锭的横截面可以是方形、矩形（宽厚比小于2）、多边形、圆形、椭圆形以及各种异形。

用于轧制板材的扁钢锭的横截面为矩形且钢锭宽厚比不小于2。

为进一步加工的需要，不改变钢锭原来的分类，还可以做如下处理：

1）用研磨工具或喷枪等全部清理表面缺陷。

2）剪切头尾或剪切成便于进一步加工的长度。

3）表面清理后剪切。

（2）半成品　由轧制或锻制钢锭获得的，或者由连铸获得的产品称为半成品。半成品通常供进一步轧制或锻造加工成成品用。

这些半成品的横截面可为各种形状（见表C-1）；横截面的尺寸沿长度方向是不变的，其公差相对于成品更大一些，棱角更圆钝一些。半成品的侧面允许有轻微的凹入或突出，以及轧制、锻造或连铸痕迹，并可使用切削、火焰重熔或修磨等方法进行局部或全部的清理。

表 C-1　各种形状半成品的横截面

方形横截面半成品	1）大方坯：边长不小于200mm 2）方坯：边长小于200mm，不小于50mm
矩形横截面半成品	1）大矩形坯：横截面积不小于40000mm²，宽厚比小于2的半成品 2）矩形坯：横截面积不小于2500mm²，小于40000mm²，宽厚比小于2的半成品
板坯	厚度不小于50mm，宽厚比小于2的产品
圆坯	圆形横截面的连铸、轧制或锻造半成品
管坯	用于生产钢管的半成品，横截面可以为圆形、方形、矩形或多边形
异形坯	用于生产型钢以及经预加工成形的半成品，横截面积通常大于2500mm²
VAR钢锭	使用真空电弧重熔（VAR）炉熔炼金属原料、重熔钢锭或钢坯，得到的圆形钢锭或钢坯的半成品
ESR钢锭	使用电渣重熔融（ESR）炉熔炼金属原料、重熔钢锭或钢坯，得到的圆形钢锭或钢坯的半成品

4. 轧制成品和最终产品

（1）扁平产品　扁平产品指矩形横截面的产品，其宽度远远大于厚度。

扁平产品的表面通常是光滑的，除特定产品，如花纹板，具有规律性凸起或锯齿状表面图案。

1）无涂层扁平产品（见表C-2）：无任何涂层或表面处理的扁平产品。为防锈或机械损伤而进行简单涂层，如钝化、有机保护层、纸、油和漆，这样的扁平产品也定义为无涂层扁平产品。

表 C-2 无涂层扁平产品

热轧无涂层扁平产品	热轧半成品或热轧钢锭得到的扁平产品。热轧无涂层扁平产品包含经过轻微冷平整（一般变形量小于5%）的产品	宽扁钢：公称宽度大于150mm，不大于1250mm，公称厚度通常大于4mm，一般直条交货而不成卷交货，边部带有棱角；宽扁钢经四边热轧（或用箱型孔）或从更宽的扁平成品经剪切或火焰切割而获得
		热轧薄板和厚板：边缘可自由宽展，以扁平状供货，一般为方形或矩形，公称宽度不小于600mm，也可为其他形状，如环形或按图样交货。边部可以是轧制边、剪切边、气割边或切削边。成品可以预弯状态交货。公称厚度小于3mm的为热轧薄板，公称厚度不小于3mm的为热轧厚板 热轧薄板和厚板可按下列方法生产 1）在可逆轧机上直接轧制（这种产品一般称为单轧钢板），或在可逆轧机上轧制的原板上剪切下来 2）在热轧宽钢带上剪切下来，这种产品一般称为热轧薄板或厚或厚板
		热轧钢带：经热轧后，或再经酸洗、退火，卷成卷状交货的产品 经过轧制，钢带边缘会产生轻微凸起，可剪切边缘或将宽钢带纵切后交货。开卷并横切后，热轧钢带可作为定尺或薄板交货 热轧钢带进一步划分为 1）热轧宽钢带：公称宽度不小于600mm 2）纵切热轧宽钢带：轧制后公称宽度不小于600mm，切边后公称宽度小于600mm 3）热轧窄钢带：轧制后公称宽度小于600mm
冷轧无涂层扁平产品	经冷轧后，断面面积减少不小于25%的产品，对于宽度小于600mm的扁平产品以及某些特殊质量钢，可以包括断面面积减少小于25%的产品	冷轧薄板和厚板：边缘可自由宽展，以扁平状供货，一般为方形或矩形，宽度不小于600mm，也可为其他形状，如环形或按图样交货。边缘可以是轧制、剪切、气割或刨削。厚度小于3mm的为冷轧薄板，厚度不小于3mm的为冷轧厚板（电工钢除外）
		冷轧钢带：经冷轧后，或经酸洗、退火后，以卷成卷状交货的产品 经过轧制，钢带边缘会产生轻微凸起，可剪切边缘或将宽钢带纵切后交货。开卷并横切后，冷轧钢带可作为定尺或薄板交货 冷轧钢带进一步分为 1）冷轧宽钢带：公称宽度不小于600mm 2）纵切冷轧宽钢带：轧制后宽度不小于600mm，切边后公称宽度小于600mm 3）冷轧窄钢带：轧制后公称宽度小于600mm

2）电工钢（见表 C-3）：用于电机的磁路中，具有磁性能的钢。

电工钢供货形式为冷轧薄板或冷轧钢带，通常公称厚度小于 2mm，公称宽度不大于 1500mm；也可为公称厚度为 1.5 ~5mm 的具有特定力学和磁性能的热轧扁平产品。

表 C-3 电工钢

晶粒无取向电工钢	非合金钢及含硅或含硅铝的合金钢，其磁性能基本上各向同性，即磁性能沿轧制方向和垂直轧制方向基本相同 晶粒无取向电工钢可按下列方式交货 1）半工艺状态交货，用户根据推荐的热处理制度对材料退火后可达到规定的总损耗； 2）全工艺状态交货，达到规定的总损耗，产品可不涂层或在单面或双面涂绝缘涂层
晶粒取向电工钢	含硅的合金钢，磁性能各向异性，其晶粒组织在轧制方向表现出优良的磁性能。产品双面涂绝缘涂层交货

3）包装用镀锡和相关产品见表 C-4。

表 C-4 包装用镀锡和相关产品

原板	经过一次或二次冷轧，以钢带或薄板形式交货的非合金低碳钢。一次冷轧原板的厚度范围通常为 0.15 ~0.60mm，二次冷轧原板的公称厚度通常范围为 0.12 ~0.36mm。 原板通常用来制造镀锡板或电解镀铬板（ECCS），但也可制造用于特定包装的产品，在这种情况下，产品涂漆
镀锡板	经过一次或二次冷轧，并通过连续电解法双面镀锡的以钢带或薄板形式交货的非合金低碳钢。一次冷轧镀锡板的供货厚度范围通常为 0.15 ~0.60mm，二次冷轧镀锡板的厚度范围为 0.12 ~0.36mm。镀锡板供货时一般经过钝化处理，并在表面涂油，且应适于涂漆和/或印花
电镀铬、氧化铬钢板	经过一次或二次冷轧，通过阴极作用在基板的两面镀上金属铬双层膜，内层为金属铬，外层为氢铬氧化物或氢氧化物，以钢带或薄板形式交货的非合金低碳钢。电镀铬钢板供货时一般在表面涂油，且应便于涂漆和/或印花

4）热轧或冷轧扁平镀层产品（见表C-5）：除无涂层扁平产品、电工钢和包装用镀锡和相关产品定义以外的具有永久性镀层的热轧或冷轧产品。该产品包括双面镀层［包括两面镀层厚度相同和两面镀层厚度（涂层）不同两种情况］和单面镀层两种。

表C-5 热轧或冷轧扁平镀层产品

金属镀层钢板和钢带	有金属镀层（如铝、锌、硅）的钢板和钢带	（1）热镀金属镀层钢板和钢带　通过热浸在熔融槽中形成金属镀层的扁平产品，由镀层总重量（g/m^2）来描述 1）镀锌钢板和钢带：锌层总重量通常为60～700g/m^2，镀层可以呈锌花或无锌花。镀锌后，表面可用铬酸盐、磷酸盐钝化处理，也可加钒、钛或钒钛做表面防护，但这些表面处理不改变该产品作为热镀锌钢板和钢带的分类。 2）镀铝锌钢板和钢带：镀层总重量通常为80～450g/m^2，根据铝含量分为：铝锌合金（铝的质量分数不小于50%）和锌铝合金（铝的质量分数大于3%但小于50%） 3）镀铝或铝硅合金镀层钢板和钢带：镀层总重量通常为40～300g/m^2 4）铅锡合金镀层钢板和钢带：镀层总重量不小于120g/m^2

（续）

		（2）电解金属镀层钢板和钢带　电解金属镀层的扁平产品，由镀层单面厚度（μm）来描述 1）电镀锌镀层钢板和钢带：镀层的单面厚度通常为1～10μm。这个镀层无锌花。镀锌后，表面可用铬酸盐、磷酸盐钝化处理，也可加钒、钛或钒钛做表面防护，但不改变该产品作为热镀锌扁平产品的分类 2）电镀锌镍镀层钢板和钢带：镀层的单面厚度通常为1～8.5μm 3）电镀铅锡镀层钢板和钢带：镀层的单面厚度通常为2.5～10μm
有机涂层钢板和钢带	在裸露的或有金属镀层的（如镀锌层）钢板或钢带的表面涂上有机材料或有机材料与金属粉末的混合物。有机涂层可通过以下任一种连续工艺获得：①涂上一层或多层涂料或其他类型的产品，经干燥后，其涂层的厚度根据产品特性可以为每面2～400μm；②通过使用一层黏附薄膜，可以在薄膜上涂一层有机涂料，也可不涂。涂层可以有不同的表面花纹，涂层的单面厚度通常为35～500μm	
无机涂层钢板和钢带	具有无机材料涂层的钢板和钢带，如搪瓷	

5）压型钢板：钢板通常由镀层薄板制成，但也可由非镀层薄板制成，从横截面上看宽度明显大于高度。典型的压型钢板如图 C-1 所示。其中图 C-1a 所示为波纹板，即产品表现为大或小的纵向纹路，主要用于覆盖、铺设（地板或屋顶）；图 C-1b 所示为肋板，即有矩形或梯形纵向肋的产品。

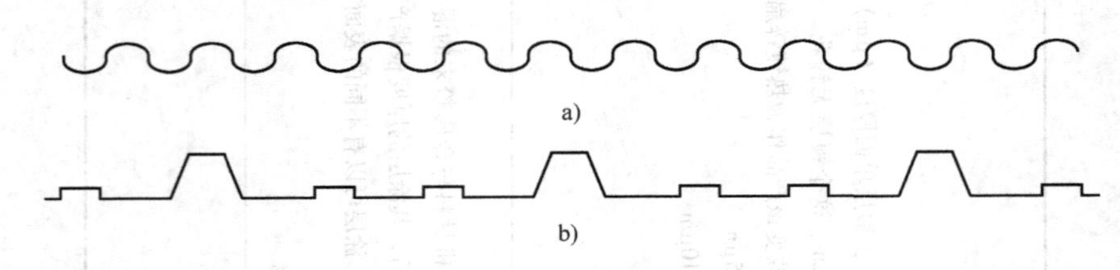

图 C-1　典型的压型钢板
a）波纹板　b）肋板

6）复合产品主要包括：① 厚板、薄板和钢带上覆盖钢或合金，用以达到耐磨、耐腐蚀或耐热扭变的目的，一般通过轧制、喷涂、焊接或爆炸的方式形成连接；② 由两块薄板通过合成塑料的绝缘层连接在一起；③ 由两个肋板通过绝缘层连接在一起，如图 C-2 所示。

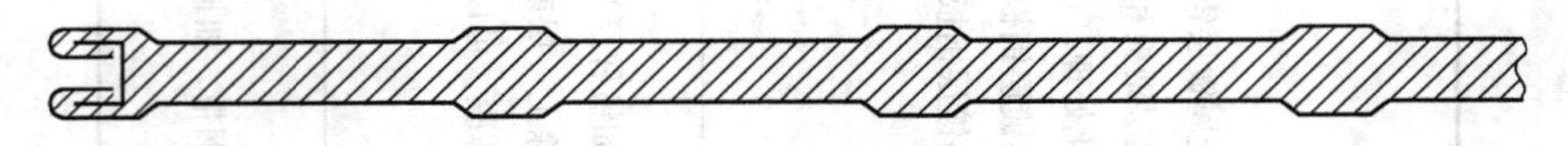

图 C-2　典型的夹层结构

（2）长材　长材指不符合扁平产品定义的产品。长材为等截面，通常具有固定的标准尺寸范围、形状和尺寸公差。通常表面光滑，但也有特殊情况，如钢筋，可能具有规律的凸起或锯齿花纹。

1）盘条：公称直径通常不小于5mm，热轧后卷成盘卷交货的产品。横截面为圆形、椭圆、正方形、矩形、六边形、八边形、半圆形或任意相似形状。表面光滑，通常会进一步处理后使用，也有可能不经处理就直接使用。

2）钢丝：通过减径机或在轧辊间施加压力反复冷拉拔盘条获得的等截面产品。横截面通常为圆形，有时也为椭圆、矩形、正方形、六边形、八边形等。

制造过程对外观（尺寸、表面质量）和力学性能进行严格控制，通过热处理和/或表面处理可提高性能，可无涂层（如拉拔、退火状态）或有涂层（如镀锌、镀铜、镀镍或塑料材料）供货。

3）热成形棒材（见表C-6）：不同于盘条，以直条而非盘卷供货的产品。

表C-6 热成形棒材

<table>
<tr><td rowspan="4">热轧棒</td><td rowspan="4">等截面直条热轧产品，并具有圆钢、方钢、六角钢和八角钢、扁钢异形棒材中定义的实心（凸形）截面</td><td>圆钢：横截面为圆形，公称直径通常不小于8mm的棒材</td></tr>
<tr><td>方钢、六角钢和八角钢：具有方形、六角形或八角形截面的棒材，方钢边长不小于8mm，六角钢对边距离不小于8mm，八角钢对边距离不小于14mm</td></tr>
<tr><td>扁钢：横截面为矩形，四面受轧，公称厚度一般不小于5mm，公称宽度不大于150mm的棒材</td></tr>
<tr><td>异形棒材：横截面为特殊形状的热轧产品，包括特殊的梯形、斜角形、三角形、半圆形和半扁圆形等</td></tr>
<tr><td>锻造棒材</td><td colspan="2">锻造且不需要再加工的产品。这种产品的横截面大部分为圆形、方形或矩形</td></tr>
<tr><td>凿岩用中空钢</td><td colspan="2">任意横截面为中空的棒材，适用于制造钎杆，横截面对边距离在15～52mm之间且至少为空芯直径的两倍。</td></tr>
</table>

4）光亮产品（见表C-7）：通过拉拔、车削或磨光得到的不同横截面的棒材，具有更好的表面质量和尺寸精度。

表C-7 光亮产品

冷拉拔产品	热轧产品经除“鳞”后，在拉拔机上（冷变形不损耗金属）拉拔得到的各种截面形状的产品。这种工艺使产品满足一定形状、尺寸精度和表面质量方面的特殊要求。另外，经过冷拉拔引起的冷加工硬化，可经以后的热处理消除。冷拉拔产品可以盘卷和冷拉拔直条交货，成根产品按直条交货
剥皮产品	经过表面机加工的棒材 这种工艺使产品具有一定形状、尺寸精度，满足表面质量方面的特殊要求，一般无轧制缺陷的脱碳层
磨光产品	经磨光或磨光后抛光，具有更好的表面质量和尺寸精度的产品

5）钢筋混凝土用和预应力混凝土用产品：横截面通常为圆形或近似圆形，表面呈齿状或带肋，用于混凝土的加固和预加压力。其供货形式包括：① 表面光滑的直条；② 表面呈齿状、螺纹状或带肋的直条；③ 表面光滑的盘条；④ 表面呈齿状、螺纹状或带肋的盘条。

按直条供货的产品可经可控的冷变形或热处理，如沿纵轴拉伸和扭转。

6）热轧型材（见表C-8）：通过热轧获得的各种截面形状的产品。

表C-8　热轧型材

铁道用钢	用于铁道和其他铁道系统建设的产品	（1）重型铁道用钢　重型铁道用钢包括：①单位长度的重量不小于38kg/m的钢轨；②单位长度的重量不小于15kg/m的轨枕
		（2）轻型铁道用钢　轻型铁道用钢包括：①单位长度的重量不大于30kg/m的钢轨；②单位长度的重量不大于15kg/m的轨枕；③具有特定电阻率的导电钢轨；④道岔和交叉用钢轨；⑤导向钢轨；⑥制动钢轨；⑦鱼尾板；⑧垫板
		（3）其他铁道系统用产品　其他铁道系统用热轧产品包括：①起重机钢轨；②带槽钢轨；③车轮；④轮毂
钢桩	（1）钢板桩　通过热轧或冷弯成形而获得的产品。其可通过锁口互相连接，或通过纵向槽口进行装配，或者通过锁口连接件进行连接，也可以组成连续的板桩墙 根据横截面形状和用途可以分为：①U型、Z型和帽型钢板桩；②直线型钢板桩；③组合型钢板桩；④箱型钢板桩，由U型或Z型钢板桩和钢板组成；⑤组合墙，又包括H型钢板桩组合墙、H型钢板桩和Z型钢板桩组合墙、钢管桩和钢板桩组合墙、箱型钢板桩组合墙；⑥冷成型钢板桩，又包括U型、帽型、Z型和直线型钢板桩，沟道板；⑦锁口连接件 （2）组合支承桩　组合在一起用于支撑的钢桩。箱型钢板桩可用作组合支撑桩 （3）管状支承桩　横截面为圆形、方形或矩形的钢管，将其打入地里，通过其根部形成的阻力和沿表面的摩擦力将结构的重量传给土地	

（续）

<table>
<tr><td>矿用钢</td><td colspan="2">横截面形状类似于字母 I 或 U 的产品，矿井支护用 I 型钢与其他 I 型钢的区别在于翼缘内部的明显斜坡。一般情况下，其翼缘宽度大于 0.70 个公称腹板高度</td></tr>
<tr><td>大型型钢</td><td>横截面形状类似于字母 I、H、U 的热轧产品。
大型型钢具有以下特征：① 公称高度不小于 80mm；② 腹板表面由圆角连续过渡到翼缘的内表面；③ 翼缘通常是对称的且宽度相等；④ 翼缘的外表面是平行的；⑤ 翼缘的厚度从腹板到翼缘边部逐渐减薄，称为斜翼缘；⑥ 翼缘的厚度不变，称为平行翼缘
主要分类包括：① 标准型钢，以腹板和翼缘厚度作为标准的型钢；② 薄壁型钢，采用与标准型钢相同的轧辊系列进行生产，当两者的腹板高度基本相等时，其腹板厚度或翼缘厚度较薄，通过调整垂直辊或水平辊的压下量来完成；③ 厚壁型钢，采用与标准型钢相同的轧辊系列生产，当两者的腹板高度基本相等时，其腹板厚度或翼缘厚度较厚，通过调整垂直辊或水平辊的压下量来完成</td><td>（1）I 型钢（窄翼缘和中翼缘）　横截面形状类似于字母 I 的型钢，翼缘宽度不大于公称高度的 0.66 倍，且小于 300mm
（2）H 型钢（宽翼缘）　横截面形状类似于字母 H 的型钢，翼缘宽度大于公称高度的 0.66 倍，且不小于 300mm（矿山支柱型钢除外）
（3）U 型钢　横截面形状类似于字母 U 的型钢
（4）支撑桩　腹板和翼缘厚度相等的横截面形状类似于字母 H 或 I 的型钢。支撑桩可进行搭叠
（5）特殊大型型钢　横截面如字母 I、H、U 型或类似的型钢，公称高度不小于 80mm，有特殊的横截面和尺寸特性，具有不等边或不对称翼缘或非标准腹板厚度的特点</td></tr>
<tr><td>其他型钢</td><td colspan="2">（1）小规格 U 型钢、I 型钢和 H 型钢　公称高度小于 80mm 的横截面形状近似于字母 U、I 或 H 的型钢
（2）角钢　横截面形状近似于字母 L 的型钢。角钢按翼缘宽度之比可分为等边或不等边角钢。翼缘间的夹角是圆弧过渡的
（3）等翼缘 T 型钢　横截面形状近似于字母 T 的型钢，夹角呈圆弧形，翼缘和腹板稍有锥度，且翼缘宽度相等。T 型钢可通过将 H 型钢腹板断开获得
（4）球扁钢　横截面类似矩形，沿较宽表面的一端，有一个贯穿全长的球头，球头公称宽度一般小于 430mm
（5）特殊型钢　一般为成轧制的，横截面较小或外形很特殊的产品。这种产品产量不大，且不属于大型型钢或小规格 U 型钢、I 型钢和 H 型钢、角钢、等翼缘 T 型钢、球扁钢。这种特殊型钢包括 Z 型钢、不等翼缘 T 型钢、尖角 L、U 和 T 型钢、履带板型钢等。这些型钢可通过热挤压获得</td></tr>
</table>

7）焊接型钢：具有开口的横截面，其形状同大型型钢和其他型

钢定义的长材，但不直接由热轧获得，它是由焊接在一起的热轧长材、热轧扁平产品或冷轧扁平产品组成。

8）冷弯型钢：具有开口或闭口横截面，且横截面形状多样的冷加工长材。冷弯型钢由涂层或无涂层热轧或冷轧扁平产品制成，在冷加工过程中厚度仅有微小变化（如压型、拉拔、冲压、卷边等）。包括：① 一般用途冷弯型钢，如 L、U、C、Z、Ω 型钢等；② 特定用途产品包括冷弯钢板桩、防撞拦、建筑框架、门架和货车底盘等。

9）管状产品（见表 C-9）：两端开口，横截面为圆形或多角形的空心长材。端部可进行加工，如攻螺纹或扩孔，在内表面或外壁涂层（有机或金属涂层）或加装整体法兰。小直径钢管可成卷交货。

表 C-9　管状产品

<table>
<tr><td>无缝钢管</td><td colspan="2">由钢锭、管坯或钢棒穿孔制成的，经过后续热加工或冷加工得到最终尺寸的管。无缝管也可通过离心浇铸获得。</td></tr>
<tr><td>焊管</td><td>用热轧或冷轧钢板和钢带卷焊制成的钢管，可以纵向直缝焊接，也可螺焊接。焊接后的钢管可进行后续热加工或冷加工以达到最终尺寸</td><td>（1）埋弧焊接管 SAW　以钢带或钢板为原材料，经热成形或冷成形为空心截面，以埋弧焊工艺焊接而成的钢管。具有一条或两条纵向焊缝（SAWL）或一条螺旋焊缝（SAWH），外表面和内表面至少各焊接一次
（2）电阻焊焊管 EW　钢带冷成形为空心截面，利用高频或低频电流所产品的电阻热效应加热并施加连续或不连续的压力进行焊接的钢管
（3）对接焊焊管 BW　将展开的钢带进行连续的首尾焊接，经过加热炉进一步加热（如喷氧）后在两边加压卷焊成形的管</td></tr>
<tr><td>中空型钢</td><td colspan="2">结构用（如承重钢框架、货车底盘、栏杆等）圆形、方形、矩形或椭圆形的无缝或焊接钢管</td></tr>
<tr><td>中空棒材</td><td colspan="2">用机械加工制成的具有较高精度的无缝钢管</td></tr>
<tr><td>管件</td><td colspan="2">将管连接成管路或改变方向的零件</td></tr>
</table>

5. 其他产品

（1）钢丝绳　由一定数量、一层或多层钢丝股捻成螺旋状而形成的产品称为钢丝绳。在某些情况下，单股也可为绳。

（2）自由锻产品　通过冲压将钢在合适的温度锻造成接近的尺寸，不需要后续热变形。通常被加工成最终形状，包括预锻产品和辗环机加工的产品，如车轮，不包括半成品定义和锻造棒材中定义的锻造棒材。

（3）模锻件和冲压件　钢在特定温度下，在一个闭口模中受压成形而得到所需形状和体积的产品称为模锻件和冲压件。

（4）铸件　直接将钢液浇注到砂型、耐火黏土或其他耐火材料铸型（也有很少是金属或石墨永久模）中凝固而得到的产品称为铸件。

（5）粉末冶金产品　粉末冶金产品见表 C-10。

表 C-10　粉末冶金产品

钢粉末	通过是许多尺寸小于 1mm 的钢颗粒集合
烧结产品	通过压制、烧结钢粉得到的产品，有时还需再压制
全密度产品	通过温度和压力（热挤压等）使粉末结合在一起的产品

参考文献㊀

[1] 李维钺．中外不锈钢和耐热钢速查手册［M］．北京：机械工业出版社，2008.
[2] 李维钺，李军．中外金属材料牌号速查手册［M］．北京：机械工业出版社，2009.
[3] 李维钺，李军．中外金属材料牌号和化学成分对照手册［M］．北京：机械工业出版社，2011.
[4] 林慧国，瞿志豪，茅益明．袖珍世界钢号手册［M］．北京：机械工业出版社，2009.
[5] 刘胜新．新编钢铁材料手册［M］．2版．北京：机械工业出版社，2010.
[6] 朱中平．中外金属材料对照手册［M］．北京：化学工业出版社，2018.
[7] 朱中平．中外钢号对照手册［M］．北京：化学工业出版社，2011.
[8] 林慧国，林钢，张凤华．世界钢铁牌号对照与速查手册［M］．北京：化学工业出版社，2010.
[9] 朱中平．中外不锈钢和耐热钢牌号速查手册［M］．北京：化学工业出版社，2010.
[10] 纪贵．世界钢号对照手册［M］．北京：中国标准出版社，2007.
[11] 纪贵．世界标准钢号手册［M］．2版．北京：中国标准出版社，2012.

㊀ 本手册参考了大量的标准，见附录A，限于篇幅，在此不再一一列出。